中 国 国 家 标 准 汇 编

608

GB 30458～30483

（2013 年制定）

中国标准出版社　编

中国标准出版社

北　京

图书在版编目(CIP)数据

中国国家标准汇编:2013 年制定.608:
GB 30458～30483/中国标准出版社编.—北京:
中国标准出版社,2014.9
ISBN 978-7-5066-7689-2

Ⅰ.①中…　Ⅱ.①中…　Ⅲ.①国家标准-
汇编-中国-2013　Ⅳ.①T-652.1

中国版本图书馆 CIP 数据核字(2014)第 187914 号

中国标准出版社出版发行
北京市朝阳区和平里西街甲 2 号(100029)
北京市西城区三里河北街 16 号(100045)

网址 www.spc.net.cn
总编室:(010)64275323　发行中心:(010)51780235
读者服务部:(010)68523946

中国标准出版社秦皇岛印刷厂印刷
各地新华书店经销

*

开本 880×1230　1/16　印张 36.25　字数 1 123 千字
2014 年 9 月第一版　2014 年 9 月第一次印刷

*

定价 220.00 元

出 版 说 明

1.《中国国家标准汇编》是一部大型综合性国家标准全集。自1983年起，按国家标准顺序号以精装本、平装本两种装帧形式陆续分册汇编出版。它在一定程度上反映了我国建国以来标准化事业发展的基本情况和主要成就，是各级标准化管理机构，工矿企事业单位，农林牧副渔系统，科研、设计、教学等部门必不可少的工具书。

2.《中国国家标准汇编》收入我国每年正式发布的全部国家标准，分为"制定"卷和"修订"卷两种编辑版本。

"制定"卷收入上一年度我国发布的、新制定的国家标准，顺延前年度标准编号分成若干分册，封面和书脊上注明"20××年制定"字样及分册号，分册号一直连续。各分册中的标准是按照标准编号顺序连续排列的，如有标准顺序号缺号的，除特殊情况注明外，暂为空号。

"修订"卷收入上一年度我国发布的、被修订的国家标准，视篇幅分设若干分册，但与"制定"卷分册号无关联，仅在封面和书脊上注明"20××年修订-1，-2，-3，……"字样。"修订"卷各分册中的标准，仍按标准编号顺序排列(但不连续)；如有遗漏的，均在当年最后一分册中补齐。需提请读者注意的是，个别非顺延前年度标准编号的新制定的国家标准没有收入在"制定"卷中，而是收入在"修订"卷中。

读者配套购买《中国国家标准汇编》"制定"卷和"修订"卷则可收齐由我社出版的上一年度我国制定和修订的全部国家标准。

3.由于读者需求的变化，自1996年起，《中国国家标准汇编》仅出版精装本。

4.2013年我国制修订国家标准共1 979项。本分册为"2013年制定"卷第608分册，收入国家标准GB 30458～30483的最新版本。

中国标准出版社

2014年8月

目　　录

ICS 25.120.10
J 62

中华人民共和国国家标准

GB 30458—2013

卷板机　安全技术要求

Safety requirement of plate bending machine

2013-12-31 发布　　2015-01-01 实施

中华人民共和国国家质量监督检验检疫总局
中国国家标准化管理委员会　发布

前　言

本标准的第1章、第2章、第3章、附录A和附录B为推荐性的，其余为强制性的。

本标准按照GB/T 1.1—2009给出的规则起草。

本标准由中国机械工业联合会提出。

本标准由全国锻压机械标准化技术委员会(SAC/TC 220)归口。

本标准负责起草单位：长治钢铁(集团)锻压机械制造有限公司、泰安华鲁锻压机床有限公司、佛山市南海力丰机床有限公司、安徽太平洋重型机器股份有限公司、南通奥特机械设备有限公司。

本标准主要起草人：邢伟荣、田衍新、周建军、张大友、陈金生、原加强、李建英。

卷板机　安全技术要求

1　范围

本标准规定了卷板机安全的术语和定义、责任、危险的识别与控制、设计与制造、安装与调试、安全防护、保养和使用要求。

本标准适用于卷板机。

2　规范性引用文件

下列文件对于本文件的应用是必不可少的。凡是注日期的引用文件，仅注日期的版本适用于本文件。凡是不注日期的引用文件，其最新版本(包括所有的修改单)适用于本文件。

GB 2893　安全色

GB 2894　安全标志及其使用导则

GB/T 3766　液压系统通用技术条件

GB 5226.1　机械电气安全　机械电气设备　第1部分:通用技术条件

GB/T 7935　液压元件　通用技术条件

GB/T 8196　机械安全　防护装置　固定式和活动式防护装置设计与制造一般要求

GB 12265.3　机械安全　避免人体各部位挤压的最小间距

GB/T 14776　人类工效学　工作岗位尺寸　设计原则及其数值

GB/T 15706.1　机械安全　基本概念与设计通则　第1部分:基本术语和方法

GB/T 15706.2　机械安全　基本概念与设计通则　第2部分:技术原则

GB 16754　机械安全　急停　设计原则

GB/T 16855.1—2008　机械安全　控制系统有关安全部件　第1部分:设计通则

GB/T 16856.1　机械安全　风险评价　第1部分:原则

GB 17120　锻压机械　安全技术条件

GB 17888.2　机械安全　进入机械的固定设施　第2部分:工作平台和通道

GB 17888.3　机械安全　进入机械的固定设施　第3部分:楼梯、阶梯和护栏

GB 17888.4　机械安全　进入机械的固定设施　第4部分:固定式直梯

GB 18209.2　机械安全　指示　标志和操作　第2部分:标志要求

GB/T 18831　机械安全　带防护装置的联锁装置　设计和选择原则

GB/T 23281　锻压机械噪声声压级测量方法

JB 9971　弯管机、三辊卷板机　噪声限值

3　术语和定义

GB/T 15706.1 界定的以及下列术语和定义适用于本文件。

3.1

弯曲　bending

在板材的某点施加压力，并使工作辊旋转，使板材卷制成弧形或折成一定角度。

3.2

卷板机　plate bending machine

利用工作辊的位移变化和旋转运动，使夹在工作辊之间的平面板材产生连续的弯曲变形，能够将其加工成相同曲率或多种曲率半径的筒形或弧形工件的机器。

3.3

成形模具　bending form die

卷板机上使用的特殊类型模具，用于将特定的型材卷制成相同曲率或不同曲率的弧形工件。

3.4

工作辊　roll

用于板材牵引、成形而设计的装置。

3.5

急停　emergency stop

该功能应能：

——阻止正在发生的或降低所存在的对人员的危险、对机械或正在进行中的工作的损害；

——由单人动作触发。

注：GB 16754 给出了详细规定。

3.6

安全防护装置　safeguard

防护装置或保护装置。

3.7

防护装置　guard

机器的组成部分，用于提供保护的物理屏障。

注 1：防护装置可以：

——单独使用。对于活动式防护装置，只有当其“闭合”时才有效，对于固定式防护装置，只有当其处于“锁定位置”才有效。

——与带或不带防护锁的联锁装置结合使用。在这种情况下，无论防护装置处于什么位置都能起到防护作用。

注 2：按设计，防护装置可以称作外壳、护罩、盖、屏、门和封闭式装置。

注 3：防护装置的类型及其要求见 GB/T 15706.2—2007 中 5.3.2 和 GB/T 8196。

3.8

保护装置　protective device

防护装置以外的安全装置。

3.9

固定式防护装置　fixed guard

以一定方式(如采用螺钉、螺帽、焊接)固定的，只能使用工具或破坏其固定方式才能打开或拆除的防护装置。

3.10

活动式防护装置　movable guard

不使用工具就能打开的防护装置。

3.11

可调式防护装置　adjustable guard

整体或者部分可调的固定式或活动式防护装置。在特定的操作期间，调整件保持固定。

3.12

联锁防护装置　interlocking guard

与联锁装置联用的防护装置，同机器控制系统一起实现以下功能：

——在防护装置关闭前，其“抑制”的危险的机器功能不能执行；

——在危险机器功能运行时，若打开防护装置，则发出停机指令；

——在防护装置关闭后，防护装置“抑制”的危险的机器功能可以运行，防护装置本身的关闭不会启动危险的机器功能。

注：GB/T 18831 给出了详细规定。

3.13

危险　hazard

潜在的伤害源。

注1：“危险”一词可由其起源（例如，机械危险和电气危险），或其潜在伤害的性质（例如，电击危险、切割危险等）进行限定。

注2：本定义中的危险包括：

——在机器的预定使用期间，始终存在的危险（例如，危险运动部件的运动、焊接过程中产生的电弧、不健康的姿势、噪声排放等）；

——意外出现的危险（例如，意外启动引起的挤压危险、泄漏引起的喷射、加速/减速引起的坠落）。

3.14

危险区　hazard zone/danger zone

使人员暴露于危险的机械内部和（或）其周围的任何空间。

3.15

点动　jog

人为的使机器作间断运动。当操作按钮时机器动作，当放开按钮时动作停止。

3.16

维修　maintenance

使已发生故障的机器恢复原有功能或性能的工作过程。

3.17

改造　modification

对于卷板机原有的生产目的、功能、生产能力、操作步骤或安全保障要求的改变。

3.18

咬点　biting point

指任一装置的旋转部件与另一装置或材料之间挤咬部位。

3.19

安全保护措施　safety protective measures

通过产品设计、安装安全防护装置、制定安全规范和安全警示等工作程序，以避免危险的发生。

3.20

工件　work piece

对卷板机卷制成型后的材料的描述。

3.21

警示　warning

提醒人们注意危险或危险操作的方法。

3.22

警示标志　warning symbol

通过实物警告有关人员注意危险的标志。

3.23

警示装置 warning device

通过声音或光线信号警示危险的装置。

3.24

本质安全设计措施 inherently safe design measure

通过改变机器设计或机器工作特性，而非使用防护装置或保护装置，来消除危险或减小与危险相关的风险的保护措施。

注：GB/T 15706.2—2007 的第 4 章探讨了通过本质安全设计方法减小机器风险。

3.25

安全防护 safeguarding

使用安全防护装置保护人员的措施。这些保护措施使人员远离那些不能合理消除的危险或者通过本质安全设计方法无法充分减小的风险。

4 责任

4.1 制造者

4.1.1 应按第 5 章、第 6 章、第 7 章和第 8 章的要求，承担在卷板机危险认定、产品设计、安装调试和安全防护方面的责任。卷板机的供应者、改造者和维修者也应承担相应的安全责任。

4.1.2 应为卷板机的危险源识别负责，并应按照 5.1 的规定在使用说明书中指导原始购买者识别危险源。

4.1.3 应遵循 GB/T 15706.2 和 GB/T 16855.1 本质安全设计的原则，通过设计消除危险。当不能通过设计消除的危险时，应提供安全防护装置避免危险的发生。

4.1.4 应在产品使用说明书中明确卷板机在安装、调试、使用、维修和保养等方面的安全注意事项，并能够指导使用者制定相应的安全规范，以防止危险的产生。

4.1.5 对卷板机所做的改进应在说明书中注明，并阐述卷板机改进后的安全注意事项。

4.1.6 应在产品使用说明书中说明卷板机的操作规程，并应能指导使用者对卷板机进行润滑、调整和日常维护工作。

4.1.7 应为使用者提供必要的安全警示。如卷板机可移动部件应涂安全色，电器柜设置安全标志等。

4.2 使用者

4.2.1 应确保卷板机使用环境的个人安全，其设备安装及任何修改均应按照制造者提供的有关技术文件和第 5 章、第 6 章、第 7 章、第 8 章、第 9 章的要求进行。

4.2.2 应按照 5.1 的规定确认卷板机在使用过程中的危险。

4.2.3 应按照 5.2 的规定避免或消除卷板机在使用和维修过程中的危险。应按照第 8 章的要求设置安全防护装置，确保安全使用。

4.2.4 检测和维修机器的过程中应确保其部件和安全保护装置处于有效状态。

4.2.5 卷板机的操作者、安装者及有关人员应按照使用说明书和第 9 章的要求执行安全操作规程。

4.2.6 维修者和操作者都应接受过培训。尤其是在以下危险区域和场合的相关人员应被培训：

——机器工作位置；

——更换模具；如卷制锥形工件装置、型材辅助弯曲模具等；

——限制非专业人员接触电气或动力传输设备；

——移动部件。

4.2.7 应配备必要的安全保护用品，并对人员进行培训。

4.2.8　应采取有效措施，以避免在维修、使用、启动或调整卷板机的过程中可能造成的人员伤害。

5　危险的识别和控制

5.1　危险识别

5.1.1　总则

按 GB/T 16856.1 规定的风险评价原则，本文件列出了与卷板机相关的危险，但不一定包含全部危险。与之相关的各方应按 GB/T 16856.1 的规定，结合具体实际情况确定所有可预见的危险。

5.1.2　使用、调整和维护

应识别在卷板机使用、调整和维护工作中的可预见性危险，如：

——原材料进给；

——原材料与工作辊之间的咬点；

——模具安装/更换；

——调整；

——错误的编程或未按规定改变卷板机原有的功能或性能；

——清洁卷板机；

——在自动操作功能使用状况下的工作现场观察；

——在卷板机上进行工件的检测；

——从卷板机上取下工件；

——未紧固地角螺栓条件下的负荷试验。

5.1.3　运行

应识别卷板机在运行过程中相关的可预见性危险。这些危险源包括：

——非正常操作；如超负荷使用卷板机、未按使用说明书规定的操作规程使用卷板机；

——正常操作；如板材与工作辊之间的咬点、工作人员错误的信息交流、热辐射（温卷或热卷时）；

——系统出错和非正常情况；如控制系统信息丢失/干扰、非正常的信息传输；

——能源不符合要求。

5.1.4　干扰

应识别与各种干扰相关的可预见性危险。这些危险源包括：

——电干扰；

——机械干扰（冲击、振动）。

5.1.5　设计与制造

应识别与卷板机的设计制造相关的可预见性危险。这些危险源包括：

——动力传送设施中外露的运动部件；

——工作辊、机架或承载元件断裂；

——工作辊位移的极限位置；

——紧固件的松动或断裂；

——管道、油缸、蓄能器和其他元件因压力而造成的破裂；

——热辐射（温卷或热卷时）；

——机械干扰(冲击、振动);
——电干扰;
——控制部件故障引发的危险。

5.1.6 安装和启动

应识别与卷板机安装相关的可预见性危险源。其中包括:
——不合适的基础;
——不恰当安装;
——吊装;
——调整;
——工作危险区的安全防护;
——防护装置未安装之前的危险性运动;
——工作区域;
——使用梯子、脚手架等。

5.1.7 人为因素

应识别与人为因素相关的可预见性危险源。其中包括:
——未执行规定的工作程序;
——护栏或防护装置的错误安装或拆除;
——不使用或错误使用个人防护用品;
——操作时未能与机器保持安全距离;
——攀爬机器设备。

5.1.8 保养

应识别与卷板机保养相关的可预见性危险源。其中包括:
——未能执行恰当的电源切断程序;
——保养时的实际操作;
——机器保养时,拆除防护栏、防护罩或操作点的安全保护装置;
——防护栏、防护罩不当的位置改变;
——梯子、脚手架等的使用;
——不规范的清洁程序。

5.1.9 其他

——卷板机周围工作环境;
——火灾。

5.2 危险控制

5.2.1 危险消除

卷板机应符合本质安全设计的原则,通过设计消除危险。本质安全设计应符合 GB/T 15706.1、GB/T 15706.2 的规定。

5.2.2 安全防护装置

不能通过设计消除的危险,应通过使用安全防护装置控制危险,并应符合第 8 章的规定。

5.2.3 安全工作规范

不适合使用安全防护装置防止危险时，应制定安全工作规范，以防止危险的产生。

5.2.4 警示

5.2.4.1 在安全保护措施不能避免危险时，应提供危险警示。

5.2.4.2 制造者应提供对于未加安全保护运动部件的危险警示，警示标志的设置应醒目，见附录A。

5.2.4.3 安全指示和标志应符合GB 2893、GB 2894和GB 18209.2的规定。

6 设计与制造

6.1 基本要求

6.1.1 卷板机的设计与制造应符合GB 17120和本标准的规定。

6.1.2 卷板机的易接触部分及部件不得有导致人员伤害的尖角、尖棱、锐边等，以免引起刺伤或扎伤的危险。

6.1.3 卷板机应在保证工作辊平衡装置有效时才能将倾倒侧轴承体倒下，取出卷制成的筒体工件。如果采用上工作辊可升降结构时，应采用限位控制并与控制系统联锁，防止出现意外事故。

6.1.4 卷板机的主传动部分应设置制动装置，防止机器运行时出现意外而无法迅速停止。

6.1.5 当工作辊两端可单独升降时，应采取机械控制或控制程序限制其工作辊的倾斜量。

6.1.6 卷板机的操作者应能保证工作现场人员的安全，否则应在机器的适当部位设置安全监视和显示装置。

6.2 控制方式

6.2.1 应设置点动功能。在点动模式下，当操作功能按钮时，该功能动作开始；当操作停止时，功能动作应立即停止。

6.2.2 应设置单动功能。在单动模式下，当操作功能按钮时，该功能动作连续运行；当操作停止按钮时，功能动作应立即停止。

6.2.3 数控卷板机的控制系统应能够设置自动控制功能。在自动模式下，当操作开始按钮时，卷板机应能够按已输入的程序自动运行。

6.3 电气系统

电气系统的设计与制造应符合GB 5226.1的规定；控制系统安全部件的设计不应低于GB/T 16855.1—2008中6.2的1类规定。

6.4 液压系统

6.4.1 卷板机液压系统的设计与制造应符合GB/T 3766的规定。

6.4.2 当液压系统压力超出卷板机的安全运转特定限度时，卷板机应停止运行或进入系统保护。

6.4.3 液压缸及其他液压元件的设计、制造和选用应符合GB/T 7935的规定。

6.4.4 应设置液压系统的过滤装置，以排除系统的致污物。

6.4.5 液压油及过滤装置应定期更换。更换频率及有关要求应在产品使用说明书中做出详细规定。

6.4.6 液压系统的最大工作压力不得超过用于系统任何液压元件的额定工作压力。

6.5 动力的波动或间断

任何动力波动或间断不应发生危险。

6.6 能量的储存

储存能量的释放不得产生危险。如:液体压力、电容器等。持续的或可控释放储存能量的方法应避免可能产生的危险。如:

——泄压;
——动力制动;
——机械制动;
——断电程序。

6.7 干扰

来自外部对控制或动力系统的干扰不得产生危险。如:

——电磁干扰;
——静电放电;
——无线电波干扰;
——振动/冲击。

6.8 可靠性

当控制系统中的电气元件或液压元件发生故障时,不得产生危险。

6.9 机器的安装

卷板机的安装应严格执行安全操作规程,并保证卷板机安装环境的安全。

6.10 急停功能

控制系统的急停设计应符合 GB 16754 的规定,并且不得影响正常的制动和产生不能停止的意外运行。

6.11 操作台

卷板机的操作台应设置在易观察到工作现场的位置,控制系统的设计应保证只能由一人独立控制。当提供多于一个操作控制位置时,各操作台之间应互锁,并应分别设置急停控制开关。

6.12 人工操作

6.12.1 人工操作控制装置的设计应符合 GB/T 14776 的要求。操作台和卷板机喂料的工作高度应符合人类功效学设计原则,其操作面板的设置应方便操作者观察。

6.12.2 卷板机的手轮和手柄的操作力均不得大于 90 N。

6.12.3 应采取以下方法限制非授权人员使用卷板机:

——设置锁具;
——使用钥匙卡;
——带锁式选择开关;
——设置密码和进入指令。

6.12.4 卷板机的功能控制系统应互锁。在一个控制功能动作的情况下,不应有任何无关动作发生,以避免危险动作的发生。

6.12.5 卷板机的停止控制装置应安装在操作者容易到达且无危险的区域，装置应为红色，并清晰标注。

6.12.6 卷板机的紧急停止按钮应安装在操作者容易到达且无危险的区域。当钢索或绳索被用作急停装置时，应明显标识（如用旗杆标识），并应说明绳子和机器的部件之间的最小间隙及开启紧急停止功能时所需的力。紧急停止装置推荐采用以下型式：

——磨菇头按钮；

——钢索、绳索；

——脚踏。

6.12.7 卷板机的点动与单动转换按钮应操作方便，并具有明显标识。操作点动控制按钮时不应借助于其他工具。

6.12.8 卷板机的单动控制应选择带防护环或遮盖板的按钮，以避免误操作而引发的危险。

6.13 指示器

按需要卷板机应设置用于可视听的指示器、显示器或监视器。对于不易全方位观察卷板机操作环境和工作现场时可使用视频监视装置。

所有指示器应安装在操作者易观察并且无危险的地方，警示灯的颜色应符合技术文件的规定。

6.14 噪声

卷板机的噪声应符合 JB 9971 的规定，测量方法应符合 GB/T 23281 的规定。

6.15 安全色

卷板机外露的可运动部件（工作辊除外）应涂安全色，并应符合 GB 2893 的规定。

7 安装与调试

7.1 基本要求

安装与调试应符合本标准的规定，并应符合制造者在产品使用说明书中的要求。

7.2 布局

卷板机的布局应保证操作人员的操作空间，以方便机器的操作、材料的处理及上下料的方便和机器的维护。

7.3 安装基础

安装卷板机的地面应经过硬化处理，其基础应足以负载卷板机的各种动、静载荷。

7.4 电气系统

卷板机电气系统的安装应符合 GB 5226.1 和制造者提供的产品说明书的要求。

7.5 照明

使用者应安装照明设施以保证操作人员安全，手持照明设备电压不得大于 36 V。

7.6 调试

7.6.1 使用者应按产品说明书规定的程序进行卷板机的调试。

7.6.2 卷板机的调试人员应经过操作及安全工作培训，培训应参照附录B的内容进行。

7.6.3 在调试期间，应启用安全防护装置。当安全防护装置未安装时，应采取其他安全防护措施，如增设临时性护栏和警示标志、执行安全工作程序等。

8 安全防护

8.1 基本要求

按已识别的危险，卷板机的制造者和使用者应确定合理的安全保护措施。当有危险存在时，应采取下列中的一项或多项措施保证操作人员的安全：

——防护装置；

——保护装置；

——警示护栏；

——安全工作程序；

——个人防护。

8.2 人员安全防护

按已识别的危险，应对相关人员提供安全防护。其措施应包括以下的一项或多项：

——防止人员无意接近或进入危险区域；

——当测知有人员进入或滞留危险区域时，卷板机应不可启动，或正在运行的卷板机应停止运行；

——相关人员使用个人防护设备；

——使用切断电源程序。

8.3 安全防护装置

8.3.1 防护装置

8.3.1.1 制造者应选择尽可能减小风险的安全防护方法，并按需要采取如下防护措施：

a) 固定式防护装置：应符合GB/T 8196的要求；

b) 活动式防护装置：应符合GB/T 8196的要求；

c) 可调式防护装置：应符合GB/T 8196、GB/T 12265.3的要求；

d) 联锁防护装置：应符合GB/T 8196和GB/T 18831的要求；

e) 带防护装置的联锁装置：应符合GB/T 8196和GB/T 18831的要求；

f) 可控防护装置：应符合GB/T 8196和GB/T 16855.1的要求。

8.3.1.2 安全防护装置的设计与制造应符合GB/T 8196的有关规定。

8.3.1.3 应按需要设置楼梯、阶梯和护栏并应符合GB 17888.3的规定，按GB 17888.2和GB 17888.4设置工作平台和通道、楼梯、固定式直梯。

8.3.2 保护装置

保护装置应在人员滞留或正在进入危险区域时防止卷板机的启动。

8.3.3 警示标志和装置

通过设置警示标志或通过可触摸、可视听的方式警示有关人员，注意可能发生的危险。

8.3.4 安全工作规程

使用者应通过培训、督导等，使工作人员认识到各种危险并提供控制危险的方法。

8.3.5 个人保护装备

使用者应为操作者和有关人员提供并使用个人安全保护工具和装备。

9 保养与使用

9.1 安全规程

使用者应按照制造者的要求，制订并执行卷板机保养与使用的安全规程，其中包括：

——控制危险性能源；

——不得超载使用；

——检查与维护；

——机器的润滑和保养；

——卷板机的正确使用方法。

9.2 培训

9.2.1 所有人员

为保证卷板机的使用安全，所有相关的人员都应接受安全工作规程培训，培训内容应包括：

——完成工作任务的方法；

——明确第5章中所识别的与工作任务有关的危险；

——选定的安全防护方法；

——保证安全防护措施正常运行的方法；

——定期重新培训和文字提醒。

9.2.2 操作人员

卷板机的操作人员应按规定程序接受培训，使操作人员熟练掌握和了解危险动力的控制、喂料和操作方法等内容，应使操作人员掌握第5章中所列出危险的避免方法。其培训内容包括：

——在操作卷板机之前，所有人员都应处在安全位置；

——安全启动、正常停机和紧急停止程序；

——了解所有安全防护装置及使用方法；

——操作人员不应穿裙装；

——操作人员应向管理人员汇报所有设备故障、损坏或功能的异常；

——操作人员应知并理解所有提供的“警告”内容。

9.2.3 维护人员

维修人员应当接受与卷板机相关的安全检修和维护程序培训，并熟练掌握避免危险的方法。

9.2.4 电源切断

与卷板机相关的人员应接受危险动力控制程序（电源切断）的培训，使用者应按技术文件规定作出电源标记。

9.3 监督

9.3.1 保养与使用

应指派接受过安全和维护方面培训的人员进行卷板机保养与使用的监督。

9.3.2 安全保护

使用者必须保证所提供的安全防护措施被规范安装并能在操作中使用。

9.4 非授权使用

为防止危险的意外发生，必要时使用者应按下列方法提供防止或控制非授权人员对卷板机使用的措施。如：

——设置锁具；

——使用钥匙卡；

——带锁式选择开关；

——设置密码和进入指令。

9.5 监测与维护

使用者应制定卷板机的定期检测与维护计划，以保证所有的部件、辅助设备和安全保护装置处于安全运行状态。

附 录 A
（资料性附录）
安全警示信息及安全标志

A.1 总则

本附录列出了制定危险控制计划时应当考虑的安全警示信息及安全标志，其内容应在卷板机的使用说明书、卷板机或设备现场得到充分体现和使用。

A.2 警示信息

在卷板机的使用说明中或设备现场应注明有关安全警示信息，其安全警示信息的内容如下：

——危险：设备运转期间不要检查工件的任何尺寸！

——警告：操作卷板机之前务必保证安全防护设施有效！

——小心：对本机的不规范操作可能引起人员伤亡或机器故障！

——危险：任何维护和修理之前务必切断所有动力来源！

——警告：切勿超负荷运行设备！

——警告：务必保持工作区间的畅通、地面清洁干燥！

——警告：任何人在使用卷板机之前，应保证操作者在操作之前：

- 接受卷板机安全使用的培训并执行有关安全指令。
- 阅读并理解卷板机的使用说明书，并遵守相关的法律和法规。

A.3 安全标志

在卷板机现场应按 GB 2894 的有关规定设置必要的禁止、警告、指令和提示的安全标志。标志牌的制作应符合 GB 2893 和 GB 2894 的规定。

附　录　B
（资料性附录）
操作人员培训指南

B.1　总则

为确保卷板机的安全使用，规范操作程序并指导制造者和使用者制订操作人员培训计划，特制定此操作人员培训指南。

B.2　理论培训

“告知”操作人员：让操作人员阅读并理解《使用说明书》和本标准的安全要求。向他们提供充分的口头和书面的培训资料。并对操作人员的理解程度进行评估和考核。

B.3　操作培训

向操作人员演示：让受训的操作人员观察有经验的操作人员做设备的操作示范演示。

B.4　操作实践培训

让操作人员“做”：在理论培训和操作培训完成之后，让受训的操作人员在严格的监督之下操作设备。

B.5　操作指导

在观察受训人员操作设备之后，若有必要，进行纠正不规范操作并提出改进建议。

B.6　工作实践

培训合格后向受训人员布置操作设备的任务并明确责任。

B.7　监督检查

使受训人员定期进行安全教育复习和操作培训，并监督检查操作人员遵守指令、操作规程和安全指南。

ICS 79.120.10
J 65

中华人民共和国国家标准

GB 30459—2013

木工机床安全　平刨床

Safety of woodworking machines—Hand fed surface planing machines

2013-12-31 发布　　2015-01-01 实施

中华人民共和国国家质量监督检验检疫总局
中国国家标准化管理委员会　发布

前　言

本标准第3章、附录A～附录E是推荐性的，其余为强制性的。

本标准按照GB/T 1.1—2009给出的规则起草。

本标准由中国机械工业联合会提出。

本标准由全国木工机床与刀具标准化技术委员会(SAC/TC 84)归口。

本标准起草单位：福州木工机床研究所、佛山市顺德区新马木工机械设备有限公司、邵武市振达机械制造有限责任公司、绍兴市三江机电有限公司、青岛金岭电器有限公司、高要市金汇机械有限公司。

本标准起草人：郑莉、郑宗鉴、马炳强、杨华、茹金木、王德兴、钟庆良。

木工机床安全　平刨床

1　范围

本标准规定了手动进给木工平刨床(以下简称机床)上去除危险和限制风险的要求和/或措施。

本标准适用于刨削实木、刨花板、纤维板、胶合板等材料的机床。

本标准不适用于手持式机床和台式机床(按 GB 13960.4 的规定)。

2　规范性引用文件

下列文件对于本文件的应用是必不可少的。凡是注日期的引用文件,仅注日期的版本适用于本文件。凡是不注日期的引用文件,其最新版本(包括所有的修改单)适用于本文件。

GB/T 3767—1996　声学　声压法测定噪声源声功率级　反射面上方近似自由场的工程法

GB/T 3768—1996　声学　声压法测定噪声源声功率级　反射面上方采用包络测量表面的简易法

GB 4208—2008　外壳防护等级(IP 代码)

GB/T 5013.1—2008　额定电压 450/750 V 及以下橡皮绝缘电缆　第 1 部分:一般要求

GB/T 5023.1—2008　额定电压 450/750 V 及以下聚氯乙烯绝缘电缆　第 1 部分:一般要求

GB 5226.1—2008　机械电气安全　机械电气设备　第 1 部分:通用技术条件

GB/T 6881.2—2002　声学　声压法测定噪声源声功率级　混响场中小型可移动声源工程法　第 1 部分:硬壁测试室比较法

GB/T 6881.3—2002　声学　声压法测定噪声源声功率级　混响场中小型可移动声源工程法　第 2 部分:专用混响测试室法

GB/T 6882—2008　声学　声压法测定噪声源声功率级　消声室和半消声室精密法

GB/T 10961—2010　木工机床　操作指示形象化符号

GB 12557—2010　木工机床　安全通则

GB/T 13569—2008　木工机床　平刨床　术语和精度

GB 13960.4—2009　可移式电动工具的安全　第二部分:平刨和厚度刨的专用要求

GB 14048.4—2010　低压开关设备和控制设备　第 4-1 部分:接触器和电动机起动器　机电式接触器和电动机起动器(含电动机保护器)

GB 14048.5—2008　低压开关设备和控制设备　第 5-1 部分:控制电路电器和开关元件　机电式控制电路电器

GB/T 14574—2000　声学　机器和设备噪声发射值的标示和验证

GB/T 15706—2012　机械安全　设计通则　风险评估与风险减小

GB 16754—2008　机械安全　急停　设计原则

GB/T 16855.1—2008　机械安全　控制系统有关安全部件　第 1 部分:设计通则

GB/T 16855.2—2007　机械安全　控制系统有关安全部件　第 2 部分:确认

GB/T 17248.3—1999　声学　机器和设备发射的噪声　工作位置和其他指定位置发射声压级的测量现场简易法

GB/T 17248.5—1999　声学　机器和设备发射的噪声　工作位置和其他指定位置发射声压级的测量环境修正法

GB 18209.1—2010 机械电气安全 指示、标志和操作 第1部分：关于视觉、听觉和触觉信号的要求

GB/T 18831—2010 机械安全 带防护装置的联锁装置 设计和选择原则

GB 18955—2003 木工刀具安全 铣刀、圆锯片

GB/T 19436.1—2013 机械电气安全 电敏防护装置 第1部分：一般要求和试验

GB/T 19670—2005 机械安全 防止意外启动

GB/T 20438.3—2006 电气/电子/可编程电子安全相关系统的功能安全 第3部分：软件要求

GB 23821—2009 机械安全 防止上下肢触及危险区的安全距离

GB/T 25078.1—2010 声学 低噪声机器和设备设计实施建议 第1部分：规划

EN 982:1996 机械安全 对流体系统及其部件的安全要求 液压装置

EN 983:1996 机械安全 对流动系统及其部件的安全要求 气动装置

3 术语和定义

GB 5226.1、GB 12557 和 GB/T 13569—2008 界定的以及下列术语和定义适用于本文件。

3.1 一般术语和定义

3.1.1

木工平刨床 handfed surface planing machine

该机床设计成用水平旋转的刀具来刨削木头或类似材料的表面，其刀具安装在用于固定和支承工件的两工作台之间，工件的较低面被刨削。

3.1.2

手动进给 hand feed

[GB 12557—2010，定义 3.3]。

3.1.3

可拆卸的机动进给装置 demountable power feed unit

[GB 12557—2010，定义 3.4]。

3.1.4

返弹 kickback

[GB 12557—2010，定义 3.12]。

3.1.5

起动时间 run-up time

[GB 12557—2010，定义 3.14]。

3.1.6

惯性运转时间 run-down time

[GB 12557—2010，定义 3.15]。

3.1.7

操作者位置 operator position

站着将工件向刀具进给的位置。

3.1.8

保证书 confirmation

[GB 12557—2010，定义 3.19]。

3.1.9

机械致动机构　machine actuator

[GB 5226.1—2008,定义 3.34]。

3.1.10

可移动机床　displace machine

该机床置于地面上,使用时是静止的,它装有一个能使机床在场所之间移动的装置,该装置通常是车轮。

3.1.11

安全的可编程逻辑控制器　safety programmable logic controller;PLC

按 GB/T 16855.1—2008 的要求设计的,用于安全的可编程逻辑控制器。

3.1.12

与安全相关的电气控制系统　safety related electrical control system;SRECS

控制系统的电气部分,其故障会增加危险。

3.2　机床主要零部件术语

机床主要零部件的术语见 GB/T 13569—2008 中的表 1。

4　危险一览表

危险一览表(见表 1)涉及本机床的所有危险:

——对于重要的危险,通过规定安全要求和/或措施,或者通过指示恰当的 B 类标准;

——对于不重要的危险,例如一般的、从属的或者次要的危险通过指示恰当的 A 类标准,特别是 GB/T 15706。

这些危险是通过 GB/T 15706—2012 附录 B 而提出的。

表 1　危险一览表

序号	危　　险	符合本标准的条文
1	**机械危险:**	
	——由机器部件或工件的下列要素引起的:	
	形状;	5.3.3、5.3.5、5.3.6
	相对位置;	5.2.2、5.3.5、5.3.6
	质量和稳定性(在重力的影响下可能运动的零部件的势能);	5.3.1、5.3.5
	机械强度。	5.3.5、5.3.6、5.3.7
	——由以下原因引起的位能积累:	
	弹性元件(弹簧);	5.3.6
	在压力下的液体或气体;	5.4.6、5.4.7
1.1	挤压危险;	5.3.7
1.2	切割或切断危险;	5.3.3、5.3.7
1.3	缠绕危险;	5.3.7
1.4	引入或卷入危险;	5.3.7
1.5	冲击危险;	5.3.5
1.6	高压流体喷射危险	5.4.6、5.4.7

表 1（续）

序号	危　险	符合本标准的条文
2	电气危险、产生原因包括：	
2.1	人体与带电部件的接触（直接接触）	5.4.4
2.2	人体与在故障条件下变为带电的零件的接触（间接接触）	5.4.4
3	由噪声产生的危险、导致：	
3.1	听力损失（耳聋）、其他生理障碍（例如失去平衡、失去知觉）	5.4.2
3.2	干扰语言通讯、听觉信号等	5.4.2
4	由机械加工时、使用的或排出的材料和物质产生的危险、例如：	
4.1	由于接触或吸入有害的液体、气体、烟雾和灰尘导致的危险	5.4.3
4.2	火或爆炸危险	5.4.1
5	机械设计时忽略人类工效学原则产生的危险：	
5.1	不健康的姿态或过度用力	5.2.2
5.2	不适当的考虑人的手臂或脚腿构造	5.3.6
5.3	工作场所的照明	6.3
5.4	人的差错、人的行为	6.3
5.5	手动控制的设计、位置或鉴定方法	5.2.2
5.6	可视显示装置的设计或位置	5.4.5、6.2
6	各种危险的组合	5.2.3、5.2.5、5.2.6、5.2.7、5.4.9、5.4.10
7	由于意外起动、意外运转/意外过速（或其他任何类似故障）产生的危险：	
7.1	控制系统的失效/故障	5.2.1、5.2.6、5.2.7
7.2	能源中断后的复原	5.2.6
7.3	电力设备的外部影响	5.2.1、5.4.8、附件 D
7.4	软件出错	附件 D
8	在正常情况下停止机床的不可能性	5.2.4、5.2.5、5.3.4
9	能量失效	5.2.6
10	控制电路失效	5.2.1、5.2.7
11	运转中断	5.3.2
12	机械零件或流体意外抛射	5.3.2、5.3.3、5.3.5
13	机器翻倒，意外失去稳定性	5.3.1

5　安全要求和/或措施

5.1　一般要求

机床的安全除应符合本标准的规定外，还应符合 GB 12557、GB/T 15706 的规定。

5.2 控制

5.2.1 控制系统的安全性和可靠性

5.2.1.1 一般要求

对本标准而言，有关安全控制系统包括从最初的装置，如操纵器或位置传感器到最终的机械致动机构或部件(例如电机)的输入端，例如电动机。以下安全控制部件应符合 GB/T 16855.1—2008 中表 10 的类别要求：

——起动：类别 1 或类别 3(见 5.2.3 和 5.3.4.2)；

——正常停止：类别 1 或类别 3(见 5.2.4)；

——紧急停止：类别 1 或类别 3(见 5.2.5)；

——联锁：类别 1(见 5.2.3、5.2.6、5.3.4.2 和 5.3.6.2)；

——带防护锁定装置的联锁：类别 1(见 5.2.4、5.2.5 和 5.3.6.2)；

——制动：类别 1 或类别 2(见 5.3.4)；

——动力源中断后意外起动的防止：类别 1 或类别 3(见 5.2.6 和 5.2.7)；

——制动释放：类别 B(见 5.3.4.1、5.3.4.2)；

——电机的关闭(安装了机械制动器并在特定情况下)：类别 1(见 5.3.4.1)；

——可拆卸式机械进给装置的电源插头与刨刀体的旋转联锁：类别 1 或类别 3(见 5.2.3)；

——停止-运转控制器：类别 1 或类别 3(见 5.2.3)；

——平刨工作台的机动调节装置：类别 B、类别 1 或类别 3(见 5.2.3)。

一种以上的类别的相关信息，在引用的章节中给出。

这些控制系统至少应采用“经验证”的元器件和“经验证”的原则予以设计和制造。

5.2.1.2 “经验证”元件的使用

本标准中“经验证”的元件和原则是指：

a) 电气元器件应符合相应国家标准、行业标准的规定，包括下列元器件：

——强制切断的控制开关(用于联锁的防护装置中作为机械操作的位置传感器)和用于辅助电路中的继电器应符合 GB 14048.5—2008 的规定；

——用于主电路上的电气机械式接触器和电动机起动器应符合 GB 14048.4—2010 的规定；

——橡胶绝缘电缆应符合 GB 5013.1 的规定；

——通过固定(例如安装在机床床身内部)以防止机械损坏的聚氯乙烯电缆应符合 GB/T 5023.1 的规定。

b) 在电路原则方面，应符合 GB 5226.1—2008 中 9.4.2.1 规定的前四种措施，电路应硬接线。若有关安全控制系统中采用电子元器件，则应符合 GB 5226.1—2008 中 9.4.2.2 中的要求。

c) 机械的零部件应符合 GB/T 15706—2012 中 6.2.5 的规定。

d) 防护装置用机械操作的位置传感器如采用强制作用的模式，它的安排和连接以及凸轮设计和安装应符合 GB/T 18831—2010 中 5.2 和 5.3 的规定。

e) 气动和液压元器件及系统应分别符合 EN 983:1996 和 EN 982:1996 的规定。

检验方法：检验相应图样(包括电路图)并在机床上进行检验；应提供元器件制造者出具的所有元器件符合相应标准的保证书。

5.2.1.3 电子元件的使用

电子元件的使用见附录 D。

检验方法:检验相应图样和/或电路图,测量和检查机床并在机床上做功能试验。

5.2.2 操纵器的位置

用于机床起动、正常停止、急停和机动工作台的调整(如果安装见 5.2.3)的主要电气控制操作件应位于:

——工件的输入端,离地高度一般不低于 600 mm,至少低于工作台上表面 50 mm;

——安装在机床上的固定或移动的操作面板,其操纵器一般不高于地面 1 800 mm,其前面与工件输入端工作台边缘的距离一般不超过 650 mm,且在操作者的那侧不应凸出工作台外。

检验方法:检验相应图样和/或电路图,测量和检查机床。

5.2.3 起动

在机床起动或重新起动之前,所有的联锁防护装置应就位并起作用。“安全防护装置就位并起作用”是由 5.3.6 中联锁装置的安排而实现的。无联锁的防护装置,起动前的导向调节措施见 6.3。

起动或重新起动只有当引发起动控制装置时才能进行。

对于电气控制机床,应采用 GB 5226.1—2008 的 9.2.5.2 的规定,并且:

——本标准中的“运转”是指刨刀体的旋转和/或动力调节。

——可拆卸的机动进给装置(如果安装)的起动,只有当刀具主轴电机全速下运转时才能起动。若采用失效安全技术的时间继电器,应满足 GB/T 16855.1—2008 中 3 类的要求。

——控制电路应满足起动顺序的要求。若使用时间继电器,其延时时间至少等于起动时间。时间继电器应是固定的或其延时调整装置是密封的。

当工作台为机动调节,应为停止-运转控制模式。

对于带工作台调节预调电子控制的机床:

——工作台的调节速度不大于 10 mm/s,且起动为 GB/T 16855.1—2008 中的 B 类控制器。

——工作台的调节应由操作者引发,其控制电路应满足 GB/T 16855.1—2008 中的 3 类的要求。

当动力调节程序结束时应切断调整操纵器的动力,再进行调节时再重新引发。

起动和重新起动的控制电路的类型(见 5.2.1),以及可拆卸的机动进给装置(如果安装)的控制电路和类型,应符合 GB/T 16855.1 的要求,并至少为以下类型:

a) 若控制电路为硬接线,则为类别 1;

b) 若控制电路为电子元件,则为类别 3;

用于停止-运转控制的控制电路应符合 GB/T 16855.1 的规定,且至少为:

a) 若控制电路为硬接线,则为类别 1;

b) 若控制电路为电子元件,则为类别 3。

检验方法:检查相应图样和/或电路图;检查机床并机床上做功能试验。

5.2.4 正常停止

5.2.4.1 一般要求

机床应装有一个停止控制系统,可将机床和可拆卸的机动进给装置(如果安装)安全彻底地停止下来。停止操作应包括机床上所有致动器的动力切断,并引发制动。(如果安装见 5.3.4)。

正常停止控制系统应符合 GB 5226.1—2008 中 9.2.2 的规定,并为:

a) 机床上若装有一个电气制动器,应按 GB 5226.1—2008 中 9.2.2 中的 1 类。

b) 其他情况应按 GB 5226.1—2008 中 9.2.2 中的 0 类。

当装有 1 类停止操纵器时,正常停止顺序应为:

——同时切断可拆卸式机动进给装置、刀轴驱动电机和工作台电子预设动力调节的动力，引发制动；

——刀轴停止旋转后切断到制动器的动力。可通过采用时间继电器，并应满足 GB/T 16855.1—2008 中 3 类的要求。

控制电路应满足正常停止顺序的要求。若制动器使用一时间继电器，则延时至少等于最小的制动时间。时间继电器应是固定的或其延时调整装置是密封的。

正常停止的控制电路的类别(见 5.2.1)应符合 GB/T 16855.1 的规定，且至少为：

a) 若控制电路为硬接线，则为类别 1；

b) 若控制电路为电子元件，则为类别 3。

若机床上安装可拆卸的机动进给装置或电插头连接至一个可拆卸的机动进给装置，应按 GB 5226.1—2008的 9.2.2 要求安装独立的正常停止控制器，且只用于该装置。

检验方法：检查相应图样和/或电路图，检查机床并在机床上做功能试验。

5.2.5 紧急停止

带有可拆卸的机动进给装置或电插头连接至一个可拆卸的机动进给装置，或电子预调工作台高度的机床，均应按 GB 5226.1—2008 的 9.2.5.4.2 和 10.7 的要求安装一自锁定式的急停装置。

此外，还应满足以下要求：

若机床装有一个机械式制动器，则急停功能应满足 GB 16754—2008 中 4.1.4 中的 0 类，急停控制电路应按 GB 5226.1—2008 中 9.2.2 中 0 类的要求，并应完全满足 GB 5226.1—2008 中 9.2.5.4.2 的要求。

若机床装有一个电气式制动器，则急停功能应满足 GB 16754—2008 中 4.1.4 中 1 类，急停控制电路应按 GB 5226.1—2008 中 9.2.2 中 1 类的要求，并应完全满足 GB 5226.1—2008 中 9.2.5.4.2 的要求。

引发紧急停止时，紧急停止的顺序与正常停止顺序相同(见 5.2.4)。

控制电路应满足紧急停止顺序的要求。若制动器使用一时间继电器，则延时至少等于最小的制动时间。时间继电器应是固定的或其延时调整装置是密封的。

紧急停止的控制电路的类别(见 5.2.1)应符合 GB/T 16855.1 的规定，且至少为：

a) 若控制电路为硬接线，则为类别 1；

b) 若控制电路为电子元件，则为类别 3。

检验方法：检查相应图样和/或电路图，检查机床并在机床上做功能试验。

5.2.6 动力源故障

应符合 GB/T 19670—2005 的要求，动力源中断复原后，不能自动重启任一机床致动机构。对于电驱动的机床，应对电源中断随后复原的重新起动按 GB 5226.1—2008 中 7.5 的第 1 段和第 3 段进行防护。

对于气压和/或液压中断后复原可能发生危险运动，则复原后不能重新起动。

检验方法：检查相应图样和/或电路图，检查机床并在机床上做相应功能试验。

5.2.7 控制电路失效

应符合 GB/T 19670—2005 第 6 章，控制电路中线路的中断(如电线、管道等的断裂)不会导致安全功能的失效。

控制电路的要求见 5.2.1。

5.3 机械危险的防护

5.3.1 稳定性

机床的结构应能将固定式机床及其辅助设备固定在地面或其他稳定的结构(例如在机床底座上的孔或其他必要的固定装置)上,见6.3f)。

移动式机床应也配备使其在加工中稳固的装置(如提供车轮制动)或能将轮子从地面上收起的装置。

检验方法:检查相应图样,检查机床并在机床上作功能检验和附录C的相应试验。

5.3.2 运转中的断裂危险

按5.3.3和5.3.5.1的要求降低加工过程中断裂的可能性。按5.3.6和5.3.7的要求降低加工中断裂引起的危险。

检验方法:检查相应的图样。

5.3.3 刀夹和刀具的结构

机床的刀轴必须是圆柱形装配式结构(其定义见GB 18955—2003中3.5和3.15)。并按GB 18955—2003中7.3的要求标注"MAN或手动"。

刀具不能自动定位的机床应提供用于正确定位的调刀器。

检验方法:检查相应的图样并检查机床。

5.3.4 制动

5.3.4.1 一般要求

5.3.4.1.1 当不制动的惯性运动时间超过10 s,应在刀轴上设置一个自动的制动器。制动器制动的时间应小于10 s。

5.3.4.1.2 当机床上安装机械制动器时,GB 5226.1—2008中9.3.4的最后一段不适用,且在主轴惯性运动期间不能释放制动(例如通过致动操纵器和制动器释放之间的延时来实现)。

5.3.4.1.3 对于电气制动系统,不可使用反接制动。

5.3.4.1.4 采用有电子元件的电气制动系统时,制动控制系统应至少符合GB/T 16855.1—2008中2类的要求,并应定期测试控制系统,如通过监测制动时间或在起动时监测制动的电流环路(短暂制动)。测试应在以下条件下进行:

a) 不受制动控制系统的影响;

b) 不受操作者的影响;

c) 每班至少一次。

测试后应提示否定(失效)的测试结果。若测试结果连续被否定3次以上,则不能操作机床。

若危险性失效的概率(PFH)少于3×10^{-6},可以使用5.2.1中的简单的制动器(不使用程序控制器),并符合GB/T 16855.1—2008中B类的要求。

应按GB/T 16855.1—2008的附录D计算平均危险失效时间(MTTF),并按GB/T 16855.1—2008的附录K查出PFH值。

检验方法:按GB 12557—2010中5.3.4.2和5.3.4.3的要求测试不制动的惯性运动时间、起动时间和制动时间。

5.3.4.2 制动释放

在装有一个控制器用以释放主轴制动器，以便用手转动和调整刀具的场合，制动器的释放只有当主轴完全停止运转才可进行(例如通过在控制操作和制动释放之间设置的时间继电器，时间继电器应满足GB/T 16855.1—2008 中 3 类的要求)。制动释放致动器应与刀轴驱动电机联锁，防止制动释放时起动该电机。用于制动的控制系统有关安全部件应符合 GB/T 16855.1—2008 中的 1 类或 3 类的要求(见 5.2.1)。

应满足下列要求防止机床的意外起动：

a) 制动复位后才能起动机床；

b) 制动的复位不能引发机床的起动。

用联锁的控制电路的类别应按 GB/T 16855.1—2008 中 1 类或 3 类的要求。

检验方法：检查相应图样和/或电路图，检查机床并在机床上作功能试验。

5.3.5 工件的支承与导向装置

5.3.5.1 对工作台的要求

工作台应符合下列要求：

a) 机床后工作台的垂直调整限制在刀轴切削圆直径以下 1.1 mm；

b) 切削深度超过 1 mm 的机床应设置前工作台垂直方向的调整装置；

c) 前、后工作台平面床按 GB/T 13569—2008 中 G1 规定；

d) 设置前工作台垂直调整装置的机床，应在整个调整范围上保持与后工作台台面的平行度(按GB/T 13569—2008 中 G2 规定)；切削深度不应超过 8 mm (带裁口的机床除外)；

e) 工作台应用轻合金、铸铁或钢制造。其抗拉强度不低于 200 N/ mm^2；

f) 工作台唇板应坚固；

g) 工作台应是：

1) 无论工作台调整到任何高度，工作台唇板与切削圆之间的径向距离为 3 mm±2 mm(见图 1)；

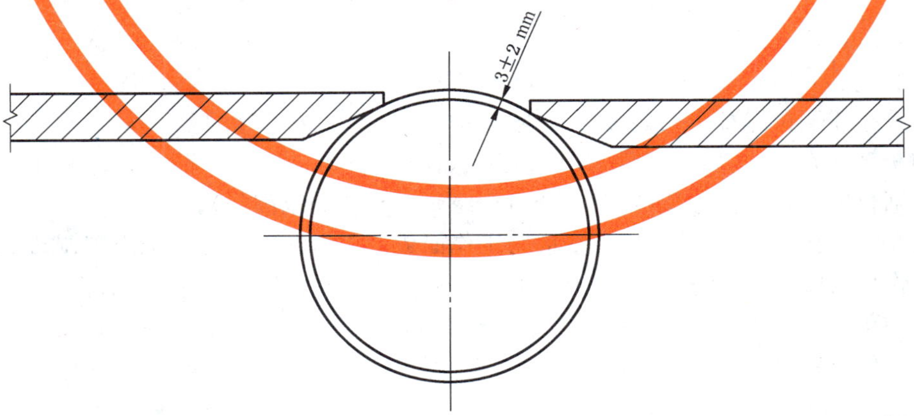

图 1 工作板唇板与切削圆之间的距离

2) 工作台或工作台唇板有开槽的(为了降噪)，槽宽度不得超过 6 mm，长度不得超过 15 mm；齿的宽度最少 6 mm，齿顶厚度最少 1.5 mm，齿底的厚度最少 5 mm(见图 2)；

3) 当工作台或工作台唇板被钻孔(以降噪)时，孔的直径不能使直径 6 mm 的圆棒通过；

单位为毫米

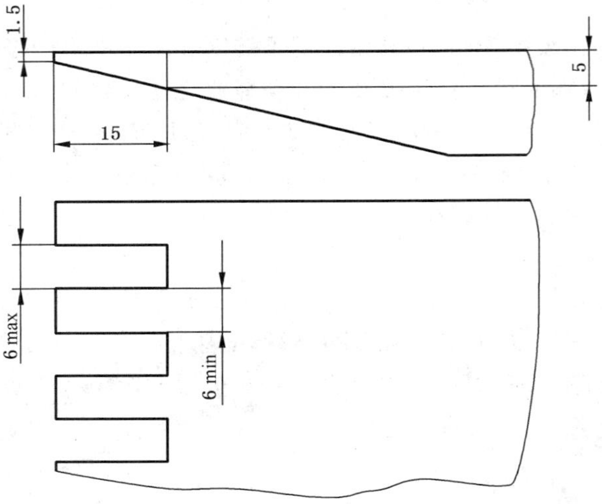

图 2 工作台唇板的开槽

h) 工作台的尺寸，按表 2 的规定。

表 2 工作台的尺寸

单位为毫米

最大加工宽度 B	前后工作台端部与刀轴回转轴之间的距离
≤600	$2B$
>600	1 200

检验方法：检查相应图样，测量、检查机床并按 GB/T 13569—2008 的 G1、G2 检测并按附录 B 进行试验。

注：最大抗拉强度见制造商的保证书。

5.3.5.2 工件的导向

机床应装有一个导向板，且符合下列要求：

a) 导向板在任意位置都不能接触刨刀体。

b) 导向板连接在机床上，对于最大加工宽度大于 160 mm 的机床，不必借助工具，导向板应在整个刀轴长度上在侧向可调(除前工作台边缘 160 mm 的范围外)。

c) 若装有可倾斜导向板，其标准位置应与工作面成 90°，其运动应由一挡块限制，运动的极限是从前工作台的端部看，应离正常位置顺时针方向 45°。不允许任何逆时针方向的运动。

d) 当导向板位于垂直位置时，后工作台与导向板的较低面之间的距离不应超过 5 mm；当导向板位于其他位置时，则不应超过 10 mm。

e) 导向板应能在任意位置锁住。

f) 导向板的高度和长度的最小值与有效加工宽度的关系按表 3 的规定。

表 3 导向板的尺寸

单位为毫米

有效加工宽度 W	主轴线两端的最小导向板长度 b	导向板高度 c
W≤260	b≥1.15W	c≥120
W>260	550	c≥150

g) 如安装了用于狭料加工的整体辅助导向板(见图 3),其高度在 20 mm～25 mm 范围内,其宽度应大于 55 mm,长度至少等于导向板的长度。若其与主导向板相连,应采取防护措施(如安装锁紧装置或利用重力作用)防止其因意外从静止位置掉落到加工位。辅助导向板在任意位置均不可与刀具接触。

若机床采用可拆卸式机动进给装置,则该装置的安装不可限制导向板的调节。

检验方法:检查相应的图样,在机床上检验测量和并作功能试验。

单位为毫米

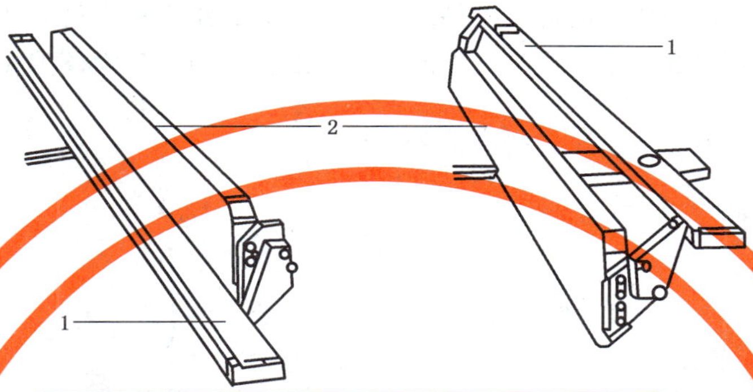

说明:

1——辅助导向板;

2——主导向板。

图 3 辅助导向板的实例

5.3.6 对进入机床运动零、部件的防护

5.3.6.1 刀具的防护

5.3.6.1.1 一般要求

导向板的前面(见 5.3.6.1.2)与后部(见 5.3.6.1.3)的防护装置,在不使用工具时无法将其从机床上拆除。

检验方法:检查相应的图样,检查机床并在机床上作功能试验。

5.3.6.1.2 在导向板前面的安全防护

刀具应由固定在机床上一个带或不带自调的可调的桥式防护装置来防护。例如固定在机床后工作台的床身上。并满足下列要求:

a) 无需借助工具就能对防护装置进行调整;

b) 应能手动或自动调整防护装置,使其与导向板之间的间隙不大于 6 mm,并覆盖刨刀体导向板前面的全部暴露长度,这与导向板和工作台的位置无关;

c) 防护装置的桥面应是中凸的,或平的,应设计成:加工中人手的部分能与工件保持接触,防护装置的上表面应是平滑没有突出物;

d) 防护装置的下表面应设计成:当防护装置被压到工作台台面时,其不能与刀轴接触;

e) 防护装置应设计成:不用拆卸就能进行换刀;

f) 防护装置或其桥板应坚固,抗振及抗压;

g) 防护装置的桥板应由胶合板、轻合金等材料制成,当与刀具接触时,防护装置和刀具都不会崩裂;

h) 在任意位置,不借助工具,均可将桥式防护装置的桥板水平锁紧,且当导向板受到一个 80 N

的水平方向的力作用时，桥板还能保持在锁紧位置上；

i) 防护装置高度方向能在离后工作台台面 0 mm～75 mm 无级可调。防护装置被压下后应能自动返回到预先调整的位置(例如通过一个弹簧加载)；

j) 在最低位和整个调整范围内：

——当前、后工作台处于最大开口位置(应考虑可能出现的偏差)时，防护装置应能覆盖住与工作台唇板相切的两个垂直平面围出的区域；

——在最低位置时，桥板所覆盖的区域是从工作台唇板在前工作台加至少 5 mm 至后工作台；

——在前工作台边的桥板的边与工件的上表面之间的距离最大值为 2 mm (见图 4)；

——在后工作台边的桥板的边与工件的上表面之间的距离最大值为 4 mm (见图 4)；

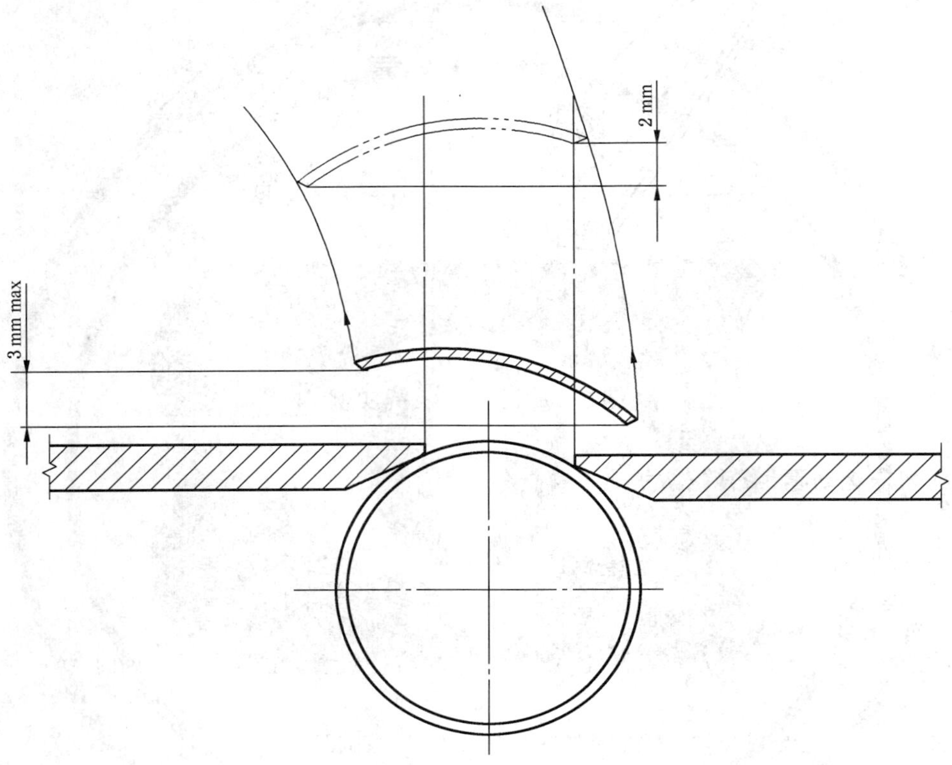

图 4　桥板防护装置实例

k) 防护装置的所有调整装置均应在操作者正常工作位置上可达并在刀轴的 1 m 之内；

l) 桥板的下表面应不妨碍对工件通过整个机床；

m) 防护装置突出机床部分不得超过 550 mm；

n) 防护装置的最大宽度：

——刀体长度小于或等于 350 mm 的机床为 100 mm；

——刀体长度大于 350 mm 的机床为 120 mm；

o) 自调式的防护装置应安装在前工作台一侧，并带引入装置，该装置在自调时，应向导向板方向施加 15 N～30 N 的水平方向的力。

为实现在规定的力下的平稳导向，引入装置应为：

——固定在防护装置上；

——伸出导向板或工作台部分不超过 30 mm(见图 5)；

——引入边缘的形状应按图 6 的尺寸要求安装。

检验方法：检查相应图样和/或电路图，检查机床并在机床上作功能试验并通过 A.2、A.3 和 A.4。

单位为毫米

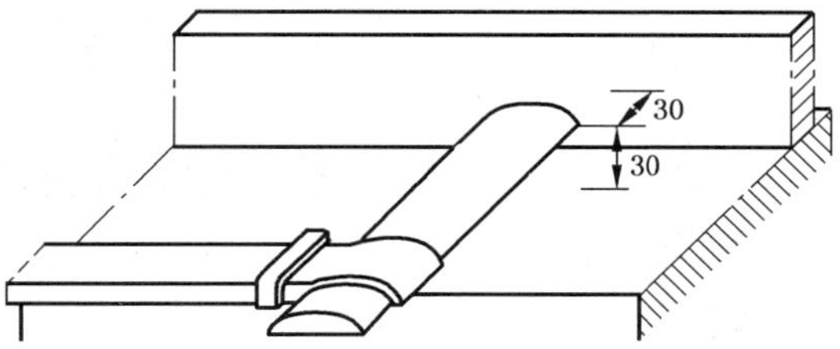

图 5 引入装置实例

单位为毫米

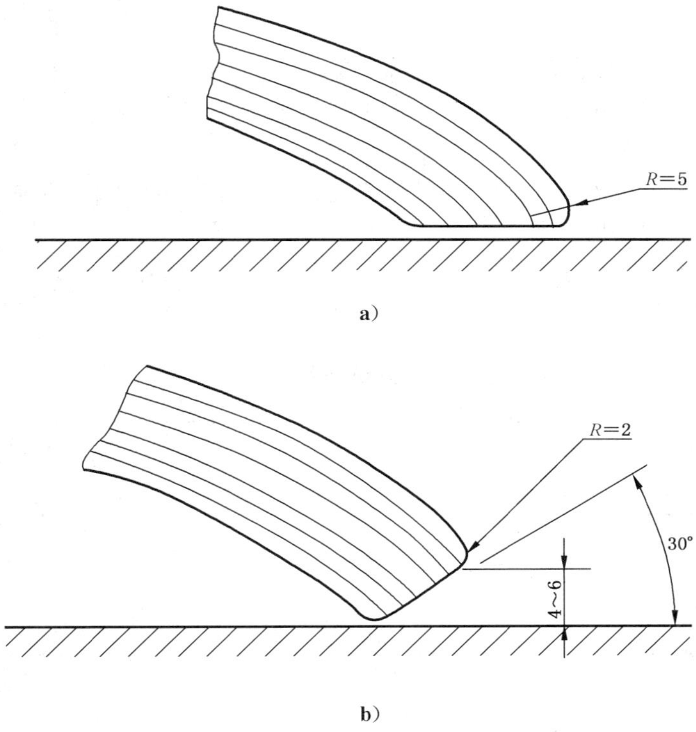

图 6 引入边缘的设计

5.3.6.1.3 在导向板后部前面的安全防护

能从导向板后面进入刀轴的部分应由一固定在导向板上或是固定在导向板支承上防护装置来防护。这防护装置应做成：

——随导向板移动；

——能覆盖刀体的全长和直径；

——不能与刀片相接触；

——导向板与固定式防护装置在后部的间隙(例如由导向板倾斜产生)应符合 GB 23821—2009 中表 4 的要求。

检验方法:检查相应图样,测量和检查机床并在机床上作相应功能试验。

5.3.6.2 **传动的防护**

防止接触刀轴的驱动机构应做到：

——固定式防护装置；或

——在用于维修和调节时需经常接触传动装置处，用带传动装置锁紧的可调式防护装置。

检验方法：检查相应的图样，在机床上检验测量和作功能试验。

5.3.6.3 **可拆卸的机动进给装置**

如果机床上安装可拆卸式机动进给装置，应放在机床后面，见5.3.5.2。

检验方法：检查相应的图样，检查机床。

5.3.7 **防护装置的特性**

刀具的防护装置除在导向板前面的防护装置外，应使用下列材料之一制造：

a) 钢，抗拉强度大于或等于350 N/mm^2，壁厚大于或等于1.5 mm；

b) 轻合金，应按表4的规定；

c) 聚碳酸酯，壁厚大于或等于3 mm；或其他塑性材料，其抗冲击强度大于或等于3 mm厚的聚碳酸酯的抗冲击强度(如聚乙烯、聚酯、聚氯乙烯、有机玻璃)；

d) 铸铁，抗拉强度大于或等于200 N/mm^2，壁厚大于等于5 mm；

检验方法：检查相应图样，测量并检查材料制造者提供的抗拉强度的保证书。

表4 轻合金刀具防护装置材料特性

抗拉强度下限 N/mm^2	最小壁厚 mm
180	5
240	4
300	3

5.3.8 **安全附件**

在所有机床上，使用应提供手持式推块(见图7)。机床上应有收藏手持式推块的措施。推块可用塑料、木头或木制品制造。

检验方法：检查相应的图样和/或电路图，在机床上检验。

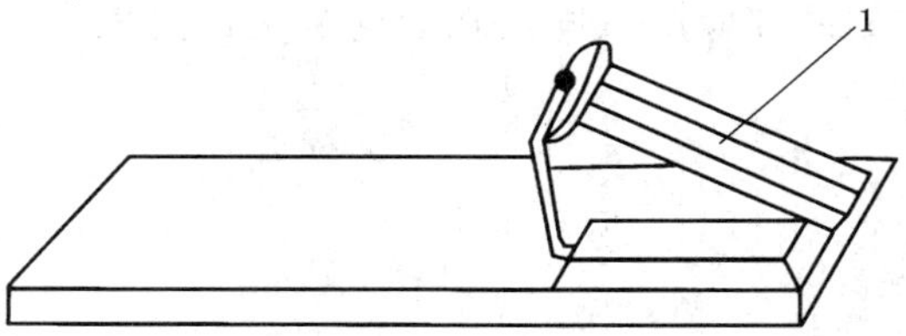

说明：

1——手持式推块。

图7 推块

5.4 非机械危险的防护

5.4.1 火和爆炸

为了避免和最大限度地减小火和爆炸危险，应满足5.4.3和5.4.4的要求。

按5.3.5.1g)1)的要求避免刨刀片与工作台唇板接触导致的电火花。

5.4.2 噪声

5.4.2.1 设计阶段的降噪

设计机床时，应考虑GB 12557—2010的附录B和GB/T 25078.1—2010中在噪声源方面控制噪声的信息和技术测量。

5.4.2.2 噪声测量

5.4.2.2.1 空载噪声声压级限值及测量

机床在空运转条件下，测定出的机床噪声最大声压级不得超过GB 12557—2010中表4的规定。

测量噪声时的机床工作（运转）条件按附录C的规定。

测量方法按GB 12557—2010中5.4.2.2.2的规定。但环境修正系数K_{2A}或局部环境修正系数K_{3A}应小于或等于4 dB(A)。

局部环境修正系数K_{3A}应按GB/T 17248.5—1999中的A.2计算。

5.4.2.2.2 噪声声功率级的测定

在本标准实施2年之内，应进行机床噪声声功率级的测定。测出的机床噪声声功率级连同工作（运转）条件及测定方法记入机床的使用说明书。

测定方法按GB 12557—2010中5.4.2.2.2和本标准的附录E的规定。传声器的位置应为9个。

5.4.2.3 噪声声明

见6.3m)。

5.4.3 木屑、粉尘和有害气体的排放

应采取措施从机床中吸出粉尘和木屑。在机床上设置有吸尘管接头以便机床与吸尘系统相连接。

注：为了保证木屑和粉尘从其原始点被输送到收集系统，建议吸尘罩、导管、挡板的结构应满足抽出的气体在导管中的速度为20 m/s（对于含水率小于等于18%的木屑）和28 m/s（对于含水率大于18%的木屑）。

静电见5.4.10。

注：若满足表5中的指标，可使用低速排放。

表5

设计特征	排放管最小直径 mm	最小气流速度 m/s	最小气流量 m^3/h
刨削宽度			
$W \leqslant 300$ mm	100	20	565
$300 < W \leqslant 520$ mm	120	20	815
$W > 520$ mm	140	20	1 110

见 6.3k)。

检验方法:检查相应图样,在机床上作检验。按附录 E 要求的运转机床(不与吸尘系统连接)。在各接口处用烟雾检查机床是否在吸尘装置的入口处产生气流并流向与之相连的出口。连接吸尘系统后,测量机床在给定气流下压力的减少值。

5.4.4 电气设备

均执行 GB 5226.1 的规定,除非本标准中另有规定。

直接接触的电击防护要求应按 GB 5226.1—2008 中 6.2,间接接触的电击防护应按 GB 5226.1—2008 中 6.3,短路保护和过载保护应按 GB 5226.1—2008 中第 7 章的规定。保护接地应按 GB 5226.1—2008 中第 8 章的规定。控制装置的外壳和电动机的防护等级应符合 GB 4208—2008 中 IP54。

尤其下列 GB 5226.1 中的条文应予满足:

——第 6 章电击防护要求;

——第 7 章电气设备的防护;

——第 8 章等电位联接;

——第 13 章导线和电缆;

——第 14 章配线技术;

——第 15 章电动机及有关设备。

电气的护壳不应暴露在刀具和工件抛射的风险中。带电体应不能进入其中(见 GB 5226.1—2008 中 6.2.2)。若按 GB 5226.1—2008 中 7.2.2 的要求设有过流保护的电路,则不存在火灾的风险。

检验方法:检查相应图样(包括电路图)和制造者的保证书,在机床上按 GB 5226.1—2008 作相应检验。

5.4.5 人类工效学和安全搬运的要求

应符合 GB 12557—2010 中 5.4.5 的要求。

工作台离地高度为 750 mm~900 mm。

当桥式防护装置的调整未锁紧时,在支撑位将其移开的力应不大于 5 N。

用于调节桥式防护装置的控制手柄的最大角位移为 35°。

用于将桥板向上或向下调整的力应不大于 35 N。

装液体的容器、压缩气体罐和润滑装置应朝向或放置在便于填装者处,且排放管应容易触及。

重量超过 25 kg 且要求在正常使用中需用提升装置提升的机床零部件,应有必要的辅助装置来配合提升装置的安装。

如果机床上安装有指示刨削厚度的刻度尺,其设计与定位应保证调节后的刨削厚度直接并易于指示,如安装一个放大镜。

检验方法:检查相应的图样和/或电路图,测量并在机床上检查。

5.4.6 气动装置

安装气动装置的机床,应按 EN 983:1996 规定,见 5.2.6、6.1、6.2 和 6.3。

检验方法:检查相应的图样和/或电路图,并在机床上检查。

5.4.7 液压装置

安装液压装置的机床,应按 EN 982:1996 规定,见 5.2.6、6.1、6.2 和 6.3。

检验方法:检查相应的图样和/或电路图,并在机床上检查。

5.4.8 电磁兼容性

机床应按 GB 5226.1 的要求，具有足够的防电磁干扰的能力，使其安全操作。

注：机床使用 3C 认证标志的电气元件，且此类元件是按其生产厂家要求进行安装的，则认为该机床可防外界电磁干扰。

带电子元件的控制系统见附录 D。

检验方法：检查相应的图样和/或电路图，并在机床上检查。

5.4.9 能量输送的切断

机床电源供应应按 GB 5226.1—2008 中 5.3 的规定，由隔离开关来控制。

若机床装有电气制动器，隔离开关应按如下条件之一安装：

a) 带阻断装置，且只有当手动跳过该阻断装置后才能关闭切断开关；

b) 切断开关不应与起动操纵器和停止操纵器安装在机床或面板上的同一侧。

装有液压装置或气动装置的机床，应采用电的切断开关进行切断。

气源使用一快速作用离合器，当机床切断(可部分切断)时，可按 EN 983:1996 不要求锁紧，以使断开的离合器能按 GB/T 19670—2005 中 3.2 的要求在任意时候由操作人员进行转换。

若机床带有液压系统，其切断开关则应满足下列条件之一：

a) 按 GB 5226.1—2008 的 5.3 要求切断液压驱动电机；

b) 装有切断开关，如装有一个符合 EN 982:1996 的要求的阀，该阀能将其在断开位置锁紧。

当残余能量储存在储存器或管道等场合，应提供卸下残余压力的措施。这些措施包括一个阀，但不包括任何管道的切断。

检验方法：检查相应的图样，在机床上检验测量和作功能试验。

5.4.10 静电

若机床上安装了吸尘用软管，则这些软管应接地。

检验方法：检查相应的图样，在机床上检验。

6 使用信息

6.1 一般要求

见 GB/T 15706—2012 中 6.4 和 GB 18955—2003 第 8 章的规定。

应显示制动系统的失效信息。

检验方法：检查相应的图样，在机床上检验。

6.2 标志

按 GB/T 15706—2012 中 6.4.4 的规定及下列要求：

在机床的使用期内，以下信息应永久、清晰地标注在机床上，可直接刻在机床上(如雕刻、蚀刻)或使用标志、铭牌等(如用铆钉、粘贴)永久地固定在机床上(按 GB 12557—2010 中 6.2 的规定)：

a) 生产厂名、厂址；

b) 生产日期；

c) 机型或设计系列；

d) 生产编号；

e) 额定参数(按 GB 5226.1—2008 中 16.4 的要求的电气生产厂家强制规定的额定电压、相数和功率)；

f) 若安装气动/液压系统，应提供额定压力值；

g) 若安装气动/液压系统切断开关，应通过标志或形象化指示符号标注其功能、定位和操纵位置，若机床装有气/液源，且通过电气切断开关不能切断气/液源，则应在电气切断开关附近设置一个永久警告标牌，在上面写着：电气切断开关不能切断气/液源。

标明额定压力值和切断开关(如果安装)的标志或图形符号，应放置在机床上相应的切断开关附近。

机床的操作指示形象化符号应按 GB/T 10961 的规定。

与操纵致动器相关的形象化指示符号应按 GB 18209.1—2010 的表 6。

刀具的标志应符合 GB 18955 的要求。

检验方法：检查相应图样；在机床上检验。

6.3 使用说明书

按 GB 12557—2010 中 6.3 的规定，此外至少应包括下列内容：

a) 按 6.1 和 6.2 的要求，重述标志、图形符号和机床上的其他说明内容，如有必要，应提供这些内容的含义。

b) 机床的使用范围。

c) 有关遗留风险的警告，如粉尘、噪声、接触刀体、返弹等。

d) 按 GB/T 15706—2012 中 6.4.5.1d)要求的安全使用信息。

e) 机床适用刀具的加工范围、型式、尺寸，包括机床应使用锋利刀具的警告语。

f) 固定式机床与地面固定的方法说明。

g) 可移动机床的移动方法及在加工中稳定的方法。

h) 操作者应进行充分培训，并掌握正确使用、调整、操作机床的方法，也包括在设置和加工中的警示，如：

   1) 当操作者不在时应停止加工；
   2) 保证机床所在的地面及周围平整、维护良好且无松散材料，如木屑和切下物等；
   3) 机床故障报告，包括防护装置或刀体故障；
   4) 定期清洁、维护、吸尘，避免发生火灾；
   5) 设置与加工原理，包括桥式防护装置和工件导向装置的正确使用、调整；
   6) 刨削时的安全工作方法；
   7) 对小型件刨削和裁口时，辅助导向板的使用方法；
   8) 电源切断的方法；
   9) 刀片锁紧螺母达到最佳扭矩的方法，及在无自动定位刀片的机床上，调刀器的固定和定位刨刀片的方法；
   10) 加工前检查防护装置的就位；
   11) 使用推块的方法，及推块形状的修正方法；
   12) 加工特殊工件时使用适合的夹具；
   13) 按相关法规，使用个人保护设备，如护耳、护眼装置等。

i) 提供充足的照明；

j) 安装和维护要求中应包括要检验的设备清单、检验频次及检验方法，至少包括以下内容：

   1) 检查急停装置(若安装)——进行功能试验；
   2) 联锁的防护装置——依次打开每个防护装置停机，以验证当防护装置打开时，机床无法起动；
   3) 制动装置——进行功能试验检查机床的制动时间是否在 10 s 以内；

4) 以上条件均符合时,才能使用机床。

k) 要求只有连接了有效的吸尘系统时,才能使用机床。

l) 安装到机床上吸尘装置的下列有关信息:

——风量,m^3/h;

——各连接管的压降(建议提供),Pa;

——吸尘管中建议的空气速度,m/s;

——各吸尘管接头的断面尺寸和结构细节(建议提供)。

m) 按5.4.2.2给定的方法测定气动力噪声的声明(按GB 12557—2010中6.3的要求)。噪声声明应附有所采用的测量方法和检验时机床工作(运转)条件的说明,及相应的不确定度数值(用双数字声明的形式,其定义在GB/T 14574—2000中),不确定度 K 的数值规定如下:

4 dB 当使用GB/T 3768—1996和GB/T 17248.3—1999时;

2 dB 当使用GB/T 3767—1996、GB/T 6881.2—2002、GB/T 6881.3—2002时;

1 dB 当使用GB/T 6882—2008时。

举例如下:

噪声声功率级 $L_{WA}=93$ dB(测量值)

不确定度 $K=4$ dB

测量方法按GB/T 3768—1996。

如果要核查噪声声明中排放值,则应采用与声明中相同的测定方法和工作(运转)条件。

在使用说明中的噪声声明应附下列说明:

"这里给出的数值只是排放值而不是安全工作数值。排放值能使使用者较好地评价风险,但不能作为是否需要进一步采取防护措施的依据。排放值和暴露值之间存在修正关系,影响暴露值的因素包括工作间的特性、其他噪声源等,例如机床的数量,其他的邻近加工"。

n) 机床的维护只有在切断动力源的情况下才可以进行。

o) 按GB/T 15706—2012中6.4.5.1e)列出维修清单,包括时间表。

p) 换刀前,应切断机床动力。

q) 安全清洗的有关要求。

r) 如果机床上安装了气动/液压系统及相关系统,应提供残余能量的安全释放方法。

检验方法:检查使用说明书和相应图样。

附 录 A
（规范性附录）
桥式防护装置试验

A.1 一般要求

以下试验应按顺序进行。

A.2 压力试验

将桥式防护装置平放在工作台上凸起的最高处，并通过一长度为 75 mm 的平面向防护装置施加垂直力 $F=400$ N。

试验后如果该防护装置没有永久性变形，并能通过 A.3、A.4 给定的试验，且满足 5.3.6.1.2 和5.4.5，则认为它通过了该试验。

A.3 冲击试验

桥式防护装置平放在工作台凸起的最高处，并能承受一个质量为 8 kg 的物体从 500 mm 下落所产生的冲击力。

试件的接触表面应用尺寸为 200 mm×100 mm（刀体轴线的方向，长度为 200 mm）的松木制造。试件的接触表面应平整，边缘应有倒角。

试验后如果该防护装置没有任何可见的损坏迹象，并能通过 A.4 的试验，且满足 5.3.6.1.2 和5.4.5 的要求，则认为它通过了该试验。

A.4 强度试验

在桥式防护装置的末端，在工作台面内施加一与刀体轴线垂直的力 F，大小为 135 N，试验中防护装置的最大变形量，不得超过图 A.1 的规定数值。

试验后，防护装置应满足 5.3.6.1.2 和 5.4.5 的要求。

单位为毫米

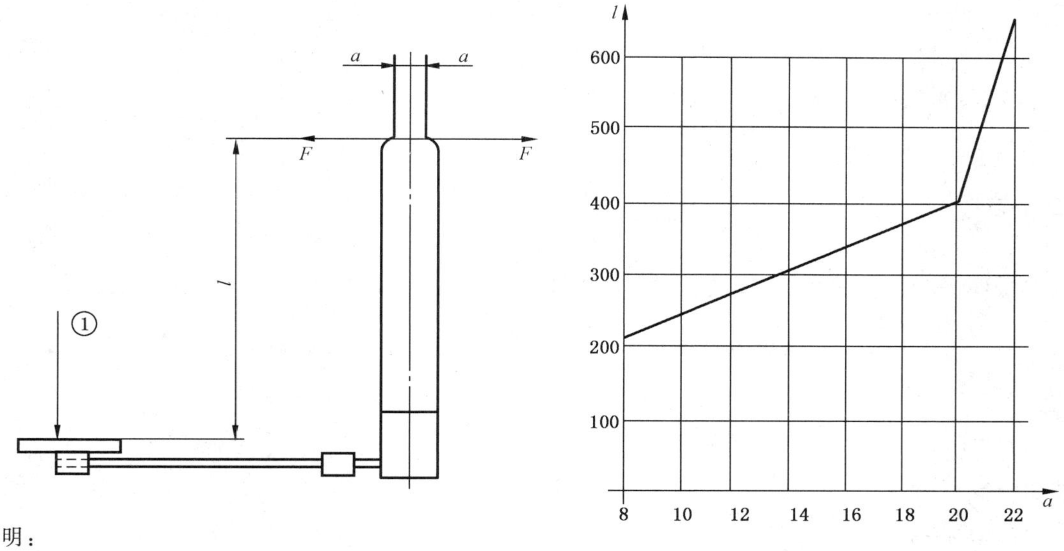

说明：

①——安装在机床上；

F——试验压力；

a——变形量。

图 A.1

附 录 B
（规范性附录）
工作台唇板的抗力试验

B.1 一般要求

该试验是经平刨加工一个特殊的工件，在加工中模拟木联结的射出，以检验唇板齿是否损坏或变形。

B.2 工件

工件由一支承面和 10 个插入物组成（见图 B.2）。

支承：优先选择软木；

含水率：8%～14%；

尺寸：$L \times W \times h = 800\ \text{mm} \times 90\ \text{mm} \times 90\ \text{mm}$；

支承的四面均加工过。

插入物：由毛榉加工成直径为 10 mm 的槽形销（见图 B.1）；

长度为 70 mm；

插入支承的盲孔中；

用一个刀头厚度为 3.2 mm 的标准硬质合金锯片垂直于轴线方向开槽，槽深度为 5 mm；

销应完全插入（见图 B.2）。

单位为毫米

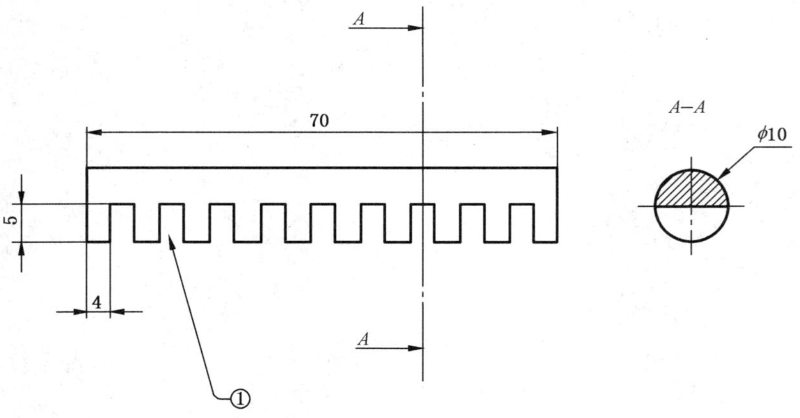

说明：

①——9 个宽度为 3.2 mm 的槽，间隔为 4 mm。

图 B.1 插入物

单位为毫米

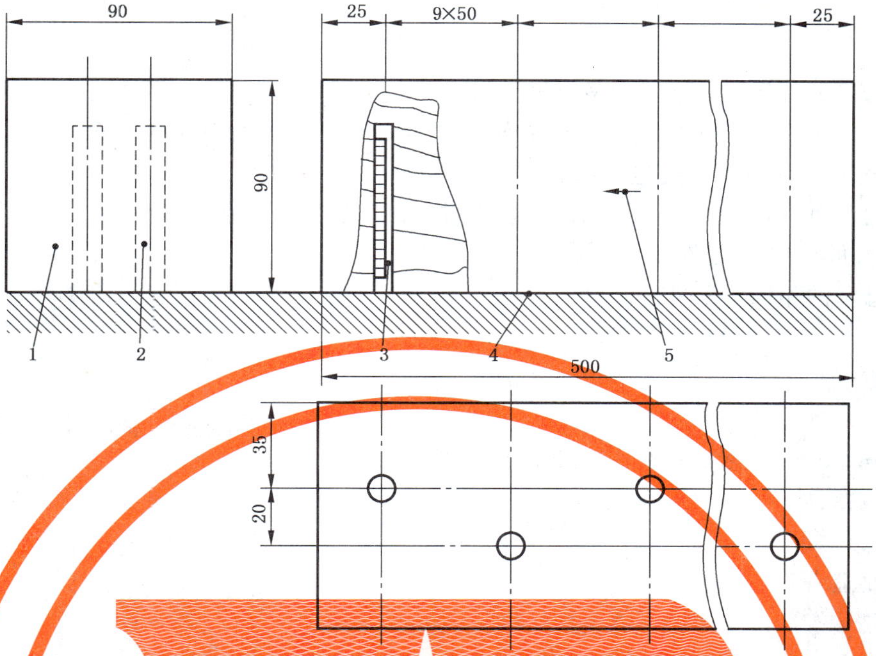

说明：

1——基准面；

2——插入物上的盲孔；

3——插入物；

4——组件的加工面；

5——进给方向。

图 B.2　组件及进给方向

B.3　测量

每次测量点标注在前、后工作台唇板上，如图 B.3 所示。用一个精度为 0.01 mm 的指示器，在各点上测量。

单位为毫米

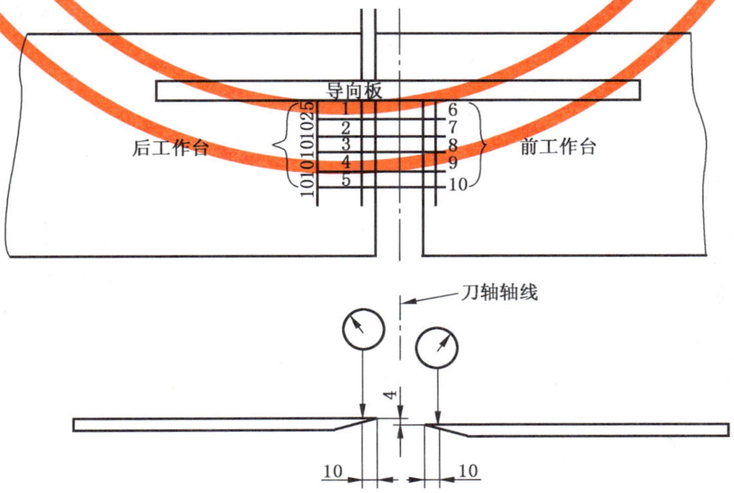

注：唇板有齿的情况，指示器触头触及各齿的中心上。

图 B.3　测量点

B.4 试验

将导向板定位并在图 B.3 指示的各点做测量。

将前工作台调整到切削深度 4 mm 的深度(或调至机床的最大切削深度位置)。

用(6±2)m/min 的进给速度进行试验。

在销和槽可见到的(沿刀体的轴线方向)表面进行刨床加工。

在这条件下进行 10 次刨削加工。

在图 B.3 指示的相同点上进行测量。

B.5 结果

若无大于 0.2 mm 的变形和明显的损坏,则试验合格。

试验报告包括:

a) 日期;

b) 机床制造者;

c) 机床型号;

d) 系列号;

e) 最大加工宽度,mm;

f) 最大加工深度,mm;

g) 实验数据记录表,见表 B.1。

表 B.1 实验数据记录表

	后工作台唇板					前工作台唇板				
测量点	1	2	3	4	5	6	7	8	9	10
试验前测量值										
试验后测量值										

附注: 签名:

附　录　C
（规范性附录）
可移动机床的稳定性试验

机床工作位置的地面上应铺有刨花板。安装有车轮的机床应在车轮安装处安装刹车装置，若该机床有回缩车轮装置则应将车轮从地面收起。如图 C.1，在主轴的中心位置施加一 $F_1=500$ N 的水平作用力。

随后，在面向工作台进料面的中央施加一 $F_2=500$ N 的水平作用力及在离工作台进料面边缘最大距离 $d=30$ mm 处施加一 $F_3=500$ N 垂直方向力。

在上述情况下，机床不得移动或倾斜。

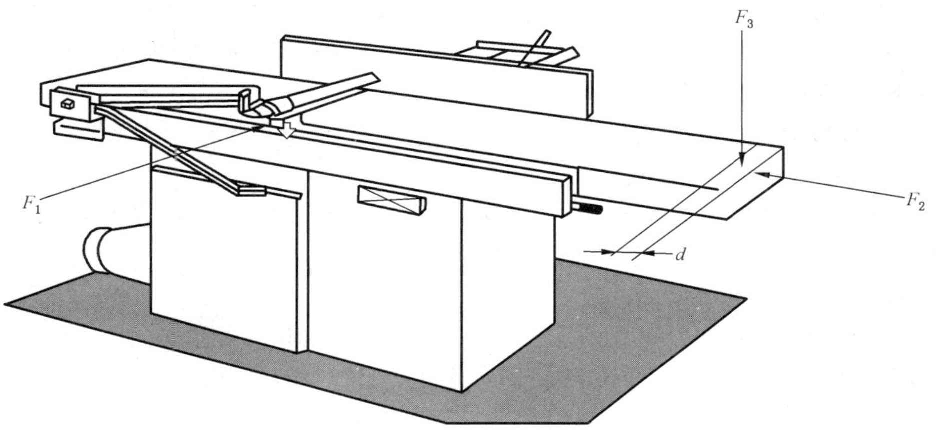

图 C.1

附 录 D
（资料性附录）
电子元件的使用

D.1 一般要求

与安全相关的电子控制设备的使用，应符合 GB/T 16855.1 的相关规定。

与安全相关的电子控制系统（SRECS）在设计上应达到本标准要求的机床安全功能类别。类别应达到 GB/T 16855.1—2008 中的 2 类、3 类或 4 类。

注 1：机床安全功能类别见 5.2.1。

SRECS 应满足 GB/T 16855.1—2008 相应的机床安全要求最高类别的安全要求。

SRECS 应按 GB/T 16855.1—2008 之 6.1 和 6.2 的要求，符合各种环境要求，除非 SRECS 是作为某一元件的部件，且该元件执行的是其他特殊标准。

根据 GB/T 19436.1—2013 的规定，第 2 类 SRECS 应符合 EMC 类别 2 的要求，除非其作为某一元件的部件，且该元件执行的是其他特殊标准。

根据 GB/T 19436.1—2013 的规定，第 3 类、第 4 类 SRECS 应符合 EMC 类别 4 的要求，除非其作为某一元件的部件，且该元件执行的是其他特殊标准。

注 2：对于整机，电磁兼容的要求见 5.4.8 的要求。

检验方法：检查相应图样（包括电路图），在机床上作相应功能试验等检验。

注 3：以上元件的特性，可参照生产厂家的说明。

D.2 SRECS 的设计

D.2.1 元件、硬件

SRECS 硬件元件（包括传感器、致动机构、可编程逻辑控制器、逻辑运算器等）的设计与制造，应按 GB/T 16855.1—2008 和其他相关标准的规定。

SRECS 硬件元件的选择、组装、安装等，应根据厂家的技术指导（包括使用与安装说明）的要求进行。

符合 GB/T 16855.1—2008 的第 3 类、第 4 类要求的 PLC，可用于控制系统，并执行 5.2.1 中所列的安全功能。

注 1：如果使用 PLC，应注意总反应时间会在一定范围内改变。PLC 产生的反应时间，主要取决于程序的周期时间。如果快速关闭时无报警或中断，为防止意外发生，应计算双倍周期时间。

不符合 GB/T 16855.1—2008 的第 3 类、第 4 类要求的 PLC，只能作为最高为第 3 类的 SRECS 的一部分，例如作为双通道中的一个通道，或作为第 2 类型的测试装置。

检验方法：应对照说明书进行检验，检查相应图样（包括电路图），计算和目测机床。

注 2：以上元件的特性，可参照生产厂家的说明。

D.2.2 安全软件

D.2.2.1 嵌入式软件

SRECS 嵌入式软件，应符合 GB/T 20438.3—2006 中第 6 章、第 7 章的规定。

不可触及标准元件的嵌入式软件。

检验方法：检查使用说明书、相应图样(包括电路图)，计算并目测。

注：以上元件的特性，可参照生产厂家的说明书。

D.2.2.2 应用软件

应按厂家的说明书(或技术手册)对SRECS进行编程。

应明确区分安全软件与功能软件，以避免安全软件被意外替换。

只有经过授权的人员，在生产和/或设置模式(如设置限位快、工件支撑)时，允许进入数控或SRECS的可编程功能，对SRECS的应用软件进行修改，但应防止未授权的人员接触到已编程的数据或编程功能。特别是使用者不能使用有源光电防护装置(AOPD)，通过插入或提取应用程序插入或提取，中止安全功能(如电子感应防护装置ESPE)的运行。可通过设置密码来防止此类事情的发生。

开发应用软件，应符合GB/T 20438.3—2006中第6章、第7章的规定。

检验方法：检查使用说明书、相应图样(包括电路图)，计算并目测。

D.2.2.3 有效性

SRECS的有效性能确保机床特定的安全功能正常运行。有效性表明，所有部件正确连接，安全功能正常运行，不发生意外功能。

SRECS的有效性应符合GB/T 16855.2—2007的要求。例如检查相应图样、流程图、模拟故障、检查、测量、元件生产厂家的确认和在机床上做的相关功能测试。

注：有效性包括使用测试和分析技术(如统计、动态分析或故障分析)。此类分析技术的使用可降低检测次数。

附 录 E
（规范性附录）
噪声测量时机床的工作（运转）条件

E.1 一般要求

本附录规定了测量机床噪声应遵守的工作（运转）条件。

为了能在操作者的位置测量声压级以及确定一台此类机床的声功率级，规定了传声器的位置。

这些标准的条件应尽量严格遵守，如果存在特殊情况，需与标准条件有偏差，则应将测量时遵照的实际条件记录在表 E.1 的“偏离标准条件”栏中。

检验时应安装和使用强制性的和标准的安全附件。

记录工作（运转）条件的记录单见表 E.1。

E.2 噪声测量

机床应在下列条件下进行试验：

a） 按本附录规定的运转条件进行机床空运转噪声试验。

b） 按本附录的规定做负载情况下噪声检验时，应以至少将三次测量的平均值作为测量结果。在机床工作循环的起初阶段，由于试验材料进入刀具，可能会产生较高的噪声级，这与进给速度有关。手动进给的机床，进给难以控制，运转循环的这部分测量不应计入。

c） 试验时操作者的传声器位置（见图 E.1）：

——离地面高度为 1.5 m；

——在刀轴轴线前 0.2 m；

——工作台的前边缘的右边 0.05 m 处。

注：推荐采用积分式声级计（不强制）。

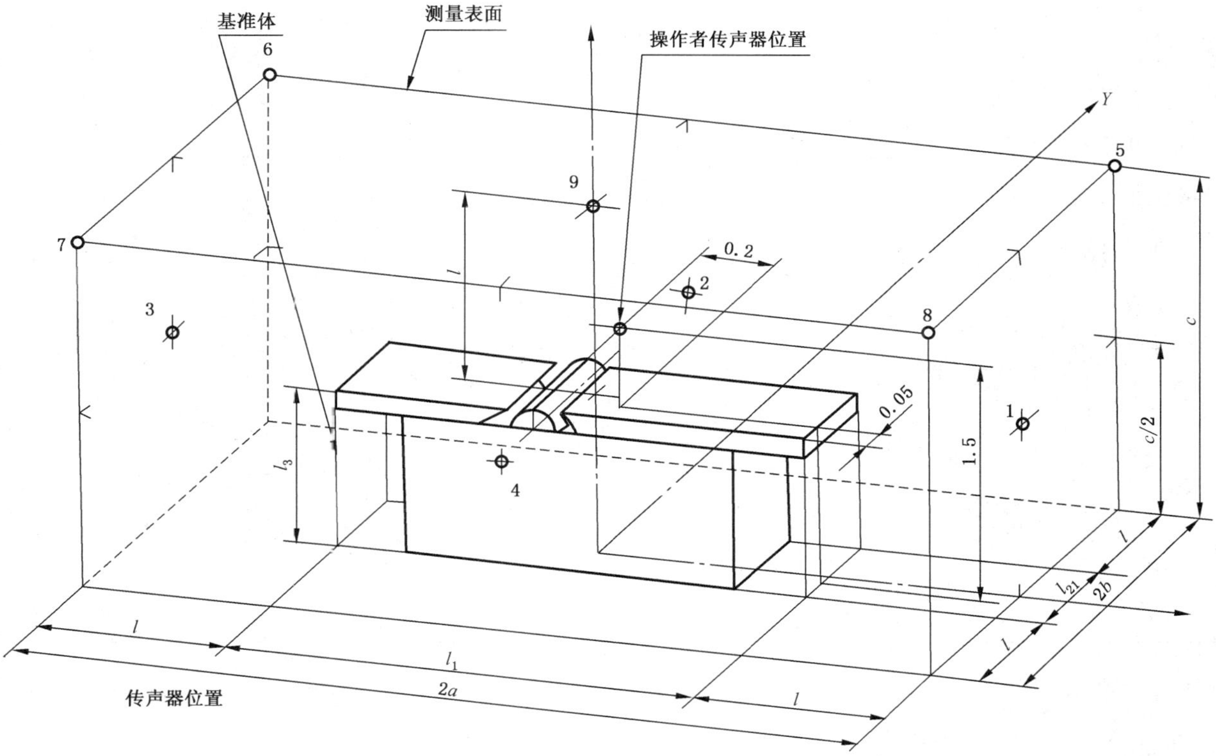

图 E.1 机床噪声声功率级的测量表面和传声器位置

E.3 一般数据单

机床的噪声测量时有关参数数据和信息见表 E.1。

表 E.1　机床噪声测量数据单

机床数据 机床制造者：____________________ 机床型号：____________________ 制造日期：__________系列号：__________ 机床外形尺寸[a]：____________________ 长度：______ mm　宽度：______ mm　高度：______ mm 刀具长度：______ mm　切削圆直径：______ mm 刀片数目：____________________ 标准转速：____________________ 电 动 机：______ r/min 刀　　具：______ r/min
机床的安装 按机床制造者使用说明书安装机床 是 □　否 □__________ 按制造者的技术条件安装机床 是 □　否 □__________ 机床安装有减/隔振材料 是 □　否 □__________ 机床安装有开槽的工作台唇板 是 □　否 □__________ 机床装有螺旋刨刀 是 □　否 □__________ 其他的噪声控制措施 是 □　否 □__________
[a] 凸出机床而不影响噪声传播的零件(如手轮、手柄等)可忽略不计。

表 E.1（续）

运转条件 运转安排	软木的平刨 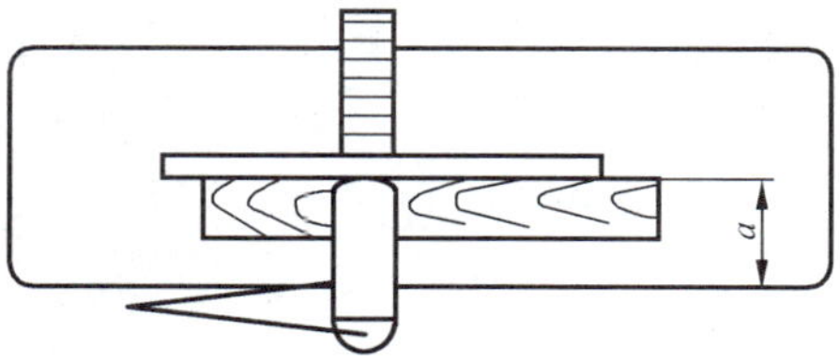	标准条件	在允许范围内选择的条件或偏差标准条件
刀具参数	刀具型式	装有直刃刀片的圆柱刀体(max)	
	主轴转速　r/min	(max)	
	切削圆直径　mm		
	切削速度　m/s		
	刀片伸出量　mm		
	切削圆至工作台唇板的距离　mm		
	切削宽度　mm	100	
	切削深度　mm	2	
	进给速度　mm/min	6±2	

试验材料：

材料：　软木，中等等级

含水率：　8%～14%

长度：　1 000 mm

宽度：　100 mm

高度：　最大 80 mm，切削后最终高度为 50 mm

预加工：　四面已经刨床加工

进行试验的实验室

公司/研究所：____________________

地址：____________________

电话：____________________

日期：__________　签名：__________

试验地点：____________________

试验日期：____________________

ICS 79.120.10
J 65

中华人民共和国国家标准

GB 30460—2013

木工机床安全　单面压刨床

Safety of woodworking machines—One side thickness planing machines

2013-12-31 发布　　2015-01-01 实施

中华人民共和国国家质量监督检验检疫总局
中国国家标准化管理委员会　发布

前　言

本标准第3章、附录A～附录D是推荐性的，其余为强制性的。

本标准按照GB/T 1.1—2009给出的规则起草。

本标准由中国机械工业联合会提出。

本标准由全国木工机床与刀具标准化技术委员会(SAC/TC 84)归口。

本标准起草单位：福州木工机床研究所、福建莆田张铁机械有限公司、金华市强劲木工机床有限公司、江苏海潮科技股份有限公司、亚洲工友(威海)有限公司。

本标准主要起草人：肖晓晖、张胜兴、陈云根、杨高怀、宋志敏。

木工机床安全　单面压刨床

1　范围

本标准规定了装有机械进给、刨刀体位置固定的和工件上下料的固定式以及移动式单面木工压刨床(以下简称机床)上去除第4章所列的危险和限制风险的要求和/或措施。

本标准适用于刨削实木、刨花板、纤维板、胶合板等材料。

本标准不适用下列机床：

a) 台式机床(按GB 13960.1—2008，GB 13960.4—2009)；

b) 手持式刨床(按GB 3883.1—2008，GB 3883.10—2007)；

c) 刨刀体的刨削深度可以预设的单面压刨床。

2　规范性引用文件

下列文件对于本文件的应用是必不可少的。凡是注日期的引用文件，仅注日期的版本适用于本文件。凡是不注日期的引用文件，其最新版本(包括所有的修改单)适用于本文件。

GB/T 3767—1996　声学　声压法测定噪声源声功率级　反射面上方近似自由场的工程法

GB/T 3768—1996　声学　声压法测定噪声源声功率级　反射面上方采用包络测量表面的简易法

GB 3883.1—2008　手持式电动工具的安全　第一部分：通用要求

GB 3883.10—2007　手持式电动工具的安全　第二部分：电刨的专用要求

GB 4208—2008　外壳防护等级(IP代码)

GB/T 5013.1—2008　额定电压450/750 V及以下橡皮绝缘电缆　第1部分：一般要求

GB/T 5023.1—2008　额定电压450/750 V及以下聚氯乙烯绝缘电缆　第1部分：一般要求

GB 5226.1—2008　机械电气安全　机械电气设备　第1部分：通用技术条件

GB/T 6881.2—2002　声学　声压法测定噪声源声功率级　混响场中小型可移动声源工程法　第1部分：硬壁测试室比较法

GB/T 6881.3—2002　声学　声压法测定噪声源声功率级　混响场中小型可移动声源工程法　第2部分：专用混响测试室法

GB/T 6882—2008　声学　声压法测定噪声源声功率级　消声室和半消声室精密法

GB/T 10961—2010　木工机床　操作指示形象化符号

GB 12557—2010　木工机床　安全通则

GB 13960.1—2008　可移式电动工具的安全　第一部分：通用要求

GB 13960.4—2009　可移式电动工具的安全　第二部分：平刨和厚度刨的专用要求

GB 14048.4—2010　低压开关设备和控制设备　第4-1部分：接触器和电动机起动器　机电式接触器和电动机起动器(含电动机保护器)

GB 14048.5—2008　低压开关设备和控制设备　第5-1部分：控制电路电器和开关元件　机电式控制电路电器

GB/T 14385—2008　木工机床　单面压刨床　术语和精度

GB/T 14574—2000　声学　机器和设备噪声发射值的标示和验证

GB/T 15377—2008　木工机床术语　刨床

GB/T 15706—2012　机械安全　设计通则　风险评估与风险减小

GB 16754—2008　机械安全　急停　设计原则

GB/T 16855.1—2008　机械安全　控制系统有关安全部件　第1部分:设计通则

GB/T 16855.2—2007　机械安全　控制系统有关安全部件　第2部分:确认

GB/T 17248.3—1999　声学　机器和设备发射的噪声　工作位置和其他指定位置发射声压级的测量现场简易法

GB/T 17248.5—1999　声学　机器和设备发射的噪声　工作位置和其他指定位置发射声压级的测量环境修正法

GB 18209.1—2010　机械电气安全　指示、标志和操作　第1部分:关于视觉、听觉和触觉信号的要求

GB/T 18831—2010　机械安全　带防护装置的联锁装置　设计和选择原则

GB 18955—2003　木工刀具安全　铣刀、圆锯片

GB/T 19436.1—2013　机械电气安全　电敏防护装置　第1部分:一般要求和试验

GB/T 19670—2005　机械安全　防止意外启动

GB/T 20438.3—2006　电气/电子/可编程电子安全相关系统的功能安全　第3部分:软件要求

GB/T 25078.1—2010　声学　低噪声机器和设备设计实施建议　第1部分:规划

EN 982:1996　机械安全　对流体系统及其部件的安全要求　液压装置

EN 983:1996　机械安全　对流动系统及其部件的安全要求　气动装置

3　术语和定义

GB/T 15377—2008、GB 18955—2003、GB 5226.1、GB 12557 和 GB/T 16855.1—2008 界定的以及下列术语和定义适用于本文件。

3.1　一般术语和定义

3.1.1

单面木工压刨床　one side thickness planing machine

[GB/T 15377—2008,定义 3.1.1]。

3.1.2

工作台　table

用于支承刨床上工件,可安装辊轮、皮带或其他固定或移动的机械构件。

3.1.3

刨刀体　cutterblock

[GB/T 15377—2008,定义 5.1.3]。

3.1.4

刀具　tool

复合刀具包括刨刀体、刨刀、及其紧固件,见 GB 18955—2003 中 3.5。

3.1.5

机械进给　integrated feed

[GB 12557—2010,定义 3.5]。

3.1.6

单面木工刨床的上料　loading of a one side thicknessing machine

将工件手动放置在由进给辊轮组成的机械进给装置上。

3.1.7

返弹　kickback

[GB 12557—2010,定义 3.12]。

3.1.8

止逆器　anti-kickback device

[GB 12557—2010,定义 3.13]。

3.1.9

惯性运转时间　run-down time

[GB 12557—2010,定义 3.15]。

3.1.10

起动时间　run-up time

[GB 12557—2010,定义 3.14]。

3.1.11

机械致动机构　machine actuator

[GB 5226.1—2008,定义 3.34]。

3.1.12

安全的可编程逻辑控制器　safety programmable logic controller;PLC

按 GB/T 16855.1—2008 的要求设计的,用于安全的编程逻辑控制器。

3.1.13

与安全相关的电气控制系统　safety related electrical control system;SRECS

控制系统的电气部分,其故障会增加危险。

3.2 机床主要零部件术语

机床主要零部件的术语见图 1～图 2。

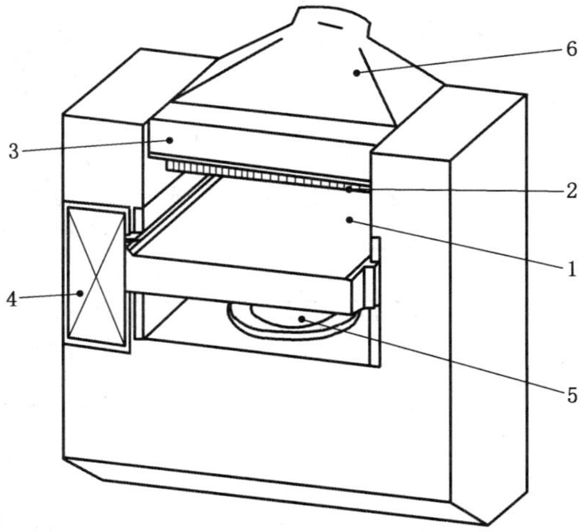

说明:

1——工作台　infeed table;

2——止逆爪　anti-kickback fingers;

3——上挡板　upper guard;

4——控制面板　controls panel;

5——工作台升降机构　table lifting system;

6——吸尘口　extraction hood。

图 1　单面木工压刨床图例

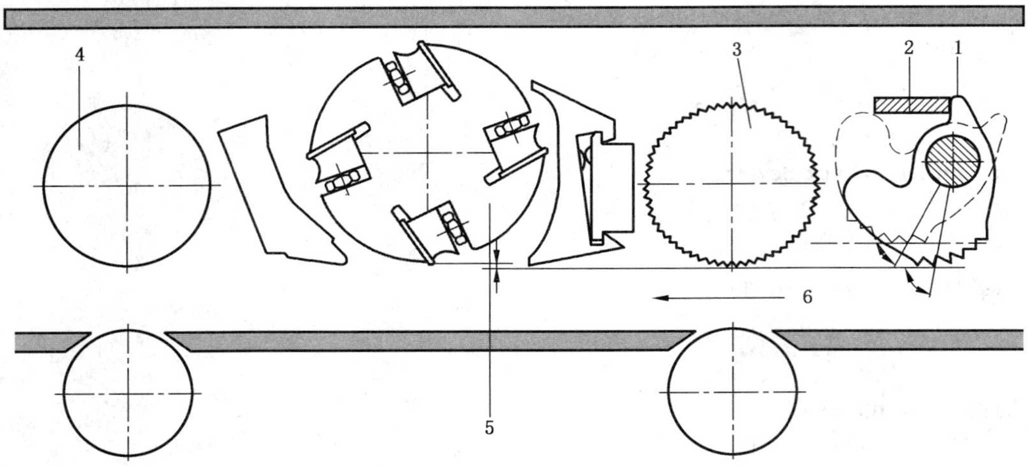

说明：

1——止逆爪　anti kickback fingers;

2——止逆爪限位器　stop for the rotation of the finger;

3——进料辊　infeed roller;

4——出料辊　outfeed roller;

5——刨刀体　cutterblock;

6——进给方向　direction of feed。

图 2　单面木工压刨床内部结构图例

4　危险一览表

危险一览表(见表 1)涉及本机床的所有危险：

——对于重要的危险，通过规定安全要求和/或措施，或者通过指示恰当的 B 类标准；

——对于不重要的危险，例如一般的、从属的或者次要的危险通过指示恰当的 A 类标准，特别是 GB/T 15706。

这些危险是通过 GB/T 15706—2012 附录 B 而提出的。

表 1　危险一览表

序号	危　　险	符合本标准的条文
1	**机械危险：如由机器部件或工件的下列要素引起的：**	
	形状	5.3.1、5.3.2、5.3.3
	相对位置	5.3.3、5.3.5
	质量和稳定性(各元件的位能)	5.3.1
	质量和速度(各元件的动能)	5.3.7
	机械强度不足	5.3.2、5.3.3、5.3.7、附件 A
	由以下原因引起的位能积累：	
	压力下的液体或气体	5.4.5、5.4.6、5.4.7
1.1	挤压危险	5.3.7
1.2	剪切危险	5.3.7
1.3	切割或切断危险	5.3.7、6.3
1.4	缠绕危险	5.3.3
1.5	引入或卷入危险	5.3.7
1.6	冲击危险	5.3.7
1.7	高压气体喷射危险	5.4.6

表 1（续）

序号	危　　险	符合本标准的条文
2	**电气危险，例如由以下各因素引起：**	
2.1	人体接触带电部件（直接接触）	5.4.4
2.2	人体接触在故障情况下带电的部件（间接接触）	5.4.4
3	**由噪声产生的危险导致：**	
3.1	听力损失（耳聋）、其他生理障碍（例如失去平衡、失去知觉）	5.4.2
3.2	干扰语言通讯、听觉信号等	5.4.2
4	**由机械加工时、使用的或排出的材料和物质产生的危险，例如：**	
4.1	由于接触或吸入有害的液体、烟雾和灰尘导致的危险	5.4.3
4.2	火危险	5.4.1
5	**在设计中忽略人类工效学产生的危险，例如：**	
5.1	不利于健康的姿态或过分用力	5.2.2、5.4.5、6.3
5.2	不适当的考虑人的手臂或脚/腿构造	5.2.2、5.3.6
5.3	工作场所的照明	6.3
5.4	人的差错、人的行为	6.3
5.5	手动控制的设计、位置或鉴定	5.2.2
5.6	影像显示装置的设计或位置	5.4.5、5.4.9、6.1、6.2
6	**各种危险的组合**	5.2.3、5.2.5、5.2.7、5.3.8、5.4.9
7	**由于意外起动、意外运转/超速或其他类似故障产生的危险：** 例如：	
7.1	控制系统的失效/故障	5.2.1、5.2.2、5.2.3、5.2.4、5.2.5、5.2.6、5.2.7
7.2	能源中断后的复原	5.2.6
7.3	电气设备的外部影响	5.4.4、5.4.8
7.4	软件出错	附录 C
7.5	操作者操作失误	5.4.5、6.3
8	**在正常情况下停止机床的不可能性**	5.2.4、5.2.5、5.3.4
9	**能源供应中断**	5.2.6
10	**控制电路失效**	5.2.1、5.2.7、5.3.4
11	**装配失效**	6.3
12	**运转中断**	5.3.2、附录 A
13	**机械零件或流体意外抛射**	5.3.2、5.3.3、5.3.5
14	**机器翻倒，意外失去稳定性**	5.3.1、附录 B

5 安全要求和/或措施

5.1 一般要求

机床的安全除应符合本标准的规定外，还应符合 GB 12557、GB/T 15706 的规定。

5.2 控制

5.2.1 控制系统的安全性和可靠性

5.2.1.1 一般要求

对本标准而言，有关安全控制系统包括从最初的装置或操纵器或位置传感器到最终的机械致动机构或部件(例如电机)的输入端，例如电动机。以下安全控制部件应符合 GB/T 16855.1—2008 中表 10 的类别要求：

——起动：类别 1 或类别 3(见 5.2.3 和 5.3.4.2)；
——正常停止：类别 1 或类别 3(见 5.2.4)；
——紧急停止：类别 1 或类别 3(见 5.2.5)；
——联锁：类别 1(见 5.2.3、5.2.6、5.3.7、5.3.4.2、5.3.7.1 和 5.3.7.2)；
——带防护锁定装置的联锁：类别 1(见 5.2.4、5.2.5 和 5.3.7)；
——制动：类别 1 或类别 2(见 5.3.4)；
——动力中断后意外起动的防止：类别 1 或类别 3(见 5.2.6 和 5.2.7)；
——制动释放：类别 B(见 5.3.4.1、5.3.4.2)；
——电机的关闭(安装了机械制动器并在特定情况下)：类别 1(见 5.3.4.1)；
——进给电机与刨刀体驱动电机的联锁：类别 1 或类别 3(见 5.2.3)；
——停止-运转控制器：类别 1 或类别 3(见 5.2.3)；
——压刨工作台的机动调节装置：类别 B、类别 1 或类别 3(见 5.2.3)。

不同类别的控制系统有关安全部件，可按 GB/T 16855.1—2008 中 6.3 与其他类别(至少与其抗故障水平相同)的部件组合。

如果达到 1 类要求，则 2 类和 3 类要求也已达到。如果达到 2 类要求，则 3 类和 4 类要求也已达到。如果达到 3 类要求，则 4 类要求也已达到。

注：GB/T 16855.1—2008 的 6.3 中给出了相同或不同类别的控制系统有关安全部件组合的有用信息。

检验方法：检查相应图样和/或电路图，检查机床。

5.2.1.2 “经验证”元件的使用

本标准中“经验证”的元件和原则是指：

a) 电气元器件应符合相应国家标准、行业标准的规定，包括下列元器件：
   ——强制切断的控制开关(用于联锁的防护装置中作为机械操作的位置传感器)和用于辅助电路中的继电器应符合 GB 14048.5—2008 的规定；
   ——用于主电路上的电气机械式接触器和电动机起动器应符合 GB 14048.4—2010 的规定；
   ——橡胶绝缘电缆应符合 GB/T 5013.1 的规定；
   ——通过固定(例如安装在机床床身内部)以防止机械损坏的聚氯乙稀电缆应符合 GB/T 5023.1 的规定。
b) 在电路原则方面，应符合 GB 5226.1—2008 中 9.4.2.1 的规定的前四种措施，电路应硬接线。若有关安全控制系统中采用电子元器件，则应符合 GB 5226.1—2008 中 9.4.2.2 的要求。

c) 机械的零部件应符合 GB/T 15706—2012 中 6.2.5 的规定。

d) 防护装置用机械操作的位置传感器如采用强制作用的模式，它的安排和连接以及凸轮设计和安装应符合 GB/T 18831—2010 中 5.2 和 5.3 的规定。

e) 气动和液压元器件及系统应分别符合 EN 983:1996 和 EN 982:1996 的规定。

检验方法：检验相应图样(包括电路图)并在机床上进行检验；应提供元器件制造者出具的所有元器件符合相应标准的保证书。

5.2.1.3 电子元件的使用

电子元件的使用见附录 C 。

检验方法：检验相应图样和/或电路图，检查机床，测量并在机床上作相应功能试验。

5.2.2 操纵器的位置

用于机床起动、正常停止、急停和机动工作台的调整(如果安装见 5.2.3)的主要电气控制操作件应位于机床上工件的输入端，离地高度一般不低于 600 mm。

如果按 5.2.5 的规定设置另一紧急停止操作件，则应将其放置在机床上工件输出端、离地面至少 600 mm 处。

检验方法：检查相应图样(包括电路图)，测量并目测机床。

5.2.3 起动

在机床起动或重新起动之前，所有的联锁防护装置应就位并起作用。"安全防护装置就位并起作用"是由 5.3.7 中联锁装置的安排而实现的。起动或重新起动只有当引发起动控制装置时才能进行。

对于电气控制机床，应采用 GB 5226.1—2008 中 9.2.5.2 的规定，并且：

a) 本标准中的"运转"是指刨刀体的旋转和/或机械进给和/或动力调节。

b) 机械进给装置(如果安装)的起动，只有当刀具主轴电机最高速运转时才能起动。若采用失效安全技术的时间继电器，应满足 GB/T 16855.1 中 3 类的要求。只用于进给的电机只有在主轴电机运转时才能起动。

c) 控制电路应满足起动顺序的要求。若使用时间继电器，其延时时间至少等于起动时间。时间继电器应是固定的或其延时调整装置是密封的。

当工作台为机动调节，应为停止-运转控制模式 。

对于带工作台电子预调的机床：

a) 工作台的调节速度不大于 10 mm/s，且起动为 GB/T 16855.1 中的 B 类控制器。

b) 工作台的调节应由操作者引发(例如按钮)，其控制电路应满足 GB/T 16855.1 中的 1 类和3 类的要求。

当动力调节程序结束时应切断调整操纵器的动力，再进行调节时重新引发。

起动和重新起动的控制电路的类型(见 5.2.1)，以及机械进给部件(如果安装)的控制电路和类型，应符合 GB/T 16855.1 的要求，并至少为以下类型：

a) 若控制电路为硬接线，则为类型 1；

b) 若控制电路带电子元件，则为类型 3。

用于停止-运转控制的控制电路应符合 GB/T 16855.1 的规定，且至少为：

a) 若控制电路为硬接线，则为类型 1；

b) 若控制电路带电子元件，则为类型 3。

检验方法：检查相应图样和/或电路图；检查机床并在机床上作相应功能试验 。

5.2.4 正常停止

机床应装有一个停止控制系统，可将机床安全彻底地停止下来。停止操作应包括机床上所有致动器的动力切断，并引发制动（如果安装见 5.3.4）。

正常停止的控制系统应为：

a） 机床上若装有一个电气制动器，应按 GB 5226.1—2008 中 9.2.2 中的 1 类。

b） 机床上若装有一个机械制动器或没有制动器，应按 GB 5226.1—2008 中 9.2.2 中的 0 类。

当装有 1 类停止操纵器时，正常停止顺序应为：

——同时切断机动进给装置（若由一独立电机驱动）、刀轴驱动电机和工作台电子预设动力调节的动力，引发制动。

——刀轴停止旋转后切断到制动器的动力。可通过采用失效安全技术的时间继电器，并应满足 GB/T 16855.1—2008 中 3 类的要求。

控制电路应满足正常停止顺序的要求。若制动器使用一时间继电器，则延时至少等于最小的制动时间。时间继电器应是固定的或其延时调整装置是密封的。

正常停止的控制电路的类别（见 5.2.1）应符合 GB/T 16855.1 的规定，且至少为：

a） 若控制电路为硬接线，则为类型 1；

b） 若控制电路带电子元件，则为类型 3。

检验方法：检查相应图样和/或电路图，检查机床并在机床上作相应功能试验。

5.2.5 紧急停止

在机床的前进端，应设置一个操作者在操作位置可触及的急停操纵器。

带独立进给电机加工宽度大于 500 mm、或带电子预设压刨台高度调节操纵器的机床，在工作台后端应设置一个可以触及的第二急停装置。

若无独立电动机驱动的机械进给的机床安装了机械制动，和/或无防护装置锁紧，急停功能应满足 GB 16754—2008 中 4.1.4 中的 0 类，急停控制电路应按 GB 5226.1—2008 中 9.2.2 中的 0 类的要求，并应完全满足 GB 5226.1—2008 中 9.2.5.4.2 的要求。

若机床安装了电气制动和/或独立电动机驱动的机械进给的和/或防护装置，急停功能应满足 GB 16754—2008 中 4.1.4 中的 1 类，急停控制电路应按 GB 5226.1—2008 中 9.2.2 中的 0 类的要求，并应完全满足 GB 5226.1—2008 中 9.2.5.4.2 的要求。

急停装置应符合 GB 5226.1—2008 中 10.7 的规定，且均为自锁紧型式。

引发紧急停止时，紧急停止的顺序与正常停止顺序相同（见 5.2.4）。

控制电路应满足紧急停止顺序的要求。若制动器使用一时间继电器，则延时至少等于最大的惯性运转时间。时间继电器应是固定的或其延时调整装置是密封的。

紧急停止的控制电路的类别（见 5.2.1）应符合 GB/T 16855.1 的规定，且至少为：

a） 若控制电路为硬接线，则为类别 1；

b） 若控制电路带电子元件，则为类别 3。

检验方法：检查相应图样和/或电路图，检查机床并在机床上作相应功能试验。

5.2.6 动力源的故障

应符合 GB/T 19670—2005 的要求，动力源中断复原后，不能自动重启任一机床致动机构。对于电驱动的机床，应对电源中断随后复原的重新起动按 GB 5226.1—2008 中 7.5 的第 1 段和第 3 段进行防护。

对于气压和/或液压中断后复原可能发生的危险运动的机床，复原后不能重新起动。

检验方法:检查相应图样和/或电路图,检查并在机床上作相应功能试验。

5.2.7 控制电路失效

应符合 GB/T 19670—2005 第 6 章。

控制电路中线路的中断(如电线、管道等的断裂)不能导致安全功能的失效,例如 GB 5226.1—2008、EN 982:1996 和 EN 983:1996 中涉及的自动起动。

控制电路的要求见 5.2.1。

检验方法:检查相应图样和/或电路图,检查并在机床上作相应功能试验。

5.3 机械危险的防护

5.3.1 稳定性

机床的结构应能将固定式机床及其辅助设备固定在地面或其他稳定的结构(例如在机床底座上的孔或其他必要的固定装置)上,见 6.3 f)。

移动式机床也应配备使其在加工中稳固的装置(如提供车轮制动应装有刹车用于固定车轮器或能将轮子从地面上收起的装置)。

检验方法:检查相应图样,检查机床并在机床上作功能检验和附录 B 的相应试验。

5.3.2 运转中的断裂危险

应按 5.3.3 和 5.3.6 的要求,降低运转中发生断裂危险的可能性。应按 5.3.8 的要求,降低运转中发生断裂的危险。

若提供压力棒,其不能与刀具接触。

检验方法:检查相应图样(包括电路图),检查机床。

5.3.3 刨刀体的结构

机床的刀轴必须是圆柱形装配式结构。并按 GB 18955—2003 中 7.3 的要求标注“MAN 或手动”。

刀具不能自动定位的机床应提供用于正确定位的调刀器。

检验方法:检查相应的图样并检查机床。

5.3.4 制动

5.3.4.1 一般要求

5.3.4.1.1 当不制动的惯性运动时间超过 10 s,应在刀轴上设置一个自动的制动器。制动器制动的时间应小于 10 s。

5.3.4.1.2 当机床上安装机械制动器时,GB 5226.1—2008 中 9.3.4 的最后一段不适用,且在主轴惯性运动期间不能释放制动(例如通过致动操纵器和制动器释放之间的延时来实现)。

5.3.4.1.3 对于电气制动系统,不可使用反接制动。

5.3.4.1.4 采用有电子元件的电气制动系统时,制动控制系统应至少符合 GB/T 16855.1—2008 中 2 类的要求,并应定期测试控制系统,如通过监测制动时间或在起动时监测制动的电流环路(短暂制动)。测试应在以下条件下进行:

a) 不受制动控制系统的影响;

b) 不受操作者的影响;

c) 每班至少一次。

测试后应提示否定(失效)的测试结果。若测试结果连续被否定三次以上,则不能操作机床。

若危险性失效的概率(PFH)少于 3×10^{-6},可以使用 5.2.1 中的简单的制动器(不使用非逻辑程序),并符合 GB/T 16855.1—2008 中 B 类的要求。

应按 GB/T 16855.1—2008 的附录 D 计算平均危险失效时间(MTTF),并按 GB/T 16855.1—2008 的附录 K 查出 PFH 值。

检验方法:按 GB 12557—2010 中 5.3.4.2 和 5.3.4.3 的要求测试不制动的惯性运动时间、起动时间和制动时间。

5.3.4.2 制动释放

在装有一个控制器用以释放主轴制动器,以便用手转动和调整刀具的场合,制动器的释放只有当主轴完全停止运转才可进行(例如通过在控制操作和制动释放之间设置的时间继电器,时间继电器应满足 GB/T 16855.1—2008 中 3 类的要求)。制动释放致动器应与刀轴驱动电机联锁,防止制动释放时起动该电机。用于制动的控制系统有关安全部件应符合 GB/T 16855.1—2008 中的 1 类或 3 类的要求(见 5.2.1)。

应满足下列要求防止机床的意外起动:

a) 制动复位后才能起动机床;

b) 制动的复位不能引发机床的起动。

用联锁的控制电路的类别应按 GB/T 16855.1—2008 中 1 类或 3 类的要求。

检验方法:检查相应图样和/或电路图,检查机床并在机床上作功能试验。

5.3.5 将抛射的可能性和影响降至最低的装置

机床上安装的指形止逆器,可覆盖机床的整个工作宽度。止逆器应符合附录 A 的要求。

止逆爪的设计、制造和安装应满足以下要求(见图 3):

a) 从上往下看,止逆爪位于工件输入端进给辊的前面、刨床工作台之内;

b) 止逆爪的冲击韧性至少为 15 J/cm^2,表面硬度应达 100 HB;

c) 对于最大加工宽度大于等于 260 mm 的刨床,止逆爪的有效工作宽度为 8 mm～15 mm;对于最大加工宽度小于 260 mm 的刨床,止逆爪的有效工作宽度为 3 mm～8 mm;

d) 止逆爪的爪刃半径应不超过 0.3 mm;

e) 对于任意切削深度上,角 α 的值按图 3,角 β 的值为 32°～45°;

f) 止逆爪在侧面的移动量不得超过机床有效加工宽度的 1%;

g) 止逆爪能在自重作用下落至静止位置,应设有防止止逆爪绕轴超程转动的止动件(与机床最小和最大切削深度相应的角度区域除外);

h) 止逆爪的顶部在静止位置应比刀轴切削圆下水平切线至少低 2 mm;

i) 不允许使用止逆爪不起作用的锁紧装置。

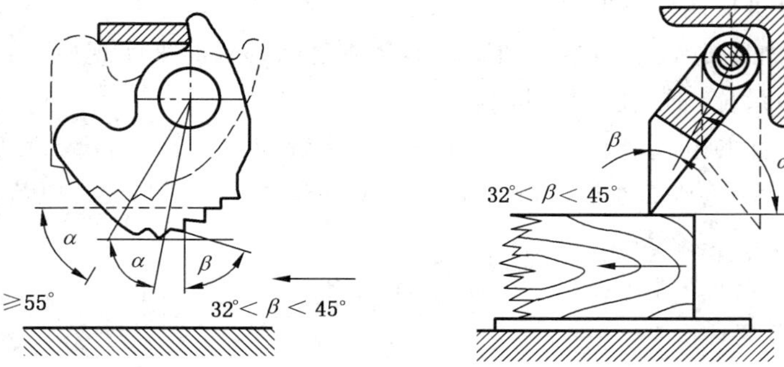

图 3 止逆爪实例(箭头方向为进给方向)

检验方法：检查相应图样（包括电路图），检查机床。测量并在机床上做功能测试，并做附录A的试验。

注：可参考零件生产厂家关于零件冲击韧性和材料保证书。

5.3.6 工件支承和导向

工作台的平面度应按GB/T 14385—2008中G1的规定。

通过一个机械的限位，来防止工作台与止逆器或刨刀体在任意位置的接触。

为防止尺寸过大（过厚）的工件进入刀轴，应在工件输入端安装一个切削深度限位器。

工作台两侧应安装侧面导尺来限制工件的尺寸，并使工件保持在工作台上。

侧面导尺间的工作台宽度应小于或等于切削宽度，其长度至少是从切削深度限位器至后进给辊的末端止。

检验方法：检查相应图样（包括电路图），检查机床。根据GB/T 14385—2008中G1作检测，并在机床上做功能测试。

5.3.7 对进入机床运动部件的防护

5.3.7.1 刨刀体和进给机构的防护

应采用固定式防护装置对机床的运动部件（即刨刀体和进给机构）进行防护，工件的输入、输出端除外。但至少在换刀处，应采用活动式防护装置。

机床的防护装置应与刨刀体和进给驱动机构联锁。若活动式防护装置位于机床的顶部，其打开时应保持稳定。

机床的防护装置应符合5.3.8的要求。

联锁装置应符合GB/T 18831的要求。

a） 若控制电路为硬接线，则为类别1；

b） 若控制电路带电子元件，则为类别3。

检验方法：检查相应图样，检查机床、测量并在机床上作相应功能试验。

5.3.7.2 传动的防护

为防止接触刀轴的驱动机构[例如用于刨刀体、工件进给和工作台上下调整机构（如果安装）]应做到：

a） 固定式防护装置，或

b） 在用于维修和调节时，需每班一次以上接触传动装置处，用带传动装置锁紧的可调式防护装置。

联锁的控制电路（见5.2.1）应符合GB/T 16855.1的规定，并至少应为：

1） 若控制电路为硬接线，则为类别1；

2） 若控制电路带电子元件，则为类别3。

检验方法：检查相应图样，检查机床、测量并在机床上作相应功能试验。

5.3.7.3 刀具防护装置的特性

刀具的防护装置应由以下材料之一制造：

a） 钢，抗拉强度大于或等于350 N/mm²，壁厚大于或等于1.5 mm。

b） 轻合金，应按表2的规定。

表 2　轻合金刀具防护装置材料特性

抗拉强度下限 N/mm^2	最小壁厚 mm
180	5
240	4
300	3

c)　聚碳酸酯，壁厚大于或等于 3 mm；或其他相同厚度的塑料材料，例如，聚乙烯、聚脂、聚氯乙烯、聚甲基丙烯酸甲脂(即有机玻璃)，其撞击强度等于或优于 3 mm 聚碳酸脂。

d)　铸铁，抗拉强度大于或等于 200 N/mm^2，壁厚大于或等于 5 mm。

检验方法：检查相应图样，测量并检查材料制造者提供的抗拉强度的保证书。

5.4　非机械危险的防护

5.4.1　火和爆炸

为了避免和最大限度地减小火和爆炸危险，应满足 5.4.3 和 5.4.4 的要求[见 6.3h)]。

按 5.3.6 的要求避免刀体片与工作台接触产生火花的危险。

检验方法：检查相应图样，检查机床并在机床上作相应功能试验。

5.4.2　噪声

5.4.2.1　设计阶段的降噪

设计机床时，应考虑 GB 12557—2010 的附录 B 和 GB/T 25078.1—2010 中在噪声源方面控制噪声的信息和技术测量。

5.4.2.2　噪声测量

5.4.2.2.1　空载噪声声压级限值及测量

机床在空运转条件下，测定出的机床噪声最大声压级不得超过 GB 12557—2010 中表 4 的规定。

测量噪声时的机床工作(运转)条件按附录 D 的规定。

测量方法按 GB 12557—2010 中 5.4.2.2.2 的规定。但环境修正系数 K_{2A}或局部环境修正系数 K_{3A}应小于或等于 4dB(A)。

局部环境修正系数 K_{3A}应按 GB/T 17248.5—1999 中 A.2 计算。

5.4.2.2.2　噪声声功率级的测定

在本标准实施 2 年之内，应进行机床噪声声功率级的测定。测出的机床噪声声功率级连同工作(运转)条件及测定方法记入机床的使用说明书。

测定方法按 GB 12557—2010 中 5.4.2.2.2 和本标准附录 D 的规定。传声器的位置应为 9 个，按本标准附录 D。

5.4.2.2.3　噪声声明

见 6.3 中 m)。

5.4.3 木屑、粉尘和有害气体的排放

应采取措施从机床中吸出粉尘和木屑。在机床上设置有吸尘管接头以便机床与吸尘系统相连接。

注：为了保证木屑和粉尘从其原始点被输送到收集系统，建议吸尘罩、导管、挡板的结构应满足抽出的气体在导管中的速度为 20 m/s(对于含水率小于等于 18%的木屑)和 28 m/s (对于含水率大于 18%的木屑)。

静电见 5.4.10。

注：若满足表 3 中的指标，可使用低速排放。

表 3

设计特征	排放管最小直径 mm	最小气流速度 m/s	最小气流量 m^3/h
刨削宽度			
$W \leqslant 300$ mm	100	20	565
$300 < W \leqslant 520$ mm	120	20	815
$W > 520$ mm	140	20	1 110

见 6.3 k)和 6.3 l)。

检验方法：检查相应图样，并在机床上作检验。按附录 D 要求的运转机床(不与吸尘系统连接)。在各接口处用烟雾检查机床是否在吸尘装置的入口处产生气流并流向与之相连的出口。连接吸尘系统后，测量机床在给定气流下压力的减少值。

5.4.4 电气设备

均执行 GB 5226.1 的规定，除非本标准中另有规定。

直接接触的电击防护要求应按 GB 5226.1—2008 中 6.2，间接接触的电击防护应按 GB 5226.1—2008 中 6.3，短路保护和过载保护应按 GB 5226.1—2008 中第 7 章的规定。保护接地应按 GB 5226.1—2008 中第 8 章的规定。控制装置的外壳和电动机的防护等级应符合 GB 4208—2008 中 IP54。

尤其下列 GB 5226.1—2008 中的条文应予满足：

——第 6 章电击防护要求；

——第 7 章电气设备的防护；

——第 8 章等电位联接；

——第 13 章导线和电缆；

——第 14 章配线技术；

——第 15 章电动机及有关设备。

电气的护壳不应暴露在刀具和工件抛射的风险中。带电体应不能进入其中(见 GB 5226.1—2008 中 6.2.2)。若按 GB 5226.1—2008 中 7.2.2 的要求设有过流保护的电路，则不存在火灾的风险。

检验方法：检查相应图样(包括电路图)和制造者的保证书，在机床上按 GB 5226.1—2008 作相应检验。

5.4.5 人类工效学和安全搬运的要求

工作台高度调节的最大力或扭矩分别为 35 N 或 2.5 N·m。

液压罐、储气罐、和润滑油箱应放置或朝向在便于填装者处，且排放管应容易触及。

机床应安装有指示刨削厚度的刻度尺，其设计与定位应保证调节后的刨削厚度直接并易于指示，如

安装一个放大镜。

见 5.2.2 和 6.3 h)。

检验方法:检查相应的图样和/或电路图,测量并在机床上检查。

5.4.6 气动装置

安装气动装置的机床,应按 EN 983:1996 的规定,见 5.2.6、5.4.9、6.1、6.2 f)和 6.3 r)。

检验方法:检查相应的图样和/或电路图,并在机床上检查。

5.4.7 液压装置

安装气动装置的机床,应按 EN 982:1996 的规定,见 5.2.6、5.4.9、6.1、6.2 f)和 6.3 r)。

检验方法:检查相应的图样和/或电路图,并在机床上检查。

5.4.8 电磁兼容性

机床应按 GB 5226.1 的要求,具有足够的防电磁干扰的能力,使其安全操作。

注:机床使用 3C 认证标志的电气元件,且此类元件是按其生产厂家要求进行安装的,则认为该机床可防外界电磁干扰。

带电子元件的控制系统见附录 C。

检验方法:检查相应的图样和/或电路图,并在机床上检查。

5.4.9 能量输送的切断

机床电源供应应按 GB 5226.1—2008 中 5.3 的规定,由隔离开关来控制。

若机床装有电气制动器,隔离开关应按以下条件之一安装:

a) 带阻断装置,且只有当手动跳过该阻断装置后才能关闭切断开关。

b) 切断开关不应与起动操纵器和停止操纵器安装在机床或面板上的同一侧。

装有液压和/或气动(如果安装)的机床,应安装切断(隔离)开关。

气源使用一快速作用离合器,当机床切断(可部分切断)时,可按 EN 983:1996 不要求锁住,以使断开的离合器能按 GB/T 19670—2005 中 3.2 的要求在任意时候由操作人员进行转换。

若机床带有液压系统,其切断开关则应满足下列条件之一:

a) 按 GB 5226.1—2008 中 5.3 的要求切断液压驱动电机;

b) 装有切断开关,如装有一个符合 EN 982:1996 的要求的阀,该阀能将其在断开位置锁紧。

当残余能量储存在储存器或管道等场合,应提供卸下残余压力的措施。这些措施包括一个阀,但不包括任何管道的切断。

检验方法:检查相应的图样,并在机床上检验测量和作相应功能试验。

5.4.10 静电

若机床上安装了吸尘用软管,则这些软管应接地。

检验方法:检查相应的图样,并在机床上检验。

5.4.11 维护

只有当机床与所有能量源断开时,才能进行维护和清洁[见 6.3 j)、6.3 o)和 6.3 s)]。

检验方法:在机床上检验。

6 使用信息

6.1 一般要求

见 GB/T 15706—2012 中 6.4 和 GB 18955—2003 第 8 章的规定。

应显示制动系统的失效信息。

检验方法：检查相应的图样，并在机床上检验。

6.2 标志

按 GB/T 15706—2012 中 6.4.4 的规定及下列要求：

在机床的使用期内，以下信息应永久、清晰地标注在机床上，可直接刻在机床上（如雕刻、蚀刻）或使用标志、铭牌等（如用铆钉、粘贴）永久地固定在机床上（按 GB 12557—2010 中 6.2 的规定）：

a) 生产厂名、厂址；

b) 生产日期；

c) 机型或设计系列；

d) 生产编号；

e) 额定参数（按 GB 5226.1—2008 中 17.4 要求的电气生产厂家强制规定的额定电压、相数和功率）；

f) 若安装气动/液压系统，应提供额定压力值。

g) 若安装气动/液压系统切断开关，应通过标志或形象化指示符号标注其功能、定位和操纵位置，

若机床装有气/液源，且通过电气切断开关不能切断气/液源，则应在电气切断开关附近设置一个永久警告标牌，在上面写着：电气切断开关不能切断气/液源。

标明额定压力值和切断开关（如果安装）的标志或图形符号，应放置在机床上相应的切断开关附近。

机床的操作指示形象化符号应按 GB/T 10961—2010 的规定。

与操纵致动器相关的形象化指示符号应按 GB 18209.1—2010 的表 6。

刀具的标志应符合 GB 18955 的要求。

检验方法：检查相应图样，并在机床上检验。

6.3 使用说明书

按 GB 12557—2010 中 6.3 的规定，此外至少应包括下列内容：

a) 按 6.1 和 6.2 的要求，重述标志、图形符号和机床上的其他说明内容，如有必要，应提供这些内容的含义。

b) 机床的使用范围。

c) 有关遗留风险的警告，如粉尘、噪声、接触刀体、返弹等。

d) 按 GB/T 15706—2012 中 6.4.5.1 d)的要求的安全使用信息。

e) 机床适用刀具的加工范围、型式、尺寸，包括机床应使用锋利刀具的警告语。

f) 固定式机床与地面固定的方法说明。

g) 可移动机床的移动方法及在加工中稳定的方法。

h) 操作者应进行充分培训，并掌握正确使用、调整、操作机床的方法，也包括在设置和加工中的警示，如：

   1) 当操作者不在时应停止加工；

   2) 保证机床所在的地面及周围平整、维护良好且无松散材料，如木屑和切下物等；

   3) 机床故障报告，包括防护装置或刀体故障；

4） 定期清洁、维护、吸尘，避免发生火灾；

5） 设置与加工原理，包括桥式防护装置和工件导向装置的正确使用、调整；

6） 电源切断的方法；刨削时的安全工作方法；

7） 固定并定位刨刀片的方法，尤其应注意刨刀片的最大抛射，以及刨刀片锁紧螺母的最佳扭矩；

8） 加工特殊工件时使用适合的夹具；

9） 按相关法规，使用个人保护设备，如护耳、护眼装置等。

i） 提供充足的整体或局部照明的说明。

j） 安装和维护要求中应包括要检验的设备清单、检验频次及检验方法，至少包括以下内容：

1） 检查急停装置——通过功能试验；

2） 联锁的防护装置——依次打开每个防护装置停机，以验证当防护装置打开时，机床无法起动；

3） 制动装置——进行功能试验检查机床的制动时间是否在 10 s 以内；

4） 止逆器——至少每班检查一次。检查其是否处于良好的工作状态，例如止逆爪接触表面是否受冲击而损坏、止逆爪是否处于在自重作用下能无阻碍地回落的安全状态；

5） 以上条件均符合时，才能使用机床。

k） 要求只有连接了有效的吸尘系统时，才能使用机床的建议。

l） 安装到机床上吸尘装置的下列有关信息：

——风量 m^3/h；

——各连接管的压降（建议提供），Pa；

——吸尘管中建议的空气速度，m/s；

——各吸尘管接头的断面尺寸和结构细节（建议提供）。

m） 按 5.4.2.2 给定的方法测定气动力噪声的声明（按 GB 12557—2010 中 6.3 的要求）。噪声声明应附有所采用时的测量方法和检验时机床工作（运转）条件的说明，及相应的不确定度数值（用双数字声明的形式，其定义在 GB/T 14574—2000 中），不确定度 K 的数值规定如下：

4 dB 当使用 GB/T 3768 和 GB/T 17248.3—1999 时；

2 dB 当使用 GB/T 3767、GB/T 6881.2、GB/T 6881.3 时；

1 dB 当使用 GB/T 6882—2008 时。

举例如下：

噪声声功率级 $L_{WA}=93$ dB（测量值）

不确定度 $K=4$ dB

测量方法按 GB/T 3768—1996。

如果要核查噪声声明中排放值，则应采用与声明中的测定相同的方法和工作（运转）条件。

在使用说明中的噪声声明应附下列说明：

“这里给出的数值只是排放值而不是安全工作数值。排放值能使使用者较好地评价风险，但这不能作为确定是否需要进一步采取防护措施的依据。排放值和暴露值之间存在修正关系，影响暴露值的因素包括工作间的特性、其他噪声源等，例如机床的数量、其他的邻近加工。”

n） 机床的维护只有在切断动力源的情况下才可以进行。

o） 按 GB/T 15706—2012 中 6.4.5.1 e）列出维修清单，包括时间表。

p） 换刀前，应切断机床动力。

q） 安全清洗的有关要求。

r） 如果机床上安装了气动/液压系统及相关系统，应提供安全残余能量的安全释放方法（见 5.4.9）。

s） 如果机床中使用了降噪材料，厂家的使用说明中应提供此类材料保持良好状态的方法。

检验方法：检查使用说明书和相应图样。

附　录　A
（规范性附录）
返弹测试

该检验是测定止逆器的静强度。试验是在刀轴静止的情况下进行。力的方向与进给方向相反。

用一个两面经刨床加工过的宽 60 mm、高度为 D 的山毛榉作为试件。

机床前工作台的高度设置为 $D^{+1.5}_{0}$，试件放置在止逆器下方中间位置。力 F（取决于可用的加工宽度，见表 A.1）施加到试件上，时间为 1s。

表 A.1　有效的加工宽度 W 及力 F 的要求

有效的加工宽度 W mm	力 F N
$W<260$	300
$W\geqslant260$	500

工作台高度设置 D 为最大刨削深度时，重复试验。

如果止逆器夹住试件，且无永久性损伤，则止逆器通过测试。

附 录 B
（规范性附录）
机床的稳定性试验

机床工作位置的地面上应铺有刨花板。安装有车轮的机床应在车轮安装处安装刹车装置，若该机床有回缩车轮装置则应将车轮从地面收起。如图 B.1，在工作台前面的中间位置施加一 500 N 的水平作用力。

随后，在固定式防护装置（防护刀具）侧面的中间位置施加一 500 N 的力，其方向见图 B.1。

在上述情况下，机床不得移动或倾斜。

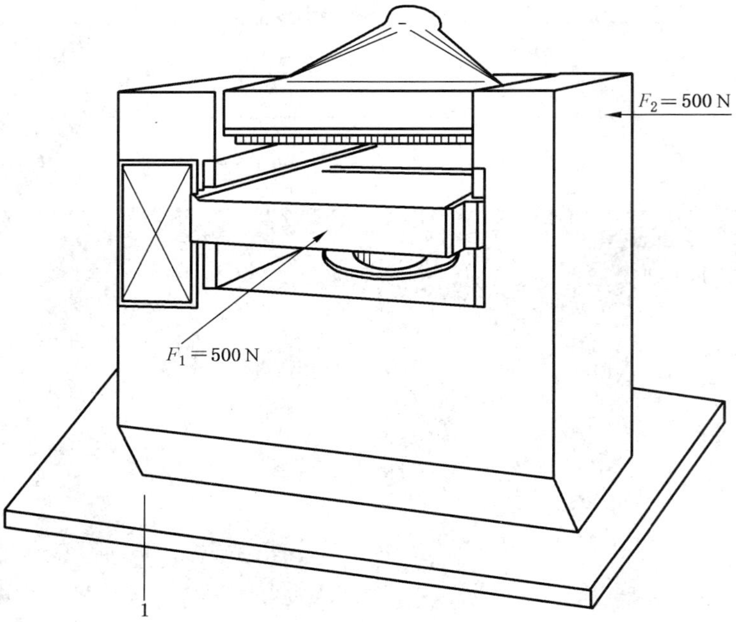

说明：

1——刨花板。

图 B.1

附 录 C
（资料性附录）
电子元件的使用

C.1 一般要求

与安全相关的电子控制设备的使用，应符合 GB/T 16855.1 的相关规定。

与安全相关的电子控制系统（SRECS）在设计上应达到本标准要求的机床安全功能类别。类别应达到 GB/T 16855.1—2008 中的第 2 类、第 3 类或第 4 类。

注 1：机床安全功能类别见 5.2.1。

SRECS 应满足 GB/T 16855.1—2008 相应的机床安全要求最高类别的要求。

SRECS 应按 GB/T 16855.1—2008 中 6.1 和 6.2 的要求，符合各种环境要求，除非 SRECS 是作为某一元件的部件，且该元件执行的是其他特殊标准。

根据 GB/T 19436.1—2013 的规定，第 2 类 SRECS 应符合 EMC 类型 2 的要求，除非其作为某一元件的部件，且该元件执行的是其他特殊标准。

根据 GB/T 19436.1—2013 的规定，第 3 类、第 4 类 SRECS 应符合 EMC 类型 4 的要求，除非其作为某一元件的部件，且该元件执行的是其他特殊标准。

注 2：对于整机，电磁兼容的要求见 5.4.8 的要求。

检验方法：检查相应图样（包括电路图），在机床上作相应功能试验等检验。

注 3：以上元件的特性，可参照生产厂家的说明。

C.2 SRECS 的设计

C.2.1 元件、硬件

SRECS 硬件元件（包括传感器、致动机构、可编程逻辑控制器、逻辑运算器等）的设计与制造，应按 GB/T 16855.1—2008 和其他相关标准的规定。

SRECS 硬件元件的选择、组装、安装等，应根据厂家的技术指导（包括使用与安装说明）的要求进行。

符合 GB/T 16855.1—2008 中的第 3 类、第 4 类要求的 PLC，可用于控制系统，并执行 5.2.1 中所列的安全功能。

注 1：如果使用 PLC，注意总反应时间会在一定范围内改变。PLC 产生的反应时间，主要取决于程序的周期时间。如果快速关闭时无报警或中断，为防止意外发生，需要计算双倍周期时间。

不符合 GB/T 16855.1—2008 中的第 3 类、第 4 类要求的 PLC，只能做为最高为第 3 类的 SRECS 的一部分，例如做为双通道中的一个通道，或做为第 2 类的测试装置。

检验方法：应对照说明书进行检验，检查相应图样（包括电路图），计算和目测机床。

注 2：以上元件的特性，可参照生产厂家的说明。

C.2.2 安全软件

C.2.2.1 嵌入式软件

SRECS 嵌入式软件，应符合 GB/T 20438.3—2006 中第 6 章、第 7 章的规定。

不可触及标准元件的嵌入式软件。

检验方法：检查使用说明书、相应图样(包括电路图)，计算并目测。

注：以上元件的特性，可参照生产厂家的说明书。

C.2.2.2 应用软件

应按厂家的说明书(或技术手册)对 SRECS 进行编程。

应明确区分安全软件与功能软件，以避免安全软件被意外替换。

只有经过授权的人员，在生产和/或设置模式(如设置位置停止、工件支撑)时，允许进入数控或 SRECS 可编程功能才能对 SRECS 的应用软件进行修改，但应防止未授权的人员接触到已编程的数据或编程功能。特别是使用者不能使用主动式光电装置 AOPD，通过应用程序插入或提取的序列，中止安全功能(如电子感应防护装置 ESPE)的运行。可通过设置密码来防止此类事情的发生。

开发应用软件，应符合 GB/T 20438.3—2006 中第 6 章、第 7 章的规定。

注 1：可采用防御性编程、结构编程、模块(如逻辑/功能块，序列图等)、符合以上要求的软件模块的再利用、依靠 SRECS 自有的编程工具等技术，达到上述对应用软件的要求。

注 2：推荐使用认证前的软件模块(如急停)。

检验方法：检查使用说明书、相应图样(包括电路图)，计算并目测。

C.2.2.3 有效性

SRECS 的有效性能确保机床特定的安全功能正常运行。有效性表明，所有部件正确连接，安全功能正常运行，不发生意外功能。

SRECS 的有效性应符合 GB/T 16855.2—2007 的要求。例如检查相应图样、流程图、模拟故障、检查、测量、元件生产厂家的确认和在机床上做的相关功能测试。

注：有效性包括使用测试和分析技术(如统计、动态分析或故障分析)。此类分析技术的使用可降低检测次数。

附 录 D
（规范性附录）
噪声测量时机床的工作（运转）条件

D.1 一般要求

本附录规定了测量机床噪声应遵守的工作（运转）条件。

为了能在操作者的位置测量声压级以及确定一台此类机床的声功率级，规定了传声器的位置（见图 D.1）。

这些标准的条件应尽量严格遵守，如果存在特殊情况，需与标准条件有偏差，则应将测量时遵照的实际条件记录在表 D.1 的“偏离标准条件”栏中。

检验时应安装和使用强制性的和标准的安全附件。

记录工作（运转）条件的记录单见表 D.1。

单位为米

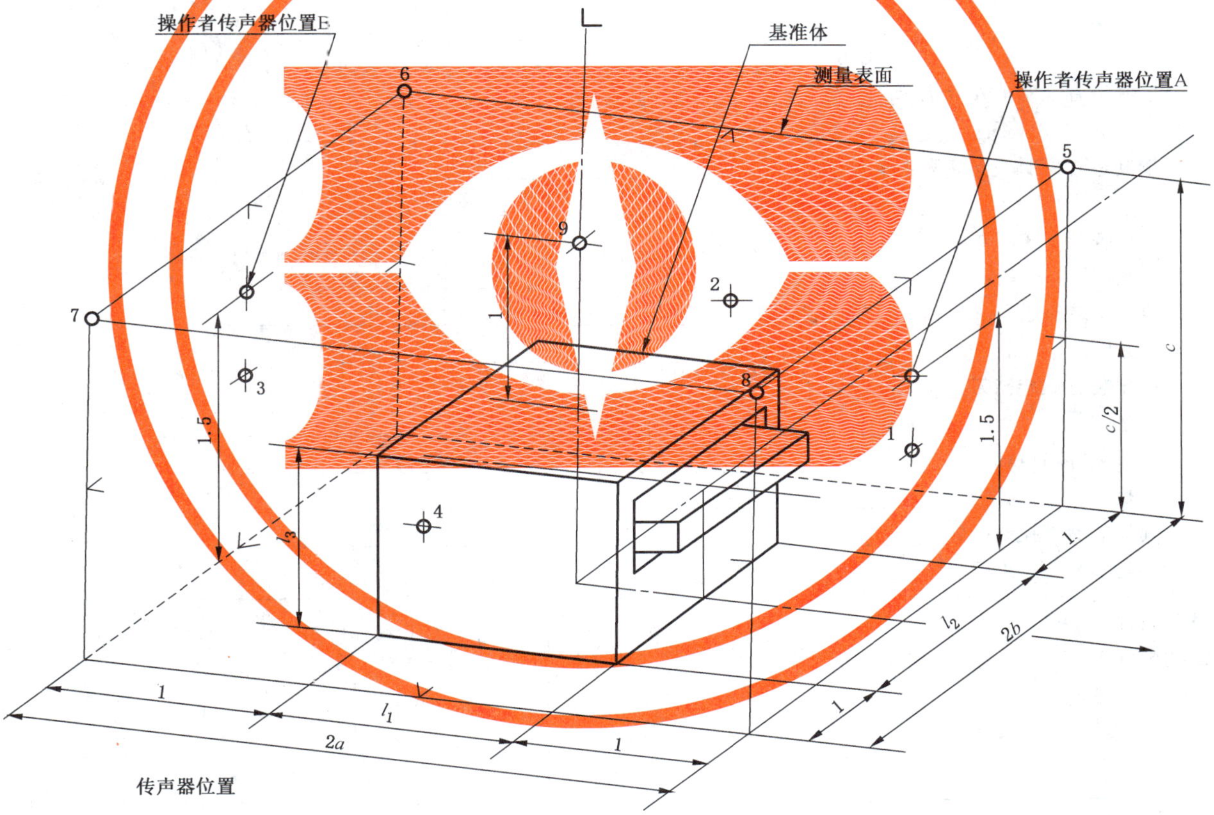

图 D.1 确定机床噪声声功率级的测量表面和传声器位置

表 D.1

机床数据：

制 造 厂：____________________

型　　号：____________________

制造日期：____________ 系列号：____________

机床外形尺寸[a]：____________________

长　　度：________ mm　宽　度：________ mm　高　度：________ mm

刀具长度：____________ mm　切削圆直径：____________ mm

刀片数目：____________________

标准转速：____________________

电 动 机：____________ r/min

刀　　具：____________ r/min

[a] 凸出机床而不影响噪声传播的零件(如手轮、手柄等)可忽略不计。

机床安装：

代号/说明

按制造者说明书安装机床____________________

是□　否□____________________

按制造者说明书安装吸尘罩____________________

是□　否□____________________

机床安装在隔板垫上____________________

是□　否□____________________

机床上装有进料和出料的降噪装置____________________

是□　否□____________________

机床装有螺旋刨刀____________________

是□　否□____________________

机床装有隔声罩____________________

是□　否□____________________

其他的噪声控制措施____________________

是□　否□____________________

试验条件： 切削软木 运转安排：	单位	标准条件	偏离标准
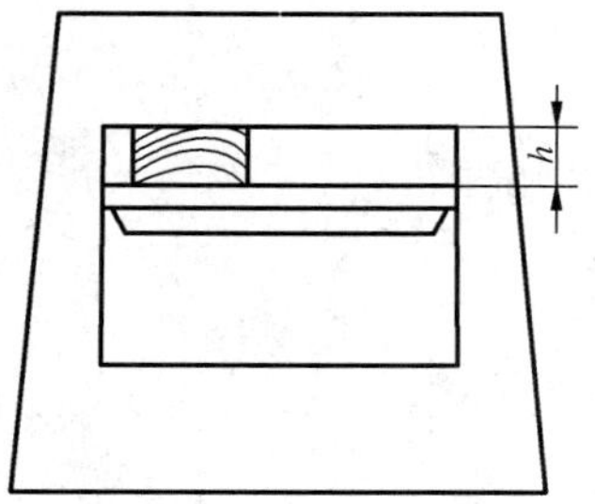			
空载时通道高度 h	mm	50	

表 D.1（续）

刀具和切削数据 刀具形式:装有直刃刀片的圆柱形刀体 主轴转速： 切削圆直径： 切削速度： 刀片伸出量： 切削宽度： 切削深度： 进给速度：	 r/min mm m/s mm mm mm mm/min	 max 100 2 10±2	
试验材料： 材　料：软木，中等质量等级 含水率：8%～14% 长　度：1 000 mm 宽　度：100 mm 高　度：最大 80 mm，切削后最终高度为 50 mm 预加工：四面已经刨床加工			
检验机床的图片或详细的安装图			
试验的实验室： 公司/研究所：____________ 地　址：____________ 电　话：____________ 日　期：____________　签　名：____________ 进行的实验： 地点：____________ 日期：____________			

D.2　噪声测量

机床应在下列条件下进行试验：

a)　按本附录的规定做负载噪声检验时，应以至少将三次测量的平均值为测量结果。在机床工作循环的起初阶段，由于试验材料进入刀具，可能会产生较高的噪声级，这与进给速度有关。手动进给的机床，进给难以控制，运转循环的这部分测量不应计入。

b)　试验时操作者的传声器位置(见图 D.1)：

位置 A：离地面高度为 1.5 m；

在测量表面的前端平面；

与工作台的中间一致。

位置B：离地面高度1.5 m；

在测量表面的后端平面；

与工作台的中间一致。

注：推荐采用积分式声级计。

ICS 79.120.10
J 65

中华人民共和国国家标准

GB 30461—2013

木工机床安全 带锯机

Safety of woodworking machines—Band sawing machines

2013-12-31 发布 2015-01-01 实施

中华人民共和国国家质量监督检验检疫总局
中国国家标准化管理委员会 发布

前　言

本标准第3章、附录A～附录E是推荐性的，其余为强制性的。

本标准按照GB/T 1.1—2009给出的规则起草。

本标准由中国机械工业联合会提出。

本标准由全国木工机床与刀具标准化技术委员会(SAC/TC 84)归口。

本标准起草单位：福州木工机床研究所、机械工业木工机床产品质量监督检测中心、东台市唐洋带锯机械有限责任公司、南通茂溢机床有限公司、东台市巨轮木工机械有限责任公司、杭州临安南洋木工机械有限公司。

本标准主要起草人：郑莉、肖晓晖、王灿宽、崔士龙、钱晓陆、郑文才。

木工机床安全　带锯机

1　范围

本标准规定了手动或自动上下料的木工带锯机(以下简称机床)上去除危险和限制风险的要求和/或措施。

本标准适用于切削实木、刨花板、纤维板、胶合板和有塑料贴面或贴边材料的机床。

本标准包括与该机床有关的所有危险,详见第4章。

本标准不适用于手持式机床和台式机床(按GB 13960.1和GB 13960.6的规定)。

本标准不包括由其他加工带来的危险(例如,铣削和圆锯切削)。

2　规范性引用文件

下列文件对于本文件的应用是必不可少的。凡是注日期的引用文件,仅注日期的版本适用于本文件。凡是不注日期的引用文件,其最新版本(包括所有的修改单)适用于本文件。

GB/T 3767—1996　声学　声压法测定噪声源声功率级　反射面上方近似自由场的工程法

GB/T 3768—1996　声学　声压法测定噪声源声功率级　反射面上方采用包络测量表面的简易法

GB 4208—2008　外壳防护等级(IP代码)

GB/T 5013.1—2008　额定电压450/750 V及以下橡皮绝缘电缆　第1部分:一般要求

GB/T 5023.1—2008　额定电压450/750 V及以下聚氯乙烯绝缘电缆　第1部分:一般要求

GB 5226.1—2008　机械电气安全　机械电气设备　第1部分:通用技术条件

GB/T 6881.2—2002　声学　声压法测定噪声源声功率级　混响场中小型可移动声源工程法　第1部分:硬壁测试室比较法

GB/T 6881.3—2002　声学　声压法测定噪声源声功率级　混响场中小型可移动声源工程法　第2部分:专用混响测试室法

GB/T 6882—2008　声学　声压法测定噪声源声功率级　消声室和半消声室精密法

GB 7247.1—2012　激光产品的安全　第1部分:设备分类、要求和用户指南

GB/T 9239.1—2006　机械振动　恒态(刚性)转子平衡品质要求　第1部分:规范与平衡允差的检验

GB 12557—2010　木工机床　安全通则

GB 13960.1—2008　可移式电动工具的安全　第一部分:通用要求

GB 13960.6—1996　可移式电动工具的安全　带锯的专用要求

GB 14048.4—2010　低压开关设备和控制设备　第4-1部分:接触器和电动机起动器　机电式接触器和电动机起动器(含电动机保护器)

GB 14048.5—2008　低压开关设备和控制设备　第5-1部分:控制电路电器和开关元件　机电式控制电路电器

GB/T 14574—2000　声学　机器和设备噪声发射值的标示和验证

GB/T 15706—2012　机械安全　设计通则　风险评估与风险减小

GB 16754—2008　机械安全　急停　设计原则

GB/T 16855.1—2008　机械安全　控制系统有关安全部件　第1部分:设计通则

GB/T 17248.3—1999 声学 机器和设备发射的噪声 工作位置和其他指定位置发射声压级的测量 现场简易法

GB/T 17248.5—1999 声学 机器和设备发射的噪声 工作位置和其他指定位置发射声压级的测量 环境修正法

GB/T 17454.1—2008 机械安全 压敏保护装置 第1部分:压敏垫和压敏地板的设计和试验通则

GB/T 18831—2010 机械安全 带防护装置的联锁装置设计和选择原则

GB/T 19436.2—2013 机械电气安全 电敏防护装置 第2部分:使用有源光电防护器件(AOPDs)设备的特殊要求

GB 23821—2009 机械安全 防止上下肢触及危险区的安全距离

GB/T 25078.1—2010 声学 低噪声机器和设备设计实施建议 第1部分:规划

EN 982:1996 机械安全 流体动力系统和部件的安全要求 液压装置

EN 983:1996 机械安全 流动体力系统和部件的安全要求 气动装置

3 术语和定义

GB 5226.1 和 GB 12557 界定的以及下列术语和定义适用于本文件。

3.1 定义

3.1.1

带锯机 band sawing machine

带一个或多个连续带锯条,安装并运转于两个或多个带锯轮之间的机床。

3.1.2

锯条张紧 sawblade straining

切削时,在锯条上施力,使之在带锯轮上保持一定位置(见图15)。

3.1.3

适张度处理 tensioning

通过辊压或锤打,形成锯切横截面,使锯条前、后边与带锯轮贴紧。

3.1.4

锯条的调整 sawblade tracking

带锯轮上用于锯条定位的方法(见图16)。

3.1.5

卡钩 dogging

切削时用于固定原木的装置。

3.1.6

带工作台带锯机 table band saw

带固定工作台或倾斜工作台或倾斜架的手动进给带锯机(见图1、图7、图8)。

3.1.7

原木带锯机 log band saw

用于原木粗加工的机床。

3.1.7.1

带移动工作台原木带锯机 traveling table log saw

安装有移动工作台和卡钩,手动或机动进给的原木带锯机(见图3)。

3.1.7.2

跑车木工带锯机　reciprocating carriage log saw

安装有跑车和卡钩，机动进给的原木带锯机(见图 4)。

3.1.7.3

输送带进给原木带锯机　conveyor-fed log saw

以输送带作为机械进给装置的木工带锯机(见图 5)。

3.1.7.4

带移动加工头的原木带锯机(门式带锯机)　moving head rig log saw(gantry log saw)

带移动锯切装置的原木带锯机(见图 6)。

3.1.8

二次带锯机　band re-saw

机械进给，对实木进行二次加工的带锯机(见图 2、图 9、图 10、图 27 和图 29)。

3.1.9

手动控制　manual control

每一加工动作都由操作者引发。

3.1.10

机械致动机构　machine actuator

[GB 5226.1—2008，定义 3.34]。

3.1.11

手动进给　hand feed

[GB 12557—2010，定义 3.3]。

3.1.12

可拆卸的机动进给装置　demountable power feed unit

[GB 12557—2010，定义 3.4]。

3.1.13

机械进给　integrated feed

[GB 12557—2010，定义 3.5]。

3.1.14

起动时间　run-up time

[见 GB 12557—2010，定义 3.14]。

3.1.15

惯性运动时间　run-down time

[GB 12557—2010，定义 3.15]。

3.1.16

机动进给机床的人工上料　manual loading of power-fed machines

由操作者直接将工件送至机床的机械进给机构(例如，旋转的进给辊、移动工作台或跑车)，即不用中间上料装置将工件输送或转移到机械进给机构。

3.1.17

机动进给机床的人工下料　manual unloading of power-fed machines

由操作者直接将工件移出机床，即不用中间下料装置将工件输送或转移出机床。

3.1.18

保证书　confirmation

[GB 12557—2010，定义 3.19]。

3.2 机床主要零部件术语

机床主要零部件的名称见图1～图6。

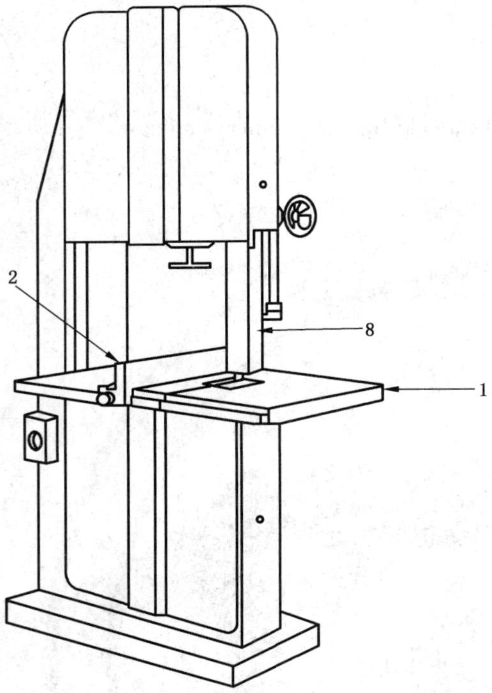

a） 防护装置关闭

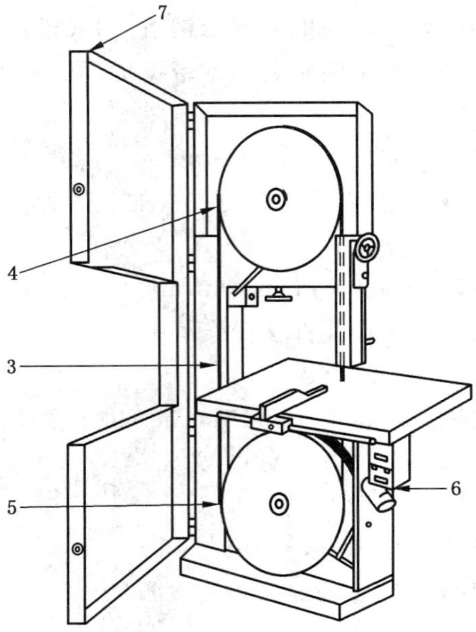

b） 防护装置打开

说明：

1——工作台；

2——可调式导向板；

3——带锯条；

4——上锯轮；

5——下锯轮；

6——起动和停止按钮；

7——锯轮防护罩；

8——锯条的可调式防护装置。

图1 防护装置的关闭和打开

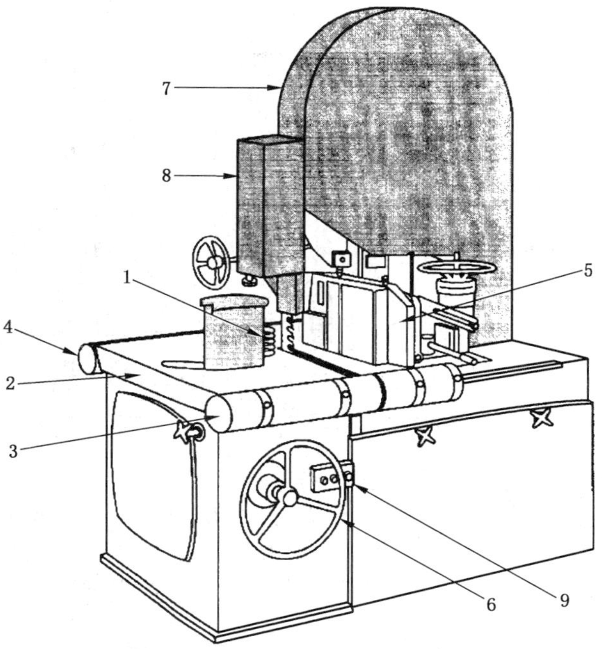

说明：

1——进给辊；
2——工件的支撑(工作台)；
3——前工作台辊轮；
4——后工作台辊轮；
5——导向板；
6——进给辊调节手轮；
7——锯轮防护罩；
8——锯条的可调式防护装置；
9——起动和停止按钮。

图 2　二次带锯机

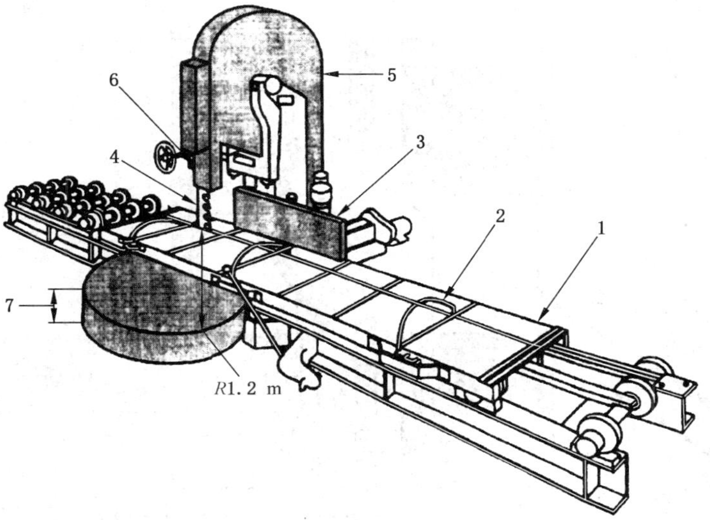

说明：

1——移动工作台；
2——卡钩；
3——导向板；
4——带锯条；
5——锯轮防护罩；
6——锯卡；
7——移动工作台下方高度不大于 100 mm。

图 3　带移动工作台原木带锯机

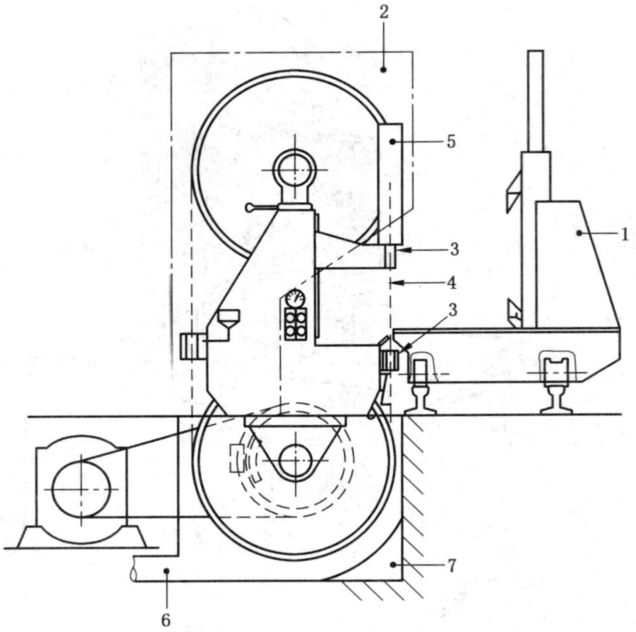

说明：

1——跑车；

2——锯轮防护罩；

3——锯条的导向装置；

4——带锯条；

5——锯条的可调式防护装置；

6——吸尘口；

7——地坑。

图 4 跑车木工带锯机

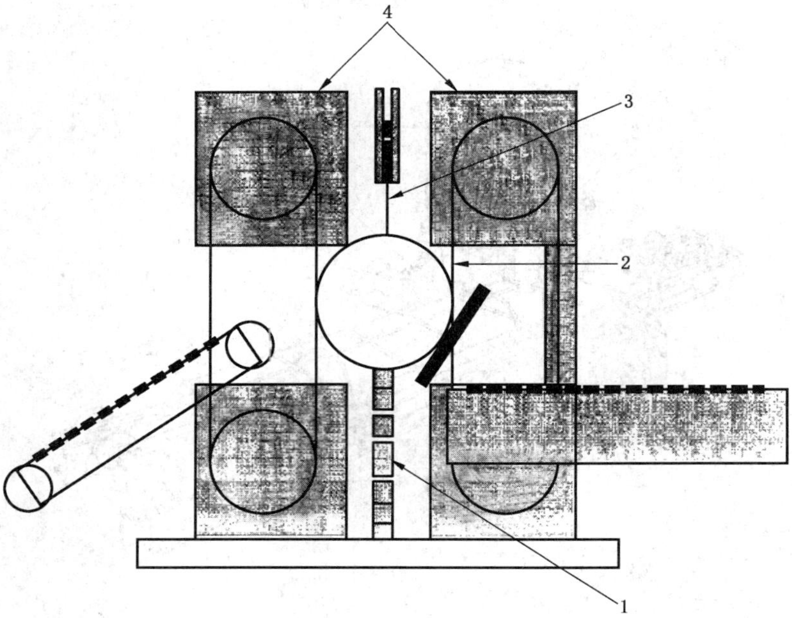

说明：

1——输送带；

2——带锯条；

3——销式传动辊轮；

4——锯轮防护罩。

图 5 输送带进给原木带锯机

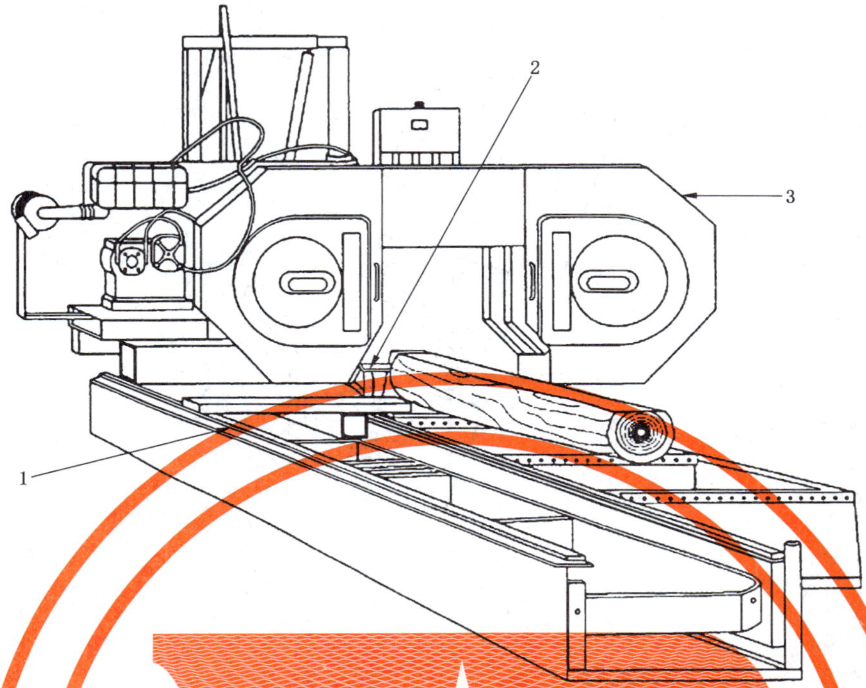

说明：

1——移动加工头；

2——带锯条；

3——锯轮防护罩。

图 6　带移动加工头原木带锯机

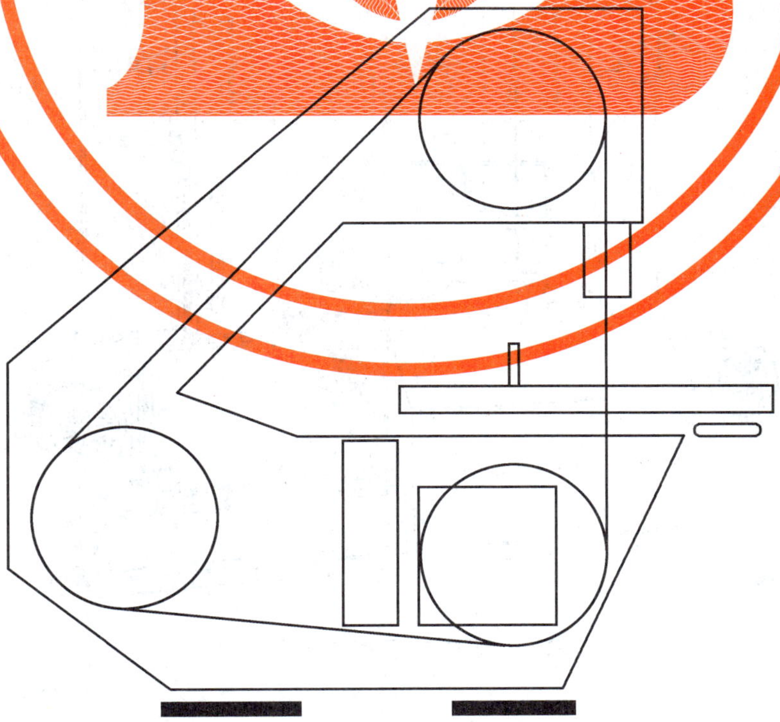

图 7　手动进给三锯轮带工作台带锯机

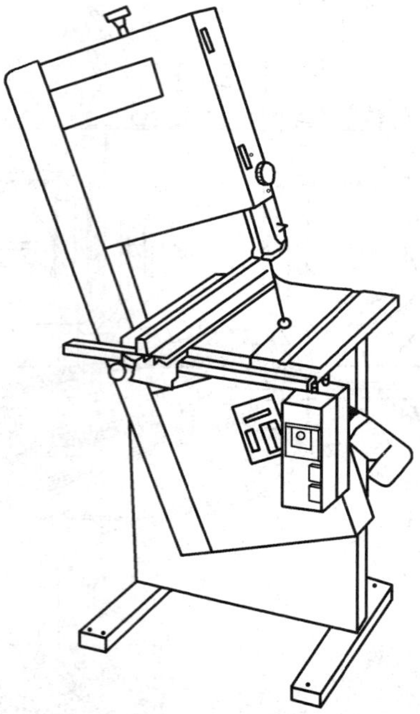

图 8　手动进给带工作台带锯机(锯头倾斜)

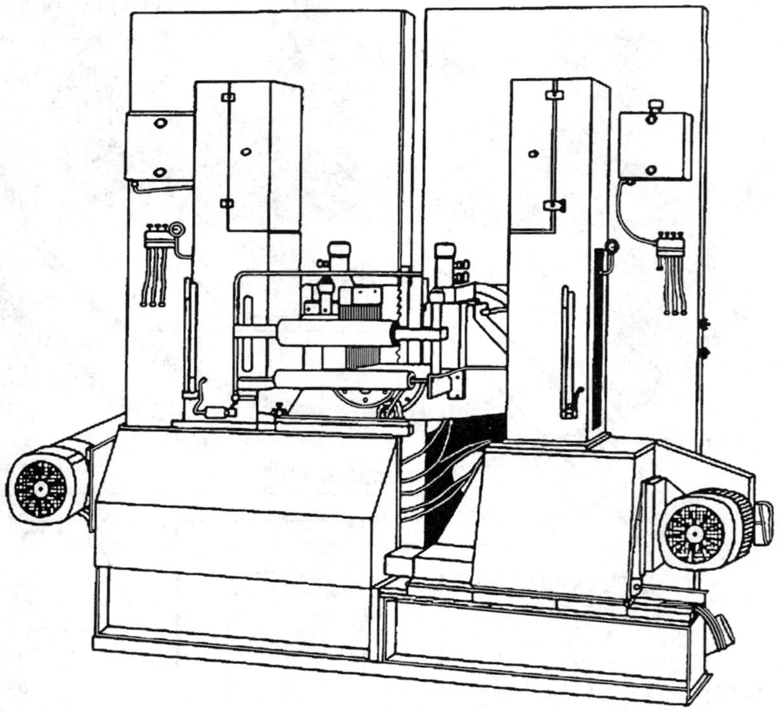

图 9　双向对面式二次带锯机

图 10 并列式双二次带锯机

4 危险一览表

危险一览表(见表1)涉及本机床的所有危险:

——对于重要的危险,通过规定安全要求和/或措施,或者通过指示恰当的B类标准;

——对于不重要的危险,例如一般的、从属的或者次要的危险通过指示恰当的A类标准,特别是GB/T 15706。

这些危险是通过GB/T 15706—2012的附录B提出的。

表 1 危险一览表

序号	危险	符合本标准的条文
1	**机械危险:**	
	——由机器部件或工件的下列要素引起的:	
	形状	5.3.2、5.3.3.1、5.3.6、5.3.7.1.2、5.3.7.2、5.3.7.3、5.3.8
	相对位置	5.2.2、5.2.4、5.3.3.1、5.3.3.2、5.3.7.1.2、5.3.7.4、5.3.8、5.3.9
	质量和稳定性(在重力的影响下可能运动的零部件的势能)	5.3.5
	质量和速度(可控或不可控的势能)	5.3.1、5.3.7.1.2、5.3.7.3
	机械强度	5.3.2.1、5.3.6.2
	——由以下原因引起的位能积累:	
	弹性元件(弹簧):	5.3.6
	在压力下的液体或气体	5.4.7、5.4.8

表 1（续）

序号	危　　险	符合本标准的条文
1.1	挤压危险	5.3.9
1.2	剪切危险	5.3.8、5.3.9
1.3	切割或切断危险	5.3.7
1.4	缠绕危险	5.3.7、5.3.8
1.5	引入或卷入危险	5.3.7、5.3.8、5.3.9
1.6	冲击危险	5.3.7
1.7	摩擦或磨损危险	5.3.2
1.8	高压流体喷射危险	5.4.7、5.4.8
2	**电气危险，产生原因包括：**	
2.1	——人体与带电部件的接触（直接接触）	5.4.4、5.4.15、5.4.16
2.2	——人体与在故障条件下变为带电的零件的接触（间接接触）	5.4.4、5.4.15、5.4.16
3	**由噪声产生的危险，导致：**	
3.1	听力损失（耳聋）、其他生理障碍（例如失去平衡、失去知觉）	5.4.2
4	**辐射危险：**	
4.1	激光	5.4.12
5	**由机械加工时、使用的或排出的材料和物质产生的危险，例如：**	
5.1	由于接触或吸入有害的液体、气体、烟雾和灰尘导致的危险	5.4.3
5.2	火或爆炸危险	5.4.1
6	**机械设计时忽略人类工效学原则产生的危险：**	
6.1	——不健康的姿态或过度用力	5.2.2
6.2	——不适当的考虑人的手臂或脚腿构造	5.2.2
6.3	——不适当的工作面照明	6.3
6.4	——人的差错，人的行为	6.3
6.5	——手动控制的设计、位置或鉴定方法	5.2.2
6.6	——可视显示装置的设计或位置	5.2.2
7	**由于意外起动、意外运转/意外过速（或其他任何类似故障）产生的危险：**	
7.1	——控制系统的失效/故障	5.2.1
7.2	——能源中断后的复原	5.2.1、5.2.9
7.3	——电力设备的外部影响	5.2.1
7.4	——操作者操作失误（机械与人类的特征和能力不匹配，见 8.6）	5.2.1、5.4.5、6.3
8	在正常情况下停止机床的不可能性	5.2.2、5.2.4、5.3
9	能量失效	5.2.9
10	控制电路失效	5.2.1
11	安装出错	5.2.8
12	运转中断	5.3.2
13	机械零件或流体意外抛射	5.3.2、5.3.3、5.3.9
14	机器翻倒，意外失去稳定性	5.3.1

5 安全要求和/或措施

5.1 一般要求

机床的安全除应符合本标准的规定外，还应符合 GB 12557、GB/T 15706 的规定。

5.2 控制和指令装置

5.2.1 控制系统的安全性和可靠性

对本标准而言，有关安全控制系统包括从最初的手动操纵器或位置传感器到最终的机械致动机构或部件(例如电机)的输入端(例如电动机或制动)。

机床的有关安全控制系统如下：

——起动锯轮驱动电机(见 5.2.3)；

——起动机械进给(见 5.2.3 和 5.2.3.3)；

——正常停止(见 5.2.4.1 和 5.2.4.2)；

——紧急停止(如果需要)(见 5.2.5)；

——停止机动进给辊轮(见 5.2.2.1 和 5.2.5)；

——联锁(见 5.3.7.1.1、5.3.7.2.1、5.3.7.3.1、5.3.7.3.2、5.3.7.4 和 5.3.8)；

——带防护锁定装置的联锁(见 5.3.7.1.1、5.3.7.2.1、5.3.7.3.1 和 5.3.8)；

——模式选择(如果需要)(见 5.2.6)；

——在跑车、加工头、输送带进给装置或移动式工作台运动时开/关可调式防护罩(见 5.3.7.3.2.1)；

——触发装置(如果适用)(见 5.3.7.2.5)；

——补偿装置的运用(见 5.3.3.1)；

——制动系统的引发(见 5.3.4)；

——制动释放(见 5.2.6)；

——压敏装置(如果适用)(见 5.3.4)；

——光电装置(如果适用)(见 5.3.7.2.4)。

这些控制系统至少应采用“经验证”的元器件和原则予以设计和制造。

本标准中“经验证”的元件和原则是指：

a) 电气元器件应符合相应国家标准、行业标准的规定，包括下列元器件：

——强制切断的控制开关(用于联锁的防护装置中作为机械操作的位置传感器)和用于辅助电路中的继电器应符合 GB 14048.5 的规定；

——用于主电路上的机电式接触器和电动机起动器应符合 GB 14048.4 的规定；

——橡胶绝缘电缆应符合 GB/T 5013.1 的规定；

——通过固定(例如安装在机床床身内部)以防止机械损坏的聚氯乙烯电缆应符合 GB/T 5023.1 的规定。

b) 在电路原则方面，应符合 GB 5226.1—2008 中 9.4.2.1 规定的前四种措施，电路应硬接线。若有关安全控制系统中采用电子元器件，则应符合 GB 5226.1—2008 中 9.4.2.2 的要求。

c) 机械的零部件应符合 GB/T 15706—2012 中 6.2.5 的规定。

d) 防护装置用机械操作的位置传感器如采用强制作用的模式，它的安排和连接以及凸轮设计和安装应符合 GB/T 18831—2010 中 5.2.2 和 5.3 的规定。

e) 带防护锁的联锁装置应符合 5.3.7.1 的要求。

f) 气动和液压元器件及系统应分别符合EN983:1996和EN982:1996的规定。

g) 电敏保护装置应是GB/T 19436.2—2013中的2类。至少在每次起动机床时,与其连接的有关安全控制系统一起进行试验。

检验方法:检验相应图样和/或电路图,检查机床及元器件制造者出具的所有元器件符合相应标准的保证书。

5.2.2 操纵器的位置

5.2.2.1 原木带锯机

用于正常加工的原木带锯机操纵器应安装在下列位置之一。

a) 至少离切削区域1 200 mm处,见图11;

b) 通过阻挡装置使其与切削区域分离,阻挡装置与锯条的距离至少为1 200 mm。

不用于正常加工的固定操纵器,可放置在切削区域1 200 mm范围内。

控制装置不可安装在跑车、输送带、移动加工头、移动工作台或其他加工设备、原木等的行程上。

在任何情况下,操作者均能从其正常操作位置看见锯条的暴露部位,以及往复式跑车或其他相关运动的全行程,除非机床周围安装挡板或者操纵器被安装在独立的控制室内。

检验方法:检验相应图样和/或电路图,测量、目测,并在机床上作功能试验。

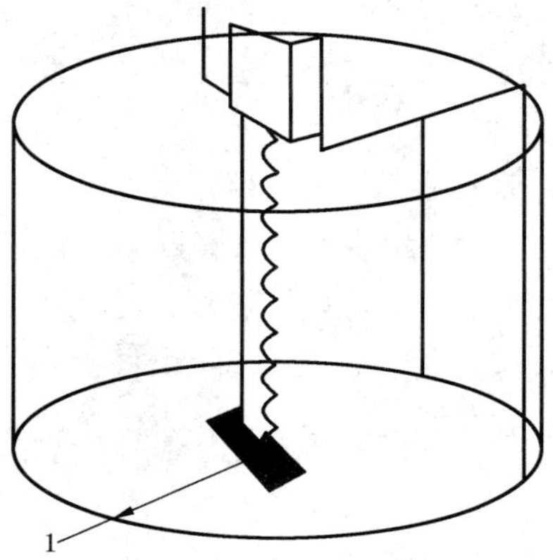

说明:

1——到锯切处1 200 mm。

图11 原木锯——锯条周围的危险区域

5.2.2.2 带工作台带锯机

带工作台带锯机上的电气控制,包括急停操纵器(如果安装),应安装在图12所示位置。或采用可移动的控制面板或独立式控制台。

检验方法:检验相应图样和/或电路图,测量、目测,并在机床上作功能试验。

5.2.2.3 二次带锯机

在二次带锯机上,电气控制的操纵器(除了急停操纵器)的位置按5.2.2.2。在所有上料、下料位置和所有固定的或移动的控制台上都应安装急停操纵器。

检验方法:检验相应图样和/或电路图,测量、目测,并在机床上作功能试验。

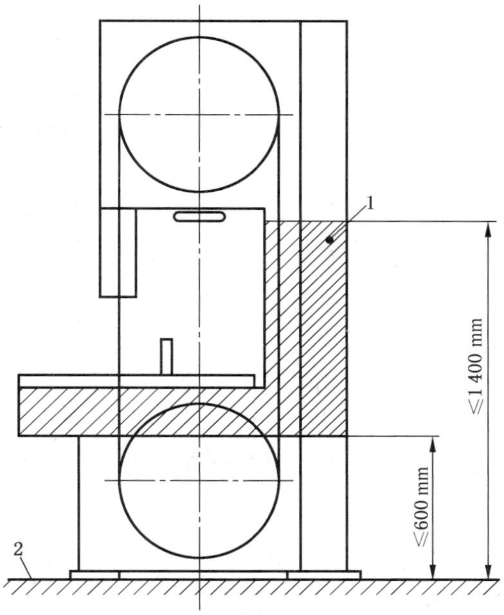

说明：

1——阴影部分为控制位置；

2——地平线。

图 12

5.2.3 起动

5.2.3.1 一般要求

见 GB 5226.1—2008 中 9.2.5.2。

对本标准而言，"安全防护装置就位并起作用"是由 5.3.7.1 中联锁装置的安排而实现的。

而"运转"是指锯轮和机动进给的起动。

带锯轮驱动电机应在所有联锁装置就位并起作用后才能运行。

机械进给应在带锯轮驱动电机起动后才能运行。

检验方法：检查相应图样和/或电路图，检查机床并在机床上作功能试验。

5.2.3.2 原木带锯机

在手动操纵的原木带锯机上，用于机械进给的控制器应为"停止-运转"模式，机床周围有联锁防护挡板的除外。

在手动操纵的原木带锯机上，原木转动装置控制器应为"停止-运转"模式，除非该原木转动装置由带锁紧的环形护板包围。

检验方法：检验相应图样和/或电路图，检查机床并在机床上作功能试验。

5.2.3.3 带工作台带锯机

若制造商在带工作台带锯机上安装了可拆卸式机械进给装置，则应在该装置上安装独立的起动控制器。

检验方法：检验相应图样和/或电路图，检查机床并在机床上作功能试验。

5.2.4 正常停止

5.2.4.1 一般要求

在主控制位置应装有一个正常停止操纵器，除非在此有一急停控制操纵器能满足正常停止要求，且该操纵器能停止所有的机床致动机构。

正常停止控制系统应为：

a) 机床上若装有一个电气制动器，应按 GB 5226.1—2008 中 9.2.2 的 1 类。

b) 其他情况应按 GB 5226.1—2008 中 9.2.2 中的 0 类。

当装有 1 类停止操纵器时，正常停止顺序应为：

——除工件夹紧（如果提供）外，切断所有机床致动机构的动力，引发制动。

——制动完成后切断到制动器的动力。

若采用时间继电器，则延时至少等于最小的制动时间。时间继电器应是固定的或其延时调整装置是密封的。

检验方法：检查相应图样和/或电路图，检查机床并在机床上作功能试验。

5.2.4.2 装有可拆卸式进给装置的带工作台带锯机

若机床上装有可拆卸式机械进给装置或电连接至一个可拆卸机动进给装置，应按 5.2.4.1 要求提供一个附加的停止控制器，并安装在主控制位置。

检验方法：检查相应图样和/或电路图，检查机床并在机床上作功能试验。

5.2.5 紧急停止

应符合 GB 16754 的要求。

除不带有可拆卸式进给装置的带工作台带锯机外，所有机床均应安装急停操纵器。

若机床装有一个机械式制动器，则急停控制系统应按 GB 5226.1—2008 中 9.2.2 的 0 类。

其他情况则按 GB 5226.1—2008 中 9.2.5.4 中的 1 类，且停止的顺序应按 5.2.4。

应避免由重力、压力（例如由自动机械挡块或夹紧装置产生的）等引起的危险运动。

检验方法：检查机床相应图样和/或电路图，检查、测量并在机床上作功能试验。

5.2.6 调整模式

在锯轮直径小于 1 200 mm 且切断电源即开启制动的机床上，当需用手转动锯轮进行锯条调整时，应先使锯轮停止运转，再释放制动，然后进行调整。

在锯轮直径大于等于 1 200 mm 的机床上，且在调整时允许无制动惯性运转，应提供模式选择器，并应完全满足 GB 12557—2010 中 5.3.4.2 的要求。

检验方法：检验相应图样和/或电路图，检查机床并在机床上进行功能试验。

5.2.7 转速改变

应提供转速改变装置，并应在起动前调整好。

检验方法：检验相应图样和/或电路图，检查机床并在机床上进行功能试验。

5.2.8 双倍指令控制

当机床的机械进给和/或带锯轮驱动电机上装有二个控制操纵器，则应符合 GB/T 15706—2012 中 6.2.11.8e)的规定。在给定的时间内只能允许一个控制操纵器有效。

检验方法：检查相应图样和/或电路图，检查机床并在机床上作功能试验。

5.2.9 动力源故障

电驱动的机床应对电源中断随后复原的重新起动按 GB 5226.1—2008 中 7.5 的第 1 段和第 3 段进行防护。

装有工件气动夹紧装置的机床，应在动力源故障情况下，保持气源的气压，例如通过使用一单向阀来防护。

检验方法：检查相应图样和/或电路图，检查机床并在机床上作相应功能试验。

5.2.10 控制电路失效

见 5.2.1。

5.3 机械危险的防护

5.3.1 稳定性

机床上应有将其固定在地面或其他稳定结构上的措施，例如机床底座上的孔或其他结构。

移动式机床也应装有刹车，用于固定车轮。

每一带锯轮均应按 GB/T 9239.1—2006 的 G6.3 进行静平衡。

检验方法：检查相应图样，检查机床，在机床上作功能检验，检查锯轮的平衡或制造商平衡等级的保证书。

5.3.2 运转中的断裂危险

5.3.2.1 防护材料的特性

防护装置应安装在机床的主机架上并包围带锯条，除了带工作台带锯机的可调式防护装置的内表面可采用抗拉强度 1 500 N/mm² 的弹簧钢且壁厚不小于 0.5 mm 外，所有材料均应符合表 2 的要求：

表 2 防护装置材料的特性

带锯轮直径 d mm	抗拉强度 350 N/mm² 的钢	抗拉强度 180 N/mm² 的轻合金	聚碳酸酯或等强度的塑性材料	抗拉强度 200 N/mm² 的铸铁
	材料的最小壁厚 mm			
≤315	1.0	2.5	2.0	5.0
315<d<1 000	1.5	3.0	3.0	5.0
≥1 000	2.0	3.5	3.0	5.0

检验方法：检查相应图样，检查、测量机床及材料制造者提供的抗拉强度的保证书。

5.3.2.2 清洁和润滑

5.3.2.2.1 清洁

机床应安装保证锯条和锯轮清洁的装置，如刷子或刮刀（见图 13 和图 14）。

无需辅助工具应能手动调整清洁装置。

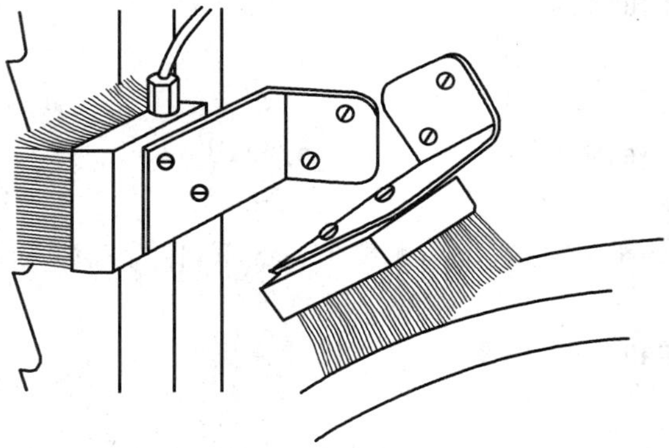

图 13　锯条和锯轮的清洁

检验方法:检查相应图样,目测,并在机床上进行功能试验。

5.3.2.2.2　润滑

二次带锯机和原木带锯机应装有润滑系统(见图 14),并在机床运行时向锯条和/或锯轮提供润滑油。润滑油的储油器应有足够的容量,以保证至少连续工作 4 h。

检验方法:检验相应图样,计算,目测并在机床上进行功能试验。

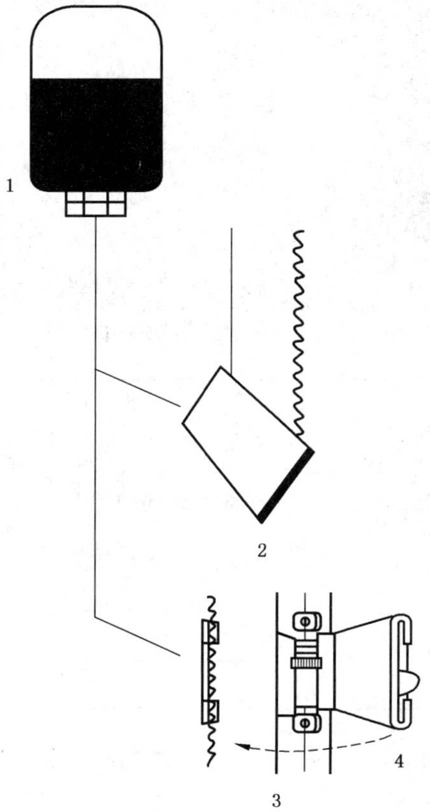

说明:

1——滴油嘴;　　　　3——清洁装置在打开位置;

2——锯条刷;　　　　4——清洁时关闭。

图 14　锯条的润滑

5.3.3 锯卡和锯条设计

5.3.3.1 锯卡的张紧和调整

应提供调整锯条张紧的装置。并提供补偿装置以保持锯条在正常运行时的张紧度(见图 15)。

一种方法为一个带锯轮可倾斜,以保证锯条能正确调整(见图 16)。在锯轮直径小于 900 mm 的机床上,无需工具应能进行调整。

注意:调整时允许无制动惯性运转,见 5.2.6 和 5.3.4。

如果是动力调整锯条的机床,且所有的防护装置都关闭,需提供锯条的定位措施,可通过以下方法:在机床工作台上标记或在锯轮防护罩上开可视窗等。可视窗的开口位置及大小应符合 GB 23821—2009 中表 2 和表 5 的规定。

检验方法:检查相应图样和/或电路图,检查、测量并作锯条张紧器的功能试验。

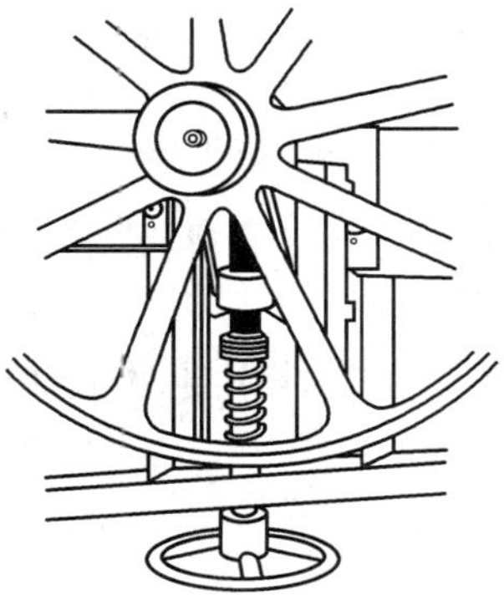

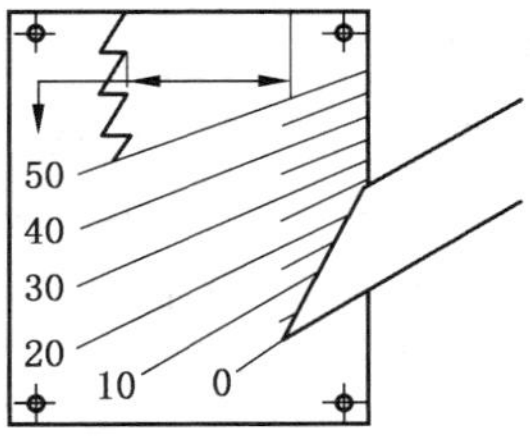

图 15 锯条的张紧

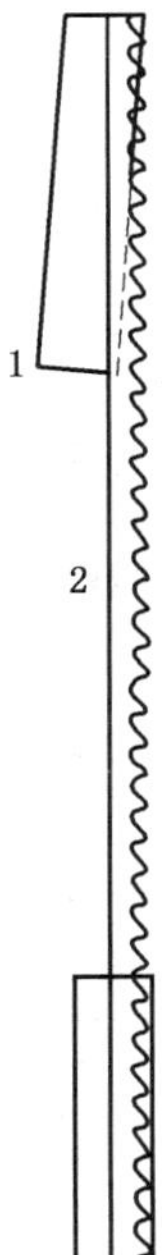

说明:

1——可倾斜的锯轮; 2——锯条。

图 16 锯条的调整

5.3.3.2 锯条导向装置

机床应配备锯条导向器，并应符合表3所列的各项要求。

表3 锯条导向装置的要求

<table>
<tr><th colspan="2" rowspan="2">机床的设计</th><th colspan="3">允许的锯条导向类型</th><th rowspan="2">要求的锯条导向位置</th><th rowspan="2">锯卡调整装置</th></tr>
<tr><th>辊轮</th><th>成对型</th><th>压力型</th></tr>
<tr><td colspan="2">垂直锯条—锯轮直径≤315 mm</td><td>√</td><td>√</td><td></td><td>（至少）在工件上方</td><td>上部</td></tr>
<tr><td rowspan="2">垂直锯条—锯轮直径>315 mm</td><td>不经适张度处理</td><td>√</td><td>√</td><td></td><td rowspan="2">在工件的上方和下方</td><td rowspan="2">上部</td></tr>
<tr><td>经适张度处理</td><td></td><td>√</td><td>√</td></tr>
<tr><td rowspan="2">水平锯条</td><td>不经适张度处理</td><td>√</td><td>√</td><td></td><td rowspan="2">在工件的两边</td><td rowspan="2">靠近从动锯轮</td></tr>
<tr><td>经适张度处理</td><td></td><td>√</td><td>√</td></tr>
</table>

如果安装成对型导向器，应根据表3规定，其中在工件的一边应该是可以调节的，以便其向工件或工件支承平面移动，并在该位置上固定（见图17）。

机床的锯条若不经适张度处理，则后导向器（推进辊轮）应安装在工件上方，保持锯条在锯切时定位（见图18）。

检验方法：检查相应图样，检查机床并在机床上作相应功能试验。

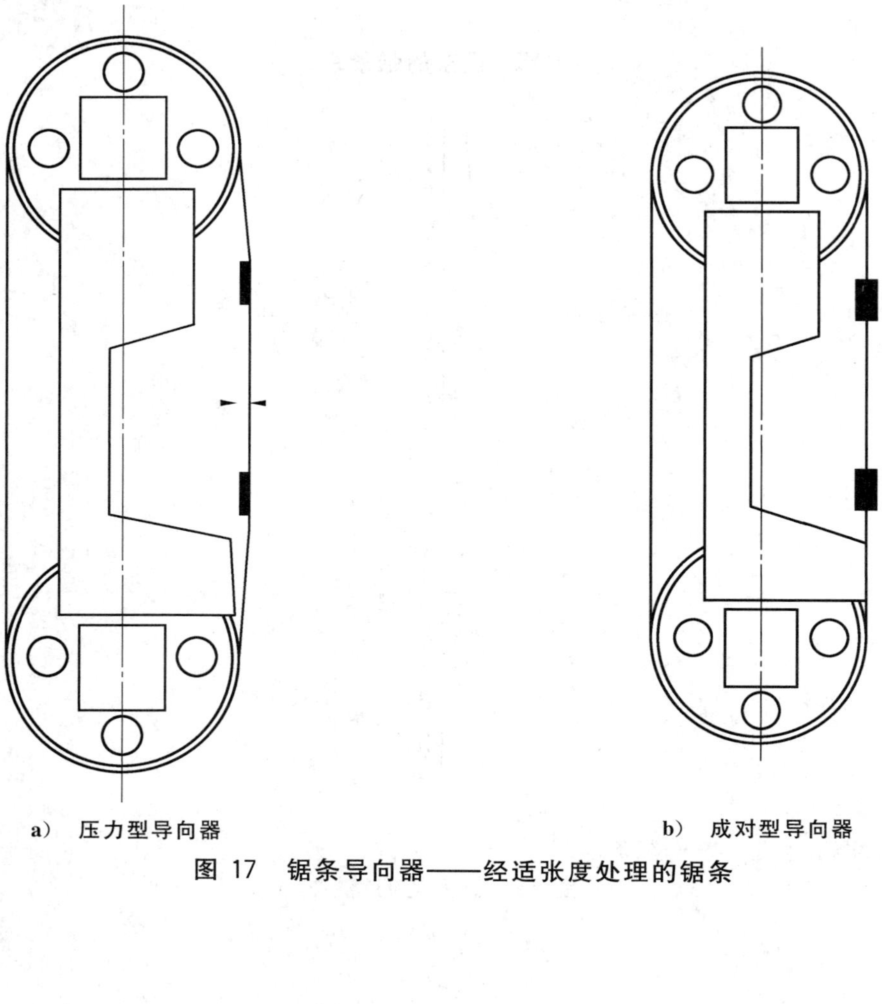

a） 压力型导向器　　　　b） 成对型导向器

图17 锯条导向器——经适张度处理的锯条

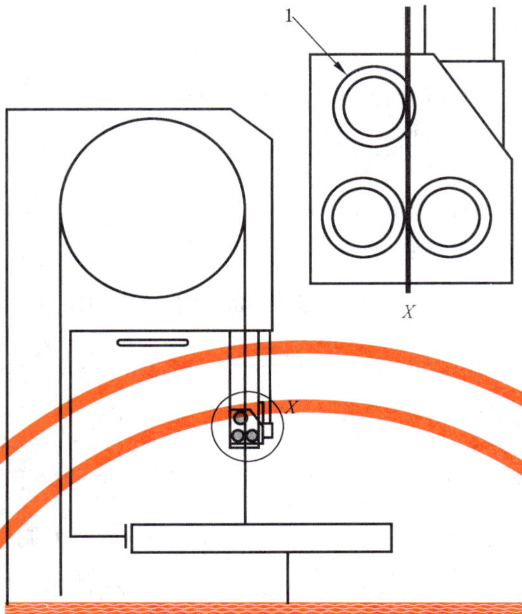

说明：
1——推进辊轮。

图 18　不经适张度处理的锯片——后导向器(推进辊轮)

5.3.4　制动

5.3.4.1　能接触到锯条的机床

惯性运转时间超过 10 s 的机床，应提供有自动的制动器。制动时间应小于 10 s。

机床的制动时间不应超过 10 s 的机床，若起动时间超过 10 s 的，制动时间应小于起动时间，但不应超过 30 s。

5.3.4.2　不能接触到锯条的机床

惯性运转时间超过 60 s 的机床，应提供有自动的制动器。

机床的制动时间不应超过 60 s。

检验方法：惯性运转时间，起动时间和制动时间的确定方法见以下相关试验。

5.3.4.3　试验条件

按 GB 12557—2010 中 5.3.4.2。

5.3.4.4　试验

5.3.4.4.1　不制动的惯性运转时间

按下列要求测量不制动的惯性运转时间：

测量从操作停止操纵器至锯轮停止运转所经过的时间。

上述 3 次测量的平均值为不制动的惯性运转时间。

5.3.4.4.2 起动时间

按下列要求测量起动时间：

测量从操作起动操纵器至锯轮达到预定转速所经过的时间。

上述 3 次测量的平均值为起动时间。

5.3.4.4.3 制动时间

按下列方法测量制动时间：

a) 停止带锯轮运转：制动时间从操作停止操纵器开始，至带锯轮停止运转结束；

b) $(\frac{P}{7.5})^2$ min（式中，P——电机额定输入功率，kW）后重新起动带锯轮：重新起动间隔不应小于 1 min，不大于 60 min；

c) 重新起动主轴驱动电机，空运转$(\frac{P}{7.5})^2$ min，空运转时间应不少于 1 min，不大于 60 min。

若机床功率不大于 7.5 kW，上述步骤重复 10 次，10 次的平均值为制动时间。

若机床功率大于 7.5 kW，上述步骤重复 3 次，3 次的平均值为制动时间。

5.3.4.4.4 锯条调整时的制动

锯条调整模式时，允许不制动惯性运转，并应全部满足下列要求（见 5.2.6）：

a) 锯轮的起动应为“停止-运转”模式；

b) “停止-运转”引发后 2 min，引发制动；

c) 若防护罩开启或急停按钮操作时应引发制动，也就是跳过调整模式。

检验方法：检查相应图样和/或电路图，检查机床并在机床上作相应功能试验。

5.3.5 将抛射的可能性和影响降低到最小的装置

见 5.3.2。

5.3.6 工件的支承与导向装置

5.3.6.1 带工作台带锯机的导向装置（工件导向）

能直线锯切的带工作台带锯机应提供可调节的导向板。带倾斜工作台的机床，在锯条任一边允许安装导向板。导向板的尺寸按表 4 的规定。

检验方法：检查相应图样，检查并测量。

表 4

单位为毫米

d_1	c	e	a_{min}
≤320	125	155	≥50
$320<d_1\leqslant440$	135	180	90
$440<d_1\leqslant540$	145	225	90
$540<d_1\leqslant640$	200	250	90
$640<d_1\leqslant740$	228	300	90
$740<d_1\leqslant840$	250	355	90
$840<d_1\leqslant900$	300	375	90

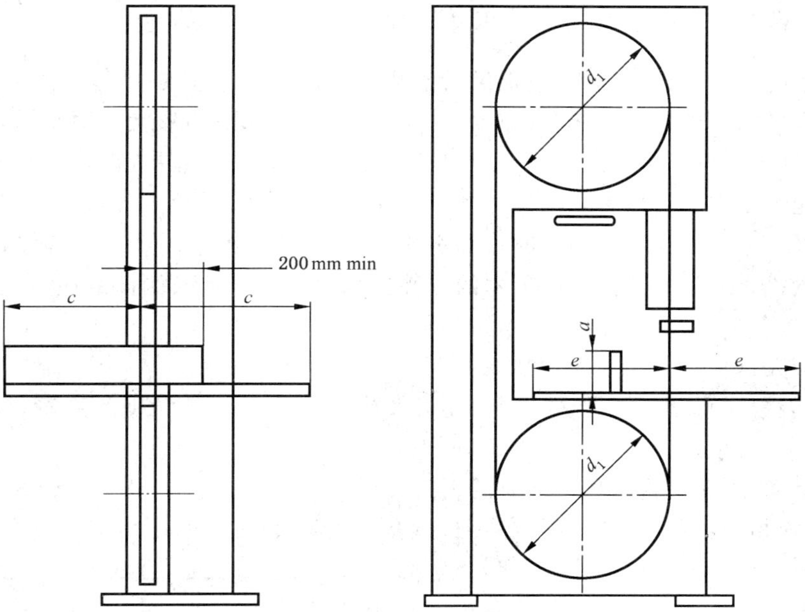

图 19 工作台最小尺寸——导向板的高度和长度

5.3.6.2 带工作台带锯机的工作台

工作台的最小尺寸应符合图 19 的规定。

工作台的开口处装有可换的矩形嵌板，见图 20，嵌板材质为木质、塑料或轻合金。

工作台的倾斜角度不能大于 20°。

检验方法：检查相应图样，检查并测量。

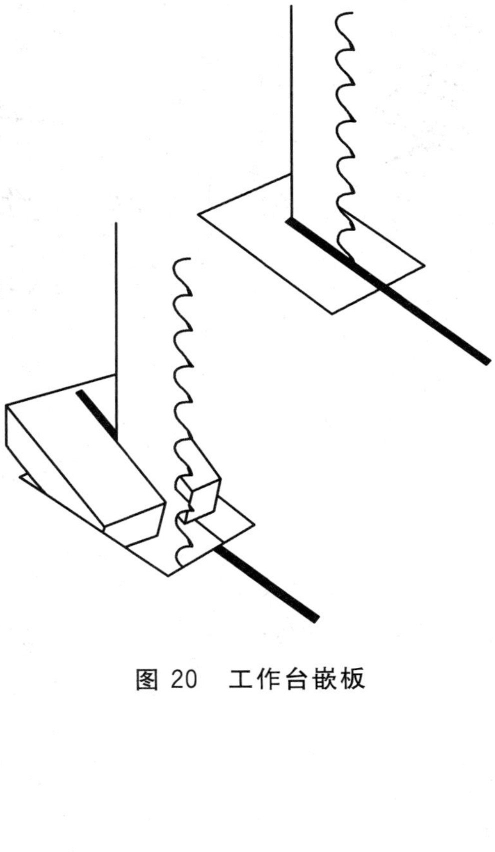

图 20 工作台嵌板

5.3.6.3 **原木横截带工作台带锯机**

用于横截原木的带工作台带锯机，应提供进给装置，用于原木在切削过程中的支承和导向。此进给装置既可以是装有导向板的移动工作台(原木紧贴导向板或导向板的形状能固定原木)，也可以是一附加装置，其上面的导向板可以安装在工作台上，且不用时仍固定在机床上(见图21)。

进给装置应能锁定在上料位置。

进给装置在设计上应使原木在横截时被固定或夹紧，如使用销钉、悬臂式夹具、支架。

制造商应提供机床设计的最大长度原木的工件支承力。位于锯条侧面的最小工件支承力，其尺寸为图19中的‘e’，且至少是工件长度的一半。

进给装置的最大行程至少比最大切削高度大20 mm(见图22)。

切削后，进给装置应自动返回上料位置，且工件或进给装置不接触锯条后背，如通过返程让刀的方法。

进给装置的运动，不能暴露工作台下方的锯条或切削区域。

检验方法：检查相应图样和/或包括电路图，检查、目测并在机床上作相应功能试验。

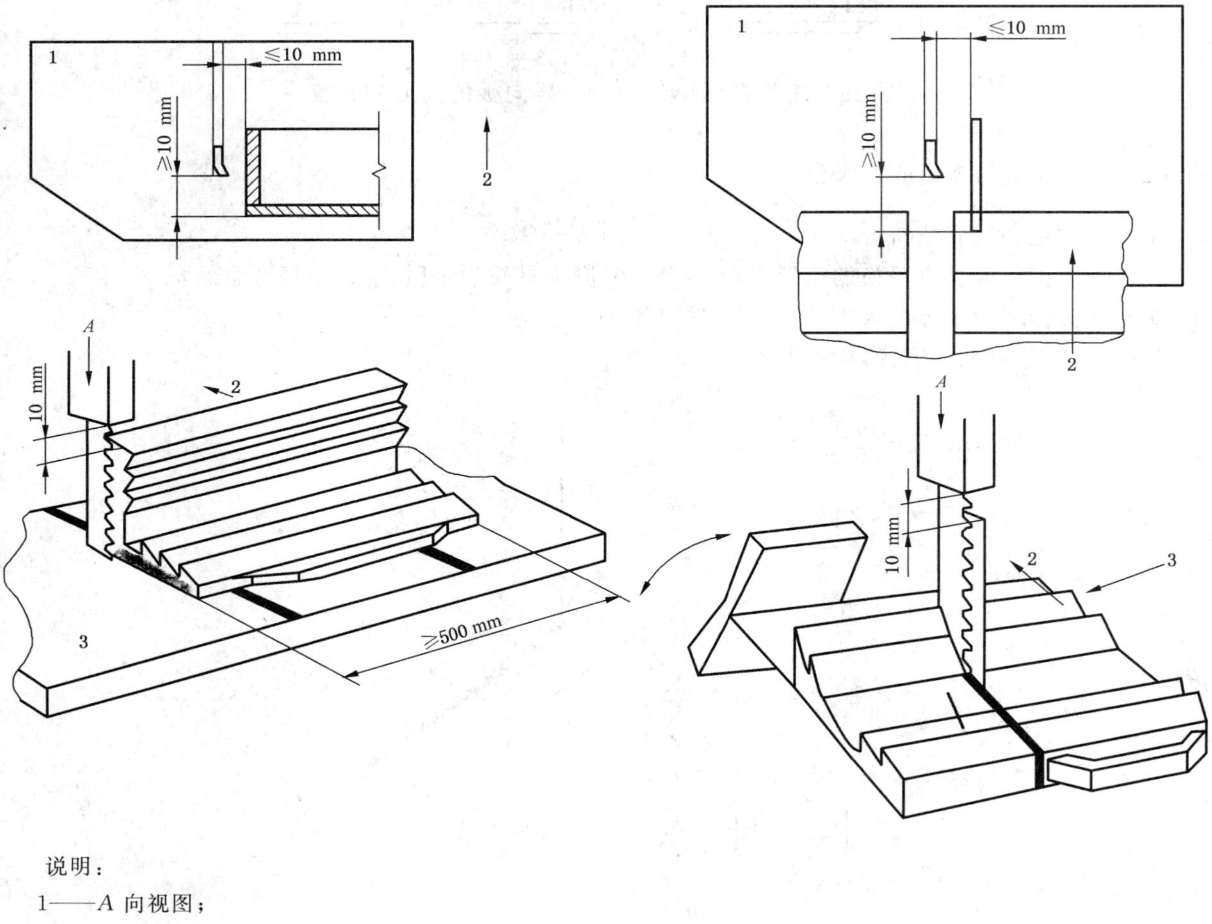

说明：

1——A 向视图；

2——切削运动；

3——工作台。

图21 切削区的防护——横截原木带锯机

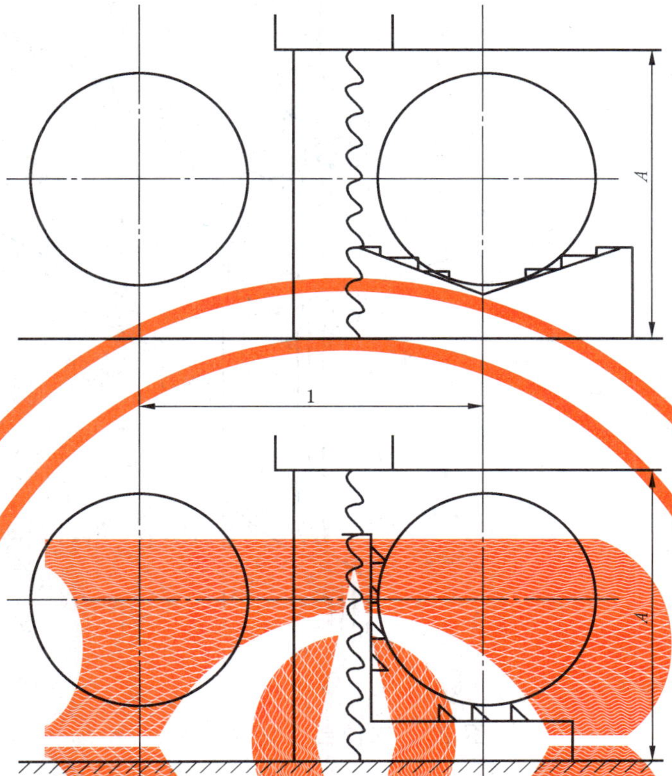

说明：
1——最大行程＝A＋20 mm；
A——机床的最大切削高度。

图 22　横截原木带锯机——最大行程

5.3.7　进入运动零部件的防护

5.3.7.1　带工作台带锯机的防护

5.3.7.1.1　无切削区的防护

机床锯轮的顶部和底部，以及位于无切削区域的锯条，均应采用固定式和/或带锁紧的可调式防护装置来防护（见图 1）。

对于最大惯性运转时间超过 10 s 的机床，需要带防护锁紧。此类锁紧装置应按 GB/T 18831 中表 1 的规定，进行条件开锁。

所有安装了倾斜工作台或倾斜加工头的机床，工作台或倾斜加工头的下部与下锯轮防护装置之间的锯条，应采用固定防护装置从工作台或倾斜加工头的各个角度对其进行防护（见图 23）。

检验方法：检查相应图样，检查、测量并在机床上作相应功能试验。

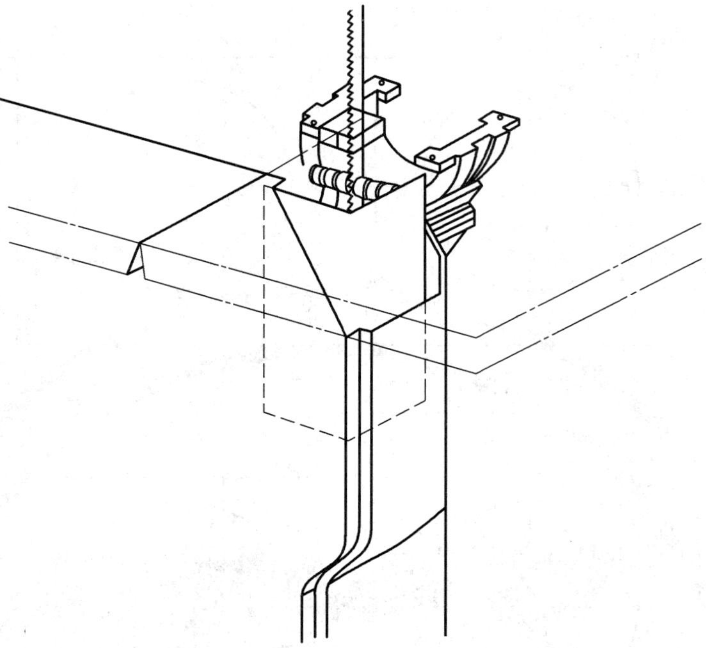

图 23　工作台下方的防护

5.3.7.1.2　带工作台带锯机上切削区域的防护

对带工作台带锯机和横截原木带锯机，其锯条的切削区域应由可调式防护装置进行防护。该防护装置在更换锯条时，无需从机床上移去。

可调式防护装置应装在上锯条导向装置上，并随之移动，且能从四面包围住锯条(见图 24)。

对可调式防护装置的调节，既可以是自锁紧也可以是被锁紧定位。

防护装置应能调节至工作台上。

防护装置不受控制的上下运动速度应小于在 30 mm/s，且移动防护装置的最大垂直方向的力，如果是直接施加，应为 20 N±20%。

此外，用于横截原木的机床，其锯条的暴露部分，在上料时应采用阻挡装置予以防护。该阻挡装置可以垂直调节，例如采用固定在框架边缘或移动工作台上的装置(如图 21)。阻挡装置允许采用可调式防护装置。

在上料位置的前方，进给装置的正面(至少比工作台与处于最高位置的可调式防护装置之间的垂直距离短 10 mm)作为锯条右边的阻挡装置。

检验方法：检查相应图样，检查、测量并在机床上作相应功能试验。

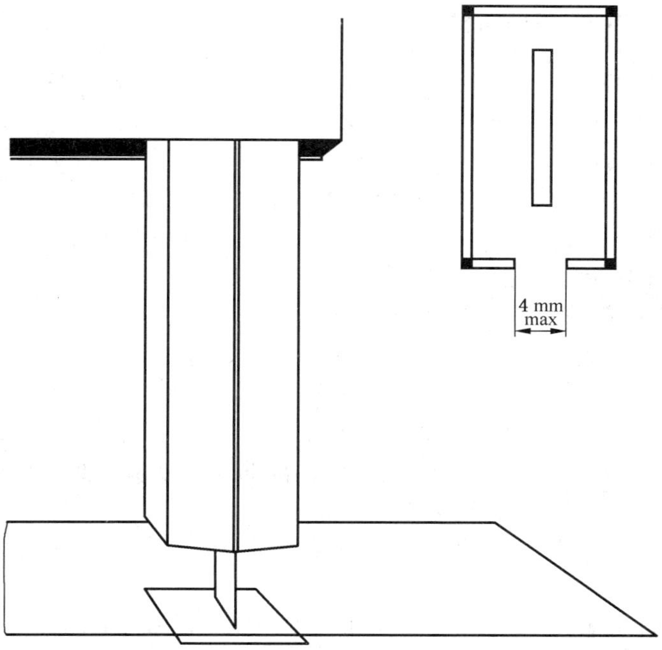

图 24　可调式防护装置——带工作台带锯机

5.3.7.1.3　可拆卸的机动进给装置

如果带工作台带锯机上安装可拆卸式机动进给装置(见图 25),应符合 5.2.3 和 5.2.5 的规定。

图 25　带可拆卸式机动进给装置的带工作台带锯机

5.3.7.2　二次带锯机的防护

5.3.7.2.1　二次带锯机无切削区域的防护

二次带锯机无切削区域的防护，应符合 5.3.7.1.1 的规定。当下锯轮位于地坑中，则无需安装防护装置，但地坑盖应与上锯轮防护装置一样进行联锁。

制造商应做到以下几点：

a）设计与地坑盖联锁的控制电路，当地坑盖关闭时，机床才能运行；

b）提供联锁装置和电气连接头；

c）在使用说明中提供上述信息，以便安装者安装。

检验方法：检查使用说明书、相应图样和电路图，检查机床并在机床上作相应功能试验。

5.3.7.2.2　二次带锯机切削区域的防护

二次带锯机切削区域的防护应为以下之一：

a）根据 5.3.7.1.2 的规定，提供可调式防护装置，除非该装置从至少三面包围锯条，即切削面和至少其他两面，且可向下调至机械进给工作面上；

b）采用固定的和/或可调式防护装置，以阻止进入切削区域，所有的上/下料口均需符合 GB 23821—2009 表 2 的规定。

检验方法：检查相应图样，检查、测量并在机床上作相应功能试验等。

5.3.7.2.3　二次带锯机上的机动水平进给辊

当二次带锯机的工作台面上安装水平辊轮时，应根据图 26 中所给尺寸，对辊轮间隙的进行防护。

检验方法：检查相应图样，检查、测量并在机床上作相应功能试验。

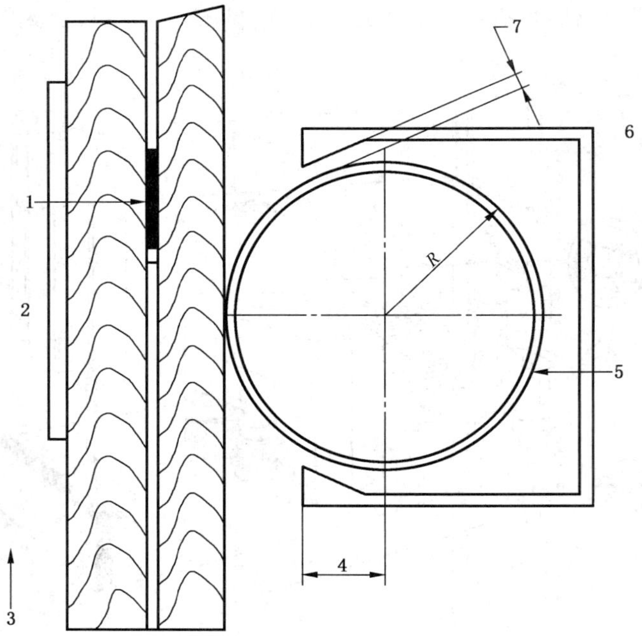

说明：

1——锯条；

2——导向板；

3——进给方向；

4——最小 R 的 1/2；

5——进给辊轮；

6——防护罩；

7——最大为 4 mm。

图 26　二次锯机上的进给辊轮的防护

5.3.7.2.4 **二次带锯机的辊轮工作台**(见图 27)

辊轮工作台应进行防护,可采用下列方法:

a) 辊轮间隙应满足图 28 中所给尺寸;

b) 在垂直于工件支承面上,大于 1 m 的距离处安装压敏装置(压敏装置应符合 GB 17454.1 的规定),应在机床全长上起作用,使危险运动停止;

c) 在垂直于工件支承面上,大于 1 m 的距离处安装电敏防护装置(电敏防护装置应符合 GB/T 19436.2 的规定),应在机床全长上起作用,使危险运动停止。

检验方法:检查相应图样,检查机床并在机床上作相应功能试验。

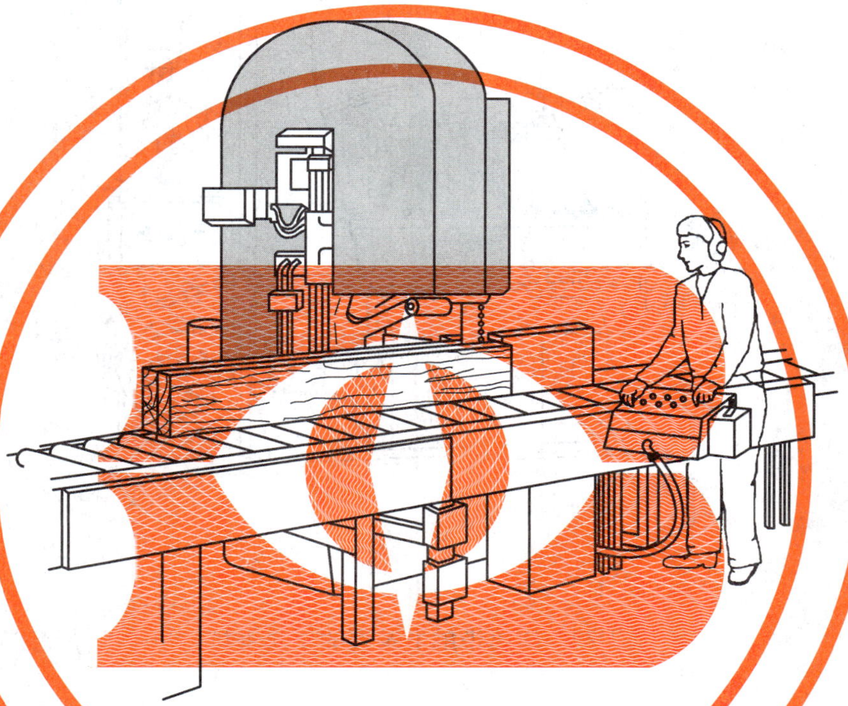

图 27 二次带锯机上的辊轮工作面

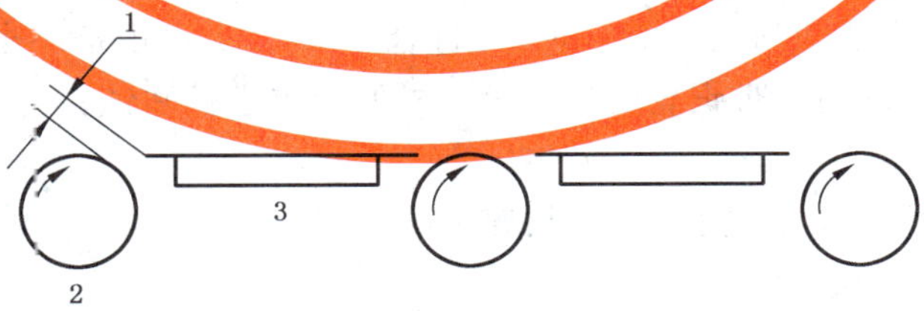

说明:

1——间隙,间隙不大于 4 mm;

2——进料辊或出料辊;

3——辊轮工作台。

图 28 工作台上辊轮的最大间隙

5.3.7.2.5 **二次带锯机上的进给辊轮**

通过防护装置阻止进入进给辊。按图 26 中所给尺寸设计防护装置,若图 26 的要求不能满足时,可采用其他防护装置,例如阻挡装置或触发装置(见图 29)。如果安装触发装置,其应位于辊轮的前方及上方,可停止进给辊轮的运动。

检验方法:检查相应图样,检查、测量并在机床上作相应功能试验。

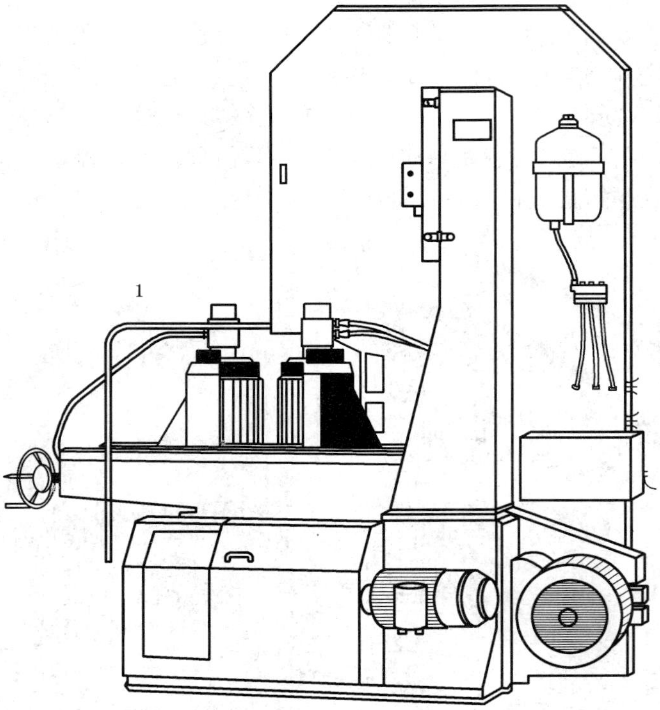

说明:

1——触发装置。

图 29 进给带触发装置的二次锯机

5.3.7.3 手动控制的原木带锯机的安全防护

5.3.7.3.1 手动控制的原木带锯机的非切削区域的防护

手动控制的原木带锯机非切削区域的防护,应符合 5.3.7.1.1 的规定。当下锯轮位于地坑中,则无需安装防护装置,但地坑盖应与上带锯轮防护装置一样的要求进行联锁。

制造商应做到以下几点:

a) 设计与地坑盖联锁的控制电路,当地坑盖关闭时,机床才能运行;

b) 提供联锁装置和电气连接头;

c) 在使用说明中提供上述信息,以便安装者安装。

检验方法:检查使用说明书、相应图样和电路图,检查机床并在机床上作相应功能试验。

5.3.7.3.2 手动控制的原木带锯机的切削区域的防护

5.3.7.3.2.1 跑车木工带锯机

跑车木工带锯机应采用以下措施之一进行防护:

a) 可调式防护装置(见图 4 和图 30)。

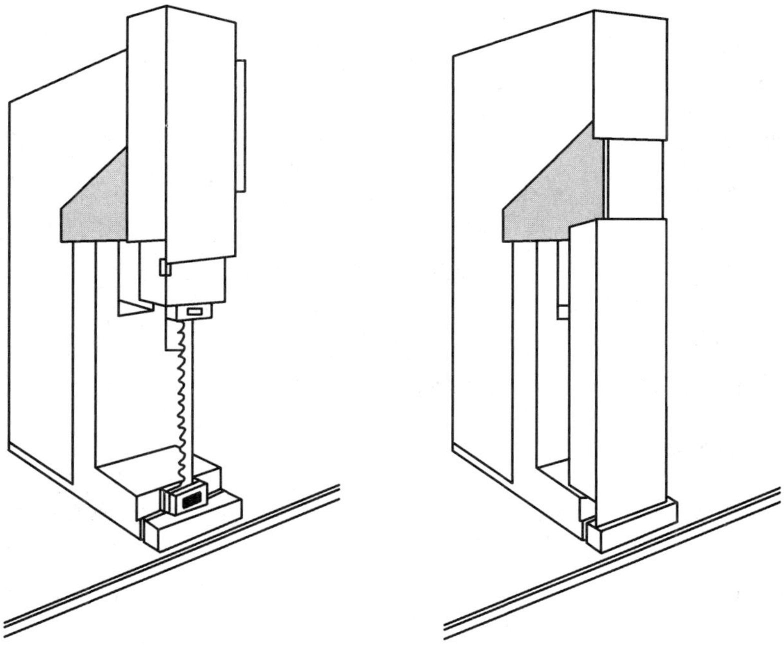

图 30 可调式防护装置

——如果锯条有两个切削边，则防护装置应至少在三面将锯条包围，即切削边和外边。如果锯条有一个切削边，则防护装置应至少包围切削边和外边。
——可调式防护装置的开关应安装在操作者的位置上。当操作者离开其操作位时，防护装置会自动关闭，如通过带联锁的保持-运转控制装置。
——在跑车开始运动前，防护装置应到达锯卡的位置。
——该防护装置应通过附件 B 的试验。或

b) 符合 5.3.8 规定的包围挡板。

检验方法：检查相应图样和电路图，检查机床，在机床上作相应功能试验，并通过附录 B 的试验。

5.3.7.3.2.2 带移动加工头的原木带锯机

应按 5.3.7.3.2.1 的规定，对锯条的切削区域进行防护。

检验方法：检查相应图样和电路图，检查机床，在机床上作相应功能试验，并通过附录 B 的试验。

5.3.7.3.2.3 输送带进给的原木带锯机

应按 5.3.7.3.2.1 的规定，对锯条的切削区域进行防护。

检验方法：检查相应图样和电路图，检查机床，在机床上作相应功能试验，并通过附录 B 的试验。

5.3.7.3.2.4 移动工作台原木带锯机

对锯条的切削区域进行防护，即可以选用符合 5.3.7.3.2.1 的规定的可调式防护装置，也可以选用阻挡装置，其在移动工作台下方不超过 100 mm 处，并与锯条距离至少为 1.2 m，可阻止进入锯条的切削区域(见 GB 23821—2009 的表 2 和图 3)。

检验方法：检查相应图样和电路图，检查机床，在机床上作相应功能试验，并通过附录 B 的试验。

5.3.7.3.3 **手动控制的原木带锯机的进给**

5.3.7.3.3.1 **跑车木工带锯机**

由运动跑车的电缆或类似装置产生的卷入、挤压等危险区域，应由固定式防护装置进行保护（见GB 23821—2009的表2）。

阻止进入跑车的行程上，可设置阻挡装置，其高度在1.0 m～1.2 m之间，与危险区域距离至少为1.4 m。或者采用固定距离的防护装置，或者是这些防护装置的组合。

应提供限位开关或机械限位装置，防止跑车运动至其最大行程之外。

跑车应自动锁紧在其上料位置，如通过制动器或夹具。

检验方法：检查相应图样，检查机床并在机床上作功能试验。

5.3.7.3.3.2 **移动加工头原木带锯机**

由运动移动加工头的电缆或类似装置引起的卷入、挤压等危险区域，应由固定式防护装置进行防护（见GB 23821—2009的表2）。

阻止进入移动加工头的行程上，可设置阻挡装置，其高度在1.0 m～1.2 m之间，与危险区域距离至少为1.4 m。或者采用固定距离的防护装置，或者是这些防护装置的组合。

并提供限位开关或机械限位装置，防止移动加工头运动至其最大行程之外。

移动加工头应自动锁紧在其上料位置，如通过制动器或夹具。

检验方法：检查相应图样，检查机床并在机床上作功能试验。

5.3.7.3.3.3 **输送带进给的原木带锯机**

由输送链或其他进给机构引起的卷入、挤压等危险区域，应由固定式防护装置进行保护（见GB 23821—2009的表2）。

检验方法：检查相应图样，检查机床并在机床上作功能试验。

5.3.7.3.3.4 **移动工作台原木带锯机**

由运动移动工作台的电缆或类似装置引起的卷入、挤压等危险区域，应由固定式防护装置进行保护见GB 23821—2009的表2）。

并提供限位开关或机械限位装置，防止移动工作台运动至其最大行程之外。

移动工作台应自动锁紧在其上料位置，如通过制动器或夹具。

检验方法：检查相应图样，检查机床并在机床上作功能试验。

5.3.7.4 **传动机构（带锯轮，进给装置等）的防护**

带锯轮的传动机构和机械进给的传动机构，应由固定式防护装置或活动式联锁防护装置来防护。若防护装置打开时能进入刀具，则防护装置应采用带防护锁的活动式联锁防护装置。

检验方法：检查相应图样，检查机床并在机床上作功能试验。

5.3.8 **自动化和机械化**

应符合GB 12557—2010中5.3.9，此外：

对于运动件（如加工头、跑车和/或其他进给机构等）不是手动控制的机床，也就是说其每一个单独的切削行程都不是在操作者控制之下完成的，则必须防止接触运动的危险部件。例如：通过最低高度为1.8m的包围挡板进行防护。用于联锁的安全控制系统，应符合GB/T 18831—2002的表1的规定，进行有条件的解锁。包围挡板上的其他开口,如上料口和出料口,应符合 GB 23821—2009 的规定。

检验方法:检查相应图样,检查机床并在机床上作功能试验。

5.3.9 卡钩

应在跑车、移动加工头和带移动工作台原木锯上配备卡钩。安装上应能防止其与锯条接触。

卡钩的形式应如图 3 所示,在其静止位置时(如在不用时),不能在操作者一侧突起并超出工作台的垂直平面。

在跑车、移动加工头支架、带移动工作台原木锯的切削行程上的'停止-运转'控制器,只有当卡钩系统开启时才能进行操作。

检验方法:检查相应图样和/或电路图,检查机床并在机床上作功能试验。

5.3.10 带工作台带锯机的安全装置

应配备推杆,且在机床的上料处设置存放推杆的装置。

检验方法:检查相应图样,检查机床。

5.4 非机械危险的防护

5.4.1 火和爆炸

为了避免和最大限度地减小火和爆炸危险,应满足 5.4.3 和 5.4.4 的要求。

5.4.2 噪声

5.4.2.1 设计阶段的降噪

设计机床时,应考虑 GB 12557—2010 的附录 B 和 GB/T 25078.1—2010 中在噪声源方面控制噪声的信息和技术测量。

5.4.2.2 噪声测量

5.4.2.2.1 空载噪声声压级限值及测量

机床在空运转条件下,测定出的机床噪声最大声压级不得超过 GB 12557—2010 中表 4 的规定。

测量噪声时的机床工作(运转)条件按附录 C 的规定。

测量方法按 GB 12557—2010 中 5.4.2.2.2 的规定。但环境修正系数 K_{2A} 或局部环境修正系数 K_{3A} 应小于等于 4 dB(A)。

局部环境修正系数 K_{3A} 应按 GB/T 17248.5—1999 附录 A 中的 A.2 计算。

5.4.2.2.2 噪声声功率级的测定

在本标准实施 2 年之内,应进行机床噪声声功率级的测定。测出的机床噪声声功率级连同工作(运转)条件及测定方法记入机床的使用说明书。

测定方法按 GB 12557—2010 中 5.4.2.2.2 和本标准的附录 C 的规定。传声器的位置应为 9 个,按附录 C。

5.4.2.3 噪声声明

见 6.3n)。

5.4.3 木屑、粉尘和有害气体的排放

应采取措施从机床中吸出粉尘和木屑。在机床上设置有吸尘管接头以便机床与吸尘系统相连接。

注：为了保证木屑和粉尘从其原始点被输送到收集系统，建议吸尘罩、导管、挡板的结构应满足抽出的气体在导管中的速度为 20 m/s（对于含水率小于等于 18%的木屑）和 28 m/s（对于含水率大于 18%的木屑）。

检验方法：检查相应图样，检查机床。

5.4.4 电气设备

应符合 GB 5226.1 的要求。尤其是电击防护应按 GB 5226.1—2008 第 6 章的规定，短路保护和过载保护应按 GB 5226.1—2008 第 7 章的规定。保护接地应按 GB 5226.1—2008 第 8 章的规定。控制装置的外壳和电动机等的防护等级应达到 GB 4208—2008 中 IP54。

检验方法：检查相应图样和/或电路图，检查机床，按 GB 5226.1 作相应试验。

5.4.5 人类工效学和安全搬运的要求

机床人类工效学和安全搬运的要求应符合 GB 12557—2010 中 5.4.5 和本标准 5.2.2 的规定。

检验方法：检查相应图样，测量、检查机床。

5.4.6 照明

见附录 A。

5.4.7 气动装置

见 5.2.1，5.2.9，5.4.6，6.1 和 EN 983：1996 规定。

5.4.8 液压装置

见 5.2.1，5.4.6 和 EN 982：1996 规定。

5.4.9 热危险

不适合。

5.4.10 危险材料

见 5.4.3。

5.4.11 振动

按 5.3.1 作锯轮静平衡。

5.4.12 激光

若机床用激光来指示切削线，则应按 GB 7247.1—2012 中 1 级、2 级或 3A 级。

在视觉危险区域的直接视觉接触应被防护，例如使用延伸装置以保证安全距离。

检验方法：检查相应图样，检查机床及激光制造者的保证书。

5.4.13 静电

不适合。

5.4.14 装配错误

见 6.3。

5.4.15 能量输送的切断

见 GB/T 15706—2012 中 6.2.10 和 6.3.5.4。

电源的切断开关应按 GB 5226.1—2008 中 5.3.2 除型式 d 外的规定。

若机床连接三相电源，则应配备相序传换器。

气动系统应安装合适的切断装置，例如一个阀门。该装置应能将其锁定在断开位置，例如加一把锁。

装有一个液压装置的机床，应采用电的切断开关切断。当能量储存在储存器或管道时，应提供释放残余压力的措施，例如采用一个阀。残余能量的释放不应通过任何管道或管接头的切断来实现。

检验方法：检查相应图样和/或电路图，检查机床并在机床上作功能试验。

5.4.16 维修

机床维修方面的有关要求按 GB 12557—2010 第 6 章的规定。

应提供 GB/T 15706—2012 中 6.4.5.1e)中的维修信息。

检验方法：检查相应图样，使用说明书，检查机床并在机床上作功能试验。

6 使用信息

6.1 警告装置

见 GB/T 15706—2012 中的 6.4。

6.2 标志

按 GB/T 15706—2012 中 6.4.4 的规定及下列要求：

在机床的使用期内，以下信息应永久、清晰地标注在机床上，可直接刻在机床上(如雕刻、蚀刻)或使用标志、铭牌等(如用铆钉、粘贴)永久地固定在机床上(按 GB 12557—2010 中 6.2 的规定)：

a) 生产厂名、厂址；

b) 生产日期；

c) 机型或设计系列；

d) 生产编号；

e) 额定参数(按 GB 5226.1—2008 中 16.4 的要求的电气生产厂家强制规定的额定电压、相数和功率)；

f) 邻近分料刀安装位置的分料刀导向部分的宽度；

g) 若安装气动/液压系统，应提供额定压力值；

h) 若安装气动/液压系统切断开关，应通过标志或形象化指示符号标注其功能、定位和操纵位置；

i) 建筑工地用带锯机按 5.4.2.2.2 测定声功率级，采用按 GB/T 14574—2000 定义的单数字形式。

带、锯轮直径不小于 315 mm，且锯条张紧为手动调节的机床，对于给定厚度和宽度的锯条的张紧度应按图 15 指示并作永久标识。

若机床装有气源，则应在该电源切断总开关的附近设置一个的警告标牌，在上面写着：气源未切断。

由三相电机驱动或由内燃机驱动的可移动式机床，应在机床上有这永久性标志标明锯轮的旋转方向。

移动式原木锯应按使用说明书和安全工作方法的要求，在需要安装阻挡装置处（按 5.3.7.3.3 要求）有永久性指示标志。

标明额定压力值和切断开关的标志或图形符号，应放置在机床上相应的切断开关附近。

检验方法：目测。

6.3 使用说明书

按 GB 12557—2010 中 6.3 的规定，此外至少应包括下列内容：

a) 按 6.1 和 6.2 的要求，重述标志、图形符号和机床上的其他说明内容，如有必要，应提供这些内容的含义。

b) 机床的使用范围。

c) 遗留风险的警告：

1) 对产生噪声的相关影响因素的说明，包括：

ⅰ) 减少噪音的锯条的设计使用方法；

ⅱ) 选择最佳速度；

ⅲ) 锯条和机床的维护；

ⅳ) 锯条和吸尘通风系统的日常维护，锯条的清洁和润滑等对控制机床噪声都有必需的。

2) 产生粉尘的相关影响因素的信息，包括：

ⅰ) 加工材料的类型；

ⅱ) 工作地点吸尘的重要性（从产生粉尘处进行控制）；

ⅲ) 罩、挡板、吸尘罩的适当调整。

3) 机床运行时与外部吸尘系统相连接的相关信息。

d) 按 GB/T 15706—2012 中 6.4.5.1d）的要求的安全使用信息。这些信息应包括以下几点：

1) 保证机床所在的地面及周围平整、维护良好且无松散材料，如木屑和切下物等。

2) 提供充足的整体或局部照明。

3) 原料和成品应放置在靠近操作人员的正常工作区域内。

4) 机床不工作时，应放松锯条，并在机床上放置警告标识来指示“锯条已放松”，以提醒下一个使用者在开始使用前放紧锯条。

5) 按照使用说明书更换防护装置。

6) 禁止在锯条工作时，用手持式刷子或者是刮刀来清洁锯条或者是锯轮。

7) 两用机床当使用锯台模式时，应使用推块或推辊以避免手靠近锯条。

8) 根据需要配备适当的个人防护装置，可包括以下内容：

ⅰ) 可减少听力损失风险的听力防护装置；

ⅱ) 可减少吸入有害粉尘风险的呼吸防护装置；

ⅲ) 操作锯条用的手套。

9) 无人值守时机床应停机。

10) 及时报告机床故障，包括防护装置或刀体故障。

11) 定期清洁、维护、吸尘以避免发生火灾。

12) 按照原厂制造商的说明书使用，校正、维修锯条。特别是：

ⅰ) 特别注意避免损伤锯条。未使用时，未张紧的锯条应卷起（见图 A.1），并储存于安全、干燥处。使用前确认锯齿是否损坏及断裂。

ⅱ) 为避免绷紧的锯条断裂，锯条应如图 A.2 方式放置。

ⅲ) 更换宽锯条应至少由两名操作者操作。

ⅳ) 搬运经适张度处理后的宽锯条,应使用合适的搬运装置(如图 A.2)。

ⅴ) 操作锯条需带手套或其他防护措施。

13) 查看锯条上标示的最大速度。

14) 使用正确磨削过的锯条。

15) 除了使用推棒,禁止在机床运行时移除任何切下料或者工件。

16) 保证机床运行时的必要防护装置及其他安全装置安装到位,正确使用,保养适当。

e) 操作者应进行充分培训,并掌握正确使用、调整、操作机床的方法,特别如下:

1) 设置与加工原理,包括桥式防护装置和工件导向装置的正确使用、调整。

2) 工件加工时的安全工作方法。

3) 使用个人防护设备,如护耳、护眼装置等。

4) 带工作台带锯机:

ⅰ) 带工作台带锯机上推进导轮的作用是切削时给锯条提供支承切削(见图 18)。锯条张紧后空载运行时,正确清洁锯条背面。不清洁会导致推进导轮形成沟槽,从而使锯条无法正常工作。

ⅱ) 调整锯条防护装置使其尽可能地靠近工件。

ⅲ) 纵剖:

Ⅰ) 应使用纵剖导向板,防止工件晃动或移动(见图 A.3);

Ⅱ) 手工进给时,应使用推棒将工件推近锯条;

Ⅲ) 尽可能在带工作台带锯机上使用不可拆卸式机械进给装置,以提高机床的安全性和加工能力。

ⅳ) 角度锯切:在有固定工作台的机床,进行斜切时,应采用夹具对其进行稳固支承。在切削底端,应使用推杆(见图 A.4)。

ⅴ) 开榫:在没有开榫机时,带工作台带锯机也可以提供安全地开榫方法(见图 A.5)。

ⅵ) 楔形锯切:在带工作台带锯机上加工小型楔形工件时,应使用导向装置如图 A.6。

ⅶ) 圆弧及不规则图形锯切:

Ⅰ) 在加工圆弧及不规则图形时,应均匀地将工件向前推进,并使其稳固地放置在工作台上,以确保有效切削。同时将手放在安全位置上(见图 A.7、图 A.8),也可使用模板(见图 A.9)。

Ⅱ) 在重复加工圆弧及不规则图形时,在带锯机前台可安装导向装置使其与模板连接以保证操作运行的安全性。

注 1:此类加工不可使用二次锯机。

ⅷ) 横截圆木:在横截圆木时,应使用夹具防止圆木转动,并选用合适的锯条进行锯切。

ⅸ) 圆盘切削:应使用合适的夹具如图 A.10。

ⅹ) 操作者培训:操作者应充分培训,能正确使用并调节各种安全设施,如夹具、模板和延伸工作台等。

5) 二次锯机和原木带锯机:

ⅰ) 必须调整锯卡,使其尽可能靠近所加工的工件;

ⅱ) 细心调节与定期维修锯条、带锯轮清洁设备(见 5.3.2.2.1)、润滑系统(见 5.3.2.2.2),有助于防止残渣堆积。

f) 用于该机床的锯条的范围、型式、尺寸等。

g) 安全和维护需求包括要检验的设备清单、检验的频次、检验方法的信息。

h) 锯轮直径不大于 315 mm 的机床应提供锯条张紧的方法。

i) 列出安全附件和其他附加设备的清单。

j) 可移式机床有确保机床稳定性的建议。

k) 若装有激光装置的机床,应提供有下列声明:不许更换不同型式的激光装置,不应使用附加光学设施,只能由激光装置的制造者或有资格的人员进行修理。

l) 机床的气动力噪声声明(建筑工地带锯机除外),按 5.4.2.2 中给出的方法测得,可以是实际值,也可以是对相同机床的测量基础上得出的噪声值。

1) 工作场所噪声声压级(A 计权);

2) 机床的噪声声功率级(A 计权)。

按 5.4.2.2 给定的方法测定气动力噪声的声明(按 GB 12557—2010 中 6.3 的要求)。噪声声明应附有所采用时的测量方法和检验时机床工作(运转)条件的说明,及相应的不确定度数值(用双数字声明的形式,其定义在 GB/T 14574 中),不确定度 K 的数值规定如下:

4 dB 当使用 GB/T 3768 和 GB/T 17248.3 时;

2 dB 当使用 GB/T 3767、GB/T 6881.2、GB/T 6881.3 时;

1 dB 当使用 GB/T 6882 时。

举例如下:

噪声声功率级 $L_{WA}=93$ dB(测量值)

不确定度 $K=4$ dB

测量方法按 GB/T 3768—1996。

当机床的尺寸很大时(长度或宽度大于 7 m,或高度大于 3 m),可用若干确定位置(例如在控制台或固定的操作位测量)距离机床表面 1 m 处测量等效连续声压级代替声功率级;

注 2:如果要核查噪声声明中发射值,则应采用与声明中相同的测定方法和工作(运转)条件。

注 3:相关的销售文件中也应注明有关噪声排放量的说明。

在使用说明中的噪声声明应附下列说明:

"这里给出的数值只是排放值而不是安全工作数值。排放值能使使用者较好地评价风险,但这不能作为确定是否需要进一步采取防护措施的依据。排放值和暴露值之间存在修正关系,影响暴露值的因素包括工作间的特性、其他噪声源等,例如机床的数量,其他的邻近加工。"

m) 当在室外使用可移式机床,推荐使用漏电保护器。

n) 安装到机床上吸尘装置的下列有关信息:

——风量 m^3/h;

——各连接管的压降(建议提供),Pa;

——吸尘管中建议的空气速度,m/s;

——各吸尘管接头的断面尺寸和结构细节(建议提供)。

o) 按 5.4.2.3 的方法测量建筑工地带锯机的声功率级(用单数字声明的形式,其定义在 GB/T 14574 中)。

例如:声功率级 $L_{WA}=93$ dB。

操作者位置上的声功率级的声明(建筑工地带锯机除外),按 5.4.2.3 中给出的方法测得,可以是实际值也可以是对相同机械的测量基础上得出的值。噪声声明应附有所采用时的测量方法和检验时机床工作(运转)条件的说明,及相应的不确定度数值(用双数字声明的形式,其定义在 GB/T 14574 中)。

在使用说明中的噪声声明应附下列说明:

"这里给出的数值只是排放值而不是安全工作数值。排放值能使使用者较好地评价风险,但这不能作为确定是否需要进一步采取防护措施的依据。排放值和暴露值之间存在修正关系,影响暴露值的因素包括工作间的特性、其他噪声源等,例如机床的数量,其他的邻近加工。"

注 4:相关的销售文献中也应注明有关噪声排放量的说明。

p) 应有文件说明在机床的使用期内,机床包括其零部件机床在运输、装配、拆卸、禁用、报废过程中禁止翻倒、下落或以不当的方式搬运。

q） 机床在发生意外或故障时的操作方法。若机床工作时出现中断现象，应提供使机床工作畅通的操作方法。

r） 当某零件危害到操作者健康和安全时，使用备件，并提供备件的规格。

s） 针对间接接触引起的电击，提供相关保护人员的信息。

检验方法：检查使用说明书和相应图样。

附 录 A
（资料性附录）
安全工作方法

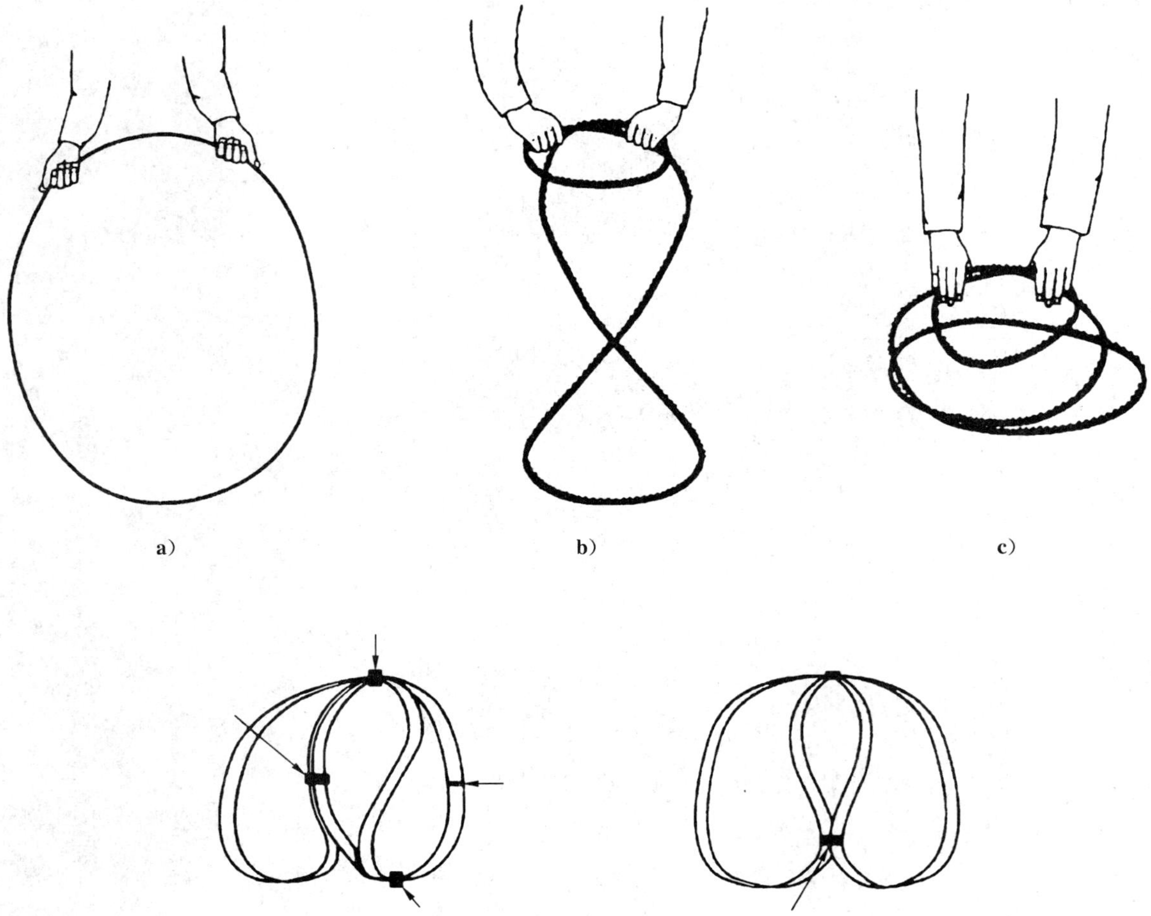

图 A.1 收卷锯条

图 A.2　锯条搬运

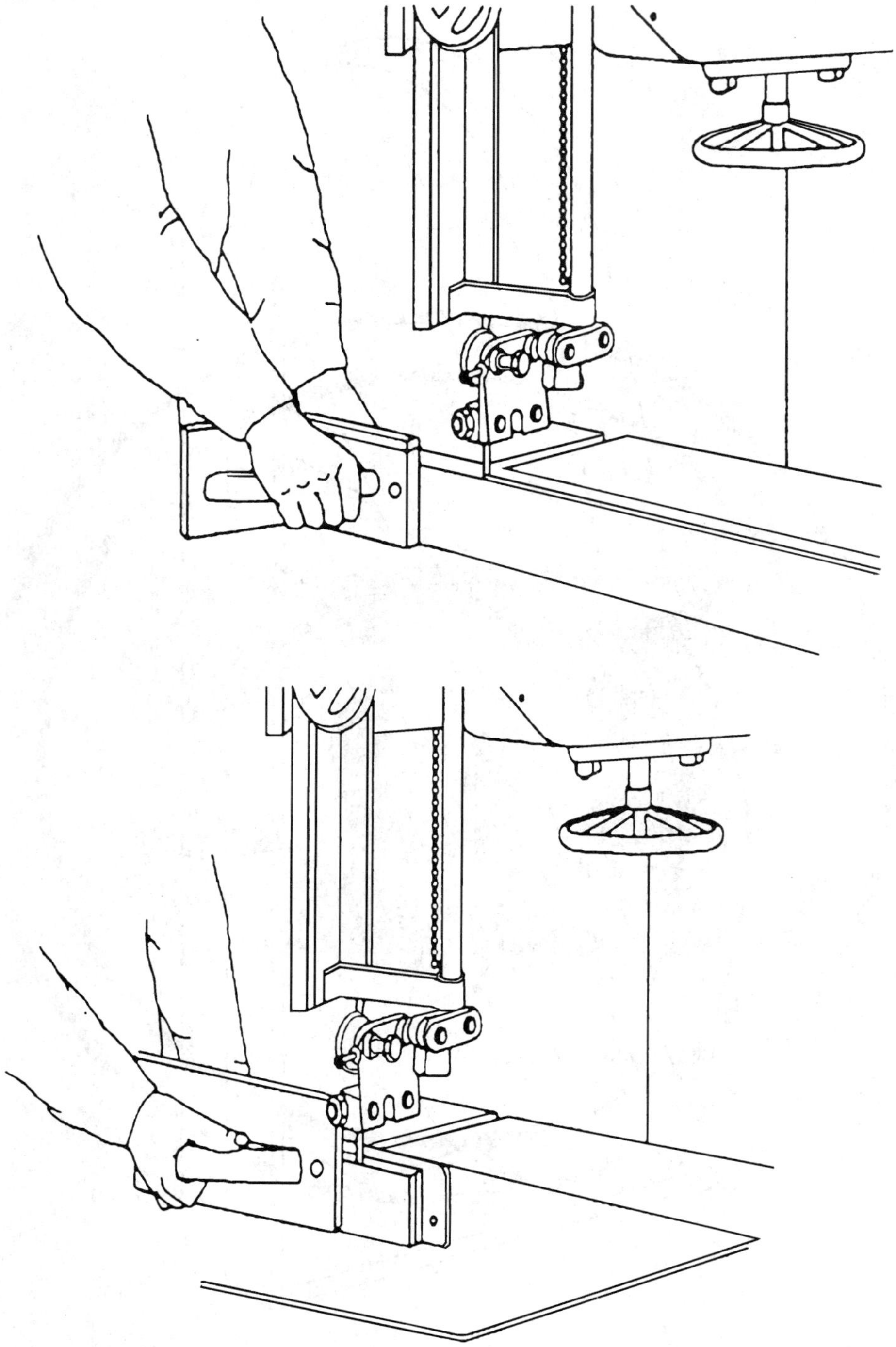

图 A.3 深锯刀(极限锯切)

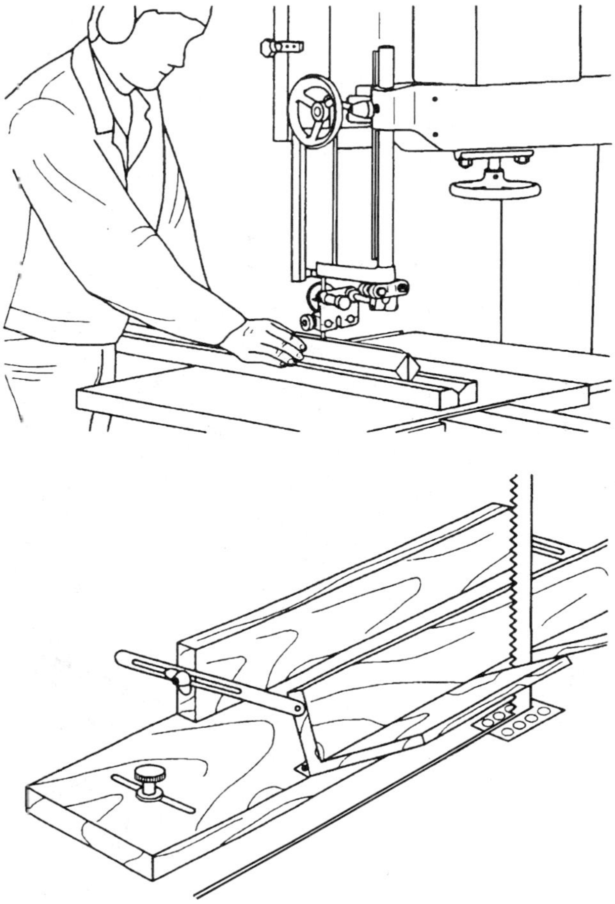

图 A.4　斜线锯切

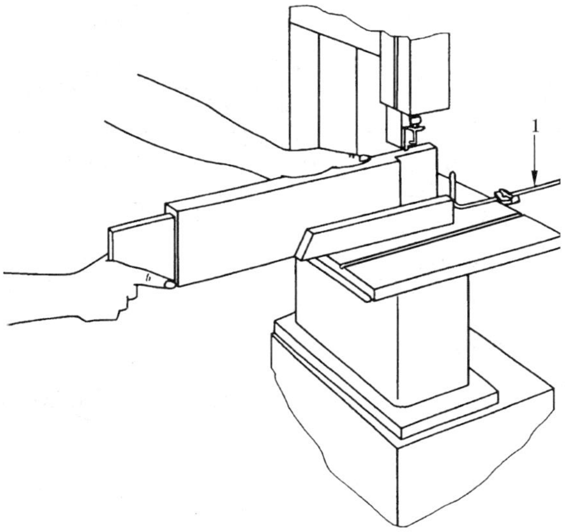

图 A.5　开榫锯切

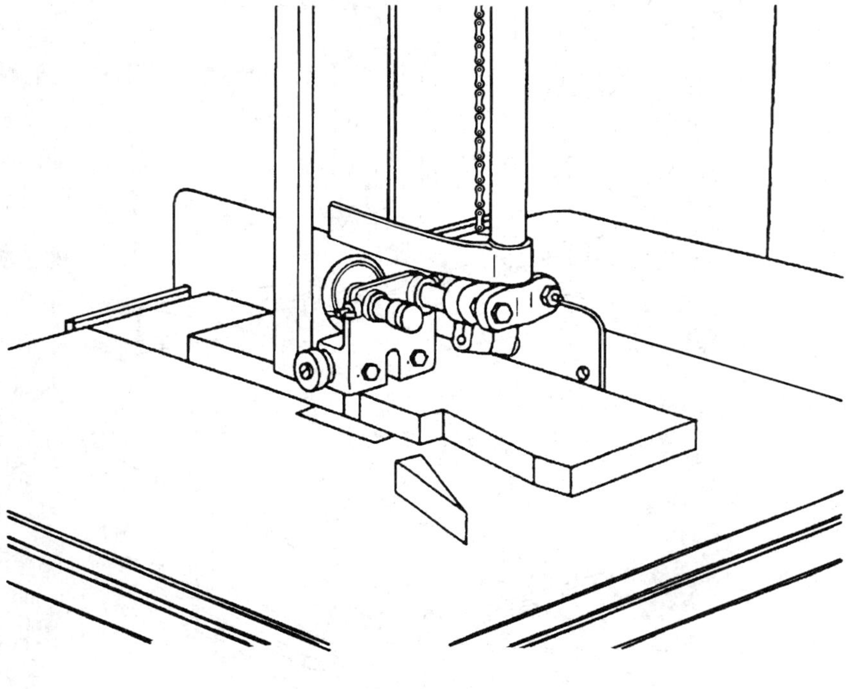

图 A.6 楔形锯切

图 A.7 成型锯切

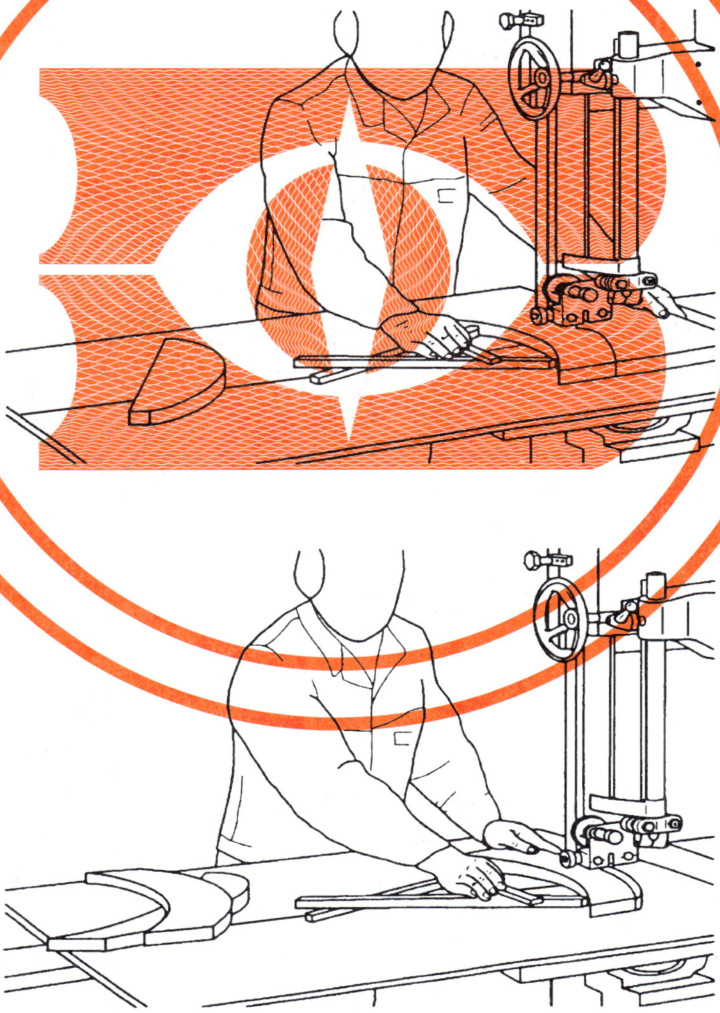

图 A.8 圆弧锯切

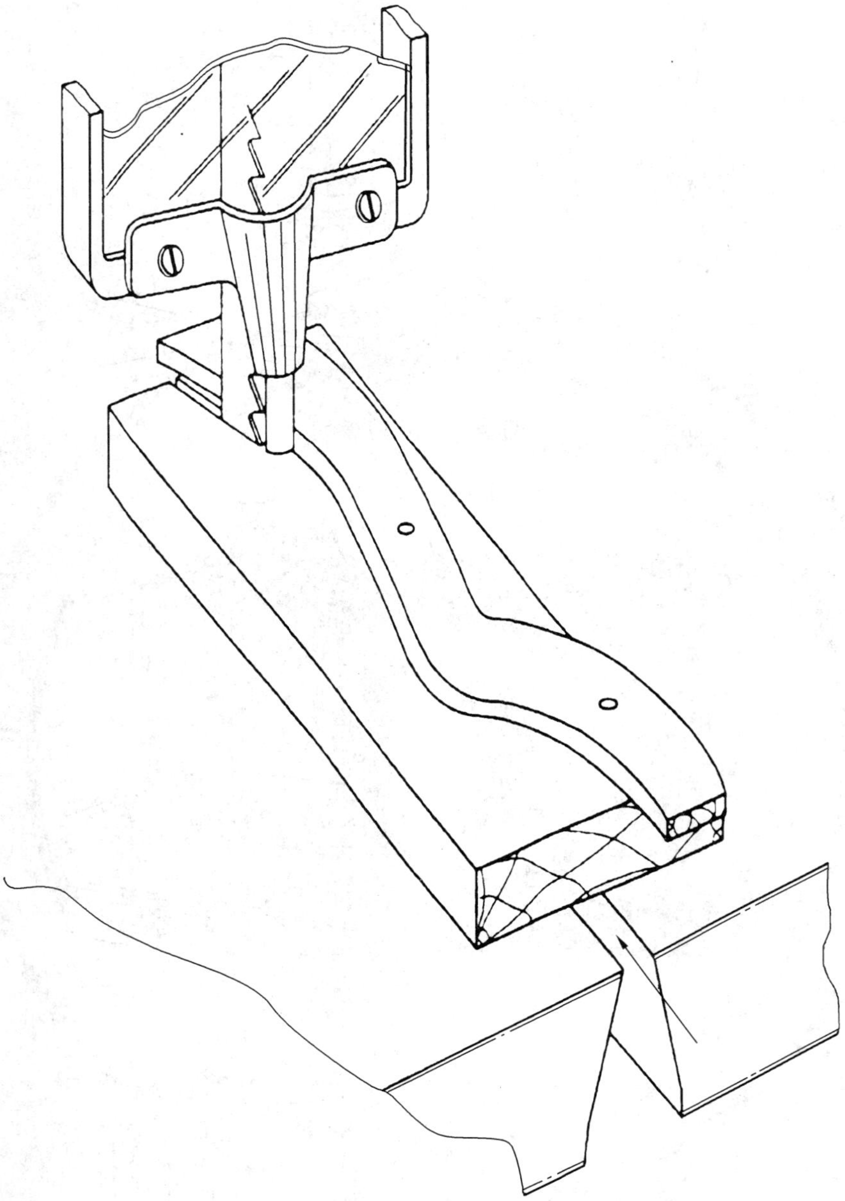

图 A.9 用模板锯切

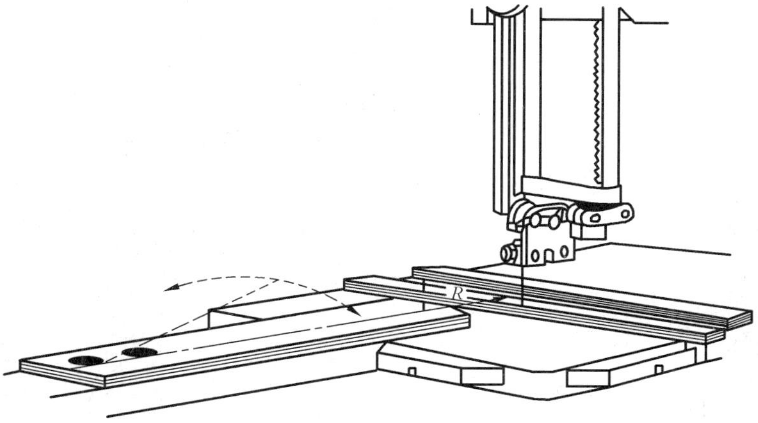

a) 定位装置(无工件)

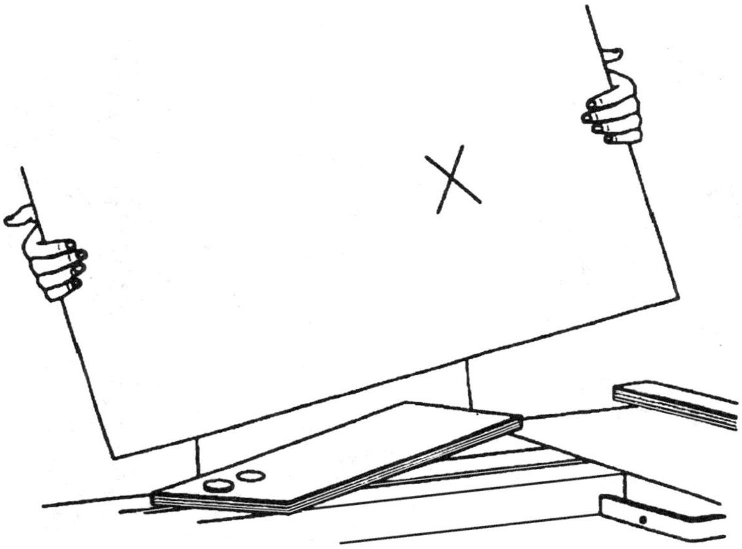

b) 将工件放置在定位装置上

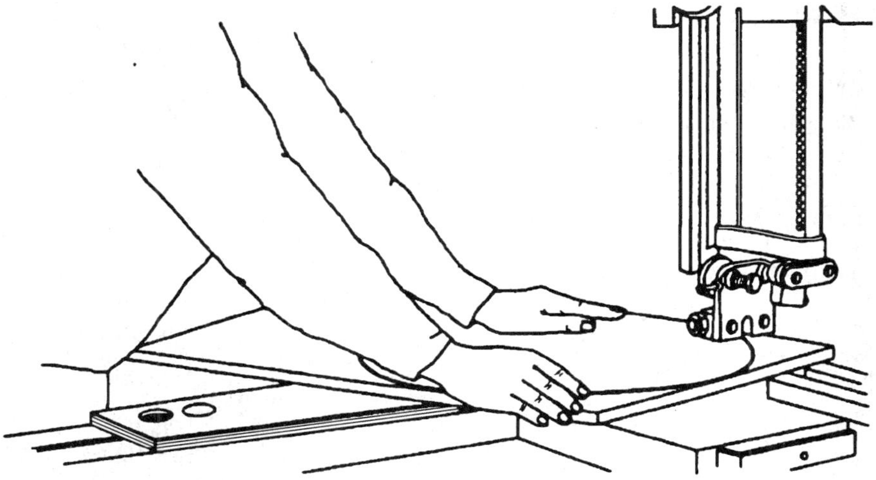

c) 锯切工件

图 A.10 圆盘锯切

附　录　B
（规范性附录）
在切削区上方的可调式锯条防护装置的试验

B.1　水平机床

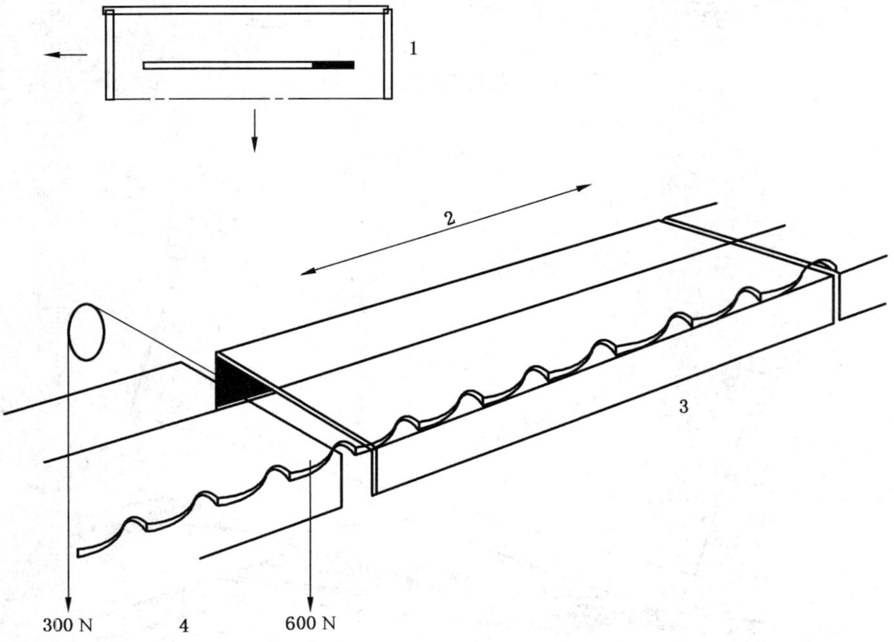

说明：
1——通过防护装置的区域；
2——可调部分；
3——在防护装置边缘(即整个切削区域的防护部分)作试验；
4——不允许防护装置靠近锯条的最大偏移。

图 B.1

B.2 **垂直机床**

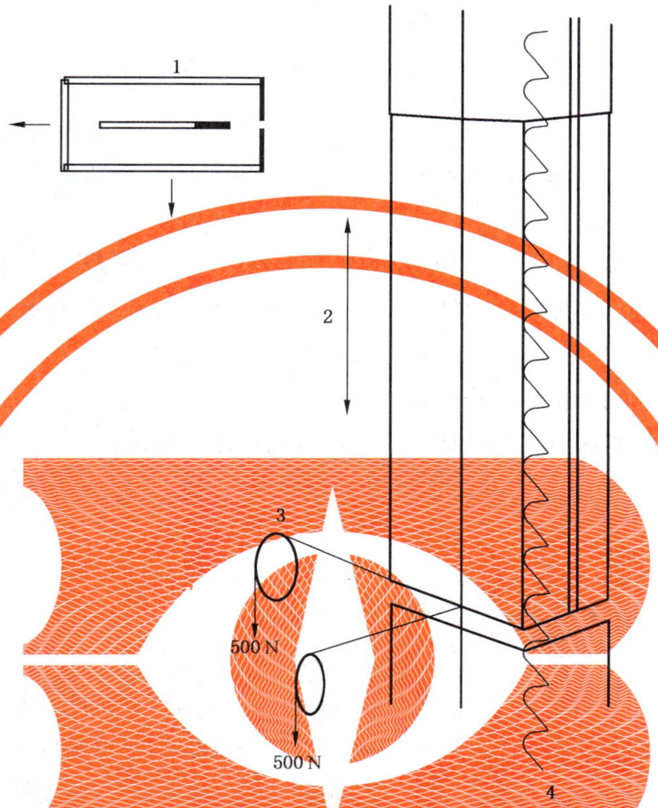

说明：

1——通过防护装置的区域；

2——可调部分；

3——在防护装置边缘(即整个切削区域的防护部分)作试验；

4——不允许防护装置靠近锯条的最大偏移。

图 B.2

附　录　C
（规范性附录）
噪声测量时机床的工作(运转)条件

C.1　一般要求

为了在机床的操作者位置测量机床噪声声压级和测定机床的声功率级,规定了传声器的位置(见图 C.1)。

这些标准的条件应尽量严格遵守。如果存在特殊情况,需与标准条件有偏差,应将测量时的实际条件记录在表 C.1 中的"在允许范围内选择的条件或与标准条件(偏差)"栏中相应位置。

噪声测定中应安装和使用强制性的和标准的安全附件。

本附录中数据单也可用于记录工作(运转)条件信息。

本附录也可用于与本机床有类似结构和功能的专用机床的噪声测量。

C.2　噪声测量

机床应在下列条件下进行试验:

a)　按本附录规定的技术条件进行机床空运转噪声试验。

b)　按本附录规定进行机床负载噪声试验时,至少以 5.3.2.2 规定的 3 次测量的平均值作为测量结果。在工作循环的开始,当测件进入刀具时,可能发射噪声值更大,这取决于进给速度。在手动进给的机床上,进给速度很难控制,因此测量时工作循环这一时期不能包括。

c)　带工作台带锯机测量时,传声器位置(见图 C.1):

——离操作者站立面高度为 1.5 m;

——垂直于工作台的平面,包括工作台前方;

——锯片的垂直平面。

d)　二次锯机的测量时,传声器的位置(见图 C.2):

位置 A:

——离操作者站立面高度为 1.5 m;

——工作台前方 1 m;

——到锯片左方 0.5 m(从进给方向看)。

位置 B:

——离操作者站立面高度为 1.5 m;

——工作台后方 1 m;

——到锯片左方 0.5 m(从进给方向看)。

注:建议使用整体式声压计测量。

e)　原木带锯机测量时,传声器位置(见图 C.3):

——离操作者站立面高度为 1.6 m;

——垂直于工作台的平面,包括工作台前方;

——锯片的垂直平面。

f) 所有整体附加设备，例如机动进给装置，气动夹紧装置测试时也应运转。

g) 所有相关的防护装置，安全附件，整体式隔声罩等测试时应就位。

h) 测量时吸尘口应打开。尽量不包括或降低吸尘装置所产生的噪声，例如使用挡板或考虑本底噪声修正等。

i) 当机床的尺寸很大时（长度或宽度大于 7 m，或高度大于 3 m），可用若干确定位置（例如在控制台或固定的操作位测量）距离机床表面 1 m，离地（或加工平台）高度 1.6 m 处测量等效连续声压级代替声功率级。

单位为米

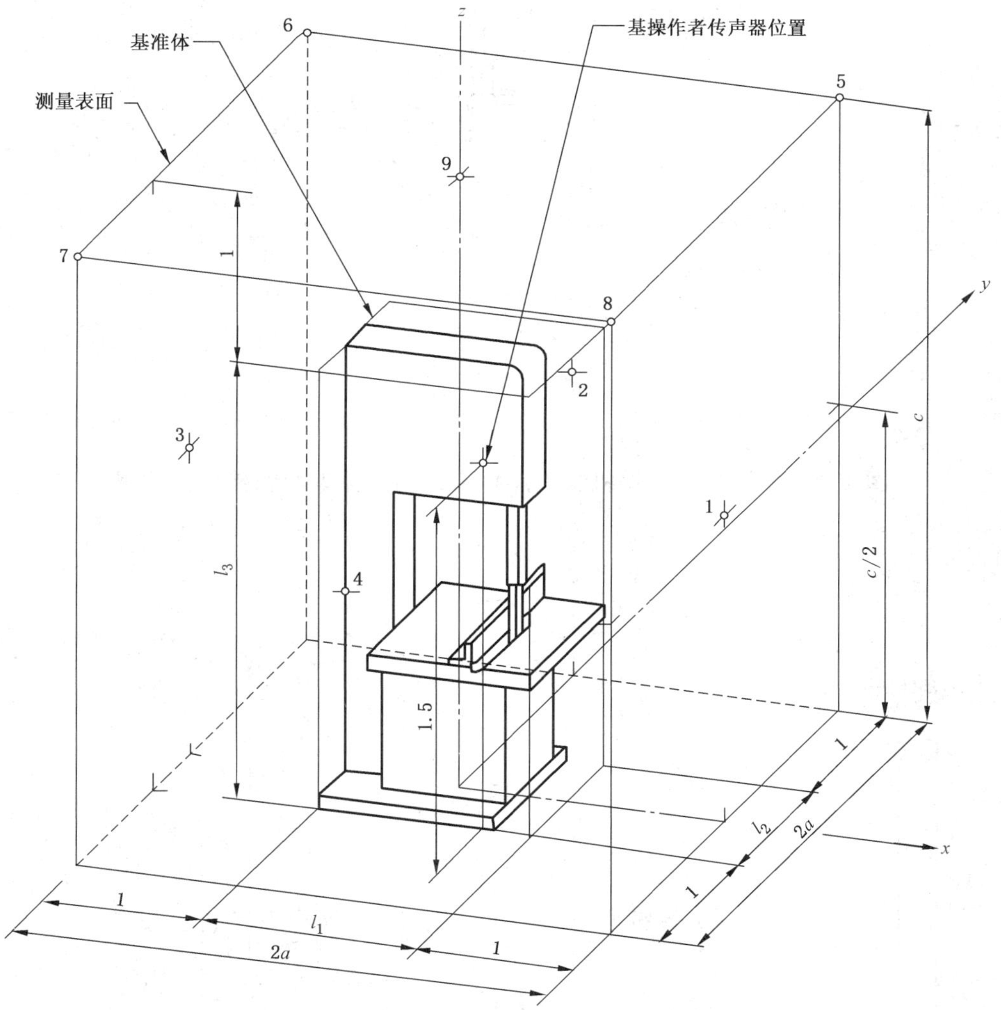

图 C.1 测量带锯机噪声声功率级的测量表面和传声器位置

单位为米

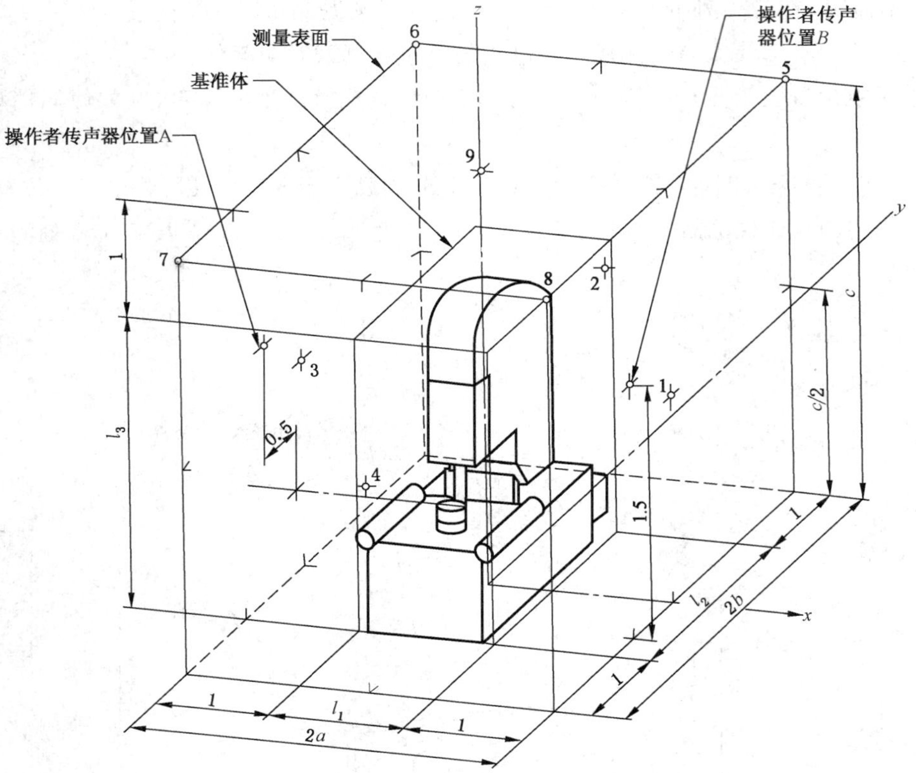

说明：

○——传感器位置。

图 C.2　测量二次带锯机噪声声功率级的测量表面和传声器位置

单位为米

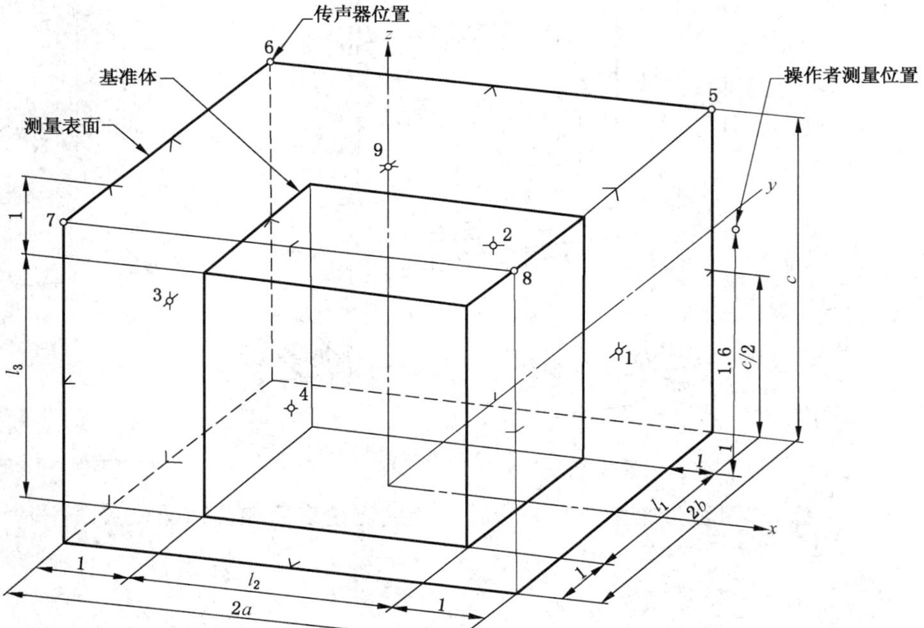

图 C.3　测量原木带锯机噪声声功率级的测量表面和传声器位置

C.3 机床噪声测量数据单

机床应在表 C.1 条件下进行试验：

表 C.1 机床噪声测量数据单

机床数据 机床制造者：…………………………………… 机床型号：…………………………………… 制造日期：…………………… 系列号 …………………… 机床外形尺寸[a]：…………………………………… 长度：……………… mm 宽度：……………… mm 高度：……………… mm 锯轮直径：……………… mm 锯条最大宽度 ……………… mm 额定转速： 电机：……………… r/min 锯轮： 最大……………… r/min 最小……………… r/min
机床的安装 按机床制造者使用说明书安装机床 …………………… 是 □ 否 □ …………………… 按制造者的技术条件安装吸尘口 …………………… 是 □ 否 □ …………………… 机床安装在减/隔振材料 …………………… 是 □ 否 □ …………………… 机床安装有单独吸声的封闭式防护装置 …………………… 是 □ 否 □ …………………… 机床安装有吸声的整体封闭式防护装置 …………………… 是 □ 否 □ …………………… 机床装有降噪的吸尘罩 …………………… 是 □ 否 □ …………………… 其他的噪声控制措施 …………………… 是 □ 否 □ …………………… 防反弹装置 …………………… 是 □ 否 □ ……………………
[a] 凸出机床而不影响噪声传播的零件(如手轮、手柄等)可忽略不计。

表 C.1（续）

运转条件	软木加工：	标准条件	在允许范围内选择的条件或偏差标准条件
运转安排	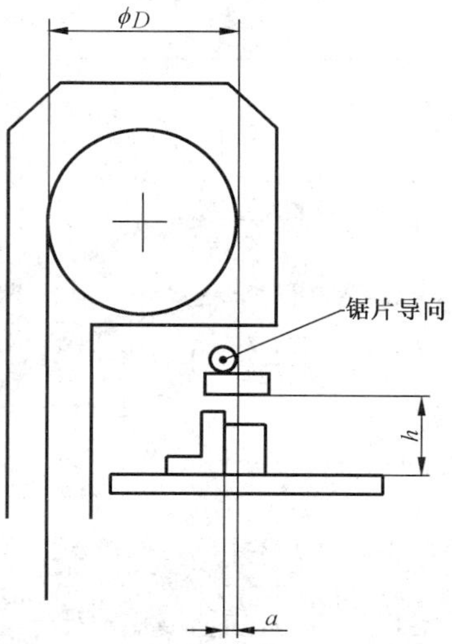 		
	导向板与锯片距离 a： mm	带工作台带锯机：10 二次带锯机：25	
	锯条导向的高度 h： mm	尽可能小	
刀具和切削参数	a） 带工作台带锯机：		
	□ 带锯轮，$D \leqslant 500$ mm		
	锯轮直径 mm	尽可能大	
	转速 r/min	尽可能大	
	切削速度 m/s	尽可能大	
	锯条宽度 mm	16	
	齿距 mm	6～8	
	齿厚 mm	0.5	
	进给速度 m/min	4±2	
	□ 带锯轮，$500 < D \leqslant 900$ mm		
	锯轮直径 mm	尽可能大	
	转速 r/min	尽可能大	
	切削速度 m/s	尽可能大	
	锯条宽度 mm	25	
	齿距 mm	8～10	
	齿厚 mm	$\leqslant 0.001D$	
	进给速度 m/min	6±2	

表 C.1(续)

刀具和切削参数	□ 带锯轮,$D>900$ mm			
	锯轮直径	mm	尽可能大	
	转速	r/min	尽可能大	
	切削速度	m/s	尽可能大	
	锯条宽度	mm	40	
	齿距	mm	10～12	
	齿厚	mm	$\leqslant 0.001D$	
	进给速度	m/min	6±2	
	b) 二次带锯机			
	□ 锯轮直径	mm	尽可能大	
	转速	r/min	尽可能大	
	切削速度	m/s	尽可能大	
	锯条宽度	mm	最大值	
	齿距	mm	30～50	
	齿厚	mm	$\leqslant 0.001D$	
	进给速度			
	手动进给	m/min	6±2	
	机动进给	m/min	15	
	c) 原木带锯机			
	□ 锯轮直径	mm		
	转速	r/min		
	切削速度	m/s		
	锯条宽度	mm		
	齿距	mm		
	齿厚	mm		
	d) 进给速度	m/min		

试验材料:

材料: 软木,中等等级

含水率: 8%～14%

	带工作台带锯机	二次带锯机
试件长度	1 000 mm	2 000 mm
试件宽度	80 mm 锯切到最小宽度 40 mm	150 mm 锯切到最小宽度 50 mm
试件高度	40 mm	150 mm

预加工: 无需

表 C.1(续)

试验机床的照片或总装图
进行试验实验室 公司/研究所：…………………………………………………………………………… 地址：…………………………………………………………………………………… 电话：…………………………………………………………………………………… 日期：……………………………………… 签名：…………………………………… 试验地点：……………………………………………………………………………… 试验日期：………………………………………………………………………………

附 录 D
（资料性附录）
本标准所覆盖各类机床对应本标准的条款指示

本标准所覆盖各类机床对应本标准的条款指示见表 D.1。

表 D.1　本标准所覆盖各类机床对应本标准的条款指示

条款	条款名称	对应机床					
		带工作台带锯机	二次带锯机	原木带锯机			
				带移动工作台	跑车	输送带	带移动加工头
3.1.1	带锯机	√	√	√	√	√	√
3.1.2	锯条张紧	√	√	√	√	√	√
3.1.3	适张度处理		√	√	√	√	√
3.1.4	锯条的调整	√	√	√	√	√	√
3.1.5	卡钩			√	√		√
3.1.6	带工作台带锯机	√					
3.1.7	原木带锯机			√	√	√	√
3.1.7.1	带移动工作台原木带锯机			√			
3.1.7.2	跑车木工带锯机				√		
3.1.7.3	传输带进给原木带锯机					√	
3.1.7.4	带移动加工头的原木带锯机						√
3.1.8	二次带锯机		√				
3.1.9	手动控制	√	√	√	√	√	√
3.1.10	机械致动机构	√	√	√	√	√	√
3.1.11	手动进给	√					
3.1.12	可拆卸的机动进给装置	√					
3.1.13	机械进给		√	√	√	√	√
3.1.14	起动时间	√	√	√	√	√	√
3.1.15	惯性运动时间	√	√	√	√	√	√
3.1.16	机动进给机床的人工上料		√	√	√	√	√
3.1.17	机动进给机床的人工下料		√	√	√	√	√
3.1.18	切削区域	√	√	√	√	√	√
3.1.19	保证书	√	√	√	√	√	√
3.2	机床主要零部件术语	图 1 表 1	图 2 表 2	图 3 表 3	图 4 表 4	图 5 表 5	图 6 表 6

表 D.1(续)

条款	条款名称	对应机床					
		带工作台带锯机	二次带锯机	原木带锯机			
				带移动工作台	跑车	输送带	带移动加工头
4	危险一览表	√	√	√	√	√	√
5	安全要求和/或措施	√	√	√	√	√	√
5.1	一般要求	√	√	√	√	√	√
5.2.1	控制系统的安全性和可靠性	√	√	√	√	√	√
5.2.2.1	原木带锯机			√	√	√	√
5.2.2.2	带工作台带锯机	√					
5.2.2.3	二次带锯机		√				
5.2.3	起动	√	√	√	√	√	√
5.2.3.1	一般要求			√	√	√	√
5.2.3.2	带工作台带锯机	√					
5.2.4.1	一般要求	√	√	√	√	√	√
5.2.4.2	装有可拆卸式进给装置的带工作台带锯机	√					
5.2.5	紧急停止	√	√	√	√	√	√
5.2.6	调整模式	√	√	√	√	√	√
5.2.7	转速改变	√	√	√	√	√	√
5.2.8	双倍指令控制		√	√	√	√	√
5.2.9	动力源故障	√	√	√	√	√	√
5.2.10	控制电路失效	√	√	√	√	√	√
5.3.1	稳定性	√	√	√	√	√	√
5.3.2.1	防护材料的特性	√	√	√	√	√	√
5.3.2.2.1	清洁	√	√	√	√	√	√
5.3.2.2.2	润滑		√	√	√	√	√
5.3.3.1	锯条的张紧和调整	√	√	√	√	√	√
5.3.3.2	锯条导向装置	√	√	√	√	√	√
5.3.4.1	能接触到锯条的机床	√	√	√	√	√	√
5.3.4.2	不能接触到锯条的机床			√	√	√	√
5.3.4.3	试验条件	√	√	√	√	√	√
5.3.4.4.1	不制动的惯性运转时间	√	√	√	√	√	√
5.3.4.4.2	起动时间	√	√	√	√	√	√
5.3.4.4.3	制动时间	√	√	√	√	√	√
5.3.4.4.4	锯条调整时的制动	√	√	√	√	√	√

表 D.1(续)

条款	条款名称	对应机床					
		带工作台带锯机	二次带锯机	原木带锯机			
				带移动工作台	跑车	输送带	带移动加工头
5.3.6.1	带工作台带锯机的导向装置	√					
5.3.6.2	带工作台带锯机的工作台	√					
5.3.6.3	原木横截带工作台带锯机	√					
5.3.7.1.1	无切削区的防护	√					
5.3.7.1.2	带工作台带锯机上切削区域的防护	√					
5.3.7.1.3	可拆卸的机动进给装置	√					
5.3.7.2.1	二次带锯机上无切削区域的防护		√				
5.3.7.2.2	二次带锯机上切削区的防护		√				
5.3.7.2.3	二次带锯机上的机动水平进给辊		√				
5.3.7.2.4	二次带锯机的辊轮工作台		√				
5.3.7.2.5	二次带锯机上的进给辊轮		√				
5.3.7.3.1	手动控制的原木带锯机的非切削区域的防护			√	√	√	√
5.3.7.3.2.1	跑车木工带锯机				√		
5.3.7.3.2.2	带移动加工头的原木带锯机						√
5.3.7.3.2.3	输送带进给的原木带锯机					√	
5.3.7.3.2.4	带移动工作台原木带锯机			√			
5.3.7.3.3.1	跑车木工带锯机				√		
5.3.7.3.3.2	带移动加工头原木带锯机						√
5.3.7.3.3.3	输送带进给的原木带锯机					√	
5.3.7.3.3.4	带移动工作台原木带锯机			√			
5.3.7.4	传动机构的防护	√	√	√	√	√	√
5.3.8	自动化和机械化			√	√	√	√
5.3.9	卡钩			√	√		√
5.3.10	带工作台带锯机的安全装置	√					
5.4.1	火和爆炸	√	√	√	√	√	√
5.4.2	噪声	√	√	√	√	√	√
5.4.3	木屑、粉尘和有害气体的排放	√	√	√	√	√	√
5.4.4	电气设备	√	√	√	√	√	√
5.4.5	人类工效学和安全搬运的要求	√	√	√	√	√	√
5.4.7	气动装置	√	√	√	√	√	√

表 D.1(续)

条款	条款名称	对应机床					
		带工作台带锯机	二次带锯机	原木带锯机			
				带移动工作台	跑车	输送带	带移动加工头
5.4.8	液压装置	√	√	√	√	√	√
5.4.10	危险材料	√	√	√	√	√	√
5.4.11	振动	√	√	√	√	√	√
5.4.12	激光	√	√	√	√	√	√
5.4.14	装配错误	√	√	√	√	√	√
5.4.15	能量输送的切断	√	√	√	√	√	√
5.4.16	维修	√	√	√	√	√	√
6.1	警告装置	√	√	√	√	√	√
6.2	标志	√	√	√	√	√	√
6.3	使用说明书	√	√	√	√	√	√
附录 A	安全工作方法	√	√	√	√	√	√
B.1	水平机床				√		√
B.2	垂直机床	√	√	√	√	√	√
C.1	一般要求	√	√	√	√	√	√
C.2	噪声测量	√	√	√	√	√	√
C.3	机床噪声测量数据单	√	√	√	√	√	√

附 录 E
（资料性附录）
本标准机床名称与 GB/T 12448 中带锯机名称的对照

表 E.1 是本标准中机床名称与 GB/T 12448 中带锯机名称的对照。

表 E.1　本附录中机床名称与 GB/T 12448 中带锯机名称的对照

本标准机床名称	GB/T 12448 中带锯机的名称
带工作台木工带锯机	细木工带锯机
	普通木工带锯机
	卧式带锯机(带工作台)
原木带锯机	跑车木工带锯机
	卧式带锯机(带跑车)
二次带锯机	自动进给木工带锯机
	(多)联对列木工带锯机

ICS 27.20
J 90

中华人民共和国国家标准

GB/T 30462—2013

再制造非道路用内燃机　通用技术条件

Remanufactured non-road internal combustion engines—General specifications

2013-12-31 发布　　2014-10-01 实施

中华人民共和国国家质量监督检验检疫总局
中国国家标准化管理委员会　发布

前　言

本标准按照GB/T 1.1—2009给出的规则起草。

本标准由中国机械工业联合会提出。

本标准由全国内燃机标准化技术委员会(SAC/TC 177)归口。

本标准起草单位：上海内燃机研究所、潍柴动力股份有限公司、上海柴油机股份有限公司、广西玉柴机器股份有限公司、安徽白兔湖动力有限公司。

本标准主要起草人：谢亚平、孙少军、计维斌、庄国钢、陈剑涛、姚志剑、王建平、郭华、肖四海。

再制造非道路用内燃机　通用技术条件

1　范围

本标准规定了再制造非道路用内燃机的再制造过程技术要求、产品性能要求、试验方法、检验规则、标志、包装、运输和贮存。

本标准适用于船舶、工程机械、拖拉机、农林机具和发电机组用内燃机的再制造,其他尚无合适标准可以使用的再制造内燃机也可参照使用。

2　规范性引用文件

下列文件对于本文件的应用是必不可少的。凡是注日期的引用文件,仅注日期的版本适用于本文件。凡是不注日期的引用文件,其最新版本(包括所有的修改单)适用于本文件。

GB/T 191　包装储运图示标志

GB/T 726—1994　往复式内燃机　旋转方向、气缸和气缸盖上气门的标志及直列式内燃机右机、左机和发动机方位的定义

GB/T 1147.2　中小功率内燃机　第2部分:试验方法

GB/T 1883(所有部分)　往复内燃机　词汇

GB/T 6072.1　往复式内燃机　性能　第1部分:功率、燃料消耗和机油消耗的标定及试验方法　通用发动机的附加要求

GB/T 6072.4　往复式内燃机　性能　第4部分:调速

GB/T 6388　运输包装收发货标志

GB/T 6809(所有部分)　往复式内燃机　零部件和系统术语

GB/T 7184—2008　中小功率柴油机　振动测量及评级

GB/T 10398　小型汽油机　振动评级和测试方法

GB/T 10826.1　燃油喷射装置　词汇　第1部分:喷油泵

GB 11871　船用柴油机辐射的空气噪声限值

GB 14097　中小功率柴油机噪声限值

GB/T 15371　曲轴轴系扭转振动的测量与评定方法

GB 15739　小型汽油机噪声限值

GB 20651.1　往复式内燃机　安全　第1部分:压燃式发动机

GB/T 21404　内燃机　发动机功率的确定和测量方法　一般要求

GB 28239　非道路用柴油机燃料消耗率和机油消耗率限值及试验方法

CB/T 3256　船用柴油机振动评级

CB/T 3325　船用柴油机轴系扭转振动评级

JB/T 9774　中小功率内燃机　清洁度限值

JB/T 51127　中小功率柴油机　产品可靠性考核

3　术语和定义

GB/T 1883(所有部分)、GB/T 6072.1、GB/T 6072.4、GB/T 6809(所有部分)和GB/T 10826.1界

定的以及下列术语和定义适用于本文件。

3.1

非道路用内燃机　non-road internal combustion engine

道路车辆、三轮汽车、四轮低速货车、内燃机车和航空用以外的内燃机。

3.2

再制造非道路用内燃机　remanufactured non-road internal combustion engine

将旧的非道路用内燃机(使用过的)按照原技术规范和一定的工艺加工制造后,其技术性能、可靠性、使用寿命不低于原制造厂同类新机的内燃机。

3.3

更新件　renewed component

从原制造厂或供应商处获得的全新适用零件。

3.4

修复　reclaim

把零部件的性能、可靠性、使用寿命恢复到不低于原制造厂要求的制造过程。

4　再制造过程技术要求

4.1　总则

再制造非道路用内燃机应在确保内燃机性能、可靠性和使用寿命的条件下,利用旧的零部件。纸质或橡胶类密封件、气缸垫及不可修复零部件可采用更新件。

4.2　旧机分解、清洗要求

4.2.1　回收的非道路用内燃机应完全分解。

4.2.2　分解时初步判断各零部件是否适用于再制造。

4.2.3　对初步判定为适用于再制造的零部件应进行彻底的清洗、去脂和清除表面积碳处理,经缺陷评价后判断其是否适合再制造。

4.3　可修复件技术要求

对于可修复零部件,应经必要的加工处理后修复并检验,其性能、可靠性、使用寿命应恢复到不低于原制造商新品的要求。

4.4　重要零部件要求

4.4.1　曲轴、凸轮轴、连杆和气门等应经探伤检验。

4.4.2　机体、缸盖中的重要配合尺寸经测量超出其允许的极限尺寸时,可通过重镗、重新镶嵌缸套、重新选配活塞环、活塞或珩磨等技术加以修复,以达到原技术和尺寸要求;机体和缸盖都应作密封性检查。

5　再制造非道路用内燃机产品技术要求

5.1　一般要求

5.1.1　再制造非道路用内燃机产品应按经规定程序批准的产品图样和技术文件制造。零部件和附件应符合有关标准规定。

5.1.2　再制造非道路用内燃机型号、机身号应重新编制,并有别于原型号和机身号。

5.2 技术规格

5.2.1 非道路用内燃机再制造厂应在产品技术文件中提供下列再制造非道路用内燃机的主要技术规格和参数，并可根据再制造非道路用内燃机的结构型式和用途予以增减：

型号；

型式(系指冲程数、冷却方式、气缸排列方式、燃烧室型式、左机或右机、增压方式及是否带增压中冷器等)；

气缸数；

气缸直径，	mm；
活塞行程，	mm；
活塞总排量，	L；
标定功率，	kW；
标定转速，	r/min；
最大扭矩/转速，	N·m/(r/min)；
标定空载转速，	r/min；
最低可调空载转速，	r/min；
最低满载持续转速，	r/min；
增压器转速，	r/min；

标定工况燃油消耗率(或由制造厂与客户商定的其他使用工况的燃料消耗率)，g/(kW·h)；

加权燃料消耗率(对于非道路用柴油机)，	g/(kW·h)；
机油消耗率，	g/(kW·h)；
燃油牌号；	
机油牌号；	
活塞平均速度，	m/s；
压缩比；	
平均有效压力，	kPa；
增压压力，	kPa；
供油提前角(曲轴转角)，	(°)；
发火次序；	
配气相位(曲轴转角)，	(°)；
起动方式；	
旋转方向(按 GB/T 726 规定)；	
外形尺寸(长×宽×高)，	mm；
净质量，	kg；
总质量，	kg。

注：标定功率、标定转速在与内燃机有关的其他专业标准中也被称作额定功率、额定转速。

5.2.2 制造厂应按再制造非道路用内燃机的用途和特点在使用说明书中给出所需的主要特性曲线。

5.2.3 制造厂应在使用说明书中提供再制造非道路用内燃机的外形图，并应注明外形尺寸、安装尺寸和连接尺寸。

5.3 功率标定

5.3.1 再制造非道路用内燃机铭牌上的标定功率应按 GB/T 6072.1 或相关专业标准的规定进行表示。

5.3.2 再制造非道路用内燃机应能发出铭牌上标明的有效功率。实际所发标定功率与铭牌对应功率的允许偏差为±5%。功率测量时内燃机应安装的设备和辅助装置按 GB/T 21404 的规定，当试验环境状况与标准环境状况有差异时，其功率应按 GB/T 21404 的规定进行修正。

5.3.3 功率使用有持续功率、超负荷功率和油量限定功率等几种类型。

超负荷功率允许使用的持续时间和频次取决于使用情况，但在调定发动机油量限制器时应有足够的余量，使之在满足噪声、烟度、排放等强制性标准要求时，能发出允许的超负荷功率。超负荷功率应按持续功率的百分数表示，同时需注明允许运行的持续时间和频次及相应的发动机转速。除非另有说明，在相应于发动机使用转速时 110%持续功率的超负荷功率允许在 12 h 运行期内，间断或不间断地运行 1 h。

5.4 燃料和机油消耗的标定

5.4.1 再制造非道路用内燃机的燃料和机油消耗率应不大于产品技术文件规定的出厂指标及国家相关节能指标。再制造非道路用柴油机的燃料消耗率应符合 GB 28239 的规定。

5.4.2 再制造非道路用柴油机加权燃料消耗率的标定按 GB 28239 的规定，其他用途的再制造内燃机燃料消耗率的标定按 GB/T 6072.1 的规定。

注：再制造非道路用内燃机燃料消耗率的标定值，为其规定磨合期后的燃料消耗率。

5.4.3 再制造非道路用内燃机机油消耗率的标定

再制造非道路用内燃机的标定机油消耗率应以再制造非道路用内燃机在标定功率和转速下，每千瓦·小时所消耗的克数来表示。

注 1：再制造非道路用内燃机机油消耗率的标定值，为其规定磨合期后的机油消耗率，并标明所用的机油牌号。

注 2：再制造液体燃料发动机，以质量为单位的标定燃油消耗率均以低热值 42 700 kJ/kg 为准，其他类型燃料发动机标定的燃料消耗率应以能量为单位表示，或以质量为单位的燃料消耗率和相关的低热值两者来表示。

5.5 噪声、排放的试验条件

再制造非道路用内燃机用于售后维修时，应考核再制造非道路用内燃机铭牌所示功率的噪声、烟度[1)]和排放指标，其值须符合被拆解的原机定型时所须符合的相关标准规定的限值。当需要磨合后进行考核时，磨合时间不得超过 45 h 或按企业技术文件规定。

5.6 标定工况参数

再制造非道路用内燃机在标定工况运转时，下列参数应符合产品技术文件的规定：

a) 排气温度(总管或各缸歧管)，℃；
b) 涡轮增压器燃气进口温度，℃；
c) 机油温度，℃；
d) 内燃机冷却介质出口温度，℃；
e) 机油压力，kPa；
f) 最高爆发压力(按需要与可能)，MPa；
g) 增压器转速，r/min；
h) 中冷器冷却介质进出口温度，℃。

5.7 船用主机的附加要求

船用主机在标定工况时，当一个气缸(指气缸数等于或小于 7 的主机)或两个气缸(指气缸数等于或大于 8 的主机)停止工作时，应能在低负荷下稳定运转。

当废气涡轮增压器停止工作时，主机应能在低转速和低负荷下稳定运转。

1) 仅适用于柴油机。

5.8 各缸工作均匀性

再制造非道路用内燃机在标定工况运转时，各缸参数的不均匀性与所有气缸的平均值偏差应符合表1的规定。

表1 各缸工作均匀性要求

<table>
<tr><th>各缸工作参数</th><th>偏差</th></tr>
<tr><td>压缩压力</td><td>3%</td></tr>
<tr><td>最高爆发压力</td><td>4%</td></tr>
<tr><td>排气温度</td><td>5%(中、高增压柴油机8%)</td></tr>
<tr><td>平均指示压力或指示功率</td><td>4%</td></tr>
<tr><td colspan="2">注：可根据再制造内燃机的结构型式和用途规定全部或部分项目。</td></tr>
</table>

5.9 扭矩储备

按速度特性工作的再制造内燃机，扭矩储备率应满足配套用需要或符合表2规定，最大扭矩点的转速与标定转速之比，应符合表3的规定。

表2 扭矩储备率要求

<table>
<tr><th colspan="2">再制造非道路用内燃机型式及用途</th><th>扭矩储备率
%</th></tr>
<tr><td>拖拉机用</td><td>单缸</td><td>≥12</td></tr>
<tr><td>拖拉机用</td><td>多缸</td><td>≥15</td></tr>
<tr><td rowspan="3">工程机械用</td><td>轮式推土机用</td><td>≥15</td></tr>
<tr><td>履带式推土机用</td><td>≥20</td></tr>
<tr><td>其他</td><td>按有关标准或技术文件规定</td></tr>
</table>

表3 最大扭矩点转速与标定转速之比的要求

<table>
<tr><th colspan="3">再制造非道路用内燃机型式及用途</th><th>最大扭矩点转速与标定转速之比
%</th></tr>
<tr><td rowspan="3">多缸机</td><td colspan="2">拖拉机用</td><td>≤75</td></tr>
<tr><td rowspan="2">工程机械用</td><td>$n_b \leq 1\ 800$ r/min</td><td>≤75</td></tr>
<tr><td>$n_b > 1\ 800$ r/min</td><td>≤70</td></tr>
<tr><td colspan="4">注：采用变扭器的工程机械用内燃机，扭矩特性可按产品技术文件规定。</td></tr>
</table>

5.10 调速特性

再制造非道路用内燃机标定工况下的调速性能应符合表4的规定。

表 4　调速特性要求

再制造非道路用内燃机用途		瞬时转速差 $\delta_{n_{dyn}}$ %	标定调速率 $\delta_{n_{st,r}}$ %	转速回复时间 $t_{n,in}$(加载),$t_{n,de}$(减载) s	稳态转速波动率 β_n %
固定动力、农排用		≤12	≤8	≤10	≤1
拖拉机用		—	≤8	—	—
联合收割机用		—	≤5	—	—
工程机械用		—	≤12	—	—
船用	高速机	≤12	≤10	—	≤1
	中、低速机	≤15			≤1.5
发电用		≤10	≤5	≤5	—

5.11　最低可调空载转速(最低空载稳定转速)

再制造非道路用内燃机在最低可调空载转速下,稳定持续运转时间不少于 5 min,稳态转速波动率应符合产品技术文件规定。

5.12　最低满载持续转速(最低工作稳定转速)

再制造非道路用内燃机允许的最低满载持续转速及其连续运转时间应符合表 5 的规定。

表 5　最低满载持续转速及其连续运转时间要求

再制造内燃机用途		最低满载持续转速(最低工作稳定转速)占标定转速的百分数 %	连续运转时间 min
拖拉机、工程机械等用		≤55	≥30
船用主机	n_b<300 r/min	≤30	≥20
	n_b≥300～1 000 r/min	≤40	≥20
	n_b>1 000 r/min	≤45	≥20

5.13　起动

再制造非道路用内燃机在表 6 规定的环境温度下及规定的起动时间内,不采取任何机外措施进行 3 次起动,其中至少有 2 次应能顺利起动。

表 6　起动温度和起动时间要求

起动方式及柴油机用途		环境温度 ℃	每次起动时间 s
电起动及压缩空气起动	拖拉机、联合收割机及工程机械用	−5	15
	船用主、辅机	10	10
	应急发电机组及固定用	0	10

表 6（续）

起动方式及柴油机用途	环境温度 ℃	每次起动时间 s
人力起动	5	30
注 1：起动方法按 GB/T 1147.2 的规定。 注 2：起动性能有特殊要求(例如低温起动、用汽油机起动)的内燃机，起动时环境温度及起动时间按有关标准规定或由制造厂与用户商定。		

5.14 安全要求

再制造非道路用内燃机的起动安全性、正常停机、应急停机、防火、防爆、超速保护等安全要求都应符合 GB 20651.1 的要求和其他有关专业标准的规定。

5.15 换向

船用主机应进行换向试验，换向时操纵应轻便灵活，可直接倒转的船用主机换向时间应不超过 15s。

5.16 倾斜

再制造非道路用内燃机应能在表 7 所列的横倾和纵倾条件下工作。

表 7　横倾、纵倾要求

再制造非道路用内燃机用途		倾斜角度 (°)	
		横倾	纵倾
工程机械用	履带式推土机、装载机、单斗挖掘机等	35	35
	轮胎式推土机、装载机、单斗挖掘机、振动压路机等	25	30
	自行式铲运机、平地机等	20	25
	汽车起重机、叉车等	15	20
	多斗挖掘机、翻斗车等	20	15
拖拉机用	轮式	20	20
	履带式	20	30
联合收割机用		20	20
移动式发电机组用	在移动中不工作	10	10
	在移动中工作(功率不大于 30kW)	28.5	15
船用	主机及辅机	15	5
	应急用内燃发电机组	22.5	10
注：对横倾与纵倾有特殊要求的内燃机，其数值由制造厂与用户商定。			

5.17 密封性

再制造非道路用内燃机各密封面及管接处，在预热、磨合运行及性能试验期间，经紧固后不允许出现油、气、水渗漏。内燃机标定工况漏气量一般不超过名义进气量的1%。

5.18 热平衡

再制造非道路用内燃机的热平衡性能应符合有关专业标准或制造厂技术文件的规定。

5.19 工作介质

再制造非道路用内燃机各系统的工作介质应符合使用说明书规定，工作介质中的添加剂应无毒、无腐蚀和无附着沉淀。

5.20 仪器仪表

再制造非道路用内燃机应配备为保证正常运行所必需的仪表和指示系统。对功率大于220 kW的内燃机，应对转速、压力、温度等参数超过规定范围时设置监控和/或报警装置。

5.21 机械振动

再制造非道路用内燃机机械振动限值，应根据用途分别符合GB/T 7184—2008、GB/T 10398、CB/T 3256或其他有关行业标准的规定，达到GB/T 7184—2008表A.1的C级、GB/T 10398、CB/T 3256中规定的C级(可容忍级)。

5.22 扭转振动

再制造非道路用内燃机曲轴轴系扭转振动，对中小功率和船用再制造内燃机应分别符合GB/T 15371和CB/T 3325的规定。再制造内燃机在标定转速±10%范围内，不应有危险扭振临界转速。

5.23 清洁度

再制造非道路用内燃机的清洁度应根据用途分别符合JB/T 9774或其他有关行业标准的规定。

5.24 噪声

再制造非道路用内燃机噪声应根据用途分别符合GB 14097、GB 15739、GB 11871或其他有关行业标准的规定。

5.25 烟度

再制造非道路用柴油机的排气烟度应符合被拆解的原机定型时所须符合的相关标准规定。

5.26 排放

再制造非道路用内燃机排放的气体和颗粒污染物应符合被拆解的原机定型时所须符合的相关标准规定。

对地下用发动机，排放的气体和颗粒污染物应符合GB 20651.1的要求。

5.27 热冲击

再制造非道路用内燃机按GB/T 1147.2规定进行热冲击试验时，其受热零件应无裂纹或漏水、漏气、漏油现象发生。

5.28 可靠性

非道路用再制造内燃机产品按 JB/T 51127 规定进行可靠性考核时，考核指标为：

a) 首次故障前平均工作时间(MTTFF)不低于 500 h；

b) 平均故障间隔时间(MTBF)不低于 1 000 h；

c) 无故障综合评分值(Q)不低于 60 分。

5.29 耐久性

对需要进行耐久试验的再制造非道路用内燃机应按 GB/T 1147.2 规定的方法进行台架耐久试验，试验后应符合表 8 的规定，中速内燃机应符合表 9 的规定。

表 8 高速、低速再制造非道路用内燃机耐久试验后要求

项目	技术要求
主要件[a] 损坏	不允许
试验后主要零件磨损值	—
试验后主要性能指标变化	标定工况燃料消耗率升高值不超过标定值的 4%、机油消耗率升高值不超过标定值的 30%
非主要件损坏	不超过 5 件
故障停机	不超过 4 次
[a] 再制造非道路用柴油机主要件见附录 A。	

表 9 中速再制造非道路用内燃机耐久试验后要求

项目	技术要求
主要件[a] 损坏	不允许
试验后主要零件磨损值	应符合产品技术文件规定
试验后主要性能指标变化	标定工况燃油消耗率升高值不超过标定值的 3%、机油消耗率升高值不超过标定值的 20%
非主要件损坏	应符合产品技术文件规定
故障停机	不超过 4 次
[a] 再制造非道路用柴油机主要件见附录 A。	

5.30 寿命

再制造非道路用内燃机寿命应符合表 10 规定。

表 10 使用寿命

高速内燃机	多缸机	6 000 h
中、低速内燃机	n_b≥750 r/min	8 000 h
	n_b<750 r/min	12 000 h
注：再制造非道路用内燃机寿命可按时间或公里数计算，两者比照期暂按 1 个月≈3 000 km，3 个月≈10 000 km，6 个月≈15 000 km，1 年≈30 000 km，2 年≈50 000 km。		

5.31 交货

再制造非道路用内燃机交货时，应向用户提供随机备用的配件、保养工具、产品合格证及使用说明书等有关技术文件。如用户另有要求，可与制造厂商定。

6 试验方法

再制造非道路用内燃机试验方法根据用途按 GB/T 1147.2 或有关标准的规定进行。

7 检验规则

7.1 总则

再制造非道路用内燃机的检验分定型检验、出厂检验、定型检验和抽查检验三类。

7.2 定型检验

7.2.1 定型检验包含对具有代表性的发动机所进行的一系列检验，可确认某机型的主要性能数据，并对其使用中的可靠性和耐久性作出评价。

7.2.2 凡新设计和经重大改进以及转厂生产的再制造非道路用内燃机应进行定型检验，检验项目见表 11(可根据内燃机结构型式和用途予以增减)。

7.3 出厂检验

7.3.1 出厂检验为生产企业按技术文件规定的出厂要求(或合同要求)对出厂产品所进行的检验，以保证产品质量。

7.3.2 每台再制造非道路用内燃机必须进行出厂试验检验，检验项目见表 11。

7.4 抽查试验

抽查检验由政府有关部门或生产企业检验部门根据批量大小，按有关判定规则定期抽取一定数量的产品对主要性能进行的检验，以考核再制造非道路用内燃机生产企业批量生产产品制造质量的一致性。

检验项目见表 11(可根据内燃机结构型式和用途予以增减)。

表 11 检验项目

序号	检验项目	检验类别		
		定型试验	出厂试验	抽查试验
1	起动性能试验	√	√(常温)	√(常温)
2	调速性能试验	√	▽	▽
3	负荷特性试验	√	▽	▽
4	标定功率试验	√	√	√
5	燃料消耗率试验	√	▽	√
6	速度特性试验	√	▽	▽
7	使用特性试验	▽	▽	▽
8	万有特性试验	√	▽	▽
9	标定功率工作稳定性试验	√	▽	√
10	空载特性试验	√	×	▽
11	最低可调空载转速测定	√	√	√
12	最低满载持续转速测定	▽	▽	▽
13	各缸工作均匀性试验	√	▽	▽
14	安全性能检查	√	√	√
15	机械效率测定	√	▽	▽
16	热平衡试验	▽	×	×
17	噪声测定	√	▽	√
18	排气烟度测定	√	▽	√
19	排气排放测定	√	▽	√
20	机械振动和曲轴扭转振动试验	▽	▽	▽
21	活塞漏气量测定	▽	▽	▽
22	机油消耗率测定	√	▽	√
23	清洁度测定	▽	▽	√
24	特殊性能试验	▽	▽	▽
25	功能检查	√	▽	√
26	可靠性试验	√	×	▽
27	耐久性试验	▽	×	▽
28	热冲击试验	▽	×	×

注 1：√—需要进行的项目；×—可不进行的项目；▽—按需要选定的项目。

注 2：在“√”及“▽”的项目中若包含多项内容时，也可择需进行部分内容。

注 3：特殊性能试验系指发动机与从动机的匹配试验、内燃发电机组的并联运行及其他电气试验、船用发动机紧急换向试验、船用发动机最低稳定转速试验、双燃料发动机的燃料转换试验、在制造厂规定时间内的维修能力试验、在规定故障下(如增压器失效)的机动性能及发出规定功率的能力试验。

注 4：功能检查系指超速限制装置、压力和温度异常的故障自动保护和报警装置等功能和能力检查、起动系统验收试验前后操作能力检查、换向机构内置或倒车减速机构和离合器的功能检查、重要零部件的运行温度检查、曲柄臂的挠度检查、发动机在支座上的稳定性检查、活塞和气缸组件及轴承在试验后的状况检查。

注 5：可靠性试验应单独抽取 2 台样机进行试验。

8 标志、包装、运输和贮存

8.1 标志

8.1.1 获得国家再制造产品认定的再制造内燃机应在产品明显位置或包装上使用再制造产品认定标志(见附录B)。使用认定标志时,应保证认定标志的完整,可按比例放大或缩小,但应确保认定标志的颜色一致并清晰。

8.1.2 经国家再制造产品认定的再制造内燃机应在产品明显位置或包装上明示再制造产品的生产厂名称、产品识别代码、执行标准等相关信息。

8.1.3 再制造非道路用内燃机应具有牢固的铭牌,铭牌上至少应标明:

a) 制造厂名称、商标;

b) 型号、用途;

c) 标定功率/标定转速,kW/(r/min);

d) 净质量,kg;

e) 厂址;

f) 出厂编号、再制造日期(年、月)。

8.1.4 再制造非道路用内燃机一般应在飞轮或输出端的机体部位或飞轮壳上标出旋转方向,同时在飞轮上或适当位置标出第一缸上止点位置。

8.1.5 安全警示标志应置于明显部位。

8.1.6 对列入国家工业产品生产许可证管理目录的产品,在产品或其包装、说明书上应标注生产许可证标志。

8.2 包装和运输

8.2.1 再制造非道路用内燃机应和随机配件、工具和技术文件一起牢固包装。制造厂在征得用户同意后可采取简易包装。

8.2.2 包装箱的包装储运标志应符合GB/T 191的规定。

8.2.3 包装箱的收发货标志应符合GB/T 6388的规定。

8.3 贮存

8.3.1 再制造非道路用内燃机应贮存在通风、干燥、无腐蚀性物质的仓库内。

8.3.2 在按照制造厂规定的产品油漆、封存、包装、储运的技术要求下,再制造非道路用内燃机的有效封存期自出厂之日起不少于12个月。

附　录　A
（规范性附录）
再制造非道路用柴油机主要件名称

A.1　再制造非道路用柴油机主要零件

——机体、气缸套、气缸盖垫片、气缸盖（包括燃烧室镶块）及其螺栓；
——活塞、活塞销、活塞环、连杆、连杆衬套、连杆轴瓦和连杆螺栓；
——曲轴及其连接螺钉、主轴承或主轴瓦、轴承盖、飞轮及其螺栓；
——正时齿轮、凸轮轴及其轴瓦、摇臂和摇臂轴；
——气门、气门座、气门导管、气门弹簧、气门挺杆和气门推杆。

A.2　再制造非道路用柴油机主要部件

——输油泵、喷油泵、调速器、喷油器、空气滤清器[2]和柴油滤清器[2]；
——水泵、水箱、冷凝器、热交换器和风扇；
——机油泵、机油冷却器和机油粗、精滤清器[2]；
——增压柴油机的增压器和中冷器；
——电控单体泵、电控共轨系统；
——安全装置（超速保护、机油的高温和低油压保护等）。

2）　纸质滤芯和橡胶密封圈除外。

附　录　B
（资料性附录）
再制造产品认定标志

B.1　再制造产品认定标志如图 B.1。

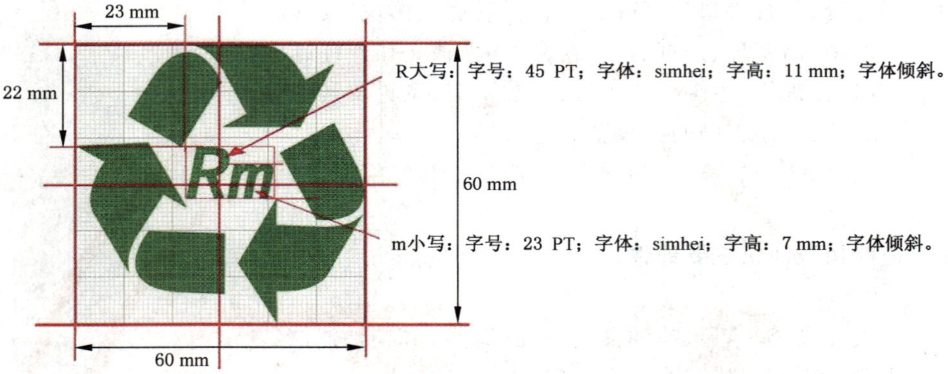

说明：

CMYK：75、5、100、0

图 B.1　再制造产品认定标志

ICS 25.120.10
J 62

中华人民共和国国家标准

GB/T 30463—2013

数 控 卷 板 机

NC plate bending machine

2013-12-31 发布 2015-01-01 实施

中华人民共和国国家质量监督检验检疫总局
中国国家标准化管理委员会 发布

前　言

本标准按照GB/T 1.1—2009给出的规则起草。

本标准由中国机械工业联合会提出。

本标准由全国锻压机械标准化技术委员会(SAC/TC 220)归口。

本标准负责起草单位:长治钢铁(集团)锻压机械制造有限公司、佛山市南海力丰机床有限公司、南通奥特机械设备有限公司、泰安华鲁锻压机床有限公司。

本标准主要起草人:邢伟荣、杨承寿、陈金生、田衍新、杨树平、赵晓卫、原媛。

数 控 卷 板 机

1 范围

本标准规定了数控卷板机的参数、技术要求、精度、检验方法、检验规则、包装与运输。

本标准适用于在冷态条件下卷制板材的各种结构型式的数控卷板机(以下简称卷板机)。

2 规范性引用文件

下列文件对于本文件的应用是必不可少的。凡是注日期的引用文件,仅注日期的版本适用于本文件。凡是不注日期的引用文件,其最新版本(包括所有的修改单)适用于本文件。

GB/T 191 包装储运图示标志

GB/T 3168 数字控制机床操作指示形象化符号

GB/T 3766 液压系统通用技术条件

GB 5226.1 机械电气安全 机械电气设备 第1部分:通用技术条件

GB/T 6402—2008 钢锻件超声检测方法

GB/T 6576 机床润滑系统

GB/T 7935 液压元件通用技术条件

GB/T 9969 工业产品使用说明书 总则

GB/T 10923 锻压机械精度检验通则

GB/T 13306 标牌

GB 17120 锻压机械安全技术条件

GB/T 23281 锻压机械噪声声压级测量方法

GB/T 23282 锻压机械噪声声功率级测量方法

GB 30458 卷板机 安全技术要求

JB/T 1829—1997 锻压机械通用技术条件

JB/T 3240 锻压机械操作指示形象化符号

JB/T 8356.1 机床包装技术条件

JB/T 8609 锻压机械焊接件 技术条件

JB/T 8832 机床数字控制系统 通用技术条件

JB/T 9954 锻压机械液压系统清洁度

JB 9971 弯管机、三辊卷板机 噪声限值

3 术语和定义

下列术语和定义适用于本文件。

3.1

最大卷板规格时最小卷筒直径 the coiling block's minimum diameter when the plate with top specification

最大卷板规格时最小卷筒直径是卷板机的能力参数。它是指在额定的最大卷板厚度和最大卷板宽

度及规定的材料屈服极限条件下的可卷制工件的最小卷筒直径。

3.2

数控卷板机　NC plate bending machine

能够通过数控系统控制卷板机工作辊旋转运动和直线运动位移量的卷板机。

3.3

卷板机工作辊的同步精度　synchronous precision of working rollers

空载条件下，当卷板机某一工作辊水平或升降运动停止后，其两端实际位移量差的绝对值。

3.4

卷板机工作辊的等距度　equidistant degrees of working rollers

负载条件下，卷板机某一工作辊两端相对于另一工作辊距离差的绝对值。

4　参数

4.1　卷板机的参数包括：

——被加工板材的最大厚度，mm；

——被加工板材的最大宽度，mm；

——最大卷板规格时最小卷筒直径；

——被加工板材的最大厚度，mm(主参数)；

——被加工板材的最大宽度，mm(主参数)。

4.2　最大卷板厚度参数系列(单位为毫米)：8、10、12、16、20、25、30、32、40、50、60、70、80、100、120、140、150、160、180、200、250、280、300。

4.3　最大卷板宽度参数系列(单位为毫米)：1 000、1 500、2 000、2 500、3 200、4 000、5 000、6 000、8 000、10 000、12 000、13 500、16 000。

4.4　最大卷板规格时最小卷筒直径参数应符合：

——当最大卷板厚度≤60 时为上工作辊直径的 2.5 倍；

——当最大卷板厚度>60 时为上工作辊直径的 3 倍。

4.5　卷板机的参数的设计基准是被卷制板材的材料屈服极限为 245 N/mm^2。

4.6　可按照用户要求确定产品的参数。

5　技术要求

5.1　一般要求

5.1.1　卷板机应按经规定程序批准的图样和技术文件制造。

5.1.2　卷板机的造型和布局要考虑工艺美学和人类工效学的要求，并便于使用、维修、装配、拆卸、吊装和运输。

5.1.3　卷板机出厂应保证成套性，根据需要随机提供卷板机备件或易损件和所需的专用工具，特殊附件的供应由供需双方商定。

5.1.4　制造厂应保证用于卷板机的外购件(包括电气、液压)质量，并应符合技术文件的规定。出厂时应与卷板机同时进行空运转试验。

5.1.5　卷板机随机技术文件应包括合格证明书、装箱单和使用说明书。使用说明书应有安装、运输、贮存、使用维修和安全方面的要求及说明，并应符合 GB/T 9969 的规定。

5.1.6　卷板机应有铭牌和润滑、安全等各种标牌或标志。标牌的型式与尺寸、材料、技术要求应符合 GB/T 13306 的规定。标牌上的形象化符号应符合 GB/T 3168 和 JB/T 3240 的规定。标牌应端正地固定在卷板机的明显部位，并保证清晰。

5.1.7 卷板机应在环境温度0 ℃～40 ℃之间，相对湿度在最高温度40 ℃时不超过50%，海拔高度在1 000 m以下的条件下正常工作。

5.2 结构与性能

5.2.1 卷板机的主传动应采用比例控制或伺服控制等方式。

5.2.2 工作辊的升降应采用比例或伺服控制，至少应具备高、中、低三级速度。

5.2.3 当输入板材卷制的工艺参数时，控制系统应能自动生成工作运行程序。当经过若干次工艺参数修正后可实现工件的自动卷制成型。

5.2.4 工作辊的工作部分长度应大于最大卷板宽度，其差值不应小于30 mm。

5.2.5 卷板机机械传动用齿轮或由于尘屑而易造成磨损部位应设防尘装置。

5.3 安全与防护

5.3.1 卷板机应具有可靠的安全保护或防护装置，并应符合GB 17120、GB 30458的规定。

5.3.2 卷板机的运动部件在运行至极限位置时应有安全保护措施或设置安全保护装置。

5.3.3 卷板机工作时应有可靠的联锁保护措施。

5.3.4 卷板机应有可靠的超载保护装置。在满负荷工作时，应能保证卷板机的正常运行，当发生超负荷工况时，保护装置应能保证卷板机的机架、工作辊和油缸等重要零件不致损坏。

5.3.5 卷板机容易松动的零部件，应有可靠的防松装置。

5.3.6 产品使用说明书应有安全注意事项和有关警示内容，并说明保证人身安全的安全操作措施，其内容应符合GB 17120的规定。

5.4 刚度

卷板机的工作辊、机架等重要零部件应保证刚度要求，在最大载荷工况条件下应能保证板材卷制时的正常工作，工作辊的挠度不应大于工作辊长度的1/800。

5.5 铸、锻、焊件

5.5.1 卷板机的铸件、锻件和焊接件应符合JB/T 1829的规定。在保证质量的条件下，允许按规定的技术文件进行修补。

5.5.2 重要铸造零件的工作表面，如齿轮齿面和滑动轴承等滑动面，不应有气孔、缩孔、砂眼、渣孔和偏析等缺陷。

5.5.3 机架、底座等重要铸件或焊接件，应采取消除内应力措施。

5.6 零件加工

5.6.1 零件加工应符合设计、工艺要求。已加工表面不应有毛刺、斑痕和其他机械损伤，除特殊规定外，均应将锐边倒钝。

5.6.2 卷板机的主要摩擦副及卷板机的工作辊应采取耐磨措施，如工作辊的转动部位和升降部位、卷板机的缸体和活塞等。

5.6.3 工作辊材料的机械性能不应低于锻件优质碳素钢45材质要求，其表面硬度不应低于HB240，并应按GB/T 6402—2008规定的质量等级1级精度进行超声波探伤检查。

5.6.4 刮研的轴瓦、轴套、导轨的滑动面和重要平面，其工作表面的刮研点应均匀，用配合件(或检验平板、检验棒)做涂色检验时，在300 cm^2 面积内平均计算(不足300 cm^2 按实际面积平均计算)，每25 mm×25 mm面积内的接触点数应符合表1的规定。

表 1 轴瓦、轴套和导轨表面刮研点数

导轨宽度、轴瓦、轴套直径/mm	接触点数/点
<120	≥8
≥120	≥6
注 1：不适用于复合材料轴承。 注 2：一组不同宽度的导轨，按宽导轨的规定点数检验。	

5.6.5 采用精刨、磨削或其他机械加工方法加工的滑动工作表面，在用涂色法检验其接触情况时，其接触面积累计值，在长度上不应小于 70%，在宽度上不应小于 50%。

5.7 电气系统

电气系统的功能、设计、装配、安装、调试应符合 GB 5226.1 的规定。

5.8 数控系统

5.8.1 数字控制系统的设计应符合 JB/T 8832 的规定。

5.8.2 数控系统的硬件应稳定、可靠，软件的设计应简明、易懂、通用性强。人机界面一般应包括工作参数设置、重要的生产工艺参数设置、历史数据显示，设备故障和工艺操作提示等内容。

5.8.3 数控系统的操作指示形象化符号应符合 GB/T 3168 和 JB/T 3240 的规定。

5.8.4 数控系统应在工作辊两端位移相差 2 mm 范围内予以调整，主传动传感器的分辨率不应大于 1 mm；辅助传动的传感器的分辨率不应大于 0.1 mm。

5.8.5 数控系统应具有断电记忆功能。

5.8.6 数控系统应具有工件卷制时工艺参数的存储和记忆功能，并应能够对 50 个工件卷制工艺参数的存储和记忆。

5.8.7 数控系统应具有故障自诊断功能。

5.8.8 数控系统应显示多种实时数据及卷板信息。如：

——工作辊两端绝对位置实时显示；

——工作辊两端倾斜量的实时显示；

——工作辊自动回归原点的显示；

——故障自诊断及误操作智能判断的显示；

——卷板机各运动部位软硬件限位保护的显示。

5.8.9 数控系统应有必要的智能功能。如：

——监控功能。在屏幕上实时显示工作辊承载力、液压电磁阀工作状态。

——卷板工艺参数的计算功能。通过输入板材厚度、宽度、卷筒直径、材料屈服极限等参数，数控系统可自动运算出板材卷制的工艺参数，如：工作辊承载力、工作辊位移量等，同时判断是否超载。

——卷板运行程序编辑及储存功能。根据卷制工件的需要，操作者可自行编制卷板的运行程序，也可调用已储存的特定工件的卷板机的运行程序。

——人机对话功能。

5.8.10 数控系统各位移坐标显示与实际位移的误差应符合技术文件规定。其显示方法应直观，便于操作者观察。

5.8.11 数控系统长度位移显示精度，不应低于工作精度数值量级。

5.8.12 数控系统的最小设定量,应能满足对工件工作精度修正的需要。

5.9 液压系统

卷板机的液压系统应符合 GB/T 3766 的规定。液压系统中所用的液压元件应符合 GB/T 7935 的规定。液压系统清洁度应符合 JB/T 9954 的规定。

5.10 润滑系统

卷板机的润滑系统应符合 GB/T 6576 的规定。

5.11 装配

5.11.1 卷板机应按装配工艺规程或相关技术文件进行装配。装配到设备上的零、部件均应符合质量要求。不允许装入图样上未规定的垫片、套等零件。

5.11.2 卷板机上重要的固定结合面,紧固后用 0.05 mm 塞尺检验,塞尺塞入深度不应大于接触宽的 1/4,接触面间可塞入塞尺部位累计长度不应大于周长的 1/10。

5.11.3 卷板机啮合齿轮安装后的轴向错位应符合表 2 的规定。

表 2 齿轮啮合的轴向错位

单位为毫米

小齿轮轮缘宽度	轴向错位
≤50	≤2.5
>50～150	≤4
>150	≤6

5.12 噪声

卷板机空运转时的声音应正常,其噪声应符合 JB 9971 的规定。

5.13 外观

5.13.1 卷板机的外表面不应有图样未规定的凸起、凹陷或粗糙不平。盖板和罩壳等接缝处应平整。外露管线路应排列整齐、牢固。外露的结合表面不应有明显的错位,错位量应符合 JB/T 1829—1997 中 3.9.4 的规定。

5.13.2 机械零件和附件的非机械加工表面应采用涂漆或其他规定的方法进行防护。

5.13.3 主要外露加工表面,不应有磕碰、划伤和锈蚀。

5.13.4 需经常拧动的调节螺栓和螺母以及非金属管道不应涂漆。

5.13.5 外露的焊缝质量应符合 JB/T 8609 的规定。

5.13.6 埋头螺钉头部一般不应突出零件表面,且与沉孔之间不应有明显的偏心,固定销应略突出零件外表面,螺栓应略突出螺母表面,外露轴端应突出包容件的端面,其突出量约为倒角值。

6 精度

6.1 精度检验要求

6.1.1 精度检验和检验用量检具应符合 GB/T 10923 的规定。

6.1.2　在精度检验过程中，不应对影响精度的机构和零件进行调整。

6.1.3　精度检验顺序可按任意次序进行。

6.1.4　在卷板机工作辊处于静载条件下，检验相关工作辊之间的等距度。

6.1.5　精度检验用加载板材的规格见图 1。

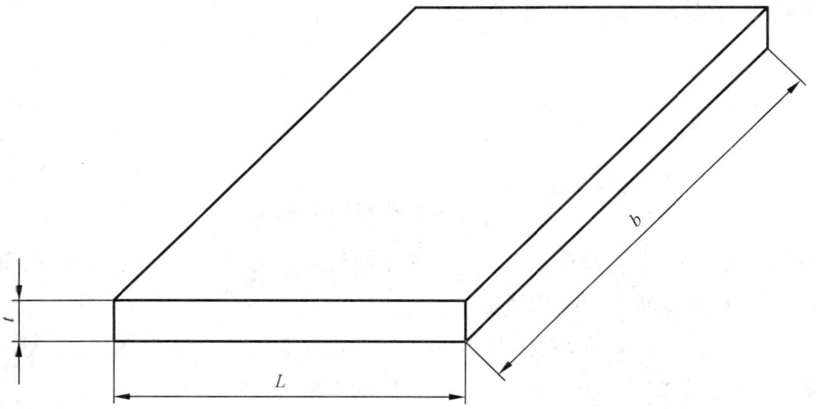

说明：

t ——加载板材厚度，不小于 1/2 倍的最大卷板厚度；

L ——加载板材长度，不小于 1.1 倍的两侧辊最大中心距；

b ——加载板材宽度，不小于 1/5 倍的最大卷板宽度。

图 1

6.1.6　按图 2 所示给卷板机施加静载。其中，L 为 50 mm±3 mm；L_1 为 70 mm～100 mm（当工作辊端部为非圆柱表面时，则应选择在圆柱表面内进行测量）。加载量应使被加载板材挠度变形不小于 3 倍的加载板材厚度。

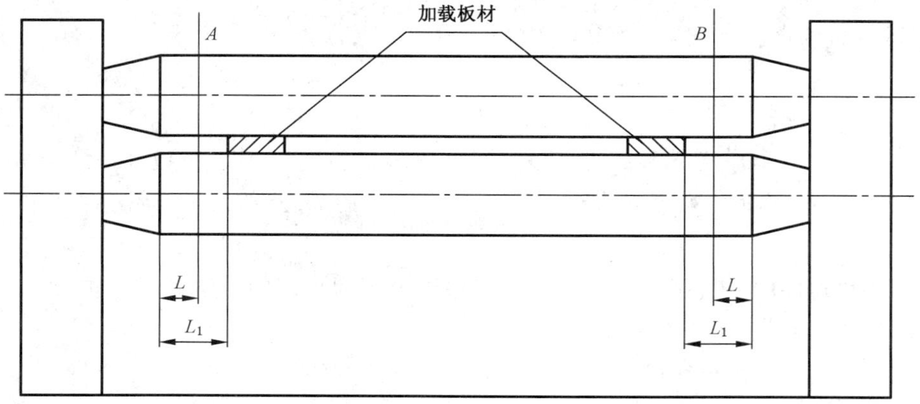

图 2

6.1.7　几何精度检验时的 A、B 位置见图 2。

6.2　精度允差及检验方法

卷板机的精度允差和检验方法应符合表 3 的规定。

表 3　精度允差及检验方法

单位为毫米

序号	简　　图	检验项目	精度允差		检验工具	检验方法
			上辊直径	允差值		
G0	a) 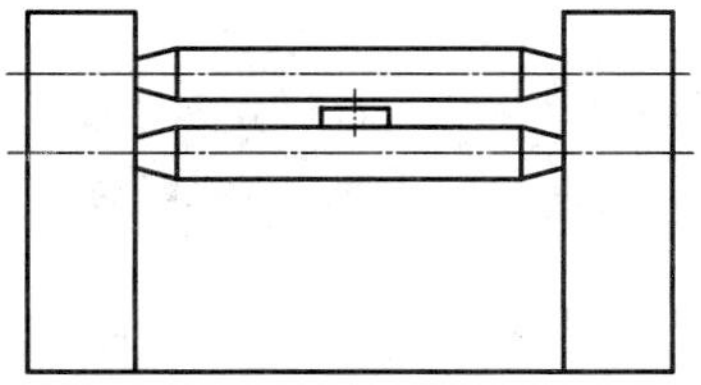 b) 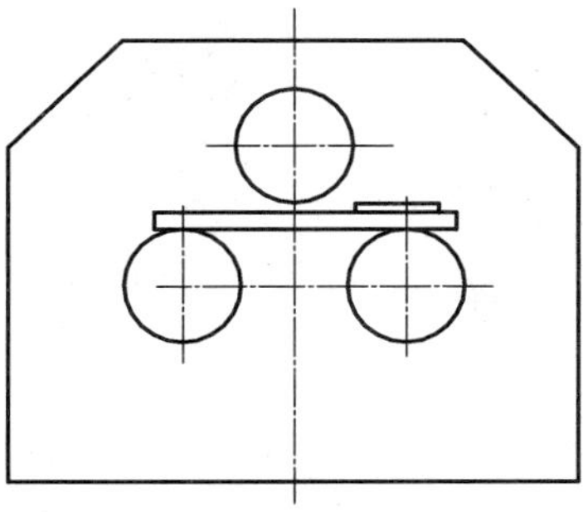	卷板机的调平 a) 纵向调平； b) 横向调平	—	0.2/1 000	平尺、水平仪	a) 将水平仪放在下辊（或侧辊）的中点上，并读数； b) 把平尺放在下辊上，放置水平仪，并读数。对于下辊可调式卷板机，可将水平仪放置在底座的加工平面上
G1	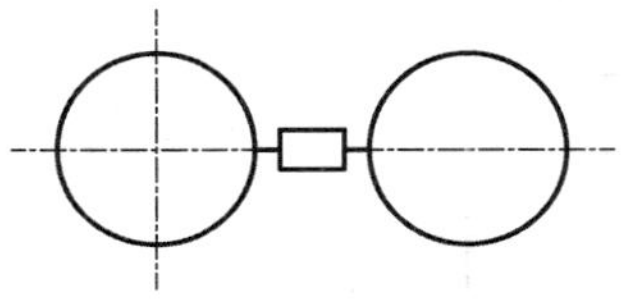	两侧（下）辊之间的等距度	≤200	0.60	内径千分尺或量块、塞尺	在 A、B 两点处（见图 2）用内径千分尺或量块、塞尺测量两侧辊之间的距离。等距度以二者之间差值的绝对值计
			＞200～500	0.65		
			＞500	0.70		
G2	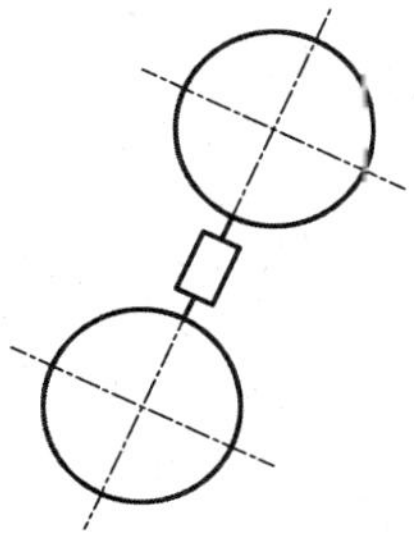	前侧辊对上辊的等距度	≤200	0.50	内径千分尺或量块、塞尺	用内径千分尺或量块、塞尺分别在 A、B 两点处（见图 2）测量前侧辊与上辊之间的距离，等距度以 A、B 两点处测量的距离差值的绝对值计
			＞200～500	0.60		
			＞500	0.70		
G3	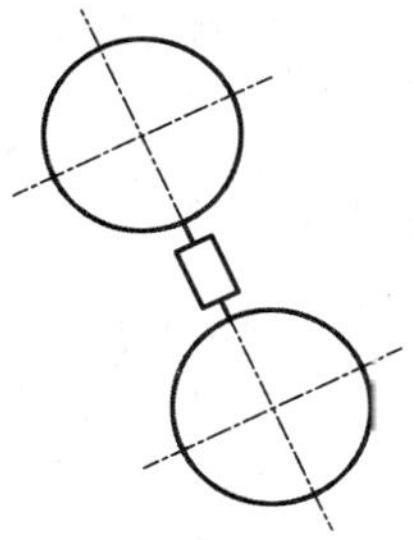	后侧辊对上辊的等距度	≤200	0.50	内径千分尺或量块、塞尺	在 A、B 两点处（见图 2）用内径千分尺或量块、塞尺测量后侧辊与上辊之间的距离。等距度误差以 A、B 两点的距离差值的绝对值计
			＞200～500	0.60		
			＞500	0.70		

表 3（续）

单位为毫米

序号	简　　图	检验项目	精度允差		检验工具	检验方法
			上辊直径	允差值		
G4	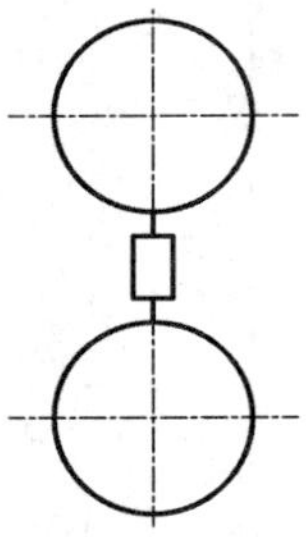	下辊对上辊的等距度	≤200	0.50	内径千分尺或量块、塞尺	在 A、B 两点处（见图 2）用内径千分尺或量块、塞尺测量两侧辊之间的距离。等距度误差以 A、B 两点的距离差值的绝对值计
			＞200～500	0.55		
			＞500	0.60		
G5	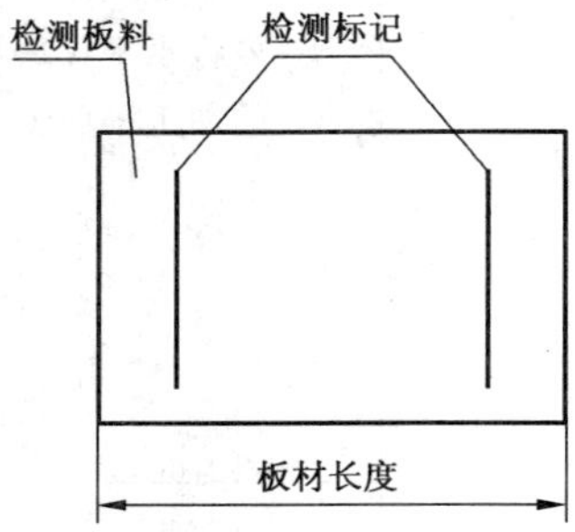	板材送进精度	—	2.0	角尺、直尺	板材长度应不小于侧辊中心距、侧辊直径之和再加上 1.5 m；使工作辊夹紧板材（不产生塑性变形），用角尺靠在上工作辊上并在板材上作出标记，然后执行板材送进 1 000 mm 的指令，再次作出标记，测量两标记间的距离，计算与送进指令的差值，测量三次，误差以最大差值的绝对值计
G6	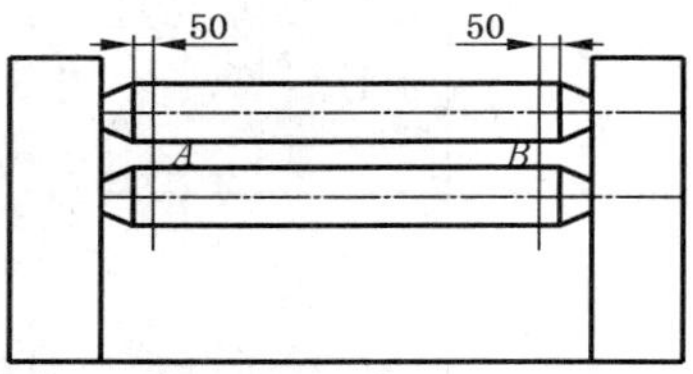	工作辊位移定位精度	—	±0.30	指示表、内径千分尺或量块、塞尺	在可作升降运动的工作辊与固定工作辊相距 2 mm 内选一任意位置作为测量基准，使工作辊升（或降）30 mm～80 mm，在 A、B 两点测量实际位移量。测量三次，其与指令位移量的最大差值记作工作辊位移的定位精度误差
G7	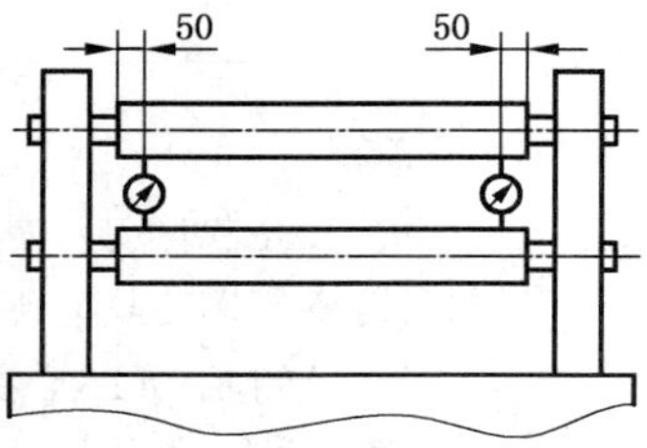	卷板机工作辊同步精度	—	0.40	块规（或专用量块）、塞尺、内径千分尺、直尺、指示表	操作卷板机使工作辊之间有一定的距离，在任意位置停止。在距离工作辊两端的 A 和 B 两点（当工作辊两端为非圆柱面时，应在圆柱面端部测量）用块规、塞尺（或专用量块、内径千分尺）测量其上、下辊之间的距离（见图 A.1），并计算出两者的差值。如此重复进行三次，取其中一次最大差值的绝对值记作工作辊运动的同步精度误差

7 检验方法

7.1 一般检验要求

应符合 JB/T 1829—1997 中 4.1 的规定。

7.2 参数检验

按本标准要求或产品设计文件的规定，用通用量检具检验卷板机的参数。与工作能力有关的技术参数须经负荷试验后确认。

7.3 性能检验

卷板机应在空运转试验前或空运转试验中，按 5.1、5.2 和下列项目进行性能、功能的检验：

a) 各种安全装置功能；
b) 进行卷板机各种动作的操作试验，检验其动作的灵活性与准确性；
c) 检验各种可进行调整或调节装置的准确性；
d) 检验各种附属装置的灵活性；
e) 润滑装置的功能；
f) 液压系统的功能；
g) 电气系统的功能；
h) 数控系统的功能。

7.4 安全与防护检验

按 5.3 的要求进行安全与防护的检验，用试验、测量、计算、目测检查。

7.5 刚度检验

刚度应符合 5.4 的规定，检测方法应符合技术文件的规定。

7.6 零件加工检验

按 5.6 的规定，用通用量具检验卷板机的零件加工质量。

7.7 电气系统检验

电气系统检验按 5.7 的规定进行。

7.8 数控系统检验

数控系统的检验应按 5.8 的要求进行。

7.9 液压系统检验

液压系统的检验按 5.9 的要求进行。

7.10 润滑系统检验

润滑系统的检验按 5.10 的要求进行。

7.11 装配检验

按5.11的规定，用目测和通用量具检验卷板机的装配质量。

7.12 噪声检验

剪板机的噪声检验按GB/T 23281和GB/T 23282的规定进行，应符合5.12的要求。

7.13 外观检查

卷板机的外观检查应符合5.13的规定。

7.14 空运转试验

7.14.1 空运转试验时间及动作规范

a) 卷板机的连续空运转试验时间一般不得少于4 h，其中主传动连续运转时间不少于2 h，主传动单次运转时间不少于1 h，辅助传动的运转时间不少于1 h。
b) 卷板机主传动连续运转时，主动辊与从动辊应同时运转。
c) 在主传动单次运转试验时，制动器的接合次数不少于8次。
d) 在辅助传动运转时间内，进行工作辊的升降和可倾轴承体的倾倒及复位试验。两下辊升降运动的累计时间均不得少于0.5 h，可倾轴承体的倾倒及复位试验均不少于8次。

7.14.2 温升与最高温度限值

在卷板机的连续空运转试验过程中，用测温计在零件发热最高部位进行测量。其温升与最高温度不得超过下列规定：

——滑动轴承的温升不应大于40 ℃，最高温度不应高于70 ℃；
——滚动轴承的温升不应大于40 ℃，最高温度不应高于70 ℃；
——滑动导轨的温升不应大于15 ℃，最高温度不应高于50 ℃；
——液压泵的油液进口温度不应高于60 ℃。

7.15 负荷试验

7.15.1 每台卷板机均应按额定的工作能力参数进行满负荷工作试验。当在制造厂无条件进行该项试验时，可于设备安装后在用户进行。

7.15.2 负荷试验应在技术文件规定的最大卷板厚度、最大板宽、最小卷筒直径和特定的材料机械性能条件下进行。试验时的卷板运行速度应符合技术文件的要求。

7.15.3 在负荷试验过程中，卷板机的机、电、液各系统应工作平稳、可靠，液压系统不应产生渗漏。

7.16 精度检验

卷板机精度和检验方法应符合第6章的规定。

7.17 包装检查

卷板机的包装检查应符合9.1的规定。

8 检验规则

8.1 出厂检验

8.1.1 每台卷板机须经制造厂检验部门进行出厂检验，合格后方可出厂。

8.1.2 卷板机在制造厂的不可检项目，应在用户作补充检验或试验。试验前，应按技术文件的规定调整卷板机纵横向的水平度。

8.1.3 卷板机应按下列项目进行出厂检验或试验：

a) 基本参数检验；

b) 基本性能检验；

c) 外观检验；

d) 加工装配检验；

e) 空运转试验；

f) 噪声声压级检验；

g) 负荷试验；

h) 精度检验；

i) 外观检验；

j) 包装检验。

8.2 型式检验

8.2.1 对于新产品、更新产品(包括结构、主要零件材质、工艺有较大改变的产品)，应按规定进行型式检验。

8.2.2 型式检验项目应符合第5章、第6章的规定。

8.2.3 型式检验时，从出厂检验合格的产品中随机抽样，每次检验不少于一台。

9 包装与运输

9.1 包装

9.1.1 卷板机的包装应符合JB/T 8356.1的规定，在保证产品质量和运输安全的前提下，允许按供需双方的约定实施简易包装。卷板机的零件、部件、附件和备件及外露加工面应防锈处理。

9.1.2 卷板机随机技术文件应放入包装箱内，内容包括：

——使用说明书(包括主要配套件使用说明书)；

——合格证书(包括主要配套件合格证)；

——装箱单。

9.2 运输

包装储运图示标志应符合GB/T 191的规定。

ICS 65.060.99
B 90

中华人民共和国国家标准

GB/T 30464—2013

农林拖拉机和机械　道路行驶用照明、光信号和标志装置的安装规定

Tractors and machinery for agriculture and forestry—Installation of lighting, light signalling and marking devices for travel on public roadways

(ISO 16154:2005, MOD)

2013-12-31 发布　　2014-10-01 实施

中华人民共和国国家质量监督检验检疫总局
中国国家标准化管理委员会　发布

前　言

本标准按照 GB/T 1.1—2009 给出的规则起草。

本标准使用重新起草法修改采用 ISO 16154:2005《农林拖拉机和机械　道路行驶用照明、光信号和标志装置的安装规定》。

本标准与 ISO 16154:2005 的技术性差异及其原因如下：

——关于规范性引用文件，本标准做了具有技术性差异的调整，以适应我国的技术条件，调整的情况集中反映在第 2 章“规范性引用文件”中，具体调整如下：

- 将引用标准 ISO 303 调整为我国的 GB/T 19365 和 GB 4785；
- 增加引用了 GB/T 20949—2007。

——删除了原国际标准中附录 F；

——修改了附录 E 安装要求内容；

——增加了 A.24 要求。

本标准做了下列编辑性修改：

——删除了国际标准的参考文献。

本标准由中国机械工业联合会提出。

本标准由全国农业机械标准化技术委员会(SAC/TC 201)归口。

本标准起草单位：中国农业机械化科学研究院、洛阳拖拉机研究所、浙江柳林机械有限公司。

本标准主要起草人：张琦、赵丽伟、吕树盛、皇才进、尚项绳、郑春方。

农林拖拉机和机械　道路行驶用照明、光信号和标志装置的安装规定

1　范围

本标准规定了农林拖拉机、自走式机械、农用挂车和牵引式机械在道路行驶中的照明、光信号和标志装置的特性和安装要求。

本标准适用于农林拖拉机、自走式机械、农用挂车和牵引式机械。

本标准不适用于 GB/T 19365 中定义的特制林业机械以及汽车、卡车、公共汽车等机动车辆及挂车。

2　规范性引用文件

下列文件对于本文件的应用是必不可少的。凡是注日期的引用文件，仅注日期的版本适用于本文件。凡是不注日期的引用文件，其最新版本(包括所有的修改单)适用于本文件。

GB 4785　汽车及挂车外部照明和光信号装置的安装规定

GB/T 19365　林业机械　移动式和自行式林业机械　术语、定义和分类（GB/T 19365—2012，ISO 6814:2009，IDT）

GB/T 20949—2007　农林轮式拖拉机　照明和灯光信号装置的安装规定

3　术语和定义

GB 4785 界定的以及下列术语和定义适用于本文件。

3.1

几何可见度　angles of geometric visibility

灯具视表面可见的最小立体角。

注 1：该立体角由球的几部分确定，球心位于灯具的基准中心，赤道与地面平行。这些部分的确定与基准轴线有关。水平方向角 β 表示经度，垂直方向角 α 表示纬度。当从无限远处观察时，在几何可见度范围内，不应有阻碍视表面所发光线传播的障碍物。

注 2：若在灯具近处测量，观察方向必须平行移动，以得到相同的准确度。

注 3：若灯具在型式检验时已存在障碍物，则在几何可见度内的障碍物可不予考虑。

注 4：安装灯具时，若其视表面某一部分受到车辆部件的任何部分遮挡，则应提供证明，证明灯具未被遮挡的部分仍满足光学元件认证所需的配光值(见附录 C)。当水平面以下的几何可见度垂直方向角可减至 5°（灯具离地高度小于 750 mm）时，安装光学元件的测量配光区可减至水平面以下 5°。

3.2

基准轴线　reference axis

由制造厂规定的，在配光测量和灯具安装时，作为角视场的基准方向（$H=0°$，$V=0°$），见附录 D。

3.3

基准中心　centre of reference

由制造厂确定的基准轴线与外部透光面的交点，见附录 D。

3.4

“接通”指示器　closed-circuit tell-tale

用于指示某一装置已被接通，但不表明其是否正常工作的指示灯（或任何等效装置）。

3.5

近光灯　dipped-beam headlamp；lower-beam headlamp；dipped-beam headlight

照明拖拉机或自走式机械前方道路，对来车驾驶员和其他道路使用者不造成眩目，或产生不舒适感的灯具。

3.6

示廓灯　end-outline marker lamp

表明拖拉机、自走式机械、农用挂车和牵引式机械宽度的灯具，补充前、后位灯，并引起对外廓尺寸的关注。

3.7

外缘端面　extreme outer edge

平行于车辆纵向对称平面，且与车辆横向外缘接触的平面。横向外缘不考虑下列凸出物：

轮胎与地面接触（变形）部分、轮胎压力计的连接装置、后视镜、示廓灯、前位灯和后位灯、回复反射器。

3.8

前转向信号灯　front direction indicator lamp

向其他道路使用者表明操作者将向右或向左转向的前照明灯具。

3.9

前雾灯　front fog lamp

在雾或其他不利于能见度的天气下，改善拖拉机、自走式机械前方道路照明的灯具。

3.10

前机具连接器　front implement connector

用于从农业拖拉机、自走式机械向前置式机具传输电能和/或电信号的装置。

3.11

前位灯　front-position lamp

从拖拉机、自走式机械、农用挂车或牵引式机械前方观察，表明其存在和宽度的灯具。

3.12

前回复反射器　front retro-reflector

从较宽拖拉机、自走式机械、农用挂车或牵引式机械前方观察，用于改善其可视性的装置。

3.13

地面　ground

停放车辆的水平面。

3.14

危险警告信号　hazard warning signal

同时打开拖拉机、自走式机械、农用挂车或牵引式机械上所有的转向信号灯，以向其他道路使用者表明车辆暂时具有某种特殊危险。

3.15

〈照明装置〉发光面　illuminating surface

反射镜整个口径在横截面上的垂直投影。对于椭球面反射镜的前照灯，投影透镜在横截面上的垂直投影。

注1：若照明装置不带反射镜，则适用于光信号装置的发光面（见3.16）。若灯具的透光面只占据反射镜口径的一部

分，则只考虑该部分的投影。

注 2：对于近光灯，发光面受到配光镜上明暗截止图样的限制。若反射镜和配光镜的相对位置可调，则宜处在平均调节位置上。

注 3：见附录 D。

3.16

〈除回复反射器外的光信号装置〉发光面　illuminating surface

信号装置在垂直于基准轴线、且与透光面的外表面相切的平面上的垂直投影。该投影受位于投影平面上的各屏蔽框边缘限制，在基准轴线方向上每次仅能发射出 98% 的发光强度。

注 1：确定发光面的上、下以及横向各边缘，仅屏蔽框的水平和垂直边缘可用来确定其到外缘端面（见 3.7）的距离和离地高度。也可使用发光面外缘形状来确定发光面的其他用途，如两只灯或两个功能元件间的距离。屏蔽框之间保持平行，但允许有其他方向。

注 2：光信号装置的发光面覆盖另一个功能元件的全部或部分发光面，或覆盖无光面，则光信号装置的发光面本身可认为是透光面。

注 3：见附录 D。

3.17

〈回复反射器〉发光面　illuminating surface

回复反射器在垂直于基准轴线的平面上的投影（部件认证程序中申请人声称的）。该投影面由邻近光学组件的最外边缘、且平行于回复反射器基准轴线的一组平面确定。

注：为确定回复反射器的上、下和横向边缘，应只考虑水平面和垂直面。

3.18

远光灯　main beam headlamp；upper beam headlamp；driving light

照明拖拉机、自走式机械前方远距离道路的灯具。

3.19

纵向对称平面　median longitudinal plane

通过车辆纵向中心线的垂直平面。

3.20

“工作”指示器　operational tell-tale

用于指示某一装置已被接通，并表明其是否正常工作的指示灯或蜂鸣器（或等效装置）。

3.21

车宽　overall width

两个外缘端面之间的距离。

3.22

后转向信号灯　rear direction indicator lamp

向其他道路使用者表明操作者将向右或向左转向的后照明灯具。

3.23

后荧光标志　rear fluorescent marking

从较宽拖拉机、自走式机械、农用挂车或牵引式机械后方观察，用于改善其白天可视性的装置。

3.24

后雾灯　rear fog lamp

在雾或其他不利于能见度的天气下，从拖拉机、自走式机械、农用挂车及牵引式机械后方观察，使车辆更易见的灯具。

3.25

后机具连接器　rear implement connector

用于从拖拉机、自走式机械向后置式机具、农用挂车及牵引式机械传输电能和/或电信号的装置。

3.26

后位灯　rear-position lamp

从拖拉机、自走式机械、农用挂车或牵引式机械后方观察，表明其存在和宽度的灯具。

3.27

后牌照灯　rear registration-plate lamp

用于照明后牌照板的灯具。

3.28

后回复反射器　rear retro-reflector

从拖拉机、自走式机械、农用挂车或牵引式机械后方观察，用于改善其可视性的装置。

3.29

倒车灯　reversing lamp

当操作者移动操纵机构选择倒车时，照明机器后方区域的灯。

3.30

自走式机械　self-propelled machine

安装了车轮或履带，至少具有两轴，主要用于农林作业的机械。按结构设计和永久固定装置确定适用的作业。

注：也可是装载农林作业器具、满足作业性能所需的辅助工具以及作业中间产物的运输工具。

3.31

侧回复反射器　side retro-reflector

从拖拉机、自走式机械、农用挂车或牵引式机械侧面观察，用于改善其可视性的装置。

3.32

信号板　signalling panel

从较宽拖拉机、自走式机械、农用挂车或牵引式机械前面和后面观察，用于向其他道路使用者表明车辆存在的装置。

3.33

慢速车辆识别标志　slow-moving vehicle identification emblem；SMV emblem

从后面观察，表明慢速行驶的拖拉机、自走式机械、农用挂车及牵引式机械存在的装置。

3.34

特殊警示灯　special warning lamp；beacon

用于引起其他道路使用者注意特宽型拖拉机或自走式机械存在的灯具。

3.35

制动灯　stop lamp

向拖拉机、自走式机械、农用挂车及牵引式机械后方其他道路使用者表明车辆正在制动的灯具。

3.36

拖拉机　tractor

安装了车轮或履带，至少具有两轴，主要功能是提供牵引力，尤其是牵引、推动、携带和/或驱动工具、机械或挂车，用于农林作业或相似用途的车辆。

3.37

牵引式机械　trailed machine

安装了车轮或履带，通过结构设计和永久固定装置进行农林作业的牵引式机械。

注 1：另外，也可是用于装载农林作业所需的器具、辅助工具和中间存储加工所需或作业产生的原材料的运输设备。

注 2：如道路行驶时，该运输工具不用于运输辅助工具和处理原料（如混合），或者该运输设备的许用满载质量与空载质量之比大于 3，这类牵引式机械归入挂车中。

3.38

挂车　trailer

安装了车轮或履带，由拖拉机或自走式机械牵引，主要用于装载货物的农林用牵引式车辆。

3.39

横截面　transverse plane

与车辆纵向对称平面垂直的面。

3.40

车辆　vehicle

包括农林拖拉机、自走式机械、农用挂车及牵引式机械。

3.41

作业灯　work lamp；working light

用于照明车辆前面、后面、侧面工作区域的灯。

4　一般要求

4.1　水平方向角和垂直方向角

水平方向角 β_1 对应外侧，β_2 对应内侧；垂直方向角 α_1 对应上侧，α_2 对应下侧(见附录 A 数据表)。

4.2　安装

4.2.1　一般要求

照明灯、信号灯、标志灯和回复反射器的安装应满足：在正常使用状态下，即使受到振动，仍应保持原有特性，并能使车辆符合附录 A 的要求。另外，调整灯具不应存在意外干扰。

4.2.2　牵引式机械

如牵引式机械的照明装置、信号装置能牢固地安装在车辆上，则可设计为可拆卸式。

4.3　方向和高度的检验

应将空载机器置于平坦的水平面上进行灯具方向和高度的检验。

4.4　成对配置灯具

如无特殊要求，成对配置灯具应满足：

a)　相对于机器纵向对称面对称安装，且相对于地面位于同一高度，外形不对称的机器除外；

b)　满足相同的色度特性(见附录 B)；

c)　具有基本相同的光学特性(见附录 B)。

4.5　最大离地高度和最小离地高度

最大离地高度应从发光面的最高点测量，最小离地高度应从发光面的最低点测量。当灯具最大离地高度和最小离地高度明显满足要求时，实际灯具的边缘尺寸也足以满足要求。

4.6　宽度位置

宽度位置的确定：全宽应由离车辆纵向对称平面最远的发光面边缘确定；灯具间的距离应由发光面内边缘确定。

4.7 引起混淆的灯光

4.7.1 从车前观察时不应看到能引起混淆的红色灯光；除倒车灯、后牌照灯和作业灯外，从车后观察时不应看到能引起混淆的白色灯光。按附录C的规定进行试验。试验中，机器应置于水平面上，且活节转向装置应处于直线位置。

4.7.2 在距离机器前部25 m处的横截面(1区)内移动观察时，不应直接看到红色灯光(见图C.1)。

4.7.3 在距离机器后方25 m处的横截面(2区)内移动观察时，不应直接看到白色灯光(见图C.2)。

4.8 灯具的装配

如果每个灯具颜色、位置、方向、几何可见度、电路连接等满足要求，则灯具间可通过组合、复合、混合方式装配。

4.9 电路连接

4.9.1 前位灯、后位灯和后牌照灯

电路连接应能保证前位灯、后位灯和后牌照灯(若安装)只能同时打开或关闭。

4.9.2 远光灯、近光灯和前雾灯、后雾灯

电路连接应能保证，只有当4.9.1中的各灯打开时，远光灯、近光灯和前雾灯、后雾灯(若安装)才能打开。当远光灯、近光灯发警告信号时，即间歇打开远光灯或近光灯，或间歇交替打开远光灯和近光灯，则本要求不适用。

4.10 可藏灯

4.10.1 除下列灯具在不使用时可隐藏外，其他灯具禁止隐藏：

——远光灯；

——近光灯；

——前雾灯。

4.10.2 当隐藏远光灯、近光灯、前雾灯时，推荐安装前回复反射器。

4.10.3 无论隐藏机构出现何种机械故障，可藏灯使用时应始终处于正确的工作位置。

4.11 位置可变的灯具

满足下列条件时，转向信号灯、前位灯、后位灯和制动灯位置可变：

a) 位置改变时灯具仍然可见；

b) 可锁定在交通状况需要的位置，并且自动锁定。

4.12 灯具数量

按附录E规定安装于车辆上的照明装置、标志装置、信号装置和回复反射装置的数量，应符合附录A中每种装置的数量要求。

附 录 A
(规范性附录)
照明装置、标志装置、信号装置和回复反射装置——数据表

A.1 照明

A.1.1 近光灯

A.1.1.1	光色	白色
A.1.1.2	数量	两只(如额外安装了一对或多对,则同时只能有一对照明)
A.1.1.3	尺寸/mm	
	H_1(最大离地高度)	≤4 000
	H_2(最小离地高度)	≥500
	D(两灯间距)	尽量宽
	E(距车辆外缘距离)	无要求
A.1.1.4	最小几何可见度/(°)	
	α_1(上侧)	15°
	α_2(下侧)	10°(如前装载质量需要,则调整为5°)
	β_1(外侧)	45°
	β_2(内侧)	5°
A.1.1.5	方向	向前
A.1.1.6	电路连接	在由远光灯向近光灯切换的同时应关闭全部远光灯
		远光灯打开的同时,可以打开近光灯
A.1.1.7	指示器	选装

A.1.2 远光灯

A.1.2.1	光色	白色
A.1.2.2	数量	两只或四只
A.1.2.3	尺寸/mm	
	H_1(最大离地高度)	≤4 000
	H_2(最小离地高度)	≥500
	D(两灯间距)	无要求
	E(距车辆外缘距离)	任何情况下,发光面外缘到机器外缘端面的距离都应不小于近光灯发光面外缘到机器外缘端面的距离
A.1.2.4	最小几何可见度/(°)	
	α_1(上侧)	5°
	α_2(下侧)	5°
	β_1(外侧)	5°
	β_2(内侧)	5°
A.1.2.5	方向	向前
A.1.2.6	电路连接	远光灯可同时打开或成对打开。在近光灯向远光灯转换时,至少有一对远光灯必须打开。在由远光灯向近光灯切换的同时应关闭全部远光灯
		远光灯打开的同时,可以打开近光灯
A.1.2.7	指示器	远光灯处于打开状态时,操作者应能看到蓝色警告灯光

A.1.3 作业灯

A.1.3.1	光色	选用
A.1.3.2	数量	无要求
A.1.3.3	尺寸/mm	
	H_1(最大离地高度)	无要求
	H_2(最小离地高度)	无要求
	D(两灯间距)	无要求
	E(距车辆外缘距离)	无要求
A.1.3.4	最小几何可见度/(°)	
	α_1(上侧)	无要求
	α_2(下侧)	无要求
	β_1(外侧)	无要求
	β_2(内侧)	无要求
A.1.3.5	方向	任何方向,必要时全方向
A.1.3.6	电路连接	应独立于其他灯具工作
		如用于道路行驶照明,灯光应向下照射,以免造成其他车辆驾驶员的眩目
A.1.3.7	指示器	选装

A.1.4 倒车灯

A.1.4.1	光色	白色
A.1.4.2	数量	一只或两只
A.1.4.3	尺寸/mm	
	H_1(最大离地高度)	≤2 300,如车身需要可增至 2 600
	H_2(最小离地高度)	≥250
	D(两灯间距)	无要求
	E(距车辆外缘距离)	无要求
A.1.4.4	最小几何可见度/(°)	
	α_1(上侧)	15°
	α_2(下侧)	5°
	β_1(外侧)	45°
	β_2(内侧)	45°(如倒车灯为 2 只,则为 30°)
A.1.4.5	方向	向后
A.1.4.6	电路连接	仅当换至倒车档,且发动机启动/停机装置在可操作位置,倒车灯方可点亮
A.1.4.7	指示器	选装

A.2 标志灯(警告灯)

A.2.1 前位灯

A.2.1.1	光色	白色或琥珀色
A.2.1.2	数量	两只或四只
A.2.1.3	尺寸/mm	
	H_1(最大离地高度)	≤2 300,如车身需要可增至 2 600
	H_2(最小离地高度)	≥300
	D(两灯间距)	尽量远离
	E(距车辆外缘距离)	尽量远离
A.2.1.4	最小几何可见度/(°)	
	α_1(上侧)	15°
	α_2(下侧)	15°(如高度小于 750,则为 5°;如车身或前轮需要,则为 10°)
	β_1(外侧)	80°
	β_2(内侧)	10°(如车身需要,则为 5°)
A.2.1.5	方向	向前
A.2.1.6	电路连接	如机器安装了后位灯、牌照灯,应与前位灯一起打开
A.2.1.7	指示器	可以是仪表板灯光或操作者可见的前位灯或后位灯

A.2.2 后位灯

A.2.2.1	光色	红色
A.2.2.2	数量	两只(若机器宽度小于 1 200 mm,可只有一只)
A.2.2.3	尺寸/mm	
	H_1(最大离地高度)	≤2 300,如车身需要可增至 2 600
	H_2(最小离地高度)	≥300
	D(两灯间距)	尽量远离,最大值为 3 000(若只有一只,应尽可能靠近中心)
	E(距车辆外缘距离)	尽量靠近(若只有一只,应尽可能靠近中心)
A.2.2.4	最小几何可见度/(°)	
	α_1(上侧)	15°
	α_2(下侧)	15°(如高度小于 750,则为 5°)
	β_1(外侧)	80°
	β_2(内侧)	45°
A.2.2.5	方向	向后
A.2.2.6	电路连接	如机器安装了前位灯、牌照灯,应与后位灯一起打开
A.2.2.7	指示器	可以是仪表板灯光或操作者可见的前位灯或后位灯

A.2.3 示廓灯

A.2.3.1	光色	前面为白色或琥珀色,后面为红色
A.2.3.2	数量	前面两只,后面两只
A.2.3.3	尺寸/mm	
	H(离地高度)	在考虑车宽及灯具对称性要求的情况下,尽可能达到最大高度
	D(两灯间距)	尽量远离
	E(距车辆外缘距离)	尽量靠近
A.2.3.4	最小几何可见度/(°)	
	α_1(上侧)	5°
	α_2(下侧)	20°
	β_1(外侧)	80°
	β_2(内侧)	0°
A.2.3.5	方向	向前或向后
A.2.3.6	电路连接	如机器安装了前位灯、后位灯及牌照灯,应与示廓灯一起打开
A.2.3.7	指示器	选装(若配备,应与前位灯和后位灯相同)

A.2.4 制动灯

A.2.4.1	光色	红色
A.2.4.2	数量	两只(若车宽小于 1 200 mm,可只有一只)
A.2.4.3	尺寸/mm	
	H_1(最大离地高度)	≤2 300,如车身需要可增至 2 600
	H_2(最小离地高度)	≥300
	D(两灯间距)	尽量远离,最大值为 3 000(若只有一只,尽量靠近中心)
	E(距车辆外缘距离)	尽量靠近(若只有一只,应尽量靠近中心)
A.2.4.4	最小几何可见度/(°)	
	α_1(上侧)	15°
	α_2(下侧)	15°(如高度小于 750,则为 5°)
	β_1(外侧)	45°
	β_2(内侧)	45°
A.2.4.5	方向	向后
A.2.4.6	电路连接	当行车制动器起作用时,应使其接通
A.2.4.7	指示器	选装(若配备,当制动灯发生故障时,应发出非闪烁光)

A.2.5 前转向信号灯

A.2.5.1	光色	琥珀色
A.2.5.2	数量	偶数只
A.2.5.3	尺寸/mm	
	H_1(最大离地高度)	≤2 300,如车身需要可增至 2 600
	H_2(最小离地高度)	≥300
	D(两灯间距)	尽量远离
	E(距车辆外缘距离)	尽量靠近
A.2.5.4	最小几何可见度/(°)	
	α_1(上侧)	15°
	α_2(下侧)	15°(如高度小于 750,则为 5°;如车身或前轮需要,则为 10°)
	β_1(外侧)	80°
	β_2(内侧)	10°(如车身需要,则为 5°)
A.2.5.5	方向	向前
A.2.5.6	电路连接	转向信号灯开关应独立于其他灯具。在车辆或组合车辆同一侧的所有转向信号灯应能通过同一控制开关打开或关闭,并应以(90±35)次/min 的频率同步闪烁
A.2.5.7	指示器	左右转向均必须安装。应为光信号(闪烁绿光)。可与后转向信号灯采用同一指示器

A.2.6 后转向信号灯

A.2.6.1	光色	琥珀色
A.2.6.2	数量	偶数只
A.2.6.3	尺寸/mm	
	H_1(最大离地高度)	≤2 300,如车身需要可增至 2 600
	H_2(最小离地高度)	≥300
	D(两灯间距)	尽量远离
	E(距车辆外缘距离)	尽量靠近
A.2.6.4	最小几何可见度/(°)	
	α_1(上侧)	15°
	α_2(下侧)	15°(如高度小于 750,则为 5°)
	β_1(外侧)	80°
	β_2(内侧)	45°
A.2.6.5	方向	向后
A.2.6.6	电路连接	转向信号灯开关应独立于其他灯具。在车辆或组合车辆的同一侧的所有转向信号灯应能通过同一控制开关打开或关闭,并应以(90±35)次/min 的频率同步闪烁
A.2.6.7	指示器	左右转向均必须安装。应为光信号(闪烁绿光)。可与前转向信号灯采用同一指示器

A.2.7 危险警告信号

A.2.7.1	光色	琥珀色
A.2.7.2	数量	前、后均为偶数只
A.2.7.3	尺寸	见前转向信号灯和后转向信号灯的数据表
A.2.7.4	最小几何可见度	见前转向信号灯和后转向信号灯的数据表
A.2.7.5	方向	同时向前、向后
A.2.7.6	电路连接	应由单独配置的开关进行控制，并能同时打开所有转向信号灯
		即使发动机的控制装置处于不能再启动的情况下，应仍能够发出危险警告信号
A.2.7.7	指示器	指示灯应闪烁，并可与转向信号灯同时工作

A.2.8 特殊警示灯

A.2.8.1	光色	琥珀色或黄色
A.2.8.2	数量	一只或多只，满足可见度要求即可
A.2.8.3	尺寸/mm	
	H_1(最大离地高度)	满足几何可见度要求
	H_2(最小离地高度)	满足几何可见度要求
	D(两灯间距)	满足几何可见度要求
	E(距车辆外缘距离)	满足几何可见度要求
A.2.8.4	最小几何可见度/(°)	
	α_1(上侧)	8°
	α_2(下侧)	应能照明机器外围 50 m 的范围
	β_1(外侧)	360°
	β_2(内侧)	不适用
A.2.8.5	方向	四周
A.2.8.6	电路连接	应独立于其他灯具打开
A.2.8.7	指示器	选装

A.3 特殊功能灯

A.3.1 后牌照灯

A.3.1.1	光色	白色
A.3.1.2	数量	根据后牌照板的照明要求而定
A.3.1.3	尺寸/mm	
	H_1(最大离地高度)	按后牌照板的照明要求确定
	H_2(最小离地高度)	按后牌照板的照明要求确定
	D(两灯间距)	按后牌照板的照明要求确定
	E(距车辆外缘距离)	按后牌照板的照明要求确定

A.3.1.4	最小几何可见度/(°)	
	α_1(上侧)	灯具的装配不应妨碍牌照板对几何可见度的要求
	α_2(下侧)	灯具的装配不应妨碍牌照板对几何可见度的要求
	β_1(外侧)	灯具的装配不应妨碍牌照板对几何可见度的要求
	β_2(内侧)	灯具的装配不应妨碍牌照板对几何可见度的要求
A.3.1.5	方向	其他后方车辆的驾驶员应不能直接看到该光源
A.3.1.6	电路连接	应只能与后位灯同时点亮
A.3.1.7	指示器	选装。若配备,其功能宜通过前位灯和后位灯的指示器实现

A.3.2 前雾灯

A.3.2.1	光色	白色
A.3.2.2	数量	两只
A.3.2.3	尺寸/mm	
	H_1(最大离地高度)	前雾灯发光面的任意一点不应高于近光灯发光面的最高点
	H_2(最小离地高度)	≥250
	D(两灯间距)	无要求
	E(距车辆外缘距离)	无要求
A.3.2.4	最小几何可见度/(°)	
	α_1(上侧)	5°
	α_2(下侧)	5°
	β_1(外侧)	45°
	β_2(内侧)	5°
A.3.2.5	方向	照明方向为前方,并且不会使迎面车辆的驾驶员和其他道路使用者产生眩目或不适
		不应随转向角变化
		任何情况下,灯光不应直接或间接通过车辆后视镜和/或其他反射表面引起驾驶人员的不适
A.3.2.6	电路连接	如未打开前、后位灯,不应点亮前雾灯
		应能独立于远光灯和近光灯打开或关闭,反之亦然
A.3.2.7	指示器	选装

A.3.3　后雾灯

A.3.3.1	光色	红色
A.3.3.2	数量	一只或两只
A.3.3.3	尺寸/mm	
	H_1(最大离地高度)	≤2 300,如车身需要可增至 2 600
	H_2(最小离地高度)	≥300
	D(两灯间距)	若只有一只后雾灯,装在车辆纵向对称面上的左侧(交通右侧行驶制)。后雾灯和制动灯之间的距离应大于 100
	E(距车辆外缘距离)	尽量靠近
A.3.3.4	最小几何可见度(°)	
	α_1(上侧)	5°
	α_2(下侧)	5°
	β_1(外侧)	25°
	β_2(内侧)	25°
A.3.3.5	方向	向后
A.3.3.6	电路连接	只有当远光灯、近光灯或前雾灯打开时,后雾灯才能打开
A.3.3.7	指示器	一种独立的非闪烁警示灯

A.4　回复反射器/标志装置

A.4.1　后回复反射器

A.4.1.1	光色	红色
A.4.1.2	数量	两只或多只,应满足空间、位置和/或可见度要求
A.4.1.3	尺寸/mm	
	H_1(最大离地高度)	≤2 300,如车身需要可增至 2 600
	H_2(最小离地高度)	≥400
	D(两灯间距)	≤2 000(如安装了慢速车辆识别标志,只要满足要求,则可作为后回复反射器)
	E(距车辆外缘距离)	尽量靠近边缘(宽度超过 3 m 的机器≤400)
A.4.1.4	最小几何可见度/(°)	
	α_1(上侧)	15°
	α_2(下侧)	15°
	β_1(外侧)	30°
	β_2(内侧)	30°
A.4.1.5	方向	向后,尽可能在一条直线上
A.4.1.6	电路连接	不适用
A.4.1.7	指示器	不适用

A.4.2 后荧光标示装置

A.4.2.1	标志颜色	橙红色
A.4.2.2	数量	两只或多只,应满足空间、位置和/或可见度要求
A.4.2.3	尺寸/mm	
	H_1(最大离地高度)	≤2 100
	H_2(最小离地高度)	≥400
	D(两灯间距)	≤2 000(如安装了慢速车辆识别标志,只要满足要求,则可作为后回复反射器)
	E(距车辆外缘距离)	≤635
A.4.2.4	最小几何可见度/(°)	
	α_1(上侧)	15°
	α_2(下侧)	15°
	β_1(外侧)	30°
	β_2(内侧)	30°
A.4.2.5	方向	向后,尽可能在一条直线上
A.4.2.6	电路连接	不适用
A.4.2.7	指示器	不适用

A.4.3 前回复反射器

A.4.3.1	颜色	黄色或白色
A.4.3.2	数量	至少两只
A.4.3.3	尺寸/mm	
	H_1(最大离地高度)	≤2 100,如车身需要可增至 2 600
	H_2(最小离地高度)	≥400
	D(两灯间距)	无要求
	E(距车辆外缘距离)	≤400
A.4.3.4	最小几何可见度/(°)	
	α_1(上侧)	15°
	α_2(下侧)	15°
	β_1(外侧)	30°
	β_2(内侧)	30°
A.4.3.5	方向	向前
A.4.3.6	电路连接	不适用
A.4.3.7	指示器	不适用

A.4.4 侧回复反射器

A.4.4.1	颜色	黄色或琥珀色
A.4.4.2	数量	满足空间要求
A.4.4.3	尺寸/mm	
	H_1(最大离地高度)	≤2 100,如车身需要可增至2 600
	H_2(最小离地高度)	≥400
	D(两灯间距)	≤3 000
	L_1(与车辆前部距离)	≤3 000
	L_2(与车辆后部距离)	≤1 000(按车身要求,尽量靠近)
A.4.4.4	最小几何可见度/(°)	
	α_1(上侧)	15°
	α_2(下侧)	15°
	β_1(外侧)	45°
	β_2(内侧)	45°
A.4.4.5	方向	向两侧,尽可能在一条直线上
A.4.4.6	电路连接	不适用
A.4.4.7	指示器	不适用

A.4.5 慢速车辆识别标志

A.4.5.1	颜色	橙红色荧光或红色回复反射
A.4.5.2	数量	一个
A.4.5.3	尺寸/mm	
	H_1(最大离地高度)	≤3 000
	H_2(最小离地高度)	≥600
A.4.5.4	最小几何可见度/(°)	
	α_1(上侧)	5°
	α_2(下侧)	5°
	β_1(外侧)	两侧都为25°
	β_2(内侧)	不适用
A.4.5.5	方向	垂直于行驶方向,偏离竖直方向±20°内并且尽量靠近机器中心线
A.4.5.6	电路连接	不适用
A.4.5.7	指示器	不适用

A.4.6 信号板

A.4.6.1	颜色	白色或红色
A.4.6.2	数量	前面两只,后面两只
A.4.6.3	尺寸/mm	
	H_1(最大离地高度)	≤2 300,如车身需要可增至 2 600
	H_2(最小离地高度)	无要求
	D(两灯间距)	无要求
	E(距车辆外缘距离)	≤250
A.4.6.4	最小几何可见度/(°)	
	α_1(上侧)	5°
	α_2(下侧)	5°
	β_1(外侧)	25°
	β_2(内侧)	25°
A.4.6.5	方向	向前、向后
A.4.6.6	电路连接	不适用
A.4.6.7	指示器	不适用

A.5 机具/挂车连接器(标志灯)

A.5.1 后机具连接器(标志灯)

A.5.1.1	光色	不适用
A.5.1.2	数量	一个或两个
A.5.1.3	尺寸/mm	
	H_3(连接点以上最大高度)	≤1 200
	H_4(连接点以上最小高度)	≥200
	H_5(连接点前最大距离)	≤1 200
	H_6(连接点前最小距离)	≥200
	H_7(与连接点间的最大横向距离)	≤300
A.5.1.4	最小几何可见度/(°)	
	α_1(上侧)	不适用
	α_2(下侧)	不适用
	β_1(外侧)	不适用
	β_2(内侧)	不适用
A.5.1.5	方向	向后
A.5.1.6	电路连接	不适用
A.5.1.7	指示器	不适用

A.5.2 前机具连接器(标志灯)

A.5.2.1	光色	不适用
A.5.2.2	数量	一个或两个
A.5.2.3	尺寸/mm	
	H_1(连接点以上最大高度)	≤1 200
	H_1(连接点以上最小高度)	≥200
	H_3(连接点前最大距离)	≤1 200
	H_4(连接点前最小距离)	≥200
	H_5(与连接点间的最大横向距离)	≤300
A.5.2.4	最小几何可见度/(°)	
	α_1(上侧)	不适用
	α_2(下侧)	不适用
	β_1(外侧)	不适用
	β_2(内侧)	不适用
A.5.2.5	方向	向前
A.5.2.6	电路连接	不适用
A.5.2.7	指示器	不适用

A.6 农林轮式拖拉机的光色、数量、尺寸、最小几何可见度、方向、电路连接、指示器应按 GB/T 20949 的要求执行。

附 录 B
（规范性附录）
照明和信号灯的色度特性

三原色的配色应符合表 B.1 的要求。对应推荐限值的色度区域见图 B.1。

表 B.1 三原色的配色

红色	趋向极限	黄色	$y \leqslant 0.035$
		紫色[a]	$z \leqslant 0.008$
白色	趋向极限	蓝色	$x \geqslant 0.310$
		黄色	$x \leqslant 0.500$
		绿色	$y \leqslant 0.150+0.640x$
		绿色	$y \leqslant 0.440$
		紫色	$y \geqslant 0.050+0.750x$
		红色	$y \geqslant 0.382$
琥珀色	趋向极限	黄色[a]	$y \leqslant 0.429$
		红色[a]	$y \geqslant 0.398$
		白色[a]	$z = 0.007$
选择性黄色	趋向极限	红色[a]	$y \geqslant 0.138+0.580x$
		绿色[a]	$y \leqslant 1.290x-0.100$
		白色[a]	$y \geqslant -x+0.966$
		光谱值[a]	$y \geqslant -x+0.992$
扩大的选择性黄色	趋向极限	红色	$y \geqslant 0.138+0.580x$
		绿色	$y \leqslant 1.290x-0.100$
		白色	$y \geqslant -x+0.940$
			$y \geqslant 0.440$
		光谱值	$y \leqslant -x+0.992$

[a] 道路车辆的照明和信号灯色度特性由国际照明协会(CIE)确定。照明协会认为在这种情况需要采用与CIE/TC 133技术委员会(光信号颜色技术委员会)推荐的不同的极限值。实际上,作用在灯具上的电压的变化较大,应注意避免由于电压过低或过高产生的不利影响。其他 CIE 未考虑的颜色情况见 GB 4785—2007 的附录 A。

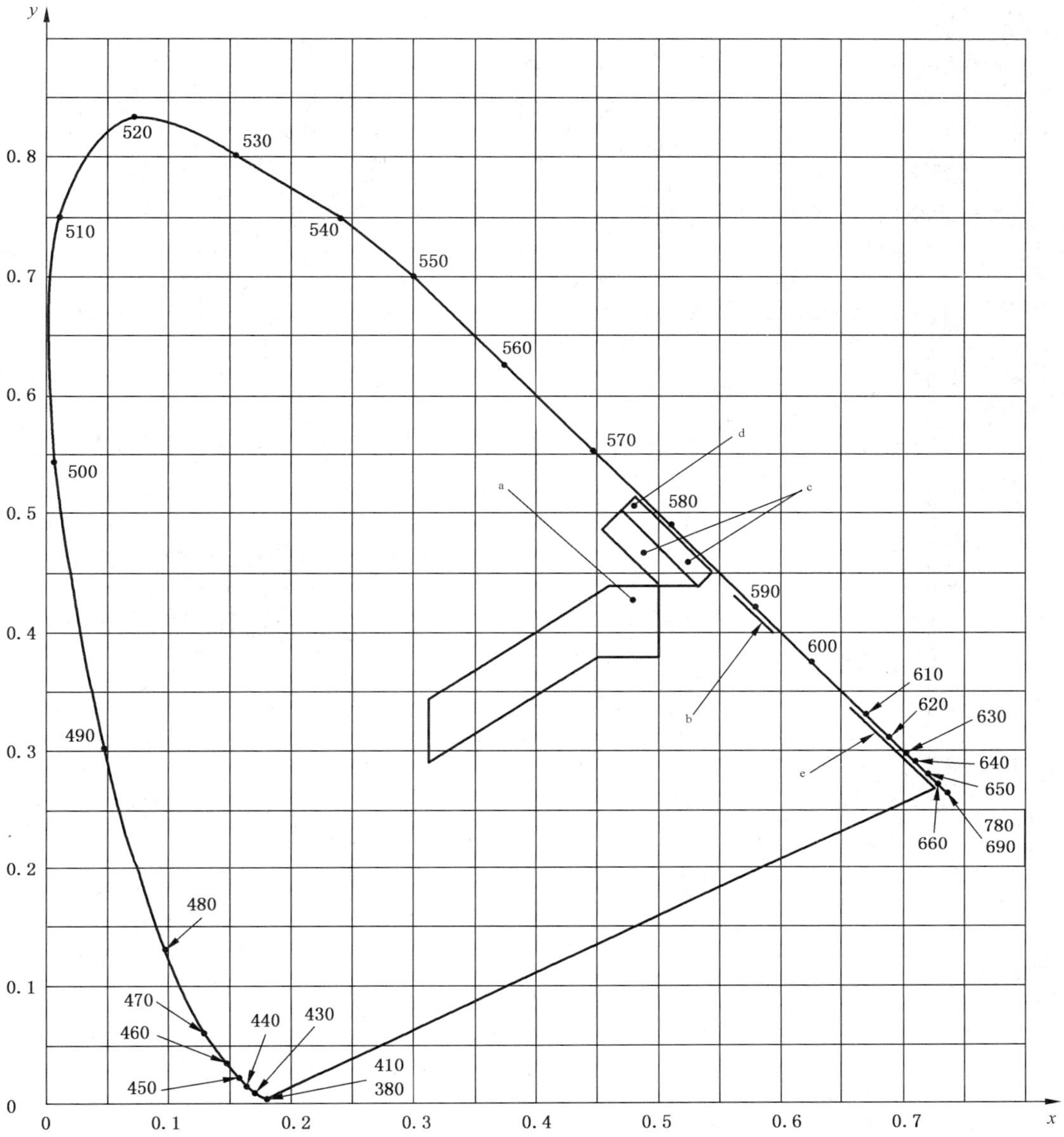

本图为与表 B.1 中极限相对应的 CIE 颜色三角区。

[a] 白色。

[b] 琥珀色。

[c] 扩大的选择性黄色。

[d] 选择性黄色。

[e] 红色。

图 B.1　推荐极限对应的色度区

附　录　C
（规范性附录）
前视红光和后视白光的可见度

前视红光和后视白光的可见度应分别符合图 C.1 和图 C.2 的要求。

单位为米

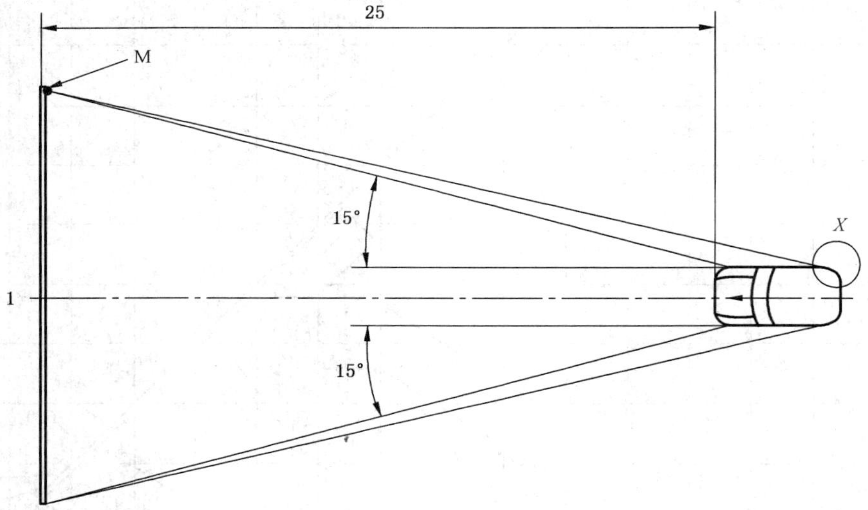

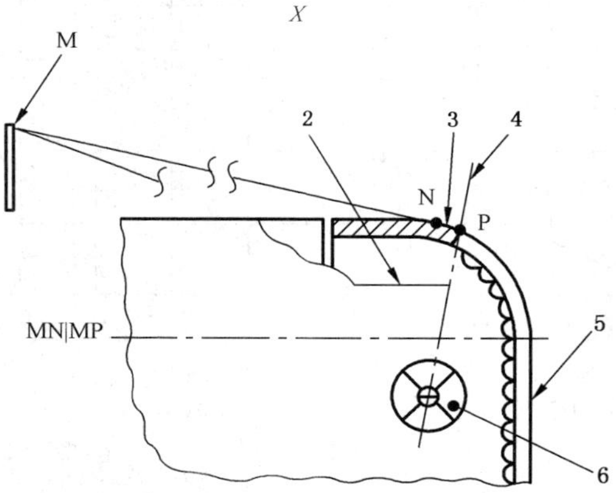

说明：

M——1 区的极限点；

1——1 区；

2——非视表面或非透明部分；

3——透镜(非透光面部分)；

4——透光面的极限；

5——透光面；

6——灯丝。

图 C.1　前视红光的可见度(见 4.7)

单位为米

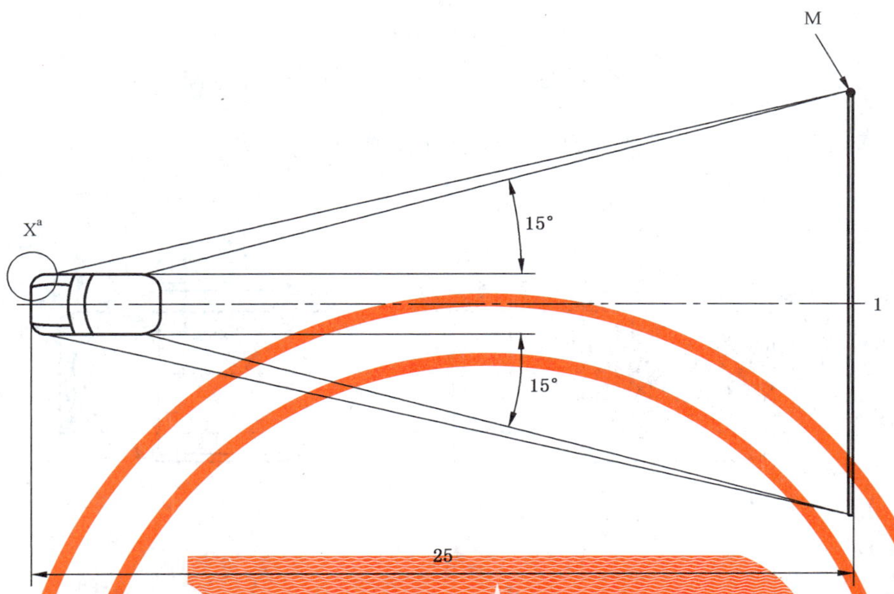

说明：
M——2 区的极限点；
1——2 区。
[a] 图 C.1 细节的对称设计。

图 C.2 后视白光的可见度(见 4.7)

附　录　D
（规范性附录）
灯具表面、基准轴线、基准中心和几何可见度

灯具表面、基准轴线、基准中心及几何可见度应符合图 D.1 的要求。

单位为米

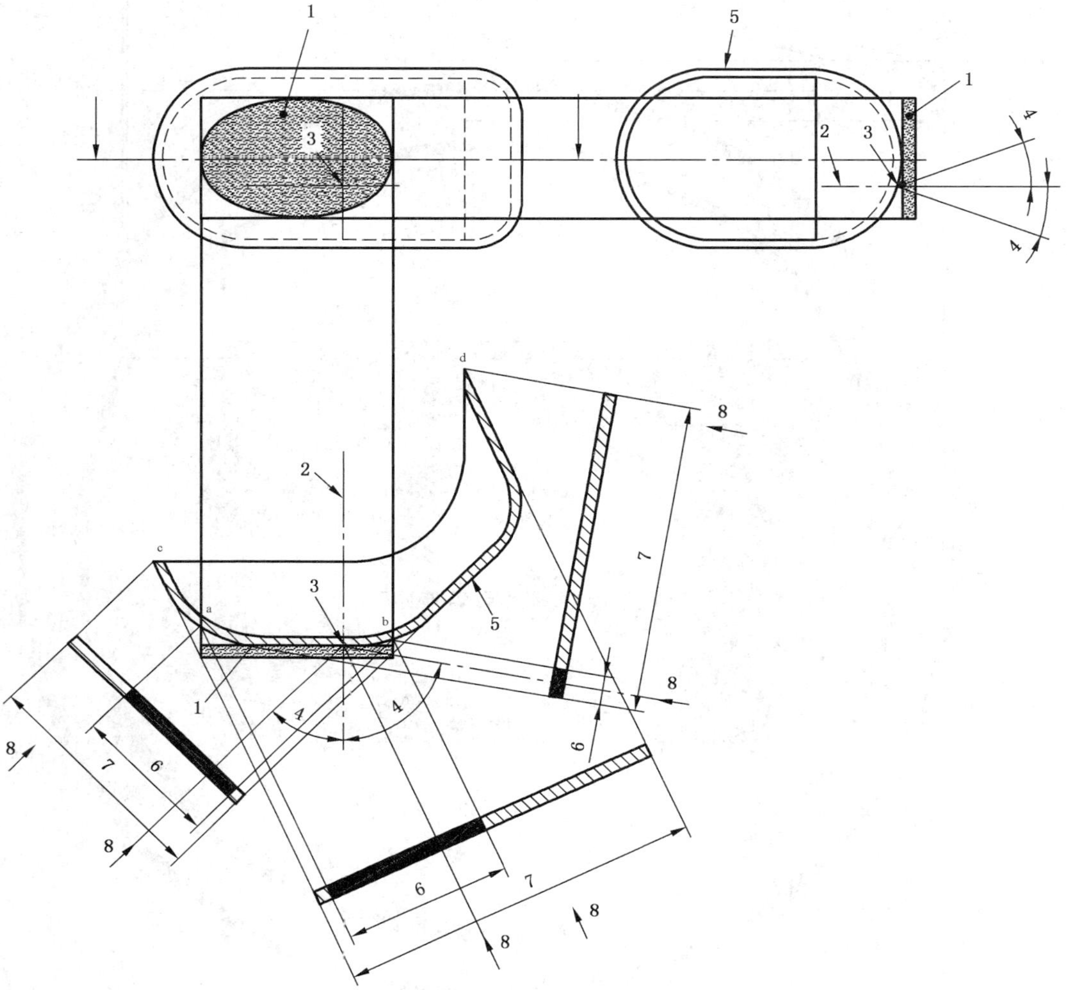

说明：

1——发光面；

2——基准轴线；

3——基准中心；

4——几何可见度；

5——透光面；

6——以发光面为基准的视表面；

7——以透光面为基准的视表面；

8——可见度方向。

[a] 发光面边缘。

[b] 发光面边缘。

[c] 透光面边缘。

[d] 透光面边缘。

图 D.1　灯具表面、基准轴线、基准中心及几何可见度

附　录　E
（规范性附录）
照明、光信号和标志装置安装要求

E.1　农林拖拉机和机械道路行驶用照明、光信号和标志装置的安装应符合表 E.1 的规定。

表 E.1　照明、光信号和标志装置的安装要求

装置	拖拉机	自走式机械	挂车、牵引式机具或悬挂式机具
近光灯	R	R	NP
远光灯	O	O	NP
作业灯	R	O	O
倒车灯	O	O	O
前位灯	R[a]	O	O
后位灯	R[a]	R[a]	R[a,b]
示廓灯	NP/O[c]	O	O
制动灯	R[d]	O	O
前转向信号灯	R[e]	R[e]	O
后转向信号灯	R[e,f]	R[e,f]	R
危险警告信号	R	R	R
特殊警示灯	O	O	O
后牌照灯	R	O	O
前雾灯	O	O	O
后雾灯	O	O	O
后回复反射器	R[a,g]	R	R[a,g]
后荧光标示装置	NR	NR	NR
前回复反射器	NR	NR	R[h]
侧回复反射器	O	O	R[i,j]
慢速车辆识别标志	O	O	O
信号板	O	O	O
机具连接器	O	O[k]	O

注：R——要求；O——选装；NP——不允许；NR——不要求。

[a] 到外缘的距离应不大于 400 mm。

[b] 如牵引机械上的后位灯（尾灯）被遮挡，则要求安装。

[c] 如车宽≤2.10 m，不允许安装；如车宽＞2.10 m，选装。

[d] 间距不小于 500 mm。如车宽小于 1 400 mm，间距可减小到 400 mm。

[e] 布置（见 GB/T 20949—2007 中 5.5.3 的规定）。

[f] 用于牵引挂车的拖拉机或自走式机械应能使其转向指示器显示挂车的转向操作。

[g] 离地高度不大于 1 200 mm。

表 E.1（续）

装置	拖拉机	自走式机械	挂车、牵引式机具或悬挂式机具
[h] 如牵引挂车、牵引式机具或悬挂式机具的宽度大于 3.7 m，则要求安装。 [i] 如车辆的长度超过 6 000 mm，则要求安装。 [j] 可安装在车轮中心。 [k] 只有用于牵引挂车或牵引式机具的自走式机械要求安装。			

ICS 65.060.10
B 90

GB

中华人民共和国国家标准

GB/T 30465—2013/ISO 21244:2008

农业机械 牵引车辆和被牵引车辆间的机械连接与拖拉机牵引装置联结的农具挂接环和连接装置

Agricultural equipment—Mechanical connections between towed and towing vehicles—Implement hitch rings and attachment to tractor drawbars

(ISO 21244:2008,IDT)

2013-12-31 发布　　2014-10-01 实施

中华人民共和国国家质量监督检验检疫总局
中国国家标准化管理委员会　发布

前　言

本标准按照GB/T 1.1—2009给出的规则起草。

本标准使用翻译法等同采用ISO 21244:2008《农业机械　牵引车辆和被牵引车辆间的机械连接　与拖拉机牵引装置联结的农具挂接环和连接装置》(英文版)。

本标准由中国机械工业联合会提出。

本标准由全国农业机械标准化技术委员会(SAC/TC 201)归口。

本标准起草单位:洛阳西苑车辆与动力检验所有限公司、中国农业机械化科学研究院。

本标准主要起草人:尚项绳、吕树盛、郑悦、王嫱、刘东伟。

农业机械 牵引车辆和被牵引车辆间的机械连接 与拖拉机牵引装置联结的 农具挂接环和连接装置

1 范围

本标准规定了与GB/T 19408.3中的拖拉机U型牵引装置相连的农用挂车和被牵引农具挂接环的尺寸要求。

2 规范性引用文件

下列文件对于本文件的应用是必不可少的。凡是注日期的引用文件，仅注日期的版本适用于本文件。凡是不注日期的引用文件，其最新版本(包括所有的修改单)适用于本文件。

GB/T 19408.3—2009 农业车辆 挂车和牵引车的机械连接 第3部分：拖拉机牵引杆(ISO 6489-3:2004，IDT)

3 术语和定义

下列术语和定义适用于本文件。

3.1

偏置角 angle of yaw

A

绕通过车辆连接点的垂直轴线转动的角度[见图3a)]。

3.2

倾仰角 angle of pitch

B

绕通过车辆连接点、与车辆纵向对称面垂直的水平轴线转动的角度[见图3b)]。

3.3

侧滚角 angle of roll

C

绕通过车辆连接点、位于车辆对称平面上的水平轴线转动的角度[见图3c)]。

4 尺寸要求

4.1 挂接装置尺寸应满足图1和表1，图2和表2的要求，且能够按图3和表3的规定转动。

4.2 按照GB/T 19408.3中规定的PTO功率划分，挂接装置的尺寸分为6类。

注：有关挂接组合的信息见附录A。

4.3 采用图1所示的挂接环或图2所示的球形挂接环，牵引载荷应按GB/T 19408.3—2009表1确定的 PTO 功率以及被牵引机具的最大垂直静载荷要求，并应指明挂接类型。

拖拉机和机具间的连接比较紧时，应采用球形环挂接。

4.4 最大垂直静载荷应满足 GB/T 19408.3—2009 中表 5 的规定。

4.5 挂接装置应设计成仅能与 U 型牵引装置相连的装置。

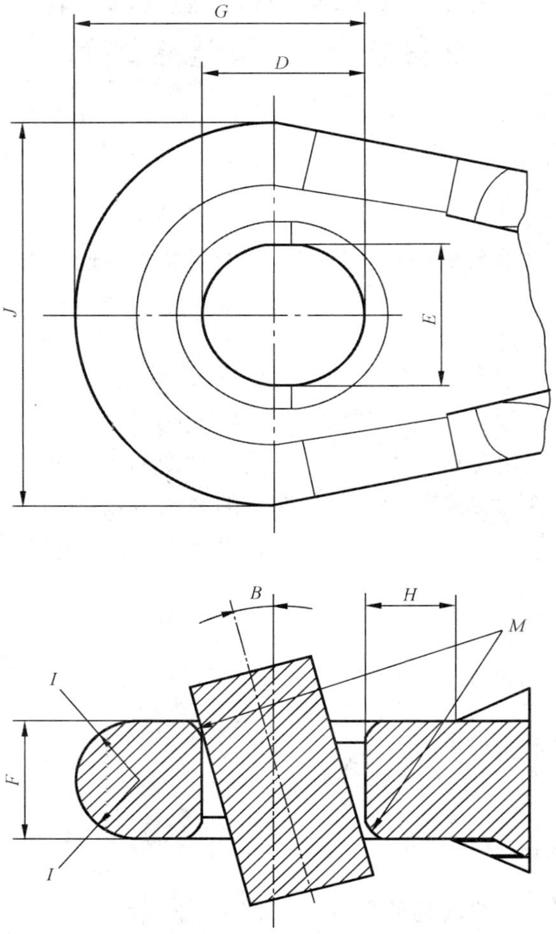

仅适用于 U 型牵引装置。

注：角度 B 见表 3。

图 1 机具的挂接环

表 1 牵引装置类型及挂接环尺寸规格

单位为毫米

参数	牵引装置类型及挂接环尺寸规格					
	0	1	2	3	4	5
槽长 D	21～40	33～48	33～60	41～66	55～70	73～85
槽宽(min)E	21	33	33	41	55	73
厚度(max)F	30	36	38	48	50	60
距离(max)G	55	85	95	95	110	140
距离(min)H	35	40	50	50	65	80

表 1（续）

单位为毫米

参 数	牵引装置类型及挂接环尺寸规格					
	0	1	2	3	4	5
半径 I	$0.5F$	$0.5F$	$0.5F$	$0.5F$	$0.5F$	$0.5F$
宽度(max)J	95	107	115	140	160	190
半径 M	要求拖拉机和机具间应提供足够的铰接空间					
销直径(min)	满足 GB/T 19408.3—2009 中表 4 的要求					

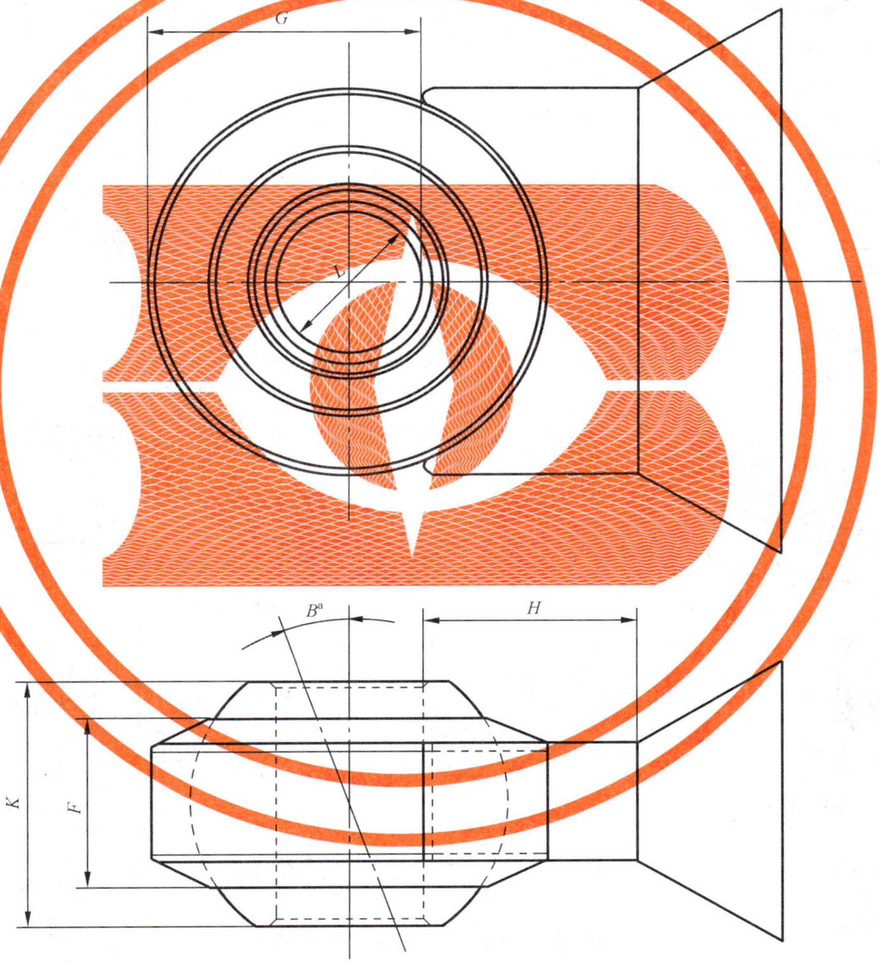

仅适用于 U 型牵引装置。

[a] 角度 B 见表 3，尺寸 F、G 和 H 见表 1。

图 2 球形挂接环

表 2　挂接环尺寸规格

单位为毫米

参　数	牵引装置类型及挂接环规格					
	0	1	2	3	4	5
球厚度(max)K	45	65	65	85	85	95
牵引销孔直径 L	19	31	31	39	51	71
销直径(min)	满足 GB/T 19408.3—2009 中表 4 的要求					

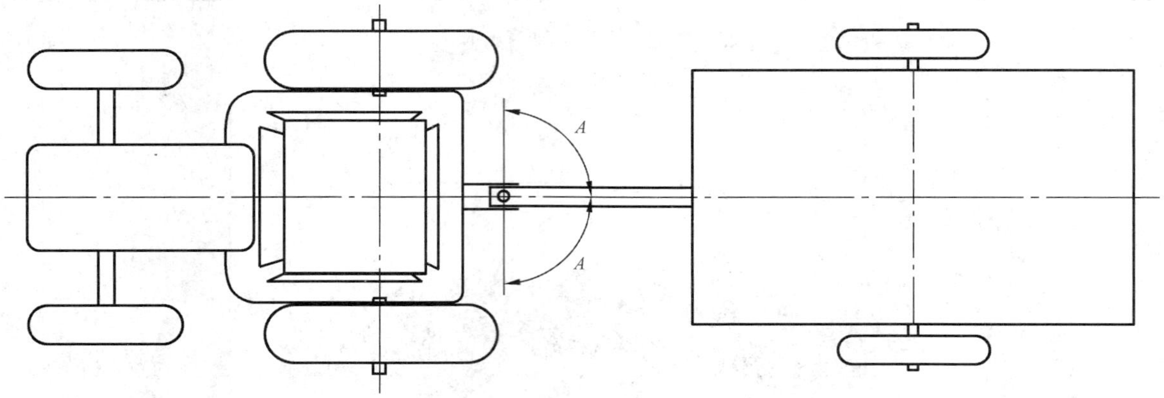

a）　偏置角

b）　倾仰角

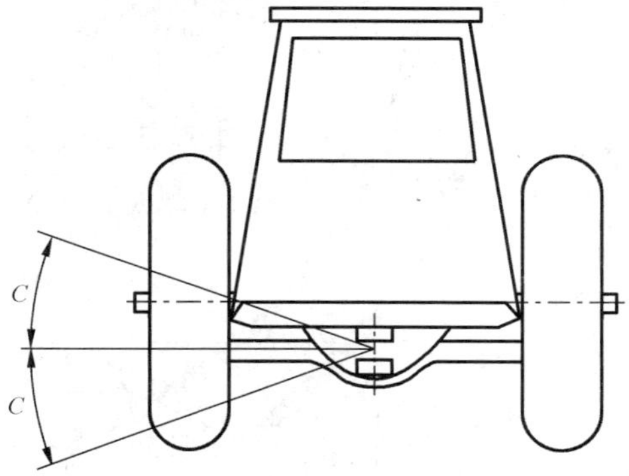

c）　侧滚角

图 3　牵引装置的最小摆动角

表 3　牵引装置的最小摆动角

单位为度

参　数	牵引钩种类					
	0	1	2	3	4	5
偏置角 A[a]	90	90	90	90	90	90
倾仰角 B	20	20	20	20	15	15
侧滚角 C	20	20	20	20	15	15

[a] 在拖拉机后轮胎和机具间提供更大的间隙。

附 录 A
（资料性附录）
牵引车辆和被牵引车辆间允许的连接组合

A.1 牵引车辆和被牵引车辆间允许的连接组合见表 A.1。

表 A.1 允许的机械连接组合

牵引车连接型式	被牵引车辆的连接型式
ISO 6489-1:1991	ISO 5692:1979/ ISO 5692-1:2004 挂接环(孔径 50 mm,环直径 30 mm)
GB/T 19408.1—2003 钩形牵引装置[a]	ISO 5692:1979/ISO 5692-1:2004 挂接环(孔径 50 mm,环直径 30 mm)
	GB/T 20338—2006 挂接环(孔径 50 mm,环直径 30 mm 或 41 mm)
GB/T 19408.2—2009 销型牵引装置	ISO 5692-2:2002 连接环(40 mm 连接支座)
	ISO 8755:1986 规格为 40 mm 的牵引连接装置[b]
GB/T 19408.3—2009 牵引装置 2 类	ISO 5692:1979/ ISO 5692-1:2004 挂接环(孔径 50 mm,环直径 30 mm)
	ISO 5692-2:2002 连接环(40 mm 连接支座)
	ISO 8755:1986 规格为 40 mm 的牵引连接装置
	GB/T 4781—2006 规格为 50 mm 的牵引连接装置[c]
	ISO 21244 农具挂接环(2 类)
GB/T 19408.3—2009 其他类别的牵引装置	ISO 21244 农具挂接环(其他类别)
GB/T 19408.4—2009 锥销型牵引装置	ISO 5692:1979/ISO 5692-1:2004 挂接环(孔径 50 mm,环直径 30 mm)
GB/T 19408.5—2009 球形牵引装置	GB/T 19408.5—2009 球形直径为 80 mm

注:仅推荐以上组合。

[a] 满足 GB/T 19408.1—2003 的要求、按最大允许尺寸规格制造的钩形牵引装置与符合 ISO 5692-1、按ISO 20019 规定的最小直径为 30 mm 挂接环相连,拖拉机和挂车间会产生冲击而导致驾驶不舒服的感觉。

[b] 主要用于卡车(道路车辆)牵引的挂车。

[c] 拖拉机和挂车间会产生冲击而导致驾驶不舒服的感觉。

参 考 文 献

[1] GB/T 4781—2006 道路车辆 50毫米牵引杆挂环的互换性

[2] GB/T 19408.1—2003 农业车辆 挂车和牵引车的机械连接 第1部分:牵引钩尺寸

[3] GB/T 19408.2—2009 农业车辆 挂车和牵引车的机械连接 第2部分:40号U型钩的连接

[4] GB/T 19408.4—2009 农业车辆 挂车和牵引车的机械连接 第4部分:楔形连接装置的尺寸

[5] GB/T 19408.5—2009 农业车辆 挂车和牵引车的机械连接 第5部分:球形连接

[6] GB/T 20338—2006 农业车辆 被牵引车辆的机械联接装置 挂接环尺寸

[7] ISO 1102:1986 商用道路车辆 牵引车辆与挂车的机械连接 50 mm牵引连接装置

[8] ISO 5692:1979 农业车辆 挂车的机械连接 连接环 规格

[9] ISO 5692-1:2004 农业车辆 挂车的机械连接 第1部分:规格为50/30 mm连接环的尺寸

[10] ISO 5692-2:2002 农业车辆 挂车的机械连接 第2部分:40 mm连接支座的连接环

[11] ISO 6489-1:1991 农业车辆 牵引车辆的机械连接 第1部分:牵引钩

[12] ISO 6489-1:2001 农业车辆 挂车和牵引车的机械连接 第1部分:牵引钩尺寸

[13] ISO 6489-2:2002 农业车辆 挂车和牵引车的机械连接 第2部分:40号U型钩的连接

[14] ISO 6489-4:2004 农业车辆 挂车和牵引车的机械连接 第4部分:楔形连接装置的尺寸

[15] ISO 8755:1986 商用道路车辆 牵引车辆和挂车的机械连接 40 mm牵引连接装置

[16] ISO 20019:2001 农业车辆 挂车机械连接 连接环尺寸

[17] ISO 24347:2005 农业车辆 挂车和牵引车的机械连接 球形连接装置尺寸(80 mm)

ICS 65.060.99
B 91

中华人民共和国国家标准

GB/T 30466—2013

粮食干燥系统安全操作规范

Security operation rule for grain drying system

2013-12-31 发布 2014-10-01 实施

中华人民共和国国家质量监督检验检疫总局
中国国家标准化管理委员会 发布

前　言

本标准按照 GB/T 1.1—2009 给出的规则起草。

本标准由中国机械工业联合会提出。

本标准由全国农业机械标准化技术委员会(SAC/TC 201)归口。

本标准起草单位:农业部节能与干燥机械设备质量监督检验测试中心、哈尔滨新美达粮食机械有限公司、辽宁立达实业集团有限公司。

本标准主要起草人:邢佐群、崔士勇、刘新华、孙佩东、尹思万、王园园、王金楠。

粮食干燥系统安全操作规范

1 范围

本标准规定了粮食干燥系统的流程作业、粮食干燥机作业、热风炉、仓储设备、输送设备、清理设备、除尘系统和电气控制系统的安全操作要求。

本标准适用于粮食干燥机、热风炉、仓储设备、输送设备、清理设备、除尘系统和电气控制系统的安全操作。

2 规范性引用

下列文件对于本文件的应用是必不可少的。凡是注日期的引用文件，仅注日期的版本适用于本文件。凡是不注日期的引用文件，其最新版本(包括所有的修改单)适用于本文件。

GB/T 5497　粮食、油料检验　水分测定法

GB/T 6970　粮食干燥机试验方法

GB 19517　国家电气设备安全技术规范

LS/T 1205　粮食烘干机操作规程

NY 1644　粮食干燥机运行安全技术条件

3 流程作业

3.1　作业前应对粮食干燥系统的结构安全进行检查，其结构运行安全应符合 NY 1644 的规定。

3.2　按第 5 章～第 8 章提出的安全操作要求，对各单机进行试验、调整，直至全部正常。

3.3　按工艺流程相反顺序，从后向前逐台启动各单机。全流程空运行 10 min～15 min 后，开始投入正式作业。

3.4　湿粮进入流程后，观察湿粮行走路线是否与选定的流程一致，直到流程的出口。

3.5　流程运行时，若其中一台单机出现故障，应切断该机及该机流程前全部运转设备的电源，故障排除后，再次启动流程时，应先清理提升机喂入斗处的存粮。

3.6　当流程出现火情或人身事故时，应首先切断总电源，同时发出警报，全体人员投入救护并打电话报警。

3.7　停机按工艺流程正向顺序从前向后进行，前台机内粮食全部卸净后，关闭后面的设备，清理提升机喂入斗处及各单机连接处的积粮。

3.8　除临时停机外，应切断电源总闸。

4 粮食干燥机作业

4.1 作业前的准备

4.1.1　逐台检查、加注各减速器内、各转动部位的润滑油，检查调整各传动皮带松紧度。

4.1.2　检查总电源线、分电源线及所有接线柱螺栓松紧度及锈蚀情况并及时处理；检查干燥机的声、光报警装置是否正常；检查热风室温、湿度传感器的连接及显示是否正常。

4.1.3 湿粮须经化验，按含水率大小选定相应的工艺流程，经过初清后进入干燥机的湿粮，其含杂率、水分差值应符合 GB/T 6970 的规定，待机内装满粮食后点火进行干燥。

4.2 开机

开机按下列顺序进行：

a) 按粮食流动方向，从后至前依次开启设备；

b) 出机粮食含水率达到要求后，打开冷却风机进行连续干燥；

c) 冬季作业的干燥机，塔体和热风管道应保温，输入热风前应先进行正常速度的排粮。

4.3 作业

4.3.1 出机粮食含水率的监测

4.3.1.1 装置有出机粮含水率自动测控仪的干燥机，将测控仪调定到预期出机含水率。

4.3.1.2 装置废气温度和相对湿度检测仪的干燥机应在作业稳定后，对检测仪读值，与出机含水率间的关系进行标定。

4.3.1.3 使用快速水分测定仪对出机含水率进行检测，每 0.5 h 测定一次。

4.3.1.4 化验人员定期采样，按 GB/T 5497 的规定，用烘箱法检测出机粮食含水率，与 4.3.1.1、4.3.1.2、4.3.1.3 的结果进行校准，做出校验记录。

4.3.2 出机粮食含水率的调整

4.3.2.1 装置有出机水分在线测控仪的干燥机，采取 PID 控制方法时，在作业的初始阶段，调定的目标水分区间和测控周期宜小些，随着作业逐渐稳定，逐渐增大目标水分测控周期。

4.3.2.2 采用人工调整出机含水率的干燥机，应按 4.3.1 测定的水分与目标水分之差，调节干燥机排粮机构的转速（排粮板式兼调排粮间隙），达到预期的出机粮食含水率。

4.3.3 热风温度的调控

4.3.3.1 确定热风温度除按干燥机降水所需总热量的要求外，还应考虑干燥机机型、结构、谷物种类及最终用途、原始水分、处理量、降水幅度和干燥速度等因素的影响，其最高的热风温度推荐值应符合 LS/T 1205 的规定。

4.3.3.2 作业的初始阶段可通过以下方式对热风温度进行调控：

——负压热风炉通过调节热风管上手动或电动闸门的开启程度，控制干燥机的热风温度。

——正压热风炉通过调节风机进口闸门的开启程度，控制干燥机的热风温度。

4.3.3.3 随着干燥机作业的逐渐稳定，逐步减少 4.3.3.2 的控制量，最终达到通过调节燃料的燃烧量（燃料的厚度、燃料运行的速度）控制热风温度。

4.3.4 粮食干燥机起火的紧急处理

4.3.4.1 经常检查干燥机的排粮机构是否畅通，发现堵塞，及时清理。

4.3.4.2 对进机含水率、出机含水率、干燥机内粮食温度、热风温度、炉温和排粮转速等每 0.5 h 记录一次，分析、查看干燥机工作状态。

4.3.4.3 当干燥机内某一点着火时，应进行以下操作：

a) 加大排粮速度，关闭所有风机闸门；

b) 热风炉实施临时停炉，操作方法按 5.5.1 进行；

c) 打开紧急排粮口，加大排量，快速排出谷物及燃烧的火块，将碳结块去除；

d） 清理干燥机内着火点的残余物，对照4.3.4.2的记录分析原因并处理。

4.4 停机

4.4.1 故障停机

4.4.1.1 因单机及系统故障造成临时停机时，应按以下步骤和顺序处理：

a） 关闭故障点前的所有设备，关闭烘前仓的排粮闸门、干燥机停止进粮；

b） 打开副烟道和所有热风炉炉门，关闭鼓风机和引烟机，停止炉排，当烟气温度降至300 ℃以下时，关闭所有风机；

c） 关闭排粮电机，停止排粮；

d） 停机后，每隔2 h应排粮2 min～3 min。

4.4.1.2 因粮食不足停机时，按4.4.2处理。

4.4.1.3 因停电造成停机，应立即打开副烟道和所有热风炉炉门，进行自然通风。

4.4.2 长期停机

4.4.2.1 当干燥机内只剩最后一塔粮食时：

a） 从前至后依次关闭干燥机前的设备；

b） 随着干燥机内粮食逐渐排空，自上而下关闭热风机及进风闸门，逐步减少热风炉的燃料；

c） 保持冷却风机开启，直至粮食完全冷却后排出干燥机；

d） 关闭干燥机的排粮机构，关闭冷却风机；

e） 从前往后依次关闭干燥机后边的输送、清理设备；

f） 关闭除尘系统；

g） 停炉、熄灭炉膛内的余火，排净炉内炉渣。

4.4.2.2 停机一个月以上，应清扫干燥室角盒、竖筒筛网上的夹杂物，同时打开冷风机和热风机向机内吹冷风，直至完全清除积物。

5 热风炉

5.1 烘炉前的检查

5.1.1 清除炉膛、沉降室、后炉及各烟道、风道内的砌筑安装遗留物。

5.1.2 炉墙、炉拱和炉门应严实，无漏缝和无虚砌。

5.1.3 炉门、灰门、渣门及拨火门应开启方便，关闭严密；调节门、阀门及闸板应操作灵活。

5.1.4 附属设施应完整齐全，各运转润滑部位按要求加注润滑油。

5.1.5 检查和调整各紧固件、传动件的松紧度。

5.1.6 检查炉膛引烟机与换热器热风机电路联锁是否安全，应达到热风机不启动，引烟机无法启动；热风机停止，引烟机同时停止。

5.1.7 鼓风机、引烟机、上煤机、出渣机进行空运转，检查供风系统、风室、管道不得漏风。

5.1.8 炉排应运动平稳，松紧度适宜，无卡滞、跑偏、拱起和异常杂音等现象；点火前应空载试车4 h以上。

5.1.9 燃料闸板应操纵灵活方便，升降位置准确，且保持与炉排平面距离相同。

5.2 烘炉

5.2.1 新砌筑的热风炉在使用前应在制造厂的指导下进行烘炉。

5.2.2 烘炉时首先应用木柴小火烘 48 h。
5.2.3 逐渐加煤,间断开启鼓风机和引烟机,炉膛不可骤然升温。
5.2.4 烘炉中,由沉降室后烟道上测温仪表测定的温度不得超过 300 ℃。
5.2.5 当热风炉和沉降室上出气孔不冒蒸汽,孔周围不再有潮湿的痕迹时,结束烘炉。

5.3 点火

5.3.1 手烧炉点火

打开炉门,将引火物木柴铺在炉箅前部并点燃,燃旺后均匀的逐渐添加燃料,当整个炉箅布全部燃烧时,启动引烟机。

5.3.2 自动炉排炉的点火

按 5.3.1 的方法点燃后,依次开动引烟机、鼓风机、上料机、炉排并对炉排运动速度、燃料厚度、炉排通风管等进行调整,逐渐升温到温度稳定的预定目标值。

5.3.3 油炉的点火

油炉的启动程序是:热风机、高压风机、油泵、燃气与电点火(同步)。

5.4 运行

5.4.1 换热器底板和烟管是用锅炉钢板和普管制造的,工作时烟气温度≤750 ℃;用耐高温不锈钢板和管制造的,工作时烟气温度≤850 ℃。
5.4.2 开启与换热器配套的热风机,再开启引烟机及鼓风机。
5.4.3 燃煤热风炉的燃料选择和使用应符合 LS/T 1205 的规定。
5.4.4 炉排速度应该根据干燥机所需热量的大小和燃料特性来调节。热量增加时,速度应加快,同时加大引烟机和鼓风机风量;挥发性少的煤不易着火,速度应慢些,反之应快些。
5.4.5 燃料进入炉膛后,应在距闸板 250 mm～300 mm 处着火,过近可适当增加燃料水分或加快炉排速度,过远会产生脱火,拓火时采用扒火的方法引燃。
5.4.6 燃料应在炉排尾部前 200 mm～400 mm 燃烧完毕。如发现红火(包括暗红未燃尽的炭火)移动到炉排尾部时,则应通过拨火门把红火往回推,让其充分燃尽,并适当降低炉排转速进行调整。
5.4.7 允许不超过 2 h 短时间压火,煤层不可过厚,严禁从拨火门投入燃料压火,压火时应将燃料拨离闸板 300 mm 以外,拨开断火,并保持自然通风。

5.5 停炉

5.5.1 故障停炉

突然发生停电和意外机械故障时,应迅速打开副烟道阀门,关闭引烟机、鼓风机和炉排,打开所有炉门、风门、闸板,添加燃料压火,保持热风机继续运转,冷却换热器(如停电,应打开换热器配冷风门,自然通风冷却)。

5.5.2 长期停炉

5.5.2.1 提前 20 min～30 min 停止添加燃料,逐渐降低炉排速度。
5.5.2.2 当炉排上的燃料运行到离闸板 200 mm～300 mm 处时,停止炉排运行,将闸板放下。
5.5.2.3 关闭鼓风机,待炉排上的燃料基本燃尽后停止引烟机。

5.5.2.4 继续运转热风机，直至进入换热器的烟气温度降至 300 ℃以下。

5.6 维护和维修

5.6.1 在换热器未进行热交换的情况下，进入换热器的烟气温度不允许超过 300 ℃。
5.6.2 热风炉停炉后，炉膛温度应降至 50 ℃以下并在通风状态下，维修人员应采取一定的保护措施才能进入维修。
5.6.3 出渣机卡滞时，应关闭出渣机电源，盘动皮带轮或击碎卡滞物，清理杂物，必要时打开出渣机后部检查孔，清除底部杂物。
5.6.4 每班必须清理炉排前部的漏料斗 1 次～3 次。
5.6.5 热风炉的除尘器应按班次进行清理。
5.6.6 每半个月应清理一次沉降室内和换热器下部的灰尘。
5.6.7 每个干燥期应清理换热器管组两次，维修人员应逐根管子进行清理。

6 仓储设备

6.1 入仓准备

6.1.1 查看仓壁板是否有折叠、变形等异常，仓内是否有漏雨渗雨现象。
6.1.2 检查仓内粮温与料位检测装置是否完好，仓顶引风机、烘后仓底鼓风机电源线是否完整，转动是否灵活，仓底风道有无破损，塌落、漏风。
6.1.3 检查仓壁上的人孔、内外爬梯是否完好，检查仓顶通气孔是否畅通。
6.1.4 打开入仓输送机（或提升机出口）与仓顶进粮口阀门，关好仓底阀门，关好仓壁门。

6.2 入仓及保管

6.2.1 顺序启动入仓输送机、提升机及入仓流程内其他各单机，输送粮食进仓。
6.2.2 随着粮位的升高，检查各料位显示装置是否好用。当上料位显示灯亮时，停止输送粮食。
6.2.3 定期用电子扫描测温仪检视仓内各点温度。粮食温度高于大气温度 8 ℃以上时，应打开仓底风机吹风冷却，必要时可进行倒仓或再次干燥。
6.2.4 仓壁人孔与仓顶盖人孔必须上锁。

6.3 通风

6.3.1 秋、冬仓储的通风

粮食长期仓储时，入仓后应开动通风设备运转数日；秋后，大气温度低于仓储内粮食温度 5 ℃～8 ℃时，开动风机冷却；晚秋或冬季，应选择空气相对湿度小于 65％时开动风机作业；第二年春天预计出仓的粮食，冷却终了温度应到 10 ℃左右；预计过夏的粮食应冷却到 2 ℃左右；冬季应每隔 15 天通风若干小时，并定期检查，避免“过热点”即霉菌团的发展。

6.3.2 春、夏仓储的通风

春、夏气候转暖、变热，气流方向转为由下至上，湿水分在仓顶结露。仓内表层的冷却粮食易吸收空气中水分，局部潮湿粮食还可能扩大，造成粮食上层结块、霉菌及虫害的生长。在粮食整体未变热之前，不能停止通风作业。环境相对湿度＞70％时严禁通风作业。

6.4 出仓

6.4.1 进行粮食出仓后所需的各台单机的空运转。

6.4.2 顺序启动出仓流程各单机，逐步开大仓底排放阀门，直至输送机达到正常生产率。出仓时先打开中央阀门，当流到休止角不能再流时，由中心向外逐次打开副阀门。

6.4.3 当仓内粮食停止自流后，人进入仓内，摘掉绞龙末端的挂勾（此时绞龙应露出），绞龙试启动正常后，投入正常运行。

6.4.4 遇有结顶现象时，操作者不能进入仓内，在人孔外用长杆重物捣碎结顶层。进行此项作业时，须两个人以上，操作者配带安全带。

6.4.5 出仓结束后，对仓内设施及仓底进行通风及清理，在仓外壁挂“空仓”显示牌。

7 输送设备

7.1 通则

7.1.1 作业前准备

7.1.1.1 清理输送部件（输送带、螺旋片、畚斗）表面的污物，并检查有无影响作业的损伤。

7.1.1.2 检查各部轴承，手感应无旷动，并进行全面补充润滑油脂。

7.1.1.3 检查各传动件，检查调整三角传动带松紧度。

7.1.1.4 启动电机，检查设备运转是否有卡滞，有卡滞现象及时解决。

7.1.1.5 空运转 30 min，各部件应正常，轴承温升不超过 30 ℃。

7.1.2 作业

7.1.2.1 启动电机，观察设备运转正常后，逐步输送粮食，直至达到满负荷作业。

7.1.2.2 运行应平稳，无碰撞，如遇堵塞，应停机排除故障。

7.1.3 停机

7.1.3.1 停机时，应先停止进食，待机内粮食排空后，再逐台停机。

7.1.3.2 停机后，按 7.1.1.1、7.1.1.2、7.1.1.3 对设备进行维护。

7.2 分则

7.2.1 作业前准备

7.2.1.1 提升机作业前应进行以下检查：

a） 检查并更换损坏的畚斗，紧固畚斗带接头螺栓和畚斗螺栓；

b） 抽出机底下箱插板，清理，确认无杂物堵塞后，装回插板；

c） 启动电机，确认转动方向是否正确，检查防逆转装置工作是否可靠；

d） 启动电机，检查畚斗带应无跑偏、打滑、颤动等现象，畚斗带的偏移量应≤10 mm。

7.2.1.2 带式输送机作业前应进行以下检查：

a） 检查皮带表面、接头，不应有损或裂口；

b） 检查每个托辊，应转动灵活，各托辊应基本保持在同一斜度上，以保持与皮带均匀接触；

c） 检查皮带松紧度，并进行调整；

d） 启动电机，观察输送带，不应跑偏。

7.2.1.3 螺旋输送机作业前应进行以下检查：

a） U 形（即平盖）绞龙应打开上盖，清除壳体内和吊杆轴承处的残留物料；

b） 人力转动螺旋叶片轴，检查各叶片的完整性，观察各叶片与壳体之间的间隙，应达到 10 mm～12 mm，必要时调整轴承座位置或对叶片进行修整。

7.2.1.4 刮板输送机作业前应进行以下检查：

a) 清除刮板槽内的污染物，进料口、出料口应畅通；

b) 检查刮板与链条的连接，应平整准确，无歪斜现象；

c) 点动驱动电机，观察刮板链条，不应有跑偏，刮板不得与机壁、壳体、格板撞击和跳动。

7.2.2 作业

7.2.2.1 提升机作业时应遵守以下要求：

a) 提升机内部的畚斗与外壳应无碰撞；

b) 发生堵塞停机(或遇到突然故障停机时)，应关闭进料闸门，抽开机座插板，排出故障，清理机内粮食时严禁将手伸入机座内；

c) 谷物产生回流时，应调整机头处的挡板位置，减小畚斗与挡板之间的间隙；

d) 运转中，严禁开启头部上盖或抽开机座的插板。

7.2.2.2 带式输送机作业时应遵守以下要求：

a) 带式输送机运转时，所有托辊都应转动；

b) 移动式带式输送机应进行升降试验。保证撑脚滚轮移动顺利，钢丝绳在卷筒上盘卷整齐；

c) 带式输送机在作业中，不应发生输送带跑偏、打滑、断裂、轴承过热、托辊不转、谷物散落等现象。

7.2.2.3 螺旋输送机作业时应遵守以下要求：

a) 定期检查中间吊架轴承座的紧固调整情况，防止位移造成叶片磨壳体，增加谷物破碎率；

b) 注意尾部出口轴承座因与粮食摩擦，产生过热，保持出口畅通，防止堵塞。

7.2.2.4 刮板输送机作业时应遵守以下要求：

a) 检查固定螺栓是否松动，防止发生刮板松动、偏斜等现象；

b) 及时更换磨损或变形的刮板。

8 清理设备

8.1 作业前准备

8.1.1 清除筛面及入粮口、出粮口处的污物。

8.1.2 检查调整机架，保证机架水平。

8.1.3 检查各传动件、传动带状况，进行必要的调整。

8.1.4 筛孔应通畅，无影响加工质量的损坏，筛子规格应符合粮食品种的需要。

8.1.5 检查清理刷的完好性、滚筒筛的滚筒及托辊应运转灵活，倾角应满足粮食品种的要求。

8.1.6 按粮食品种的需要检查并调整筛面角度及摆幅(振幅)。

8.1.7 检查振动筛的两台振动电机转向和开停。两台电机应相向旋转并配有电气联锁装置、保证同时运转或停止。

8.1.8 检查风机系统是否完整，风机叶片应无损坏、变形，叶轮转动灵活、风量风向调节装置应灵活可靠。

8.1.9 空运转 30 min，无异常的振动、碰撞、噪声、轴承温升不超过 30 ℃，所有螺栓连接件不应松动。

8.2 作业

8.2.1 空运行平稳后，向料斗进料，观察设备状况。

8.2.2 进入全负荷作业后，从出料口取样，检验清理质量，调整设备，直至达到要求。

8.2.3 应保持筛面布料的均匀性，如发现粮食偏向一侧，应对机架水平度，进料口宽度的一致性，风量、风向均匀性等进行检查调整，振动筛还要对两振动电机激振力度、橡胶弹簧支撑是否脱出、松动、损坏进行检查或调整。复式清粮机对筛箱吊杆位置、长度、摆角进行检查调整。

8.2.4 出现堵塞情况，及时清理筛面，保持筛孔畅通，对清筛刷应经常检查校正，有磨损、损坏及时更换。对清筛橡皮球，根据清理效果，选择和更换已磨损的橡皮球。

8.2.5 减少工作现场的粉尘污染，杂质沉降室应密封、排料畅通、及时清理，清洁室护板应完全，防止谷物飞溅和粉尘外溢。

8.2.6 室外作业时，按风向调整风室的调节板。

8.3 停机

8.3.1 先停止进料，待筛内谷物排净后，方可停机。

8.3.2 按8.1对设备进行维护、保养。

9 除尘系统

9.1 低压脉冲布筒滤尘器的开机顺序：卸灰电机→刮板电机→脉冲控制器→气泵→除尘风机。

9.2 回转反吹布筒滤尘器的开机顺序：卸灰电机→反吹风机构→除尘风机。

9.3 停机顺序与开机顺序相反。

9.4 布筒滤尘器下部的排灰关风器或螺旋输送机应运转正常，无刮蹭和堵塞。

9.5 脉冲布筒滤尘器电磁阀和脉冲控制器应动作灵活，准确。

10 电气控制系统

10.1 基本控制要求

10.1.1 干燥机上部储粮段，应设有高、低料位器，并应与干燥机进料和排料装置联锁，当收到低料位信号时，控制系统应能自动开启烘前仓排粮闸门或进料设备电机。

10.1.2 应在干燥机高、低料位器，烘前仓高、低料位器，烘后仓高料位器的控制器处，设置声光报警装置。

10.1.3 装有热风温度测控仪的干燥机，其测量误差应≤±1.0 ℃，控制温度应在设定值±5.0 ℃的范围内。

10.1.4 装有环境相对湿度或废气相对湿度的干燥机，测量范围应达到10%～90%，误差±3%。

10.1.5 装有谷物含水率在线测控装置的干燥机，测量范围应达到10%～35%，误差±0.5%。

10.1.6 储粮仓应按容积大小，布设多点多层的测温电缆及相配套的巡回测温微电脑记录仪，当各点温差或平均温度超过设定值时，应报警。

10.2 基本操作要求

10.2.1 电气操作维修人员必须详细阅读本流程内各单机的使用说明书，了解各单机的性能和使用要求，熟悉流程工艺路线，严格按照安全操作规范进行操作。

10.2.2 开机前由专职电工按要求严格检查配电、控制设备及其电器元件的技术状态是否正常，发现问题由电工及时处理，经维修调整达到正常工作状态后方可作业。

10.2.3 中央控制室集中控制的流程系统，作业开始前，应先发出报警，确认现场人员都已离开机器到达安全位置后才可启动运行。

10.2.4 当启动流程内各单机时，为减少线路压降过大，造成启动困难，可先启动干燥机的热风机，再启动其他各电机，启动顺序从流程最后工序开始依次向前。

10.2.5 停机顺序与启动顺序相反，从流程最前面开始依次向后。

10.2.6 在作业过程中，电工应注意各用电设备的运行情况，如出现故障应立即切断总电源。

10.2.7 流程作业运行时，主控室操作员要密切注意仪表、信号指示，及时通报各环节运行情况，确保流程系统正常安全生产。

10.2.8 定期对电气设备进行巡检，发现隐患及时排除。

10.2.9 停止运行时，应先停止对设备的测控运行，再行关闭设置在主控室的各设备电源和设置在机旁现场的各设备电源，最后拉下电源总开关。

10.2.10 对电气设备的运行和维修进行记录。

10.3 安全检查

10.3.1 现场所有电气设备的安全应符合 GB 19517 规定的基本要求。

10.3.2 每年至少一次对系统的电控设备，按电气有关规定进行全面检修、保养以及调试等，以确保其正常工作。检查应做好以下工作：

a) 空气断路器、自动开关、交流接触器等易损电气，检验周期应缩短，检验应侧重于常发生故障的部位，如主动静触头及副触头、联销辅助触头、软连接片、线圈、短路环及灭弧罩等。

b) 电机的转动部分，如轴承，应对其配合间隙进行手感检验，必要时拆检。并清洗加注润滑油。对绝缘状况及出入线接头，联线等进行检验。

c) 检查防雷设施的可靠性、导电部分各连接处，如焊接点螺栓接头等是否牢固。如发现有接触不良或脱焊的接点应修复。检查避雷针以及引下线应无锈蚀。

d) 检验接地装置安全性，避雷针的接地电阻值不大于 30 Ω；金属粮仓和烟囱避雷接地电阻值不大于 30 Ω；变压器和配电柜接地电阻值不大于 4 Ω；接地线各连接点的接触应良好无损伤、折断和腐蚀现象。

10.4 使用、维护和调整

10.4.1 工作过程中产生有害粉尘、蒸气和气体，应对仪器采取防护措施。

10.4.2 作业前，须按测量参数的准确度和精确度的具体要求，用法定的温标、湿标或合法传递下来的标准量具，对仪器测量参数进行校验和标定。

10.4.3 如果使用数字仪表、自动记录系统等，要求传感器线缆使用有抗干扰能力的屏蔽线或远离载有强电流的电缆线。

ICS 65.060.99
B 91

中华人民共和国国家标准

GB/T 30467—2013

横流粮食干燥机单位耗热量与处理量折算规则

Conversion rule for specific heat consumption and throughput of across-flow grain dryer

2013-12-31 发布 2014-10-01 实施

中华人民共和国国家质量监督检验检疫总局
中国国家标准化管理委员会 发布

前　　言

本标准按照 GB/T 1.1—2009 给出的规则起草。

本标准由中国机械行业联合会提出。

本标准由全国农业机械标准化技术委员会(SAC/TC 201)归口。

本标准起草单位:农业部节能与干燥机械设备及产品质量监督检验测试中心、中谷集团科技总公司、黑龙江省农副产品加工机械化研究所、哈尔滨东宇农业工程机械制造有限公司。

本标准主要起草人:尹晓慧、潘九君、顾冰洁、尹思万、刘渊、牛兴和、王亦南、王英勇。

横流粮食干燥机单位耗热量与处理量折算规则

1 范围

本标准规定了横流粮食干燥机单位耗热量与处理量的折算条件、折算方法、折算系数表和折算系数的确定。

本标准规定的折算系数适用于玉米、水稻和小麦的干燥折算。

2 规范性引用文件

下列文件对于本文件的应用是必不可少的。凡是注日期的引用文件，仅注日期的版本适用于本文件。凡是不注日期的引用文件，其最新版本(包括所有的修改单)适用于本文件。

GB/T 14095 农产品干燥技术 术语

3 术语、定义和符号

3.1 术语和定义

GB/T 14095 界定的术语和定义适用于本文件。

3.2 符号

下列符号适用于本文件。

p ——大气压力，Pa；

T_h ——环境温度，℃；

RH——环境相对湿度，%；

T_r ——热风温度，℃；

v_r ——热风表观风速，m/s；

M_1 ——进机粮食湿基含水率，%；

M_2 ——出机粮食湿基含水率，%。

4 折算条件

粮食干燥机折算标准条件要求，如表 1 所示。

表 1 折算标准条件

粮食种类	环境温度 T_h ℃	环境相对湿度 RH %	环境大气压力 p Pa	热风温度 T_r ℃	热风表观风速 v_r m/s	进机粮食湿基含水率 M_1 %	出机粮食湿基含水率 M_2 %
玉米	0	50	101 325	80	0.2	20	15
水稻	10	70	101 325	60	0.2	20	15
小麦	20	70	101 325	70	0.2	20	15

5 折算方法

5.1 标准条件单位耗热量

标准条件单位耗热量按公式(1)计算：

$$Q_b = \frac{Q_x}{K_r} \qquad \cdots\cdots(1)$$

式中：

Q_b——标准条件下单位耗热量的折算值，单位为千焦每千克水(kJ/kgH_2O)；

Q_x——现场试验条件下单位耗热量的测定值，单位为千焦每千克水(kJ/kgH_2O)；

K_r——单位耗热量折算系数。

5.2 标准条件处理量

标准条件处理量按公式(2)计算：

$$P_b = P_x \times K_c \qquad \cdots\cdots(2)$$

式中：

P_b——标准条件下处理量的折算值，单位为千克每小时(kg/h)；

P_x——现场试验条件下处理量的测定值，单位为千克每小时(kg/h)；

K_c——处理量折算系数。

6 折算系数表

6.1 K_r 系数表(耗热量系数表 K_r)

分别列出用于玉米、水稻、小麦在不同的环境温度 T_h、环境相对湿度 RH、热风温度 T_r、热风表观风速 v_r、进机粮食湿基含水率 M_1、出机粮食湿基含水率 M_2 条件下的单位耗热量折算系数。标准条件下的 K_r 为 1.0。见附录 A。

6.2 K_c 系数表(处理量系数表 K_c)

分别列出用于玉米、水稻、小麦在不同的环境温度 T_h、环境相对湿度 RH、热风温度 T_r、热风表观风速 v_r、进机粮食湿基含水率 M_1、出机粮食湿基含水率 M_2 条件下的处理量折算系数。标准条件下的 K_c 为 1.0。见附录 B。

6.3 折算系数的确定

针对环境温度 T_h、环境相对湿度 RH、热风温度 T_r、热风表观风速 v_r、进机粮食湿基含水率 M_1、出机粮食湿基含水率 M_2 的测定值，可在折算系数表中查取相应的系数值。对于测定值不在折算系数表给定的节点时，可在与测定值相临的二节点对应的系数值之间，以二节点线性插值法计算相应的系数值。

附 录 A
（规范性附录）
单位耗热量折算系数 K_r

单位耗热量折算系数 K_r 见表 A.1。

表 A.1 单位耗热量折算系数 K_r

粮食种类：玉米　　　环境温度 T_h：−20 ℃　　　环境相对湿度 RH：30%

降水范围 (M_1-M_2) %	热风温度 T_r/℃								
	60			80			100		
	热风表观风速 v_r/(m/s)								
	0.1	0.2	0.3	0.1	0.2	0.3	0.1	0.2	0.3
20—13	1.075 6	1.190 0	1.303 4	1.064 9	1.194 1	1.314 8	1.077 2	1.216 2	1.341 3
20—15	1.135 9	1.266 0	1.379 3	1.140 5	1.298 9	1.421 4	1.155 5	1.335 4	1.465 5
22—13	1.009 5	1.104 6	1.208 2	0.981 3	1.089 1	1.199 2	0.984 3	1.098 6	1.211 7
22—15	1.030 6	1.128 1	1.226 9	1.019 4	1.136 9	1.244 8	1.028 8	1.160 6	1.273 3
22—17	1.088 2	1.209 2	1.311 7	1.089 2	1.242 5	1.354 7	1.100 7	1.278 4	1.398 6
24—13	0.971 5	1.051 4	1.146 6	0.929 6	1.020 6	1.122 2	0.922 7	1.019 8	1.124 0
24—15	0.975 2	1.050 9	1.139 2	0.947 0	1.040 8	1.137 6	0.947 9	1.052 5	1.153 5
24—17	0.997 9	1.082 2	1.169 6	0.984 2	1.092 9	1.189 8	0.989 8	1.115 9	1.218 7
24—19	1.051 0	1.164 6	1.257 7	1.047 9	1.196 6	1.300 4	1.055 4	1.229 9	1.344 7
26—13	0.948 1	1.016 1	1.104 1	0.896 8	0.973 5	1.068 0	0.881 0	0.963 8	1.060 6
26—15	0.944 3	1.004 3	1.083 9	0.902 5	0.978 6	1.066 9	0.894 0	0.979 9	1.072 6
26—17	0.950 7	1.012 1	1.089 0	0.920 7	1.003 9	1.091 0	0.918 7	1.015 6	1.107 3
26—19	0.972 8	1.047 5	1.125 7	0.955 3	1.058 2	1.146 7	0.957 4	1.080 1	1.175 2
26—21	1.021 0	1.129 9	1.215 1	1.013 8	1.158 4	1.257 8	1.018 4	1.187 5	1.298 6
28—13	0.931 3	0.991 3	1.072 8	0.875 0	0.940 0	1.028 0	0.852 5	0.922 7	1.013 2
28—15	0.925 3	0.974 6	1.046 9	0.874 6	0.936 3	1.017 5	0.857 7	0.928 7	1.014 3
28—17	0.924 9	0.971 0	1.038 9	0.881 6	0.946 9	1.025 2	0.871 3	0.948 8	1.032 4
28—19	0.931 3	0.984 1	1.051 1	0.899 5	0.975 3	1.053 5	0.894 2	0.986 6	1.070 1
28—21	0.952 5	1.021 3	1.091 3	0.931 2	1.029 9	1.111 2	0.930 3	1.050 1	1.139 4
28—23	0.996 2	1.100 2	1.180 3	0.984 8	1.125 1	1.220 8	0.987 2	1.150 6	1.259 3
30—15	0.912 1	0.954 2	1.020 6	0.856 0	0.906 7	0.981 7	0.832 6	0.891 7	0.971 0
30—17	0.909 4	0.945 5	1.006 1	0.857 4	0.908 7	0.979 8	0.839 3	0.901 6	0.978 5
30—19	0.909 8	0.947 4	1.005 2	0.864 8	0.922 7	0.992 4	0.852 3	0.923 9	0.999 6
30—21	0.916 2	0.963 4	1.021 4	0.881 8	0.952 5	1.023 7	0.873 7	0.962 5	1.039 9
30—23	0.935 8	1.000 8	1.063 5	0.911 0	1.005 8	1.081 3	0.907 2	1.023 5	1.108 1
30—25	0.974 5	1.075 7	1.152 1	0.959 9	1.095 7	1.189 1	0.959 2	1.117 9	1.226 7
35—20	0.881 8	0.903 2	0.945 5	0.824 0	0.856 5	0.909 2	0.797 5	0.840 6	0.900 5
35—22	0.878 6	0.905 0	0.943 6	0.826 6	0.865 1	0.916 7	0.804 2	0.855 2	0.914 8
35—24	0.881 4	0.912 3	0.951 0	0.834 2	0.882 0	0.935 1	0.816 8	0.879 0	0.940 3
35—26	0.888 1	0.929 0	0.971 3	0.848 6	0.910 6	0.968 0	0.834 8	0.914 4	0.981 6
35—28	0.903 4	0.962 0	1.012 8	0.871 9	0.958 6	1.025 5	0.861 0	0.968 5	1.047 3
35—30	0.935 4	1.026 7	1.095 1	0.913 1	1.035 8	1.122 8	0.905 4	1.050 3	1.154 5
40—25	0.859 5	0.880 9	0.907 4	0.802 3	0.830 4	0.868 0	0.773 8	0.810 6	0.857 0
40—27	0.859 4	0.883 5	0.911 2	0.803 9	0.840 2	0.879 3	0.779 8	0.825 4	0.873 5
40—29	0.861 5	0.891 2	0.921 0	0.811 5	0.855 3	0.898 4	0.789 9	0.846 4	0.899 1
40—31	0.865 8	0.905 8	0.940 5	0.823 4	0.881 1	0.929 9	0.804 6	0.879 1	0.938 0
40—33	0.878 7	0.934 7	0.978 7	0.843 8	0.921 9	0.982 6	0.827 3	0.926 0	0.999 3
40—35	0.904 9	0.989 1	1.051 3	0.877 2	0.988 3	1.072 1	0.865 2	0.996 9	1.093 8

表 A.1（续）

粮食种类：玉米　　　　环境温度 T_h：−20 ℃　　　　环境相对湿度 RH：60%

降水范围 (M_1-M_2) %	热风温度 T_r/℃								
	60			80			100		
	热风表观风速 v_r/(m/s)								
	0.1	0.2	0.3	0.1	0.2	0.3	0.1	0.2	0.3
20−13	1.079 3	1.194 4	1.308 1	1.067 1	1.196 7	1.318 3	1.078 9	1.218 6	1.343 8
20−15	1.140 0	1.270 2	1.384 8	1.143 0	1.302 0	1.424 2	1.157 3	1.338 8	1.466 5
22−13	1.012 9	1.108 5	1.212 5	0.983 3	1.091 4	1.201 6	0.985 5	1.100 3	1.213 6
22−15	1.034 1	1.131 9	1.230 8	1.021 8	1.139 2	1.247 1	1.030 4	1.161 8	1.274 3
22−17	1.092 0	1.213 0	1.315 1	1.091 5	1.245 3	1.357 2	1.102 4	1.279 8	1.399 4
24−13	0.974 8	1.055 1	1.150 6	0.931 4	1.022 5	1.124 3	0.923 8	1.021 0	1.125 2
24−15	0.978 4	1.054 4	1.142 9	0.948 8	1.042 8	1.139 6	0.949 3	1.053 6	1.155 3
24−17	1.001 3	1.085 7	1.173 6	0.986 1	1.095 1	1.193 0	0.991 3	1.118 1	1.219 5
24−19	1.054 6	1.169 1	1.262 2	1.050 1	1.199 2	1.304 8	1.056 9	1.231 2	1.345 4
26−13	0.951 2	1.019 6	1.107 8	0.898 5	0.975 4	1.070 0	0.882 1	0.965 0	1.061 8
26−15	0.947 5	1.007 7	1.087 5	0.904 2	0.980 5	1.068 8	0.895 3	0.981 0	1.073 6
26−17	0.953 8	1.015 4	1.092 6	0.922 5	1.005 8	1.092 9	0.920 0	1.017 2	1.109 0
26−19	0.976 1	1.050 8	1.129 4	0.957 2	1.060 3	1.148 6	0.958 8	1.081 2	1.175 9
26−21	1.024 4	1.133 2	1.219 3	1.016 1	1.160 8	1.259 9	1.019 8	1.190 3	1.301 9
28−13	0.934 3	0.994 7	1.076 7	0.876 6	0.941 8	1.030 2	0.853 6	0.923 8	1.014 4
28−15	0.928 3	0.977 8	1.050 3	0.876 3	0.938 1	1.019 3	0.858 8	0.929 9	1.015 4
28−17	0.927 9	0.974 2	1.042 2	0.883 3	0.948 8	1.027 0	0.872 5	0.949 8	1.033 8
28−19	0.934 4	0.987 3	1.054 1	0.901 3	0.977 2	1.055 3	0.895 6	0.987 6	1.071 8
28−21	0.955 7	1.024 9	1.094 1	0.933 3	1.031 9	1.113 0	0.931 5	1.051 1	1.140 0
28−23	0.999 7	1.104 3	1.184 3	0.987 2	1.127 4	1.222 9	0.988 6	1.153 0	1.262 4
30−15	0.915 0	0.957 5	1.024 1	0.857 6	0.908 4	0.983 7	0.833 6	0.892 7	0.972 1
30−17	0.912 3	0.948 6	1.009 4	0.859 1	0.910 4	0.981 6	0.840 4	0.902 6	0.979 4
30−19	0.912 8	0.950 5	1.008 4	0.866 5	0.924 5	0.994 1	0.853 5	0.924 9	1.000 9
30−21	0.919 2	0.966 5	1.024 3	0.883 4	0.954 3	1.025 4	0.874 9	0.963 5	1.040 6
30−23	0.938 9	1.003 8	1.066 2	0.913 0	1.007 7	1.084 2	0.908 3	1.024 5	1.110 3
30−25	0.978 0	1.078 9	1.156 1	0.961 9	1.098 1	1.191 0	0.960 5	1.119 0	1.227 3
35−20	0.884 0	0.906 1	0.948 5	0.825 6	0.858 1	0.910 8	0.798 8	0.841 7	0.901 4
35−22	0.881 3	0.908 1	0.946 6	0.828 3	0.866 9	0.918 2	0.805 6	0.856 4	0.915 7
35−24	0.884 2	0.915 2	0.953 9	0.835 7	0.883 6	0.936 8	0.817 7	0.880 0	0.941 7
35−26	0.891 0	0.931 9	0.974 4	0.850 2	0.912 2	0.970 3	0.835 8	0.916 0	0.982 3
35−28	0.906 4	0.965 2	1.016 3	0.873 7	0.960 4	1.027 2	0.862 1	0.970 6	1.047 9
35−30	0.938 5	1.029 4	1.098 9	0.914 9	1.037 9	1.126 7	0.906 5	1.051 5	1.155 1
40−25	0.862 2	0.883 7	0.910 4	0.804 2	0.832 0	0.869 8	0.774 6	0.811 7	0.857 8
40−27	0.861 9	0.886 5	0.914 3	0.806 3	0.841 6	0.880 9	0.780 8	0.826 3	0.874 7
40−29	0.864 3	0.894 4	0.923 7	0.813 2	0.856 9	0.900 1	0.791 3	0.848 0	0.900 4
40−31	0.868 0	0.908 6	0.943 3	0.825 3	0.882 6	0.931 5	0.805 8	0.880 1	0.939 6
40−33	0.881 8	0.937 8	0.981 7	0.846 0	0.923 7	0.985 0	0.828 6	0.926 8	1.000 0
40−35	0.907 6	0.992 1	1.055 3	0.878 9	0.990 7	1.073 9	0.866 1	0.998 7	1.096 3

表 A.1(续)

粮食种类:玉米　　　　环境温度 T_h:−20 ℃　　　　环境相对湿度 RH:90%

降水范围 (M_1-M_2) %	热风温度 T_r/℃								
	60			80			100		
	热风表观风速 v_r/(m/s)								
	0.1	0.2	0.3	0.1	0.2	0.3	0.1	0.2	0.3
20−13	1.082 9	1.198 6	1.312 9	1.069 5	1.199 3	1.321 0	1.080 5	1.219 9	1.345 1
20−15	1.144 0	1.274 4	1.388 7	1.145 5	1.304 9	1.429 0	1.159 2	1.340 3	1.470 1
22−13	1.016 3	1.112 3	1.216 7	0.985 2	1.093 6	1.203 9	0.986 9	1.101 5	1.214 8
22−15	1.037 4	1.135 6	1.235 0	1.023 8	1.141 5	1.249 4	1.031 9	1.164 1	1.276 6
22−17	1.096 1	1.217 7	1.319 8	1.094 2	1.248 0	1.361 7	1.104 0	1.283 0	1.402 8
24−13	0.978 0	1.058 8	1.154 8	0.933 2	1.024 5	1.126 4	0.925 1	1.022 1	1.126 6
24−15	0.981 6	1.057 9	1.146 6	0.950 7	1.044 8	1.142 1	0.950 6	1.054 7	1.156 3
24−17	1.004 6	1.089 1	1.177 5	0.988 1	1.097 2	1.194 9	0.992 7	1.119 2	1.221 7
24−19	1.058 1	1.172 5	1.266 5	1.052 6	1.201 7	1.306 9	1.058 9	1.234 1	1.348 7
26−13	0.954 4	1.023 1	1.111 5	0.900 2	0.977 3	1.072 0	0.883 3	0.966 2	1.063 0
26−15	0.950 6	1.011 0	1.091 0	0.905 9	0.982 3	1.070 7	0.896 5	0.982 0	1.075 0
26−17	0.956 9	1.018 7	1.095 9	0.924 3	1.007 7	1.094 7	0.921 3	1.018 2	1.110 7
26−19	0.979 3	1.054 4	1.133 1	0.959 4	1.062 3	1.150 5	0.960 1	1.083 2	1.178 1
26−21	1.027 8	1.137 4	1.223 4	1.018 1	1.163 2	1.264 1	1.021 2	1.191 4	1.302 4
28−13	0.937 4	0.998 2	1.080 5	0.878 3	0.943 7	1.032 0	0.854 7	0.924 9	1.015 5
28−15	0.931 3	0.981 1	1.053 7	0.877 9	0.939 9	1.021 1	0.859 9	0.930 9	1.016 6
28−17	0.931 0	0.977 3	1.045 5	0.885 0	0.950 6	1.028 9	0.873 7	0.950 8	1.034 7
28−19	0.937 5	0.990 4	1.057 5	0.903 1	0.979 0	1.057 7	0.896 9	0.989 2	1.072 6
28−21	0.958 8	1.028 0	1.097 7	0.935 2	1.033 8	1.115 9	0.932 7	1.052 1	1.142 3
28−23	1.003 1	1.107 5	1.188 3	0.989 1	1.129 7	1.227 0	0.989 9	1.154 1	1.262 9
30−15	0.918 0	0.960 7	1.027 4	0.859 2	0.910 1	0.985 4	0.834 6	0.893 7	0.973 1
30−17	0.915 3	0.951 5	1.012 7	0.860 7	0.912 1	0.983 3	0.841 5	0.903 8	0.980 6
30−19	0.915 8	0.953 5	1.011 5	0.868 2	0.926 2	0.995 8	0.854 5	0.925 9	1.001 7
30−21	0.922 2	0.969 6	1.027 6	0.885 2	0.956 1	1.027 0	0.876 0	0.965 1	1.042 3
30−23	0.942 2	1.006 9	1.069 6	0.914 8	1.009 6	1.085 9	0.909 6	1.025 4	1.110 9
30−25	0.981 2	1.082 7	1.159 9	0.964 1	1.100 3	1.195 0	0.961 9	1.121 5	1.230 2
35−20	0.886 6	0.909 2	0.951 5	0.827 2	0.859 8	0.912 5	0.799 8	0.842 7	0.902 2
35−22	0.884 2	0.911 1	0.949 5	0.829 9	0.868 4	0.919 8	0.806 6	0.857 3	0.916 8
35−24	0.887 0	0.918 3	0.956 9	0.837 5	0.885 3	0.938 4	0.818 7	0.880 9	0.942 4
35−26	0.893 5	0.934 7	0.977 1	0.852 1	0.913 8	0.971 9	0.837 1	0.916 9	0.984 0
35−28	0.909 2	0.968 0	1.019 5	0.875 4	0.962 0	1.028 8	0.863 3	0.971 5	1.049 8
35−30	0.941 4	1.033 0	1.102 6	0.916 6	1.040 6	1.128 4	0.907 7	1.053 9	1.158 0
40−25	0.865 7	0.886 6	0.913 3	0.805 8	0.833 6	0.871 5	0.775 4	0.812 9	0.858 8
40−27	0.863 9	0.889 7	0.917 5	0.807 9	0.843 2	0.882 5	0.781 7	0.827 1	0.875 5
40−29	0.866 7	0.897 4	0.926 9	0.814 5	0.858 8	0.901 7	0.792 0	0.849 0	0.901 2
40−31	0.871 1	0.911 7	0.946 3	0.827 6	0.884 4	0.933 4	0.807 2	0.881 0	0.940 1
40−33	0.885 2	0.940 6	0.984 5	0.847 5	0.925 4	0.986 8	0.829 5	0.928 3	1.001 7
40−35	0.910 8	0.995 5	1.057 9	0.880 9	0.992 8	1.076 8	0.867 2	0.999 9	1.097 1

表 A.1（续）

粮食种类：玉米　　　　环境温度 T_h：−15 ℃　　　　环境相对湿度 RH：30%

降水范围 (M_1-M_2) %	热风温度 T_r/℃								
	60			80			100		
	热风表观风速 v_r/(m/s)								
	0.1	0.2	0.3	0.1	0.2	0.3	0.1	0.2	0.3
20—13	1.005 5	1.111 6	1.217 5	1.005 4	1.127 0	1.241 5	1.024 0	1.155 2	1.275 0
20—15	1.057 4	1.177 0	1.282 5	1.072 7	1.218 8	1.334 7	1.095 0	1.262 7	1.384 9
22—13	0.945 6	1.033 9	1.130 7	0.928 7	1.030 0	1.134 3	0.937 5	1.046 2	1.154 3
22—15	0.963 2	1.052 6	1.144 9	0.962 1	1.071 9	1.173 8	0.978 0	1.101 2	1.208 8
22—17	1.013 1	1.122 8	1.217 8	1.024 8	1.165 6	1.269 9	1.043 2	1.207 6	1.321 8
24—13	0.911 2	0.985 2	1.074 2	0.881 2	0.966 6	1.062 8	0.880 5	0.972 5	1.072 0
24—15	0.913 3	0.983 0	1.065 3	0.896 0	0.983 6	1.074 9	0.902 8	1.001 0	1.097 9
24—17	0.932 5	1.009 4	1.090 9	0.928 5	1.029 6	1.120 9	0.940 6	1.058 7	1.155 8
24—19	0.978 3	1.081 3	1.166 4	0.985 6	1.121 8	1.219 3	1.000 6	1.161 1	1.269 4
26—13	0.889 5	0.952 8	1.035 0	0.851 0	0.922 9	1.012 3	0.841 9	0.920 1	1.012 6
26—15	0.885 7	0.940 8	1.014 9	0.855 5	0.926 3	1.009 7	0.853 0	0.934 0	1.022 2
26—17	0.890 4	0.946 4	1.017 9	0.870 8	0.948 5	1.030 1	0.875 0	0.965 8	1.053 2
26—19	0.909 0	0.976 7	1.049 3	0.901 6	0.996 2	1.079 5	0.909 9	1.024 1	1.113 4
26—21	0.950 7	1.048 4	1.127 2	0.953 9	1.085 6	1.178 1	0.965 1	1.121 0	1.224 9
28—13	0.874 1	0.929 9	1.005 9	0.830 9	0.891 8	0.975 1	0.815 1	0.881 7	0.968 2
28—15	0.868 3	0.913 7	0.980 9	0.829 8	0.887 4	0.964 0	0.819 5	0.886 4	0.967 9
28—17	0.867 5	0.909 4	0.972 4	0.835 7	0.896 3	0.969 9	0.831 2	0.903 9	0.983 7
28—19	0.872 7	0.920 0	0.981 9	0.850 8	0.920 9	0.994 8	0.851 6	0.937 8	1.017 3
28—21	0.890 1	0.952 3	1.016 1	0.879 2	0.969 1	1.045 4	0.884 3	0.994 5	1.078 7
28—23	0.928 0	1.021 0	1.094 1	0.926 9	1.054 1	1.142 7	0.935 9	1.086 4	1.187 0
30—15	0.856 0	0.895 1	0.956 8	0.812 9	0.860 2	0.930 9	0.796 5	0.851 6	0.927 4
30—17	0.853 2	0.886 2	0.942 5	0.813 7	0.861 0	0.928 1	0.801 8	0.860 2	0.933 3
30—19	0.853 5	0.887 1	0.940 7	0.819 7	0.873 1	0.938 5	0.813 4	0.879 9	0.952 0
30—21	0.858 1	0.900 6	0.953 8	0.834 3	0.899 5	0.965 7	0.832 4	0.914 5	0.988 1
30—23	0.874 8	0.932 9	0.989 8	0.860 7	0.946 5	1.018 0	0.862 5	0.969 2	1.049 8
30—25	0.908 7	0.997 7	1.067 2	0.904 0	1.027 1	1.112 4	0.909 8	1.055 8	1.155 6
35—20	0.827 2	0.847 0	0.886 0	0.783 4	0.812 3	0.861 7	0.762 8	0.803 0	0.859 5
35—22	0.824 4	0.848 4	0.883 6	0.784 2	0.819 9	0.868 2	0.768 6	0.815 9	0.871 9
35—24	0.826 6	0.854 4	0.890 0	0.791 2	0.834 4	0.884 0	0.779 2	0.837 1	0.895 1
35—26	0.832 1	0.868 9	0.907 1	0.803 5	0.860 1	0.913 2	0.795 5	0.869 6	0.931 8
35—28	0.845 3	0.897 1	0.943 0	0.824 2	0.902 3	0.963 3	0.819 4	0.918 2	0.991 2
35—30	0.872 1	0.953 3	1.014 6	0.859 8	0.971 3	1.052 3	0.858 9	0.992 5	1.087 6
40—25	0.806 7	0.826 0	0.850 7	0.761 7	0.787 6	0.822 7	0.740 4	0.773 9	0.817 6
40—27	0.805 6	0.827 8	0.853 6	0.763 4	0.796 1	0.832 4	0.745 3	0.787 0	0.832 7
40—29	0.808 2	0.834 6	0.861 4	0.770 2	0.809 3	0.849 2	0.754 6	0.806 8	0.855 5
40—31	0.811 6	0.846 8	0.878 2	0.780 8	0.831 6	0.877 0	0.767 9	0.835 7	0.891 2
40—33	0.822 1	0.872 4	0.911 4	0.797 7	0.868 5	0.924 1	0.787 7	0.877 8	0.946 3
40—35	0.844 3	0.919 3	0.975 0	0.826 7	0.928 5	1.003 0	0.821 4	0.942 1	1.030 6

表 A.1（续）

粮食种类:玉米　　环境温度 T_h:−15 ℃　　环境相对湿度 RH:60%

降水范围 (M_1-M_2) %	热风温度 T_r/℃								
	60			80			100		
	热风表观风速 v_r/(m/s)								
	0.1	0.2	0.3	0.1	0.2	0.3	0.1	0.2	0.3
20−13	1.011 0	1.118 1	1.224 7	1.008 8	1.130 7	1.245 3	1.026 5	1.157 9	1.277 7
20−15	1.063 7	1.183 5	1.290 0	1.077 0	1.224 1	1.340 1	1.098 1	1.266 1	1.390 3
22−13	0.950 7	1.039 7	1.137 1	0.931 6	1.033 3	1.137 8	0.939 6	1.048 4	1.156 5
22−15	0.968 3	1.058 3	1.150 7	0.965 3	1.075 1	1.177 0	0.980 2	1.103 6	1.211 1
22−17	1.018 7	1.129 5	1.224 5	1.028 4	1.169 2	1.274 8	1.045 6	1.210 7	1.324 6
24−13	0.916 1	0.990 8	1.080 1	0.883 9	0.969 6	1.066 0	0.882 4	0.974 4	1.073 9
24−15	0.918 2	0.988 2	1.070 9	0.898 8	0.986 9	1.078 3	0.904 8	1.003 0	1.099 9
24−17	0.937 4	1.014 6	1.096 5	0.931 9	1.032 5	1.124 6	0.943 0	1.061 0	1.157 9
24−19	0.983 9	1.087 6	1.173 7	0.989 4	1.126 4	1.223 8	1.003 2	1.164 1	1.272 0
26−13	0.894 2	0.958 2	1.040 5	0.853 6	0.925 7	1.015 4	0.843 7	0.921 9	1.014 4
26−15	0.890 4	0.945 8	1.020 2	0.858 1	0.929 1	1.012 6	0.854 8	0.935 8	1.024 3
26−17	0.895 1	0.951 3	1.022 9	0.873 6	0.951 3	1.033 3	0.876 9	0.967 7	1.055 7
26−19	0.913 8	0.982 0	1.054 6	0.904 6	0.999 0	1.083 0	0.912 2	1.026 4	1.115 4
26−21	0.956 1	1.053 6	1.132 9	0.957 4	1.090 0	1.182 4	0.967 5	1.123 8	1.227 4
28−13	0.878 7	0.935 1	1.011 7	0.833 4	0.894 6	0.978 0	0.816 8	0.883 3	0.969 9
28−15	0.872 9	0.918 5	0.986 1	0.832 4	0.890 1	0.966 7	0.821 2	0.888 1	0.969 6
28−17	0.872 1	0.914 1	0.977 3	0.838 2	0.899 0	0.972 7	0.833 0	0.905 7	0.985 3
28−19	0.877 2	0.924 7	0.986 6	0.853 5	0.923 9	0.997 2	0.853 6	0.939 7	1.019 0
28−21	0.895 0	0.957 1	1.021 1	0.882 1	0.972 6	1.048 7	0.886 2	0.996 7	1.080 5
28−23	0.933 4	1.026 9	1.099 5	0.930 0	1.058 3	1.146 9	0.937 7	1.088 9	1.191 7
30−15	0.860 4	0.899 8	0.961 9	0.815 5	0.862 8	0.933 6	0.798 1	0.853 3	0.929 0
30−17	0.857 7	0.890 9	0.947 2	0.816 1	0.863 6	0.930 7	0.803 4	0.861 8	0.934 9
30−19	0.858 0	0.891 7	0.945 4	0.822 3	0.875 7	0.941 2	0.815 2	0.881 6	0.953 6
30−21	0.862 6	0.905 4	0.958 6	0.836 9	0.902 0	0.968 6	0.834 2	0.916 3	0.989 7
30−23	0.879 6	0.937 7	0.994 7	0.863 5	0.950 0	1.021 2	0.864 3	0.972 2	1.051 6
30−25	0.913 6	1.003 4	1.072 6	0.907 1	1.031 1	1.116 4	0.911 5	1.058 2	1.158 0
35−20	0.831 4	0.851 4	0.890 5	0.785 3	0.814 7	0.864 2	0.764 6	0.804 5	0.861 0
35−22	0.828 7	0.852 9	0.888 1	0.786 5	0.822 3	0.870 5	0.770 4	0.817 5	0.873 7
35−24	0.830 9	0.859 0	0.894 4	0.793 8	0.837 1	0.886 7	0.780 9	0.838 8	0.896 6
35−26	0.836 6	0.873 2	0.911 8	0.806 3	0.862 7	0.916 0	0.797 4	0.871 2	0.933 3
35−28	0.849 7	0.901 9	0.947 8	0.826 8	0.905 0	0.966 6	0.821 0	0.919 9	0.993 0
35−30	0.877 1	0.958 4	1.019 9	0.862 7	0.975 2	1.056 1	0.860 5	0.994 9	1.089 7
40−25	0.811 2	0.830 3	0.855 3	0.764 4	0.790 3	0.825 1	0.742 2	0.775 7	0.819 2
40−27	0.810 0	0.832 9	0.858 2	0.766 5	0.798 4	0.834 6	0.746 8	0.788 6	0.834 1
40−29	0.812 8	0.839 6	0.866 1	0.772 0	0.812 0	0.851 8	0.756 2	0.808 4	0.857 7
40−31	0.815 1	0.851 6	0.882 8	0.782 7	0.834 4	0.879 7	0.769 8	0.837 3	0.892 9
40−33	0.825 8	0.876 7	0.915 9	0.800 2	0.871 3	0.927 2	0.789 1	0.879 8	0.947 9
40−35	0.847 9	0.923 7	0.979 6	0.829 7	0.931 7	1.007 1	0.822 8	0.944 2	1.034 7

表 A.1（续）

粮食种类：玉米　　　　　　环境温度 T_h：−15 ℃　　　　　　环境相对湿度 RH：90%

降水范围 (M_1-M_2) %	热风温度 T_r/℃								
	60			80			100		
	热风表观风速 v_r/(m/s)								
	0.1	0.2	0.3	0.1	0.2	0.3	0.1	0.2	0.3
20—13	1.016 5	1.124 4	1.231 8	1.012 2	1.134 4	1.249 6	1.028 8	1.160 5	1.280 3
20—15	1.069 7	1.189 8	1.297 3	1.080 8	1.228 0	1.345 3	1.100 7	1.269 4	1.393 4
22—13	0.955 8	1.045 4	1.143 3	0.934 6	1.036 5	1.141 4	0.941 6	1.050 6	1.158 7
22—15	0.973 5	1.063 9	1.156 9	0.968 5	1.079 0	1.180 9	0.982 4	1.106 0	1.213 4
22—17	1.024 5	1.135 1	1.231 0	1.032 3	1.174 0	1.279 5	1.048 4	1.213 8	1.327 3
24—13	0.921 0	0.996 3	1.086 0	0.886 7	0.972 6	1.069 2	0.884 3	0.976 3	1.075 9
24—15	0.923 1	0.993 4	1.076 3	0.901 6	0.989 8	1.081 6	0.906 8	1.005 0	1.101 8
24—17	0.942 4	1.019 7	1.102 1	0.934 9	1.036 1	1.128 2	0.945 0	1.063 2	1.161 2
24—19	0.989 4	1.092 9	1.179 6	0.993 0	1.129 7	1.228 2	1.005 3	1.166 9	1.274 5
26—13	0.899 0	0.963 5	1.046 2	0.856 2	0.928 5	1.018 4	0.845 4	0.923 5	1.016 2
26—15	0.895 1	0.950 8	1.025 4	0.860 7	0.932 0	1.015 5	0.856 6	0.937 5	1.026 1
26—17	0.899 8	0.956 1	1.028 1	0.876 4	0.953 9	1.036 3	0.878 8	0.969 6	1.057 5
26—19	0.918 7	0.986 9	1.059 7	0.907 5	1.002 5	1.086 4	0.914 2	1.028 6	1.118 7
26—21	0.961 5	1.059 6	1.138 5	0.960 9	1.093 1	1.186 7	0.969 9	1.126 4	1.232 2
28—13	0.883 4	0.940 3	1.017 2	0.835 9	0.897 3	0.980 9	0.818 5	0.885 0	0.971 6
28—15	0.877 5	0.923 4	0.991 1	0.834 9	0.892 7	0.969 5	0.822 8	0.889 8	0.971 3
28—17	0.876 8	0.918 7	0.982 2	0.840 7	0.901 6	0.975 5	0.834 8	0.907 4	0.987 0
28—19	0.881 8	0.929 3	0.991 5	0.856 3	0.926 5	1.000 2	0.855 6	0.941 5	1.021 5
28—21	0.899 6	0.961 8	1.026 1	0.885 0	0.975 4	1.052 0	0.888 3	0.999 7	1.083 8
28—23	0.938 3	1.031 9	1.106 2	0.933 3	1.062 5	1.150 9	0.940 0	1.092 6	1.193 9
30—15	0.865 1	0.904 7	0.966 9	0.818 1	0.865 4	0.936 2	0.799 6	0.854 8	0.930 5
30—17	0.862 2	0.895 4	0.952 0	0.818 6	0.866 1	0.933 3	0.805 1	0.863 4	0.936 4
30—19	0.862 5	0.896 4	0.950 0	0.824 8	0.878 3	0.943 9	0.816 9	0.883 3	0.955 7
30—21	0.867 4	0.910 0	0.963 3	0.839 4	0.904 5	0.971 4	0.836 0	0.918 2	0.991 3
30—23	0.884 4	0.942 4	1.000 2	0.866 5	0.952 6	1.024 3	0.866 1	0.974 2	1.053 4
30—25	0.918 4	1.008 9	1.077 9	0.910 1	1.035 0	1.120 3	0.913 7	1.060 6	1.160 3
35—20	0.835 5	0.856 1	0.895 1	0.787 5	0.817 1	0.866 6	0.766 2	0.805 9	0.862 5
35—22	0.833 5	0.857 4	0.892 8	0.788 6	0.824 7	0.872 9	0.771 9	0.819 1	0.875 2
35—24	0.836 0	0.863 7	0.898 7	0.796 7	0.839 6	0.889 2	0.782 5	0.840 4	0.898 7
35—26	0.840 9	0.877 4	0.916 1	0.808 7	0.865 1	0.918 8	0.799 0	0.872 9	0.935 8
35—28	0.853 9	0.906 4	0.952 7	0.829 5	0.908 2	0.969 8	0.822 6	0.922 1	0.994 8
35—30	0.882 3	0.963 3	1.025 4	0.865 2	0.978 0	1.059 8	0.862 4	0.997 1	1.091 8
40—25	0.815 9	0.835 0	0.859 2	0.766 9	0.792 6	0.827 5	0.743 7	0.777 4	0.820 6
40—27	0.814 0	0.837 5	0.862 6	0.768 3	0.800 6	0.837 1	0.748 0	0.790 1	0.835 7
40—29	0.817 2	0.843 8	0.870 4	0.774 1	0.814 7	0.854 2	0.757 5	0.809 9	0.859 2
40—31	0.820 1	0.856 2	0.886 9	0.785 3	0.836 9	0.882 7	0.771 2	0.839 2	0.894 5
40—33	0.829 9	0.881 2	0.920 9	0.803 1	0.874 2	0.930 0	0.790 6	0.881 7	0.949 6
40—35	0.851 9	0.928 3	0.985 2	0.831 9	0.934 4	1.010 3	0.825 7	0.946 0	1.036 8

表 A.1（续）

粮食种类:玉米　　　　环境温度 T_h:－10 ℃　　　　环境相对湿度 RH:30%

降水范围 (M_1-M_2) %	热风温度 T_r/℃								
	60			80			100		
	热风表观风速 v_r/(m/s)								
	0.1	0.2	0.3	0.1	0.2	0.3	0.1	0.2	0.3
20—13	0.936 6	1.034 5	1.133 5	0.946 7	1.060 5	1.168 7	0.971 5	1.095 1	1.209 5
20—15	0.980 8	1.089 1	1.186 7	1.006 4	1.141 2	1.251 1	1.035 7	1.190 9	1.307 9
22—13	0.882 7	0.964 2	1.054 3	0.876 7	0.971 7	1.070 2	0.891 6	0.994 1	1.097 2
22—15	0.896 7	0.978 8	1.064 0	0.905 7	1.007 9	1.103 3	0.927 6	1.043 4	1.145 2
22—17	0.939 1	1.038 1	1.125 9	0.961 0	1.090 0	1.188 5	0.986 2	1.137 6	1.243 9
24—13	0.851 4	0.920 0	1.002 6	0.833 4	0.913 2	1.004 2	0.838 9	0.925 7	1.020 6
24—15	0.852 4	0.916 2	0.992 5	0.845 7	0.927 3	1.013 3	0.858 2	0.950 8	1.042 9
24—17	0.868 1	0.937 6	1.013 1	0.874 0	0.967 2	1.053 1	0.892 1	1.002 1	1.093 7
24—19	0.907 3	0.998 9	1.078 1	0.924 8	1.048 2	1.139 5	0.946 3	1.093 1	1.194 9
26—13	0.831 7	0.890 3	0.966 4	0.805 7	0.872 9	0.957 3	0.803 0	0.876 9	0.965 1
26—15	0.827 5	0.878 2	0.946 8	0.809 0	0.874 9	0.953 4	0.812 5	0.888 6	0.972 7
26—17	0.830 8	0.881 8	0.947 8	0.821 9	0.893 7	0.970 3	0.831 6	0.916 7	0.999 7
26—19	0.846 2	0.907 1	0.973 7	0.848 6	0.935 3	1.013 4	0.863 2	0.968 9	1.053 8
26—21	0.881 9	0.968 2	1.039 7	0.895 2	1.013 9	1.099 8	0.913 0	1.056 4	1.151 9
28—13	0.817 4	0.869 3	0.939 7	0.787 2	0.844 3	0.923 0	0.778 5	0.841 1	0.923 4
28—15	0.811 8	0.853 6	0.915 9	0.785 5	0.839 1	0.911 3	0.781 9	0.844 5	0.922 0
28—17	0.810 7	0.848 6	0.906 9	0.790 2	0.846 0	0.915 4	0.791 7	0.859 6	0.935 2
28—19	0.814 3	0.856 9	0.913 9	0.802 9	0.867 7	0.936 3	0.809 7	0.889 6	0.965 1
28—21	0.828 6	0.884 3	0.942 9	0.827 7	0.909 5	0.980 7	0.838 8	0.940 5	1.020 2
28—23	0.861 4	0.942 9	1.009 6	0.870 2	0.985 3	1.065 9	0.885 4	1.022 7	1.117 5
30—15	0.800 8	0.836 6	0.893 9	0.770 0	0.814 1	0.880 7	0.760 9	0.812 2	0.884 2
30—17	0.798 0	0.827 7	0.879 8	0.770 5	0.814 0	0.877 0	0.764 9	0.819 4	0.888 6
30—19	0.797 5	0.827 7	0.877 1	0.775 3	0.824 1	0.885 4	0.774 5	0.836 9	0.905 2
30—21	0.800 9	0.838 9	0.887 7	0.787 4	0.847 0	0.909 0	0.791 5	0.867 3	0.937 0
30—23	0.815 0	0.866 1	0.918 2	0.811 0	0.888 5	0.954 3	0.818 5	0.916 5	0.991 1
30—25	0.843 6	0.921 9	0.983 3	0.849 2	0.959 2	1.037 1	0.861 2	0.994 0	1.085 7
35—20	0.773 6	0.791 4	0.827 5	0.742 4	0.768 6	0.815 0	0.728 7	0.765 4	0.818 9
35—22	0.771 4	0.792 3	0.824 8	0.742 9	0.774 9	0.819 9	0.732 9	0.776 9	0.829 9
35—24	0.772 1	0.797 3	0.829 5	0.748 2	0.787 8	0.833 6	0.742 5	0.795 7	0.850 3
35—26	0.776 9	0.808 9	0.844 0	0.758 9	0.809 7	0.859 2	0.756 3	0.824 5	0.883 1
35—28	0.787 8	0.833 3	0.874 7	0.777 3	0.846 9	0.903 7	0.778 2	0.868 6	0.936 2
35—30	0.809 7	0.881 1	0.934 9	0.808 1	0.907 9	0.980 8	0.813 8	0.934 9	1.021 4
40—25	0.754 8	0.771 9	0.794 3	0.721 2	0.745 5	0.778 0	0.706 8	0.738 2	0.779 0
40—27	0.752 7	0.773 7	0.797 0	0.722 8	0.752 5	0.786 1	0.710 8	0.749 8	0.791 9
40—29	0.755 0	0.779 5	0.803 6	0.729 4	0.764 1	0.800 7	0.719 6	0.767 0	0.812 7
40—31	0.757 4	0.789 4	0.817 5	0.737 4	0.783 6	0.825 3	0.731 2	0.792 8	0.844 2
40—33	0.765 2	0.810 7	0.845 3	0.751 5	0.815 8	0.866 3	0.749 0	0.830 6	0.893 2
40—35	0.784 6	0.850 8	0.898 9	0.777 9	0.868 9	0.935 8	0.778 3	0.887 9	0.970 8

表 A.1（续）

粮食种类：玉米　　　　环境温度 T_h：－10 ℃　　　　环境相对湿度 RH：60％

降水范围 (M_1-M_2) %	热风温度 T_r/℃								
	60			80			100		
	热风表观风速 v_r/(m/s)								
	0.1	0.2	0.3	0.1	0.2	0.3	0.1	0.2	0.3
20—13	0.944 8	1.043 9	1.143 8	0.951 9	1.066 1	1.175 0	0.975 2	1.099 6	1.213 1
20—15	0.989 5	1.099 1	1.197 7	1.012 4	1.148 5	1.258 3	1.040 2	1.196 8	1.313 7
22—13	0.890 2	0.972 7	1.063 6	0.881 1	0.976 6	1.075 5	0.894 7	0.997 5	1.100 8
22—15	0.904 4	0.987 0	1.073 2	0.910 3	1.012 9	1.108 8	0.930 9	1.046 7	1.149 3
22—17	0.947 6	1.047 2	1.135 8	0.966 9	1.095 5	1.194 9	0.990 2	1.143 1	1.249 4
24—13	0.858 7	0.928 1	1.011 4	0.837 5	0.917 7	1.009 0	0.841 6	0.928 5	1.023 6
24—15	0.859 6	0.923 8	1.000 6	0.849 9	0.931 7	1.018 4	0.861 2	0.954 0	1.045 6
24—17	0.875 5	0.945 5	1.021 4	0.878 7	0.972 4	1.058 2	0.895 2	1.005 3	1.097 5
24—19	0.915 3	1.008 1	1.087 2	0.929 9	1.054 5	1.145 5	0.950 0	1.098 3	1.200 1
26—13	0.838 8	0.898 2	0.974 8	0.809 7	0.877 1	0.961 9	0.805 6	0.879 5	0.967 8
26—15	0.834 5	0.885 5	0.954 6	0.813 0	0.879 0	0.957 7	0.815 1	0.891 2	0.975 3
26—17	0.837 7	0.888 9	0.955 2	0.826 0	0.897 8	0.975 1	0.834 5	0.919 8	1.002 8
26—19	0.853 4	0.914 6	0.981 4	0.853 0	0.940 2	1.018 1	0.866 2	0.971 8	1.057 5
26—21	0.889 5	0.976 3	1.049 3	0.900 0	1.019 9	1.105 4	0.916 5	1.060 0	1.156 9
28—13	0.824 3	0.877 0	0.947 9	0.790 9	0.848 3	0.927 2	0.781 0	0.843 6	0.926 1
28—15	0.818 8	0.860 8	0.923 4	0.789 4	0.843 0	0.915 3	0.784 5	0.846 9	0.924 6
28—17	0.817 5	0.855 5	0.914 0	0.794 0	0.849 9	0.919 4	0.794 3	0.862 3	0.937 9
28—19	0.821 1	0.863 8	0.921 0	0.807 1	0.871 6	0.940 6	0.812 6	0.892 7	0.968 1
28—21	0.835 7	0.891 4	0.950 3	0.832 0	0.914 3	0.986 2	0.842 1	0.944 2	1.023 7
28—23	0.869 0	0.951 3	1.017 8	0.874 9	0.990 2	1.072 9	0.888 7	1.027 3	1.122 3
30—15	0.807 5	0.843 6	0.901 3	0.773 7	0.817 9	0.884 6	0.763 1	0.814 6	0.886 6
30—17	0.804 6	0.834 5	0.886 8	0.774 3	0.817 8	0.880 7	0.767 2	0.821 8	0.891 1
30—19	0.804 1	0.834 6	0.884 0	0.779 2	0.827 9	0.889 3	0.777 2	0.839 3	0.907 4
30—21	0.807 6	0.845 8	0.894 4	0.791 3	0.851 0	0.913 1	0.794 3	0.870 4	0.939 9
30—23	0.822 0	0.873 1	0.925 5	0.815 3	0.892 6	0.959 7	0.821 2	0.920 1	0.994 6
30—25	0.850 8	0.929 6	0.992 4	0.853 7	0.964 7	1.044 0	0.864 1	0.998 2	1.090 2
35—20	0.780 0	0.798 0	0.833 9	0.745 7	0.772 3	0.818 4	0.731 1	0.767 7	0.821 1
35—22	0.778 3	0.798 6	0.831 4	0.746 3	0.778 6	0.823 4	0.735 8	0.779 2	0.832 3
35—24	0.779 2	0.804 1	0.836 0	0.752 0	0.791 6	0.837 3	0.745 2	0.798 1	0.853 0
35—26	0.783 4	0.815 7	0.850 8	0.762 5	0.813 7	0.863 2	0.759 3	0.827 1	0.885 9
35—28	0.794 2	0.840 0	0.881 5	0.781 3	0.851 3	0.907 8	0.780 8	0.871 2	0.939 7
35—30	0.818 3	0.889 1	0.943 9	0.811 9	0.913 7	0.985 8	0.816 8	0.939 1	1.025 9
40—25	0.761 6	0.778 5	0.800 7	0.725 5	0.749 1	0.781 4	0.709 0	0.740 5	0.781 3
40—27	0.760 4	0.780 4	0.803 3	0.727 4	0.755 7	0.789 6	0.713 0	0.752 1	0.794 5
40—29	0.761 5	0.785 9	0.809 9	0.732 4	0.767 6	0.804 6	0.722 4	0.769 4	0.815 4
40—31	0.764 6	0.796 0	0.824 1	0.741 7	0.787 7	0.829 3	0.733 5	0.795 4	0.846 8
40—33	0.772 4	0.817 4	0.852 7	0.755 0	0.820 3	0.870 8	0.750 8	0.833 5	0.896 4
40—35	0.791 6	0.858 0	0.907 2	0.782 5	0.873 7	0.941 5	0.780 5	0.891 8	0.974 2

表 A.1（续）

粮食种类：玉米　　　　环境温度 T_h：−10 ℃　　　　环境相对湿度 RH：90%

降水范围 (M_1-M_2) %	热风温度 T_r/℃								
	60			80			100		
	热风表观风速 v_r/(m/s)								
	0.1	0.2	0.3	0.1	0.2	0.3	0.1	0.2	0.3
20—13	0.952 9	1.053 1	1.153 8	0.956 8	1.071 9	1.181 0	0.978 8	1.103 1	1.217 5
20—15	0.998 4	1.108 8	1.208 4	1.018 2	1.154 4	1.265 2	1.044 2	1.201 1	1.319 4
22—13	0.897 8	0.981 1	1.072 7	0.885 5	0.981 3	1.080 7	0.897 7	1.000 6	1.104 3
22—15	0.911 9	0.995 1	1.082 1	0.915 2	1.018 2	1.114 9	0.934 3	1.050 7	1.152 3
22—17	0.955 9	1.056 8	1.145 3	0.972 3	1.102 0	1.202 7	0.994 1	1.147 0	1.254 6
24—13	0.866 0	0.936 1	1.020 0	0.841 6	0.922 0	1.013 6	0.844 5	0.931 3	1.026 6
24—15	0.866 8	0.931 3	1.008 6	0.854 1	0.936 2	1.023 0	0.864 2	0.956 8	1.048 9
24—17	0.882 7	0.952 9	1.029 1	0.883 1	0.976 8	1.063 9	0.898 6	1.009 1	1.101 3
24—19	0.923 3	1.016 4	1.095 9	0.935 1	1.060 6	1.152 8	0.953 2	1.102 0	1.205 1
26—13	0.845 8	0.906 0	0.983 1	0.813 6	0.881 3	0.966 1	0.808 3	0.882 1	0.970 5
26—15	0.841 6	0.892 7	0.962 1	0.816 9	0.883 0	0.962 0	0.817 9	0.894 0	0.978 0
26—17	0.844 8	0.896 0	0.962 7	0.830 0	0.901 9	0.979 4	0.837 4	0.922 5	1.005 9
26—19	0.860 4	0.921 6	0.989 0	0.857 4	0.945 0	1.023 5	0.869 2	0.975 5	1.061 1
26—21	0.897 2	0.984 9	1.057 6	0.905 0	1.025 7	1.112 5	0.919 9	1.064 8	1.161 7
28—13	0.831 2	0.884 8	0.955 8	0.794 7	0.852 4	0.931 2	0.783 5	0.846 0	0.928 5
28—15	0.825 7	0.868 0	0.930 7	0.793 2	0.846 9	0.919 3	0.787 0	0.849 4	0.927 0
28—17	0.824 2	0.862 4	0.921 1	0.797 8	0.853 9	0.923 4	0.797 0	0.864 8	0.940 6
28—19	0.827 9	0.870 8	0.928 0	0.811 2	0.875 6	0.944 7	0.815 3	0.895 3	0.971 0
28—21	0.842 7	0.898 6	0.957 6	0.836 4	0.919 0	0.990 5	0.845 1	0.947 0	1.027 2
28—23	0.876 4	0.959 0	1.025 9	0.879 7	0.995 9	1.078 2	0.891 8	1.031 8	1.127 1
30—15	0.813 9	0.850 9	0.908 5	0.777 5	0.821 8	0.888 5	0.765 5	0.816 9	0.888 9
30—17	0.811 3	0.841 4	0.893 7	0.778 2	0.821 5	0.884 6	0.769 6	0.824 2	0.893 4
30—19	0.810 7	0.841 3	0.890 7	0.782 9	0.831 7	0.893 2	0.779 7	0.841 7	0.909 9
30—21	0.814 5	0.852 7	0.901 3	0.795 2	0.855 1	0.917 1	0.797 1	0.872 9	0.942 7
30—23	0.828 8	0.880 1	0.932 7	0.819 4	0.897 4	0.963 9	0.824 1	0.922 9	0.998 1
30—25	0.858 0	0.937 9	1.000 4	0.858 2	0.970 1	1.049 2	0.867 1	1.002 5	1.094 7
35—20	0.785 8	0.804 6	0.840 5	0.749 2	0.776 0	0.822 0	0.733 5	0.770 0	0.823 4
35—22	0.784 1	0.805 5	0.838 0	0.749 8	0.782 3	0.827 1	0.738 2	0.781 7	0.834 4
35—24	0.785 6	0.810 6	0.842 6	0.755 8	0.795 3	0.841 2	0.747 3	0.800 4	0.855 6
35—26	0.789 7	0.822 1	0.857 5	0.766 5	0.817 7	0.867 6	0.761 9	0.830 4	0.888 5
35—28	0.800 8	0.846 9	0.888 5	0.784 9	0.855 9	0.912 8	0.783 3	0.874 7	0.943 0
35—30	0.825 1	0.896 2	0.951 3	0.816 3	0.918 5	0.992 1	0.819 7	0.941 8	1.030 1
40—25	0.767 3	0.785 0	0.807 6	0.729 4	0.752 6	0.784 8	0.711 7	0.742 6	0.783 4
40—27	0.766 0	0.786 5	0.810 0	0.730 7	0.759 3	0.793 2	0.715 5	0.754 5	0.796 9
40—29	0.767 3	0.792 9	0.816 6	0.735 7	0.771 6	0.808 5	0.724 4	0.771 9	0.817 9
40—31	0.770 4	0.803 4	0.830 6	0.744 7	0.791 4	0.833 1	0.735 7	0.797 7	0.849 5
40—33	0.778 8	0.824 0	0.859 2	0.759 3	0.824 7	0.874 9	0.753 0	0.836 6	0.899 7
40—35	0.797 1	0.864 6	0.915 9	0.786 6	0.878 2	0.946 0	0.783 6	0.895 1	0.977 9

表 A.1（续）

粮食种类：玉米　　　　环境温度 T_h：－5 ℃　　　　环境相对湿度 RH：30％

降水范围 (M_1-M_2) %	热风温度 T_r/℃								
	60			80			100		
	热风表观风速 v_r/(m/s)								
	0.1	0.2	0.3	0.1	0.2	0.3	0.1	0.2	0.3
20－13	0.869 0	0.959 0	1.050 8	0.889 1	0.995 3	1.097 5	0.919 5	1.036 0	1.144 4
20－15	0.905 4	1.004 2	1.094 5	0.941 2	1.065 4	1.167 8	0.977 3	1.120 2	1.230 3
22－13	0.820 9	0.895 8	0.979 3	0.825 6	0.914 3	1.007 3	0.846 1	0.942 8	1.041 1
22－15	0.831 7	0.906 2	0.985 3	0.850 1	0.944 7	1.035 0	0.877 5	0.985 7	1.082 7
22－17	0.866 9	0.955 8	1.036 5	0.898 7	1.015 9	1.108 7	0.930 6	1.068 7	1.169 7
24－13	0.792 7	0.855 8	0.932 3	0.786 3	0.860 7	0.946 4	0.797 7	0.879 5	0.970 0
24－15	0.792 6	0.850 5	0.921 0	0.796 1	0.871 9	0.952 8	0.814 2	0.901 2	0.988 3
24－17	0.805 0	0.867 5	0.936 8	0.820 3	0.906 1	0.986 7	0.844 2	0.945 7	1.033 8
24－19	0.837 5	0.918 7	0.991 1	0.864 7	0.976 0	1.061 5	0.892 7	1.027 3	1.121 8
26－13	0.774 8	0.828 7	0.899 0	0.761 0	0.823 7	0.903 1	0.764 9	0.834 2	0.918 2
26－15	0.770 4	0.816 5	0.879 7	0.763 2	0.824 1	0.897 9	0.772 8	0.843 8	0.923 7
26－17	0.772 4	0.818 1	0.879 0	0.773 8	0.839 6	0.911 9	0.789 0	0.868 4	0.947 1
26－19	0.784 8	0.838 8	0.899 9	0.796 8	0.875 6	0.948 5	0.816 9	0.913 5	0.994 0
26－21	0.814 5	0.889 8	0.954 8	0.837 5	0.944 5	1.023 2	0.861 6	0.991 3	1.080 2
28－13	0.761 8	0.809 5	0.874 8	0.744 3	0.797 3	0.871 0	0.742 2	0.800 9	0.879 3
28－15	0.756 5	0.794 2	0.851 7	0.742 1	0.791 5	0.859 1	0.744 6	0.803 1	0.876 8
28－17	0.755 1	0.788 7	0.842 3	0.745 3	0.796 7	0.861 7	0.752 9	0.816 0	0.887 5
28－19	0.757 2	0.795 0	0.847 1	0.756 1	0.815 1	0.879 1	0.768 6	0.842 3	0.913 7
28－21	0.768 8	0.817 5	0.870 9	0.777 3	0.851 5	0.918 1	0.794 1	0.887 2	0.961 4
28－23	0.795 6	0.866 9	0.926 4	0.814 0	0.917 0	0.990 8	0.835 8	0.961 1	1.047 1
30－15	0.746 5	0.778 9	0.831 5	0.728 1	0.768 5	0.831 0	0.725 0	0.773 2	0.841 6
30－17	0.743 3	0.770 1	0.818 0	0.727 8	0.767 7	0.826 7	0.728 2	0.779 0	0.844 6
30－19	0.742 7	0.769 3	0.814 4	0.731 7	0.775 8	0.833 3	0.736 3	0.794 1	0.858 4
30－21	0.745 0	0.778 2	0.822 6	0.741 4	0.795 4	0.853 0	0.751 2	0.821 3	0.886 5
30－23	0.756 3	0.800 7	0.847 8	0.761 6	0.831 5	0.892 9	0.775 2	0.864 5	0.934 5
30－25	0.779 6	0.847 5	0.902 9	0.794 8	0.893 6	0.964 8	0.812 7	0.934 1	1.018 4
35－20	0.720 6	0.737 1	0.770 0	0.701 2	0.725 5	0.768 7	0.694 7	0.728 7	0.778 9
35－22	0.718 3	0.737 2	0.766 8	0.701 9	0.730 7	0.772 5	0.698 6	0.738 4	0.788 3
35－24	0.719 0	0.741 2	0.770 2	0.705 6	0.741 6	0.784 2	0.706 5	0.755 1	0.806 5
35－26	0.722 8	0.750 9	0.782 2	0.714 7	0.761 1	0.806 4	0.718 5	0.780 3	0.835 6
35－28	0.730 7	0.770 7	0.807 7	0.729 8	0.792 9	0.844 8	0.737 5	0.819 7	0.881 8
35－30	0.749 7	0.811 0	0.858 5	0.757 0	0.845 9	0.911 0	0.768 4	0.878 2	0.958 2
40－25	0.703 5	0.719 1	0.738 8	0.682 8	0.703 7	0.733 6	0.673 9	0.702 8	0.740 8
40－27	0.701 8	0.720 6	0.741 0	0.683 3	0.709 9	0.740 5	0.677 2	0.712 6	0.752 6
40－29	0.703 1	0.724 8	0.745 9	0.687 5	0.719 4	0.753 2	0.684 6	0.727 8	0.770 5
40－31	0.704 1	0.732 8	0.757 5	0.694 7	0.736 5	0.774 9	0.694 3	0.750 6	0.798 4
40－33	0.711 3	0.751 0	0.780 8	0.707 4	0.764 6	0.809 5	0.710 4	0.784 1	0.841 5
40－35	0.726 2	0.783 7	0.826 9	0.729 7	0.810 5	0.870 6	0.735 9	0.835 3	0.909 1

表 A.1(续)

粮食种类:玉米　　　　环境温度 T_h:−5 ℃　　　　环境相对湿度 RH:60%

降水范围 (M_1-M_2) %	热风温度 T_r/℃								
	60			80			100		
	热风表观风速 v_r/(m/s)								
	0.1	0.2	0.3	0.1	0.2	0.3	0.1	0.2	0.3
20—13	0.880 8	0.972 3	1.065 5	0.896 5	1.003 6	1.106 6	0.925 1	1.042 1	1.151 4
20—15	0.918 3	1.018 0	1.109 8	0.949 9	1.074 8	1.178 2	0.983 6	1.128 1	1.239 8
22—13	0.831 9	0.908 0	0.992 4	0.832 1	0.921 3	1.015 0	0.850 6	0.947 7	1.046 4
22—15	0.842 7	0.918 1	0.997 9	0.857 1	0.952 1	1.042 9	0.882 7	0.991 3	1.088 3
22—17	0.878 9	0.968 8	1.050 1	0.906 7	1.024 5	1.118 1	0.936 2	1.076 1	1.178 6
24—13	0.803 3	0.867 4	0.944 5	0.792 4	0.867 2	0.953 3	0.801 8	0.883 8	0.974 4
24—15	0.803 0	0.861 5	0.932 6	0.802 3	0.878 4	0.959 7	0.818 6	0.905 4	0.992 9
24—17	0.815 6	0.878 4	0.948 5	0.827 1	0.913 0	0.994 1	0.849 0	0.951 1	1.039 0
24—19	0.849 1	0.931 5	1.004 5	0.872 6	0.985 1	1.070 2	0.897 9	1.034 3	1.128 4
26—13	0.785 0	0.840 0	0.910 9	0.766 8	0.829 9	0.909 6	0.768 8	0.838 1	0.922 2
26—15	0.780 6	0.827 0	0.890 8	0.769 0	0.830 1	0.904 1	0.776 7	0.847 7	0.927 7
26—17	0.782 5	0.828 5	0.889 6	0.779 9	0.845 7	0.918 3	0.793 2	0.872 8	0.951 4
26—19	0.795 0	0.849 7	0.910 8	0.803 2	0.882 7	0.956 2	0.821 5	0.918 8	0.998 9
26—21	0.825 7	0.902 2	0.967 5	0.844 9	0.952 3	1.032 9	0.866 6	0.998 1	1.088 5
28—13	0.771 8	0.820 5	0.886 3	0.749 8	0.803 2	0.877 4	0.746 0	0.804 6	0.883 0
28—15	0.766 4	0.804 6	0.862 4	0.747 7	0.797 2	0.865 1	0.748 5	0.806 8	0.880 4
28—17	0.764 8	0.798 7	0.852 6	0.751 0	0.802 4	0.867 5	0.756 8	0.820 0	0.891 6
28—19	0.767 0	0.804 9	0.857 3	0.762 1	0.821 1	0.885 7	0.772 8	0.846 7	0.917 8
28—21	0.778 8	0.827 8	0.881 4	0.783 7	0.858 0	0.924 7	0.798 5	0.892 4	0.967 3
28—23	0.806 5	0.878 5	0.938 8	0.820 9	0.925 4	1.000 2	0.840 5	0.967 2	1.053 2
30—15	0.756 0	0.789 0	0.842 2	0.733 3	0.774 2	0.836 8	0.728 8	0.776 7	0.845 1
30—17	0.752 9	0.780 1	0.828 2	0.733 3	0.773 2	0.832 2	0.732 2	0.782 6	0.848 2
30—19	0.752 1	0.779 2	0.824 3	0.737 3	0.781 6	0.838 9	0.740 3	0.797 9	0.862 1
30—21	0.754 7	0.788 4	0.832 4	0.747 2	0.801 5	0.859 5	0.755 2	0.825 2	0.890 6
30—23	0.765 9	0.810 9	0.858 0	0.767 7	0.838 0	0.899 5	0.779 4	0.869 6	0.940 2
30—25	0.790 1	0.858 7	0.914 9	0.801 7	0.901 7	0.972 7	0.817 1	0.939 9	1.024 6
35—20	0.729 3	0.746 4	0.779 2	0.706 8	0.730 9	0.773 9	0.698 2	0.731 9	0.782 2
35—22	0.728 2	0.746 8	0.776 3	0.707 1	0.736 0	0.777 7	0.701 7	0.742 0	0.791 8
35—24	0.728 5	0.751 0	0.779 6	0.711 4	0.747 2	0.789 5	0.709 9	0.759 0	0.810 1
35—26	0.731 4	0.760 3	0.791 7	0.719 9	0.766 7	0.812 1	0.722 4	0.784 5	0.839 5
35—28	0.740 5	0.780 7	0.817 8	0.736 0	0.799 1	0.851 4	0.741 1	0.823 8	0.886 7
35—30	0.759 5	0.822 0	0.870 6	0.763 3	0.853 7	0.920 0	0.773 0	0.883 8	0.963 7
40—25	0.712 5	0.728 2	0.748 3	0.688 2	0.709 0	0.738 9	0.677 3	0.706 0	0.744 0
40—27	0.711 5	0.729 3	0.750 1	0.688 8	0.714 6	0.745 8	0.680 5	0.716 6	0.755 9
40—29	0.711 8	0.734 3	0.755 6	0.692 8	0.724 6	0.758 9	0.688 7	0.731 5	0.774 1
40—31	0.713 2	0.743 3	0.767 2	0.701 2	0.741 8	0.780 2	0.698 0	0.754 4	0.802 4
40—33	0.720 4	0.759 6	0.791 0	0.712 9	0.770 7	0.816 1	0.714 1	0.788 8	0.846 0
40—35	0.736 9	0.793 8	0.837 1	0.736 1	0.817 6	0.877 6	0.739 7	0.839 6	0.915 8

表 A.1（续）

粮食种类：玉米　　　　环境温度 T_h：−5 ℃　　　　环境相对湿度 RH：90%

降水范围 (M_1-M_2) %	热风温度 T_r/℃								
	60			80			100		
	热风表观风速 v_r/(m/s)								
	0.1	0.2	0.3	0.1	0.2	0.3	0.1	0.2	0.3
20—13	0.892 4	0.985 4	1.079 9	0.903 7	1.011 6	1.115 2	0.930 2	1.048 1	1.157 3
20—15	0.930 9	1.031 8	1.125 3	0.958 4	1.084 7	1.189 4	0.989 6	1.135 8	1.247 0
22—13	0.842 8	0.920 0	1.005 5	0.838 4	0.928 2	1.022 4	0.855 2	0.952 5	1.051 3
22—15	0.853 5	0.929 8	1.010 5	0.864 1	0.959 7	1.050 6	0.887 7	0.996 1	1.093 6
22—17	0.890 9	0.981 4	1.064 0	0.914 8	1.033 8	1.128 4	0.942 1	1.083 2	1.185 3
24—13	0.813 9	0.878 9	0.956 8	0.798 4	0.873 5	0.960 0	0.805 9	0.887 8	0.978 6
24—15	0.813 5	0.872 3	0.944 1	0.808 4	0.884 8	0.966 6	0.823 0	0.910 0	0.997 9
24—17	0.826 3	0.889 5	0.960 2	0.833 6	0.920 2	1.001 8	0.853 8	0.956 3	1.043 9
24—19	0.860 4	0.943 4	1.017 5	0.879 9	0.993 9	1.079 8	0.903 3	1.039 9	1.136 7
26—13	0.795 3	0.851 1	0.922 7	0.772 5	0.835 9	0.915 8	0.772 7	0.841 9	0.926 1
26—15	0.790 8	0.837 5	0.901 8	0.774 8	0.836 0	0.910 2	0.780 6	0.851 7	0.931 7
26—17	0.792 6	0.838 6	0.900 2	0.785 8	0.851 8	0.924 5	0.797 6	0.877 2	0.956 1
26—19	0.805 2	0.860 0	0.921 5	0.809 5	0.889 1	0.962 9	0.826 1	0.923 9	1.004 6
26—21	0.836 6	0.913 8	0.980 9	0.851 9	0.960 7	1.040 9	0.871 2	1.004 4	1.094 6
28—13	0.781 8	0.831 4	0.897 7	0.755 3	0.809 1	0.883 4	0.749 7	0.808 2	0.886 7
28—15	0.776 3	0.815 0	0.873 1	0.753 1	0.802 9	0.870 9	0.752 3	0.810 3	0.884 1
28—17	0.774 5	0.808 8	0.862 8	0.756 7	0.808 1	0.873 3	0.760 5	0.823 6	0.895 4
28—19	0.777 1	0.814 8	0.867 4	0.767 7	0.826 9	0.891 6	0.776 8	0.850 9	0.922 4
28—21	0.788 8	0.838 0	0.891 7	0.790 0	0.864 9	0.931 9	0.803 0	0.897 5	0.971 8
28—23	0.817 3	0.890 3	0.950 7	0.828 1	0.933 4	1.009 3	0.845 2	0.973 2	1.061 1
30—15	0.765 5	0.799 3	0.852 6	0.739 0	0.779 7	0.842 3	0.732 3	0.780 2	0.848 5
30—17	0.762 7	0.789 8	0.838 1	0.739 0	0.778 6	0.837 6	0.735 8	0.786 2	0.851 7
30—19	0.761 7	0.788 9	0.834 1	0.742 7	0.787 2	0.844 5	0.744 3	0.801 5	0.866 1
30—21	0.764 4	0.798 1	0.842 3	0.752 8	0.807 3	0.865 3	0.759 3	0.829 4	0.895 1
30—23	0.776 0	0.821 0	0.868 6	0.774 0	0.844 6	0.906 6	0.783 7	0.874 4	0.944 7
30—25	0.800 9	0.870 2	0.926 8	0.808 0	0.908 9	0.981 7	0.821 8	0.945 7	1.030 3
35—20	0.738 8	0.756 3	0.788 9	0.712 0	0.736 1	0.779 1	0.701 7	0.735 2	0.785 4
35—22	0.737 8	0.756 3	0.785 8	0.712 0	0.741 4	0.782 9	0.705 0	0.745 7	0.795 1
35—24	0.737 9	0.760 6	0.789 2	0.716 5	0.752 9	0.794 9	0.714 1	0.762 5	0.813 6
35—26	0.741 1	0.769 8	0.801 4	0.725 8	0.772 2	0.817 9	0.726 4	0.788 5	0.843 4
35—28	0.749 7	0.790 4	0.827 9	0.741 7	0.805 2	0.857 4	0.744 9	0.828 4	0.891 0
35—30	0.770 5	0.832 7	0.881 6	0.769 5	0.861 3	0.928 0	0.777 2	0.888 9	0.970 6
40—25	0.721 3	0.737 6	0.758 2	0.693 5	0.714 6	0.743 9	0.681 1	0.709 3	0.747 3
40—27	0.719 0	0.739 2	0.759 8	0.693 7	0.719 9	0.751 2	0.683 9	0.719 6	0.759 4
40—29	0.720 7	0.743 8	0.765 3	0.697 8	0.730 3	0.764 3	0.692 2	0.734 9	0.777 6
40—31	0.721 7	0.752 2	0.776 8	0.706 3	0.747 6	0.786 1	0.700 9	0.758 3	0.806 1
40—33	0.729 3	0.769 8	0.801 0	0.717 5	0.777 1	0.822 9	0.717 6	0.792 4	0.850 8
40—35	0.745 3	0.804 4	0.849 0	0.741 5	0.823 9	0.885 8	0.744 3	0.844 7	0.920 9

表 A.1（续）

粮食种类：玉米　　环境温度 T_h：0 ℃　　环境相对湿度 RH：30%

降水范围 (M_1-M_2) %	热风温度 T_r/℃								
	60			80			100		
	热风表观风速 v_r/(m/s)								
	0.1	0.2	0.3	0.1	0.2	0.3	0.1	0.2	0.3
20—13	0.802 8	0.885 1	0.969 9	0.832 7	0.931 6	1.027 9	0.868 7	0.978 1	1.081 5
20—15	0.832 0	0.921 0	1.004 1	0.877 3	0.990 4	1.086 7	0.919 6	1.052 0	1.156 1
22—13	0.760 2	0.828 7	0.905 4	0.775 5	0.857 9	0.945 4	0.801 4	0.892 6	0.986 3
22—15	0.767 8	0.835 2	0.907 8	0.795 7	0.883 3	0.967 5	0.828 6	0.929 2	1.021 4
22—17	0.796 3	0.875 6	0.948 8	0.837 5	0.943 5	1.029 5	0.875 5	1.002 1	1.097 0
24—13	0.735 1	0.792 7	0.862 8	0.740 0	0.809 1	0.889 5	0.757 3	0.834 1	0.920 1
24—15	0.733 8	0.786 1	0.850 7	0.747 6	0.817 4	0.893 4	0.771 0	0.852 2	0.935 3
24—17	0.743 2	0.798 9	0.862 5	0.767 7	0.845 9	0.921 7	0.797 0	0.891 2	0.974 0
24—19	0.769 4	0.840 7	0.906 4	0.806 1	0.906 3	0.985 2	0.839 8	0.961 5	1.050 2
26—13	0.718 8	0.768 3	0.832 6	0.717 2	0.775 2	0.849 6	0.727 4	0.792 2	0.872 0
26—15	0.714 3	0.755 8	0.813 7	0.718 1	0.774 1	0.843 2	0.733 3	0.799 8	0.875 5
26—17	0.715 2	0.755 8	0.811 3	0.726 4	0.786 8	0.854 3	0.747 2	0.820 9	0.895 4
26—19	0.724 4	0.772 1	0.827 5	0.745 5	0.817 2	0.885 2	0.771 3	0.860 2	0.935 5
26—21	0.748 7	0.813 9	0.873 0	0.780 8	0.875 7	0.948 5	0.810 7	0.928 5	1.011 7
28—13	0.706 8	0.750 8	0.810 6	0.701 8	0.750 9	0.820 0	0.706 5	0.761 4	0.835 7
28—15	0.701 6	0.736 0	0.788 4	0.699 3	0.744 6	0.807 9	0.707 8	0.762 2	0.832 0
28—17	0.699 7	0.730 0	0.778 8	0.701 4	0.748 1	0.808 9	0.714 6	0.773 2	0.840 8
28—19	0.701 2	0.734 2	0.781 6	0.709 9	0.763 3	0.823 4	0.727 8	0.795 9	0.863 2
28—21	0.709 9	0.752 4	0.800 3	0.728 0	0.794 4	0.856 1	0.750 2	0.834 9	0.905 0
28—23	0.731 9	0.792 7	0.845 6	0.759 7	0.850 1	0.918 8	0.786 4	0.899 8	0.978 2
30—15	0.692 6	0.722 1	0.770 5	0.686 4	0.723 8	0.782 1	0.690 1	0.734 8	0.799 5
30—17	0.689 5	0.713 5	0.757 1	0.685 5	0.722 0	0.776 9	0.692 5	0.739 3	0.801 3
30—19	0.688 2	0.711 9	0.752 9	0.688 3	0.728 4	0.781 7	0.699 1	0.752 1	0.813 0
30—21	0.689 8	0.718 9	0.758 8	0.696 4	0.745 2	0.798 6	0.711 6	0.775 8	0.837 0
30—23	0.698 7	0.737 1	0.779 1	0.713 4	0.775 6	0.832 2	0.732 7	0.813 4	0.879 1
30—25	0.717 4	0.775 1	0.823 8	0.741 9	0.828 7	0.893 0	0.765 9	0.873 9	0.950 8
35—20	0.668 6	0.683 3	0.712 8	0.661 3	0.683 0	0.723 1	0.661 5	0.692 2	0.739 6
35—22	0.666 1	0.683 1	0.709 6	0.660 9	0.687 2	0.725 7	0.663 9	0.700 6	0.747 3
35—24	0.666 9	0.686 1	0.711 8	0.664 7	0.696 6	0.735 4	0.670 5	0.715 2	0.762 8
35—26	0.669 3	0.693 6	0.721 4	0.671 8	0.712 5	0.754 2	0.681 3	0.737 1	0.788 3
35—28	0.675 4	0.709 4	0.742 3	0.684 4	0.739 9	0.786 9	0.697 8	0.771 3	0.828 8
35—30	0.690 6	0.742 6	0.784 2	0.707 7	0.785 7	0.844 2	0.724 8	0.823 5	0.894 3
40—25	0.652 8	0.666 4	0.684 6	0.643 7	0.662 5	0.690 1	0.641 1	0.667 7	0.703 2
40—27	0.651 9	0.667 4	0.686 1	0.643 5	0.667 6	0.695 7	0.644 0	0.676 7	0.713 1
40—29	0.651 9	0.670 8	0.689 9	0.648 0	0.676 0	0.706 5	0.650 3	0.689 7	0.729 1
40—31	0.652 5	0.677 1	0.699 1	0.653 5	0.690 0	0.724 3	0.659 3	0.709 2	0.753 1
40—33	0.657 3	0.691 6	0.718 3	0.663 7	0.714 6	0.755 1	0.672 3	0.738 5	0.790 7
40—35	0.668 9	0.718 6	0.755 5	0.680 8	0.753 3	0.806 3	0.694 2	0.783 9	0.850 3

表 A.1（续）

粮食种类：玉米　　　　环境温度 T_h：0 ℃　　　　环境相对湿度 RH：60%

降水范围 (M_1-M_2) %	热风温度 T_r/℃								
	60			80			100		
	热风表观风速 v_r/(m/s)								
	0.1	0.2	0.3	0.1	0.2	0.3	0.1	0.2	0.3
20—13	0.819 1	0.903 4	0.990 1	0.842 9	0.943 0	1.040 5	0.876 2	0.986 6	1.090 1
20—15	0.849 5	0.940 1	1.025 2	0.889 4	1.004 3	1.101 5	0.928 4	1.061 9	1.168 4
22—13	0.775 4	0.845 5	0.923 8	0.784 5	0.867 7	0.956 0	0.807 9	0.899 3	0.993 3
22—15	0.783 2	0.851 5	0.925 6	0.805 5	0.893 6	0.978 8	0.835 9	0.937 1	1.029 2
22—17	0.813 0	0.893 4	0.968 4	0.848 7	0.956 3	1.044 2	0.883 8	1.012 5	1.108 4
24—13	0.749 8	0.808 8	0.880 0	0.748 5	0.818 1	0.899 1	0.763 2	0.840 0	0.926 3
24—15	0.748 4	0.801 2	0.866 8	0.756 3	0.826 5	0.903 0	0.777 3	0.858 7	0.941 7
24—17	0.757 9	0.814 0	0.878 4	0.777 0	0.856 0	0.932 2	0.803 9	0.898 7	0.982 1
24—19	0.785 3	0.858 0	0.924 7	0.816 7	0.918 5	0.997 9	0.847 6	0.971 3	1.061 2
26—13	0.733 0	0.783 8	0.849 2	0.725 2	0.783 7	0.858 6	0.733 0	0.797 7	0.877 6
26—15	0.728 5	0.770 3	0.829 0	0.726 3	0.782 5	0.852 0	0.739 1	0.805 3	0.881 1
26—17	0.729 3	0.770 0	0.826 1	0.734 9	0.795 5	0.863 1	0.753 2	0.827 2	0.901 4
26—19	0.738 7	0.786 8	0.842 7	0.754 7	0.826 9	0.895 1	0.777 8	0.867 6	0.943 3
26—21	0.763 9	0.830 6	0.890 5	0.790 7	0.887 4	0.960 7	0.818 2	0.937 8	1.020 7
28—13	0.720 9	0.765 9	0.826 5	0.709 7	0.759 3	0.828 6	0.711 9	0.766 5	0.841 0
28—15	0.715 5	0.750 3	0.803 3	0.707 2	0.752 6	0.816 1	0.713 3	0.767 4	0.837 3
28—17	0.713 5	0.743 8	0.793 1	0.709 4	0.756 2	0.817 0	0.720 2	0.778 7	0.846 3
28—19	0.714 9	0.748 1	0.795 7	0.718 2	0.771 7	0.831 7	0.733 7	0.802 0	0.869 5
28—21	0.724 1	0.766 7	0.815 0	0.736 8	0.803 9	0.865 7	0.756 5	0.842 1	0.912 7
28—23	0.746 8	0.808 6	0.862 7	0.769 3	0.862 1	0.930 6	0.793 3	0.908 8	0.988 5
30—15	0.705 7	0.736 2	0.784 9	0.694 1	0.731 7	0.790 0	0.695 3	0.739 8	0.804 4
30—17	0.702 9	0.727 1	0.771 0	0.693 3	0.729 6	0.784 7	0.697 7	0.744 3	0.806 3
30—19	0.702 0	0.725 6	0.766 6	0.696 2	0.736 3	0.789 7	0.704 5	0.757 4	0.818 2
30—21	0.703 3	0.732 5	0.772 5	0.704 7	0.753 4	0.807 1	0.717 3	0.781 3	0.843 3
30—23	0.712 2	0.751 0	0.793 5	0.721 8	0.784 9	0.841 6	0.738 7	0.820 5	0.886 6
30—25	0.731 7	0.791 0	0.840 5	0.751 1	0.839 7	0.905 6	0.772 0	0.882 5	0.961 0
35—20	0.680 9	0.696 7	0.726 2	0.668 9	0.690 6	0.730 4	0.666 4	0.697 0	0.744 2
35—22	0.679 9	0.696 6	0.722 9	0.668 8	0.694 8	0.733 1	0.668 8	0.705 7	0.752 1
35—24	0.679 7	0.699 7	0.725 3	0.671 8	0.704 4	0.743 1	0.675 7	0.720 5	0.768 3
35—26	0.682 4	0.707 1	0.734 8	0.679 5	0.720 9	0.762 5	0.686 8	0.743 0	0.794 5
35—28	0.688 8	0.723 8	0.756 3	0.692 3	0.748 7	0.796 1	0.703 0	0.777 6	0.835 2
35—30	0.704 3	0.757 6	0.799 5	0.715 8	0.796 3	0.854 9	0.730 2	0.831 0	0.903 9
40—25	0.665 1	0.679 7	0.697 9	0.651 8	0.670 4	0.697 5	0.646 3	0.672 4	0.707 9
40—27	0.663 9	0.680 8	0.699 0	0.651 7	0.674 5	0.703 3	0.648 4	0.681 4	0.718 2
40—29	0.663 7	0.684 3	0.703 1	0.654 7	0.683 7	0.714 3	0.654 4	0.694 2	0.734 4
40—31	0.664 8	0.691 4	0.712 6	0.660 1	0.697 7	0.733 1	0.664 0	0.714 9	0.759 2
40—33	0.669 8	0.705 0	0.731 9	0.671 1	0.722 8	0.763 9	0.677 3	0.744 8	0.797 7
40—35	0.682 3	0.732 7	0.770 7	0.690 5	0.762 7	0.817 5	0.699 7	0.790 6	0.858 0

表 A.1（续）

粮食种类：玉米　　　　环境温度 T_h：0 ℃　　　　环境相对湿度 RH：90%

降水范围 (M_1-M_2) %	热风温度 T_r/℃								
	60			80			100		
	热风表观风速 v_r/(m/s)								
	0.1	0.2	0.3	0.1	0.2	0.3	0.1	0.2	0.3
20—13	0.835 3	0.921 3	1.009 6	0.853 0	0.954 0	1.052 5	0.883 7	0.994 2	1.098 9
20—15	0.867 0	0.959 0	1.045 3	0.901 1	1.017 3	1.116 5	0.937 2	1.072 4	1.178 3
22—13	0.790 8	0.862 1	0.941 6	0.793 5	0.877 3	0.966 2	0.814 2	0.905 7	1.000
22—15	0.798 4	0.867 6	0.942 6	0.815 1	0.903 9	0.989 6	0.842 8	0.944 7	1.037 3
22—17	0.829 4	0.910 6	0.987 2	0.859 8	0.968 5	1.056 9	0.891 5	1.021 2	1.117 6
24—13	0.764 6	0.824 6	0.896 7	0.757 0	0.826 9	0.908 3	0.769 0	0.845 8	0.932 2
24—15	0.763 1	0.816 2	0.882 5	0.764 9	0.835 3	0.912 1	0.783 4	0.864 6	0.948 2
24—17	0.772 7	0.829 0	0.894 2	0.786 3	0.865 6	0.942 1	0.810 5	0.905 3	0.988 9
24—19	0.801 2	0.874 2	0.942 3	0.826 8	0.930 0	1.011 0	0.855 0	0.980 6	1.069 9
26—13	0.747 5	0.799 2	0.865 4	0.733 4	0.792 1	0.867 3	0.738 4	0.803 0	0.883 1
26—15	0.742 8	0.784 9	0.844 1	0.734 6	0.790 7	0.860 5	0.744 7	0.810 8	0.886 9
26—17	0.743 5	0.784 2	0.840 7	0.743 4	0.803 8	0.871 8	0.759 1	0.832 9	0.907 7
26—19	0.753 1	0.801 3	0.857 6	0.763 7	0.836 3	0.905 2	0.784 3	0.874 6	0.950 8
26—21	0.779 1	0.846 9	0.907 4	0.800 6	0.898 7	0.973 3	0.824 9	0.946 7	1.030 9
28—13	0.734 9	0.780 9	0.842 1	0.717 7	0.767 3	0.837 0	0.717 1	0.771 6	0.846 1
28—15	0.729 5	0.764 5	0.818 0	0.715 2	0.760 5	0.824 1	0.718 7	0.772 5	0.842 5
28—17	0.727 4	0.757 7	0.807 2	0.717 4	0.764 1	0.825 1	0.725 7	0.783 9	0.851 8
28—19	0.728 9	0.762 0	0.809 6	0.726 5	0.779 9	0.840 5	0.739 4	0.807 5	0.875 1
28—21	0.738 1	0.781 0	0.829 4	0.745 5	0.812 7	0.875 7	0.762 7	0.849 1	0.919 1
28—23	0.761 6	0.824 7	0.879 3	0.778 6	0.872 9	0.943 0	0.800 1	0.917 3	0.998 5
30—15	0.719 6	0.750 0	0.799 4	0.702 3	0.739 4	0.797 7	0.700 6	0.744 7	0.809 3
30—17	0.716 4	0.741 0	0.785 0	0.701 4	0.737 5	0.792 5	0.702 9	0.749 2	0.811 2
30—19	0.715 3	0.739 1	0.780 2	0.703 9	0.744 1	0.797 5	0.709 8	0.762 8	0.823 3
30—21	0.717 0	0.746 3	0.785 9	0.712 4	0.761 6	0.815 4	0.723 0	0.787 3	0.848 8
30—23	0.725 9	0.765 2	0.807 8	0.730 3	0.793 6	0.850 7	0.744 5	0.827 2	0.893 0
30—25	0.746 5	0.806 5	0.856 6	0.760 1	0.850 7	0.916 7	0.778 4	0.890 5	0.970 6
35—20	0.695 3	0.710 0	0.739 7	0.676 2	0.698 2	0.737 7	0.671 8	0.701 7	0.748 8
35—22	0.692 0	0.709 7	0.736 0	0.676 8	0.702 4	0.740 6	0.674 0	0.710 5	0.756 9
35—24	0.692 4	0.712 8	0.738 5	0.679 0	0.711 8	0.750 8	0.681 5	0.725 4	0.773 2
35—26	0.694 5	0.720 5	0.748 1	0.687 1	0.728 8	0.770 7	0.692 1	0.748 5	0.799 9
35—28	0.701 3	0.737 3	0.770 2	0.700 6	0.757 8	0.805 2	0.708 9	0.784 1	0.842 3
35—30	0.718 8	0.772 2	0.815 4	0.724 7	0.806 3	0.866 4	0.736 4	0.838 0	0.912 7
40—25	0.677 6	0.692 5	0.710 7	0.658 3	0.677 4	0.704 7	0.651 4	0.677 0	0.712 6
40—27	0.674 5	0.693 8	0.711 8	0.657 8	0.682 2	0.710 5	0.653 3	0.686 1	0.723 0
40—29	0.676 4	0.697 2	0.716 3	0.662 0	0.690 4	0.721 9	0.659 9	0.699 3	0.739 1
40—31	0.677 9	0.704 3	0.726 5	0.667 9	0.705 8	0.740 5	0.668 0	0.720 6	0.764 6
40—33	0.683 2	0.718 8	0.745 3	0.677 6	0.731 5	0.772 6	0.682 7	0.751 1	0.803 7
40—35	0.695 2	0.747 9	0.786 7	0.697 8	0.772 1	0.827 8	0.705 3	0.797 1	0.866 1

表 A.1（续）

粮食种类:玉米　　　　环境温度 T_h:5 ℃　　　　环境相对湿度 RH:30%

降水范围 (M_1-M_2) %	热风温度 T_r/℃								
	60			80			100		
	热风表观风速 v_r/(m/s)								
	0.1	0.2	0.3	0.1	0.2	0.3	0.1	0.2	0.3
20—13	0.737 6	0.812 4	0.890 1	0.777 1	0.869 0	0.959 5	0.818 3	0.921 1	1.019 2
20—15	0.759 9	0.839 3	0.915 2	0.814 3	0.917 8	1.007 5	0.862 6	0.983 8	1.083 2
22—13	0.700 3	0.762 4	0.832 5	0.726 1	0.802 4	0.884 4	0.757 5	0.843 0	0.932 0
22—15	0.705 2	0.765 4	0.831 8	0.742 3	0.822 6	0.901 5	0.780 4	0.874 2	0.961 2
22—17	0.727 0	0.796 7	0.863 3	0.777 3	0.872 7	0.953 2	0.821 0	0.935 6	1.025 5
24—13	0.677 9	0.730 3	0.794 2	0.694 4	0.758 1	0.833 3	0.717 4	0.789 3	0.870 9
24—15	0.675 8	0.722 5	0.781 3	0.699 7	0.763 8	0.834 7	0.728 5	0.804 3	0.882 6
24—17	0.682 4	0.731 5	0.789 0	0.716 0	0.787 3	0.857 5	0.750 5	0.837 4	0.915 2
24—19	0.702 7	0.764 4	0.823 8	0.748 1	0.837 1	0.909 5	0.787 9	0.897 6	0.980 1
26—13	0.663 2	0.708 4	0.767 0	0.673 7	0.727 3	0.796 6	0.690 2	0.750 7	0.826 3
26—15	0.658 7	0.695 9	0.748 4	0.673 6	0.725 0	0.789 3	0.694 7	0.756 3	0.827 9
26—17	0.658 6	0.694 3	0.744 6	0.680 0	0.734 7	0.797 4	0.705 9	0.774 2	0.844 1
26—19	0.665 2	0.706 6	0.756 6	0.695 6	0.760 0	0.823 0	0.726 5	0.807 7	0.878 9
26—21	0.684 0	0.739 7	0.792 4	0.725 1	0.808 4	0.875 5	0.760 9	0.866 3	0.942 8
28—13	0.652 3	0.692 6	0.747 0	0.659 7	0.705 2	0.769 5	0.671 3	0.722 3	0.792 6
28—15	0.647 3	0.678 3	0.725 8	0.657 0	0.698 3	0.757 1	0.671 7	0.722 0	0.787 9
28—17	0.645 3	0.671 8	0.716 1	0.658 0	0.700 3	0.756 7	0.676 6	0.730 8	0.794 7
28—19	0.645 7	0.674 3	0.717 0	0.664 4	0.712 6	0.768 3	0.687 7	0.750 2	0.813 5
28—21	0.652 1	0.688 5	0.731 5	0.679 2	0.738 5	0.795 3	0.706 9	0.783 5	0.849 5
28—23	0.669 1	0.720 4	0.767 6	0.705 7	0.785 1	0.847 2	0.738 4	0.839 5	0.912 0
30—15	0.638 9	0.665 9	0.709 5	0.645 3	0.679 4	0.733 5	0.655 6	0.696 8	0.757 9
30—17	0.636 4	0.657 4	0.696 9	0.644 1	0.677 0	0.727 9	0.657 1	0.700 0	0.758 4
30—19	0.634 5	0.655 2	0.692 0	0.645 6	0.681 8	0.731 2	0.662 1	0.710 8	0.767 9
30—21	0.635 6	0.660 2	0.695 9	0.651 9	0.695 4	0.744 8	0.672 5	0.730 9	0.788 4
30—23	0.641 6	0.674 5	0.711 6	0.666 0	0.720 9	0.772 8	0.690 7	0.763 6	0.824 6
30—25	0.656 0	0.704 6	0.747 5	0.689 4	0.765 5	0.822 9	0.718 9	0.815 7	0.885 8
35—20	0.616 6	0.629 8	0.656 7	0.621 4	0.641 1	0.677 9	0.628 5	0.656 2	0.700 7
35—22	0.614 9	0.629 6	0.653 0	0.620 8	0.644 3	0.679 6	0.630 3	0.663 5	0.706 9
35—24	0.614 9	0.631 4	0.654 4	0.623 3	0.652 0	0.687 6	0.635 4	0.675 7	0.720 2
35—26	0.616 2	0.637 2	0.661 6	0.629 6	0.665 3	0.703 4	0.644 3	0.694 6	0.741 7
35—28	0.620 7	0.649 8	0.678 0	0.638 8	0.687 9	0.730 2	0.658 2	0.724 1	0.776 7
35—30	0.631 7	0.675 7	0.711 2	0.658 6	0.726 5	0.777 5	0.681 5	0.769 0	0.833 0
40—25	0.602 5	0.614 3	0.630 6	0.605 4	0.622 1	0.647 1	0.609 5	0.633 1	0.666 1
40—27	0.600 6	0.615 0	0.631 1	0.605 4	0.625 7	0.651 6	0.611 9	0.640 3	0.674 7
40—29	0.600 9	0.618 0	0.634 6	0.607 9	0.632 4	0.660 6	0.616 7	0.651 7	0.688 3
40—31	0.601 3	0.622 9	0.641 5	0.612 4	0.644 2	0.675 6	0.623 4	0.668 7	0.709 2
40—33	0.604 1	0.633 6	0.656 7	0.619 6	0.664 8	0.700 9	0.634 5	0.694 0	0.740 9
40—35	0.614 3	0.654 4	0.686 1	0.635 1	0.697 2	0.743 8	0.652 8	0.732 9	0.791 7

表 A.1（续）

粮食种类：玉米　　环境温度 T_h：5 ℃　　环境相对湿度 RH：60%

降水范围 (M_1-M_2) %	热风温度 T_r/℃								
	60			80			100		
	热风表观风速 v_r/(m/s)								
	0.1	0.2	0.3	0.1	0.2	0.3	0.1	0.2	0.3
20—13	0.759 1	0.836 3	0.916 3	0.790 8	0.883 9	0.975 9	0.828 6	0.932 1	1.031 3
20—15	0.782 9	0.864 6	0.942 9	0.830 3	0.936 0	1.027 3	0.874 4	0.997 7	1.097 7
22—13	0.720 4	0.784 4	0.856 4	0.738 2	0.815 5	0.898 4	0.766 3	0.852 1	0.941 4
22—15	0.725 3	0.786 7	0.854 7	0.755 2	0.836 5	0.916 5	0.790 1	0.884 4	0.971 7
22—17	0.748 8	0.819 8	0.888 3	0.792 0	0.889 6	0.971 5	0.832 2	0.949 5	1.040 4
24—13	0.697 4	0.751 3	0.816 4	0.705 8	0.770 1	0.846 0	0.725 4	0.797 3	0.879 1
24—15	0.695 1	0.742 4	0.802 3	0.711 4	0.775 8	0.847 4	0.736 8	0.812 7	0.891 3
24—17	0.701 9	0.751 3	0.810 1	0.728 5	0.800 3	0.871 5	0.759 7	0.847 1	0.925 9
24—19	0.723 5	0.786 7	0.847 2	0.762 4	0.853 2	0.927 9	0.798 1	0.910 9	0.994 3
26—13	0.682 0	0.728 7	0.788 4	0.684 7	0.738 7	0.808 5	0.697 8	0.758 1	0.833 8
26—15	0.677 5	0.715 1	0.768 5	0.684 7	0.736 1	0.800 9	0.702 3	0.763 8	0.835 6
26—17	0.677 3	0.713 0	0.764 0	0.691 3	0.746 3	0.809 3	0.714 0	0.782 3	0.852 7
26—19	0.684 0	0.725 8	0.776 4	0.707 6	0.772 9	0.836 5	0.735 3	0.817 1	0.889 2
26—21	0.704 2	0.761 2	0.814 8	0.738 5	0.824 5	0.892 2	0.770 5	0.878 3	0.956 6
28—13	0.670 7	0.712 4	0.767 7	0.670 4	0.716 3	0.780 9	0.678 5	0.729 3	0.799 5
28—15	0.665 5	0.697 2	0.745 3	0.667 5	0.709 0	0.768 1	0.678 9	0.729 0	0.795 0
28—17	0.663 5	0.690 1	0.734 7	0.668 7	0.711 0	0.767 6	0.684 3	0.738 2	0.802 0
28—19	0.664 2	0.692 6	0.735 5	0.675 6	0.723 8	0.779 7	0.695 7	0.758 2	0.821 4
28—21	0.670 5	0.707 4	0.750 7	0.690 9	0.750 7	0.808 4	0.715 2	0.793 3	0.858 8
28—23	0.688 9	0.741 5	0.789 5	0.718 7	0.800 2	0.863 5	0.747 7	0.850 9	0.925 6
30—15	0.656 7	0.684 3	0.728 7	0.655 9	0.690 0	0.744 1	0.662 8	0.703 6	0.764 5
30—17	0.653 8	0.675 4	0.715 2	0.654 7	0.687 2	0.738 3	0.664 1	0.706 9	0.765 2
30—19	0.652 9	0.673 1	0.710 1	0.656 1	0.692 4	0.741 7	0.669 5	0.717 9	0.775 0
30—21	0.653 2	0.678 4	0.713 9	0.662 9	0.706 5	0.755 9	0.680 2	0.738 8	0.796 7
30—23	0.659 9	0.693 0	0.730 6	0.677 1	0.733 3	0.785 4	0.698 9	0.772 7	0.834 5
30—25	0.675 1	0.725 3	0.769 0	0.701 6	0.780 2	0.839 7	0.727 8	0.827 3	0.897 9
35—20	0.634 1	0.647 3	0.674 2	0.631 9	0.651 1	0.687 8	0.635 5	0.662 7	0.706 9
35—22	0.632 3	0.646 8	0.670 5	0.631 6	0.654 5	0.689 7	0.637 4	0.670 2	0.713 6
35—24	0.631 4	0.649 1	0.671 9	0.633 7	0.662 4	0.697 9	0.642 2	0.682 6	0.727 2
35—26	0.633 8	0.654 9	0.679 4	0.640 2	0.676 2	0.714 2	0.651 7	0.702 2	0.750 0
35—28	0.638 6	0.668 0	0.696 4	0.650 7	0.699 8	0.742 9	0.665 5	0.732 9	0.785 5
35—30	0.651 4	0.695 1	0.731 9	0.670 3	0.740 3	0.792 5	0.689 3	0.779 0	0.845 4
40—25	0.618 2	0.632 1	0.643 1	0.615 4	0.631 8	0.656 8	0.616 4	0.639 7	0.672 6
40—27	0.616 4	0.633 0	0.648 7	0.615 3	0.635 6	0.661 8	0.618 0	0.647 2	0.681 4
40—29	0.616 5	0.635 0	0.651 8	0.617 5	0.642 9	0.670 8	0.622 5	0.658 2	0.695 5
40—31	0.617 5	0.640 7	0.659 6	0.622 1	0.655 2	0.686 6	0.630 1	0.676 5	0.716 8
40—33	0.621 1	0.651 0	0.674 5	0.629 8	0.676 3	0.712 6	0.641 6	0.702 3	0.750 3
40—35	0.630 1	0.673 4	0.706 7	0.645 0	0.709 8	0.758 1	0.660 5	0.742 3	0.803 4

表 A.1(续)

粮食种类:玉米　　环境温度 T_h:5 ℃　　环境相对湿度 RH:90%

降水范围 (M_1-M_2) %	热风温度 T_r/℃								
	60			80			100		
	热风表观风速 v_r/(m/s)								
	0.1	0.2	0.3	0.1	0.2	0.3	0.1	0.2	0.3
20—13	0.780 5	0.859 8	0.941 7	0.804 1	0.898 4	0.991 3	0.838 5	0.942 5	1.042 6
20—15	0.805 5	0.888 9	0.969 3	0.845 5	0.953 0	1.045 7	0.886 1	1.011 5	1.112 4
22—13	0.740 6	0.806 2	0.879 6	0.750 1	0.828 0	0.911 7	0.774 7	0.860 5	0.950 3
22—15	0.745 6	0.807 7	0.876 9	0.767 9	0.849 6	0.930 3	0.799 4	0.893 9	0.982 3
22—17	0.770 3	0.842 5	0.912 7	0.806 4	0.905 5	0.988 6	0.842 8	0.961 7	1.054 2
24—13	0.717 0	0.772 1	0.838 6	0.717 0	0.781 7	0.858 1	0.733 2	0.804 9	0.887 1
24—15	0.714 5	0.762 0	0.822 9	0.722 9	0.787 5	0.859 5	0.745 1	0.820 8	0.899 8
24—17	0.721 4	0.770 9	0.830 6	0.740 6	0.813 0	0.884 8	0.768 7	0.856 3	0.935 9
24—19	0.744 3	0.808 3	0.870 2	0.775 9	0.869 2	0.944 0	0.808 1	0.922 5	1.007 6
26—13	0.701 1	0.748 8	0.809 5	0.695 6	0.749 8	0.820 0	0.705 3	0.765 2	0.841 0
26—15	0.696 7	0.734 2	0.788 3	0.695 7	0.746 9	0.812 0	0.709 9	0.771 1	0.843 1
26—17	0.696 3	0.731 6	0.783 1	0.702 5	0.757 5	0.820 9	0.722 1	0.790 1	0.860 9
26—19	0.702 9	0.744 9	0.795 8	0.719 4	0.784 9	0.849 2	0.743 9	0.826 6	0.898 8
26—21	0.723 9	0.782 3	0.837 0	0.751 5	0.839 3	0.908 8	0.779 9	0.890 2	0.969 6
28—13	0.689 0	0.732 1	0.788 2	0.681 2	0.726 9	0.791 8	0.685 7	0.736 1	0.806 5
28—15	0.684 5	0.715 8	0.764 6	0.678 3	0.719 5	0.778 7	0.686 2	0.735 8	0.801 8
28—17	0.681 7	0.708 5	0.753 3	0.679 5	0.721 4	0.778 2	0.691 6	0.745 3	0.809 2
28—19	0.682 5	0.710 8	0.753 7	0.686 8	0.734 8	0.790 6	0.703 4	0.765 8	0.829 4
28—21	0.689 1	0.726 0	0.769 5	0.702 4	0.763 0	0.820 9	0.723 4	0.802 1	0.868 2
28—23	0.708 3	0.762 2	0.811 1	0.731 6	0.815 2	0.878 7	0.756 7	0.862 5	0.938 2
30—15	0.674 9	0.702 7	0.747 6	0.666 6	0.700 1	0.754 5	0.669 8	0.710 1	0.771 0
30—17	0.672 1	0.693 6	0.733 5	0.665 1	0.697 5	0.748 5	0.671 1	0.713 5	0.771 9
30—19	0.670 4	0.691 1	0.728 0	0.666 7	0.702 8	0.752 0	0.676 7	0.724 9	0.782 1
30—21	0.671 6	0.696 4	0.731 8	0.673 8	0.717 4	0.766 7	0.687 9	0.746 4	0.804 1
30—23	0.678 1	0.711 8	0.749 1	0.688 7	0.744 9	0.797 9	0.706 8	0.781 4	0.843 1
30—25	0.694 3	0.745 9	0.790 4	0.714 2	0.794 1	0.854 8	0.736 4	0.838 2	0.910 2
35—20	0.651 6	0.665 1	0.692 0	0.642 2	0.661 4	0.697 6	0.642 2	0.669 2	0.713 1
35—22	0.649 7	0.664 7	0.688 0	0.641 2	0.664 8	0.699 4	0.643 9	0.676 8	0.720 0
35—24	0.648 6	0.667 0	0.689 4	0.644 0	0.672 2	0.707 9	0.649 2	0.689 7	0.734 2
35—26	0.650 8	0.672 9	0.697 4	0.649 8	0.687 1	0.725 0	0.658 9	0.709 9	0.757 3
35—28	0.655 9	0.686 4	0.715 1	0.660 8	0.711 6	0.754 9	0.673 2	0.741 0	0.794 7
35—30	0.670 1	0.715 0	0.752 2	0.681 5	0.753 5	0.808 0	0.697 1	0.789 3	0.857 1
40—25	0.634 6	0.649 5	0.665 9	0.624 6	0.642 0	0.666 6	0.622 1	0.646 2	0.678 8
40—27	0.632 5	0.650 5	0.666 3	0.624 2	0.645 4	0.671 4	0.624 6	0.653 6	0.687 8
40—29	0.633 2	0.652 5	0.669 5	0.627 4	0.653 0	0.680 7	0.628 6	0.665 3	0.702 0
40—31	0.634 7	0.657 9	0.677 0	0.632 3	0.665 7	0.697 0	0.636 9	0.682 9	0.724 1
40—33	0.637 3	0.669 0	0.692 9	0.641 0	0.687 2	0.724 4	0.648 8	0.710 9	0.758 5
40—35	0.647 4	0.693 2	0.726 2	0.657 2	0.722 6	0.772 0	0.668 9	0.751 2	0.813 9

表 A.1（续）

粮食种类：玉米　　　　环境温度 T_h：10 ℃　　　　环境相对湿度 RH：30%

降水范围 (M_1-M_2) %	热风温度 T_r/℃								
	60			80			100		
	热风表观风速 v_r/(m/s)								
	0.1	0.2	0.3	0.1	0.2	0.3	0.1	0.2	0.3
20—13	0.673 9	0.741 2	0.811 5	0.722 9	0.807 8	0.892 5	0.769 2	0.865 5	0.958 9
20—15	0.689 9	0.760 2	0.829 2	0.752 7	0.846 8	0.930 8	0.806 3	0.917 5	1.011 1
22—13	0.641 5	0.697 3	0.760 4	0.677 7	0.748 1	0.824 6	0.714 5	0.794 5	0.878 7
22—15	0.643 9	0.697 2	0.757 0	0.690 0	0.763 4	0.837 1	0.733 0	0.820 1	0.902 0
22—17	0.659 7	0.720 0	0.780 3	0.718 2	0.804 0	0.878 3	0.767 7	0.871 6	0.956 0
24—13	0.621 8	0.668 9	0.726 3	0.649 5	0.708 2	0.778 0	0.678 4	0.745 3	0.822 6
24—15	0.619 0	0.660 1	0.712 9	0.653 0	0.711 4	0.777 2	0.686 9	0.757 1	0.831 1
24—17	0.623 0	0.665 5	0.717 3	0.665 5	0.729 9	0.795 0	0.704 9	0.784 6	0.858 1
24—19	0.637 7	0.690 3	0.743 2	0.691 7	0.770 1	0.837 3	0.736 8	0.835 2	0.911 9
26—13	0.608 7	0.649 3	0.702 0	0.631 1	0.680 2	0.744 5	0.653 9	0.710 0	0.781 3
26—15	0.604 2	0.636 9	0.684 0	0.630 2	0.676 7	0.736 3	0.656 7	0.713 7	0.781 3
26—17	0.603 2	0.634 0	0.679 0	0.634 5	0.683 9	0.741 9	0.665 5	0.728 2	0.794 4
26—19	0.607 3	0.642 6	0.687 3	0.646 5	0.704 3	0.762 2	0.682 5	0.756 5	0.823 0
26—21	0.621 0	0.667 6	0.714 0	0.670 7	0.743 5	0.804 7	0.711 9	0.805 5	0.877 1
28—13	0.598 7	0.635 2	0.684 1	0.618 4	0.660 1	0.719 6	0.636 6	0.683 8	0.750 0
28—15	0.594 0	0.621 5	0.664 1	0.615 4	0.652 9	0.707 2	0.636 1	0.682 5	0.744 5
28—17	0.591 8	0.614 8	0.654 2	0.615 4	0.653 5	0.705 5	0.639 7	0.689 4	0.749 4
28—19	0.591 6	0.615 7	0.653 5	0.620 1	0.663 1	0.714 2	0.648 4	0.705 5	0.765 0
28—21	0.595 6	0.626 2	0.664 0	0.631 5	0.683 8	0.736 2	0.664 4	0.733 4	0.794 7
28—23	0.608 1	0.650 1	0.691 2	0.653 5	0.721 5	0.777 9	0.691 3	0.779 8	0.847 5
30—15	0.586 2	0.610 4	0.649 8	0.604 9	0.636 0	0.685 8	0.621 7	0.659 6	0.716 9
30—17	0.583 9	0.602 2	0.637 4	0.603 5	0.632 8	0.679 6	0.622 5	0.661 6	0.716 3
30—19	0.581 9	0.599 6	0.632 2	0.604 1	0.636 1	0.681 4	0.626 0	0.670 3	0.723 8
30—21	0.582 0	0.602 8	0.634 3	0.608 5	0.646 8	0.692 3	0.634 3	0.687 0	0.740 9
30—23	0.586 0	0.613 4	0.646 0	0.619 7	0.667 6	0.714 9	0.649 5	0.714 6	0.771 4
30—25	0.596 3	0.636 1	0.672 8	0.638 8	0.703 5	0.755 9	0.673 4	0.758 6	0.821 5
35—20	0.566 6	0.577 6	0.601 3	0.582 5	0.600 0	0.633 7	0.596 1	0.621 0	0.662 4
35—22	0.564 8	0.576 9	0.597 6	0.581 4	0.602 2	0.634 4	0.597 3	0.626 8	0.667 4
35—24	0.564 0	0.578 4	0.598 1	0.583 3	0.608 3	0.640 5	0.601 2	0.637 1	0.678 4
35—26	0.564 6	0.582 3	0.603 2	0.587 5	0.619 2	0.653 4	0.608 3	0.653 0	0.697 0
35—28	0.566 6	0.591 5	0.615 7	0.595 9	0.637 4	0.675 3	0.619 9	0.677 8	0.725 9
35—30	0.575 6	0.611 0	0.640 7	0.610 5	0.668 7	0.713 8	0.639 2	0.716 0	0.773 2
40—25	0.553 0	0.563 2	0.577 6	0.567 4	0.582 5	0.605 0	0.578 3	0.599 0	0.629 7
40—27	0.550 7	0.563 8	0.578 0	0.566 5	0.585 0	0.608 4	0.579 1	0.605 2	0.636 9
40—29	0.551 3	0.566 2	0.579 8	0.569 2	0.590 5	0.615 5	0.583 3	0.614 4	0.648 4
40—31	0.550 4	0.569 4	0.585 3	0.572 0	0.599 7	0.627 7	0.588 6	0.628 7	0.665 6
40—33	0.552 7	0.576 7	0.596 3	0.577 9	0.616 5	0.648 4	0.598 1	0.650 1	0.692 6
40—35	0.558 9	0.593 0	0.618 6	0.590 0	0.642 5	0.683 1	0.613 1	0.682 8	0.735 1

表 A.1（续）

粮食种类：玉米　　　　环境温度 T_h：10 ℃　　　　环境相对湿度 RH：60%

降水范围 (M_1-M_2) %	热风温度 T_r/℃								
	60			80			100		
	热风表观风速 v_r/(m/s)								
	0.1	0.2	0.3	0.1	0.2	0.3	0.1	0.2	0.3
20—13	0.701 7	0.771 9	0.845 3	0.740 8	0.827 2	0.913 6	0.782 7	0.879 8	0.974 1
20—15	0.719 3	0.792 4	0.864 0	0.773 4	0.869 9	0.955 9	0.822 3	0.936 3	1.031 6
22—13	0.667 5	0.725 7	0.791 2	0.693 7	0.765 0	0.842 6	0.726 0	0.806 1	0.891 0
22—15	0.670 0	0.724 5	0.786 4	0.706 9	0.781 5	0.856 1	0.745 9	0.833 4	0.916 6
22—17	0.687 6	0.749 9	0.812 5	0.737 7	0.825 6	0.901 7	0.782 3	0.889 4	0.974 2
24—13	0.647 0	0.696 0	0.755 2	0.664 6	0.723 8	0.794 5	0.688 9	0.755 8	0.833 3
24—15	0.643 9	0.685 7	0.740 0	0.668 3	0.727 0	0.793 7	0.698 0	0.768 3	0.842 6
24—17	0.648 2	0.691 1	0.744 3	0.681 8	0.747 1	0.813 1	0.717 1	0.797 7	0.871 9
24—19	0.664 4	0.718 7	0.773 3	0.710 0	0.791 3	0.859 5	0.750 5	0.852 2	0.930 5
26—13	0.632 9	0.675 3	0.729 6	0.645 6	0.695 1	0.759 9	0.663 8	0.719 7	0.791 1
26—15	0.628 6	0.661 7	0.709 9	0.644 7	0.691 3	0.751 4	0.666 9	0.723 6	0.791 3
26—17	0.627 6	0.658 1	0.704 0	0.649 4	0.698 8	0.757 5	0.676 2	0.738 9	0.805 3
26—19	0.631 8	0.667 4	0.712 7	0.662 3	0.720 7	0.779 5	0.694 4	0.768 8	0.836 4
26—21	0.646 8	0.695 2	0.742 9	0.688 1	0.763 6	0.826 2	0.724 8	0.821 2	0.894 1
28—13	0.622 4	0.660 6	0.710 8	0.632 6	0.674 5	0.734 6	0.646 3	0.693 1	0.759 4
28—15	0.617 9	0.645 6	0.689 2	0.629 5	0.666 8	0.721 4	0.645 9	0.691 7	0.753 8
28—17	0.615 4	0.638 4	0.678 4	0.629 6	0.667 4	0.719 8	0.649 6	0.699 0	0.759 1
28—19	0.615 2	0.639 4	0.677 4	0.634 9	0.677 7	0.729 1	0.659 0	0.716 0	0.775 6
28—21	0.619 4	0.650 4	0.688 7	0.647 1	0.700 2	0.752 7	0.675 7	0.746 0	0.807 9
28—23	0.633 4	0.677 2	0.719 3	0.670 3	0.741 4	0.798 8	0.703 6	0.795 5	0.864 1
30—15	0.609 8	0.634 3	0.674 3	0.619 0	0.649 6	0.699 6	0.631 3	0.668 4	0.725 7
30—17	0.607 0	0.625 5	0.661 2	0.617 2	0.646 3	0.693 2	0.631 9	0.670 5	0.725 3
30—19	0.605 0	0.622 7	0.655 5	0.617 9	0.650 0	0.695 2	0.635 5	0.679 8	0.733 2
30—21	0.605 5	0.626 4	0.657 6	0.622 9	0.661 5	0.706 9	0.644 6	0.697 4	0.751 5
30—23	0.609 5	0.637 5	0.670 4	0.634 6	0.683 4	0.731 4	0.660 2	0.726 5	0.783 9
30—25	0.621 3	0.662 6	0.700 5	0.654 8	0.723 0	0.776 4	0.685 1	0.773 8	0.838 8
35—20	0.588 2	0.600 2	0.623 7	0.596 4	0.613 2	0.646 5	0.605 0	0.629 6	0.670 7
35—22	0.586 6	0.599 3	0.620 1	0.595 4	0.615 9	0.647 5	0.606 3	0.635 6	0.676 0
35—24	0.585 8	0.601 0	0.620 8	0.596 4	0.621 9	0.654 0	0.610 3	0.646 5	0.687 7
35—26	0.586 2	0.605 3	0.626 3	0.601 5	0.633 5	0.667 7	0.617 5	0.663 4	0.707 5
35—28	0.589 8	0.615 3	0.639 6	0.609 2	0.652 7	0.691 8	0.629 8	0.689 3	0.738 0
35—30	0.599 4	0.635 8	0.667 2	0.625 7	0.687 0	0.733 5	0.649 6	0.729 3	0.788 5
40—25	0.574 1	0.585 8	0.600 1	0.580 9	0.595 2	0.617 5	0.587 4	0.607 7	0.638 2
40—27	0.570 5	0.586 2	0.600 4	0.579 3	0.598 4	0.621 8	0.588 1	0.614 1	0.645 8
40—29	0.570 3	0.587 8	0.602 6	0.581 4	0.603 9	0.628 9	0.591 8	0.623 8	0.657 5
40—31	0.571 9	0.592 1	0.608 2	0.585 4	0.614 2	0.642 0	0.597 3	0.638 5	0.676 2
40—33	0.573 9	0.599 7	0.620 1	0.591 0	0.631 5	0.663 9	0.607 4	0.661 3	0.704 4
40—35	0.581 4	0.618 0	0.644 8	0.603 2	0.659 7	0.701 6	0.622 6	0.695 5	0.750 4

表 A.1（续）

粮食种类:玉米　　　　环境温度 T_h:10 ℃　　　　环境相对湿度 RH:90%

降水范围 (M_1-M_2) %	热风温度 T_r/℃								
	60			80			100		
	热风表观风速 v_r/(m/s)								
	0.1	0.2	0.3	0.1	0.2	0.3	0.1	0.2	0.3
20—13	0.729 4	0.802 0	0.877 7	0.758 0	0.845 7	0.933 2	0.795 6	0.893 1	0.988 0
20—15	0.748 4	0.823 3	0.897 3	0.793 3	0.891 8	0.978 9	0.837 3	0.953 5	1.049 1
22—13	0.693 9	0.753 7	0.821 0	0.709 2	0.781 2	0.859 7	0.737 1	0.817 3	0.902 8
22—15	0.696 2	0.751 4	0.814 8	0.723 4	0.798 4	0.874 1	0.758 0	0.846 1	0.929 4
22—17	0.715 4	0.778 7	0.842 8	0.756 3	0.846 2	0.923 9	0.796 2	0.905 8	0.991 8
24—13	0.672 5	0.722 9	0.783 4	0.679 5	0.738 8	0.810 2	0.699 2	0.765 8	0.843 6
24—15	0.669 2	0.711 1	0.766 5	0.683 4	0.742 0	0.809 4	0.708 7	0.778 8	0.853 7
24—17	0.673 5	0.716 3	0.770 4	0.697 7	0.763 4	0.830 0	0.728 7	0.809 5	0.884 8
24—19	0.691 1	0.746 3	0.801 9	0.727 7	0.811 2	0.880 7	0.763 6	0.868 0	0.947 6
26—13	0.657 7	0.701 6	0.757 1	0.660 0	0.709 6	0.774 9	0.673 7	0.729 0	0.800 6
26—15	0.653 0	0.686 4	0.735 5	0.659 1	0.705 3	0.765 9	0.676 9	0.733 1	0.800 9
26—17	0.652 1	0.682 3	0.728 7	0.664 2	0.713 3	0.772 2	0.686 8	0.749 4	0.815 9
26—19	0.656 4	0.692 0	0.737 5	0.677 9	0.736 5	0.795 7	0.705 5	0.780 9	0.849 0
26—21	0.672 7	0.722 4	0.771 0	0.705 0	0.782 9	0.846 8	0.737 0	0.837 1	0.910 8
28—13	0.646 8	0.686 2	0.737 4	0.646 4	0.688 7	0.749 0	0.655 8	0.702 0	0.768 3
28—15	0.641 8	0.670 0	0.714 1	0.643 6	0.680 5	0.735 4	0.655 4	0.700 6	0.762 8
28—17	0.639 3	0.662 1	0.702 4	0.643 7	0.681 1	0.733 5	0.659 4	0.708 2	0.768 4
28—19	0.639 2	0.663 1	0.701 1	0.649 2	0.691 9	0.743 3	0.669 5	0.726 0	0.785 6
28—21	0.643 3	0.674 7	0.713 0	0.662 0	0.715 8	0.768 7	0.686 3	0.757 5	0.819 5
28—23	0.658 1	0.703 9	0.747 0	0.686 8	0.760 3	0.818 9	0.715 3	0.810 9	0.880 5
30—15	0.633 3	0.658 2	0.698 9	0.632 6	0.663 0	0.713 1	0.640 5	0.677 0	0.734 2
30—17	0.630 1	0.649 1	0.684 9	0.630 8	0.659 7	0.706 6	0.641 0	0.679 3	0.733 9
30—19	0.628 5	0.646 4	0.678 7	0.631 4	0.663 4	0.708 6	0.645 4	0.689 1	0.742 3
30—21	0.628 8	0.650 0	0.680 7	0.636 9	0.675 6	0.720 9	0.654 4	0.707 6	0.761 8
30—23	0.633 1	0.661 7	0.694 3	0.649 2	0.699 1	0.747 3	0.670 7	0.738 3	0.796 1
30—25	0.646 5	0.688 9	0.728 1	0.670 6	0.741 3	0.796 4	0.696 1	0.787 7	0.855 0
35—20	0.611 1	0.623 1	0.646 5	0.608 6	0.626 0	0.659 3	0.613 8	0.638 1	0.678 9
35—22	0.609 4	0.622 7	0.643 0	0.608 4	0.629 0	0.660 4	0.615 5	0.644 5	0.684 6
35—24	0.608 3	0.623 9	0.643 6	0.609 6	0.635 2	0.667 3	0.619 2	0.655 4	0.696 8
35—26	0.609 7	0.628 7	0.649 3	0.615 0	0.647 1	0.681 5	0.627 0	0.673 0	0.717 2
35—28	0.613 3	0.638 9	0.663 3	0.623 6	0.668 0	0.706 6	0.638 8	0.700 1	0.750 0
35—30	0.623 0	0.662 0	0.694 0	0.640 8	0.703 8	0.751 9	0.659 9	0.742 1	0.803 6
40—25	0.594 8	0.608 5	0.622 9	0.592 9	0.608 0	0.630 5	0.594 9	0.616 0	0.646 2
40—27	0.594 0	0.610 0	0.623 1	0.592 0	0.611 2	0.634 4	0.596 6	0.622 5	0.654 1
40—29	0.591 8	0.610 5	0.625 4	0.594 0	0.617 3	0.642 2	0.600 4	0.632 8	0.666 5
40—31	0.593 4	0.614 9	0.631 0	0.598 0	0.627 9	0.655 9	0.606 4	0.648 2	0.686 1
40—33	0.596 2	0.624 0	0.644 3	0.603 7	0.646 3	0.679 0	0.616 3	0.672 3	0.715 9
40—35	0.602 6	0.643 0	0.670 3	0.616 6	0.675 7	0.719 2	0.633 0	0.707 1	0.763 8

表 A.1（续）

粮食种类：玉米　　　　环境温度 T_h：15 ℃　　　　环境相对湿度 RH：30%

降水范围 (M_1-M_2) %	热风温度 T_r/℃								
	60			80			100		
	热风表观风速 v_r/(m/s)								
	0.1	0.2	0.3	0.1	0.2	0.3	0.1	0.2	0.3
20—13	0.611 6	0.671 0	0.733 3	0.670 3	0.748 1	0.826 4	0.721 4	0.811 1	0.899 6
20—15	0.621 7	0.682 8	0.743 8	0.692 8	0.778 1	0.855 9	0.751 4	0.853 3	0.942 4
22—13	0.583 7	0.633 0	0.688 6	0.630 6	0.695 0	0.765 4	0.672 6	0.747 0	0.826 6
22—15	0.584 0	0.630 1	0.682 7	0.639 2	0.706 0	0.773 9	0.686 9	0.767 4	0.845 0
22—17	0.594 2	0.645 7	0.698 6	0.660 7	0.737 1	0.805 8	0.715 3	0.809 5	0.888 6
24—13	0.566 6	0.608 3	0.658 8	0.605 7	0.659 2	0.723 4	0.640 3	0.702 4	0.775 0
24—15	0.563 2	0.598 7	0.645 0	0.607 4	0.660 2	0.720 8	0.646 3	0.711 2	0.780 9
24—17	0.565 0	0.601 0	0.646 5	0.616 4	0.674 2	0.734 1	0.660 4	0.733 3	0.802 5
24—19	0.574 4	0.618 3	0.664 7	0.636 6	0.705 4	0.767 4	0.686 9	0.774 4	0.846 0
26—13	0.555 0	0.591 0	0.637 7	0.589 4	0.634 1	0.693 0	0.618 3	0.670 1	0.737 0
26—15	0.550 5	0.578 8	0.620 3	0.587 6	0.629 5	0.684 2	0.619 7	0.672 1	0.735 4
26—17	0.548 9	0.574 8	0.614 2	0.590 2	0.634 3	0.687 6	0.626 1	0.683 5	0.745 5
26—19	0.550 8	0.580 1	0.619 2	0.598 9	0.649 8	0.703 4	0.639 7	0.706 4	0.769 3
26—21	0.559 7	0.597 9	0.638 2	0.617 9	0.680 5	0.736 4	0.664 2	0.746 3	0.812 4
28—13	0.546 0	0.578 5	0.622 0	0.578 0	0.615 9	0.670 5	0.602 8	0.646 2	0.708 1
28—15	0.541 5	0.565 4	0.603 0	0.574 6	0.608 2	0.658 0	0.601 5	0.643 8	0.701 9
28—17	0.539 1	0.558 6	0.593 1	0.573 8	0.607 6	0.655 3	0.603 5	0.648 8	0.705 0
28—19	0.538 3	0.558 2	0.591 3	0.576 9	0.614 7	0.661 5	0.610 2	0.661 8	0.717 3
28—21	0.540 6	0.565 3	0.598 2	0.585 2	0.630 9	0.678 6	0.623 2	0.684 7	0.742 1
28—23	0.548 6	0.582 1	0.617 7	0.602 3	0.660 5	0.711 1	0.645 4	0.722 9	0.784 0
30—15	0.534 8	0.555 7	0.590 6	0.565 7	0.593 1	0.638 8	0.588 9	0.623 0	0.676 5
30—17	0.531 9	0.547 9	0.578 8	0.563 4	0.589 4	0.632 2	0.588 3	0.623 8	0.675 1
30—19	0.530 1	0.544 9	0.573 3	0.563 3	0.591 4	0.632 7	0.590 7	0.630 7	0.680 6
30—21	0.529 6	0.546 7	0.573 8	0.566 2	0.599 8	0.640 9	0.597 2	0.644 4	0.694 7
30—23	0.531 4	0.554 0	0.582 0	0.574 4	0.615 9	0.658 5	0.609 2	0.666 7	0.719 3
30—25	0.537 8	0.569 7	0.601 3	0.589 5	0.643 9	0.690 5	0.629 3	0.702 8	0.760 3
35—20	0.516 2	0.526 2	0.546 5	0.544 5	0.559 6	0.590 0	0.564 1	0.586 3	0.624 8
35—22	0.514 2	0.525 0	0.542 8	0.543 3	0.561 2	0.590 1	0.564 8	0.591 0	0.628 5
35—24	0.513 1	0.525 6	0.542 5	0.544 0	0.565 7	0.594 8	0.567 6	0.599 3	0.637 6
35—26	0.513 5	0.528 1	0.546 1	0.547 1	0.574 0	0.604 8	0.573 1	0.612 5	0.652 6
35—28	0.514 7	0.534 5	0.554 7	0.552 7	0.587 9	0.622 2	0.581 8	0.632 7	0.676 8
35—30	0.520 2	0.547 8	0.572 5	0.563 7	0.612 7	0.651 7	0.598 2	0.664 0	0.714 8
40—25	0.502 9	0.513 5	0.525 6	0.530 9	0.542 8	0.563 5	0.547 3	0.566 0	0.593 9
40—27	0.501 9	0.513 6	0.525 2	0.529 0	0.545 2	0.566 1	0.547 8	0.570 7	0.599 8
40—29	0.500 8	0.514 8	0.526 6	0.530 9	0.549 2	0.571 5	0.551 2	0.578 1	0.609 3
40—31	0.501 1	0.516 6	0.530 5	0.532 2	0.556 5	0.581 7	0.554 8	0.589 8	0.623 9
40—33	0.501 5	0.521 7	0.538 0	0.536 8	0.569 2	0.597 7	0.562 2	0.607 6	0.645 4
40—35	0.505 4	0.532 8	0.553 6	0.546 2	0.589 7	0.624 1	0.574 2	0.634 2	0.680 4

表 A.1(续)

粮食种类:玉米　　　　环境温度 T_h:15 ℃　　　　环境相对湿度 RH:60%

降水范围 (M_1-M_2) %	热风温度 T_r/℃								
	60			80			100		
	热风表观风速 v_r/(m/s)								
	0.1	0.2	0.3	0.1	0.2	0.3	0.1	0.2	0.3
20—13	0.646 8	0.710 2	0.776 8	0.693 0	0.772 8	0.853 5	0.738 7	0.829 6	0.919 0
20—15	0.658 8	0.723 3	0.788 7	0.719 1	0.807 6	0.887 7	0.772 3	0.876 6	0.966 7
22—13	0.616 9	0.669 2	0.728 2	0.651 1	0.716 6	0.788 8	0.687 5	0.762 1	0.842 5
22—15	0.617 2	0.664 9	0.720 8	0.660 9	0.728 8	0.798 4	0.703 4	0.784 7	0.863 2
22—17	0.629 5	0.683 0	0.739 4	0.685 8	0.764 7	0.835 7	0.734 5	0.831 6	0.912 6
24—13	0.598 7	0.642 6	0.695 9	0.625 2	0.679 2	0.744 6	0.654 0	0.715 8	0.789 0
24—15	0.595 0	0.631 2	0.679 9	0.627 2	0.680 1	0.741 9	0.660 7	0.725 4	0.795 8
24—17	0.597 0	0.633 4	0.681 0	0.637 3	0.695 7	0.757 0	0.676 3	0.749 8	0.819 9
24—19	0.608 3	0.654 0	0.702 7	0.660 2	0.731 9	0.795 7	0.704 8	0.795 8	0.869 0
26—13	0.585 9	0.624 2	0.673 0	0.608 2	0.653 1	0.713 0	0.631 3	0.682 6	0.749 8
26—15	0.581 3	0.610 3	0.653 2	0.606 4	0.648 1	0.703 6	0.632 9	0.684 8	0.748 5
26—17	0.579 8	0.605 5	0.646 2	0.609 5	0.653 3	0.707 3	0.640 2	0.697 4	0.759 8
26—19	0.581 9	0.611 6	0.651 6	0.619 2	0.671 0	0.725 2	0.654 8	0.722 9	0.786 1
26—21	0.592 4	0.632 7	0.674 7	0.640 3	0.706 2	0.763 9	0.680 8	0.766 9	0.834 9
28—13	0.576 2	0.610 7	0.655 8	0.596 1	0.634 5	0.689 5	0.615 4	0.658 1	0.720 3
28—15	0.571 8	0.596 1	0.635 1	0.593 1	0.626 2	0.676 4	0.614 2	0.655 8	0.714 0
28—17	0.569 3	0.588 6	0.623 9	0.592 5	0.625 6	0.673 6	0.616 5	0.661 3	0.717 6
28—19	0.568 6	0.588 3	0.621 6	0.595 9	0.633 4	0.680 6	0.623 9	0.675 5	0.731 3
28—21	0.570 6	0.596 3	0.629 5	0.605 0	0.651 7	0.699 9	0.637 6	0.700 7	0.758 7
28—23	0.580 2	0.616 3	0.653 0	0.624 2	0.685 6	0.737 9	0.661 3	0.742 8	0.806 0
30—15	0.564 2	0.586 0	0.621 8	0.583 5	0.610 7	0.656 6	0.601 0	0.634 6	0.688 1
30—17	0.561 4	0.577 5	0.609 1	0.581 4	0.607 0	0.649 8	0.601 1	0.635 5	0.686 7
30—19	0.559 8	0.574 5	0.602 9	0.581 3	0.609 2	0.650 5	0.603 2	0.643 1	0.692 9
30—21	0.559 5	0.576 6	0.603 4	0.584 7	0.618 5	0.659 6	0.610 2	0.657 8	0.708 2
30—23	0.561 3	0.584 7	0.612 8	0.593 4	0.636 3	0.679 4	0.623 2	0.682 4	0.735 8
30—25	0.569 7	0.603 5	0.636 1	0.610 0	0.668 2	0.716 8	0.644 1	0.722 6	0.781 8
35—20	0.544 0	0.554 7	0.575 5	0.562 0	0.576 6	0.606 8	0.575 6	0.597 7	0.635 7
35—22	0.543 1	0.554 2	0.571 5	0.560 6	0.578 3	0.607 1	0.577 0	0.602 8	0.639 9
35—24	0.541 8	0.554 2	0.571 3	0.560 8	0.583 1	0.611 9	0.579 0	0.611 5	0.649 7
35—26	0.542 6	0.557 7	0.575 2	0.564 1	0.592 4	0.623 0	0.585 4	0.625 5	0.666 4
35—28	0.543 9	0.564 7	0.585 3	0.571 0	0.608 0	0.642 9	0.594 6	0.647 2	0.692 1
35—30	0.550 6	0.580 1	0.605 9	0.583 2	0.635 9	0.677 2	0.611 8	0.681 9	0.734 5
40—25	0.530 1	0.541 6	0.553 9	0.546 7	0.560 1	0.580 1	0.559 1	0.577 2	0.605 0
40—27	0.527 8	0.542 3	0.553 9	0.545 1	0.562 6	0.582 9	0.559 0	0.582 1	0.611 1
40—29	0.526 8	0.542 6	0.555 1	0.546 5	0.566 6	0.589 0	0.561 6	0.590 2	0.621 2
40—31	0.528 6	0.546 3	0.559 4	0.549 7	0.574 7	0.599 4	0.566 0	0.602 6	0.637 0
40—33	0.528 4	0.551 5	0.568 4	0.554 3	0.588 9	0.617 4	0.574 4	0.621 8	0.660 9
40—35	0.533 1	0.564 5	0.586 5	0.563 0	0.611 3	0.648 0	0.586 8	0.650 5	0.699 4

表 A.1（续）

粮食种类：玉米　　　　环境温度 T_h：15 ℃　　　　环境相对湿度 RH：90%

降水范围 (M_1-M_2) %	热风温度 T_r/℃								
	60			80			100		
	热风表观风速 v_r/(m/s)								
	0.1	0.2	0.3	0.1	0.2	0.3	0.1	0.2	0.3
20—13	0.682 2	0.748 2	0.817 6	0.714 9	0.796 1	0.878 1	0.755 2	0.846 5	0.936 6
20—15	0.695 5	0.762 0	0.829 5	0.744 2	0.834 3	0.916 1	0.791 3	0.898 0	0.989 9
22—13	0.650 6	0.704 8	0.766 0	0.671 0	0.737 0	0.810 3	0.701 7	0.776 3	0.857 1
22—15	0.650 7	0.698 8	0.756 5	0.681 9	0.750 2	0.820 7	0.719 1	0.800 5	0.879 7
22—17	0.664 6	0.719 0	0.777 2	0.709 4	0.790 4	0.862 3	0.752 3	0.852 2	0.933 8
24—13	0.631 2	0.676 6	0.731 8	0.644 2	0.698 3	0.764 4	0.667 2	0.728 5	0.801 9
24—15	0.627 4	0.663 5	0.713 5	0.646 4	0.699 2	0.761 6	0.674 6	0.738 9	0.809 6
24—17	0.629 3	0.665 4	0.714 0	0.657 6	0.716 4	0.778 3	0.691 3	0.765 3	0.836 2
24—19	0.642 1	0.688 8	0.738 5	0.682 8	0.756 8	0.821 3	0.721 6	0.816 4	0.890 6
26—13	0.617 6	0.657 2	0.707 6	0.626 6	0.671 6	0.731 9	0.644 0	0.694 5	0.761 7
26—15	0.612 9	0.641 8	0.685 8	0.624 9	0.666 1	0.721 9	0.645 9	0.697 0	0.760 7
26—17	0.611 2	0.636 5	0.677 5	0.628 2	0.671 8	0.726 1	0.653 7	0.710 5	0.773 1
26—19	0.613 7	0.643 0	0.683 1	0.639 0	0.691 0	0.745 5	0.669 3	0.737 8	0.801 5
26—21	0.625 2	0.666 7	0.709 4	0.661 9	0.730 5	0.788 8	0.696 6	0.786 2	0.855 0
28—13	0.607 1	0.643 0	0.689 6	0.614 7	0.652 6	0.708 0	0.627 8	0.669 6	0.731 7
28—15	0.602 5	0.627 2	0.666 8	0.610 8	0.643 8	0.694 0	0.626 5	0.667 2	0.725 4
28—17	0.599 8	0.619 1	0.654 7	0.610 3	0.643 1	0.691 2	0.629 2	0.673 2	0.729 4
28—19	0.599 1	0.618 8	0.651 8	0.614 2	0.651 6	0.698 8	0.637 0	0.688 6	0.744 3
28—21	0.601 3	0.627 5	0.660 2	0.624 2	0.671 6	0.720 2	0.651 6	0.715 8	0.773 9
28—23	0.611 9	0.650 0	0.687 3	0.645 1	0.709 0	0.762 5	0.676 7	0.761 5	0.826 8
30—15	0.594 3	0.616 6	0.653 0	0.600 9	0.627 9	0.673 9	0.612 9	0.645 5	0.699 0
30—17	0.591 1	0.607 6	0.639 5	0.599 2	0.623 9	0.666 8	0.612 9	0.646 8	0.697 7
30—19	0.588 8	0.604 6	0.632 8	0.599 0	0.626 6	0.667 6	0.615 9	0.655 0	0.704 4
30—21	0.589 5	0.606 9	0.633 1	0.602 6	0.636 6	0.677 4	0.623 1	0.670 8	0.721 1
30—23	0.591 7	0.615 5	0.643 4	0.612 3	0.656 0	0.699 6	0.636 4	0.697 4	0.750 8
30—25	0.601 9	0.636 9	0.670 1	0.630 1	0.691 5	0.741 2	0.658 8	0.740 5	0.801 5
35—20	0.572 5	0.584 4	0.604 6	0.578 4	0.593 4	0.623 0	0.587 7	0.608 5	0.646 2
35—22	0.571 6	0.583 1	0.600 8	0.578 0	0.595 7	0.623 4	0.587 4	0.613 9	0.650 8
35—24	0.569 3	0.584 2	0.601 1	0.578 3	0.600 4	0.629 0	0.591 0	0.623 2	0.661 2
35—26	0.569 3	0.587 8	0.604 9	0.581 1	0.610 0	0.641 0	0.596 9	0.638 4	0.678 8
35—28	0.572 8	0.594 9	0.615 9	0.589 2	0.627 5	0.662 4	0.607 5	0.661 9	0.707 3
35—30	0.579 4	0.612 9	0.640 0	0.602 6	0.657 5	0.700 6	0.624 5	0.698 5	0.754 2
40—25	0.555 4	0.570 3	0.583 3	0.562 0	0.576 7	0.596 5	0.569 7	0.588 0	0.615 5
40—27	0.556 0	0.571 0	0.583 0	0.561 8	0.579 1	0.599 6	0.570 9	0.593 4	0.622 2
40—29	0.553 8	0.572 7	0.584 7	0.562 9	0.583 9	0.606 0	0.572 9	0.601 8	0.632 7
40—31	0.555 4	0.574 8	0.588 7	0.565 6	0.592 4	0.617 4	0.578 1	0.615 4	0.649 8
40—33	0.557 6	0.581 3	0.598 7	0.570 7	0.607 3	0.636 4	0.584 9	0.635 6	0.675 2
40—35	0.560 6	0.595 5	0.619 0	0.580 6	0.631 7	0.670 7	0.600 0	0.665 5	0.717 2

表 A.1（续）

粮食种类：玉米　　　　环境温度 T_h：20 ℃　　　　环境相对湿度 RH：30%

降水范围 (M_1-M_2) %	热风温度 T_r/℃								
	60			80			100		
	热风表观风速 v_r/(m/s)								
	0.1	0.2	0.3	0.1	0.2	0.3	0.1	0.2	0.3
20—13	0.549 7	0.600 7	0.655 1	0.619 0	0.689 2	0.760 5	0.674 9	0.758 1	0.840 8
20—15	0.554 8	0.605 9	0.659 0	0.634 7	0.710 9	0.781 7	0.697 8	0.791 0	0.873 8
22—13	0.526 3	0.568 2	0.616 6	0.584 7	0.642 5	0.706 2	0.631 8	0.700 7	0.774 8
22—15	0.524 9	0.562 8	0.608 3	0.589 9	0.649 4	0.710 9	0.642 0	0.716 1	0.788 6
22—17	0.530 3	0.571 7	0.617 2	0.605 0	0.672 5	0.734 4	0.664 0	0.748 8	0.822 7
24—13	0.511 8	0.547 0	0.590 9	0.563 0	0.610 9	0.668 7	0.603 2	0.660 3	0.727 9
24—15	0.508 0	0.536 9	0.576 6	0.563 0	0.609 9	0.664 4	0.606 8	0.666 3	0.731 3
24—17	0.508 1	0.536 4	0.575 1	0.568 7	0.619 8	0.673 9	0.617 2	0.683 6	0.748 2
24—19	0.512 9	0.547 1	0.586 2	0.583 0	0.643 0	0.698 1	0.637 9	0.715 7	0.782 2
26—13	0.501 6	0.532 4	0.572 8	0.548 6	0.588 6	0.641 7	0.583 6	0.631 0	0.693 3
26—15	0.497 4	0.520 4	0.555 8	0.546 1	0.583 1	0.632 3	0.583 6	0.631 3	0.690 4
26—17	0.495 4	0.515 5	0.548 8	0.547 0	0.585 7	0.633 6	0.588 0	0.640 0	0.697 8
26—19	0.495 7	0.518 2	0.550 5	0.552 6	0.597 2	0.645 3	0.598 1	0.658 2	0.716 5
26—21	0.500 1	0.529 4	0.562 7	0.566 1	0.619 7	0.670 0	0.617 4	0.689 0	0.750 1
28—13	0.493 8	0.521 9	0.559 3	0.538 3	0.572 3	0.621 7	0.569 7	0.609 2	0.666 8
28—15	0.489 8	0.509 5	0.541 4	0.534 8	0.564 4	0.609 3	0.567 7	0.606 0	0.660 0
28—17	0.487 2	0.502 6	0.531 5	0.533 3	0.562 7	0.605 6	0.568 4	0.609 2	0.661 5
28—19	0.485 9	0.501 1	0.528 4	0.534 9	0.567 6	0.609 7	0.573 0	0.619 4	0.671 0
28—21	0.486 3	0.505 5	0.532 3	0.540 3	0.579 8	0.622 6	0.582 5	0.637 5	0.690 7
28—23	0.490 5	0.516 0	0.544 7	0.552 7	0.601 1	0.646 8	0.600 5	0.667 1	0.723 7
30—15	0.483 6	0.501 4	0.531 0	0.527 0	0.551 0	0.592 2	0.556 6	0.587 2	0.636 8
30—17	0.481 2	0.493 7	0.519 7	0.524 4	0.546 9	0.585 5	0.555 3	0.587 0	0.634 5
30—19	0.479 1	0.490 6	0.514 1	0.523 8	0.547 8	0.584 9	0.556 1	0.592 2	0.638 4
30—21	0.477 8	0.491 2	0.513 2	0.525 2	0.553 8	0.590 8	0.561 0	0.603 0	0.649 5
30—23	0.478 2	0.495 7	0.518 3	0.530 2	0.565 8	0.604 3	0.570 3	0.620 7	0.669 5
30—25	0.481 3	0.505 5	0.530 8	0.540 7	0.586 2	0.627 7	0.585 8	0.648 8	0.701 3
35—20	0.466 9	0.474 9	0.492 1	0.507 6	0.519 9	0.547 3	0.533 6	0.552 6	0.588 0
35—22	0.465 0	0.473 7	0.488 3	0.506 0	0.520 9	0.546 6	0.532 6	0.556 1	0.590 7
35—24	0.463 8	0.473 8	0.487 4	0.505 8	0.523 9	0.549 8	0.534 9	0.562 8	0.597 8
35—26	0.463 7	0.475 1	0.489 6	0.506 7	0.530 2	0.557 6	0.538 4	0.573 1	0.610 1
35—28	0.463 3	0.479 1	0.495 4	0.510 4	0.540 3	0.570 5	0.545 2	0.588 6	0.628 8
35—30	0.466 1	0.486 3	0.506 4	0.518 3	0.558 1	0.592 2	0.556 7	0.613 7	0.658 0
40—25	0.454 5	0.464 2	0.474 0	0.493 7	0.504 8	0.522 8	0.517 6	0.533 6	0.559 1
40—27	0.453 0	0.463 7	0.473 3	0.492 3	0.506 2	0.524 7	0.517 7	0.537 1	0.563 7
40—29	0.452 3	0.464 5	0.474 0	0.493 9	0.508 7	0.528 6	0.519 4	0.543 2	0.571 3
40—31	0.451 4	0.465 1	0.476 6	0.493 8	0.514 4	0.535 9	0.520 9	0.551 7	0.582 9
40—33	0.449 8	0.467 9	0.481 1	0.496 6	0.523 6	0.548 1	0.527 8	0.565 6	0.600 2
40—35	0.450 7	0.474 3	0.490 4	0.503 0	0.538 3	0.567 3	0.536 0	0.586 8	0.627 3

表 A.1（续）

粮食种类：玉米　　环境温度 T_h：20 ℃　　环境相对湿度 RH：60%

降水范围 (M_1-M_2) %	热风温度 T_r/℃								
	60			80			100		
	热风表观风速 v_r/(m/s)								
	0.1	0.2	0.3	0.1	0.2	0.3	0.1	0.2	0.3
20—13	0.594 3	0.650 7	0.709 9	0.647 6	0.720 9	0.795 8	0.696 8	0.781 5	0.866 3
20—15	0.601 3	0.657 4	0.715 7	0.667 7	0.747 7	0.822 5	0.724 1	0.820 9	0.906 3
22—13	0.568 3	0.614 5	0.666 7	0.610 5	0.670 1	0.736 7	0.650 7	0.719 8	0.795 6
22—15	0.566 7	0.607 5	0.656 9	0.617 2	0.678 4	0.742 9	0.663 0	0.737 8	0.811 9
22—17	0.574 2	0.619 5	0.669 2	0.636 1	0.707 0	0.772 8	0.688 7	0.777 1	0.852 5
24—13	0.552 1	0.590 9	0.638 2	0.587 6	0.636 3	0.696 4	0.620 6	0.677 4	0.746 0
24—15	0.548 0	0.578 6	0.621 5	0.588 0	0.635 2	0.692 0	0.625 2	0.684 4	0.750 4
24—17	0.548 2	0.573 1	0.619 9	0.595 0	0.647 0	0.703 4	0.637 2	0.704 4	0.770 3
24—19	0.555 0	0.592 6	0.635 2	0.612 6	0.675 8	0.734 4	0.660 9	0.742 6	0.811 1
26—13	0.540 3	0.574 4	0.617 7	0.572 5	0.612 8	0.667 6	0.600 3	0.646 9	0.709 7
26—15	0.535 8	0.560 5	0.598 4	0.569 9	0.606 8	0.657 5	0.600 6	0.647 6	0.707 2
26—17	0.533 9	0.554 9	0.590 3	0.571 3	0.609 8	0.659 2	0.605 7	0.657 5	0.716 0
26—19	0.534 5	0.558 3	0.592 8	0.578 2	0.623 6	0.673 1	0.617 3	0.678 6	0.737 8
26—21	0.540 8	0.573 2	0.609 4	0.594 6	0.651 7	0.704 1	0.638 9	0.715 1	0.778 1
28—13	0.531 6	0.562 4	0.602 7	0.561 6	0.595 9	0.646 3	0.586 0	0.624 4	0.682 4
28—15	0.527 3	0.548 2	0.582 5	0.557 9	0.587 2	0.633 0	0.583 9	0.621 2	0.675 5
28—17	0.524 7	0.540 6	0.571 4	0.556 9	0.585 6	0.629 1	0.585 1	0.625 1	0.677 5
28—19	0.523 4	0.539 4	0.567 8	0.558 6	0.591 3	0.634 1	0.590 4	0.636 7	0.688 7
28—21	0.523 7	0.544 6	0.572 7	0.565 1	0.605 8	0.649 5	0.601 4	0.657 6	0.711 5
28—23	0.529 4	0.558 8	0.589 8	0.580 4	0.632 5	0.680 1	0.621 2	0.692 5	0.751 3
30—15	0.520 0	0.539 4	0.570 9	0.549 6	0.573 3	0.615 1	0.572 2	0.601 9	0.651 6
30—17	0.517 7	0.531 1	0.558 6	0.547 4	0.568 9	0.607 9	0.571 3	0.602 1	0.649 4
30—19	0.515 8	0.527 9	0.552 2	0.546 2	0.570 3	0.607 5	0.572 5	0.607 9	0.654 0
30—21	0.515 2	0.528 9	0.551 3	0.548 5	0.577 3	0.614 3	0.577 6	0.620 2	0.666 7
30—23	0.515 6	0.534 4	0.557 8	0.554 8	0.591 5	0.630 5	0.588 1	0.640 5	0.689 7
30—25	0.521 3	0.547 6	0.574 7	0.567 8	0.617 0	0.660 0	0.605 1	0.673 8	0.728 4
35—20	0.501 4	0.511 0	0.528 9	0.528 8	0.541 7	0.568 5	0.548 1	0.567 0	0.601 9
35—22	0.500 8	0.509 8	0.524 6	0.527 5	0.542 9	0.568 0	0.548 2	0.571 0	0.605 1
35—24	0.498 4	0.510 4	0.524 1	0.527 8	0.546 7	0.571 9	0.549 5	0.578 2	0.613 1
35—26	0.498 3	0.512 3	0.526 7	0.529 8	0.553 1	0.580 7	0.553 9	0.589 9	0.627 1
35—28	0.500 3	0.516 7	0.533 7	0.533 9	0.565 8	0.596 3	0.561 6	0.607 9	0.649 0
35—30	0.502 9	0.527 4	0.548 8	0.543 4	0.587 3	0.623 3	0.575 1	0.636 7	0.684 0
40—25	0.487 5	0.499 0	0.509 7	0.514 4	0.526 0	0.544 0	0.532 3	0.547 6	0.573 0
40—27	0.486 8	0.498 9	0.509 0	0.513 1	0.527 8	0.546 2	0.531 3	0.551 9	0.578 2
40—29	0.485 0	0.499 4	0.509 7	0.513 4	0.531 2	0.550 8	0.533 4	0.558 2	0.586 5
40—31	0.485 9	0.501 4	0.512 5	0.515 9	0.537 8	0.559 1	0.536 2	0.568 4	0.599 8
40—33	0.484 6	0.505 8	0.519 0	0.518 0	0.547 4	0.573 1	0.542 2	0.584 5	0.619 6
40—35	0.487 8	0.513 7	0.531 5	0.525 1	0.565 8	0.597 4	0.552 5	0.607 9	0.650 9

表 A.1（续）

粮食种类:玉米　　　　环境温度 T_h:20 ℃　　　　环境相对湿度 RH:90%

降水范围 (M_1-M_2) %	热风温度 T_r/℃								
	60			80			100		
	热风表观风速 v_r/(m/s)								
	0.1	0.2	0.3	0.1	0.2	0.3	0.1	0.2	0.3
20—13	0.638 8	0.698 2	0.761 3	0.674 9	0.749 4	0.825 9	0.717 3	0.802 2	0.887 8
20—15	0.647 0	0.704 8	0.766 4	0.698 7	0.780 6	0.856 8	0.748 2	0.846 8	0.933 0
22—13	0.610 7	0.659 2	0.714 5	0.635 6	0.695 6	0.763 4	0.668 7	0.737 4	0.813 7
22—15	0.609 0	0.649 9	0.701 8	0.643 4	0.704 7	0.770 5	0.682 7	0.757 6	0.832 5
22—17	0.618 0	0.663 7	0.715 7	0.665 7	0.738 4	0.805 0	0.711 1	0.802 0	0.879 0
24—13	0.592 8	0.633 7	0.683 5	0.611 5	0.660 2	0.721 1	0.637 4	0.693 3	0.762 2
24—15	0.588 7	0.619 2	0.663 9	0.612 3	0.658 9	0.716 5	0.642 7	0.701 2	0.767 4
24—17	0.588 8	0.618 3	0.661 0	0.620 4	0.672 4	0.729 5	0.656 3	0.723 9	0.790 2
24—19	0.597 3	0.635 5	0.679 1	0.640 9	0.706 2	0.766 0	0.682 1	0.767 4	0.837 0
26—13	0.580 0	0.615 9	0.661 4	0.595 5	0.635 9	0.691 3	0.616 5	0.661 9	0.724 8
26—15	0.575 6	0.600 1	0.639 4	0.593 2	0.629 3	0.680 4	0.617 0	0.662 9	0.722 5
26—17	0.573 8	0.593 8	0.629 7	0.595 1	0.632 8	0.682 4	0.622 7	0.673 9	0.732 4
26—19	0.574 2	0.597 8	0.632 0	0.603 0	0.648 6	0.698 5	0.635 6	0.697 5	0.756 7
26—21	0.582 1	0.615 7	0.652 1	0.621 5	0.681 5	0.735 0	0.658 7	0.739 3	0.803 6
28—13	0.570 2	0.602 8	0.645 0	0.584 7	0.618 4	0.669 2	0.601 8	0.639 0	0.696 8
28—15	0.565 8	0.587 0	0.622 6	0.580 9	0.609 2	0.655 1	0.599 4	0.635 7	0.689 8
28—17	0.563 4	0.579 1	0.610 0	0.579 7	0.607 6	0.651 1	0.601 2	0.640 1	0.692 4
28—19	0.561 9	0.577 9	0.605 3	0.581 9	0.614 1	0.656 5	0.607 0	0.653 0	0.704 8
28—21	0.562 8	0.583 8	0.611 3	0.589 5	0.630 5	0.674 2	0.618 9	0.676 2	0.730 3
28—23	0.569 5	0.600 6	0.632 1	0.606 2	0.662 0	0.710 2	0.639 9	0.716 1	0.775 6
30—15	0.557 7	0.577 6	0.610 3	0.571 8	0.595 1	0.636 8	0.587 3	0.615 9	0.665 4
30—17	0.555 0	0.568 9	0.596 9	0.569 5	0.590 6	0.629 2	0.586 4	0.616 2	0.663 3
30—19	0.553 0	0.565 9	0.589 8	0.568 7	0.592 1	0.629 0	0.588 3	0.622 8	0.668 6
30—21	0.552 4	0.567 5	0.588 8	0.571 2	0.600 2	0.636 7	0.594 1	0.636 3	0.682 8
30—23	0.553 8	0.573 3	0.596 2	0.578 4	0.616 1	0.655 0	0.604 9	0.658 9	0.708 8
30—25	0.560 0	0.588 7	0.616 7	0.592 7	0.645 6	0.690 4	0.623 1	0.696 6	0.752 5
35—20	0.536 8	0.548 3	0.565 5	0.550 2	0.562 9	0.589 3	0.562 8	0.580 9	0.615 2
35—22	0.535 4	0.547 4	0.561 9	0.549 8	0.564 3	0.588 9	0.562 3	0.585 4	0.618 8
35—24	0.533 6	0.547 9	0.561 3	0.548 3	0.568 0	0.593 1	0.564 6	0.593 1	0.627 9
35—26	0.533 3	0.549 2	0.564 1	0.550 7	0.575 6	0.602 8	0.568 7	0.605 7	0.642 9
35—28	0.535 7	0.554 7	0.572 1	0.556 3	0.589 8	0.620 9	0.576 9	0.625 8	0.667 6
35—30	0.539 5	0.568 0	0.589 8	0.567 7	0.614 6	0.652 3	0.591 9	0.657 0	0.707 7
40—25	0.521 5	0.535 6	0.546 8	0.534 4	0.547 4	0.564 8	0.545 4	0.561 4	0.586 3
40—27	0.520 8	0.535 1	0.545 9	0.535 1	0.549 3	0.567 0	0.545 5	0.565 6	0.592 2
40—29	0.518 9	0.536 8	0.547 5	0.533 7	0.552 9	0.572 1	0.547 1	0.573 1	0.601 2
40—31	0.519 1	0.539 0	0.550 0	0.536 6	0.559 3	0.581 7	0.551 2	0.584 3	0.615 6
40—33	0.521 3	0.542 9	0.556 5	0.538 8	0.571 0	0.597 5	0.556 6	0.601 4	0.637 5
40—35	0.521 5	0.552 8	0.572 8	0.546 5	0.591 7	0.625 7	0.567 2	0.627 2	0.673 6

表 A.1（续）

粮食种类：水稻　　　　环境温度 T_h：－20 ℃　　　　环境相对湿度 RH：30%

降水范围 (M_1-M_2) %	热风温度 T_r/℃								
	40			60			80		
	热风表观风速 v_r/(m/s)								
	0.1	0.2	0.3	0.1	0.2	0.3	0.1	0.2	0.3
16—13	1.782 9	1.920 3	2.035 3	1.794 9	2.012 9	2.154 9	1.878 5	2.153 5	2.313 5
16—14	1.897 5	2.107 5	2.243 3	1.944 5	2.234 2	2.417 3	2.039 7	2.378 1	2.593 7
16—15	2.145 4	2.464 9	2.685 6	2.232 6	2.614 0	2.882 4	2.342 7	2.770 1	3.058 7
18—13	1.574 7	1.653 4	1.751 3	1.517 5	1.662 7	1.787 3	1.565 7	1.758 0	1.894 9
18—14	1.599 6	1.685 5	1.776 0	1.573 6	1.738 2	1.856 8	1.635 7	1.849 2	1.990 7
18—15	1.650 7	1.775 7	1.869 4	1.656 9	1.864 2	1.994 0	1.731 6	1.987 4	2.143 4
18—16	1.747 2	1.938 1	2.073 3	1.788 0	2.048 7	2.222 5	1.874 9	2.181 7	2.384 8
18—17	1.960 9	2.244 5	2.438 5	2.038 3	2.380 5	2.611 6	2.142 2	2.517 1	2.790 6
20—15	1.491 8	1.546 2	1.616 6	1.432 3	1.558 1	1.661 2	1.471 5	1.646 9	1.768 8
20—16	1.515 3	1.589 1	1.659 7	1.482 0	1.633 7	1.739 7	1.535 0	1.737 2	1.867 2
20—17	1.559 2	1.671 5	1.758 1	1.554 7	1.746 9	1.877 1	1.620 3	1.862 4	2.017 9
20—18	1.641 1	1.814 8	1.939 8	1.671 3	1.913 6	2.075 1	1.751 5	2.031 1	2.223 8
20—19	1.827 2	2.082 1	2.259 5	1.893 9	2.209 0	2.420 1	1.987 9	2.335 2	2.572 8
22—17	1.434 8	1.483 3	1.534 0	1.370 0	1.484 0	1.573 3	1.400 4	1.567 2	1.674 7
22—18	1.456 0	1.524 3	1.586 0	1.414 2	1.557 2	1.657 3	1.456 6	1.649 5	1.772 6
22—19	1.494 8	1.598 5	1.678 9	1.479 0	1.659 5	1.783 5	1.533 9	1.759 3	1.910 4
22—20	1.563 5	1.721 4	1.841 0	1.583 7	1.808 7	1.961 4	1.654 8	1.914 9	2.097 2
22—21	1.725 6	1.964 0	2.135 6	1.785 1	2.072 7	2.271 6	1.873 0	2.187 1	2.412 6
24—19	1.394 7	1.441 2	1.483 4	1.323 6	1.430 9	1.512 4	1.344 9	1.502 5	1.606 1
24—20	1.410 6	1.478 8	1.533 8	1.362 8	1.497 8	1.593 6	1.396 2	1.580 4	1.697 3
24—21	1.445 2	1.544 0	1.621 9	1.421 7	1.586 5	1.708 2	1.467 4	1.678 4	1.822 9
24—22	1.506 6	1.653 0	1.762 0	1.516 6	1.723 2	1.870 7	1.575 9	1.823 6	1.993 1
24—23	1.651 3	1.874 9	2.028 8	1.698 6	1.968 3	2.151 4	1.769 0	2.073 7	2.277 9
26—21	1.362 8	1.409 3	1.448 1	1.288 5	1.389 2	1.465 7	1.300 9	1.450 5	1.548 8
26—22	1.375 2	1.445 1	1.496 3	1.323 4	1.449 8	1.541 8	1.347 6	1.521 8	1.638 2
26—23	1.404 1	1.502 6	1.574 8	1.376 6	1.532 3	1.646 2	1.417 2	1.613 3	1.747 3
26—24	1.454 6	1.603 0	1.705 4	1.465 3	1.658 6	1.796 4	1.513 0	1.743 9	1.905 1
26—25	1.577 8	1.802 0	1.950 8	1.634 4	1.884 4	2.060 3	1.699 4	1.982 6	2.173 2
28—23	1.333 1	1.387 5	1.423 1	1.261 0	1.355 7	1.426 5	1.264 4	1.408 0	1.505 8
28—24	1.348 1	1.417 5	1.468 6	1.291 8	1.411 2	1.499 3	1.306 7	1.474 0	1.584 5
28—25	1.369 9	1.469 1	1.540 1	1.338 5	1.487 0	1.592 9	1.373 5	1.559 6	1.688 2
28—26	1.423 8	1.559 8	1.656 5	1.416 8	1.604 3	1.737 5	1.466 8	1.682 4	1.835 4
28—27	1.534 3	1.745 6	1.884 5	1.566 6	1.820 2	1.987 0	1.633 6	1.901 7	2.093 4
30—25	1.307 5	1.366 3	1.406 2	1.236 3	1.329 5	1.398 4	1.235 1	1.372 7	1.465 9
30—26	1.320 2	1.399 3	1.443 1	1.262 7	1.378 0	1.461 7	1.278 7	1.431 3	1.540 7
30—27	1.347 1	1.443 3	1.511 6	1.308 9	1.450 6	1.552 4	1.332 5	1.512 8	1.639 5
30—28	1.379 9	1.524 5	1.619 3	1.381 5	1.558 5	1.685 7	1.419 3	1.632 6	1.774 9
30—29	1.490 9	1.690 2	1.829 2	1.517 1	1.769 8	1.919 1	1.574 0	1.840 9	2.012 1

表 A.1（续）

粮食种类：水稻　　　　环境温度 T_h：−20 ℃　　　　环境相对湿度 RH：60%

降水范围 (M_1-M_2) %	热风温度 T_r/℃								
	40			60			80		
	热风表观风速 v_r/(m/s)								
	0.1	0.2	0.3	0.1	0.2	0.3	0.1	0.2	0.3
16—13	1.796 2	1.936 3	2.052 0	1.802 3	2.021 9	2.169 5	1.884 5	2.159 1	2.325 7
16—14	1.912 0	2.122 7	2.262 7	1.952 7	2.245 8	2.427 7	2.049 4	2.391 8	2.610 7
16—15	2.165 0	2.492 3	2.714 9	2.246 7	2.629 9	2.898 5	2.356 6	2.779 6	3.084 2
18—13	1.585 7	1.665 4	1.764 4	1.522 9	1.670 3	1.793 8	1.569 8	1.761 7	1.901 3
18—14	1.610 3	1.696 7	1.789 0	1.579 3	1.744 6	1.866 8	1.640 1	1.856 5	1.993 6
18—15	1.662 8	1.786 8	1.882 7	1.663 0	1.871 7	2.006 9	1.736 5	1.996 4	2.154 3
18—16	1.760 6	1.954 3	2.089 5	1.796 5	2.062 9	2.239 9	1.883 2	2.193 3	2.399 0
18—17	1.979 5	2.266 3	2.473 4	2.053 3	2.401 4	2.637 4	2.154 0	2.533 7	2.796 5
20—15	1.501 7	1.556 5	1.627 8	1.437 2	1.563 4	1.668 7	1.475 0	1.652 5	1.774 7
20—16	1.525 6	1.600 3	1.670 7	1.486 9	1.639 3	1.748 9	1.538 9	1.743 9	1.869 3
20—17	1.569 4	1.683 7	1.773 8	1.561 2	1.753 4	1.882 6	1.624 6	1.866 4	2.020 1
20—18	1.652 8	1.828 9	1.953 7	1.678 5	1.921 2	2.090 2	1.756 2	2.041 1	2.236 2
20—19	1.843 1	2.100 4	2.289 0	1.906 6	2.219 3	2.442 1	1.994 2	2.349 9	2.590 4
22—17	1.443 9	1.492 8	1.544 2	1.374 6	1.488 8	1.580 4	1.403 6	1.569 8	1.680 4
22—18	1.465 5	1.534 9	1.596 1	1.418 9	1.562 4	1.661 5	1.460 0	1.655 8	1.779 5
22—19	1.504 9	1.609 7	1.689 7	1.484 9	1.665 4	1.788 2	1.539 1	1.766 4	1.912 4
22—20	1.574 9	1.734 1	1.853 7	1.590 3	1.815 4	1.974 9	1.659 1	1.923 8	2.099 8
22—21	1.737 1	1.979 8	2.151 9	1.796 4	2.088 8	2.290 2	1.881 9	2.199 7	2.427 2
24—19	1.404 2	1.450 8	1.492 1	1.328 5	1.435 5	1.516 1	1.347 9	1.507 4	1.611 5
24—20	1.420 0	1.487 9	1.543 5	1.368 1	1.503 0	1.597 5	1.399 6	1.583 5	1.704 0
24—21	1.454 8	1.554 9	1.632 2	1.427 4	1.595 3	1.712 7	1.471 8	1.684 3	1.824 6
24—22	1.517 2	1.664 9	1.773 7	1.524 1	1.729 2	1.875 8	1.582 1	1.826 7	1.995 6
24—23	1.664 8	1.892 8	2.042 9	1.709 0	1.983 2	2.168 5	1.776 8	2.083 7	2.293 0
26—21	1.371 9	1.418 8	1.457 4	1.292 7	1.394 0	1.469 3	1.304 5	1.455 3	1.554 5
26—22	1.384 0	1.454 6	1.505 8	1.328 2	1.454 7	1.545 7	1.350 7	1.524 8	1.640 9
26—23	1.413 2	1.513 9	1.585 0	1.381 7	1.537 1	1.649 9	1.419 1	1.618 6	1.754 6
26—24	1.465 8	1.614 7	1.716 0	1.469 8	1.665 1	1.807 5	1.519 3	1.751 3	1.914 2
26—25	1.589 5	1.815 2	1.963 9	1.644 5	1.896 7	2.075 7	1.704 1	1.994 4	2.187 2
28—23	1.340 8	1.395 5	1.432 2	1.264 9	1.361 7	1.432 9	1.267 8	1.412 0	1.510 7
28—24	1.355 9	1.426 7	1.478 1	1.296 3	1.415 3	1.503 2	1.310 9	1.475 8	1.590 1
28—25	1.378 0	1.478 3	1.549 4	1.343 0	1.494 6	1.601 3	1.376 1	1.564 8	1.694 6
28—26	1.433 8	1.571 0	1.667 4	1.421 7	1.613 3	1.742 4	1.470 4	1.689 8	1.842 9
28—27	1.548 3	1.758 5	1.904 0	1.574 2	1.822 8	1.992 4	1.641 4	1.909 8	2.097 0
30—25	1.317 2	1.377 1	1.414 4	1.240 5	1.333 7	1.402 3	1.238 8	1.374 9	1.471 2
30—26	1.327 5	1.407 5	1.452 5	1.268 0	1.384 8	1.468 3	1.281 2	1.436 1	1.543 4
30—27	1.355 7	1.452 7	1.521 5	1.313 3	1.457 4	1.561 9	1.334 8	1.516 0	1.642 0
30—28	1.388 0	1.535 6	1.630 3	1.385 3	1.566 6	1.691 2	1.423 4	1.633 1	1.782 8
30—29	1.504 2	1.707 6	1.845 8	1.518 4	1.775 4	1.933 8	1.579 6	1.846 1	2.022 8

表 A.1（续）

粮食种类：水稻　　环境温度 T_h：−20 ℃　　环境相对湿度 RH：90%

降水范围 (M_1-M_2) %	热风温度 T_r/℃								
	40			60			80		
	热风表观风速 v_r/(m/s)								
	0.1	0.2	0.3	0.1	0.2	0.3	0.1	0.2	0.3
16—13	1.809 5	1.949 6	2.064 7	1.810 8	2.034 8	2.177 3	1.890 1	2.169 5	2.337 6
16—14	1.927 7	2.141 8	2.281 5	1.962 8	2.256 8	2.447 8	2.056 0	2.398 8	2.615 5
16—15	2.187 1	2.518 8	2.742 9	2.259 8	2.654 5	2.928 9	2.365 4	2.799 3	3.091 6
18—13	1.596 6	1.677 3	1.777 5	1.529 0	1.676 4	1.801 9	1.573 7	1.765 2	1.904 6
18—14	1.621 3	1.707 8	1.801 8	1.585 8	1.750 8	1.872 7	1.644 3	1.860 2	2.001 5
18—15	1.674 2	1.800 1	1.895 7	1.670 1	1.878 8	2.012 9	1.742 9	2.000 7	2.164 8
18—16	1.773 8	1.966 4	2.105 3	1.804 7	2.071 8	2.247 9	1.888 5	2.198 6	2.412 9
18—17	1.994 4	2.287 3	2.495 4	2.063 8	2.413 1	2.662 4	2.160 5	2.549 8	2.816 7
20—15	1.511 9	1.566 8	1.638 9	1.442 6	1.568 6	1.673 8	1.479 5	1.655 4	1.777 0
20—16	1.535 7	1.610 1	1.681 6	1.492 8	1.647 5	1.753 6	1.542 6	1.746 9	1.876 6
20—17	1.580 4	1.695 7	1.785 3	1.567 4	1.763 3	1.887 8	1.630 3	1.874 0	2.029 5
20—18	1.664 4	1.842 8	1.967 2	1.685 5	1.933 5	2.096 8	1.763 0	2.050 7	2.239 1
20—19	1.858 6	2.124 9	2.307 3	1.915 8	2.236 9	2.451 3	2.003 8	2.355 0	2.607 6
22—17	1.453 5	1.503 1	1.553 2	1.379 6	1.493 5	1.584 7	1.406 7	1.575 0	1.686 0
22—18	1.475 1	1.544 2	1.606 2	1.424 4	1.570 0	1.670 1	1.463 3	1.658 2	1.781 2
22—19	1.515 2	1.620 9	1.704 4	1.490 6	1.671 0	1.798 6	1.542 7	1.769 4	1.920 7
22—20	1.585 6	1.746 5	1.866 2	1.596 4	1.821 8	1.980 0	1.665 1	1.927 3	2.110 4
22—21	1.750 9	1.995 4	2.167 5	1.804 6	2.096 1	2.298 6	1.885 9	2.212 0	2.429 9
24—19	1.413 3	1.460 2	1.501 9	1.333 4	1.440 0	1.522 9	1.350 8	1.509 8	1.612 8
24—20	1.429 8	1.498 1	1.553 1	1.372 8	1.507 6	1.605 7	1.403 5	1.589 0	1.710 5
24—21	1.465 0	1.565 5	1.642 3	1.432 7	1.599 9	1.722 2	1.475 4	1.687 5	1.832 2
24—22	1.526 8	1.676 7	1.789 9	1.530 1	1.739 5	1.888 0	1.585 4	1.834 5	2.005 5
24—23	1.677 3	1.907 7	2.065 6	1.716 2	1.988 9	2.186 7	1.781 4	2.087 4	2.306 9
26—21	1.380 6	1.427 8	1.466 8	1.297 5	1.398 6	1.476 1	1.307 5	1.457 4	1.559 6
26—22	1.392 7	1.463 3	1.515 3	1.332 6	1.461 0	1.553 4	1.354 6	1.529 5	1.646 3
26—23	1.422 8	1.524 6	1.594 7	1.386 7	1.545 0	1.659 3	1.420 8	1.622 0	1.761 6
26—24	1.475 6	1.625 4	1.731 3	1.474 3	1.673 5	1.812 2	1.521 2	1.758 7	1.916 0
26—25	1.600 7	1.828 5	1.984 9	1.650 8	1.905 4	2.090 7	1.710 1	1.995 8	2.199 9
28—23	1.350 2	1.404 8	1.440 7	1.269 8	1.365 8	1.436 4	1.269 9	1.414 5	1.511 7
28—24	1.365 5	1.436 9	1.487 8	1.300 5	1.422 3	1.509 7	1.314 1	1.480 8	1.595 7
28—25	1.386 4	1.489 7	1.558 7	1.347 8	1.499 8	1.605 8	1.378 1	1.567 0	1.700 8
28—26	1.444 4	1.581 8	1.683 2	1.426 9	1.617 7	1.751 5	1.474 0	1.696 6	1.846 1
28—27	1.555 4	1.770 7	1.916 9	1.581 1	1.833 2	2.005 0	1.649 2	1.912 2	2.105 2
30—25	1.327 1	1.386 8	1.422 9	1.244 2	1.339 3	1.408 2	1.241 4	1.378 5	1.471 9
30—26	1.336 7	1.416 9	1.463 2	1.270 2	1.389 2	1.475 6	1.284 2	1.438 1	1.547 9
30—27	1.363 2	1.462 2	1.530 9	1.318 6	1.462 3	1.564 6	1.338 0	1.519 9	1.648 0
30—28	1.398 9	1.547 0	1.640 6	1.390 3	1.572 2	1.699 7	1.426 6	1.640 3	1.789 8
30—29	1.513 1	1.719 9	1.858 5	1.533 9	1.786 6	1.937 6	1.589 7	1.851 1	2.040 0

表 A.1（续）

粮食种类：水稻　　　　环境温度 T_h：－15 ℃　　　　环境相对湿度 RH：30%

降水范围 (M_1-M_2) %	热风温度 T_r/℃								
	40			60			80		
	热风表观风速 v_r/(m/s)								
	0.1	0.2	0.3	0.1	0.2	0.3	0.1	0.2	0.3
16—13	1.630 1	1.750 1	1.853 8	1.667 6	1.863 9	1.996 3	1.764 4	2.013 1	2.163 8
16—14	1.727 7	1.909 2	2.029 4	1.798 8	2.057 0	2.221 6	1.910 9	2.212 9	2.409 8
16—15	1.936 6	2.211 0	2.402 7	2.052 3	2.386 1	2.612 5	2.177 1	2.557 3	2.819 7
18—13	1.446 6	1.516 7	1.605 7	1.417 1	1.551 0	1.666 0	1.476 6	1.655 1	1.785 9
18—14	1.466 1	1.540 6	1.623 0	1.465 9	1.614 7	1.725 9	1.539 2	1.737 0	1.863 3
18—15	1.508 7	1.615 4	1.701 4	1.538 6	1.723 2	1.842 3	1.625 3	1.859 8	1.999 8
18—16	1.590 2	1.753 9	1.865 6	1.654 2	1.888 0	2.039 8	1.753 3	2.032 8	2.212 6
18—17	1.768 4	2.010 3	2.177 5	1.872 0	2.169 8	2.374 9	1.988 3	2.320 6	2.554 0
20—15	1.370 0	1.417 0	1.480 0	1.337 2	1.450 0	1.545 8	1.387 5	1.548 3	1.664 0
20—16	1.388 8	1.452 2	1.514 7	1.380 5	1.516 1	1.614 3	1.444 3	1.630 5	1.748 8
20—17	1.425 1	1.522 1	1.598 3	1.445 1	1.614 3	1.726 5	1.520 6	1.738 2	1.879 9
20—18	1.493 1	1.641 8	1.744 7	1.546 1	1.758 4	1.902 7	1.636 3	1.890 9	2.061 1
20—19	1.648 2	1.864 7	2.016 3	1.738 9	2.012 7	2.198 9	1.841 2	2.151 9	2.364 9
22—17	1.317 5	1.358 9	1.403 1	1.278 8	1.382 0	1.462 1	1.320 6	1.471 9	1.573 3
22—18	1.334 6	1.393 3	1.444 5	1.317 7	1.445 0	1.532 5	1.371 4	1.547 8	1.658 0
22—19	1.365 8	1.455 4	1.526 1	1.375 3	1.533 9	1.639 8	1.440 4	1.642 1	1.779 3
22—20	1.423 8	1.558 4	1.657 1	1.464 5	1.662 2	1.797 6	1.546 6	1.779 3	1.942 0
22—21	1.556 4	1.759 5	1.897 6	1.641 2	1.888 7	2.063 2	1.738 0	2.015 6	2.204 8
24—19	1.280 4	1.320 4	1.356 8	1.236 4	1.330 8	1.404 3	1.268 2	1.411 0	1.507 5
24—20	1.294 1	1.352 3	1.399 1	1.270 0	1.389 9	1.472 8	1.314 3	1.479 9	1.587 3
24—21	1.319 1	1.405 8	1.471 7	1.322 0	1.466 9	1.571 2	1.377 9	1.566 4	1.697 2
24—22	1.372 8	1.498 4	1.591 2	1.403 2	1.584 7	1.715 4	1.474 2	1.694 2	1.839 7
24—23	1.491 8	1.678 1	1.804 8	1.561 1	1.796 2	1.955 4	1.641 9	1.910 2	2.094 4
26—21	1.250 5	1.292 4	1.325 3	1.203 6	1.293 5	1.360 9	1.228 2	1.363 6	1.454 0
26—22	1.259 1	1.321 1	1.365 7	1.233 9	1.346 3	1.426 2	1.268 7	1.425 8	1.532 2
26—23	1.283 8	1.370 2	1.430 1	1.280 4	1.418 4	1.514 5	1.328 5	1.505 7	1.628 1
26—24	1.323 9	1.452 8	1.536 8	1.356 5	1.525 2	1.648 4	1.415 9	1.619 4	1.765 7
26—25	1.424 2	1.613 7	1.736 7	1.504 1	1.722 2	1.873 0	1.576 2	1.828 4	1.998 7
28—23	1.223 9	1.271 0	1.303 1	1.175 9	1.262 9	1.327 3	1.194 0	1.323 1	1.412 2
28—24	1.234 2	1.297 0	1.340 0	1.204 4	1.311 5	1.387 2	1.231 6	1.381 8	1.480 8
28—25	1.253 4	1.339 0	1.398 7	1.246 2	1.376 1	1.471 8	1.289 1	1.456 2	1.571 7
28—26	1.297 1	1.416 7	1.496 9	1.313 6	1.477 7	1.589 7	1.373 0	1.564 4	1.696 4
28—27	1.386 0	1.565 9	1.679 8	1.443 4	1.653 8	1.800 9	1.519 1	1.751 6	1.919 9
30—25	1.202 2	1.252 9	1.286 6	1.152 8	1.238 0	1.299 3	1.165 6	1.289 8	1.376 6
30—26	1.213 2	1.279 6	1.319 9	1.178 8	1.282 1	1.356 2	1.204 1	1.343 0	1.442 4
30—27	1.234 9	1.317 3	1.374 0	1.219 3	1.345 6	1.434 2	1.251 9	1.414 1	1.523 4
30—28	1.259 8	1.380 9	1.463 4	1.279 4	1.435 5	1.544 0	1.325 9	1.518 6	1.645 3
30—29	1.343 9	1.513 1	1.634 4	1.393 9	1.611 5	1.741 2	1.465 0	1.693 8	1.844 7

表 A.1（续）

粮食种类:水稻　　　　环境温度 T_h:−15 ℃　　　　环境相对湿度 RH:60%

降水范围 (M_1-M_2) %	热风温度 T_r/℃								
	40			60			80		
	热风表观风速 v_r/(m/s)								
	0.1	0.2	0.3	0.1	0.2	0.3	0.1	0.2	0.3
16−13	1.649 6	1.772 4	1.876 8	1.680 0	1.879 2	2.011 9	1.772 5	2.024 1	2.181 4
16−14	1.749 8	1.931 9	2.054 7	1.815 0	2.076 6	2.242 2	1.920 1	2.232 7	2.434 3
16−15	1.967 5	2.246 7	2.439 6	2.070 2	2.413 7	2.643 3	2.192 8	2.577 0	2.841 3
18−13	1.462 7	1.534 4	1.625 0	1.425 2	1.559 9	1.676 5	1.482 2	1.661 9	1.792 7
18−14	1.482 0	1.553 2	1.641 4	1.475 4	1.623 4	1.737 1	1.546 4	1.744 6	1.875 0
18−15	1.526 1	1.634 2	1.719 4	1.548 8	1.736 3	1.855 2	1.633 4	1.869 0	2.015 4
18−16	1.608 7	1.775 9	1.892 3	1.665 8	1.904 3	2.056 8	1.762 8	2.044 4	2.233 1
18−17	1.793 6	2.044 6	2.216 0	1.889 8	2.191 7	2.399 2	2.000 8	2.344 5	2.584 2
20−15	1.385 0	1.432 2	1.496 1	1.344 5	1.458 7	1.554 8	1.393 3	1.556 4	1.669 6
20−16	1.403 7	1.468 1	1.530 2	1.389 0	1.525 8	1.623 9	1.450 6	1.637 2	1.754 9
20−17	1.440 8	1.538 9	1.614 0	1.454 0	1.625 6	1.743 1	1.527 8	1.746 4	1.887 3
20−18	1.511 3	1.661 0	1.768 1	1.556 3	1.772 2	1.917 3	1.644 7	1.900 6	2.071 1
20−19	1.669 5	1.893 8	2.048 5	1.753 9	2.030 6	2.219 3	1.851 8	2.164 5	2.378 3
22−17	1.331 4	1.373 2	1.417 8	1.286 2	1.388 5	1.472 4	1.325 1	1.477 3	1.581 7
22−18	1.348 8	1.408 3	1.460 7	1.325 6	1.454 0	1.541 2	1.376 3	1.553 7	1.663 6
22−19	1.380 5	1.471 2	1.540 8	1.383 6	1.544 2	1.654 9	1.446 8	1.652 2	1.786 3
22−20	1.440 1	1.578 4	1.678 3	1.474 7	1.674 4	1.810 7	1.553 7	1.792 3	1.950 7
22−21	1.575 6	1.785 0	1.925 7	1.654 9	1.904 5	2.080 2	1.746 5	2.033 8	2.227 1
24−19	1.294 0	1.334 4	1.370 8	1.243 6	1.338 5	1.411 8	1.273 1	1.418 2	1.512 0
24−20	1.307 6	1.366 0	1.412 8	1.277 4	1.398 6	1.480 9	1.319 4	1.485 7	1.596 6
24−21	1.333 8	1.420 8	1.488 8	1.330 0	1.479 3	1.585 2	1.383 6	1.575 8	1.703 1
24−22	1.387 5	1.516 5	1.611 2	1.412 6	1.595 8	1.727 3	1.480 9	1.700 9	1.854 2
24−23	1.509 3	1.702 0	1.836 6	1.573 2	1.808 9	1.971 0	1.650 5	1.919 4	2.103 1
26−21	1.265 4	1.305 7	1.339 3	1.210 7	1.301 2	1.368 0	1.232 7	1.368 1	1.461 9
26−22	1.272 4	1.335 4	1.379 7	1.240 6	1.354 4	1.434 0	1.273 9	1.431 1	1.537 1
26−23	1.298 4	1.385 3	1.446 1	1.289 0	1.427 5	1.527 8	1.333 1	1.514 3	1.638 4
26−24	1.339 3	1.468 0	1.554 8	1.365 0	1.538 7	1.658 1	1.421 7	1.631 0	1.772 3
26−25	1.440 6	1.635 9	1.761 1	1.514 9	1.734 2	1.887 2	1.582 5	1.835 8	2.008 9
28−23	1.235 7	1.283 9	1.316 6	1.182 5	1.270 4	1.334 2	1.197 8	1.328 0	1.416 6
28−24	1.247 6	1.310 6	1.353 9	1.211 0	1.318 6	1.398 0	1.236 8	1.386 6	1.489 3
28−25	1.265 9	1.353 8	1.414 6	1.254 0	1.384 7	1.480 5	1.293 8	1.464 2	1.581 3
28−26	1.313 1	1.431 7	1.515 0	1.319 9	1.487 9	1.605 8	1.378 6	1.573 9	1.709 8
28−27	1.404 9	1.586 3	1.706 6	1.451 9	1.668 6	1.817 7	1.528 2	1.762 0	1.936 5
30−25	1.215 8	1.266 1	1.299 8	1.159 6	1.245 7	1.306 9	1.169 7	1.294 2	1.381 0
30−26	1.224 8	1.293 1	1.333 4	1.185 9	1.288 5	1.363 5	1.208 7	1.346 9	1.446 3
30−27	1.245 2	1.330 7	1.387 4	1.225 9	1.353 7	1.442 5	1.256 5	1.419 3	1.532 6
30−28	1.270 6	1.397 2	1.481 7	1.290 4	1.446 3	1.557 8	1.334 3	1.523 6	1.651 6
30−29	1.359 9	1.538 2	1.654 9	1.403 2	1.623 0	1.754 5	1.472 2	1.699 9	1.861 3

表 A.1（续）

粮食种类：水稻　　　　环境温度 T_h：−15 ℃　　　　环境相对湿度 RH：90%

降水范围 (M_1-M_2) %	热风温度 T_r/℃								
	40			60			80		
	热风表观风速 v_r/(m/s)								
	0.1	0.2	0.3	0.1	0.2	0.3	0.1	0.2	0.3
16−13	1.669 7	1.792 4	1.899 3	1.692 0	1.893 9	2.026 8	1.781 9	2.034 7	2.191 2
16−14	1.771 6	1.957 7	2.085 8	1.828 7	2.095 5	2.261 7	1.931 3	2.246 2	2.447 9
16−15	1.997 6	2.287 9	2.485 5	2.091 0	2.440 1	2.686 2	2.207 7	2.605 0	2.876 2
18−13	1.479 0	1.551 9	1.644 0	1.433 8	1.569 6	1.686 8	1.488 5	1.668 3	1.799 2
18−14	1.498 4	1.574 9	1.659 6	1.483 9	1.634 0	1.747 8	1.552 2	1.751 9	1.881 9
18−15	1.543 4	1.652 8	1.737 1	1.560 0	1.748 8	1.867 5	1.641 2	1.877 9	2.023 4
18−16	1.628 1	1.797 3	1.918 6	1.678 8	1.920 0	2.081 1	1.771 8	2.055 4	2.244 3
18−17	1.818 3	2.071 7	2.252 9	1.906 9	2.220 6	2.434 8	2.012 8	2.358 9	2.599 3
20−15	1.400 2	1.447 5	1.512 1	1.352 4	1.467 2	1.565 3	1.398 1	1.562 0	1.674 9
20−16	1.418 7	1.482 9	1.545 6	1.397 4	1.535 3	1.633 3	1.455 6	1.643 6	1.760 6
20−17	1.456 6	1.555 6	1.632 9	1.462 8	1.636 6	1.754 1	1.534 6	1.757 5	1.894 4
20−18	1.528 6	1.679 7	1.791 3	1.567 7	1.785 4	1.938 5	1.652 5	1.909 5	2.088 6
20−19	1.690 4	1.922 2	2.079 7	1.768 1	2.048 1	2.249 7	1.866 1	2.184 6	2.403 1
22−17	1.345 7	1.387 6	1.432 5	1.293 6	1.396 4	1.480 2	1.330 3	1.482 5	1.586 3
22−18	1.363 2	1.422 3	1.475 1	1.333 4	1.462 7	1.553 4	1.381 8	1.559 5	1.673 6
22−19	1.395 6	1.487 0	1.558 3	1.391 7	1.554 5	1.665 0	1.452 9	1.659 0	1.798 3
22−20	1.456 3	1.595 3	1.699 1	1.484 7	1.686 3	1.829 5	1.560 5	1.799 9	1.966 4
22−21	1.594 7	1.809 7	1.952 7	1.668 2	1.925 9	2.108 1	1.754 9	2.044 1	2.248 8
24−19	1.308 2	1.348 7	1.385 2	1.250 4	1.346 3	1.419 1	1.278 1	1.423 1	1.519 9
24−20	1.321 4	1.380 2	1.426 5	1.284 8	1.404 9	1.492 4	1.324 6	1.493 7	1.601 7
24−21	1.349 7	1.437 0	1.502 7	1.337 7	1.488 4	1.594 6	1.389 0	1.582 3	1.714 6
24−22	1.402 5	1.532 6	1.625 9	1.422 0	1.610 6	1.738 4	1.488 7	1.713 6	1.869 1
24−23	1.527 6	1.725 4	1.861 7	1.584 0	1.828 6	1.995 0	1.658 4	1.935 1	2.122 1
26−21	1.277 1	1.319 2	1.353 0	1.217 1	1.308 4	1.375 3	1.237 1	1.374 8	1.465 9
26−22	1.287 4	1.348 4	1.393 0	1.247 8	1.362 6	1.444 6	1.278 1	1.438 3	1.545 9
26−23	1.311 4	1.400 4	1.462 5	1.296 1	1.436 4	1.536 7	1.338 1	1.519 8	1.643 4
26−24	1.354 4	1.485 5	1.573 0	1.373 4	1.549 6	1.674 4	1.427 5	1.637 7	1.786 4
26−25	1.458 5	1.658 9	1.789 5	1.525 1	1.750 5	1.908 1	1.592 9	1.852 4	2.024 7
28−23	1.249 1	1.297 5	1.330 1	1.189 9	1.277 4	1.341 2	1.201 7	1.334 1	1.423 9
28−24	1.262 6	1.324 0	1.367 4	1.217 6	1.326 7	1.405 5	1.240 0	1.393 5	1.494 2
28−25	1.278 2	1.368 7	1.428 2	1.260 4	1.394 5	1.491 9	1.298 8	1.469 6	1.587 2
28−26	1.324 6	1.448 2	1.531 8	1.329 1	1.500 5	1.615 0	1.384 8	1.579 8	1.721 5
28−27	1.421 3	1.605 9	1.727 5	1.462 1	1.679 6	1.832 5	1.534 5	1.774 9	1.944 2
30−25	1.227 7	1.279 0	1.312 6	1.166 0	1.252 0	1.313 9	1.173 4	1.300 4	1.387 5
30−26	1.241 4	1.305 8	1.346 0	1.193 5	1.296 1	1.370 8	1.212 8	1.353 9	1.454 7
30−27	1.256 9	1.343 5	1.403 2	1.232 6	1.362 0	1.449 7	1.261 0	1.426 1	1.537 2
30−28	1.288 6	1.410 4	1.496 9	1.297 1	1.455 3	1.567 0	1.338 6	1.532 5	1.664 4
30−29	1.378 1	1.556 0	1.674 4	1.412 3	1.634 0	1.780 2	1.478 7	1.715 4	1.876 2

表 A.1（续）

粮食种类：水稻　　环境温度 T_h：−10 ℃　　环境相对湿度 RH：30%

降水范围 (M_1-M_2) %	热风温度 T_r/℃								
	40			60			80		
	热风表观风速 v_r/(m/s)								
	0.1	0.2	0.3	0.1	0.2	0.3	0.1	0.2	0.3
16—13	1.480 7	1.584 7	1.675 3	1.544 2	1.721 3	1.841 2	1.652 1	1.879 5	2.016 8
16—14	1.561 2	1.713 3	1.815 8	1.658 3	1.883 8	2.030 1	1.782 0	2.055 7	2.228 7
16—15	1.736 7	1.965 4	2.119 7	1.873 0	2.164 5	2.363 8	2.014 8	2.349 2	2.572 1
18—13	1.320 1	1.382 1	1.462 7	1.318 2	1.440 3	1.547 1	1.387 9	1.552 2	1.676 2
18—14	1.335 2	1.400 1	1.472 7	1.360 2	1.492 1	1.594 8	1.444 5	1.623 4	1.743 1
18—15	1.369 8	1.459 6	1.534 4	1.423 7	1.585 6	1.693 8	1.520 7	1.730 3	1.858 4
18—16	1.436 3	1.572 1	1.670 1	1.523 7	1.726 9	1.860 6	1.635 3	1.881 0	2.042 9
18—17	1.584 3	1.784 0	1.924 7	1.709 5	1.964 6	2.144 0	1.834 2	2.128 4	2.336 9
20—15	1.250 0	1.290 3	1.346 2	1.243 5	1.345 5	1.434 4	1.304 7	1.453 2	1.558 2
20—16	1.264 4	1.318 7	1.371 7	1.281 1	1.401 2	1.488 1	1.355 1	1.522 0	1.628 1
20—17	1.293 6	1.374 4	1.439 2	1.336 0	1.487 2	1.584 8	1.422 9	1.619 4	1.744 4
20—18	1.349 9	1.471 5	1.561 0	1.423 4	1.607 5	1.734 5	1.524 2	1.748 2	1.901 2
20—19	1.475 3	1.654 6	1.781 2	1.587 1	1.821 1	1.974 2	1.701 5	1.971 6	2.150 5
22—17	1.201 5	1.237 0	1.275 5	1.189 8	1.280 2	1.355 4	1.240 8	1.378 7	1.473 6
22—18	1.215 0	1.264 9	1.309 2	1.223 1	1.334 9	1.414 2	1.285 9	1.444 4	1.546 0
22—19	1.240 8	1.315 3	1.374 0	1.272 5	1.410 8	1.504 6	1.347 5	1.529 8	1.650 7
22—20	1.287 2	1.399 9	1.482 6	1.349 2	1.519 6	1.638 7	1.440 4	1.648 2	1.790 7
22—21	1.392 0	1.562 1	1.676 6	1.496 9	1.709 9	1.853 0	1.600 6	1.846 6	2.015 0
24—19	1.168 4	1.202 5	1.233 0	1.150 2	1.234 6	1.299 0	1.193 5	1.321 6	1.410 9
24—20	1.178 3	1.227 2	1.266 1	1.179 2	1.283 4	1.359 0	1.233 8	1.381 6	1.479 3
24—21	1.199 2	1.271 1	1.326 2	1.224 3	1.352 9	1.442 1	1.290 1	1.459 2	1.574 6
24—22	1.240 9	1.346 9	1.421 6	1.293 3	1.449 7	1.563 5	1.374 2	1.566 4	1.697 4
24—23	1.336 6	1.492 8	1.596 3	1.420 7	1.624 0	1.764 4	1.517 2	1.750 4	1.905 4
26—21	1.140 3	1.176 0	1.204 6	1.120 3	1.199 4	1.258 6	1.155 0	1.277 2	1.359 9
26—22	1.148 1	1.199 6	1.236 3	1.145 1	1.244 8	1.315 3	1.191 6	1.331 6	1.428 0
26—23	1.167 4	1.238 9	1.289 1	1.185 8	1.306 5	1.390 9	1.243 3	1.402 8	1.510 3
26—24	1.199 9	1.306 0	1.378 7	1.250 8	1.398 4	1.502 8	1.319 8	1.503 5	1.629 7
26—25	1.275 2	1.435 6	1.537 1	1.370 4	1.559 4	1.683 5	1.452 8	1.670 4	1.818 6
28—23	1.116 9	1.156 7	1.184 1	1.094 8	1.171 8	1.228 2	1.122 8	1.240 7	1.321 3
28—24	1.124 8	1.176 6	1.214 4	1.118 9	1.213 4	1.281 4	1.157 3	1.291 2	1.381 4
28—25	1.138 8	1.213 5	1.262 3	1.154 3	1.268 3	1.352 0	1.207 0	1.357 7	1.459 6
28—26	1.174 4	1.273 1	1.342 8	1.209 7	1.354 1	1.451 5	1.279 1	1.447 1	1.567 4
28—27	1.241 6	1.393 7	1.490 9	1.319 4	1.496 6	1.625 8	1.399 8	1.605 9	1.744 1
30—25	1.097 5	1.142 0	1.169 2	1.072 9	1.148 8	1.201 9	1.096 4	1.209 0	1.287 6
30—26	1.105 6	1.161 1	1.195 5	1.095 2	1.187 5	1.250 8	1.131 2	1.255 2	1.342 1
30—27	1.119 6	1.192 5	1.238 8	1.127 6	1.241 1	1.315 2	1.171 9	1.316 6	1.415 3
30—28	1.138 2	1.242 2	1.310 7	1.180 7	1.316 9	1.409 6	1.236 0	1.405 3	1.519 0
30—29	1.204 2	1.347 5	1.442 9	1.274 7	1.462 6	1.574 6	1.356 6	1.548 3	1.688 5

表 A.1（续）

粮食种类：水稻　　环境温度 T_h：−10 ℃　　环境相对湿度 RH：60%

降水范围 (M_1-M_2) %	热风温度 T_r/℃								
	40			60			80		
	热风表观风速 v_r/(m/s)								
	0.1	0.2	0.3	0.1	0.2	0.3	0.1	0.2	0.3
16−13	1.509 1	1.615 0	1.708 4	1.560 8	1.741 8	1.861 5	1.665 5	1.893 8	2.035 7
16−14	1.593 7	1.750 8	1.857 7	1.678 7	1.909 6	2.055 8	1.797 7	2.079 2	2.254 6
16−15	1.777 5	2.015 5	2.180 6	1.902 0	2.206 9	2.413 7	2.039 3	2.381 8	2.623 1
18−13	1.343 8	1.407 5	1.490 3	1.330 5	1.454 3	1.561 9	1.397 1	1.563 1	1.687 5
18−14	1.358 6	1.424 1	1.499 1	1.373 1	1.507 0	1.612 3	1.454 5	1.636 1	1.756 0
18−15	1.394 4	1.486 5	1.560 7	1.438 5	1.602 9	1.710 3	1.533 2	1.745 7	1.874 5
18−16	1.463 7	1.605 9	1.705 3	1.540 6	1.748 2	1.888 6	1.648 0	1.900 2	2.064 5
18−17	1.619 6	1.828 8	1.973 8	1.733 3	1.999 2	2.184 2	1.854 3	2.161 8	2.367 3
20−15	1.272 0	1.312 4	1.369 4	1.254 7	1.357 6	1.446 7	1.312 9	1.461 0	1.568 0
20−16	1.286 1	1.340 9	1.395 6	1.293 3	1.414 4	1.503 7	1.364 1	1.533 4	1.643 7
20−17	1.316 4	1.398 8	1.465 0	1.349 0	1.502 6	1.603 8	1.432 4	1.629 8	1.758 8
20−18	1.374 0	1.501 2	1.591 9	1.439 4	1.629 2	1.759 0	1.536 9	1.764 6	1.919 8
20−19	1.505 5	1.692 4	1.822 4	1.607 1	1.850 3	2.017 2	1.718 4	1.993 9	2.186 5
22−17	1.222 4	1.257 8	1.296 5	1.200 2	1.291 4	1.366 2	1.248 5	1.387 8	1.482 6
22−18	1.236 1	1.285 8	1.330 1	1.234 5	1.347 0	1.428 7	1.294 6	1.454 6	1.556 5
22−19	1.262 2	1.337 7	1.398 0	1.284 2	1.424 7	1.521 9	1.357 2	1.541 7	1.663 7
22−20	1.310 3	1.424 8	1.510 8	1.363 3	1.538 6	1.660 3	1.450 0	1.662 4	1.807 3
22−21	1.419 9	1.595 5	1.719 4	1.516 8	1.735 7	1.890 7	1.615 6	1.865 2	2.036 3
24−19	1.188 2	1.222 5	1.253 6	1.160 6	1.245 3	1.311 1	1.200 2	1.330 0	1.419 3
24−20	1.197 9	1.247 4	1.287 9	1.189 9	1.296 6	1.372 8	1.241 3	1.391 2	1.489 2
24−21	1.219 8	1.293 1	1.349 4	1.236 1	1.365 5	1.458 5	1.297 2	1.470 0	1.586 4
24−22	1.262 3	1.370 4	1.447 8	1.306 6	1.467 7	1.583 3	1.384 9	1.579 2	1.717 4
24−23	1.361 1	1.522 5	1.635 1	1.438 5	1.647 2	1.789 7	1.530 3	1.767 0	1.933 5
26−21	1.160 2	1.195 5	1.224 6	1.130 1	1.209 9	1.270 2	1.161 9	1.285 0	1.367 8
26−22	1.166 1	1.219 3	1.256 9	1.154 7	1.255 9	1.328 8	1.198 9	1.340 2	1.437 7
26−23	1.186 9	1.260 0	1.311 9	1.196 7	1.318 7	1.406 2	1.251 0	1.412 8	1.521 0
26−24	1.221 8	1.329 3	1.403 7	1.263 7	1.411 6	1.520 7	1.329 5	1.515 5	1.642 6
26−25	1.301 2	1.466 2	1.567 6	1.386 2	1.581 3	1.714 6	1.465 9	1.690 6	1.843 5
28−23	1.133 9	1.175 7	1.204 4	1.104 0	1.181 1	1.239 8	1.129 3	1.248 4	1.329 4
28−24	1.144 0	1.197 7	1.234 3	1.128 7	1.224 5	1.293 8	1.163 3	1.299 7	1.389 4
28−25	1.158 3	1.233 5	1.284 5	1.164 3	1.281 2	1.366 2	1.214 5	1.367 0	1.470 3
28−26	1.193 1	1.295 5	1.366 7	1.221 2	1.369 4	1.468 8	1.287 5	1.460 2	1.582 4
28−27	1.269 8	1.421 4	1.523 6	1.334 8	1.516 7	1.646 8	1.413 1	1.624 1	1.769 3
30−25	1.116 7	1.159 1	1.187 5	1.083 4	1.159 1	1.213 3	1.102 4	1.216 9	1.295 2
30−26	1.124 2	1.180 2	1.216 2	1.104 3	1.198 1	1.263 5	1.137 6	1.263 6	1.353 3
30−27	1.137 6	1.210 8	1.261 7	1.137 8	1.252 0	1.329 7	1.181 3	1.325 3	1.429 0
30−28	1.162 2	1.266 6	1.337 8	1.192 5	1.329 7	1.426 3	1.244 2	1.416 3	1.530 4
30−29	1.229 0	1.372 4	1.474 3	1.288 2	1.479 7	1.594 2	1.366 4	1.566 2	1.702 9

表 A.1（续）

粮食种类:水稻　　环境温度 T_h:−10 ℃　　环境相对湿度 RH:90%

降水范围 (M_1-M_2) %	热风温度 T_r/℃								
	40			60			80		
	热风表观风速 v_r/(m/s)								
	0.1	0.2	0.3	0.1	0.2	0.3	0.1	0.2	0.3
16−13	1.537 5	1.645 0	1.743 0	1.578 1	1.761 4	1.885 2	1.678 4	1.911 1	2.053 3
16−14	1.625 1	1.787 6	1.898 5	1.700 2	1.938 8	2.087 8	1.812 6	2.096 2	2.279 1
16−15	1.817 4	2.069 4	2.249 3	1.933 1	2.240 6	2.461 2	2.058 6	2.412 6	2.658 7
18−13	1.367 9	1.433 2	1.517 9	1.342 7	1.467 9	1.577 2	1.406 0	1.573 5	1.698 1
18−14	1.382 4	1.448 7	1.525 3	1.386 6	1.523 2	1.626 6	1.464 1	1.648 3	1.768 2
18−15	1.419 6	1.511 5	1.589 3	1.453 2	1.622 5	1.730 6	1.543 9	1.760 4	1.896 1
18−16	1.491 1	1.636 7	1.739 8	1.558 5	1.772 3	1.915 6	1.662 3	1.918 5	2.092 7
18−17	1.651 8	1.872 4	2.029 6	1.755 8	2.032 4	2.222 6	1.873 3	2.186 9	2.408 1
20−15	1.294 1	1.334 6	1.392 4	1.266 2	1.369 5	1.460 1	1.320 8	1.470 4	1.577 3
20−16	1.307 9	1.363 1	1.418 1	1.305 5	1.429 1	1.518 8	1.372 5	1.544 3	1.654 5
20−17	1.339 5	1.423 2	1.487 8	1.362 9	1.517 3	1.622 2	1.443 0	1.642 6	1.772 5
20−18	1.399 3	1.528 4	1.622 1	1.454 8	1.650 2	1.782 3	1.547 3	1.780 4	1.937 4
20−19	1.537 1	1.729 6	1.869 9	1.629 2	1.878 8	2.049 8	1.734 5	2.015 0	2.210 4
22−17	1.243 2	1.279 1	1.317 8	1.210 7	1.302 3	1.378 5	1.255 8	1.396 5	1.491 2
22−18	1.256 8	1.307 1	1.352 6	1.245 8	1.358 9	1.439 6	1.302 5	1.464 6	1.566 4
22−19	1.283 9	1.360 6	1.419 3	1.297 0	1.440 4	1.539 0	1.365 5	1.553 2	1.676 1
22−20	1.333 0	1.451 9	1.538 7	1.377 0	1.554 5	1.681 6	1.460 7	1.676 2	1.823 0
22−21	1.448 8	1.628 2	1.754 2	1.536 0	1.759 8	1.919 3	1.630 5	1.891 2	2.067 4
24−19	1.208 4	1.243 2	1.274 3	1.170 5	1.255 8	1.323 1	1.206 9	1.338 2	1.427 3
24−20	1.219 1	1.267 3	1.308 4	1.200 4	1.307 7	1.382 9	1.248 5	1.400 2	1.502 5
24−21	1.240 5	1.315 7	1.372 3	1.247 6	1.379 8	1.474 3	1.305 5	1.480 6	1.597 4
24−22	1.283 6	1.395 7	1.477 5	1.320 0	1.484 6	1.602 2	1.394 5	1.591 8	1.730 8
24−23	1.388 4	1.555 8	1.674 0	1.454 6	1.669 2	1.816 1	1.543 2	1.783 4	1.951 5
26−21	1.179 6	1.216 5	1.244 4	1.139 8	1.220 5	1.281 8	1.168 6	1.293 0	1.375 7
26−22	1.187 0	1.239 7	1.277 3	1.164 6	1.266 4	1.338 8	1.205 2	1.348 6	1.446 9
26−23	1.207 2	1.282 0	1.334 5	1.207 8	1.332 3	1.421 3	1.259 4	1.422 8	1.536 1
26−24	1.240 6	1.353 9	1.427 9	1.276 0	1.428 1	1.538 8	1.338 5	1.526 2	1.655 3
26−25	1.323 4	1.495 1	1.604 4	1.404 2	1.601 4	1.736 0	1.479 0	1.706 5	1.859 7
28−23	1.154 0	1.195 4	1.224 5	1.114 2	1.192 4	1.250 9	1.135 8	1.256 0	1.336 1
28−24	1.162 9	1.218 2	1.254 2	1.139 0	1.235 3	1.305 8	1.171 9	1.307 8	1.401 4
28−25	1.177 1	1.254 6	1.304 9	1.174 6	1.292 8	1.377 4	1.221 3	1.375 9	1.483 3
28−26	1.213 5	1.321 1	1.390 4	1.233 1	1.384 9	1.484 9	1.295 2	1.471 5	1.594 6
28−27	1.291 1	1.446 4	1.557 5	1.349 0	1.540 2	1.668 1	1.424 3	1.638 0	1.793 0
30−25	1.133 5	1.179 2	1.208 1	1.093 3	1.169 0	1.224 4	1.108 0	1.223 9	1.303 0
30−26	1.143 7	1.200 2	1.237 1	1.115 0	1.208 9	1.274 6	1.143 5	1.270 7	1.361 6
30−27	1.155 5	1.232 4	1.282 1	1.148 3	1.263 8	1.343 7	1.186 9	1.333 7	1.437 0
30−28	1.177 1	1.287 0	1.361 5	1.206 3	1.344 4	1.442 0	1.252 0	1.427 2	1.546 5
30−29	1.249 0	1.398 7	1.507 7	1.306 2	1.499 4	1.619 8	1.377 1	1.576 8	1.723 7

表 A.1（续）

粮食种类：水稻　　环境温度 T_h：−5 ℃　　环境相对湿度 RH：30%

降水范围 (M_1-M_2) %	热风温度 T_r/℃								
	40			60			80		
	热风表观风速 v_r/(m/s)								
	0.1	0.2	0.3	0.1	0.2	0.3	0.1	0.2	0.3
16−13	1.335 4	1.424 5	1.505 0	1.422 7	1.579 4	1.686 7	1.542 3	1.744 9	1.873 4
16−14	1.400 1	1.527 3	1.615 4	1.521 5	1.715 8	1.844 1	1.655 8	1.897 4	2.051 5
16−15	1.541 7	1.729 4	1.857 3	1.702 6	1.950 1	2.122 7	1.855 9	2.146 8	2.344 6
18−13	1.196 4	1.250 8	1.323 1	1.221 7	1.332 4	1.430 4	1.302 2	1.453 7	1.569 4
18−14	1.207 2	1.261 9	1.326 5	1.256 9	1.374 7	1.467 7	1.351 4	1.512 7	1.625 6
18−15	1.234 4	1.308 7	1.371 0	1.310 9	1.451 8	1.545 5	1.419 7	1.606 8	1.720 7
18−16	1.287 3	1.399 1	1.480 9	1.395 4	1.570 6	1.686 5	1.517 9	1.737 0	1.877 0
18−17	1.404 8	1.566 8	1.681 7	1.552 0	1.766 5	1.920 1	1.687 5	1.947 4	2.124 3
20−15	1.132 3	1.166 2	1.215 5	1.152 0	1.242 5	1.322 7	1.223 4	1.358 2	1.457 4
20−16	1.142 5	1.187 2	1.234 1	1.183 7	1.289 1	1.368 5	1.267 7	1.418 6	1.514 8
20−17	1.166 0	1.231 6	1.285 7	1.230 5	1.361 0	1.447 1	1.326 5	1.499 9	1.612 1
20−18	1.210 0	1.309 7	1.383 3	1.304 5	1.464 2	1.571 0	1.414 2	1.613 3	1.745 0
20−19	1.308 9	1.452 7	1.555 4	1.438 3	1.636 5	1.767 1	1.562 2	1.796 7	1.953 2
22−17	1.089 0	1.117 9	1.150 6	1.102 5	1.182 6	1.249 2	1.163 8	1.287 3	1.376 1
22−18	1.098 5	1.138 7	1.176 0	1.130 3	1.227 8	1.296 4	1.203 3	1.343 9	1.436 4
22−19	1.118 4	1.178 6	1.227 1	1.172 3	1.291 2	1.373 2	1.257 3	1.417 1	1.524 9
22−20	1.154 3	1.245 2	1.311 7	1.237 8	1.381 7	1.483 9	1.335 9	1.517 3	1.643 2
22−21	1.234 4	1.369 2	1.460 4	1.359 6	1.537 0	1.659 2	1.471 1	1.681 9	1.829 7
24−19	1.057 9	1.086 3	1.112 4	1.066 5	1.139 1	1.198 3	1.119 9	1.235 6	1.313 6
24−20	1.064 1	1.106 0	1.138 9	1.090 6	1.181 1	1.247 8	1.154 8	1.287 8	1.373 7
24−21	1.081 7	1.140 2	1.185 1	1.128 5	1.239 3	1.316 5	1.203 0	1.352 4	1.454 3
24−22	1.113 8	1.199 2	1.262 1	1.185 8	1.320 0	1.413 2	1.277 2	1.443 0	1.557 4
24−23	1.185 7	1.313 1	1.397 0	1.289 8	1.461 5	1.574 7	1.391 9	1.592 2	1.730 7
26−21	1.032 6	1.062 3	1.086 6	1.039 3	1.107 2	1.160 9	1.083 7	1.193 8	1.268 8
26−22	1.037 1	1.081 0	1.111 3	1.059 2	1.145 1	1.205 9	1.116 8	1.240 0	1.323 7
26−23	1.053 0	1.112 1	1.153 6	1.093 8	1.197 3	1.270 7	1.160 6	1.301 2	1.396 6
26−24	1.077 1	1.164 5	1.222 0	1.148 1	1.273 0	1.359 1	1.225 3	1.385 5	1.496 2
26−25	1.136 0	1.262 6	1.343 4	1.243 6	1.402 4	1.508 2	1.337 3	1.522 4	1.654 4
28−23	1.011 0	1.045 2	1.069 0	1.015 3	1.081 6	1.131 0	1.053 8	1.159 4	1.229 8
28−24	1.015 9	1.061 4	1.091 8	1.035 7	1.116 1	1.175 4	1.084 6	1.202 6	1.283 1
28−25	1.027 2	1.089 2	1.129 2	1.063 9	1.163 9	1.233 6	1.126 4	1.259 7	1.350 8
28−26	1.053 5	1.138 3	1.191 5	1.112 7	1.234 5	1.317 7	1.187 9	1.337 2	1.440 1
28−27	1.107 5	1.230 8	1.303 0	1.199 7	1.349 9	1.453 1	1.288 3	1.467 0	1.589 6
30−25	0.995 1	1.031 8	1.055 2	0.995 6	1.062 2	1.109 2	1.029 7	1.130 8	1.199 4
30−26	0.998 1	1.048 0	1.076 1	1.013 3	1.093 1	1.149 6	1.058 9	1.171 0	1.247 5
30−27	1.011 1	1.069 4	1.110 2	1.042 5	1.136 7	1.204 8	1.094 4	1.221 9	1.310 1
30−28	1.024 1	1.110 1	1.166 3	1.087 7	1.201 5	1.281 3	1.149 5	1.297 9	1.393 0
30−29	1.070 2	1.187 8	1.266 4	1.159 5	1.317 7	1.404 3	1.244 9	1.415 2	1.533 1

表 A.1（续）

粮食种类：水稻　　　　环境温度 T_h：−5 ℃　　　　环境相对湿度 RH：60%

降水范围 (M_1-M_2) %	热风温度 T_r/℃								
	40			60			80		
	热风表观风速 v_r/(m/s)								
	0.1	0.2	0.3	0.1	0.2	0.3	0.1	0.2	0.3
16—13	1.374 8	1.467 1	1.550 5	1.447 2	1.608 2	1.719 2	1.561 4	1.768 8	1.902 7
16—14	1.444 9	1.577 9	1.668 7	1.550 8	1.755 8	1.887 3	1.678 2	1.932 3	2.092 3
16—15	1.597 5	1.799 8	1.940 0	1.742 6	2.005 4	2.186 3	1.888 5	2.195 7	2.403 5
18—13	1.229 8	1.286 6	1.361 8	1.239 4	1.352 2	1.452 1	1.315 2	1.468 3	1.586 2
18—14	1.240 6	1.296 7	1.363 3	1.275 4	1.395 7	1.491 2	1.365 7	1.529 5	1.642 5
18—15	1.268 9	1.345 8	1.411 4	1.332 5	1.478 7	1.573 0	1.435 6	1.627 2	1.746 3
18—16	1.326 0	1.443 5	1.525 6	1.420 9	1.603 6	1.722 8	1.536 3	1.762 4	1.911 1
18—17	1.452 0	1.627 3	1.748 5	1.584 7	1.816 8	1.971 3	1.717 0	1.981 2	2.172 7
20—15	1.163 3	1.197 3	1.247 7	1.168 0	1.259 8	1.341 6	1.234 5	1.371 2	1.470 4
20—16	1.173 3	1.218 6	1.265 6	1.200 9	1.307 9	1.389 3	1.280 4	1.433 8	1.533 0
20—17	1.197 8	1.265 3	1.319 8	1.249 5	1.382 6	1.471 8	1.341 5	1.517 7	1.630 3
20—18	1.244 5	1.348 9	1.426 3	1.326 7	1.492 9	1.602 5	1.431 7	1.635 1	1.774 7
20—19	1.351 0	1.504 6	1.612 0	1.468 3	1.674 4	1.817 6	1.587 5	1.831 0	1.993 9
22—17	1.118 1	1.147 5	1.180 5	1.117 9	1.198 7	1.266 6	1.174 7	1.299 4	1.387 9
22—18	1.127 7	1.168 7	1.206 4	1.147 0	1.245 3	1.318 2	1.214 8	1.359 8	1.453 2
22—19	1.149 1	1.210 5	1.259 0	1.189 8	1.313 1	1.395 9	1.270 5	1.435 2	1.545 8
22—20	1.186 8	1.281 1	1.353 9	1.256 9	1.407 3	1.511 9	1.352 2	1.539 8	1.669 2
22—21	1.273 7	1.418 7	1.514 7	1.385 9	1.574 7	1.703 3	1.491 6	1.712 1	1.864 9
24—19	1.086 0	1.115 4	1.141 5	1.081 1	1.154 4	1.213 0	1.129 4	1.246 9	1.327 2
24—20	1.092 9	1.134 9	1.168 5	1.105 9	1.199 0	1.265 9	1.165 0	1.300 2	1.389 5
24—21	1.110 9	1.170 9	1.217 5	1.144 9	1.257 3	1.337 8	1.214 8	1.369 0	1.473 4
24—22	1.144 4	1.232 8	1.298 9	1.204 4	1.344 9	1.442 7	1.289 9	1.463 1	1.580 9
24—23	1.222 3	1.355 1	1.447 7	1.314 3	1.490 6	1.614 1	1.412 4	1.618 3	1.762 2
26—21	1.060 8	1.091 2	1.115 2	1.053 7	1.122 4	1.176 6	1.093 0	1.204 8	1.281 5
26—22	1.064 5	1.109 5	1.140 1	1.074 1	1.162 7	1.226 2	1.126 6	1.253 5	1.338 6
26—23	1.081 7	1.142 5	1.185 1	1.108 6	1.216 0	1.290 6	1.172 1	1.316 1	1.413 8
26—24	1.108 1	1.196 5	1.257 1	1.166 1	1.294 5	1.386 6	1.238 7	1.403 5	1.516 9
26—25	1.166 2	1.304 5	1.388 1	1.265 9	1.432 0	1.544 6	1.355 2	1.551 5	1.682 3
28—23	1.037 9	1.073 4	1.096 8	1.029 0	1.097 5	1.146 4	1.063 3	1.169 5	1.242 1
28—24	1.042 3	1.089 5	1.120 1	1.049 3	1.132 7	1.194 0	1.094 2	1.215 5	1.297 7
28—25	1.053 1	1.118 8	1.159 7	1.079 2	1.181 5	1.254 5	1.137 6	1.271 2	1.366 6
28—26	1.080 2	1.168 4	1.226 6	1.128 2	1.255 3	1.340 0	1.199 6	1.353 6	1.459 2
28—27	1.139 3	1.268 8	1.352 4	1.220 4	1.377 1	1.487 3	1.304 3	1.488 9	1.613 7
30—25	1.018 3	1.059 0	1.081 6	1.008 9	1.076 4	1.124 1	1.038 1	1.140 8	1.210 9
30—26	1.027 1	1.073 3	1.105 1	1.027 7	1.108 5	1.166 5	1.068 9	1.183 9	1.261 7
30—27	1.034 2	1.098 7	1.139 8	1.056 0	1.154 4	1.223 4	1.104 6	1.234 7	1.325 5
30—28	1.051 3	1.140 5	1.201 4	1.100 5	1.220 7	1.305 3	1.161 7	1.312 9	1.416 6
30—29	1.103 1	1.224 4	1.307 7	1.181 5	1.344 9	1.435 8	1.259 6	1.436 9	1.562 0

表 A.1（续）

粮食种类：水稻　　　　环境温度 T_h：−5 ℃　　　　环境相对湿度 RH：90%

降水范围 (M_1-M_2) %	热风温度 T_r/℃								
	40			60			80		
	热风表观风速 v_r/(m/s)								
	0.1	0.2	0.3	0.1	0.2	0.3	0.1	0.2	0.3
16—13	1.415 0	1.508 4	1.597 0	1.471 1	1.635 6	1.749 9	1.579 4	1.791 2	1.924 9
16—14	1.489 3	1.627 5	1.724 8	1.579 0	1.789 9	1.927 8	1.701 2	1.960 9	2.122 2
16—15	1.654 5	1.873 2	2.028 1	1.780 6	2.057 9	2.255 8	1.918 9	2.235 0	2.458 7
18—13	1.264 4	1.322 8	1.400 7	1.256 7	1.370 7	1.472 9	1.327 2	1.482 1	1.600 4
18—14	1.274 7	1.331 5	1.400 7	1.294 2	1.416 0	1.513 6	1.379 5	1.547 7	1.661 3
18—15	1.304 4	1.381 5	1.449 2	1.352 6	1.501 9	1.603 2	1.450 7	1.646 3	1.770 5
18—16	1.364 2	1.485 2	1.573 0	1.444 2	1.635 2	1.763 0	1.555 5	1.786 2	1.943 3
18—17	1.498 8	1.686 9	1.820 1	1.618 0	1.859 4	2.028 3	1.741 8	2.019 3	2.218 1
20—15	1.195 0	1.229 3	1.280 5	1.184 3	1.276 7	1.359 9	1.246 0	1.383 6	1.484 8
20—16	1.204 8	1.250 7	1.298 3	1.217 9	1.326 1	1.409 1	1.292 4	1.447 9	1.550 4
20—17	1.230 6	1.299 1	1.355 8	1.268 1	1.405 6	1.495 2	1.354 8	1.537 2	1.652 0
20—18	1.279 5	1.387 9	1.468 6	1.348 4	1.520 3	1.637 3	1.448 4	1.659 0	1.802 6
20—19	1.393 3	1.555 6	1.672 8	1.497 4	1.715 8	1.866 1	1.608 7	1.863 4	2.032 0
22—17	1.148 0	1.178 1	1.210 7	1.132 9	1.214 5	1.283 2	1.185 3	1.312 6	1.401 4
22—18	1.157 6	1.199 3	1.237 2	1.163 1	1.262 5	1.336 6	1.226 3	1.372 7	1.465 7
22—19	1.179 7	1.242 5	1.293 0	1.206 8	1.332 0	1.421 2	1.283 3	1.450 3	1.561 0
22—20	1.219 1	1.319 0	1.392 6	1.277 3	1.432 1	1.543 2	1.367 2	1.557 7	1.693 8
22—21	1.311 6	1.464 2	1.574 5	1.411 5	1.605 9	1.746 0	1.513 6	1.741 1	1.898 1
24—19	1.116 0	1.144 6	1.170 7	1.095 3	1.169 5	1.228 9	1.139 0	1.257 7	1.340 1
24—20	1.123 4	1.163 6	1.197 2	1.120 6	1.215 3	1.283 5	1.176 1	1.312 4	1.404 8
24—21	1.140 4	1.202 2	1.248 7	1.161 2	1.276 7	1.361 3	1.226 5	1.383 1	1.491 8
24—22	1.175 8	1.268 2	1.335 1	1.222 9	1.367 4	1.471 5	1.302 9	1.481 9	1.603 4
24—23	1.256 9	1.398 4	1.496 2	1.339 4	1.523 1	1.651 8	1.431 6	1.649 6	1.792 4
26—21	1.089 5	1.119 7	1.144 0	1.067 5	1.136 5	1.192 5	1.102 5	1.215 2	1.291 1
26—22	1.093 0	1.138 3	1.169 8	1.088 7	1.178 1	1.243 1	1.136 2	1.264 8	1.352 8
26—23	1.110 2	1.173 0	1.215 5	1.125 4	1.233 2	1.312 6	1.182 9	1.329 5	1.430 3
26—24	1.137 3	1.229 5	1.293 9	1.182 8	1.316 6	1.413 2	1.252 2	1.421 3	1.537 9
26—25	1.199 0	1.348 0	1.439 0	1.289 9	1.462 0	1.580 2	1.370 8	1.574 7	1.708 9
28—23	1.064 5	1.102 1	1.124 5	1.043 1	1.111 9	1.161 8	1.072 5	1.181 4	1.254 4
28—24	1.070 8	1.118 0	1.150 0	1.062 6	1.148 5	1.210 5	1.103 7	1.225 9	1.311 1
28—25	1.081 2	1.149 1	1.192 9	1.093 5	1.199 2	1.273 1	1.149 0	1.286 0	1.382 0
28—26	1.106 5	1.201 8	1.260 6	1.144 5	1.276 1	1.365 1	1.213 2	1.368 7	1.478 3
28—27	1.169 8	1.304 2	1.396 6	1.238 8	1.403 5	1.520 5	1.321 4	1.508 2	1.645 6
30—25	1.047 0	1.085 4	1.110 2	1.023 1	1.090 8	1.137 9	1.046 9	1.150 9	1.223 0
30—26	1.056 1	1.102 1	1.133 4	1.041 1	1.123 6	1.182 0	1.078 2	1.192 9	1.274 4
30—27	1.061 3	1.128 5	1.169 8	1.069 7	1.170 8	1.241 4	1.114 8	1.246 7	1.340 9
30—28	1.079 1	1.172 2	1.234 4	1.114 7	1.239 7	1.326 1	1.173 0	1.329 4	1.433 3
30—29	1.131 3	1.264 1	1.349 7	1.200 6	1.371 1	1.475 0	1.279 4	1.460 1	1.583 0

表 A.1（续）

粮食种类:水稻　　　　环境温度 T_h:0 ℃　　　　环境相对湿度 RH:30%

降水范围 (M_1-M_2) %	热风温度 T_r/℃								
	40			60			80		
	热风表观风速 v_r/(m/s)								
	0.1	0.2	0.3	0.1	0.2	0.3	0.1	0.2	0.3
16—13	1.193 3	1.267 2	1.338 4	1.304 2	1.439 7	1.540 6	1.434 6	1.616 7	1.734 0
16—14	1.243 6	1.345 1	1.418 1	1.388 0	1.555 4	1.663 5	1.532 6	1.746 4	1.878 4
16—15	1.353 4	1.501 7	1.603 5	1.537 1	1.742 9	1.888 2	1.701 3	1.950 0	2.122 3
18—13	1.075 0	1.122 0	1.186 4	1.127 1	1.227 1	1.317 4	1.217 9	1.357 4	1.465 3
18—14	1.081 9	1.127 4	1.184 0	1.155 7	1.260 4	1.344 4	1.260 2	1.406 9	1.508 6
18—15	1.101 9	1.161 5	1.215 2	1.201 5	1.323 8	1.405 9	1.319 3	1.483 0	1.590 6
18—16	1.142 7	1.231 4	1.294 8	1.271 8	1.421 2	1.517 4	1.403 4	1.592 7	1.720 3
18—17	1.232 0	1.357 8	1.443 1	1.397 0	1.579 6	1.703 2	1.544 6	1.764 8	1.909 4
20—15	1.017 0	1.044 5	1.087 2	1.062 4	1.142 2	1.215 4	1.143 3	1.265 6	1.357 1
20—16	1.023 9	1.059 5	1.098 4	1.088 4	1.180 1	1.249 9	1.182 1	1.315 2	1.404 6
20—17	1.040 7	1.092 2	1.137 2	1.128 1	1.238 1	1.313 4	1.232 9	1.386 1	1.483 1
20—18	1.074 0	1.151 6	1.208 8	1.189 3	1.322 0	1.412 4	1.307 4	1.478 2	1.592 8
20—19	1.148 2	1.259 3	1.334 8	1.296 7	1.458 6	1.566 7	1.429 7	1.627 3	1.761 0
22—17	0.977 2	1.001 1	1.028 4	1.016 9	1.086 2	1.146 1	1.088 3	1.198 5	1.278 8
22—18	0.984 2	1.016 4	1.046 7	1.039 9	1.122 4	1.184 7	1.122 9	1.247 5	1.329 3
22—19	0.998 4	1.045 8	1.085 0	1.074 6	1.175 3	1.245 7	1.168 6	1.309 5	1.402 2
22—20	1.026 0	1.097 7	1.149 8	1.127 9	1.248 5	1.334 4	1.235 1	1.390 6	1.499 3
22—21	1.083 6	1.188 8	1.258 6	1.224 0	1.369 6	1.471 2	1.344 9	1.523 4	1.642 7
24—19	0.949 6	0.972 8	0.994 5	0.983 4	1.046 4	1.098 5	1.047 2	1.149 9	1.221 6
24—20	0.953 6	0.986 7	1.012 9	1.004 0	1.080 9	1.137 5	1.077 7	1.194 1	1.270 9
24—21	0.965 7	1.012 5	1.048 3	1.034 4	1.128 7	1.194 9	1.119 2	1.250 1	1.337 6
24—22	0.990 2	1.056 9	1.106 1	1.081 8	1.195 6	1.271 7	1.180 7	1.325 9	1.422 1
24—23	1.039 2	1.139 8	1.201 9	1.164 0	1.304 3	1.397 7	1.275 1	1.441 0	1.554 2
26—21	0.927 3	0.952 4	0.971 2	0.959 0	1.016 8	1.064 3	1.014 2	1.111 8	1.179 1
26—22	0.930 1	0.965 0	0.989 5	0.974 8	1.049 1	1.102 3	1.042 1	1.152 0	1.224 7
26—23	0.941 4	0.988 5	1.021 7	1.004 3	1.091 9	1.154 4	1.079 7	1.201 9	1.285 4
26—24	0.958 5	1.026 7	1.072 0	1.046 0	1.152 6	1.224 8	1.133 4	1.271 0	1.362 3
26—25	0.998 4	1.095 6	1.161 9	1.117 8	1.252 0	1.336 5	1.221 9	1.382 1	1.486 7
28—23	0.908 1	0.935 9	0.955 4	0.937 2	0.994 5	1.037 8	0.986 9	1.079 9	1.143 4
28—24	0.910 4	0.947 7	0.972 9	0.955 0	1.023 7	1.073 6	1.012 7	1.116 5	1.187 6
28—25	0.918 2	0.969 8	1.000 0	0.977 4	1.062 6	1.121 2	1.048 1	1.163 8	1.243 7
28—26	0.936 1	1.004 1	1.047 2	1.014 0	1.119 3	1.188 9	1.100 2	1.227 4	1.316 0
28—27	0.972 4	1.069 4	1.127 9	1.084 3	1.208 2	1.293 6	1.175 7	1.330 7	1.429 9
30—25	0.891 6	0.924 2	0.942 3	0.920 2	0.976 7	1.016 6	0.964 6	1.053 0	1.114 1
30—26	0.893 5	0.935 1	0.960 4	0.935 2	1.002 4	1.049 8	0.989 6	1.087 9	1.155 2
30—27	0.903 1	0.952 2	0.984 6	0.955 7	1.036 1	1.095 2	1.019 5	1.130 3	1.206 9
30—28	0.908 3	0.982 0	1.025 7	0.994 3	1.088 0	1.157 0	1.064 2	1.192 1	1.274 4
30—29	0.940 4	1.040 5	1.101 3	1.051 2	1.175 2	1.254 7	1.137 3	1.287 8	1.386 2

表 A.1（续）

粮食种类：水稻　　　　环境温度 T_h：0 ℃　　　　环境相对湿度 RH：60%

降水范围 (M_1-M_2) %	热风温度 T_r/℃								
	40			60			80		
	热风表观风速 v_r/(m/s)								
	0.1	0.2	0.3	0.1	0.2	0.3	0.1	0.2	0.3
16—13	1.246 6	1.324 5	1.400 3	1.337 9	1.479 3	1.581 4	1.459 9	1.649 3	1.771 1
16—14	1.302 9	1.413 0	1.492 1	1.427 4	1.605 7	1.720 9	1.563 7	1.787 9	1.929 5
16—15	1.426 9	1.597 1	1.714 1	1.591 2	1.820 8	1.972 1	1.744 6	2.012 5	2.196 0
18—13	1.120 6	1.170 6	1.238 5	1.151 2	1.253 3	1.346 2	1.235 0	1.377 5	1.487 5
18—14	1.127 4	1.174 3	1.233 6	1.181 5	1.288 4	1.376 1	1.279 5	1.429 8	1.534 2
18—15	1.148 8	1.210 8	1.266 8	1.230 0	1.357 8	1.443 0	1.341 7	1.513 5	1.623 2
18—16	1.193 6	1.288 6	1.357 3	1.305 7	1.462 9	1.570 7	1.430 6	1.630 5	1.764 0
18—17	1.294 6	1.435 0	1.537 3	1.443 5	1.638 9	1.778 3	1.582 6	1.815 9	1.977 5
20—15	1.058 7	1.087 2	1.131 2	1.084 4	1.165 4	1.241 0	1.159 2	1.283 4	1.376 8
20—16	1.065 8	1.102 4	1.142 4	1.112 1	1.206 4	1.278 0	1.199 0	1.335 9	1.427 6
20—17	1.084 1	1.138 1	1.183 4	1.153 3	1.268 3	1.346 8	1.253 2	1.410 6	1.512 2
20—18	1.120 7	1.203 7	1.267 0	1.218 8	1.360 6	1.458 9	1.331 0	1.510 9	1.635 2
20—19	1.204 1	1.328 3	1.415 1	1.336 6	1.513 0	1.629 9	1.462 3	1.670 8	1.819 2
22—17	1.016 9	1.041 7	1.068 9	1.037 6	1.107 8	1.169 6	1.103 4	1.216 4	1.297 0
22—18	1.024 3	1.057 1	1.088 3	1.061 8	1.146 8	1.210 6	1.139 0	1.266 3	1.351 1
22—19	1.039 7	1.088 4	1.128 5	1.098 4	1.204 4	1.276 5	1.187 0	1.333 4	1.428 8
22—20	1.068 4	1.145 8	1.203 2	1.154 6	1.285 1	1.372 0	1.257 3	1.422 5	1.532 7
22—21	1.133 7	1.250 2	1.330 0	1.259 7	1.417 5	1.526 6	1.375 5	1.565 5	1.693 2
24—19	0.988 7	1.012 3	1.033 6	1.003 4	1.068 0	1.121 2	1.061 0	1.165 5	1.238 9
24—20	0.991 9	1.026 0	1.053 2	1.024 7	1.104 6	1.162 1	1.093 1	1.213 3	1.291 2
24—21	1.005 7	1.055 1	1.091 8	1.056 9	1.154 5	1.223 7	1.135 8	1.272 2	1.362 4
24—22	1.031 4	1.103 1	1.155 6	1.107 1	1.226 7	1.309 7	1.199 7	1.351 7	1.456 2
24—23	1.087 8	1.198 1	1.267 2	1.194 8	1.347 5	1.447 6	1.300 4	1.480 8	1.600 1
26—21	0.965 4	0.990 8	1.010 6	0.978 8	1.038 5	1.086 0	1.026 5	1.126 6	1.196 0
26—22	0.967 3	1.003 5	1.029 2	0.995 3	1.071 6	1.125 9	1.056 5	1.167 9	1.246 6
26—23	0.981 0	1.029 2	1.064 1	1.025 5	1.116 0	1.181 4	1.095 1	1.221 8	1.310 6
26—24	0.997 6	1.070 4	1.119 7	1.070 4	1.182 1	1.259 8	1.151 8	1.294 7	1.393 4
26—25	1.041 7	1.153 0	1.221 0	1.149 2	1.294 0	1.385 3	1.247 1	1.416 2	1.527 5
28—23	0.943 1	0.975 5	0.994 0	0.956 6	1.014 6	1.058 8	1.000 1	1.094 8	1.159 3
28—24	0.947 2	0.986 4	1.011 6	0.972 6	1.045 6	1.097 1	1.026 6	1.133 4	1.206 0
28—25	0.953 3	1.008 1	1.042 3	0.997 3	1.085 1	1.149 7	1.062 6	1.182 5	1.264 1
28—26	0.971 7	1.046 7	1.093 2	1.038 4	1.146 2	1.221 4	1.118 2	1.251 0	1.344 4
28—27	1.016 0	1.121 5	1.188 9	1.111 2	1.245 2	1.335 3	1.200 3	1.363 6	1.474 1
30—25	0.927 3	0.962 2	0.980 3	0.938 8	0.995 7	1.038 2	0.976 5	1.067 6	1.130 5
30—26	0.931 5	0.972 8	0.997 1	0.952 9	1.024 2	1.073 6	1.002 5	1.103 7	1.173 3
30—27	0.937 6	0.991 9	1.025 9	0.977 3	1.062 0	1.120 3	1.032 8	1.148 4	1.229 3
30—28	0.950 2	1.024 4	1.071 9	1.015 1	1.115 0	1.188 4	1.080 5	1.214 0	1.301 6
30—29	0.981 8	1.083 7	1.150 3	1.075 1	1.210 9	1.294 2	1.162 4	1.315 4	1.421 2

表 A.1（续）

粮食种类：水稻　　　　　　环境温度 T_h：0 ℃　　　　　　环境相对湿度 RH：90%

降水范围 (M_1-M_2) %	热风温度 T_r/℃								
	40			60			80		
	热风表观风速 v_r/(m/s)								
	0.1	0.2	0.3	0.1	0.2	0.3	0.1	0.2	0.3
16—13	1.301 6	1.382 4	1.461 9	1.369 6	1.516 7	1.621 8	1.485 0	1.679 2	1.805 1
16—14	1.362 6	1.480 3	1.564 2	1.465 1	1.652 5	1.773 8	1.594 5	1.829 9	1.976 2
16—15	1.501 7	1.687 1	1.821 5	1.642 8	1.889 5	2.057 8	1.785 1	2.070 3	2.273 6
18—13	1.168 2	1.220 9	1.292 2	1.175 1	1.279 5	1.374 2	1.251 9	1.396 1	1.508 0
18—14	1.174 6	1.222 0	1.284 1	1.206 9	1.316 3	1.406 0	1.298 7	1.451 1	1.557 8
18—15	1.197 4	1.260 7	1.318 2	1.257 7	1.390 2	1.477 6	1.362 7	1.539 2	1.653 2
18—16	1.246 4	1.347 4	1.421 9	1.337 2	1.504 8	1.616 0	1.454 7	1.665 7	1.803 9
18—17	1.357 5	1.514 5	1.630 4	1.485 7	1.699 8	1.849 4	1.615 9	1.863 6	2.041 8
20—15	1.102 8	1.131 2	1.176 0	1.106 4	1.188 8	1.265 6	1.174 4	1.300 2	1.395 2
20—16	1.109 5	1.146 3	1.186 6	1.135 2	1.231 8	1.304 6	1.216 0	1.357 2	1.449 1
20—17	1.129 3	1.184 0	1.231 2	1.178 6	1.299 3	1.381 4	1.271 8	1.435 7	1.539 3
20—18	1.168 5	1.256 2	1.324 9	1.247 3	1.397 3	1.498 7	1.353 4	1.541 0	1.670 2
20—19	1.259 6	1.397 2	1.494 3	1.374 9	1.565 1	1.696 8	1.493 6	1.715 8	1.866 5
22—17	1.058 7	1.083 9	1.111 0	1.058 5	1.129 9	1.192 4	1.117 4	1.232 1	1.314 2
22—18	1.066 2	1.099 7	1.130 2	1.083 7	1.172 1	1.235 6	1.154 5	1.286 0	1.371 2
22—19	1.081 8	1.132 7	1.173 8	1.121 8	1.231 2	1.308 6	1.203 4	1.353 7	1.453 5
22—20	1.112 2	1.194 4	1.253 8	1.181 4	1.318 1	1.411 7	1.277 0	1.449 1	1.568 4
22—21	1.185 3	1.314 2	1.400 4	1.294 5	1.463 5	1.586 1	1.402 2	1.601 1	1.741 2
24—19	1.029 2	1.053 3	1.074 5	1.024 2	1.089 0	1.143 0	1.074 1	1.181 8	1.255 2
24—20	1.033 3	1.067 7	1.095 3	1.045 7	1.127 3	1.188 3	1.107 2	1.229 6	1.313 1
24—21	1.045 7	1.097 2	1.134 0	1.078 6	1.180 7	1.253 8	1.151 9	1.291 5	1.388 3
24—22	1.072 7	1.149 5	1.206 4	1.131 4	1.257 7	1.345 5	1.217 9	1.376 3	1.488 2
24—23	1.135 7	1.253 2	1.336 5	1.226 3	1.387 9	1.501 5	1.325 1	1.517 0	1.643 3
26—21	1.003 8	1.031 0	1.051 2	0.998 6	1.058 7	1.107 4	1.039 4	1.142 1	1.211 5
26—22	1.005 8	1.044 1	1.069 2	1.016 0	1.094 1	1.149 3	1.070 5	1.185 2	1.264 7
26—23	1.018 8	1.070 1	1.106 7	1.046 8	1.141 6	1.209 8	1.110 4	1.241 4	1.331 8
26—24	1.040 7	1.115 7	1.167 9	1.095 8	1.210 4	1.293 5	1.169 2	1.321 1	1.424 0
26—25	1.084 9	1.210 8	1.281 1	1.182 7	1.332 9	1.434 6	1.270 6	1.449 3	1.566 8
28—23	0.981 6	1.014 9	1.033 1	0.975 7	1.035 2	1.079 3	1.012 4	1.108 6	1.176 7
28—24	0.984 2	1.026 3	1.051 5	0.991 7	1.067 6	1.119 2	1.039 0	1.150 0	1.225 6
28—25	0.992 5	1.049 2	1.084 6	1.018 2	1.110 3	1.174 2	1.077 2	1.200 8	1.287 8
28—26	1.011 2	1.090 4	1.138 8	1.061 3	1.175 4	1.252 5	1.134 2	1.272 8	1.371 6
28—27	1.055 1	1.170 6	1.247 8	1.141 2	1.281 7	1.380 5	1.224 1	1.392 1	1.509 9
30—25	0.963 6	1.001 1	1.020 2	0.958 0	1.016 7	1.058 2	0.988 9	1.081 4	1.145 1
30—26	0.971 9	1.010 8	1.036 9	0.974 3	1.045 2	1.095 7	1.015 2	1.119 5	1.192 0
30—27	0.972 5	1.033 4	1.068 2	0.996 1	1.085 4	1.146 1	1.047 3	1.164 6	1.249 0
30—28	0.987 4	1.067 2	1.117 1	1.038 0	1.142 6	1.218 8	1.096 6	1.234 0	1.327 5
30—29	1.025 4	1.136 6	1.207 1	1.103 7	1.248 6	1.332 9	1.180 4	1.344 2	1.453 0

表 A.1（续）

粮食种类：水稻　　　　环境温度 T_h：5 ℃　　　　环境相对湿度 RH：30%

降水范围 (M_1-M_2) %	热风温度 T_r/℃								
	40			60			80		
	热风表观风速 v_r/(m/s)								
	0.1	0.2	0.3	0.1	0.2	0.3	0.1	0.2	0.3
16—13	1.052 9	1.113 8	1.174 4	1.187 8	1.305 8	1.395 6	1.328 2	1.488 2	1.597 7
16—14	1.088 7	1.167 3	1.226 6	1.255 7	1.394 6	1.487 1	1.411 1	1.596 7	1.713 4
16—15	1.169 3	1.279 2	1.354 5	1.375 1	1.543 7	1.657 6	1.549 3	1.756 9	1.902 8
18—13	0.954 0	0.994 1	1.050 1	1.034 3	1.123 4	1.206 0	1.134 6	1.263 1	1.364 5
18—14	0.957 9	0.994 4	1.042 9	1.056 5	1.147 6	1.224 0	1.170 4	1.301 2	1.396 7
18—15	0.971 0	1.017 4	1.061 5	1.093 4	1.196 4	1.269 6	1.220 6	1.363 8	1.458 7
18—16	1.000 2	1.065 8	1.116 4	1.150 7	1.272 2	1.355 3	1.290 8	1.453 8	1.559 9
18—17	1.063 5	1.154 6	1.216 6	1.248 3	1.392 4	1.491 1	1.404 8	1.586 1	1.707 9
20—15	0.902 0	0.924 0	0.960 1	0.974 1	1.043 4	1.110 1	1.065 0	1.174 9	1.260 5
20—16	0.906 0	0.933 7	0.965 7	0.994 8	1.072 4	1.134 6	1.097 6	1.215 7	1.296 5
20—17	0.917 5	0.956 0	0.991 1	1.026 4	1.118 0	1.183 0	1.140 8	1.271 8	1.357 0
20—18	0.940 6	0.998 4	1.041 5	1.075 6	1.185 5	1.257 6	1.202 6	1.348 6	1.443 8
20—19	0.991 6	1.072 2	1.126 2	1.159 2	1.285 9	1.371 6	1.299 5	1.461 5	1.572 8
22—17	0.866 6	0.885 4	0.907 4	0.932 7	0.992 0	1.045 2	1.013 5	1.112 6	1.185 7
22—18	0.870 7	0.895 4	0.920 0	0.951 1	1.020 5	1.073 7	1.043 4	1.150 9	1.225 0
22—19	0.880 5	0.915 7	0.945 3	0.979 1	1.062 1	1.121 1	1.081 7	1.201 9	1.282 2
22—20	0.897 8	0.952 3	0.990 3	1.021 1	1.120 5	1.188 8	1.137 2	1.269 4	1.359 0
22—21	0.937 2	1.014 4	1.063 8	1.093 5	1.209 4	1.288 9	1.224 4	1.368 6	1.468 0
24—19	0.842 7	0.860 3	0.877 2	0.902 4	0.955 4	1.001 1	0.975 4	1.066 0	1.131 5
24—20	0.844 3	0.869 6	0.890 4	0.918 0	0.982 6	1.030 5	1.001 5	1.102 5	1.170 5
24—21	0.852 4	0.887 8	0.914 3	0.942 6	1.020 1	1.076 1	1.036 3	1.148 3	1.223 7
24—22	0.867 4	0.918 2	0.954 1	0.980 0	1.072 3	1.134 5	1.087 3	1.208 4	1.293 1
24—23	0.897 5	0.972 4	1.019 1	1.042 9	1.151 7	1.226 5	1.160 2	1.297 8	1.390 4
26—21	0.821 6	0.841 6	0.857 2	0.879 4	0.929 4	0.969 7	0.945 1	1.031 1	1.089 8
26—22	0.822 3	0.850 3	0.869 9	0.892 3	0.954 3	0.998 5	0.968 7	1.064 5	1.127 8
26—23	0.830 6	0.867 0	0.891 6	0.916 3	0.988 4	1.038 7	1.000 0	1.106 3	1.176 8
26—24	0.840 9	0.892 8	0.926 7	0.948 7	1.035 3	1.093 6	1.044 2	1.160 0	1.240 4
26—25	0.862 0	0.940 3	0.984 5	0.998 7	1.106 9	1.173 3	1.115 3	1.243 0	1.330 3
28—23	0.804 9	0.828 6	0.843 8	0.860 3	0.908 5	0.944 9	0.919 9	1.001 4	1.058 2
28—24	0.805 6	0.836 5	0.855 3	0.874 0	0.932 4	0.973 5	0.941 5	1.033 2	1.094 2
28—25	0.808 9	0.850 7	0.875 5	0.890 7	0.962 2	1.011 6	0.972 4	1.071 1	1.138 8
28—26	0.821 4	0.874 4	0.907 2	0.919 9	1.005 9	1.060 2	1.012 9	1.121 2	1.195 5
28—27	0.840 5	0.911 7	0.956 0	0.963 6	1.071 8	1.135 6	1.072 1	1.197 0	1.280 9
30—25	0.789 7	0.818 0	0.832 9	0.844 5	0.891 9	0.926 6	0.899 9	0.978 0	1.031 7
30—26	0.792 3	0.824 2	0.844 1	0.855 2	0.913 8	0.953 5	0.920 7	1.005 7	1.064 8
30—27	0.795 0	0.835 3	0.861 5	0.873 5	0.940 9	0.986 9	0.946 7	1.041 2	1.106 6
30—28	0.798 9	0.856 7	0.890 7	0.902 0	0.979 3	1.034 2	0.980 1	1.089 9	1.159 2
30—29	0.812 7	0.891 8	0.934 7	0.940 3	1.039 7	1.101 9	1.032 5	1.160 1	1.239 2

表 A.1（续）

粮食种类：水稻　　　　环境温度 T_h：5 ℃　　　　环境相对湿度 RH：60%

降水范围 (M_1-M_2) %	热风温度 T_r/℃								
	40			60			80		
	热风表观风速 v_r/(m/s)								
	0.1	0.2	0.3	0.1	0.2	0.3	0.1	0.2	0.3
16—13	1.121 4	1.186 6	1.254 0	1.230 4	1.355 7	1.449 3	1.362 6	1.530 7	1.644 7
16—14	1.164 2	1.252 5	1.319 4	1.306 7	1.460 4	1.560 8	1.452 6	1.651 7	1.778 6
16—15	1.262 0	1.397 5	1.489 6	1.443 1	1.636 9	1.772 3	1.605 8	1.840 9	2.004 0
18—13	1.013 3	1.056 8	1.117 5	1.065 9	1.158 0	1.243 4	1.157 7	1.288 5	1.393 0
18—14	1.016 8	1.054 7	1.106 8	1.090 1	1.184 9	1.264 9	1.196 5	1.331 4	1.429 6
18—15	1.031 6	1.080 2	1.127 9	1.130 2	1.239 5	1.317 7	1.249 4	1.402 9	1.500 1
18—16	1.065 2	1.139 4	1.195 6	1.193 3	1.329 5	1.418 6	1.326 5	1.502 3	1.615 6
18—17	1.141 8	1.253 1	1.333 3	1.305 5	1.472 1	1.585 0	1.453 3	1.655 5	1.790 5
20—15	0.956 4	0.979 1	1.016 6	1.003 2	1.074 4	1.142 7	1.085 9	1.198 5	1.286 0
20—16	0.960 3	0.988 9	1.021 7	1.025 7	1.106 0	1.171 2	1.120 8	1.243 2	1.326 3
20—17	0.973 3	1.014 1	1.050 9	1.060 5	1.158 2	1.226 5	1.166 9	1.306 2	1.397 6
20—18	1.000 1	1.064 2	1.112 1	1.113 7	1.233 3	1.316 2	1.233 7	1.390 4	1.495 9
20—19	1.061 7	1.157 0	1.225 9	1.208 5	1.353 7	1.455 5	1.341 5	1.520 7	1.643 7
22—17	0.918 2	0.938 0	0.960 0	0.960 1	1.020 6	1.075 1	1.033 3	1.134 6	1.209 3
22—18	0.922 6	0.948 3	0.972 9	0.980 0	1.052 1	1.107 7	1.064 2	1.177 7	1.252 7
22—19	0.933 1	0.970 8	1.001 9	1.009 8	1.098 7	1.161 4	1.104 9	1.232 6	1.319 5
22—20	0.953 6	1.013 2	1.057 1	1.056 5	1.165 0	1.241 2	1.165 2	1.306 1	1.405 2
22—21	0.999 9	1.091 2	1.153 1	1.140 2	1.271 5	1.358 5	1.262 1	1.421 0	1.535 1
24—19	0.891 9	0.911 1	0.928 7	0.928 5	0.983 3	1.029 8	0.993 9	1.086 7	1.153 9
24—20	0.894 9	0.921 1	0.942 0	0.946 5	1.013 7	1.063 1	1.021 4	1.127 3	1.199 2
24—21	0.901 6	0.941 5	0.969 6	0.972 6	1.055 5	1.114 1	1.058 6	1.176 4	1.258 0
24—22	0.920 0	0.977 1	1.017 4	1.012 8	1.113 6	1.182 3	1.112 8	1.243 9	1.335 1
24—23	0.958 1	1.045 1	1.100 1	1.081 6	1.206 0	1.292 7	1.194 8	1.345 7	1.449 8
26—21	0.870 9	0.892 6	0.907 9	0.905 3	0.956 6	0.997 2	0.962 9	1.051 2	1.113 1
26—22	0.871 9	0.900 8	0.921 0	0.919 3	0.984 1	1.030 0	0.987 3	1.087 5	1.155 0
26—23	0.879 4	0.918 3	0.945 9	0.943 9	1.021 1	1.076 3	1.020 9	1.132 6	1.208 5
26—24	0.892 1	0.948 6	0.988 3	0.979 1	1.073 6	1.138 3	1.067 9	1.192 1	1.278 8
26—25	0.919 9	1.007 1	1.059 5	1.039 0	1.158 8	1.235 2	1.145 4	1.286 2	1.381 0
28—23	0.850 2	0.879 1	0.893 3	0.885 4	0.935 9	0.973 5	0.937 2	1.021 3	1.079 3
28—24	0.851 3	0.884 1	0.905 5	0.899 9	0.960 2	1.003 9	0.959 8	1.054 4	1.120 3
28—25	0.855 5	0.900 5	0.928 4	0.919 3	0.994 0	1.045 7	0.991 0	1.096 1	1.169 1
28—26	0.867 4	0.929 5	0.964 4	0.950 3	1.042 8	1.104 3	1.035 5	1.151 8	1.231 4
28—27	0.892 9	0.978 3	1.030 9	1.004 7	1.118 1	1.194 2	1.099 8	1.237 5	1.333 2
30—25	0.836 8	0.866 4	0.881 3	0.869 0	0.917 0	0.954 4	0.916 2	0.996 3	1.052 1
30—26	0.839 1	0.873 0	0.892 4	0.883 0	0.941 4	0.983 7	0.937 5	1.027 3	1.089 2
30—27	0.841 5	0.889 0	0.914 3	0.897 9	0.971 4	1.021 5	0.964 5	1.065 6	1.134 3
30—28	0.849 1	0.910 0	0.948 1	0.932 1	1.013 9	1.073 5	1.002 1	1.118 8	1.192 6
30—29	0.865 8	0.952 8	1.003 7	0.977 8	1.083 6	1.157 9	1.063 4	1.195 8	1.285 2

表 A.1（续）

粮食种类：水稻　　环境温度 T_h：5 ℃　　环境相对湿度 RH：90%

降水范围 (M_1-M_2) %	热风温度 T_r/℃								
	40			60			80		
	热风表观风速 v_r/(m/s)								
	0.1	0.2	0.3	0.1	0.2	0.3	0.1	0.2	0.3
16—13	1.192 8	1.261 2	1.333 8	1.272 2	1.402 3	1.500 8	1.394 4	1.569 2	1.686 8
16—14	1.241 6	1.336 4	1.408 0	1.355 4	1.521 5	1.628 1	1.490 7	1.704 4	1.836 6
16—15	1.356 3	1.512 1	1.626 5	1.507 2	1.723 6	1.878 3	1.657 6	1.913 1	2.096 4
18—13	1.075 9	1.122 4	1.187 9	1.097 0	1.191 2	1.279 0	1.179 7	1.313 6	1.419 2
18—14	1.078 9	1.117 4	1.172 4	1.123 2	1.220 3	1.303 3	1.220 3	1.359 0	1.459 4
18—15	1.094 8	1.144 6	1.193 8	1.166 7	1.281 7	1.362 4	1.277 2	1.436 6	1.537 2
18—16	1.133 0	1.212 5	1.273 6	1.235 1	1.380 9	1.476 7	1.358 5	1.546 8	1.670 6
18—17	1.220 7	1.349 1	1.445 5	1.360 1	1.543 5	1.672 2	1.498 3	1.720 1	1.874 0
20—15	1.014 0	1.037 3	1.075 6	1.032 2	1.104 4	1.174 3	1.105 8	1.220 5	1.309 4
20—16	1.017 6	1.046 7	1.079 6	1.056 0	1.139 5	1.205 7	1.142 7	1.268 3	1.355 7
20—17	1.031 7	1.073 8	1.111 8	1.093 1	1.196 4	1.267 0	1.191 2	1.338 2	1.431 7
20—18	1.061 5	1.131 2	1.184 7	1.151 4	1.280 3	1.371 2	1.262 8	1.429 2	1.544 0
20—19	1.132 6	1.242 4	1.322 0	1.257 5	1.418 1	1.530 3	1.381 0	1.575 9	1.709 0
22—17	0.973 4	0.993 7	1.015 1	0.987 5	1.048 9	1.104 6	1.052 2	1.155 3	1.232 8
22—18	0.977 6	1.003 5	1.028 8	1.008 3	1.083 8	1.142 0	1.084 1	1.201 2	1.280 8
22—19	0.988 2	1.027 7	1.061 4	1.040 4	1.135 4	1.201 9	1.127 9	1.261 6	1.350 7
22—20	1.011 1	1.076 4	1.124 6	1.091 0	1.207 7	1.290 7	1.191 7	1.342 9	1.448 2
22—21	1.066 0	1.168 8	1.242 7	1.183 9	1.329 3	1.428 8	1.295 8	1.469 1	1.593 1
24—19	0.944 6	0.965 0	0.982 7	0.955 4	1.011 0	1.058 5	1.011 6	1.107 8	1.176 7
24—20	0.947 1	0.974 7	0.996 4	0.973 9	1.043 0	1.096 0	1.040 4	1.150 6	1.223 2
24—21	0.955 1	0.996 8	1.027 0	1.000 7	1.088 6	1.152 0	1.078 9	1.203 0	1.289 9
24—22	0.974 3	1.037 4	1.081 1	1.044 8	1.152 7	1.227 6	1.136 7	1.275 2	1.374 5
24—23	1.018 9	1.116 6	1.183 6	1.122 6	1.260 9	1.352 7	1.226 3	1.390 7	1.501 7
26—21	0.922 7	0.946 1	0.960 8	0.931 2	0.983 7	1.025 5	0.979 5	1.071 2	1.133 5
26—22	0.924 5	0.953 9	0.974 2	0.946 2	1.012 9	1.062 1	1.005 6	1.109 5	1.180 5
26—23	0.931 4	0.972 4	1.002 0	0.970 4	1.053 5	1.112 3	1.040 7	1.157 0	1.237 8
26—24	0.946 9	1.007 1	1.050 2	1.011 0	1.110 3	1.181 0	1.090 3	1.223 5	1.314 4
26—25	0.976 0	1.080 9	1.139 0	1.081 1	1.208 0	1.293 3	1.173 3	1.330 0	1.433 0
28—23	0.905 2	0.930 4	0.945 8	0.911 3	0.961 9	1.001 0	0.954 4	1.039 9	1.100 7
28—24	0.902 5	0.938 7	0.958 4	0.923 3	0.989 9	1.033 6	0.977 3	1.074 4	1.142 1
28—25	0.906 9	0.953 4	0.983 0	0.945 4	1.024 4	1.080 4	1.009 0	1.119 5	1.196 6
28—26	0.916 7	0.983 8	1.025 9	0.981 7	1.078 1	1.144 4	1.059 2	1.180 9	1.267 1
28—27	0.947 5	1.043 0	1.108 2	1.040 9	1.163 1	1.248 8	1.128 7	1.280 1	1.380 8
30—25	0.885 2	0.917 7	0.935 2	0.896 5	0.944 7	0.981 2	0.931 0	1.015 5	1.073 0
30—26	0.888 2	0.924 3	0.945 4	0.908 8	0.969 8	1.012 1	0.954 1	1.046 5	1.111 4
30—27	0.888 0	0.941 1	0.968 0	0.926 8	1.002 3	1.055 8	0.982 0	1.088 7	1.161 4
30—28	0.900 3	0.968 6	1.005 5	0.959 1	1.049 3	1.114 9	1.023 6	1.144 8	1.226 3
30—29	0.918 5	1.018 7	1.071 1	1.012 3	1.132 1	1.206 3	1.094 2	1.233 1	1.330 5

表 A.1（续）

粮食种类：水稻　　　　环境温度 T_h：10 ℃　　　　环境相对湿度 RH：30%

降水范围 (M_1-M_2) %	热风温度 T_r/℃								
	40			60			80		
	热风表观风速 v_r/(m/s)								
	0.1	0.2	0.3	0.1	0.2	0.3	0.1	0.2	0.3
16—13	0.915 2	0.962 7	1.013 5	1.074 5	1.176 3	1.256 1	1.224 8	1.366 0	1.466 1
16—14	0.937 5	0.995 0	1.041 6	1.127 6	1.240 5	1.317 4	1.293 6	1.449 5	1.547 4
16—15	0.989 7	1.062 7	1.111 5	1.217 8	1.348 7	1.433 0	1.401 4	1.572 2	1.688 5
18—13	0.834 2	0.866 7	0.914 3	0.943 6	1.022 4	1.097 2	1.053 6	1.170 7	1.265 6
18—14	0.835 5	0.863 3	0.903 2	0.959 9	1.038 4	1.107 3	1.082 7	1.199 2	1.288 2
18—15	0.842 6	0.875 6	0.911 7	0.987 6	1.073 4	1.138 0	1.124 0	1.247 4	1.331 6
18—16	0.860 8	0.905 6	0.942 6	1.032 0	1.129 2	1.194 6	1.182 2	1.317 6	1.403 9
18—17	0.900 3	0.958 9	0.999 3	1.104 5	1.214 3	1.285 9	1.268 6	1.413 2	1.511 9
20—15	0.788 0	0.804 8	0.834 0	0.888 1	0.948 0	1.007 3	0.988 2	1.086 2	1.165 7
20—16	0.789 7	0.810 0	0.834 8	0.903 7	0.968 5	1.023 4	1.014 9	1.117 7	1.192 1
20—17	0.796 1	0.823 4	0.849 8	0.928 2	1.001 8	1.057 2	1.051 5	1.162 3	1.237 5
20—18	0.810 6	0.849 0	0.878 6	0.966 1	1.051 4	1.110 1	1.101 5	1.222 3	1.301 9
20—19	0.840 0	0.892 3	0.926 3	1.025 2	1.122 2	1.183 9	1.174 5	1.301 8	1.391 3
22—17	0.757 2	0.771 3	0.788 3	0.850 3	0.900 0	0.946 6	0.941 0	1.028 0	1.094 2
22—18	0.758 7	0.776 9	0.795 2	0.864 4	0.921 1	0.967 9	0.965 4	1.058 7	1.124 0
22—19	0.764 7	0.788 7	0.810 4	0.885 5	0.952 4	1.001 0	0.997 6	1.099 2	1.166 2
22—20	0.774 4	0.811 0	0.836 9	0.917 6	0.995 3	1.048 6	1.041 7	1.151 4	1.223 4
22—21	0.793 9	0.845 6	0.878 0	0.966 6	1.056 6	1.114 5	1.105 1	1.219 5	1.299 3
24—19	0.735 9	0.749 5	0.762 3	0.823 4	0.867 3	0.905 9	0.905 4	0.984 8	1.042 7
24—20	0.737 1	0.755 0	0.770 1	0.834 6	0.887 6	0.928 4	0.927 6	1.014 7	1.073 3
24—21	0.739 9	0.766 0	0.784 1	0.853 0	0.916 0	0.959 8	0.955 9	1.051 3	1.113 8
24—22	0.747 8	0.783 5	0.807 9	0.881 5	0.953 8	1.002 6	0.996 2	1.097 1	1.165 3
24—23	0.762 1	0.812 2	0.842 5	0.926 0	1.006 2	1.058 7	1.047 7	1.160 2	1.230 6
26—21	0.717 5	0.733 6	0.745 2	0.802 0	0.842 7	0.877 4	0.878 2	0.951 9	1.005 0
26—22	0.717 0	0.738 5	0.752 7	0.812 6	0.862 2	0.899 6	0.897 6	0.979 2	1.033 9
26—23	0.721 1	0.748 4	0.766 5	0.829 4	0.888 2	0.928 9	0.923 2	1.011 9	1.071 7
26—24	0.727 1	0.763 5	0.786 4	0.855 2	0.921 4	0.967 8	0.957 5	1.054 2	1.118 3
26—25	0.733 0	0.788 9	0.814 0	0.888 1	0.967 9	1.017 9	1.008 6	1.109 7	1.178 6
28—23	0.703 0	0.721 9	0.733 5	0.785 8	0.824 9	0.856 1	0.855 3	0.925 3	0.975 5
28—24	0.702 4	0.726 1	0.740 5	0.794 7	0.842 5	0.876 4	0.872 9	0.950 7	1.003 3
28—25	0.702 8	0.734 5	0.753 0	0.809 3	0.865 1	0.904 1	0.896 7	0.981 0	1.038 4
28—26	0.707 2	0.749 6	0.770 1	0.826 9	0.897 0	0.939 5	0.929 9	1.017 8	1.080 0
28—27	0.715 4	0.766 3	0.800 3	0.856 6	0.939 8	0.987 0	0.972 7	1.071 5	1.136 8
30—25	0.692 2	0.713 3	0.723 7	0.771 0	0.810 6	0.839 2	0.837 4	0.903 7	0.950 9
30—26	0.692 7	0.715 9	0.730 9	0.778 9	0.826 2	0.858 8	0.852 9	0.927 1	0.977 6
30—27	0.692 9	0.724 1	0.742 4	0.791 2	0.846 4	0.884 7	0.873 0	0.955 6	1.009 3
30—28	0.688 5	0.733 1	0.759 4	0.813 9	0.874 5	0.917 7	0.898 4	0.990 5	1.047 3
30—29	0.691 7	0.750 4	0.777 2	0.835 5	0.919 0	0.961 5	0.936 7	1.038 5	1.105 3

表 A.1（续）

粮食种类：水稻　　　　环境温度 T_h：10 ℃　　　　环境相对湿度 RH：60%

降水范围 (M_1-M_2) %	热风温度 T_r/℃								
	40			60			80		
	热风表观风速 v_r/(m/s)								
	0.1	0.2	0.3	0.1	0.2	0.3	0.1	0.2	0.3
16—13	1.001 5	1.054 8	1.113 7	1.128 6	1.238 0	1.325 0	1.268 4	1.418 9	1.525 8
16—14	1.031 0	1.099 5	1.154 4	1.191 4	1.322 9	1.407 2	1.345 4	1.521 7	1.630 4
16—15	1.104 2	1.207 0	1.278 4	1.303 3	1.464 0	1.576 6	1.473 9	1.673 5	1.814 4
18—13	0.909 3	0.946 7	1.000 2	0.984 1	1.066 4	1.144 8	1.083 1	1.203 8	1.301 2
18—14	0.909 8	0.939 9	0.984 5	1.002 7	1.085 1	1.158 4	1.115 6	1.238 1	1.330 3
18—15	0.918 5	0.955 7	0.994 7	1.035 0	1.128 1	1.197 5	1.161 4	1.295 7	1.384 4
18—16	0.941 9	0.996 5	1.040 0	1.087 0	1.198 7	1.275 5	1.226 3	1.377 8	1.479 5
18—17	0.996 1	1.077 7	1.137 9	1.176 0	1.311 3	1.403 4	1.330 5	1.499 5	1.620 2
20—15	0.856 9	0.874 9	0.906 0	0.925 6	0.987 3	1.049 0	1.014 9	1.116 8	1.198 3
20—16	0.858 3	0.879 8	0.905 8	0.942 9	1.011 5	1.070 0	1.044 8	1.153 4	1.230 2
20—17	0.866 4	0.896 1	0.925 2	0.971 3	1.052 5	1.111 1	1.084 4	1.205 2	1.285 9
20—18	0.884 5	0.930 9	0.967 2	1.014 2	1.113 3	1.181 7	1.140 9	1.276 1	1.367 9
20—19	0.926 1	0.996 7	1.046 1	1.088 0	1.204 8	1.286 8	1.227 0	1.378 4	1.479 1
22—17	0.822 8	0.838 0	0.854 9	0.885 9	0.936 9	0.985 3	0.966 0	1.055 9	1.125 8
22—18	0.824 5	0.843 6	0.862 5	0.901 4	0.961 8	1.010 8	0.992 7	1.091 9	1.159 8
22—19	0.830 3	0.858 5	0.882 0	0.925 1	0.998 9	1.053 0	1.027 6	1.139 0	1.212 8
22—20	0.843 5	0.887 6	0.920 5	0.962 8	1.052 3	1.114 8	1.077 2	1.199 0	1.281 5
22—21	0.873 9	0.940 1	0.985 5	1.025 2	1.132 2	1.205 1	1.153 0	1.287 4	1.380 2
24—19	0.799 6	0.814 1	0.827 4	0.857 5	0.903 0	0.943 4	0.929 5	1.012 2	1.073 2
24—20	0.800 5	0.819 9	0.835 8	0.870 5	0.926 8	0.969 6	0.953 6	1.045 5	1.109 0
24—21	0.803 0	0.832 7	0.853 6	0.890 8	0.960 6	1.008 5	0.984 1	1.087 3	1.156 5
24—22	0.813 8	0.857 3	0.887 5	0.923 3	1.006 7	1.063 0	1.029 2	1.140 4	1.218 0
24—23	0.834 6	0.902 0	0.942 1	0.976 4	1.074 5	1.144 7	1.091 5	1.218 9	1.304 0
26—21	0.779 9	0.797 7	0.809 5	0.835 6	0.878 4	0.914 0	0.901 2	0.978 7	1.033 1
26—22	0.779 4	0.802 5	0.817 3	0.846 2	0.899 5	0.939 8	0.921 7	1.009 1	1.068 1
26—23	0.784 2	0.813 3	0.834 4	0.865 6	0.929 8	0.975 6	0.949 2	1.046 0	1.111 5
26—24	0.790 9	0.834 1	0.863 0	0.893 6	0.971 2	1.024 1	0.988 4	1.095 9	1.167 2
26—25	0.801 7	0.871 2	0.910 2	0.934 6	1.032 8	1.094 0	1.048 6	1.165 3	1.246 3
28—23	0.762 6	0.785 3	0.797 0	0.819 2	0.859 3	0.891 5	0.877 4	0.950 6	1.002 8
28—24	0.759 7	0.789 6	0.803 9	0.827 7	0.879 6	0.916 4	0.895 4	0.979 1	1.036 2
28—25	0.764 0	0.798 8	0.818 5	0.844 1	0.905 8	0.949 0	0.922 7	1.013 3	1.075 6
28—26	0.768 1	0.815 6	0.843 7	0.866 9	0.943 3	0.992 6	0.957 8	1.056 9	1.126 7
28—27	0.776 6	0.842 6	0.883 3	0.904 1	0.999 4	1.057 6	1.006 7	1.123 2	1.198 8
30—25	0.748 4	0.774 6	0.787 7	0.804 2	0.844 3	0.874 7	0.857 1	0.928 6	0.978 2
30—26	0.751 6	0.778 1	0.793 8	0.813 2	0.863 3	0.897 8	0.875 0	0.954 5	1.008 5
30—27	0.748 1	0.787 2	0.807 0	0.826 4	0.886 1	0.927 7	0.897 5	0.986 1	1.044 8
30—28	0.752 4	0.802 8	0.828 5	0.852 6	0.919 3	0.968 2	0.928 3	1.027 1	1.092 5
30—29	0.752 6	0.826 7	0.865 9	0.881 1	0.967 5	1.029 4	0.969 1	1.087 3	1.158 0

表 A.1（续）

粮食种类：水稻　　　　环境温度 T_h：10 ℃　　　　环境相对湿度 RH：90%

降水范围 (M_1-M_2) %	热风温度 T_r/℃								
	40			60			80		
	热风表观风速 v_r/(m/s)								
	0.1	0.2	0.3	0.1	0.2	0.3	0.1	0.2	0.3
16—13	1.093 5	1.150 7	1.215 7	1.180 7	1.296 2	1.387 6	1.308 1	1.467 7	1.578 0
16—14	1.130 0	1.205 8	1.267 5	1.252 6	1.398 4	1.491 1	1.394 5	1.584 9	1.708 0
16—15	1.221 7	1.349 5	1.441 7	1.383 1	1.572 6	1.707 1	1.540 0	1.768 2	1.925 9
18—13	0.991 2	1.032 4	1.091 4	1.024 1	1.108 4	1.189 5	1.110 8	1.234 6	1.334 6
18—14	0.990 3	1.021 3	1.069 3	1.044 8	1.129 8	1.205 7	1.146 5	1.273 5	1.367 7
18—15	0.999 9	1.037 8	1.078 9	1.081 0	1.180 6	1.253 8	1.196 6	1.338 8	1.434 1
18—16	1.028 5	1.089 1	1.137 1	1.139 3	1.264 7	1.349 4	1.267 7	1.433 7	1.547 4
18—17	1.096 0	1.198 2	1.275 3	1.245 1	1.401 2	1.511 1	1.387 4	1.578 5	1.713 4
20—15	0.932 3	0.950 9	0.982 2	0.962 8	1.025 2	1.088 7	1.040 7	1.144 9	1.228 9
20—16	0.932 9	0.955 2	0.980 8	0.981 8	1.052 7	1.112 8	1.073 0	1.186 0	1.266 5
20—17	0.942 1	0.973 2	1.002 9	1.013 1	1.100 4	1.162 7	1.116 0	1.245 7	1.332 0
20—18	0.963 5	1.015 9	1.057 5	1.061 6	1.171 2	1.250 4	1.177 2	1.324 9	1.427 2
20—19	1.016 0	1.103 1	1.167 2	1.148 1	1.284 6	1.384 0	1.276 8	1.446 7	1.564 4
22—17	0.894 1	0.910 7	0.927 1	0.921 3	0.973 2	1.022 6	0.990 3	1.082 5	1.153 5
22—18	0.894 7	0.915 8	0.934 8	0.938 3	1.001 8	1.052 5	1.018 7	1.122 5	1.194 4
22—19	0.902 0	0.932 8	0.956 6	0.964 6	1.044 5	1.101 9	1.056 2	1.175 7	1.255 4
22—20	0.918 5	0.968 0	1.005 3	1.006 3	1.105 0	1.176 8	1.110 4	1.244 6	1.337 7
22—21	0.956 9	1.038 3	1.094 9	1.080 3	1.203 1	1.291 1	1.198 4	1.347 5	1.456 0
24—19	0.867 6	0.885 0	0.897 9	0.891 6	0.938 1	0.979 6	0.952 2	1.037 8	1.099 8
24—20	0.868 2	0.889 9	0.906 3	0.905 9	0.964 8	1.010 1	0.977 5	1.075 3	1.140 1
24—21	0.870 9	0.904 2	0.926 9	0.928 8	1.002 9	1.056 6	1.010 9	1.120 9	1.196 1
24—22	0.882 8	0.933 8	0.968 4	0.964 0	1.055 4	1.120 1	1.060 2	1.181 8	1.266 2
24—23	0.909 0	0.990 1	1.045 1	1.024 5	1.142 1	1.222 1	1.133 0	1.273 9	1.371 6
26—21	0.844 7	0.866 1	0.878 3	0.868 6	0.913 0	0.949 5	0.922 8	1.003 9	1.060 7
26—22	0.846 9	0.871 7	0.886 9	0.880 1	0.937 5	0.979 4	0.945 8	1.036 5	1.100 0
26—23	0.847 9	0.883 2	0.905 1	0.901 3	0.970 8	1.021 3	0.974 7	1.077 9	1.148 2
26—24	0.860 0	0.909 5	0.941 3	0.932 1	1.018 8	1.078 1	1.016 6	1.134 1	1.214 4
26—25	0.878 7	0.959 5	1.006 2	0.983 3	1.095 7	1.169 7	1.084 7	1.221 2	1.307 9
28—23	0.828 5	0.851 5	0.865 1	0.850 8	0.893 5	0.926 8	0.898 5	0.975 2	1.029 7
28—24	0.828 2	0.857 8	0.872 8	0.860 3	0.915 0	0.955 0	0.918 8	1.005 8	1.064 7
28—25	0.830 2	0.867 0	0.889 5	0.878 9	0.945 7	0.992 6	0.946 2	1.042 9	1.110 5
28—26	0.831 4	0.887 9	0.921 6	0.907 0	0.989 5	1.044 9	0.985 9	1.093 2	1.168 6
28—27	0.847 8	0.926 3	0.977 6	0.951 2	1.054 2	1.125 8	1.041 6	1.173 0	1.256 8
30—25	0.810 0	0.840 4	0.854 1	0.836 3	0.877 3	0.909 7	0.878 6	0.951 7	1.002 8
30—26	0.809 9	0.846 5	0.862 4	0.847 7	0.898 5	0.935 9	0.897 4	0.980 1	1.036 1
30—27	0.809 8	0.853 5	0.876 9	0.859 8	0.923 8	0.969 1	0.920 9	1.014 2	1.077 9
30—28	0.820 4	0.873 2	0.903 9	0.887 7	0.964 3	1.018 8	0.956 4	1.061 3	1.133 1
30—29	0.812 8	0.904 8	0.951 8	0.925 6	1.024 5	1.090 1	1.006 9	1.133 2	1.214 4

表 A.1（续）

粮食种类：水稻　　　　环境温度 T_h：15 ℃　　　　环境相对湿度 RH：30%

降水范围 (M_1-M_2) %	热风温度 T_r/℃								
	40			60			80		
	热风表观风速 v_r/(m/s)								
	0.1	0.2	0.3	0.1	0.2	0.3	0.1	0.2	0.3
16—13	0.776 2	0.810 4	0.851 4	0.963 7	1.049 3	1.119 5	1.122 6	1.246 3	1.337 0
16—14	0.786 0	0.823 5	0.858 4	1.001 1	1.089 6	1.153 0	1.177 4	1.304 2	1.389 6
16—15	0.809 7	0.844 9	0.871 2	1.064 0	1.154 8	1.211 6	1.257 1	1.389 6	1.476 5
18—13	0.711 8	0.736 2	0.775 0	0.854 8	0.922 6	0.988 5	0.974 7	1.081 2	1.168 2
18—14	0.710 9	0.729 4	0.760 9	0.865 5	0.931 4	0.991 9	0.997 1	1.100 7	1.181 6
18—15	0.713 3	0.734 5	0.760 3	0.884 8	0.954 2	1.008 5	1.029 7	1.134 6	1.209 3
18—16	0.721 0	0.746 3	0.770 8	0.916 6	0.988 8	1.040 7	1.074 9	1.183 6	1.254 7
18—17	0.736 9	0.762 0	0.778 6	0.965 0	1.039 1	1.085 6	1.137 3	1.247 7	1.323 5
20—15	0.672 6	0.682 5	0.704 7	0.804 2	0.854 1	0.905 8	0.913 2	1.001 3	1.073 8
20—16	0.672 2	0.684 1	0.701 5	0.814 6	0.868 0	0.915 0	0.934 5	1.023 4	1.091 2
20—17	0.674 9	0.690 0	0.707 6	0.832 1	0.889 7	0.935 6	0.963 7	1.055 5	1.120 0
20—18	0.680 4	0.700 6	0.718 0	0.859 0	0.922 0	0.964 8	1.002 4	1.097 7	1.160 6
20—19	0.691 2	0.714 1	0.726 5	0.895 6	0.962 6	1.003 2	1.052 1	1.150 0	1.216 2
22—17	0.646 6	0.655 2	0.666 2	0.770 0	0.810 9	0.850 7	0.869 7	0.945 5	1.006 8
22—18	0.647 1	0.657 5	0.669 1	0.779 5	0.825 2	0.864 5	0.889 4	0.968 3	1.026 8
22—19	0.648 6	0.662 9	0.676 0	0.794 8	0.846 0	0.885 2	0.915 3	0.998 9	1.055 8
22—20	0.651 4	0.671 8	0.686 4	0.817 2	0.874 9	0.913 2	0.948 6	1.035 5	1.094 1
22—21	0.656 4	0.683 4	0.695 6	0.847 3	0.909 2	0.946 6	0.991 3	1.078 9	1.137 7
24—19	0.629 6	0.637 6	0.645 6	0.745 7	0.781 3	0.814 2	0.837 2	0.905 9	0.958 5
24—20	0.629 1	0.640 1	0.649 5	0.753 3	0.794 7	0.828 9	0.855 1	0.928 2	0.979 6
24—21	0.629 7	0.644 9	0.656 0	0.767 2	0.814 5	0.848 7	0.877 3	0.955 6	1.008 5
24—22	0.632 4	0.651 7	0.665 3	0.785 4	0.840 0	0.875 4	0.907 9	0.988 0	1.041 9
24—23	0.627 0	0.658 7	0.674 3	0.806 2	0.863 8	0.904 1	0.936 1	1.024 5	1.079 0
26—21	0.614 2	0.624 5	0.632 7	0.726 6	0.759 6	0.788 7	0.812 2	0.875 0	0.923 2
26—22	0.611 7	0.627 4	0.636 4	0.733 6	0.772 4	0.803 2	0.826 4	0.895 7	0.943 4
26—23	0.613 1	0.630 9	0.642 7	0.746 0	0.790 7	0.822 4	0.848 0	0.921 7	0.971 3
26—24	0.613 4	0.636 4	0.650 1	0.764 1	0.811 7	0.846 4	0.873 5	0.950 7	1.001 8
26—25	0.608 6	0.643 0	0.655 3	0.780 2	0.839 5	0.867 1	0.906 3	0.983 2	1.032 4
28—23	0.601 6	0.616 5	0.622 4	0.712 3	0.743 4	0.768 8	0.791 2	0.851 0	0.894 4
28—24	0.599 6	0.617 0	0.626 3	0.718 5	0.755 4	0.782 9	0.806 3	0.870 8	0.915 7
28—25	0.597 0	0.621 3	0.632 6	0.727 9	0.771 3	0.801 6	0.823 5	0.893 3	0.940 9
28—26	0.590 7	0.625 1	0.638 4	0.737 9	0.791 5	0.822 6	0.848 5	0.920 3	0.967 7
28—27	0.594 0	0.622 8	0.642 2	0.755 8	0.807 8	0.848 1	0.875 4	0.952 5	0.999 3
30—25	0.590 4	0.608 3	0.616 6	0.699 4	0.730 2	0.753 9	0.774 7	0.830 7	0.872 0
30—26	0.590 8	0.608 5	0.618 4	0.705 0	0.741 3	0.767 6	0.787 5	0.850 2	0.892 4
30—27	0.586 9	0.611 6	0.624 1	0.711 3	0.756 2	0.785 2	0.802 2	0.871 4	0.915 5
30—28	0.579 3	0.614 7	0.629 3	0.726 0	0.773 4	0.806 7	0.820 2	0.893 9	0.941 4
30—29	0.565 9	0.610 6	0.628 7	0.736 9	0.794 7	0.820 0	0.846 9	0.917 0	0.969 5

表 A.1（续）

粮食种类：水稻　　环境温度 T_h：15 ℃　　环境相对湿度 RH：60%

降水范围 (M_1-M_2) %	热风温度 T_r/℃								
	40			60			80		
	热风表观风速 v_r/(m/s)								
	0.1	0.2	0.3	0.1	0.2	0.3	0.1	0.2	0.3
16—13	0.885 1	0.927 4	0.977 8	1.031 0	1.127 7	1.205 4	1.177 9	1.313 7	1.411 9
16—14	0.902 5	0.953 8	0.998 4	1.081 3	1.191 0	1.267 3	1.243 6	1.395 2	1.491 7
16—15	0.951 6	1.023 9	1.076 7	1.169 9	1.300 8	1.391 4	1.347 8	1.519 1	1.636 0
18—13	0.807 2	0.833 3	0.884 6	0.906 1	0.978 7	1.050 0	1.012 0	1.123 3	1.214 5
18—14	0.805 3	0.827 8	0.864 8	0.919 3	0.990 5	1.056 7	1.038 4	1.149 0	1.234 9
18—15	0.809 1	0.835 3	0.865 9	0.943 7	1.022 4	1.083 5	1.077 5	1.194 5	1.275 9
18—16	0.822 7	0.860 0	0.893 0	0.985 4	1.076 9	1.138 9	1.131 4	1.262 1	1.346 9
18—17	0.856 8	0.912 0	0.952 8	1.053 9	1.160 4	1.232 7	1.213 1	1.356 0	1.454 1
20—15	0.759 7	0.772 9	0.797 3	0.851 5	0.903 9	0.958 9	0.947 2	1.039 4	1.115 0
20—16	0.758 7	0.774 2	0.793 4	0.864 0	0.921 8	0.972 6	0.971 9	1.067 7	1.139 6
20—17	0.762 8	0.782 7	0.804 0	0.885 8	0.952 0	1.003 3	1.006 0	1.110 9	1.181 1
20—18	0.772 8	0.803 3	0.828 8	0.919 8	0.998 8	1.055 2	1.052 2	1.166 3	1.243 7
20—19	0.796 8	0.844 0	0.877 2	0.974 7	1.067 7	1.129 2	1.119 7	1.242 1	1.329 2
22—17	0.729 1	0.740 4	0.752 7	0.814 9	0.857 5	0.899 7	0.901 8	0.981 5	1.045 4
22—18	0.728 1	0.742 5	0.755 9	0.826 5	0.875 9	0.918 3	0.923 9	1.010 7	1.072 3
22—19	0.730 7	0.750 5	0.766 9	0.844 8	0.905 0	0.949 5	0.953 8	1.049 0	1.112 6
22—20	0.737 6	0.767 6	0.789 8	0.873 4	0.945 0	0.994 5	0.993 3	1.096 0	1.167 7
22—21	0.752 5	0.798 5	0.828 7	0.916 7	1.001 6	1.058 4	1.050 4	1.159 5	1.236 3
24—19	0.707 4	0.719 6	0.728 9	0.789 3	0.826 3	0.861 3	0.867 8	0.940 4	0.995 5
24—20	0.706 9	0.721 3	0.732 9	0.798 3	0.844 4	0.880 8	0.888 1	0.968 2	1.022 8
24—21	0.706 1	0.728 4	0.743 3	0.813 8	0.870 3	0.909 7	0.913 6	1.002 0	1.061 5
24—22	0.710 8	0.742 8	0.763 0	0.838 2	0.905 3	0.951 3	0.949 7	1.044 5	1.108 7
24—23	0.716 7	0.763 6	0.794 2	0.876 4	0.951 8	1.006 0	0.995 1	1.100 6	1.167 2
26—21	0.689 4	0.704 7	0.713 1	0.769 0	0.804 0	0.834 6	0.841 5	0.909 2	0.959 2
26—22	0.688 7	0.707 4	0.717 4	0.777 2	0.820 3	0.853 6	0.858 9	0.933 8	0.986 5
26—23	0.689 4	0.712 0	0.726 7	0.791 1	0.843 0	0.881 0	0.881 7	0.964 5	1.020 8
26—24	0.692 9	0.724 2	0.744 6	0.812 9	0.874 0	0.916 1	0.911 8	1.003 0	1.063 0
26—25	0.691 6	0.741 9	0.770 7	0.838 8	0.913 5	0.963 4	0.958 2	1.050 4	1.117 0
28—23	0.674 9	0.692 8	0.703 1	0.753 2	0.787 1	0.814 1	0.819 7	0.883 7	0.929 7
28—24	0.672 4	0.696 2	0.706 5	0.759 1	0.801 4	0.833 1	0.835 2	0.907 6	0.955 6
28—25	0.672 0	0.699 3	0.713 8	0.772 0	0.823 1	0.857 7	0.856 4	0.934 4	0.988 4
28—26	0.669 2	0.708 3	0.729 3	0.788 8	0.849 4	0.890 1	0.885 4	0.969 1	1.027 3
28—27	0.667 6	0.719 6	0.747 5	0.808 0	0.889 3	0.931 3	0.920 7	1.013 3	1.074 2
30—25	0.660 1	0.684 2	0.695 3	0.740 4	0.773 0	0.799 3	0.802 2	0.863 0	0.906 6
30—26	0.659 6	0.686 1	0.698 3	0.747 7	0.787 6	0.816 6	0.815 9	0.884 8	0.931 1
30—27	0.657 0	0.690 9	0.704 0	0.757 1	0.805 0	0.839 7	0.835 8	0.909 6	0.960 8
30—28	0.660 8	0.698 8	0.716 1	0.778 4	0.831 5	0.868 9	0.857 8	0.941 4	0.995 3
30—29	0.636 9	0.701 9	0.730 7	0.794 5	0.861 9	0.909 0	0.887 0	0.982 7	1.042 6

表 A.1（续）

粮食种类：水稻　　　　环境温度 T_h：15 ℃　　　　环境相对湿度 RH：90%

降水范围 (M_1-M_2) %	热风温度 T_r/℃								
	40			60			80		
	热风表观风速 v_r/(m/s)								
	0.1	0.2	0.3	0.1	0.2	0.3	0.1	0.2	0.3
16—13	1.003 2	1.050 7	1.109 1	1.095 9	1.198 4	1.282 3	1.228 1	1.372 3	1.475 5
16—14	1.027 6	1.085 0	1.135 9	1.157 1	1.281 7	1.367 3	1.303 0	1.475 1	1.585 0
16—15	1.098 2	1.200 3	1.273 6	1.268 5	1.431 8	1.546 2	1.429 9	1.631 2	1.777 9
18—13	0.912 6	0.948 8	1.003 0	0.956 6	1.031 2	1.105 6	1.046 6	1.161 0	1.254 5
18—14	0.909 3	0.933 1	0.974 5	0.972 1	1.045 6	1.114 8	1.077 4	1.191 7	1.280 8
18—15	0.913 3	0.940 4	0.973 1	1.001 3	1.086 0	1.151 0	1.121 1	1.248 8	1.333 4
18—16	0.932 3	0.975 3	1.013 4	1.050 4	1.156 8	1.230 1	1.183 7	1.329 9	1.429 8
18—17	0.981 3	1.059 6	1.117 4	1.137 5	1.271 8	1.365 1	1.283 7	1.453 1	1.572 9
20—15	0.856 9	0.871 2	0.896 0	0.898 9	0.951 2	1.008 1	0.979 6	1.074 0	1.151 5
20—16	0.854 8	0.871 7	0.890 2	0.913 4	0.973 0	1.026 3	1.007 8	1.108 6	1.182 2
20—17	0.859 3	0.881 2	0.902 9	0.938 4	1.011 8	1.065 9	1.045 1	1.160 2	1.237 3
20—18	0.872 9	0.910 4	0.940 6	0.978 3	1.071 7	1.137 7	1.098 3	1.227 3	1.316 5
20—19	0.907 8	0.974 3	1.023 3	1.048 5	1.163 7	1.246 7	1.180 5	1.328 3	1.432 1
22—17	0.821 0	0.834 8	0.846 3	0.860 4	0.903 3	0.946 2	0.932 3	1.015 3	1.080 1
22—18	0.819 4	0.836 4	0.849 2	0.873 4	0.925 8	0.968 8	0.957 0	1.048 5	1.114 7
22—19	0.822 5	0.844 9	0.862 0	0.893 9	0.960 0	1.009 3	0.989 5	1.093 6	1.165 2
22—20	0.832 0	0.868 6	0.895 8	0.927 5	1.010 3	1.070 9	1.035 8	1.152 0	1.233 1
22—21	0.858 3	0.918 9	0.961 7	0.985 7	1.089 7	1.162 6	1.107 0	1.236 5	1.330 8
24—19	0.794 2	0.810 8	0.820 3	0.832 7	0.871 2	0.906 8	0.896 6	0.972 4	1.029 1
24—20	0.795 3	0.813 1	0.824 4	0.843 1	0.892 0	0.930 9	0.919 0	1.004 7	1.063 6
24—21	0.795 9	0.821 0	0.836 2	0.861 1	0.923 9	0.968 3	0.947 0	1.043 1	1.110 1
24—22	0.801 4	0.840 3	0.865 6	0.889 4	0.966 9	1.020 1	0.988 2	1.094 6	1.170 1
24—23	0.809 2	0.876 8	0.919 5	0.936 2	1.032 8	1.100 4	1.045 7	1.168 8	1.253 1
26—21	0.772 4	0.794 1	0.803 3	0.810 9	0.848 0	0.879 6	0.869 2	0.940 4	0.992 2
26—22	0.773 2	0.795 7	0.807 6	0.820 3	0.867 6	0.902 6	0.889 5	0.968 8	1.024 1
26—23	0.770 8	0.803 4	0.819 3	0.836 1	0.895 4	0.937 2	0.913 9	1.003 9	1.066 5
26—24	0.775 2	0.819 3	0.842 5	0.859 2	0.932 7	0.982 9	0.948 6	1.051 0	1.120 1
26—25	0.784 0	0.846 9	0.888 8	0.895 7	0.990 5	1.054 8	1.005 2	1.119 4	1.194 7
28—23	0.754 1	0.780 6	0.791 5	0.795 0	0.830 1	0.858 1	0.846 6	0.914 7	0.963 0
28—24	0.755 6	0.781 8	0.794 7	0.802 2	0.847 4	0.880 6	0.863 3	0.940 7	0.993 9
28—25	0.756 5	0.788 9	0.805 4	0.816 2	0.872 1	0.912 4	0.887 1	0.972 6	1.031 9
28—26	0.753 7	0.801 2	0.825 5	0.837 3	0.905 5	0.954 3	0.919 8	1.014 9	1.081 1
28—27	0.751 3	0.824 9	0.861 0	0.866 9	0.957 6	1.014 7	0.961 9	1.072 9	1.149 6
30—25	0.739 6	0.768 1	0.782 1	0.781 4	0.816 4	0.843 6	0.828 9	0.893 0	0.939 4
30—26	0.736 1	0.769 8	0.784 7	0.788 0	0.832 5	0.863 8	0.844 4	0.917 2	0.967 7
30—27	0.732 9	0.776 4	0.794 9	0.798 4	0.853 2	0.892 1	0.865 7	0.946 2	1.002 2
30—28	0.734 4	0.784 2	0.813 2	0.816 5	0.886 2	0.929 5	0.892 9	0.984 0	1.045 9
30—29	0.718 7	0.804 4	0.842 4	0.847 3	0.928 1	0.984 0	0.930 5	1.039 0	1.107 2

表 A.1（续）

粮食种类：水稻　　　　环境温度 T_h：20 ℃　　　　环境相对湿度 RH：30%

降水范围 (M_1-M_2) %	热风温度 T_r/℃								
	40			60			80		
	热风表观风速 v_r/(m/s)								
	0.1	0.2	0.3	0.1	0.2	0.3	0.1	0.2	0.3
16—13	0.629 9	0.655 8	0.688 9	0.852 7	0.923 1	0.984 2	1.022 1	1.129 4	1.210 9
16—14	0.624 9	0.650 8	0.677 4	0.872 7	0.939 2	0.992 0	1.059 0	1.159 7	1.232 3
16—15	0.602 2	0.622 1	0.638 9	0.903 0	0.950 0	0.985 4	1.113 5	1.199 6	1.258 5
18—13	0.582 8	0.602 6	0.634 8	0.764 7	0.821 2	0.878 8	0.897 4	0.991 9	1.070 6
18—14	0.578 4	0.592 3	0.617 7	0.770 6	0.823 9	0.875 7	0.912 9	1.003 3	1.075 9
18—15	0.574 2	0.589 1	0.608 8	0.781 4	0.834 6	0.880 2	0.935 6	1.023 6	1.088 6
18—16	0.567 2	0.583 4	0.601 0	0.798 6	0.847 7	0.887 2	0.967 5	1.049 4	1.106 4
18—17	0.537 6	0.550 3	0.560 4	0.820 8	0.853 9	0.877 6	1.007 9	1.081 1	1.126 8
20—15	0.548 7	0.556 1	0.573 3	0.719 7	0.758 8	0.802 6	0.840 6	0.917 0	0.981 6
20—16	0.545 3	0.553 2	0.566 2	0.725 8	0.766 5	0.805 3	0.855 5	0.931 9	0.991 0
20—17	0.541 4	0.550 9	0.563 6	0.736 2	0.777 6	0.813 7	0.876 8	0.951 0	1.005 6
20—18	0.533 1	0.544 8	0.556 2	0.750 7	0.790 4	0.820 7	0.904 1	0.975 6	1.022 4
20—19	0.501 8	0.511 9	0.518 6	0.769 3	0.797 8	0.814 7	0.934 0	1.000 3	1.043 5
22—17	0.527 4	0.532 8	0.540 9	0.689 8	0.720 6	0.753 2	0.800 5	0.866 1	0.919 7
22—18	0.524 5	0.530 8	0.539 2	0.695 1	0.729 1	0.760 1	0.815 1	0.880 9	0.932 0
22—19	0.519 4	0.528 4	0.537 5	0.704 7	0.740 1	0.769 8	0.833 9	0.900 1	0.947 4
22—20	0.509 5	0.521 9	0.530 0	0.716 1	0.752 7	0.777 9	0.857 7	0.922 4	0.964 8
22—21	0.481 1	0.490 9	0.495 9	0.729 6	0.762 7	0.776 9	0.882 2	0.939 5	0.980 8
24—19	0.511 3	0.518 1	0.523 4	0.669 1	0.695 1	0.721 4	0.770 3	0.828 8	0.875 6
24—20	0.509 1	0.516 1	0.522 6	0.673 2	0.703 1	0.729 9	0.783 7	0.843 7	0.888 7
24—21	0.503 3	0.513 7	0.520 8	0.681 2	0.714 2	0.739 2	0.801 2	0.862 1	0.904 7
24—22	0.491 1	0.507 1	0.514 0	0.690 3	0.725 3	0.748 1	0.822 0	0.882 4	0.921 9
24—23	0.458 9	0.476 6	0.483 1	0.698 1	0.734 6	0.751 2	0.837 1	0.897 5	0.932 6
26—21	0.499 8	0.508 1	0.512 2	0.651 9	0.676 9	0.699 3	0.747 1	0.801 1	0.842 9
26—22	0.495 6	0.506 2	0.512 3	0.655 4	0.684 7	0.707 6	0.759 4	0.814 9	0.855 8
26—23	0.490 1	0.503 1	0.510 1	0.663 3	0.694 1	0.717 4	0.774 3	0.832 5	0.872 0
26—24	0.480 4	0.494 7	0.503 4	0.672 9	0.706 0	0.727 0	0.791 3	0.850 7	0.889 0
26—25	0.442 6	0.467 3	0.472 9	0.675 8	0.711 0	0.729 1	0.801 6	0.856 0	0.898 2
28—23	0.487 8	0.500 1	0.505 5	0.640 4	0.663 4	0.683 3	0.728 7	0.778 9	0.817 8
28—24	0.484 1	0.499 5	0.504 7	0.643 3	0.670 3	0.691 6	0.740 6	0.791 9	0.830 7
28—25	0.478 5	0.495 7	0.502 1	0.648 7	0.679 0	0.700 3	0.753 6	0.808 0	0.845 1
28—26	0.463 0	0.486 7	0.494 6	0.655 0	0.689 9	0.710 7	0.770 7	0.826 0	0.860 7
28—27	0.428 5	0.456 2	0.466 9	0.650 3	0.690 4	0.711 7	0.779 2	0.836 9	0.863 4
30—25	0.480 5	0.494 7	0.501 0	0.627 9	0.652 2	0.670 8	0.714 2	0.761 5	0.796 4
30—26	0.477 2	0.491 6	0.498 9	0.633 3	0.659 7	0.678 5	0.723 9	0.774 2	0.809 8
30—27	0.467 7	0.487 2	0.496 0	0.636 0	0.666 9	0.687 9	0.735 0	0.789 7	0.824 8
30—28	0.454 5	0.479 1	0.488 5	0.644 1	0.674 2	0.694 1	0.748 0	0.802 3	0.836 1
30—29	0.407 8	0.448 7	0.458 3	0.637 9	0.671 9	0.693 4	0.754 0	0.808 9	0.841 8

表 A.1（续）

粮食种类:水稻　　环境温度 T_h:20 ℃　　环境相对湿度 RH:60%

降水范围 (M_1-M_2) %	热风温度 T_r/℃								
	40			60			80		
	热风表观风速 v_r/(m/s)								
	0.1	0.2	0.3	0.1	0.2	0.3	0.1	0.2	0.3
16—13	0.767 7	0.799 2	0.840 7	0.938 3	1.021 2	1.092 0	1.091 2	1.213 7	1.305 4
16—14	0.775 2	0.809 3	0.843 9	0.975 4	1.065 7	1.131 6	1.146 2	1.275 5	1.362 5
16—15	0.800 2	0.843 2	0.876 9	1.042 9	1.144 5	1.213 2	1.229 6	1.369 5	1.470 2
18—13	0.702 3	0.726 3	0.765 6	0.831 6	0.894 2	0.957 6	0.944 2	1.046 0	1.130 8
18—14	0.698 7	0.713 3	0.742 3	0.839 8	0.900 3	0.958 7	0.964 8	1.064 3	1.144 0
18—15	0.698 6	0.714 4	0.736 1	0.856 8	0.922 3	0.975 9	0.996 1	1.099 4	1.172 8
18—16	0.703 8	0.725 3	0.747 7	0.887 6	0.959 8	1.013 0	1.041 1	1.150 2	1.222 6
18—17	0.718 7	0.747 7	0.769 3	0.937 8	1.017 7	1.070 8	1.104 3	1.218 2	1.297 9
20—15	0.660 2	0.668 1	0.685 3	0.780 9	0.824 1	0.872 2	0.882 9	0.965 7	1.035 3
20—16	0.657 8	0.666 9	0.678 7	0.788 9	0.836 3	0.880 5	0.902 9	0.987 2	1.052 9
20—17	0.658 4	0.669 8	0.682 6	0.804 6	0.857 8	0.901 1	0.930 4	1.019 2	1.083 2
20—18	0.662 0	0.678 7	0.693 9	0.829 5	0.890 5	0.934 5	0.968 2	1.062 7	1.126 9
20—19	0.670 8	0.694 9	0.711 0	0.867 5	0.935 3	0.981 3	1.017 3	1.116 1	1.184 6
22—17	0.633 4	0.641 1	0.648 1	0.747 3	0.781 9	0.817 5	0.840 6	0.910 9	0.968 7
22—18	0.631 8	0.641 2	0.648 5	0.754 9	0.794 5	0.830 6	0.858 7	0.933 4	0.989 0
22—19	0.631 2	0.643 7	0.653 1	0.767 5	0.814 7	0.851 6	0.883 0	0.963 7	1.018 8
22—20	0.633 3	0.650 1	0.662 9	0.788 4	0.843 2	0.881 8	0.914 3	1.000 6	1.058 7
22—21	0.631 4	0.660 4	0.677 3	0.814 6	0.878 8	0.919 2	0.954 8	1.042 7	1.102 1
24—19	0.614 2	0.623 7	0.629 3	0.723 5	0.753 4	0.782 6	0.808 6	0.872 3	0.922 5
24—20	0.613 7	0.623 8	0.630 5	0.729 6	0.765 9	0.796 7	0.825 5	0.894 1	0.943 6
24—21	0.611 0	0.626 4	0.634 5	0.740 2	0.784 6	0.816 3	0.846 3	0.920 6	0.972 0
24—22	0.608 1	0.631 5	0.643 0	0.757 2	0.809 4	0.844 8	0.874 3	0.952 8	1.005 6
24—23	0.602 1	0.635 7	0.651 5	0.780 7	0.839 4	0.874 9	0.902 6	0.987 9	1.042 4
26—21	0.596 9	0.610 8	0.617 1	0.705 6	0.733 2	0.758 4	0.783 8	0.843 1	0.887 5
26—22	0.597 4	0.611 4	0.618 4	0.710 3	0.744 5	0.772 0	0.798 8	0.862 5	0.908 3
26—23	0.591 6	0.613 8	0.622 8	0.720 8	0.761 3	0.791 0	0.816 8	0.887 3	0.935 2
26—24	0.586 1	0.617 4	0.628 2	0.734 5	0.783 5	0.814 8	0.841 2	0.916 3	0.965 1
26—25	0.584 2	0.613 4	0.633 0	0.748 5	0.803 4	0.843 2	0.872 6	0.946 7	0.997 3
28—23	0.584 3	0.600 1	0.607 6	0.690 3	0.717 6	0.740 8	0.764 2	0.819 7	0.860 7
28—24	0.583 0	0.601 1	0.610 2	0.695 2	0.728 4	0.753 6	0.777 0	0.838 5	0.881 6
28—25	0.579 2	0.602 3	0.613 4	0.704 2	0.743 8	0.771 9	0.794 3	0.860 2	0.905 7
28—26	0.574 3	0.604 9	0.617 0	0.712 9	0.759 8	0.793 5	0.816 1	0.884 6	0.933 0
28—27	0.559 0	0.604 1	0.615 8	0.722 2	0.783 2	0.811 2	0.839 5	0.911 0	0.960 5
30—25	0.569 4	0.592 4	0.601 1	0.680 2	0.706 7	0.727 0	0.749 5	0.801 6	0.839 3
30—26	0.565 4	0.593 4	0.603 0	0.684 4	0.715 9	0.739 3	0.760 2	0.818 0	0.858 3
30—27	0.561 6	0.590 7	0.605 4	0.690 8	0.729 0	0.755 7	0.776 4	0.837 7	0.881 6
30—28	0.562 9	0.585 5	0.609 4	0.702 7	0.748 0	0.775 1	0.790 8	0.860 4	0.905 9
30—29	0.531 8	0.582 2	0.605 3	0.708 7	0.761 7	0.798 5	0.810 2	0.883 1	0.930 2

表 A.1（续）

粮食种类:水稻　　　　环境温度 T_h:20 ℃　　　　环境相对湿度 RH:90%

降水范围 (M_1-M_2) %	热风温度 T_r/℃								
	40			60			80		
	热风表观风速 v_r/(m/s)								
	0.1	0.2	0.3	0.1	0.2	0.3	0.1	0.2	0.3
16—13	0.921 1	0.961 5	1.014 1	1.017 5	1.106 6	1.183 4	1.152 1	1.283 3	1.381 4
16—14	0.933 9	0.974 5	1.016 9	1.068 2	1.174 3	1.249 5	1.219 0	1.371 6	1.469 3
16—15	0.984 4	1.059 8	1.115 7	1.161 8	1.301 2	1.400 8	1.327 4	1.506 6	1.636 5
18—13	0.838 5	0.870 6	0.921 1	0.894 6	0.959 3	1.026 8	0.986 6	1.091 3	1.179 0
18—14	0.834 2	0.851 9	0.886 7	0.905 2	0.967 2	1.029 6	1.012 2	1.116 5	1.199 1
18—15	0.832 9	0.851 6	0.875 7	0.927 7	0.998 4	1.056 2	1.050 2	1.164 4	1.243 8
18—16	0.842 9	0.871 3	0.898 4	0.967 7	1.056 9	1.119 4	1.104 6	1.234 6	1.322 5
18—17	0.874 9	0.930 8	0.974 2	1.039 0	1.151 8	1.232 5	1.189 0	1.335 6	1.440 1
20—15	0.785 5	0.796 8	0.814 7	0.840 1	0.882 8	0.932 7	0.923 0	1.007 6	1.079 5
20—16	0.782 2	0.794 8	0.806 7	0.850 3	0.899 1	0.945 3	0.946 5	1.036 3	1.104 6
20—17	0.782 1	0.797 6	0.811 6	0.869 7	0.929 7	0.976 7	0.978 7	1.080 2	1.148 6
20—18	0.788 6	0.813 6	0.833 2	0.901 5	0.978 6	1.033 4	1.024 1	1.137 8	1.215 8
20—19	0.806 5	0.856 2	0.890 3	0.956 4	1.052 3	1.119 9	1.091 7	1.218 4	1.307 5
22—17	0.752 2	0.763 1	0.771 2	0.804 4	0.838 8	0.874 8	0.878 2	0.951 8	1.011 0
22—18	0.750 6	0.761 8	0.770 9	0.813 4	0.855 5	0.892 9	0.899 2	0.980 6	1.038 4
22—19	0.750 2	0.765 4	0.776 4	0.829 0	0.883 0	0.924 3	0.927 3	1.018 2	1.082 5
22—20	0.752 2	0.778 6	0.795 6	0.855 5	0.923 3	0.973 6	0.965 6	1.068 0	1.138 3
22—21	0.761 8	0.809 9	0.839 0	0.898 8	0.985 6	1.044 3	1.022 5	1.133 5	1.213 4
24—19	0.727 6	0.740 9	0.748 4	0.778 0	0.809 2	0.839 0	0.845 0	0.911 5	0.963 8
24—20	0.726 4	0.740 6	0.749 1	0.786 6	0.825 6	0.857 7	0.863 6	0.939 2	0.991 8
24—21	0.725 2	0.743 8	0.754 6	0.799 6	0.849 6	0.887 4	0.888 6	0.971 7	1.031 6
24—22	0.723 4	0.753 3	0.770 8	0.820 0	0.884 1	0.930 3	0.922 3	1.015 1	1.080 3
24—23	0.719 2	0.775 9	0.802 9	0.855 7	0.934 6	0.989 2	0.966 3	1.071 7	1.143 3
26—21	0.704 6	0.724 7	0.733 4	0.758 7	0.788 5	0.814 3	0.818 6	0.881 4	0.928 2
26—22	0.702 8	0.725 4	0.733 9	0.766 1	0.803 1	0.831 9	0.835 9	0.905 8	0.955 3
26—23	0.701 4	0.727 0	0.738 8	0.776 2	0.824 0	0.859 7	0.856 1	0.936 1	0.991 4
26—24	0.695 6	0.734 3	0.753 2	0.793 5	0.855 0	0.895 8	0.885 4	0.974 4	1.034 4
26—25	0.691 9	0.744 9	0.775 5	0.816 6	0.896 9	0.948 9	0.928 4	1.025 8	1.090 8
28—23	0.685 0	0.711 4	0.721 6	0.743 3	0.772 7	0.796 2	0.799 6	0.858 1	0.901 2
28—24	0.684 4	0.713 2	0.723 6	0.748 8	0.786 2	0.813 6	0.813 1	0.879 7	0.927 0
28—25	0.678 2	0.713 1	0.728 2	0.757 8	0.804 4	0.837 6	0.832 2	0.907 3	0.959 5
28—26	0.676 8	0.718 0	0.740 0	0.773 1	0.830 3	0.871 2	0.856 7	0.940 5	0.998 8
28—27	0.654 8	0.725 8	0.757 7	0.792 0	0.867 7	0.913 9	0.888 4	0.985 5	1.047 7
30—25	0.669 1	0.701 5	0.711 2	0.730 2	0.760 7	0.781 6	0.782 5	0.838 1	0.879 7
30—26	0.665 0	0.701 0	0.714 5	0.735 6	0.771 6	0.797 7	0.794 1	0.858 7	0.903 8
30—27	0.664 0	0.702 7	0.717 5	0.743 0	0.789 4	0.820 3	0.811 7	0.883 3	0.932 9
30—28	0.647 2	0.706 6	0.725 4	0.751 6	0.812 3	0.849 4	0.833 4	0.911 7	0.967 4
30—29	0.641 2	0.701 7	0.735 6	0.768 7	0.838 1	0.887 4	0.857 4	0.957 2	1.012 7

表 A.1（续）

粮食种类:小麦　　环境温度 T_h:0 ℃　　环境相对湿度 RH:30%

降水范围 (M_1-M_2) %	热风温度 T_r/℃								
	50			70			90		
	热风表观风速 v_r/(m/s)								
	0.1	0.2	0.3	0.1	0.2	0.3	0.1	0.2	0.3
18—13	1.352 7	1.280 4	1.289 1	1.581 6	1.432 1	1.379 6	1.903 7	1.608 9	1.546 1
18—14	1.344 6	1.287 0	1.311 2	1.538 7	1.433 8	1.393 5	1.952 6	1.612 1	1.569 8
20—13	1.287 1	1.205 5	1.196 0	1.506 5	1.334 4	1.275 4	1.720 4	1.522 8	1.414 2
20—14	1.270 7	1.192 9	1.190 1	1.486 6	1.328 5	1.272 3	1.738 7	1.494 5	1.419 6
20—15	1.259 0	1.190 3	1.199 1	1.443 3	1.326 5	1.277 9	1.751 4	1.475 8	1.434 8
20—16	1.247 8	1.197 7	1.225 9	1.416 4	1.321 3	1.290 5	1.787 2	1.496 0	1.449 3
22—13	1.250 7	1.169 7	1.147 8	1.446 1	1.285 0	1.220 4	1.612 5	1.457 2	1.343 0
22—14	1.234 2	1.154 6	1.133 5	1.431 3	1.271 1	1.207 9	1.597 5	1.443 2	1.333 3
22—15	1.218 4	1.141 9	1.127 1	1.414 6	1.261 9	1.201 7	1.624 1	1.422 7	1.332 0
22—16	1.203 9	1.133 5	1.129 5	1.390 9	1.256 3	1.200 8	1.625 5	1.394 2	1.338 9
22—17	1.192 0	1.132 0	1.141 9	1.347 6	1.250 8	1.205 3	1.630 6	1.385 7	1.351 5
22—18	1.177 4	1.137 9	1.165 3	1.330 0	1.238 8	1.215 8	1.621 5	1.412 5	1.355 2
24—14	1.207 4	1.134 3	1.104 2	1.385 5	1.241 9	1.175 3	1.550 8	1.396 8	1.289 1
24—15	1.195 9	1.121 9	1.094 0	1.372 0	1.228 1	1.163 6	1.514 3	1.384 0	1.278 4
24—16	1.181 3	1.109 9	1.088 1	1.357 6	1.216 9	1.155 1	1.520 1	1.370 1	1.271 5
24—17	1.166 9	1.099 7	1.086 6	1.338 4	1.208 4	1.150 3	1.541 0	1.346 5	1.271 8
24—18	1.152 0	1.092 5	1.090 3	1.314 2	1.202 7	1.148 8	1.520 6	1.320 9	1.278 5
24—19	1.140 8	1.091 0	1.101 6	1.268 8	1.193 1	1.151 8	1.534 0	1.318 8	1.286 1
24—20	1.121 4	1.095 2	1.123 8	1.262 5	1.176 2	1.161 1	1.462 2	1.346 7	1.279 8
26—16	1.161 2	1.098 5	1.068 2	1.326 6	1.195 9	1.133 4	1.462 2	1.334 2	1.238 4
26—17	1.150 2	1.087 4	1.062 8	1.311 4	1.184 3	1.123 8	1.437 3	1.325 9	1.228 7
26—18	1.136 5	1.075 9	1.059 1	1.290 3	1.174 0	1.116 0	1.455 8	1.311 9	1.223 6
26—19	1.120 4	1.067 4	1.058 0	1.276 3	1.166 7	1.111 1	1.456 4	1.285 1	1.225 2
26—20	1.112 9	1.061 3	1.062 3	1.242 2	1.159 8	1.108 6	1.431 4	1.262 6	1.230 2
26—21	1.092 6	1.060 7	1.073 1	1.209 8	1.145 9	1.111 0	1.450 7	1.266 7	1.232 9
26—22	1.071 6	1.063 5	1.091 8	1.210 5	1.126 0	1.119 0	1.339 2	1.292 1	1.216 2
28—18	1.124 0	1.069 8	1.044 0	1.265 5	1.159 2	1.100 9	1.391 1	1.285 4	1.198 0
28—19	1.108 6	1.058 6	1.039 7	1.253 3	1.148 8	1.092 9	1.377 8	1.273 9	1.188 5
28—20	1.093 1	1.050 3	1.037 3	1.237 3	1.139 6	1.085 3	1.394 4	1.258 0	1.185 1
28—21	1.086 4	1.042 0	1.037 6	1.218 1	1.132 9	1.080 4	1.371 5	1.229 9	1.187 1
28—22	1.068 0	1.038 5	1.041 7	1.188 7	1.121 2	1.078 4	1.364 7	1.217 3	1.190 5
28—24	1.031 9	1.038 2	1.068 1	1.151 3	1.087 1	1.086 2	1.228 3	1.239 4	1.165 6
30—20	1.082 0	1.045 3	1.024 5	1.219 7	1.128 1	1.075 2	1.325 1	1.239 9	1.162 5
30—21	1.072 7	1.034 9	1.022 4	1.203 3	1.117 2	1.067 6	1.323 8	1.233 0	1.156 0
30—22	1.061 9	1.026 4	1.020 1	1.189 2	1.110 9	1.060 8	1.328 8	1.215 5	1.153 5
30—23	1.047 1	1.022 1	1.020 6	1.164 1	1.100 9	1.055 9	1.311 7	1.189 4	1.154 8
30—24	1.036 3	1.013 9	1.025 8	1.131 9	1.092 9	1.053 1	1.299 7	1.176 1	1.154 6
30—26	0.984 0	1.018 8	1.048 5	1.103 4	1.050 6	1.058 7	1.155 1	1.201 4	1.120 2

表 A.1（续）

粮食种类：小麦　　　　环境温度 T_h：0 ℃　　　　环境相对湿度 RH：60％

降水范围 (M_1-M_2) ％	热风温度 T_r/℃								
	50			70			90		
	热风表观风速 v_r/(m/s)								
	0.1	0.2	0.3	0.1	0.2	0.3	0.1	0.2	0.3
18—13	1.366 2	1.310 8	1.324 6	1.584 4	1.443 1	1.396 8	1.904 5	1.620 1	1.556 6
18—14	1.359 7	1.321 1	1.348 3	1.544 5	1.446 9	1.413 4	1.952 1	1.621 0	1.581 1
20—13	1.297 4	1.230 8	1.227 4	1.501 8	1.342 7	1.288 6	1.720 4	1.529 9	1.423 1
20—14	1.282 3	1.220 0	1.221 5	1.483 8	1.337 8	1.287 1	1.742 2	1.505 3	1.428 7
20—15	1.271 3	1.219 6	1.231 4	1.448 5	1.337 1	1.294 6	1.750 3	1.485 6	1.444 1
20—16	1.261 4	1.230 0	1.259 9	1.419 1	1.334 0	1.309 1	1.790 7	1.503 4	1.459 4
22—13	1.256 6	1.191 5	1.176 5	1.439 5	1.292 2	1.231 7	1.621 3	1.461 6	1.351 0
22—14	1.241 8	1.178 1	1.162 7	1.424 4	1.279 1	1.220 3	1.599 8	1.448 7	1.342 1
22—15	1.228 0	1.167 2	1.156 6	1.408 7	1.270 2	1.215 2	1.625 4	1.431 0	1.340 4
22—16	1.214 5	1.160 3	1.159 3	1.388 4	1.265 4	1.215 6	1.627 1	1.404 1	1.347 9
22—17	1.202 1	1.160 5	1.172 1	1.352 6	1.261 3	1.221 7	1.628 0	1.393 6	1.359 8
22—18	1.190 0	1.168 9	1.197 9	1.330 3	1.251 9	1.233 9	1.631 7	1.418 0	1.364 9
24—14	1.211 0	1.154 6	1.131 4	1.379 2	1.248 1	1.186 3	1.556 5	1.400 8	1.296 8
24—15	1.202 2	1.143 8	1.122 2	1.365 2	1.235 2	1.175 7	1.520 5	1.387 3	1.286 3
24—16	1.188 3	1.133 0	1.116 4	1.352 8	1.224 4	1.167 6	1.518 3	1.375 1	1.279 7
24—17	1.174 9	1.124 2	1.115 3	1.332 9	1.216 6	1.163 6	1.540 6	1.356 0	1.279 7
24—18	1.160 5	1.118 3	1.119 2	1.313 9	1.211 1	1.163 5	1.516 6	1.329 5	1.286 8
24—19	1.150 4	1.118 3	1.131 4	1.272 5	1.203 5	1.167 7	1.532 3	1.325 2	1.293 9
24—20	1.133 5	1.124 6	1.154 4	1.260 6	1.189 2	1.177 6	1.472 2	1.350 3	1.288 6
26—16	1.164 9	1.118 2	1.095 1	1.317 0	1.203 1	1.144 2	1.468 7	1.340 5	1.245 9
26—17	1.154 6	1.109 2	1.090 5	1.301 6	1.191 2	1.135 5	1.441 2	1.329 8	1.237 1
26—18	1.142 7	1.099 1	1.087 0	1.282 3	1.181 3	1.128 7	1.456 5	1.316 6	1.231 6
26—19	1.127 5	1.091 9	1.086 3	1.273 2	1.174 3	1.124 7	1.456 0	1.292 8	1.232 6
26—20	1.121 0	1.086 7	1.090 9	1.241 0	1.168 5	1.123 5	1.429 6	1.269 3	1.237 8
26—21	1.102 4	1.087 3	1.101 7	1.209 2	1.156 2	1.126 5	1.453 6	1.272 0	1.240 2
26—22	1.084 8	1.092 5	1.121 8	1.202 9	1.138 9	1.135 1	1.345 7	1.294 6	1.226 0
28—18	1.127 1	1.089 0	1.070 7	1.259 3	1.166 3	1.111 6	1.398 3	1.288 2	1.205 0
28—19	1.112 2	1.080 9	1.066 5	1.245 9	1.155 8	1.104 9	1.378 9	1.277 0	1.196 5
28—20	1.099 9	1.072 8	1.064 9	1.233 3	1.146 0	1.098 3	1.393 1	1.263 1	1.193 0
28—21	1.093 5	1.064 5	1.065 3	1.209 4	1.141 6	1.093 8	1.370 8	1.240 2	1.194 2
28—22	1.074 6	1.064 2	1.069 5	1.188 6	1.130 2	1.092 3	1.357 6	1.223 3	1.197 3
28—24	1.045 6	1.065 7	1.096 5	1.142 9	1.098 5	1.102 9	1.232 8	1.242 9	1.174 2
30—20	1.085 2	1.066 4	1.051 2	1.212 4	1.133 6	1.085 9	1.320 2	1.245 4	1.170 2
30—21	1.075 7	1.057 5	1.049 3	1.197 4	1.123 7	1.079 4	1.319 2	1.240 2	1.163 6
30—22	1.066 0	1.048 6	1.047 3	1.179 1	1.118 2	1.073 8	1.324 1	1.219 4	1.159 9
30—23	1.052 3	1.046 5	1.047 8	1.158 9	1.107 2	1.068 9	1.308 3	1.196 8	1.161 1
30—24	1.042 7	1.038 7	1.052 3	1.131 2	1.100 1	1.068 2	1.290 5	1.181 9	1.161 0
30—26	0.998 3	1.044 4	1.077 1	1.095 4	1.063 1	1.074 5	1.162 0	1.204 6	1.128 5

表 A.1（续）

粮食种类:小麦　　　　环境温度 T_h:0 ℃　　　　环境相对湿度 RH:90%

降水范围 (M_1-M_2) %	热风温度 T_r/℃								
	50			70			90		
	热风表观风速 v_r/(m/s)								
	0.1	0.2	0.3	0.1	0.2	0.3	0.1	0.2	0.3
18—13	1.388 9	1.344 1	1.360 6	1.593 4	1.457 3	1.415 0	1.910 8	1.633 8	1.568 5
18—14	1.384 1	1.356 5	1.386 9	1.556 4	1.463 0	1.434 7	1.955 9	1.632 0	1.594 5
20—13	1.316 7	1.259 9	1.260 0	1.504 6	1.354 9	1.303 4	1.724 8	1.539 1	1.433 3
20—14	1.302 2	1.250 2	1.253 8	1.487 4	1.350 5	1.303 0	1.749 9	1.517 1	1.439 2
20—15	1.291 7	1.250 8	1.264 4	1.459 4	1.350 9	1.312 0	1.752 6	1.497 2	1.454 7
20—16	1.283 2	1.263 2	1.293 9	1.427 5	1.349 3	1.328 7	1.796 5	1.511 7	1.470 5
22—13	1.272 4	1.217 6	1.206 9	1.440 4	1.303 1	1.244 9	1.634 2	1.468 6	1.360 2
22—14	1.259 1	1.205 5	1.193 3	1.425 1	1.290 4	1.234 6	1.606 2	1.456 7	1.351 9
22—15	1.245 7	1.195 4	1.187 2	1.410 9	1.281 9	1.230 0	1.628 2	1.441 4	1.350 4
22—16	1.232 8	1.189 2	1.189 9	1.391 5	1.277 6	1.231 4	1.630 5	1.416 0	1.357 6
22—17	1.220 4	1.190 6	1.203 5	1.360 7	1.274 7	1.239 0	1.628 6	1.403 0	1.369 6
22—18	1.209 9	1.200 6	1.231 4	1.336 5	1.266 9	1.251 5	1.647 1	1.424 7	1.375 1
24—14	1.224 3	1.179 3	1.160 4	1.379 1	1.258 6	1.199 6	1.563 2	1.407 4	1.306 0
24—15	1.216 8	1.169 6	1.151 6	1.367 3	1.245 9	1.189 0	1.528 0	1.394 2	1.295 4
24—16	1.202 7	1.159 4	1.145 9	1.353 3	1.235 1	1.181 8	1.521 5	1.382 4	1.289 4
24—17	1.191 5	1.151 2	1.144 8	1.332 0	1.227 7	1.178 2	1.544 4	1.366 0	1.289 2
24—18	1.176 8	1.146 2	1.149 0	1.316 6	1.222 6	1.179 2	1.518 7	1.338 9	1.295 6
24—19	1.168 6	1.146 9	1.161 7	1.280 0	1.216 5	1.184 2	1.533 1	1.333 5	1.302 9
24—20	1.151 4	1.154 6	1.186 1	1.263 3	1.203 7	1.194 9	1.495 0	1.357 0	1.298 8
26—16	1.176 1	1.141 6	1.123 7	1.316 0	1.212 9	1.157 4	1.473 1	1.347 3	1.254 6
26—17	1.169 3	1.134 6	1.118 9	1.302 1	1.201 6	1.148 7	1.450 5	1.335 6	1.246 2
26—18	1.156 1	1.124 6	1.116 0	1.284 0	1.192 5	1.142 9	1.457 0	1.323 1	1.241 0
26—19	1.142 9	1.117 9	1.115 7	1.277 0	1.184 7	1.139 3	1.456 6	1.302 2	1.241 5
26—20	1.136 8	1.113 6	1.119 8	1.243 4	1.179 4	1.139 0	1.429 4	1.278 9	1.246 3
26—21	1.117 6	1.115 3	1.131 5	1.213 1	1.169 0	1.142 3	1.455 0	1.278 2	1.248 5
26—22	1.102 5	1.121 2	1.152 4	1.201 3	1.152 5	1.151 8	1.351 5	1.298 3	1.236 4
28—18	1.138 1	1.111 7	1.098 9	1.258 0	1.175 6	1.124 8	1.410 2	1.292 4	1.213 4
28—19	1.122 7	1.105 9	1.094 3	1.246 2	1.165 2	1.117 3	1.377 7	1.282 6	1.205 8
28—20	1.114 0	1.097 5	1.093 5	1.233 2	1.155 2	1.112 3	1.390 3	1.273 6	1.201 2
28—21	1.107 7	1.090 7	1.093 7	1.207 9	1.151 3	1.108 3	1.377 1	1.249 1	1.202 1
28—22	1.087 5	1.091 1	1.098 2	1.189 6	1.140 7	1.107 0	1.357 4	1.230 4	1.205 5
28—24	1.062 0	1.093 4	1.126 8	1.142 1	1.111 8	1.118 4	1.241 2	1.248 1	1.182 5
30—20	1.094 0	1.089 7	1.079 0	1.208 3	1.142 2	1.098 4	1.321 1	1.252 2	1.179 1
30—21	1.087 5	1.080 1	1.076 8	1.195 1	1.132 7	1.092 8	1.316 2	1.243 8	1.172 0
30—22	1.080 9	1.072 9	1.075 0	1.176 7	1.129 5	1.086 8	1.324 2	1.224 5	1.167 6
30—23	1.063 5	1.071 9	1.076 1	1.160 3	1.117 4	1.082 8	1.308 1	1.206 2	1.168 8
30—24	1.056 3	1.064 9	1.079 9	1.135 6	1.110 6	1.083 0	1.285 5	1.189 7	1.169 1
30—26	1.014 1	1.070 7	1.106 1	1.093 9	1.075 9	1.089 8	1.164 8	1.209 1	1.138 5

表 A.1（续）

粮食种类：小麦　　　　环境温度 T_h：5 ℃　　　　环境相对湿度 RH：30%

降水范围 (M_1-M_2) %	热风温度 T_r/℃								
	50			70			90		
	热风表观风速 v_r/(m/s)								
	0.1	0.2	0.3	0.1	0.2	0.3	0.1	0.2	0.3
18—13	1.217 4	1.156 9	1.165 3	1.460 9	1.321 7	1.272 3	1.791 7	1.508 2	1.446 4
18—14	1.207 7	1.159 4	1.180 1	1.420 8	1.319 3	1.281 1	1.833 8	1.509 5	1.463 7
20—13	1.159 7	1.091 6	1.084 2	1.392 6	1.236 7	1.182 1	1.621 8	1.431 7	1.328 8
20—14	1.144 9	1.079 6	1.077 4	1.373 5	1.228 9	1.176 3	1.638 9	1.403 9	1.330 5
20—15	1.133 0	1.075 3	1.082 7	1.334 7	1.224 1	1.178 0	1.647 6	1.384 2	1.340 8
20—16	1.121 5	1.079 1	1.101 7	1.308 3	1.216 8	1.186 5	1.678 2	1.401 4	1.350 5
22—13	1.125 7	1.058 8	1.041 5	1.337 7	1.193 1	1.133 9	1.524 5	1.373 3	1.265 3
22—14	1.111 6	1.045 8	1.028 5	1.323 7	1.179 6	1.121 2	1.507 7	1.359 1	1.255 1
22—15	1.098 0	1.034 7	1.021 9	1.307 1	1.169 4	1.113 6	1.531 4	1.338 6	1.251 2
22—16	1.084 7	1.026 3	1.022 2	1.285 7	1.162 4	1.110 2	1.531 8	1.310 3	1.255 4
22—17	1.072 7	1.023 1	1.030 2	1.247 9	1.155 0	1.111 6	1.533 9	1.300 7	1.263 3
22—18	1.058 9	1.026 2	1.047 6	1.229 4	1.142 1	1.118 8	1.524 2	1.323 1	1.263 7
24—14	1.085 9	1.026 7	1.002 3	1.281 5	1.153 4	1.092 7	1.466 9	1.317 1	1.215 7
24—15	1.076 4	1.016 2	0.993 1	1.269 0	1.140 3	1.081 6	1.430 8	1.303 9	1.204 4
24—16	1.063 9	1.005 5	0.987 4	1.256 4	1.129 1	1.072 3	1.434 2	1.290 6	1.196 6
24—17	1.050 7	0.996 7	0.985 2	1.237 4	1.120 2	1.066 0	1.453 4	1.267 0	1.194 9
24—18	1.037 4	0.989 3	0.987 0	1.216 3	1.113 0	1.062 5	1.432 1	1.242 2	1.198 9
24—19	1.027 5	0.986 4	0.994 6	1.176 2	1.103 2	1.063 1	1.442 8	1.239 1	1.203 3
24—20	1.008 8	0.988 7	1.010 6	1.167 1	1.086 2	1.069 6	1.372 6	1.263 1	1.194 5
26—16	1.045 0	0.994 2	0.969 7	1.226 9	1.111 1	1.053 8	1.383 8	1.259 6	1.168 4
26—17	1.035 0	0.985 7	0.965 0	1.212 3	1.099 7	1.044 6	1.357 9	1.250 1	1.158 0
26—18	1.023 3	0.975 3	0.961 4	1.194 1	1.089 5	1.036 4	1.374 2	1.236 0	1.152 0
26—19	1.008 5	0.967 3	0.959 6	1.181 8	1.081 8	1.029 8	1.372 5	1.210 0	1.151 4
26—20	1.003 2	0.961 4	0.962 0	1.150 5	1.074 7	1.026 5	1.347 4	1.188 3	1.154 3
26—21	0.984 1	0.960 4	0.969 2	1.120 6	1.060 1	1.026 7	1.367 4	1.190 8	1.154 6
26—22	0.965 2	0.961 4	0.983 1	1.118 4	1.041 6	1.031 8	1.261 7	1.213 0	1.136 1
28—18	1.011 1	0.968 3	0.948 1	1.171 0	1.077 3	1.024 0	1.313 6	1.213 2	1.130 3
28—19	0.997 2	0.959 6	0.944 0	1.158 3	1.066 8	1.016 0	1.298 4	1.200 9	1.120 7
28—20	0.986 5	0.952 0	0.941 9	1.146 2	1.057 4	1.007 8	1.317 5	1.185 4	1.116 1
28—21	0.978 1	0.943 9	0.941 4	1.126 1	1.051 2	1.002 3	1.291 8	1.159 7	1.116 6
28—22	0.960 7	0.941 7	0.943 5	1.101 8	1.039 3	0.998 4	1.284 7	1.145 8	1.118 0
28—24	0.930 5	0.938 4	0.962 2	1.063 1	1.005 5	1.003 6	1.160 1	1.163 6	1.089 7
30—20	0.973 0	0.948 3	0.930 6	1.128 7	1.047 5	1.000	1.248 0	1.168 3	1.097 2
30—21	0.966 1	0.938 8	0.928 6	1.111 2	1.037 8	0.992 3	1.248 2	1.163 2	1.090 0
30—22	0.956 1	0.931 3	0.926 6	1.099 1	1.031 4	0.985 7	1.250 1	1.146 4	1.087 1
30—23	0.943 5	0.926 8	0.926 1	1.078 0	1.020 5	0.979 6	1.235 2	1.121 1	1.085 7
30—24	0.933 1	0.919 2	0.929 0	1.050 4	1.013 8	0.977 3	1.224 3	1.109 5	1.084 7
30—26	0.888 3	0.920 6	0.945 4	1.018 1	0.973 1	0.979 4	1.094 1	1.129 0	1.048 7

表 A.1（续）

粮食种类：小麦　　　　环境温度 T_h：5 ℃　　　　环境相对湿度 RH：60%

降水范围 (M_1-M_2) %	热风温度 T_r/℃								
	50			70			90		
	热风表观风速 v_r/(m/s)								
	0.1	0.2	0.3	0.1	0.2	0.3	0.1	0.2	0.3
18—13	1.243 5	1.199 2	1.212 0	1.471 3	1.340 1	1.296 9	1.798 1	1.526 1	1.462 3
18—14	1.236 3	1.205 3	1.229 4	1.434 8	1.340 6	1.309 4	1.839 2	1.524 1	1.481 1
20—13	1.181 2	1.127 8	1.126 2	1.394 2	1.251 5	1.201 5	1.626 1	1.444 8	1.342 2
20—14	1.167 8	1.117 6	1.119 0	1.376 8	1.244 9	1.197 5	1.647 6	1.420 0	1.344 4
20—15	1.156 6	1.115 3	1.125 2	1.347 4	1.241 8	1.201 5	1.650 9	1.399 6	1.355 8
20—16	1.146 7	1.122 1	1.145 9	1.317 9	1.236 9	1.212 8	1.687 5	1.412 4	1.366 7
22—13	1.142 3	1.091 0	1.080 0	1.336 2	1.206 4	1.150 8	1.540 2	1.382 2	1.277 9
22—14	1.129 9	1.079 6	1.067 3	1.321 7	1.193 7	1.139 4	1.514 3	1.369 3	1.268 1
22—15	1.117 8	1.070 1	1.061 0	1.307 7	1.184 0	1.133 1	1.535 6	1.352 9	1.264 3
22—16	1.105 3	1.063 0	1.061 7	1.288 4	1.177 9	1.131 3	1.537 1	1.325 7	1.268 2
22—17	1.093 4	1.061 5	1.070 7	1.258 8	1.172 2	1.134 7	1.534 3	1.313 4	1.277 0
22—18	1.082 5	1.067 1	1.090 4	1.235 0	1.162 2	1.143 3	1.543 6	1.332 7	1.278 4
24—14	1.099 5	1.057 2	1.039 2	1.280 3	1.165 6	1.109 5	1.475 2	1.326 0	1.227 8
24—15	1.092 2	1.048 0	1.030 8	1.268 5	1.153 2	1.099 1	1.441 7	1.312 3	1.216 9
24—16	1.079 9	1.038 5	1.025 0	1.255 8	1.142 3	1.090 5	1.435 1	1.299 6	1.209 3
24—17	1.069 3	1.030 4	1.023 2	1.235 8	1.134 0	1.085 2	1.456 6	1.281 8	1.207 3
24—18	1.055 6	1.024 6	1.025 2	1.219 1	1.127 3	1.083 3	1.430 6	1.255 8	1.211 1
24—19	1.046 7	1.023 4	1.033 7	1.183 9	1.119 5	1.085 2	1.443 6	1.249 8	1.215 6
24—20	1.030 3	1.027 4	1.051 2	1.169 6	1.105 7	1.092 3	1.400 0	1.271 0	1.208 6
26—16	1.055 7	1.023 7	1.006 0	1.220 8	1.123 2	1.070 6	1.390 8	1.268 4	1.179 2
26—17	1.049 7	1.016 8	1.001 4	1.207 8	1.112 4	1.061 7	1.367 6	1.258 0	1.170 7
26—18	1.037 9	1.007 1	0.998 5	1.194 1	1.102 6	1.054 9	1.375 1	1.244 1	1.164 0
26—19	1.025 0	1.001 4	0.997 0	1.182 2	1.094 1	1.049 6	1.375 7	1.222 3	1.162 8
26—20	1.019 5	0.995 6	0.999 6	1.151 7	1.088 2	1.046 9	1.347 2	1.199 1	1.165 5
26—21	1.001 3	0.995 9	1.007 4	1.123 4	1.076 8	1.048 0	1.370 0	1.199 8	1.166 2
26—22	0.988 2	0.998 6	1.022 5	1.114 1	1.059 1	1.053 8	1.271 2	1.217 8	1.151 2
28—18	1.023 3	0.996 9	0.984 0	1.167 0	1.088 9	1.040 6	1.330 8	1.218 3	1.140 8
28—19	1.008 6	0.990 5	0.980 1	1.155 5	1.079 3	1.032 7	1.301 4	1.207 3	1.132 6
28—20	0.999 8	0.983 6	0.978 4	1.143 5	1.068 8	1.026 7	1.312 8	1.199 4	1.127 2
28—21	0.994 7	0.976 6	0.977 6	1.121 4	1.065 1	1.021 5	1.294 7	1.173 6	1.126 2
28—22	0.976 3	0.975 1	0.980 4	1.103 7	1.052 9	1.018 4	1.282 7	1.156 3	1.128 7
28—24	0.950 1	0.975 5	1.000 1	1.058 1	1.022 5	1.025 2	1.167 2	1.170 4	1.102 1
30—20	0.982 8	0.975 9	0.966 0	1.123 2	1.058 3	1.016 3	1.247 9	1.179 7	1.108 6
30—21	0.977 0	0.968 9	0.963 7	1.109 0	1.048 3	1.010 4	1.243 8	1.171 6	1.101 1
30—22	0.969 9	0.961 4	0.951 7	1.093 0	1.044 8	1.003 3	1.250 1	1.152 3	1.095 9
30—23	0.955 4	0.959 8	0.961 9	1.075 0	1.031 6	0.998 6	1.233 2	1.132 7	1.096 5
30—24	0.948 9	0.952 3	0.963 9	1.052 4	1.025 9	0.997 1	1.214 6	1.118 1	1.094 1
30—26	0.909 4	0.954 2	0.983 3	1.013 1	0.990 3	0.999 9	1.092 3	1.135 1	1.061 6

表 A.1（续）

粮食种类：小麦　　　　环境温度 T_h：5 ℃　　　　环境相对湿度 RH：90%

降水范围 (M_1-M_2) %	热风温度 T_r/℃								
	50			70			90		
	热风表观风速 v_r/(m/s)								
	0.1	0.2	0.3	0.1	0.2	0.3	0.1	0.2	0.3
18—13	1.278 9	1.244 3	1.259 9	1.487 0	1.361 5	1.322 1	1.810 2	1.546 2	1.479 9
18—14	1.273 7	1.252 6	1.278 2	1.454 4	1.364 4	1.337 1	1.845 9	1.540 7	1.499 6
20—13	1.211 8	1.167 9	1.169 7	1.402 9	1.270 2	1.222 4	1.634 7	1.459 4	1.357 2
20—14	1.199 3	1.158 7	1.162 0	1.386 7	1.264 0	1.219 8	1.660 9	1.438 3	1.359 8
20—15	1.188 7	1.157 4	1.168 2	1.363 4	1.262 2	1.225 5	1.657 5	1.416 7	1.371 1
20—16	1.180 1	1.166 5	1.191 4	1.332 9	1.259 2	1.238 3	1.697 3	1.426 2	1.383 1
22—13	1.168 6	1.127 7	1.120 9	1.342 4	1.222 9	1.170 1	1.557 6	1.394 2	1.291 8
22—14	1.157 2	1.117 6	1.108 2	1.328 8	1.210 8	1.159 6	1.524 6	1.382 4	1.282 5
22—15	1.145 4	1.108 6	1.101 8	1.315 8	1.201 6	1.153 8	1.542 9	1.367 4	1.278 7
22—16	1.134 0	1.102 3	1.102 4	1.296 9	1.196 1	1.153 2	1.545 7	1.343 2	1.282 7
22—17	1.122 2	1.101 8	1.112 1	1.271 3	1.191 9	1.157 8	1.539 5	1.327 7	1.291 5
22—18	1.112 7	1.108 8	1.133 6	1.245 4	1.183 6	1.167 8	1.563 3	1.344 4	1.293 6
24—14	1.122 7	1.091 8	1.078 1	1.284 0	1.181 4	1.128 2	1.484 4	1.336 7	1.241 4
24—15	1.115 3	1.083 6	1.070 0	1.274 8	1.169 7	1.118 5	1.455 0	1.322 8	1.230 6
24—16	1.103 9	1.074 9	1.064 6	1.260 0	1.158 8	1.110 5	1.442 2	1.312 4	1.223 1
24—17	1.094 4	1.067 0	1.062 6	1.240 6	1.150 7	1.105 7	1.465 3	1.296 7	1.220 8
24—18	1.081 9	1.062 4	1.064 8	1.229 8	1.144 6	1.104 8	1.436 8	1.270 5	1.224 4
24—19	1.072 7	1.061 8	1.073 5	1.194 9	1.137 6	1.107 8	1.448 6	1.262 4	1.229 1
24—20	1.058 3	1.067 0	1.091 8	1.177 4	1.125 9	1.115 3	1.430 0	1.280 9	1.222 5
26—16	1.076 9	1.057 0	1.044 2	1.225 2	1.138 2	1.089 0	1.399 5	1.279 8	1.192 0
26—17	1.072 0	1.050 7	1.039 8	1.211 2	1.128 3	1.080 0	1.377 0	1.267 1	1.183 6
26—18	1.059 9	1.043 2	1.036 7	1.198 5	1.119 1	1.074 0	1.379 4	1.255 2	1.177 3
26—19	1.049 2	1.037 0	1.035 8	1.188 9	1.110 0	1.069 7	1.379 7	1.237 2	1.175 4
26—20	1.043 9	1.031 8	1.038 3	1.159 0	1.104 6	1.068 2	1.354 4	1.213 6	1.178 4
26—21	1.027 6	1.032 4	1.046 5	1.133 2	1.094 9	1.069 5	1.372 0	1.210 2	1.178 1
26—22	1.013 4	1.037 0	1.062 5	1.116 4	1.079 2	1.076 2	1.285 7	1.225 1	1.165 5
28—18	1.041 3	1.029 0	1.021 2	1.170 1	1.103 2	1.058 9	1.335 8	1.227 2	1.152 9
28—19	1.030 0	1.025 1	1.017 3	1.159 1	1.093 7	1.051 2	1.301 8	1.218 4	1.145 6
28—20	1.020 8	1.017 6	1.015 5	1.148 1	1.083 6	1.045 7	1.310 7	1.210 7	1.139 9
28—21	1.017 6	1.010 5	1.015 0	1.125 5	1.079 2	1.041 6	1.303 4	1.185 6	1.138 2
28—22	0.998 0	1.009 8	1.018 1	1.109 8	1.069 6	1.038 5	1.276 8	1.167 5	1.139 9
28—24	0.974 6	1.011 2	1.039 0	1.060 2	1.040 2	1.045 8	1.189 6	1.179 8	1.114 9
30—20	1.001 3	1.007 9	1.002 9	1.123 4	1.072 4	1.033 3	1.249 0	1.189 0	1.120 1
30—21	0.995 3	1.000 4	1.000 2	1.113 2	1.063 2	1.027 9	1.243 1	1.179 2	1.113 8
30—22	0.990 7	0.994 7	0.998 6	1.093 4	1.058 7	1.022 1	1.248 3	1.161 8	1.106 5
30—23	0.974 5	0.993 7	0.998 9	1.080 0	1.046 7	1.017 2	1.236 3	1.146 1	1.107 9
30—24	0.970 8	0.986 9	1.000 7	1.057 8	1.041 6	1.015 8	1.210 4	1.126 6	1.105 2
30—26	0.932 2	0.988 3	1.020 9	1.014 8	1.009 2	1.020 8	1.107 0	1.141 2	1.075 1

表 A.1（续）

粮食种类：小麦　　　　环境温度 T_h：10 ℃　　　　环境相对湿度 RH：30%

降水范围 (M_1-M_2) %	热风温度 T_r/℃								
	50			70			90		
	热风表观风速 v_r/(m/s)								
	0.1	0.2	0.3	0.1	0.2	0.3	0.1	0.2	0.3
18—13	1.086 5	1.036 7	1.044 1	1.343 2	1.214 1	1.168 3	1.681 3	1.410 0	1.348 0
18—14	1.075 6	1.035 3	1.052 7	1.305 5	1.208 0	1.171 6	1.717 7	1.407 4	1.358 7
20—13	1.036 1	0.980 2	0.974 9	1.281 8	1.141 4	1.091 0	1.525 0	1.343 6	1.245 2
20—14	1.022 7	0.968 9	0.966 9	1.263 3	1.132 0	1.082 9	1.540 8	1.315 1	1.243 4
20—15	1.011 0	0.963 3	0.968 7	1.229 0	1.124 5	1.080 9	1.545 3	1.294 1	1.248 8
20—16	0.999 3	0.963 6	0.981 1	1.202 6	1.114 7	1.085 0	1.571 6	1.306 9	1.253 5
22—13	1.004 4	0.950 9	0.936 9	1.232 1	1.103 1	1.048 9	1.438 5	1.291 2	1.189 9
22—14	0.992 1	0.939 5	0.925 2	1.217 6	1.090 0	1.036 8	1.419 3	1.277 1	1.178 1
22—15	0.980 6	0.929 5	0.918 5	1.202 9	1.079 5	1.027 5	1.440 5	1.256 1	1.172 4
22—16	0.969 1	0.921 5	0.917 2	1.183 0	1.070 9	1.022 1	1.439 6	1.227 9	1.173 0
22—17	0.957 3	0.916 9	0.921 6	1.150 2	1.062 1	1.020 3	1.438 6	1.216 8	1.177 2
22—18	0.945 1	0.917 0	0.933 1	1.130 8	1.048 4	1.024 1	1.429 8	1.236 3	1.173 5
24—14	0.968 3	0.921 9	0.901 8	1.180 8	1.066 7	1.012 1	1.382 5	1.239 0	1.144 0
24—15	0.960 7	0.912 8	0.894 0	1.168 5	1.054 6	1.001 1	1.349 2	1.225 3	1.132 7
24—16	0.949 5	0.903 5	0.888 4	1.156 8	1.043 3	0.991 8	1.348 8	1.211 8	1.123 4
24—17	0.939 0	0.895 4	0.885 7	1.138 6	1.034 2	0.983 9	1.367 4	1.190 2	1.119 7
24—18	0.925 8	0.888 3	0.885 9	1.120 3	1.025 9	0.978 5	1.344 4	1.164 9	1.120 8
24—19	0.917 3	0.884 3	0.890 1	1.086 1	1.015 8	0.976 7	1.355 3	1.160 9	1.122 1
24—20	0.901 0	0.885 0	0.900 1	1.073 8	0.999 0	0.980 1	1.292 7	1.181 0	1.111 1
26—16	0.931 0	0.892 7	0.873 0	1.127 9	1.028 4	0.976 2	1.304 5	1.185 0	1.099 3
26—17	0.923 2	0.885 4	0.868 6	1.114 7	1.017 4	0.967 2	1.279 0	1.174 5	1.088 8
26—18	0.913 3	0.876 4	0.865 1	1.096 8	1.007 1	0.958 7	1.293 2	1.159 9	1.081 7
26—19	0.900 1	0.869 5	0.863 0	1.088 9	0.998 9	0.951 4	1.292 6	1.136 5	1.079 0
26—20	0.896 2	0.863 5	0.863 8	1.061 4	0.991 2	0.946 4	1.267 0	1.115 4	1.080 1
26—21	0.878 6	0.861 9	0.867 8	1.032 2	0.976 8	0.944 5	1.283 1	1.116 3	1.077 8
26—22	0.862 4	0.860 5	0.877 3	1.027 6	0.958 6	0.947 1	1.187 3	1.134 7	1.059 1
28—18	0.901 1	0.869 5	0.853 6	1.078 0	0.997 0	0.948 8	1.239 3	1.141 5	1.063 3
28—19	0.889 5	0.862 8	0.850 0	1.066 8	0.986 4	0.940 5	1.224 2	1.128 9	1.053 7
28—20	0.879 0	0.855 4	0.847 8	1.055 6	0.977 2	0.932 6	1.237 6	1.114 3	1.048 0
28—21	0.873 8	0.848 2	0.846 7	1.035 2	0.971 0	0.926 4	1.215 4	1.090 7	1.046 7
28—22	0.858 0	0.846 1	0.847 2	1.016 3	0.958 5	0.921 0	1.203 0	1.075 7	1.047 0
28—24	0.831 5	0.841 7	0.859 7	0.976 1	0.925 9	0.922 3	1.087 7	1.089 5	1.015 7
30—20	0.868 1	0.851 9	0.838 3	1.039 2	0.968 6	0.927 0	1.173 3	1.101 0	1.033 0
30—21	0.859 8	0.843 8	0.835 7	1.025 1	0.959 5	0.919 6	1.172 4	1.095 6	1.024 9
30—22	0.852 5	0.836 6	0.834 2	1.011 2	0.953 2	0.912 3	1.175 5	1.077 2	1.020 2
30—23	0.840 2	0.833 7	0.833 0	0.992 7	0.943 0	0.905 5	1.159 8	1.054 7	1.018 5
30—24	0.834 0	0.825 6	0.834 5	0.967 4	0.935 4	0.902 8	1.146 1	1.041 5	1.016 1
30—26	0.794 2	0.826 3	0.845 2	0.934 1	0.897 0	0.900 6	1.028 8	1.057 3	0.978 6

表 A.1（续）

粮食种类：小麦　　　　环境温度 T_h：10 ℃　　　　环境相对湿度 RH：60%

降水范围 (M_1-M_2) %	热风温度 T_r/℃								
	50			70			90		
	热风表观风速 v_r/(m/s)								
	0.1	0.2	0.3	0.1	0.2	0.3	0.1	0.2	0.3
18—13	1.127 9	1.092 9	1.104 7	1.363 2	1.241 8	1.201 7	1.695 6	1.436 2	1.371 5
18—14	1.119 9	1.095 2	1.115 3	1.330 2	1.239 4	1.209 5	1.728 4	1.430 5	1.384 7
20—13	1.071 0	1.029 3	1.029 1	1.291 0	1.164 5	1.118 0	1.534 9	1.363 1	1.265 0
20—14	1.059 1	1.019 8	1.021 0	1.274 7	1.156 2	1.112 1	1.556 7	1.339 4	1.263 7
20—15	1.048 1	1.016 0	1.023 4	1.249 9	1.150 8	1.112 9	1.554 4	1.317 1	1.270 4
20—16	1.038 3	1.019 3	1.038 3	1.221 1	1.144 4	1.120 1	1.587 8	1.325 7	1.277 2
22—13	1.033 9	0.994 9	0.987 4	1.236 9	1.124 0	1.073 3	1.462 2	1.306 0	1.208 2
22—14	1.023 2	0.985 4	0.975 7	1.223 6	1.111 4	1.062 1	1.431 6	1.293 5	1.197 0
22—15	1.012 4	0.976 9	0.969 4	1.211 1	1.101 7	1.054 7	1.449 2	1.276 7	1.191 2
22—16	1.001 7	0.970 2	0.968 3	1.192 8	1.094 0	1.050 9	1.451 1	1.251 1	1.191 9
22—17	0.990 0	0.967 2	0.973 7	1.167 9	1.087 1	1.051 2	1.444 4	1.236 3	1.197 2
22—18	0.980 5	0.969 8	0.987 1	1.142 0	1.076 5	1.056 8	1.459 4	1.251 3	1.195 2
24—14	0.993 6	0.963 6	0.950 0	1.184 1	1.086 4	1.036 0	1.394 5	1.253 1	1.162 2
24—15	0.986 9	0.956 1	0.942 8	1.174 8	1.074 7	1.025 6	1.366 8	1.239 4	1.150 6
24—16	0.976 6	0.947 9	0.937 3	1.160 9	1.063 7	1.016 9	1.354 7	1.228 2	1.141 6
24—17	0.968 2	0.940 5	0.934 9	1.143 6	1.054 9	1.010 6	1.375 9	1.211 0	1.137 5
24—18	0.955 7	0.934 9	0.935 2	1.130 0	1.047 1	1.006 8	1.349 7	1.184 7	1.138 8
24—19	0.947 8	0.932 3	0.940 3	1.099 8	1.038 9	1.006 5	1.359 9	1.177 1	1.140 4
24—20	0.933 0	0.934 4	0.952 4	1.081 6	1.026 0	1.011 0	1.333 2	1.193 8	1.130 3
26—16	0.952 5	0.932 5	0.920 5	1.129 0	1.046 2	1.000 0	1.316 4	1.199 6	1.115 7
26—17	0.948 6	0.927 5	0.916 0	1.116 9	1.036 6	0.990 8	1.295 5	1.188 1	1.106 5
26—18	0.937 4	0.919 9	0.913 1	1.103 9	1.027 4	0.983 9	1.295 6	1.174 7	1.098 7
26—19	0.928 1	0.913 9	0.911 3	1.095 6	1.018 0	0.977 8	1.297 6	1.156 5	1.096 1
26—20	0.923 7	0.908 3	0.912 3	1.068 6	1.011 8	0.974 0	1.270 2	1.132 0	1.096 7
26—21	0.908 6	0.907 6	0.917 1	1.042 5	1.000 4	0.973 0	1.286 8	1.130 0	1.094 4
26—22	0.895 5	0.908 5	0.927 3	1.029 7	0.983 5	0.976 7	1.201 8	1.143 7	1.078 6
28—18	0.921 9	0.908 6	0.900 1	1.079 9	1.014 5	0.971 9	1.258 5	1.151 4	1.079 1
28—19	0.911 0	0.904 6	0.895 9	1.068 4	1.005 0	0.964 1	1.225 1	1.139 8	1.070 4
28—20	0.902 3	0.897 3	0.894 8	1.058 4	0.994 7	0.957 8	1.233 9	1.133 6	1.064 4
28—21	0.900 5	0.891 0	0.893 5	1.037 3	0.990 4	0.952 1	1.225 3	1.108 5	1.061 3
28—22	0.883 3	0.890 0	0.894 8	1.022 9	0.978 8	0.947 8	1.202 2	1.091 8	1.062 3
28—24	0.861 7	0.886 6	0.908 3	0.976 2	0.948 3	0.950 2	1.112 7	1.100 9	1.034 2
30—20	0.886 7	0.890 1	0.884 0	1.037 2	0.985 5	0.949 1	1.176 0	1.115 7	1.048 7
30—21	0.881 1	0.882 8	0.881 1	1.026 0	0.976 2	0.942 8	1.169 9	1.106 8	1.041 5
30—22	0.876 3	0.876 6	0.879 4	1.009 4	0.972 5	0.936 6	1.175 0	1.087 7	1.034 4
30—23	0.862 4	0.876 1	0.879 4	0.994 5	0.959 8	0.931 0	1.161 7	1.072 4	1.034 3
30—24	0.859 9	0.868 9	0.879 4	0.974 5	0.954 0	0.927 9	1.138 5	1.055 1	1.030 1
30—26	0.822 5	0.867 3	0.892 7	0.933 5	0.921 7	0.928 6	1.036 9	1.067 3	0.997 3

表 A.1（续）

粮食种类：小麦　　　　　　环境温度 T_h：10 ℃　　　　　　环境相对湿度 RH：90%

降水范围 (M_1-M_2) %	热风温度 T_r/℃								
	50			70			90		
	热风表观风速 v_r/(m/s)								
	0.1	0.2	0.3	0.1	0.2	0.3	0.1	0.2	0.3
18—13	1.178 6	1.152 7	1.167 1	1.387 0	1.272 1	1.235 1	1.714 6	1.464 1	1.394 9
18—14	1.172 8	1.157 3	1.178 0	1.359 2	1.272 3	1.246 2	1.740 9	1.454 4	1.410 0
20—13	1.115 4	1.083 2	1.086 3	1.307 1	1.190 8	1.146 6	1.548 9	1.384 0	1.285 6
20—14	1.104 2	1.074 4	1.077 1	1.291 7	1.183 3	1.142 0	1.575 8	1.364 5	1.284 8
20—15	1.093 9	1.071 4	1.079 5	1.272 3	1.179 5	1.144 8	1.567 6	1.341 3	1.292 2
20—16	1.085 5	1.077 2	1.096 3	1.244 0	1.175 3	1.154 1	1.601 0	1.345 3	1.300 2
22—13	1.072 0	1.044 5	1.040 9	1.250 2	1.148 1	1.100 0	1.483 2	1.324 3	1.227 4
22—14	1.063 0	1.036 0	1.029 3	1.238 3	1.136 2	1.089 2	1.449 0	1.311 5	1.217 0
22—15	1.052 2	1.028 3	1.022 9	1.226 0	1.126 6	1.082 8	1.458 8	1.297 6	1.211 2
22—16	1.042 8	1.021 8	1.021 7	1.207 3	1.119 8	1.080 1	1.464 9	1.275 3	1.211 7
22—17	1.031 7	1.019 7	1.027 4	1.186 5	1.114 1	1.082 0	1.452 4	1.257 0	1.217 4
22—18	1.022 3	1.023 8	1.042 9	1.160 3	1.105 6	1.089 1	1.477 6	1.267 6	1.216 7
24—14	1.027 6	1.010 4	1.001 2	1.194 0	1.108 8	1.061 6	1.404 2	1.269 3	1.180 6
24—15	1.020 6	1.003 6	0.993 9	1.185 7	1.098 3	1.052 0	1.384 5	1.256 8	1.169 5
24—16	1.012 6	0.996 6	0.989 3	1.171 3	1.087 5	1.044 0	1.367 5	1.246 2	1.160 7
24—17	1.003 9	0.988 9	0.986 5	1.156 0	1.078 7	1.038 0	1.387 5	1.229 9	1.156 4
24—18	0.993 0	0.984 5	0.986 7	1.144 1	1.071 5	1.035 6	1.359 5	1.207 3	1.157 2
24—19	0.984 3	0.982 7	0.992 5	1.115 4	1.064 2	1.036 6	1.365 7	1.194 5	1.159 3
24—20	0.972 5	0.985 8	1.005 6	1.095 7	1.052 3	1.041 4	1.356 6	1.208 9	1.150 7
26—16	0.983 5	0.978 4	0.970 2	1.140 0	1.067 8	1.025 4	1.331 5	1.216 5	1.133 7
26—17	0.980 2	0.972 5	0.965 8	1.126 5	1.058 8	1.016 6	1.310 1	1.201 5	1.124 6
26—18	0.969 6	0.966 5	0.962 5	1.113 8	1.049 7	1.009 6	1.300 7	1.189 6	1.117 0
26—19	0.961 5	0.961 1	0.961 4	1.104 0	1.040 2	1.004 8	1.302 5	1.177 9	1.113 7
26—20	0.955 7	0.955 7	0.962 3	1.079 0	1.033 9	1.002 3	1.282 3	1.152 1	1.113 6
26—21	0.943 2	0.954 9	0.968 0	1.056 4	1.025 1	1.001 7	1.289 5	1.145 3	1.111 7
26—22	0.930 5	0.956 8	0.979 6	1.035 8	1.010 3	1.005 8	1.226 5	1.154 8	1.097 6
28—18	0.951 7	0.952 1	0.948 8	1.086 0	1.034 8	0.997 0	1.258 8	1.166 3	1.096 2
28—19	0.939 8	0.948 7	0.945 3	1.077 2	1.025 9	0.989 1	1.227 5	1.157 6	1.087 6
28—20	0.934 1	0.942 0	0.942 5	1.067 0	1.016 5	0.983 4	1.233 9	1.148 9	1.082 0
28—21	0.931 6	0.937 3	0.941 7	1.045 5	1.010 9	0.978 6	1.231 6	1.125 1	1.077 6
28—22	0.913 1	0.934 3	0.944 1	1.033 1	1.002 6	0.975 0	1.199 7	1.107 7	1.077 7
28—24	0.893 2	0.933 6	0.957 5	0.982 0	0.973 1	0.977 4	1.132 5	1.114 0	1.051 1
30—20	0.914 6	0.932 5	0.932 2	1.041 8	1.005 3	0.973 6	1.180 9	1.128 2	1.065 2
30—21	0.909 6	0.926 1	0.927 5	1.033 8	0.997 8	0.967 6	1.169 4	1.118 3	1.057 9
30—22	0.904 1	0.922 0	0.926 9	1.015 6	0.992 0	0.961 7	1.176 8	1.101 8	1.050 1
30—23	0.891 0	0.919 8	0.927 3	1.005 6	0.981 1	0.955 9	1.162 4	1.089 1	1.049 3
30—24	0.890 1	0.914 2	0.926 9	0.985 0	0.974 5	0.952 8	1.137 0	1.067 3	1.045 7
30—26	0.855 0	0.911 3	0.940 6	0.940 5	0.945 7	0.954 7	1.045 8	1.074 6	1.012 5

表 A.1（续）

粮食种类：小麦　　　　环境温度 T_h：15 ℃　　　　环境相对湿度 RH：30%

降水范围 (M_1-M_2) %	热风温度 T_r/℃								
	50			70			90		
	热风表观风速 v_r/(m/s)								
	0.1	0.2	0.3	0.1	0.2	0.3	0.1	0.2	0.3
18—13	0.959 8	0.918 9	0.924 7	1.228 8	1.110 0	1.067 4	1.573 1	1.313 2	1.252 2
18—14	0.947 8	0.914 2	0.927 4	1.193 1	1.100 0	1.065 4	1.602 5	1.307 2	1.255 9
20—13	0.915 9	0.870 5	0.866 0	1.173 9	1.048 9	1.002 3	1.429 7	1.256 8	1.164 0
20—14	0.904 0	0.860 4	0.857 6	1.156 1	1.037 9	0.992 4	1.444 9	1.228 3	1.158 5
20—15	0.892 7	0.853 6	0.856 5	1.125 7	1.028 0	0.986 8	1.444 8	1.205 9	1.159 2
20—16	0.881 0	0.850 9	0.862 9	1.099 3	1.015 8	0.986 3	1.466 7	1.213 6	1.158 5
22—13	0.886 8	0.844 3	0.833 4	1.128 7	1.015 7	0.966 3	1.355 3	1.210 2	1.115 8
22—14	0.876 9	0.834 9	0.822 7	1.114 7	1.003 2	0.954 0	1.333 0	1.196 0	1.103 4
22—15	0.866 8	0.825 1	0.816 0	1.101 4	0.992 0	0.944 3	1.350 4	1.175 9	1.095 6
22—16	0.856 3	0.818 6	0.813 7	1.082 9	0.982 0	0.936 7	1.350 4	1.147 6	1.092 8
22—17	0.844 8	0.813 0	0.815 1	1.054 5	0.971 7	0.932 0	1.345 0	1.134 2	1.093 0
22—18	0.833 4	0.810 5	0.821 1	1.034 5	0.957 7	0.932 0	1.338 5	1.149 7	1.086 0
24—14	0.854 2	0.818 6	0.802 5	1.081 4	0.982 2	0.933 2	1.299 7	1.162 5	1.074 4
24—15	0.847 9	0.811 3	0.795 5	1.071 3	0.970 9	0.922 7	1.270 7	1.148 9	1.062 1
24—16	0.838 0	0.805 1	0.790 4	1.060 6	0.960 0	0.912 9	1.265 1	1.135 3	1.052 2
24—17	0.829 2	0.796 1	0.787 5	1.042 1	0.949 8	0.904 5	1.282 7	1.113 7	1.046 3
24—18	0.817 9	0.789 0	0.786 4	1.027 4	0.940 9	0.897 3	1.259 9	1.089 6	1.044 7
24—19	0.809 7	0.784 3	0.787 9	0.995 3	0.930 8	0.893 1	1.268 4	1.084 2	1.043 1
24—20	0.795 7	0.783 3	0.793 1	0.981 7	0.913 7	0.893 4	1.211 8	1.100 3	1.030 1
26—16	0.820 2	0.792 4	0.777 3	1.032 1	0.946 5	0.900 8	1.225 8	1.112 1	1.031 2
26—17	0.814 8	0.787 0	0.773 3	1.020 4	0.936 8	0.891 4	1.205 0	1.102 1	1.021 3
26—18	0.805 5	0.779 1	0.770 1	1.006 4	0.926 5	0.883 1	1.213 2	1.087 5	1.013 5
26—19	0.794 9	0.773 3	0.767 7	0.997 5	0.917 7	0.874 7	1.210 9	1.064 9	1.008 6
26—20	0.790 6	0.767 1	0.767 2	0.972 0	0.910 5	0.868 8	1.185 8	1.044 3	1.007 6
26—21	0.775 7	0.765 0	0.768 7	0.948 1	0.895 9	0.864 6	1.200 8	1.042 9	1.002 8
26—22	0.762 2	0.762 5	0.773 9	0.939 7	0.878 4	0.865 4	1.110 8	1.057 3	0.982 9
28—18	0.794 2	0.772 7	0.760 2	0.987 2	0.918 5	0.874 9	1.172 2	1.070 5	0.997 7
28—19	0.783 3	0.766 9	0.756 7	0.978 0	0.908 7	0.867 3	1.149 3	1.057 3	0.988 9
28—20	0.776 0	0.761 0	0.754 5	0.966 2	0.898 4	0.859 5	1.159 4	1.047 5	0.981 5
28—21	0.770 8	0.754 1	0.753 2	0.947 3	0.892 7	0.852 4	1.138 8	1.024 0	0.978 9
28—22	0.756 5	0.752 6	0.752 8	0.932 9	0.880 3	0.846 2	1.129 3	1.007 4	0.977 0
28—24	0.735 0	0.745 6	0.758 9	0.891 8	0.848 5	0.843 2	1.023 1	1.016 8	0.944 2
30—20	0.763 6	0.756 5	0.746 9	0.950 4	0.891 6	0.854 7	1.100 2	1.035 1	0.969 8
30—21	0.758 7	0.749 5	0.744 6	0.937 5	0.882 9	0.848 1	1.096 1	1.027 2	0.961 2
30—22	0.753 3	0.743 8	0.742 7	0.923 3	0.877 3	0.840 8	1.101 7	1.010 0	0.955 8
30—23	0.740 7	0.741 5	0.741 5	0.908 6	0.866 4	0.832 8	1.086 8	0.989 5	0.953 4
30—24	0.734 8	0.733 9	0.741 5	0.887 7	0.858 7	0.829 8	1.070 0	0.975 6	0.948 8
30—26	0.701 8	0.731 7	0.747 4	0.854 0	0.822 8	0.824 9	0.956 4	0.988 1	0.911 8

表 A.1（续）

粮食种类：小麦　　　环境温度 T_h：15 ℃　　　环境相对湿度 RH：60%

降水范围 (M_1-M_2) %	热风温度 T_r/℃								
	50			70			90		
	热风表观风速 v_r/(m/s)								
	0.1	0.2	0.3	0.1	0.2	0.3	0.1	0.2	0.3
18—13	1.018 6	0.991 7	1.002 1	1.260 1	1.148 8	1.111 4	1.597 3	1.351 0	1.284 4
18—14	1.009 9	0.990 5	1.006 5	1.230 4	1.143 3	1.114 3	1.621 7	1.340 4	1.292 2
20—13	0.966 3	0.935 1	0.936 0	1.192 6	1.081 5	1.038 9	1.446 8	1.285 6	1.191 0
20—14	0.955 8	0.926 2	0.926 9	1.177 0	1.072 0	1.031 1	1.469 4	1.262 5	1.186 6
20—15	0.945 6	0.921 3	0.926 3	1.156 1	1.064 7	1.028 7	1.462 2	1.238 1	1.189 2
20—16	0.935 5	0.921 5	0.935 4	1.129 0	1.056 6	1.031 8	1.491 1	1.241 6	1.191 7
22—13	0.929 8	0.902 8	0.898 3	1.142 6	1.045 5	0.999 8	1.385 6	1.233 3	1.141 7
22—14	0.921 6	0.894 9	0.887 7	1.130 4	1.033 6	0.988 5	1.353 0	1.220 8	1.129 5
22—15	0.911 9	0.887 6	0.881 3	1.118 9	1.023 1	0.980 2	1.364 2	1.205 2	1.121 5
22—16	0.903 1	0.881 0	0.878 9	1.101 0	1.014 6	0.974 7	1.368 4	1.179 9	1.119 1
22—17	0.892 0	0.876 8	0.881 2	1.079 8	1.006 2	0.972 2	1.356 6	1.162 6	1.120 9
22—18	0.883 0	0.876 7	0.889 3	1.055 5	0.995 2	0.974 6	1.373 7	1.172 2	1.116 4
24—14	0.892 2	0.873 7	0.864 3	1.091 5	1.010 4	0.965 6	1.313 4	1.184 0	1.098 3
24—15	0.885 8	0.867 6	0.857 6	1.083 6	0.999 8	0.956 0	1.293 4	1.170 1	1.087 5
24—16	0.878 0	0.860 7	0.853 0	1.070 7	0.989 1	0.947 0	1.278 9	1.159 9	1.077 2
24—17	0.870 0	0.853 9	0.850 0	1.055 3	0.980 0	0.939 7	1.298 3	1.141 9	1.071 0
24—18	0.860 3	0.848 8	0.849 0	1.045 3	0.971 3	0.934 5	1.269 4	1.119 1	1.069 6
24—19	0.852 5	0.845 0	0.851 3	1.017 1	0.962 4	0.931 9	1.275 3	1.106 5	1.068 6
24—20	0.840 5	0.845 2	0.858 9	0.998 1	0.949 1	0.933 7	1.256 5	1.120 3	1.056 8
26—16	0.854 1	0.845 6	0.837 5	1.042 5	0.973 3	0.932 5	1.245 4	1.134 3	1.055 3
26—17	0.850 7	0.840 8	0.833 4	1.030 4	0.964 0	0.923 7	1.226 3	1.121 1	1.045 1
26—18	0.841 2	0.835 2	0.830 2	1.017 9	0.955 0	0.916 0	1.218 0	1.107 6	1.036 4
26—19	0.833 7	0.829 8	0.828 7	1.009 1	0.945 1	0.909 8	1.220 3	1.092 1	1.032 2
26—20	0.829 5	0.824 0	0.828 3	0.985 5	0.938 5	0.904 9	1.199 8	1.067 8	1.030 0
26—21	0.817 2	0.822 5	0.830 9	0.963 1	0.928 1	0.902 0	1.207 3	1.063 6	1.026 3
26—22	0.804 9	0.821 7	0.836 8	0.946 1	0.911 3	0.902 9	1.134 4	1.072 5	1.009 7
28—18	0.826 3	0.823 1	0.819 2	0.994 6	0.943 3	0.906 7	1.181 6	1.088 3	1.020 1
28—19	0.815 1	0.820 0	0.815 6	0.984 5	0.934 1	0.898 5	1.150 5	1.078 9	1.011 4
28—20	0.810 4	0.813 7	0.813 2	0.976 6	0.924 2	0.891 9	1.156 5	1.071 4	1.004 8
28—21	0.807 7	0.808 6	0.811 9	0.955 7	0.919 4	0.886 3	1.152 6	1.046 1	0.999 3
28—22	0.792 3	0.805 9	0.812 9	0.943 1	0.908 4	0.881 1	1.124 7	1.028 9	0.998 1
28—24	0.774 5	0.802 9	0.820 1	0.897 3	0.878 7	0.879 1	1.050 7	1.033 8	0.969 2
30—20	0.794 5	0.806 6	0.804 2	0.952 6	0.916 4	0.884 8	1.106 2	1.053 6	0.991 4
30—21	0.790 4	0.800 0	0.801 1	0.947 1	0.907 4	0.879 1	1.097 1	1.043 3	0.983 4
30—22	0.786 3	0.796 5	0.799 3	0.930 2	0.903 2	0.872 9	1.102 7	1.027 7	0.975 2
30—23	0.773 5	0.794 3	0.799 1	0.918 9	0.890 9	0.866 3	1.089 0	1.014 4	0.974 3
30—24	0.771 7	0.788 6	0.798 0	0.898 4	0.885 4	0.862 0	1.062 6	0.994 5	0.968 9
30—26	0.737 7	0.783 1	0.805 4	0.858 8	0.854 5	0.859 7	0.976 4	0.999 8	0.933 7

表 A.1（续）

粮食种类：小麦　　　　环境温度 T_h：15 ℃　　　　环境相对湿度 RH：90%

降水范围 (M_1-M_2) %	热风温度 T_r/℃								
	50			70			90		
	热风表观风速 v_r/(m/s)								
	0.1	0.2	0.3	0.1	0.2	0.3	0.1	0.2	0.3
18—13	1.087 6	1.069 3	1.082 3	1.292 7	1.189 4	1.154 8	1.625 0	1.387 9	1.316 0
18—14	1.080 8	1.070 0	1.086 9	1.269 9	1.187 2	1.161 7	1.639 1	1.373 3	1.326 0
20—13	1.026 6	1.005 0	1.009 0	1.217 1	1.117 4	1.076 2	1.468 5	1.313 4	1.219 0
20—14	1.016 9	0.997 0	0.999 1	1.203 2	1.108 7	1.070 2	1.491 8	1.295 9	1.214 9
20—15	1.007 1	0.992 8	0.998 5	1.186 2	1.103 1	1.070 0	1.480 3	1.271 3	1.218 5
20—16	0.998 7	0.995 3	1.009 1	1.161 2	1.097 6	1.075 8	1.506 8	1.268 9	1.222 5
22—13	0.981 7	0.967 6	0.966 7	1.164 2	1.078 4	1.035 0	1.407 8	1.258 3	1.167 7
22—14	0.974 8	0.960 6	0.956 2	1.153 3	1.066 9	1.024 7	1.378 8	1.244 9	1.156 2
22—15	0.965 5	0.953 7	0.949 9	1.139 7	1.056 7	1.017 0	1.379 2	1.231 5	1.148 2
22—16	0.958 3	0.947 5	0.947 7	1.124 0	1.049 0	1.012 7	1.391 5	1.211 9	1.145 9
22—17	0.948 5	0.944 1	0.950 1	1.105 4	1.042 1	1.012 2	1.367 3	1.191 0	1.148 2
22—18	0.938 4	0.945 8	0.959 8	1.080 0	1.033 2	1.016 3	1.397 2	1.195 3	1.144 9
24—14	0.939 4	0.934 9	0.929 7	1.107 7	1.041 4	0.999 6	1.329 6	1.206 2	1.123 7
24—15	0.933 2	0.929 3	0.923 5	1.101 8	1.030 8	0.990 3	1.319 4	1.194 7	1.112 2
24—16	0.928 4	0.923 9	0.919 4	1.088 7	1.020 9	0.982 0	1.297 0	1.182 3	1.102 6
24—17	0.918 5	0.917 3	0.916 3	1.075 2	1.012 4	0.975 5	1.308 7	1.167 9	1.096 3
24—18	0.911 1	0.912 5	0.915 3	1.060 9	1.004 1	0.971 6	1.285 2	1.147 2	1.094 7
24—19	0.901 6	0.909 4	0.917 9	1.039 8	0.995 8	0.970 8	1.284 4	1.131 9	1.094 1
24—20	0.892 8	0.910 6	0.927 0	1.017 9	0.984 2	0.973 0	1.283 6	1.140 5	1.083 5
26—16	0.898 0	0.905 2	0.901 3	1.056 7	1.001 8	0.965 4	1.255 6	1.155 2	1.080 2
26—17	0.895 9	0.899 4	0.897 6	1.044 6	0.993 8	0.957 5	1.235 7	1.140 2	1.069 4
26—18	0.885 8	0.895 8	0.894 3	1.033 7	0.984 3	0.949 8	1.224 2	1.130 8	1.060 6
26—19	0.879 3	0.890 1	0.892 6	1.024 5	0.976 0	0.944 4	1.227 4	1.117 6	1.056 1
26—20	0.873 3	0.885 8	0.891 9	1.003 3	0.967 7	0.940 7	1.205 5	1.094 1	1.053 7
26—21	0.864 4	0.882 7	0.895 1	0.982 6	0.959 6	0.939 3	1.206 2	1.084 1	1.049 6
26—22	0.851 4	0.884 5	0.903 4	0.958 1	0.945 2	0.940 8	1.167 3	1.089 2	1.033 4
28—18	0.865 6	0.879 8	0.880 7	1.004 9	0.970 2	0.939 0	1.186 2	1.109 9	1.043 4
28—19	0.856 9	0.876 4	0.878 3	0.997 3	0.962 2	0.931 5	1.160 7	1.100 1	1.034 2
28—20	0.852 2	0.871 4	0.875 0	0.988 8	0.954 3	0.925 0	1.157 9	1.087 5	1.027 2
28—21	0.848 7	0.868 5	0.873 9	0.969 5	0.946 0	0.919 9	1.161 6	1.069 2	1.021 6
28—22	0.835 8	0.863 1	0.874 6	0.958 5	0.939 3	0.916 7	1.125 8	1.052 1	1.018 9
28—24	0.816 1	0.861 5	0.882 9	0.908 4	0.911 1	0.914 2	1.069 3	1.051 3	0.992 7
30—20	0.832 4	0.858 8	0.864 0	0.963 9	0.943 5	0.917 1	1.119 4	1.070 8	1.013 6
30—21	0.827 5	0.856 9	0.861 5	0.956 7	0.935 4	0.911 2	1.101 2	1.060 5	1.005 0
30—22	0.825 4	0.853 1	0.860 2	0.939 7	0.927 9	0.904 6	1.105 8	1.046 9	0.997 3
30—23	0.813 4	0.848 3	0.859 6	0.931 5	0.920 3	0.900 3	1.089 6	1.034 9	0.993 7
30—24	0.812 8	0.846 7	0.860 0	0.911 0	0.911 0	0.894 7	1.064 8	1.011 7	0.989 9
30—26	0.779 8	0.839 6	0.866 7	0.868 6	0.885 4	0.893 4	0.984 0	1.008 4	0.956 2

表 A.1（续）

粮食种类:小麦　　　　环境温度 T_h:20 ℃　　　　环境相对湿度 RH:30%

降水范围 (M_1-M_2) %	热风温度 T_r/℃ 50			70			90		
	热风表观风速 v_r/(m/s)								
	0.1	0.2	0.3	0.1	0.2	0.3	0.1	0.2	0.3
18—13	0.835 7	0.801 2	0.805 1	1.117 3	1.009 4	0.969 8	1.464 1	1.219 3	1.159 2
18—14	0.823 3	0.793 9	0.802 6	1.082 8	0.995 3	0.962 5	1.481 5	1.208 0	1.155 6
20—13	0.797 4	0.760 2	0.756 3	1.068 9	0.958 8	0.916 1	1.335 9	1.172 4	1.084 6
20—14	0.787 5	0.750 9	0.747 1	1.051 6	0.946 6	0.904 6	1.349 1	1.143 2	1.076 3
20—15	0.777 1	0.743 6	0.743 6	1.025 1	0.934 6	0.896 0	1.341 4	1.119 4	1.072 1
20—16	0.765 2	0.738 2	0.744 6	0.997 7	0.920 1	0.890 5	1.352 4	1.121 5	1.065 7
22—13	0.771 3	0.737 2	0.728 0	1.028 0	0.930 1	0.885 8	1.275 0	1.131 7	1.044 2
22—14	0.763 2	0.729 4	0.718 5	1.015 2	0.918 3	0.874 0	1.248 4	1.116 7	1.030 5
22—15	0.754 7	0.721 9	0.712 1	1.002 8	0.906 8	0.863 5	1.262 1	1.097 1	1.020 7
22—16	0.746 0	0.714 8	0.708 7	0.985 6	0.896 0	0.854 0	1.259 5	1.069 0	1.015 1
22—17	0.735 2	0.709 0	0.707 8	0.961 2	0.884 1	0.846 6	1.248 4	1.053 5	1.011 0
22—18	0.724 8	0.704 7	0.708 9	0.940 0	0.868 9	0.842 4	1.230 3	1.062 9	1.000 6
24—14	0.742 1	0.715 3	0.702 0	0.984 8	0.900 1	0.856 5	1.218 6	1.088 0	1.005 6
24—15	0.736 8	0.709 3	0.695 8	0.977 0	0.889 5	0.846 4	1.193 1	1.073 3	0.993 1
24—16	0.728 7	0.702 6	0.691 0	0.964 8	0.878 7	0.836 7	1.182 5	1.060 4	0.982 6
24—17	0.721 4	0.696 1	0.687 7	0.948 5	0.868 6	0.827 4	1.198 4	1.040 1	0.974 9
24—18	0.711 5	0.690 0	0.685 7	0.937 5	0.858 1	0.818 7	1.173 6	1.014 7	0.970 7
24—19	0.704 1	0.684 6	0.685 3	0.908 9	0.847 5	0.812 2	1.175 2	1.007 6	0.966 0
24—20	0.691 7	0.681 7	0.686 5	0.892 6	0.831 0	0.809 2	1.113 6	1.020 6	0.951 0
26—16	0.711 3	0.692 9	0.680 8	0.940 7	0.866 9	0.826 7	1.147 8	1.041 4	0.965 7
26—17	0.707 6	0.688 4	0.677 0	0.929 6	0.858 3	0.817 9	1.130 2	1.030 1	0.955 6
26—18	0.699 3	0.682 1	0.674 3	0.916 2	0.848 5	0.809 4	1.132 2	1.015 3	0.946 4
26—19	0.691 5	0.677 1	0.671 8	0.909 4	0.838 5	0.800 7	1.133 5	0.995 6	0.940 0
26—20	0.687 5	0.671 6	0.670 2	0.886 7	0.830 6	0.793 3	1.105 1	0.973 2	0.936 6
26—21	0.674 5	0.668 6	0.669 5	0.865 0	0.816 9	0.787 2	1.114 7	0.971 0	0.930 0
26—22	0.660 7	0.665 0	0.671 1	0.852 7	0.799 7	0.785 6	1.016 6	0.980 2	0.909 3
28—18	0.688 4	0.675 5	0.666 3	0.899 2	0.841 0	0.803 8	1.100 5	1.000 4	0.933 8
28—19	0.680 2	0.671 8	0.663 1	0.889 3	0.831 7	0.795 7	1.072 7	0.989 1	0.925 1
28—20	0.674 4	0.666 2	0.660 9	0.880 2	0.822 6	0.788 4	1.079 8	0.981 3	0.917 0
28—21	0.670 8	0.660 3	0.659 4	0.862 4	0.816 6	0.780 5	1.064 8	0.956 3	0.911 9
28—22	0.658 2	0.658 5	0.658 5	0.849 6	0.804 1	0.772 8	1.050 1	0.940 8	0.908 6
28—24	0.636 5	0.649 3	0.659 3	0.807 2	0.772 4	0.766 0	0.935 6	0.946 9	0.874 9
30—20	0.662 9	0.662 2	0.655 6	0.862 9	0.816 4	0.784 6	1.028 4	0.968 3	0.908 5
30—21	0.658 2	0.655 9	0.653 1	0.853 4	0.808 2	0.777 8	1.022 8	0.961 6	0.899 4
30—22	0.654 8	0.650 9	0.650 6	0.840 6	0.803 1	0.770 9	1.026 0	0.945 3	0.892 7
30—23	0.644 0	0.649 1	0.649 6	0.828 2	0.791 9	0.763 0	1.016 3	0.926 8	0.888 9
30—24	0.640 0	0.641 4	0.648 2	0.809 7	0.783 9	0.758 7	0.993 4	0.911 1	0.883 4
30—26	0.607 1	0.636 0	0.649 5	0.772 0	0.751 0	0.750 9	0.874 9	0.918 6	0.844 8

表 A.1（续）

粮食种类：小麦　　　　环境温度 T_h：20 ℃　　　　环境相对湿度 RH：60%

降水范围 (M_1-M_2) %	热风温度 T_r/℃								
	50			70			90		
	热风表观风速 v_r/(m/s)								
	0.1	0.2	0.3	0.1	0.2	0.3	0.1	0.2	0.3
18—13	0.914 3	0.894 5	0.903 3	1.161 5	1.061 0	1.026 0	1.503 5	1.269 9	1.201 8
18—14	0.905 3	0.890 5	0.902 5	1.135 8	1.052 5	1.024 5	1.518 4	1.254 2	1.203 9
20—13	0.865 5	0.843 5	0.844 9	1.098 5	1.003 1	0.963 6	1.363 0	1.211 4	1.121 6
20—14	0.856 5	0.835 7	0.835 7	1.084 3	0.992 5	0.954 6	1.384 2	1.189 8	1.113 6
20—15	0.847 4	0.830 2	0.832 8	1.066 1	0.983 4	0.949 2	1.374 2	1.163 9	1.112 0
20—16	0.837 5	0.827 9	0.836 8	1.041 3	0.973 7	0.948 4	1.396 5	1.161 4	1.110 2
22—13	0.829 2	0.813 2	0.810 7	1.052 1	0.970 5	0.929 6	1.308 2	1.164 3	1.078 2
22—14	0.823 1	0.806 8	0.801 3	1.042 0	0.959 2	0.919 0	1.279 5	1.150 8	1.065 6
22—15	0.814 5	0.800 5	0.795 5	1.030 3	0.948 7	0.910 0	1.282 0	1.135 7	1.055 5
22—16	0.807 7	0.794 4	0.792 5	1.013 7	0.939 0	0.902 6	1.291 2	1.112 3	1.050 3
22—17	0.798 6	0.789 5	0.792 4	0.996 0	0.929 5	0.897 8	1.271 5	1.092 6	1.048 5
22—18	0.788 9	0.787 3	0.795 9	0.971 1	0.918 1	0.896 7	1.292 9	1.097 1	1.041 6
24—14	0.793 7	0.786 4	0.780 1	1.002 6	0.938 1	0.898 3	1.237 5	1.116 7	1.038 2
24—15	0.788 2	0.781 1	0.774 5	0.996 6	0.928 3	0.889 3	1.224 7	1.105 7	1.026 5
24—16	0.783 2	0.776 1	0.770 7	0.984 4	0.918 2	0.880 6	1.204 7	1.093 7	1.016 2
24—17	0.775 6	0.770 1	0.767 5	0.971 4	0.908 5	0.872 7	1.218 9	1.076 7	1.008 1
24—18	0.768 2	0.765 3	0.765 6	0.959 4	0.898 8	0.866 2	1.194 3	1.055 0	1.004 2
24—19	0.760 3	0.760 7	0.766 0	0.937 9	0.889 5	0.861 8	1.194 8	1.040 3	1.000 6
24—20	0.751 5	0.759 3	0.769 6	0.917 5	0.876 9	0.861 0	1.189 0	1.049 9	0.987 2
26—16	0.759 1	0.761 5	0.756 3	0.957 7	0.902 8	0.868 3	1.169 8	1.070 6	0.997 3
26—17	0.757 1	0.756 3	0.752 9	0.944 8	0.894 7	0.859 8	1.150 2	1.056 9	0.986 9
26—18	0.748 8	0.752 7	0.750 0	0.935 0	0.885 5	0.851 7	1.140 8	1.045 3	0.977 4
26—19	0.742 5	0.747 5	0.747 9	0.926 5	0.875 8	0.844 6	1.142 2	1.031 0	0.971 8
26—20	0.738 2	0.743 2	0.746 7	0.906 7	0.868 2	0.839 4	1.123 1	1.007 2	0.967 0
26—21	0.729 7	0.739 5	0.747 9	0.886 7	0.858 6	0.835 3	1.124 9	0.999 9	0.961 6
26—22	0.717 3	0.738 5	0.750 3	0.866 4	0.842 6	0.833 0	1.079 3	1.004 2	0.943 2
28—18	0.733 4	0.740 2	0.739 2	0.910 8	0.875 3	0.844 7	1.104 4	1.028 2	0.964 0
28—19	0.725 0	0.737 4	0.736 8	0.902 1	0.866 1	0.836 4	1.078 9	1.018 8	0.954 8
28—20	0.719 5	0.732 4	0.734 1	0.895 8	0.857 8	0.829 6	1.079 4	1.009 0	0.947 8
28—21	0.717 7	0.728 8	0.732 2	0.877 2	0.849 9	0.823 9	1.080 9	0.987 1	0.940 4
28—22	0.706 4	0.724 8	0.732 5	0.867 2	0.842 3	0.818 1	1.048 3	0.970 4	0.937 3
28—24	0.688 5	0.720 3	0.735 4	0.819 5	0.812 2	0.811 8	0.993 2	0.969 2	0.907 1
30—20	0.703 7	0.723 5	0.725 7	0.875 0	0.849 0	0.824 1	1.041 6	0.994 0	0.936 0
30—21	0.702 0	0.720 8	0.722 5	0.867 4	0.841 8	0.817 5	1.025 0	0.982 5	0.929 0
30—22	0.697 4	0.717 1	0.721 1	0.851 2	0.835 2	0.812 2	1.030 1	0.968 5	0.919 2
30—23	0.686 8	0.712 8	0.720 6	0.841 8	0.825 8	0.805 6	1.018 7	0.957 8	0.916 6
30—24	0.687 3	0.710 5	0.719 1	0.824 0	0.818 0	0.799 9	0.993 0	0.936 2	0.910 5
30—26	0.657 0	0.700 2	0.721 3	0.784 8	0.791 0	0.795 0	0.914 9	0.934 1	0.873 0

表 A.1（续）

粮食种类：小麦　　　　环境温度 T_h：20 ℃　　　　环境相对湿度 RH：90%

降水范围 (M_1-M_2) %	热风温度 T_r/℃								
	50			70			90		
	热风表观风速 v_r/(m/s)								
	0.1	0.2	0.3	0.1	0.2	0.3	0.1	0.2	0.3
18—13	1.005 0	0.993 6	1.005 4	1.204 0	1.113 2	1.080 7	1.540 9	1.318 0	1.242 4
18—14	0.997 3	0.991 0	1.004 1	1.185 3	1.108 8	1.083 9	1.541 4	1.298 2	1.247 5
20—13	0.944 2	0.933 1	0.937 7	1.132 8	1.049 3	1.011 9	1.393 6	1.248 1	1.157 8
20—14	0.935 6	0.926 1	0.927 7	1.120 6	1.039 9	1.004 3	1.408 8	1.231 9	1.150 5
20—15	0.927 2	0.921 1	0.924 7	1.104 4	1.032 9	1.001 6	1.398 3	1.207 6	1.149 8
20—16	0.919 3	0.920 7	0.930 0	1.082 7	1.026 0	1.004 0	1.415 0	1.197 9	1.150 5
22—13	0.898 5	0.896 0	0.897 6	1.080 5	1.013 6	0.974 8	1.333 3	1.196 9	1.112 4
22—14	0.891 7	0.890 4	0.888 5	1.072 0	1.002 8	0.965 1	1.314 7	1.183 2	1.100 4
22—15	0.885 2	0.884 4	0.882 7	1.058 7	0.992 6	0.956 9	1.302 9	1.170 9	1.090 6
22—16	0.878 1	0.878 6	0.879 8	1.045 2	0.984 1	0.951 1	1.314 8	1.152 1	1.085 1
22—17	0.871 0	0.874 6	0.879 7	1.026 9	0.976 1	0.948 4	1.287 1	1.129 8	1.084 1
22—18	0.860 9	0.874 1	0.885 0	1.004 6	0.966 9	0.949 7	1.315 1	1.128 3	1.078 7
24—14	0.856 4	0.864 1	0.862 8	1.026 7	0.978 2	0.942 6	1.257 2	1.146 2	1.071 1
24—15	0.851 7	0.859 6	0.857 8	1.021 7	0.968 0	0.933 5	1.249 3	1.136 3	1.059 5
24—16	0.847 6	0.855 2	0.853 9	1.009 5	0.959 0	0.925 2	1.223 3	1.122 5	1.048 7
24—17	0.839 4	0.850 7	0.851 1	0.998 4	0.949 5	0.918 1	1.226 9	1.109 7	1.040 5
24—18	0.833 3	0.845 4	0.849 3	0.982 3	0.941 5	0.912 7	1.215 8	1.090 0	1.036 6
24—19	0.823 5	0.842 1	0.849 5	0.967 8	0.932 5	0.909 9	1.199 5	1.072 5	1.033 9
24—20	0.817 3	0.840 9	0.853 9	0.943 0	0.921 5	0.909 9	1.205 2	1.074 2	1.021 9
26—16	0.816 9	0.835 3	0.836 6	0.977 4	0.940 0	0.909 9	1.180 4	1.096 4	1.028 7
26—17	0.814 8	0.830 6	0.834 0	0.966 4	0.932 5	0.903 1	1.165 8	1.085 6	1.018 2
26—18	0.806 4	0.828 3	0.830 9	0.956 9	0.923 0	0.895 2	1.150 6	1.075 6	1.008 8
26—19	0.802 2	0.823 8	0.828 2	0.946 0	0.916 4	0.888 7	1.152 6	1.058 9	1.001 6
26—20	0.794 4	0.821 0	0.826 9	0.931 0	0.906 1	0.883 8	1.132 4	1.040 9	0.998 2
26—21	0.791 1	0.815 2	0.827 2	0.911 0	0.898 1	0.881 6	1.126 2	1.026 1	0.992 0
26—22	0.776 3	0.815 7	0.832 6	0.884 3	0.884 1	0.880 9	1.105 8	1.027 3	0.975 1
28—18	0.784 4	0.812 4	0.816 6	0.930 7	0.908 6	0.885 0	1.113 5	1.054 0	0.994 3
28—19	0.779 8	0.807 4	0.814 5	0.921 7	0.902 4	0.878 8	1.091 7	1.043 9	0.984 9
28—20	0.774 9	0.806 0	0.812 1	0.914 9	0.895 7	0.872 0	1.084 7	1.030 3	0.975 6
28—21	0.771 2	0.802 5	0.810 5	0.897 2	0.885 6	0.865 4	1.094 4	1.018 9	0.970 1
28—22	0.762 1	0.796 3	0.809 0	0.887 8	0.880 4	0.862 3	1.052 3	0.996 9	0.964 0
28—24	0.741 6	0.793 6	0.814 9	0.838 3	0.853 2	0.856 4	1.009 6	0.991 3	0.937 8
30—20	0.754 7	0.790 9	0.800 1	0.891 0	0.884 1	0.864 8	1.052 0	1.016 1	0.965 1
30—21	0.751 4	0.790 5	0.799 5	0.882 7	0.878 5	0.858 1	1.033 8	1.004 4	0.955 1
30—22	0.746 5	0.785 0	0.793 3	0.866 7	0.867 9	0.851 2	1.037 4	0.995 3	0.948 4
30—23	0.737 0	0.780 4	0.794 2	0.862 9	0.864 0	0.848 8	1.021 9	0.980 6	0.941 9
30—24	0.738 2	0.782 1	0.796 8	0.839 0	0.851 9	0.840 8	0.995 9	0.959 8	0.937 2
30—26	0.706 9	0.771 5	0.799 1	0.801 2	0.829 5	0.835 8	0.923 0	0.946 6	0.901 8

表 A.1（续）

粮食种类：小麦　　环境温度 T_h：25 ℃　　环境相对湿度 RH：30%

降水范围 (M_1-M_2) %	热风温度 T_r/℃								
	50			70			90		
	热风表观风速 v_r/(m/s)								
	0.1	0.2	0.3	0.1	0.2	0.3	0.1	0.2	0.3
18—13	0.702 5	0.679 1	0.682 9	1.004 4	0.911 2	0.873 7	1.345 1	1.126 6	1.069 1
18—14	0.687 9	0.668 5	0.675 6	0.970 1	0.893 4	0.861 7	1.352 4	1.109 9	1.058 2
20—13	0.670 7	0.645 1	0.643 1	0.963 1	0.870 4	0.830 1	1.235 2	1.089 2	1.007 8
20—14	0.660 4	0.635 7	0.633 6	0.945 1	0.857 6	0.817 8	1.243 5	1.059 5	0.996 4
20—15	0.648 7	0.626 9	0.627 3	0.920 2	0.843 6	0.806 6	1.227 7	1.032 8	0.987 5
20—16	0.634 6	0.617 7	0.623 0	0.891 4	0.826 2	0.796 8	1.228 5	1.028 9	0.974 6
22—13	0.648 7	0.625 6	0.620 3	0.927 8	0.845 8	0.804 9	1.185 1	1.054 6	0.973 4
22—14	0.641 3	0.618 4	0.611 0	0.915 2	0.834 7	0.794 0	1.156 0	1.039 2	0.959 8
22—15	0.632 5	0.611 0	0.604 2	0.902 9	0.823 7	0.783 3	1.165 2	1.017 8	0.947 9
22—16	0.623 5	0.603 3	0.599 2	0.885 1	0.811 9	0.773 1	1.155 9	0.990 0	0.939 4
22—17	0.611 5	0.595 4	0.595 2	0.861 7	0.798 6	0.763 3	1.141 5	0.972 0	0.931 3
22—18	0.598 0	0.587 0	0.591 2	0.838 9	0.781 4	0.755 1	1.109 1	0.974 4	0.916 8
24—14	0.623 6	0.606 6	0.597 5	0.888 7	0.819 1	0.779 4	1.129 3	1.015 3	0.938 6
24—15	0.618 3	0.600 8	0.591 7	0.880 5	0.809 4	0.770 7	1.106 2	0.999 6	0.926 3
24—16	0.611 0	0.594 7	0.586 7	0.868 6	0.799 7	0.761 3	1.092 6	0.986 2	0.914 7
24—17	0.603 5	0.587 8	0.582 4	0.853 6	0.789 1	0.751 7	1.106 5	0.965 4	0.905 6
24—18	0.593 8	0.581 3	0.578 5	0.840 6	0.777 7	0.742 3	1.074 5	0.941 1	0.898 7
24—19	0.584 1	0.574 1	0.575 4	0.817 8	0.765 8	0.733 9	1.072 0	0.929 7	0.890 6
24—20	0.568 3	0.566 4	0.570 9	0.796 0	0.748 5	0.727 6	1.003 8	0.935 3	0.873 6
26—16	0.596 2	0.586 7	0.579 4	0.847 7	0.789 0	0.753 7	1.066 0	0.972 0	0.901 6
26—17	0.593 5	0.581 9	0.575 2	0.837 6	0.781 4	0.745 5	1.048 0	0.958 1	0.890 5
26—18	0.584 4	0.576 8	0.571 7	0.826 0	0.771 7	0.737 0	1.044 4	0.943 7	0.880 9
26—19	0.577 1	0.571 0	0.568 4	0.818 0	0.761 5	0.728 7	1.039 1	0.925 7	0.873 5
26—20	0.571 9	0.563 8	0.564 9	0.797 5	0.752 7	0.720 3	1.016 6	0.903 1	0.867 2
26—21	0.559 2	0.558 7	0.561 1	0.773 7	0.739 8	0.712 2	1.018 6	0.897 8	0.858 6
26—22	0.543 2	0.551 1	0.557 2	0.752 5	0.721 5	0.707 3	0.913 8	0.900 4	0.837 7
28—18	0.577 0	0.571 5	0.566 7	0.810 2	0.765 6	0.733 3	1.011 3	0.933 1	0.871 8
28—19	0.568 4	0.567 4	0.562 6	0.799 9	0.757 0	0.725 5	0.987 8	0.921 5	0.862 5
28—20	0.563 1	0.562 4	0.560 0	0.792 7	0.747 8	0.717 9	0.992 1	0.911 5	0.854 5
28—21	0.558 4	0.555 6	0.557 2	0.775 1	0.740 2	0.710 7	0.982 9	0.890 3	0.847 4
28—22	0.546 6	0.552 1	0.554 7	0.763 2	0.729 5	0.702 3	0.959 0	0.874 3	0.842 2
28—24	0.520 2	0.538 2	0.547 5	0.713 6	0.696 3	0.691 2	0.842 8	0.870 8	0.806 4
30—20	0.554 3	0.559 5	0.556 4	0.778 0	0.743 6	0.715 7	0.950 9	0.903 9	0.848 3
30—21	0.549 6	0.554 8	0.553 3	0.771 1	0.735 8	0.709 3	0.943 2	0.895 1	0.839 1
30—22	0.544 8	0.549 4	0.550 7	0.756 0	0.729 6	0.703 3	0.947 4	0.880 1	0.830 5
30—23	0.532 8	0.545 6	0.548 6	0.745 6	0.719 1	0.694 2	0.929 7	0.865 9	0.826 7
30—24	0.531 7	0.538 7	0.545 0	0.723 9	0.709 8	0.688 1	0.909 3	0.846 4	0.819 7
30—26	0.495 3	0.524 0	0.536 5	0.683 2	0.675 3	0.676 7	0.784 6	0.849 6	0.781 8

表 A.1（续）

粮食种类：小麦　　　　环境温度 T_h：25 ℃　　　　环境相对湿度 RH：60%

降水范围 (M_1-M_2) %	热风温度 T_r/℃								
	50			70			90		
	热风表观风速 v_r/(m/s)								
	0.1	0.2	0.3	0.1	0.2	0.3	0.1	0.2	0.3
18—13	0.813 0	0.798 3	0.805 2	1.067 2	0.978 0	0.945 4	1.414 1	1.194 1	1.123 8
18—14	0.804 2	0.792 5	0.800 2	1.044 8	0.966 9	0.939 7	1.418 1	1.172 4	1.120 2
20—13	0.766 2	0.751 8	0.753 1	1.008 7	0.928 4	0.892 6	1.283 9	1.141 3	1.055 7
20—14	0.758 8	0.745 2	0.744 0	0.996 5	0.917 3	0.882 4	1.299 4	1.120 9	1.045 1
20—15	0.751 0	0.739 6	0.739 7	0.979 6	0.906 6	0.874 5	1.288 0	1.093 5	1.039 1
20—16	0.741 9	0.735 6	0.740 0	0.957 1	0.894 8	0.869 8	1.304 0	1.084 4	1.033 5
22—13	0.730 8	0.723 5	0.722 2	0.964 7	0.899 1	0.862 6	1.231 7	1.098 4	1.018 2
22—14	0.725 2	0.718 4	0.714 3	0.956 0	0.888 7	0.852 6	1.211 0	1.084 3	1.005 2
22—15	0.719 0	0.713 2	0.708 9	0.944 0	0.877 8	0.843 4	1.203 8	1.070 5	0.993 8
22—16	0.713 1	0.707 9	0.705 7	0.930 7	0.867 6	0.835 1	1.214 3	1.047 7	0.985 5
22—17	0.706 0	0.703 0	0.703 9	0.913 8	0.857 0	0.827 9	1.189 1	1.025 5	0.980 4
22—18	0.697 0	0.699 1	0.704 3	0.891 1	0.845 0	0.823 6	1.212 4	1.024 6	0.970 8
24—14	0.697 2	0.698 7	0.695 1	0.917 5	0.868 1	0.834 4	1.163 1	1.053 5	0.981 5
24—15	0.693 0	0.694 7	0.690 6	0.912 8	0.858 7	0.825 9	1.155 1	1.043 4	0.969 4
24—16	0.689 6	0.691 1	0.687 1	0.901 5	0.850 1	0.817 3	1.131 4	1.030 2	0.958 0
24—17	0.682 5	0.686 4	0.684 4	0.890 2	0.840 5	0.809 0	1.137 0	1.014 6	0.948 3
24—18	0.677 5	0.682 0	0.682 1	0.876 7	0.830 5	0.801 3	1.120 8	0.993 4	0.942 5
24—19	0.669 1	0.677 6	0.681 0	0.862 1	0.820 0	0.795 2	1.111 9	0.976 8	0.936 4
24—20	0.661 6	0.673 8	0.681 7	0.840 4	0.807 6	0.791 8	1.109 9	0.980 9	0.921 4
26—16	0.666 5	0.676 3	0.674 4	0.874 4	0.835 0	0.805 7	1.093 3	1.007 7	0.942 9
26—17	0.663 8	0.671 8	0.672 1	0.864 3	0.827 7	0.799 0	1.078 1	0.996 5	0.931 7
26—18	0.657 5	0.669 1	0.669 4	0.855 7	0.818 6	0.790 6	1.064 7	0.986 4	0.921 6
26—19	0.652 8	0.664 9	0.666 8	0.846 1	0.810 4	0.783 6	1.066 4	0.970 7	0.914 0
26—20	0.647 5	0.661 8	0.665 0	0.830 7	0.800 4	0.776 8	1.048 8	0.950 7	0.907 9
26—21	0.641 6	0.656 7	0.664 3	0.813 6	0.791 7	0.771 8	1.043 4	0.937 6	0.900 4
26—22	0.628 3	0.655 3	0.664 6	0.788 9	0.776 8	0.767 5	1.013 2	0.938 5	0.881 8
28—18	0.640 1	0.657 2	0.658 9	0.830 4	0.807 5	0.783 6	1.030 7	0.970 4	0.911 6
28—19	0.634 8	0.654 2	0.657 2	0.824 9	0.800 4	0.777 3	1.010 7	0.960 0	0.901 4
28—20	0.632 1	0.651 8	0.654 6	0.817 6	0.794 2	0.770 2	1.005 8	0.947 8	0.892 4
28—21	0.628 3	0.648 9	0.652 7	0.800 9	0.784 3	0.763 2	1.011 7	0.933 0	0.885 1
28—22	0.620 2	0.642 7	0.651 2	0.792 2	0.777 8	0.758 1	0.974 9	0.914 1	0.879 0
28—24	0.601 5	0.636 7	0.651 7	0.743 7	0.747 8	0.748 1	0.924 3	0.907 6	0.848 2
30—20	0.615 5	0.640 8	0.646 6	0.795 2	0.785 6	0.766 0	0.974 0	0.935 5	0.885 0
30—21	0.613 3	0.640 3	0.644 7	0.789 4	0.780 2	0.759 1	0.956 5	0.925 5	0.875 7
30—22	0.609 4	0.636 3	0.642 7	0.775 4	0.771 0	0.752 2	0.960 4	0.914 3	0.867 4
30—23	0.601 5	0.631 7	0.640 8	0.769 5	0.764 7	0.747 7	0.948 0	0.900 7	0.860 9
30—24	0.601 3	0.631 4	0.641 8	0.749 3	0.753 6	0.739 7	0.921 8	0.880 7	0.855 4
30—26	0.573 3	0.619 1	0.638 6	0.712 2	0.729 7	0.732 6	0.847 4	0.870 4	0.814 3

表 A.1（续）

粮食种类：小麦　　　　环境温度 T_h：25 ℃　　　　环境相对湿度 RH：90%

降水范围 (M_1-M_2) %	热风温度 T_r/℃								
	50			70			90		
	热风表观风速 v_r/(m/s)								
	0.1	0.2	0.3	0.1	0.2	0.3	0.1	0.2	0.3
18—13	0.929 4	0.924 4	0.935 6	1.120 6	1.043 5	1.013 2	1.459 2	1.252 6	1.174 7
18—14	0.921 2	0.919 5	0.929 5	1.104 7	1.037 1	1.012 8	1.446 1	1.229 1	1.175 0
20—13	0.866 5	0.865 8	0.871 2	1.053 5	0.986 9	0.952 8	1.326 5	1.186 9	1.101 5
20—14	0.858 7	0.860 0	0.861 6	1.040 9	0.976 6	0.944 3	1.328 6	1.171 3	1.091 5
20—15	0.852 0	0.854 7	0.857 3	1.027 2	0.968 2	0.939 5	1.321 5	1.148 3	1.087 0
20—16	0.845 0	0.851 5	0.858 6	1.007 3	0.960 3	0.938 7	1.325 1	1.132 6	1.084 2
22—13	0.818 8	0.828 1	0.832 5	1.000 6	0.952 9	0.919 5	1.259 3	1.138 4	1.061 4
22—14	0.813 0	0.823 7	0.824 5	0.993 1	0.942 8	0.910 6	1.249 2	1.126 4	1.048 8
22—15	0.808 5	0.819 1	0.819 9	0.981 7	0.932 7	0.901 9	1.226 5	1.112 8	1.037 0
22—16	0.802 0	0.814 0	0.816 7	0.970 4	0.923 4	0.894 8	1.233 0	1.096 5	1.029 2
22—17	0.797 0	0.809 7	0.815 1	0.952 2	0.915 3	0.890 1	1.211 3	1.073 0	1.024 9
22—18	0.787 8	0.807 6	0.816 3	0.932 6	0.905 5	0.888 6	1.226 2	1.065 5	1.016 9
24—14	0.773 2	0.796 0	0.799 6	0.949 8	0.918 9	0.889 0	1.180 2	1.089 9	1.022 0
24—15	0.774 0	0.793 1	0.795 7	0.942 8	0.908 9	0.881 0	1.174 8	1.079 6	1.011 4
24—16	0.769 9	0.788 5	0.792 7	0.933 4	0.900 4	0.873 2	1.152 7	1.067 8	0.999 3
24—17	0.763 4	0.785 9	0.789 7	0.924 4	0.891 0	0.865 6	1.146 4	1.057 0	0.989 7
24—18	0.757 7	0.781 5	0.787 3	0.907 7	0.884 1	0.859 4	1.147 5	1.036 3	0.982 4
24—19	0.748 9	0.779 1	0.786 0	0.896 9	0.874 4	0.854 7	1.118 2	1.017 6	0.977 6
24—20	0.743 3	0.776 5	0.787 4	0.873 2	0.862 2	0.852 3	1.128 7	1.011 3	0.964 4
26—16	0.740 0	0.768 0	0.775 0	0.899 0	0.883 2	0.859 0	1.105 5	1.041 8	0.981 1
26—17	0.736 1	0.765 9	0.772 0	0.893 1	0.873 4	0.851 6	1.097 6	1.031 6	0.971 3
26—18	0.730 7	0.761 6	0.770 0	0.883 7	0.866 3	0.845 0	1.078 0	1.021 4	0.961 4
26—19	0.725 2	0.759 5	0.767 7	0.871 4	0.860 3	0.838 2	1.080 0	1.005 4	0.950 9
26—20	0.719 7	0.756 6	0.766 1	0.861 5	0.849 7	0.832 1	1.061 2	0.990 9	0.946 3
26—21	0.717 8	0.753 1	0.764 7	0.841 0	0.840 1	0.827 9	1.051 6	0.971 5	0.938 8
26—22	0.702 8	0.748 6	0.766 3	0.814 9	0.827 1	0.825 3	1.037 3	0.969 4	0.922 6
28—18	0.706 6	0.746 3	0.756 0	0.857 1	0.850 8	0.833 7	1.042 4	1.001 7	0.948 1
28—19	0.702 4	0.741 8	0.752 8	0.849 8	0.845 8	0.828 9	1.029 2	0.990 5	0.938 7
28—20	0.698 4	0.741 7	0.752 4	0.842 0	0.840 2	0.822 4	1.015 4	0.976 9	0.927 5
28—21	0.697 1	0.736 8	0.749 3	0.827 6	0.829 9	0.816 0	1.025 1	0.970 8	0.922 5
28—22	0.688 9	0.733 4	0.747 6	0.815 5	0.824 5	0.811 1	0.983 5	0.946 3	0.913 8
28—24	0.669 3	0.726 0	0.748 8	0.769 5	0.799 0	0.802 2	0.952 7	0.931 9	0.883 4
30—20	0.679 6	0.725 3	0.739 2	0.818 3	0.828 5	0.814 8	0.985 6	0.963 1	0.918 8
30—21	0.675 2	0.724 4	0.738 3	0.811 7	0.821 3	0.808 8	0.966 5	0.951 5	0.909 0
30—22	0.671 6	0.720 3	0.734 6	0.798 7	0.812 5	0.802 6	0.966 5	0.946 6	0.904 4
30—23	0.663 9	0.716 3	0.733 5	0.793 9	0.809 3	0.798 8	0.953 3	0.928 2	0.892 8
30—24	0.664 5	0.714 5	0.732 6	0.771 8	0.796 0	0.791 7	0.928 6	0.911 4	0.887 7
30—26	0.635 6	0.704 8	0.732 4	0.733 9	0.775 0	0.780 3	0.860 5	0.888 0	0.853 8

表 A.1（续）

粮食种类：小麦　　　　环境温度 T_h：30 ℃　　　　环境相对湿度 RH：30%

降水范围 (M_1-M_2) %	热风温度 T_r/℃								
	50			70			90		
	热风表观风速 v_r/(m/s)								
	0.1	0.2	0.3	0.1	0.2	0.3	0.1	0.2	0.3
18—13	0.567 5	0.553 5	0.558 6	0.883 3	0.808 3	0.776 1	1.225 0	1.033 3	0.981 4
18—14	0.551 1	0.540 3	0.547 4	0.847 7	0.786 8	0.759 3	1.224 0	1.009 7	0.963 0
20—13	0.543 9	0.527 8	0.528 5	0.848 9	0.775 0	0.741 3	1.132 7	1.004 5	0.932 5
20—14	0.533 3	0.518 0	0.518 1	0.830 5	0.760 7	0.727 6	1.136 1	0.974 3	0.918 3
20—15	0.521 0	0.508 0	0.509 7	0.805 5	0.744 9	0.713 7	1.113 4	0.943 8	0.905 8
20—16	0.505 2	0.496 1	0.501 6	0.774 4	0.723 6	0.698 8	1.105 9	0.932 6	0.886 2
22—13	0.526 6	0.512 8	0.510 4	0.819 9	0.754 9	0.720 6	1.091 4	0.976 1	0.904 6
22—14	0.519 7	0.506 0	0.501 8	0.807 9	0.743 4	0.709 6	1.062 4	0.959 7	0.889 4
22—15	0.511 1	0.498 6	0.494 9	0.795 0	0.731 4	0.698 5	1.065 1	0.938 4	0.876 0
22—16	0.501 9	0.490 1	0.488 5	0.775 8	0.718 5	0.686 7	1.051 0	0.909 1	0.865 3
22—17	0.489 2	0.480 6	0.482 0	0.752 0	0.702 9	0.674 1	1.035 0	0.887 2	0.853 9
22—18	0.474 6	0.469 0	0.473 8	0.726 8	0.681 7	0.661 2	0.992 1	0.881 2	0.831 5
24—14	0.505 3	0.496 8	0.491 9	0.784 0	0.730 9	0.698 1	1.038 4	0.938 8	0.873 4
24—15	0.500 1	0.491 7	0.486 1	0.777 3	0.721 4	0.689 1	1.014 6	0.924 7	0.860 0
24—16	0.494 4	0.485 7	0.481 2	0.764 3	0.711 6	0.679 9	1.002 1	0.910 2	0.847 9
24—17	0.485 8	0.478 7	0.476 1	0.750 0	0.700 2	0.669 3	1.009 9	0.888 1	0.836 9
24—18	0.477 0	0.471 2	0.470 6	0.734 7	0.688 3	0.658 8	0.975 4	0.862 4	0.828 1
24—19	0.463 8	0.462 7	0.464 6	0.714 3	0.672 6	0.647 6	0.973 0	0.847 6	0.815 9
24—20	0.447 1	0.450 7	0.457 0	0.687 3	0.651 8	0.636 4	0.892 8	0.845 9	0.791 3
26—16	0.482 6	0.480 7	0.476 3	0.749 1	0.704 4	0.674 9	0.979 4	0.900 3	0.838 2
26—17	0.479 3	0.475 3	0.472 1	0.737 5	0.695 6	0.666 5	0.957 2	0.884 9	0.826 4
26—18	0.471 7	0.470 6	0.467 7	0.726 2	0.686 8	0.657 8	0.953 6	0.869 1	0.816 8
26—19	0.464 7	0.464 0	0.463 5	0.717 2	0.675 6	0.648 6	0.943 8	0.850 8	0.807 9
26—20	0.455 2	0.456 5	0.458 3	0.697 9	0.664 0	0.639 4	0.921 3	0.828 6	0.798 9
26—21	0.444 8	0.448 8	0.453 5	0.670 7	0.649 5	0.628 5	0.919 1	0.817 0	0.785 5
26—22	0.426 3	0.436 8	0.444 3	0.645 1	0.627 6	0.619 1	0.806 9	0.810 8	0.759 6
28—18	0.465 0	0.467 2	0.465 3	0.713 0	0.682 7	0.656 5	0.921 6	0.862 7	0.810 9
28—19	0.458 8	0.463 4	0.461 8	0.704 9	0.674 5	0.648 1	0.902 6	0.851 3	0.801 2
28—20	0.452 7	0.458 0	0.457 7	0.697 3	0.664 7	0.639 6	0.901 4	0.840 2	0.792 2
28—21	0.447 6	0.451 7	0.453 7	0.678 9	0.655 3	0.632 5	0.892 6	0.819 5	0.783 3
28—22	0.437 0	0.444 2	0.449 3	0.663 2	0.644 5	0.622 4	0.865 4	0.799 9	0.775 8
28—24	0.404 3	0.427 7	0.435 8	0.615 8	0.605 6	0.603 2	0.751 4	0.785 8	0.733 3
30—20	0.446 3	0.456 3	0.456 9	0.683 9	0.662 3	0.640 8	0.871 1	0.835 7	0.787 8
30—21	0.442 6	0.452 5	0.452 7	0.676 6	0.654 8	0.632 8	0.858 9	0.825 9	0.779 6
30—22	0.438 0	0.447 3	0.449 8	0.661 6	0.647 9	0.627 0	0.860 4	0.810 8	0.770 6
30—23	0.428 8	0.440 9	0.446 0	0.650 9	0.637 9	0.616 9	0.838 0	0.792 6	0.765 0
30—24	0.423 0	0.436 2	0.441 2	0.629 2	0.624 5	0.610 3	0.820 4	0.775 7	0.754 7
30—26	0.388 7	0.411 1	0.426 4	0.588 8	0.587 7	0.590 9	0.700 9	0.758 0	0.710 5

表 A.1（续）

粮食种类：小麦　　环境温度 T_h：30 ℃　　环境相对湿度 RH：60%

降水范围 (M_1-M_2) %	热风温度 T_r/℃								
	50			70			90		
	热风表观风速 v_r/(m/s)								
	0.1	0.2	0.3	0.1	0.2	0.3	0.1	0.2	0.3
18—13	0.706 8	0.696 9	0.702 7	0.976 0	0.899 1	0.869 2	1.326 7	1.121 7	1.050 7
18—14	0.698 0	0.689 7	0.694 4	0.956 6	0.885 8	0.860 0	1.315 4	1.094 6	1.041 4
20—13	0.660 6	0.654 0	0.656 0	0.922 5	0.857 0	0.824 1	1.207 8	1.074 2	0.993 6
20—14	0.653 6	0.648 1	0.647 0	0.910 9	0.845 4	0.813 8	1.212 4	1.055 1	0.980 5
20—15	0.646 4	0.642 0	0.641 5	0.896 1	0.833 2	0.804 3	1.199 6	1.026 5	0.970 9
20—16	0.637 3	0.635 5	0.638 1	0.875 5	0.819 9	0.795 9	1.203 1	1.010 4	0.960 6
22—13	0.626 3	0.627 3	0.628 5	0.878 6	0.829 7	0.797 9	1.153 6	1.035 2	0.961 6
22—14	0.621 0	0.623 2	0.621 3	0.872 2	0.820 0	0.789 0	1.140 1	1.021 5	0.948 1
22—15	0.616 1	0.618 2	0.616 3	0.861 2	0.810 0	0.780 1	1.122 7	1.007 2	0.935 2
22—16	0.610 1	0.612 9	0.612 2	0.849 6	0.799 4	0.770 9	1.128 4	0.986 1	0.924 4
22—17	0.604 1	0.607 6	0.608 6	0.833 3	0.787 9	0.761 9	1.104 5	0.961 1	0.916 2
22—18	0.594 0	0.601 7	0.605 4	0.812 8	0.774 6	0.754 3	1.114 9	0.953 6	0.904 0
24—14	0.594 0	0.604 3	0.604 2	0.834 9	0.800 9	0.772 3	1.083 4	0.992 8	0.927 1
24—15	0.591 4	0.601 0	0.600 3	0.829 0	0.791 8	0.764 9	1.078 0	0.982 6	0.915 8
24—16	0.588 0	0.597 1	0.597 0	0.820 6	0.783 8	0.756 9	1.055 9	0.968 7	0.903 1
24—17	0.582 1	0.593 6	0.593 7	0.811 4	0.774 1	0.748 4	1.053 2	0.955 8	0.892 2
24—18	0.576 8	0.588 4	0.590 3	0.797 6	0.765 6	0.740 1	1.048 3	0.933 4	0.883 4
24—19	0.568 1	0.584 5	0.587 1	0.784 0	0.753 4	0.732 2	1.022 9	0.915 5	0.875 2
24—20	0.560 1	0.577 6	0.584 2	0.759 3	0.740 4	0.726 4	1.016 1	0.912 4	0.859 9
26—16	0.565 3	0.583 1	0.585 7	0.791 8	0.769 7	0.746 1	1.017 1	0.948 4	0.889 9
26—17	0.561 7	0.580 3	0.582 7	0.786 0	0.761 7	0.739 5	1.007 3	0.939 3	0.880 2
26—18	0.557 7	0.576 3	0.580 4	0.777 2	0.753 8	0.732 5	0.990 2	0.929 6	0.868 9
26—19	0.553 5	0.572 9	0.577 4	0.767 5	0.747 8	0.725 1	0.992 3	0.913 1	0.858 8
26—20	0.547 2	0.570 1	0.574 2	0.754 9	0.736 2	0.716 8	0.973 7	0.896 2	0.851 5
26—21	0.543 9	0.563 3	0.570 6	0.734 2	0.726 9	0.710 7	0.958 7	0.879 1	0.843 1
26—22	0.528 9	0.556 9	0.568 7	0.707 9	0.711 0	0.703 8	0.926 1	0.875 2	0.824 3
28—18	0.539 0	0.566 5	0.571 3	0.755 2	0.742 7	0.724 8	0.960 4	0.914 5	0.860 7
28—19	0.536 8	0.562 3	0.568 9	0.747 6	0.736 8	0.719 2	0.943 7	0.902 8	0.851 0
28—20	0.533 0	0.560 9	0.567 1	0.742 0	0.731 6	0.712 7	0.934 0	0.890 9	0.840 2
28—21	0.530 7	0.557 8	0.564 1	0.726 4	0.720 9	0.704 8	0.941 7	0.880 9	0.832 7
28—22	0.523 9	0.552 1	0.559 9	0.716 4	0.715 8	0.699 5	0.898 3	0.858 2	0.824 6
28—24	0.499 1	0.540 1	0.555 7	0.668 4	0.686 0	0.686 1	0.846 4	0.847 3	0.791 7
30—20	0.517 8	0.550 9	0.559 4	0.721 6	0.722 2	0.707 5	0.906 3	0.879 9	0.835 6
30—21	0.515 6	0.550 0	0.558 2	0.714 6	0.716 2	0.701 2	0.889 2	0.869 1	0.824 4
30—22	0.512 6	0.545 6	0.554 6	0.701 5	0.707 2	0.694 3	0.890 2	0.860 8	0.817 7
30—23	0.505 9	0.541 9	0.552 7	0.699 0	0.702 7	0.690 5	0.873 6	0.845 5	0.808 5
30—24	0.504 0	0.540 0	0.550 7	0.676 5	0.689 4	0.681 4	0.847 9	0.830 3	0.800 8
30—26	0.474 8	0.526 2	0.543 6	0.637 8	0.667 7	0.669 7	0.763 1	0.809 1	0.760 3

表 A.1(续)

粮食种类:小麦　　环境温度 T_h:30 ℃　　环境相对湿度 RH:90%

降水范围 (M_1-M_2) %	热风温度 T_r/℃								
	50			70			90		
	热风表观风速 v_r/(m/s)								
	0.1	0.2	0.3	0.1	0.2	0.3	0.1	0.2	0.3
18—13	—	0.859 7	0.870 9	1.041 6	0.979 3	0.951 5	1.374 7	1.192 5	1.112 7
18—14	—	0.853 9	0.861 6	1.027 0	0.971 2	0.948 1	1.356 1	1.166 4	1.108 2
20—13	—	0.800 6	0.807 5	0.976 7	0.928 3	0.898 5	1.260 8	1.129 1	1.049 7
20—14	—	0.796 1	0.798 6	0.964 8	0.917 7	0.889 9	1.246 8	1.114 9	1.037 6
20—15	—	0.791 3	0.794 2	0.952 9	0.908 2	0.883 3	1.245 5	1.093 5	1.029 5
20—16	—	0.786 7	0.792 8	0.935 1	0.899 4	0.879 6	1.233 5	1.072 4	1.023 1
22—13	—	0.761 7	0.769 0	0.924 3	0.895 2	0.868 3	1.181 9	1.083 2	1.013 9
22—14	—	0.758 1	0.762 2	0.917 2	0.885 6	0.859 9	1.175 7	1.071 5	1.001 3
22—15	—	0.754 5	0.758 7	0.907 8	0.876 4	0.851 3	1.152 1	1.057 9	0.988 8
22—16	—	0.750 7	0.755 8	0.897 9	0.866 2	0.843 6	1.153 2	1.045 1	0.978 1
22—17	—	0.746 4	0.753 1	0.881 0	0.857 7	0.837 5	1.134 9	1.021 5	0.970 6
22—18	—	0.743 4	0.751 8	0.862 9	0.847 8	0.833 7	1.138 9	1.007 0	0.960 6
24—14	—	0.729 3	0.736 7	0.874 8	0.860 1	0.839 0	1.105 5	1.037 4	0.976 7
24—15	—	0.726 3	0.734 2	0.867 2	0.853 5	0.831 7	1.100 0	1.026 2	0.964 8
24—16	—	0.723 2	0.731 8	0.861 7	0.843 8	0.824 6	1.086 6	1.015 4	0.954 1
24—17	—	0.720 3	0.729 8	0.852 0	0.836 0	0.817 4	1.070 8	1.004 1	0.943 4
24—18	—	0.717 6	0.726 9	0.836 7	0.828 1	0.810 7	1.077 7	0.987 2	0.932 9
24—19	—	0.713 9	0.725 3	0.825 6	0.820 1	0.804 9	1.042 4	0.965 8	0.925 8
24—20	—	0.712 3	0.724 8	0.804 7	0.807 4	0.799 9	1.046 7	0.953 6	0.911 8
26—16	—	0.701 7	0.712 7	0.824 5	0.826 5	0.811 0	1.034 7	0.988 7	0.937 0
26—17	—	0.699 2	0.711 1	0.822 6	0.818 5	0.803 3	1.029 2	0.980 2	0.926 8
26—18	—	0.695 2	0.708 1	0.813 4	0.812 3	0.797 2	1.010 6	0.969 5	0.916 7
26—19	—	0.694 2	0.707 1	0.800 9	0.805 0	0.791 0	1.007 6	0.956 2	0.905 3
26—20	—	0.690 6	0.704 3	0.793 4	0.797 8	0.785 1	0.991 0	0.940 9	0.897 2
26—21	—	0.689 4	0.704 8	0.771 2	0.786 0	0.778 0	0.974 9	0.921 1	0.889 2
26—22	—	0.681 7	0.702 1	0.746 4	0.772 9	0.774 4	0.967 2	0.915 0	0.872 2
28—18	—	0.678 3	0.693 6	0.787 3	0.797 4	0.786 5	0.974 6	0.950 2	0.904 6
28—19	—	0.676 5	0.691 5	0.777 4	0.791 9	0.780 9	0.967 5	0.940 6	0.894 3
28—20	—	0.674 0	0.689 8	0.770 9	0.785 1	0.774 9	0.946 7	0.927 9	0.884 8
28—21	—	0.671 4	0.688 3	0.757 5	0.777 6	0.770 8	0.952 4	0.920 2	0.875 7
28—22	—	0.668 7	0.687 0	0.746 0	0.768 4	0.761 9	0.917 2	0.898 5	0.867 3
28—24	—	0.657 8	0.682 7	0.704 1	0.746 7	0.751 8	0.891 5	0.872 3	0.833 9
30—20	—	0.659 1	0.677 7	0.746 9	0.772 4	0.766 1	0.920 5	0.913 7	0.876 7
30—21	—	0.655 4	0.674 6	0.741 8	0.767 7	0.761 6	0.901 8	0.902 5	0.867 2
30—22	—	0.654 6	0.675 0	0.728 7	0.760 2	0.757 9	0.898 1	0.897 4	0.858 9
30—23	—	0.650 7	0.672 2	0.726 0	0.754 0	0.749 2	0.885 3	0.877 9	0.848 6
30—24	—	0.644 3	0.668 6	0.703 5	0.744 2	0.746 5	0.863 4	0.863 8	0.841 8
30—26	—	0.634 6	0.666 2	0.671 8	0.718 4	0.729 9	0.793 7	0.832 1	0.809 9

表 A.1（续）

粮食种类：小麦　　　　环境温度 T_h：35 ℃　　　　环境相对湿度 RH：30%

降水范围 (M_1-M_2) %	热风温度 T_r/℃								
	50			70			90		
	热风表观风速 v_r/(m/s)								
	0.1	0.2	0.3	0.1	0.2	0.3	0.1	0.2	0.3
18—13	0.435 7	0.428 2	0.433 5	0.763 7	0.702 0	0.677 4	1.105 7	0.934 0	0.888 1
18—14	0.419 3	0.414 5	0.420 8	0.727 0	0.677 0	0.656 0	1.097 6	0.904 6	0.862 5
20—13	0.419 1	0.410 0	0.411 8	0.737 6	0.678 1	0.651 2	1.030 4	0.913 8	0.848 8
20—14	0.409 3	0.400 9	0.401 9	0.719 1	0.662 5	0.636 4	1.029 8	0.882 6	0.832 1
20—15	0.397 5	0.390 6	0.392 8	0.694 0	0.644 0	0.620 1	1.000 6	0.850 1	0.814 7
20—16	0.381 7	0.377 8	0.382 8	0.661 6	0.619 0	0.601 7	0.985 2	0.831 8	0.788 6
22—13	0.405 6	0.398 9	0.398 5	0.714 6	0.662 8	0.635 1	0.996 3	0.891 0	0.827 2
22—14	0.399 7	0.392 9	0.390 8	0.703 3	0.651 1	0.623 7	0.965 6	0.873 7	0.811 3
22—15	0.391 9	0.386 0	0.384 2	0.688 7	0.638 3	0.612 2	0.964 9	0.851 4	0.796 4
22—16	0.383 0	0.377 9	0.377 5	0.670 3	0.623 9	0.598 9	0.946 0	0.821 6	0.782 6
22—17	0.372 0	0.368 1	0.369 9	0.645 1	0.606 1	0.584 3	0.927 0	0.796 8	0.766 4
22—18	0.356 6	0.355 4	0.359 6	0.615 8	0.581 2	0.566 8	0.874 7	0.784 0	0.737 4
24—14	0.388 7	0.386 5	0.384 1	0.683 2	0.642 4	0.616 1	0.944 6	0.857 5	0.799 3
24—15	0.383 9	0.381 5	0.379 0	0.675 5	0.632 7	0.606 9	0.926 9	0.843 8	0.786 4
24—16	0.379 0	0.376 4	0.374 1	0.663 2	0.622 0	0.596 8	0.910 5	0.827 5	0.772 7
24—17	0.371 4	0.369 8	0.369 0	0.648 9	0.610 6	0.585 6	0.909 5	0.804 2	0.759 6
24—18	0.363 3	0.362 3	0.362 9	0.630 2	0.596 3	0.573 9	0.878 0	0.778 7	0.747 6
24—19	0.351 4	0.353 2	0.355 4	0.608 1	0.578 6	0.559 3	0.870 5	0.760 8	0.732 5
24—20	0.335 0	0.341 6	0.345 3	0.578 9	0.553 9	0.545 4	0.785 3	0.748 9	0.700 4
26—16	0.370 0	0.373 0	0.371 3	0.650 3	0.617 5	0.594 8	0.890 0	0.820 9	0.768 2
26—17	0.366 6	0.368 6	0.367 5	0.639 9	0.608 7	0.586 4	0.866 1	0.805 3	0.755 4
26—18	0.360 9	0.363 5	0.363 1	0.630 1	0.599 5	0.577 0	0.860 6	0.791 3	0.743 5
26—19	0.354 7	0.357 8	0.358 6	0.614 9	0.588 7	0.566 9	0.849 8	0.769 1	0.732 9
26—20	0.344 0	0.350 7	0.352 8	0.599 0	0.573 8	0.554 7	0.823 1	0.746 7	0.722 0
26—21	0.333 7	0.342 1	0.345 7	0.572 0	0.557 2	0.543 7	0.811 4	0.732 8	0.702 5
26—22	0.315 7	0.329 4	0.335 6	0.543 1	0.530 7	0.527 7	0.710 5	0.719 1	0.669 6
28—18	0.354 8	0.362 2	0.362 2	0.619 5	0.597 1	0.577 9	0.836 3	0.787 3	0.742 6
28—19	0.350 8	0.358 2	0.358 9	0.611 1	0.589 2	0.570 0	0.819 5	0.776 6	0.731 6
28—20	0.344 5	0.353 6	0.354 9	0.600 1	0.580 7	0.560 9	0.814 2	0.761 0	0.720 9
28—21	0.337 0	0.348 4	0.350 2	0.584 4	0.568 3	0.551 2	0.801 9	0.742 3	0.711 7
28—22	0.330 7	0.340 0	0.344 8	0.566 1	0.557 1	0.541 0	0.771 3	0.720 0	0.699 3
28—24	0.300 9	0.319 5	0.327 3	0.517 0	0.513 9	0.514 4	0.655 0	0.698 0	0.648 0
30—20	0.341 9	0.352 1	0.355 0	0.592 8	0.580 0	0.562 7	0.788 4	0.761 6	0.721 2
30—21	0.336 6	0.349 7	0.352 1	0.584 8	0.573 4	0.555 8	0.777 3	0.749 8	0.711 5
30—22	0.334 3	0.345 0	0.347 7	0.568 8	0.563 5	0.547 1	0.776 4	0.734 9	0.701 6
30—23	0.325 6	0.337 9	0.344 0	0.558 2	0.554 0	0.540 0	0.740 5	0.715 0	0.690 9
30—24	0.316 2	0.332 1	0.338 8	0.538 1	0.538 1	0.526 6	0.732 1	0.701 6	0.681 1
30—26	0.289 4	0.311 6	0.319 8	0.496 3	0.496 9	0.504 0	0.614 3	0.669 3	0.627 0

表 A.1（续）

粮食种类:小麦　　　　环境温度 T_h:35 ℃　　　　环境相对湿度 RH:60%

降水范围 (M_1-M_2) %	热风温度 T_r/℃								
	50			70			90		
	热风表观风速 v_r/(m/s)								
	0.1	0.2	0.3	0.1	0.2	0.3	0.1	0.2	0.3
18—13	—	0.584 2	0.590 6	0.883 3	0.822 0	0.793 9	1.230 2	1.052 0	0.981 4
18—14	—	0.574 9	0.579 5	0.864 7	0.807 0	0.781 7	1.207 9	1.019 8	0.967 0
20—13	—	0.547 0	0.550 5	0.832 7	0.783 9	0.754 5	1.127 2	1.008 6	0.934 5
20—14	—	0.541 1	0.541 5	0.820 5	0.772 6	0.744 4	1.120 4	0.989 7	0.919 2
20—15	—	0.534 0	0.534 8	0.806 7	0.760 3	0.733 8	1.107 4	0.960 9	0.906 2
20—16	—	0.525 2	0.528 2	0.787 1	0.745 2	0.722 9	1.099 8	0.938 0	0.891 7
22—13	—	0.523 3	0.526 7	0.789 8	0.758 3	0.731 4	1.066 9	0.972 5	0.907 4
22—14	—	0.519 3	0.520 2	0.783 2	0.749 1	0.723 0	1.058 7	0.959 9	0.893 4
22—15	—	0.514 7	0.515 4	0.773 9	0.739 8	0.714 4	1.035 4	0.944 4	0.879 3
22—16	—	0.509 2	0.510 7	0.763 3	0.729 1	0.704 9	1.035 5	0.926 0	0.866 2
22—17	—	0.502 5	0.505 2	0.746 1	0.717 8	0.695 1	1.009 6	0.898 4	0.854 4
22—18	—	0.494 5	0.498 6	0.723 9	0.702 6	0.684 7	1.008 3	0.884 6	0.839 4
24—14	—	0.502 2	0.505 5	0.749 6	0.730 5	0.708 1	0.998 4	0.932 8	0.875 6
24—15	—	0.499 3	0.502 2	0.741 6	0.723 1	0.701 1	0.994 2	0.921 2	0.863 4
24—16	—	0.495 2	0.499 0	0.736 3	0.715 0	0.693 8	0.976 1	0.909 6	0.851 4
24—17	—	0.491 4	0.495 2	0.726 7	0.705 7	0.685 9	0.965 0	0.897 2	0.839 0
24—18	—	0.485 9	0.490 8	0.712 2	0.697 6	0.677 8	0.964 7	0.875 8	0.827 2
24—19	—	0.480 1	0.486 2	0.697 8	0.686 3	0.667 7	0.929 1	0.853 7	0.816 6
24—20	—	0.472 6	0.479 3	0.673 6	0.670 3	0.658 5	0.917 8	0.842 8	0.798 0
26—16	—	0.483 3	0.489 0	0.705 9	0.703 4	0.684 3	0.937 2	0.891 4	0.840 3
26—17	—	0.480 9	0.486 3	0.702 8	0.694 4	0.677 4	0.929 1	0.883 3	0.830 0
26—18	—	0.476 5	0.482 8	0.693 5	0.687 9	0.671 4	0.910 4	0.871 3	0.818 9
26—19	—	0.473 6	0.480 1	0.683 1	0.680 7	0.664 6	0.908 1	0.855 3	0.806 4
26—20	—	0.468 6	0.475 6	0.673 9	0.671 2	0.656 0	0.880 3	0.837 6	0.797 3
26—21	—	0.462 4	0.471 9	0.651 2	0.657 8	0.647 0	0.865 3	0.820 8	0.786 3
26—22	—	0.452 5	0.464 6	0.624 5	0.639 9	0.638 1	0.836 5	0.811 4	0.767 1
28—18	—	0.468 2	0.476 0	0.674 1	0.677 5	0.664 5	0.881 0	0.857 6	0.811 7
28—19	—	0.464 5	0.472 7	0.665 1	0.672 1	0.659 5	0.871 2	0.846 8	0.802 4
28—20	—	0.462 1	0.470 3	0.658 7	0.666 3	0.653 1	0.854 9	0.833 5	0.790 5
28—21	—	0.456 8	0.467 5	0.647 7	0.657 3	0.646 2	0.854 9	0.824 9	0.781 4
28—22	—	0.453 7	0.464 0	0.632 4	0.647 4	0.638 3	0.816 3	0.803 2	0.772 1
28—24	—	0.435 9	0.451 5	0.588 9	0.618 7	0.621 5	0.767 3	0.778 3	0.737 5
30—20	—	0.454 0	0.464 7	0.640 9	0.657 8	0.648 0	0.832 3	0.825 1	0.788 0
30—21	—	0.450 3	0.461 1	0.637 2	0.651 3	0.642 8	0.812 5	0.813 6	0.777 5
30—22	—	0.448 3	0.459 5	0.623 1	0.643 7	0.637 6	0.809 7	0.808 2	0.769 1
30—23	—	0.443 4	0.457 2	0.619 2	0.638 2	0.630 0	0.790 6	0.789 0	0.758 8
30—24	—	0.437 5	0.450 3	0.599 4	0.624 5	0.623 4	0.768 8	0.774 4	0.748 7
30—26	—	0.420 8	0.439 2	0.561 8	0.596 9	0.601 4	0.681 1	0.745 0	0.711 7

表 A.1（续）

粮食种类：小麦　　　　环境温度 T_h：35 ℃　　　　环境相对湿度 RH：90%

降水范围 (M_1-M_2) %	热风温度 T_r/℃								
	50			70			90		
	热风表观风速 v_r/(m/s)								
	0.1	0.2	0.3	0.1	0.2	0.3	0.1	0.2	0.3
18—13	—	0.795 8	0.808 4	0.964 1	0.919 3	0.895 3	1.286 8	1.134 3	1.056 2
18—14	—	0.790 6	0.797 0	0.950 2	0.910 0	0.889 3	1.272 5	1.108 5	1.047 0
20—13	—	0.733 6	0.743 0	0.901 4	0.872 2	0.848 2	1.186 8	1.074 5	1.002 7
20—14	—	0.730 1	0.734 2	0.891 0	0.862 3	0.839 4	1.165 8	1.059 1	0.988 4
20—15	—	0.725 9	0.730 7	0.879 7	0.851 5	0.831 9	1.167 8	1.041 6	0.976 8
20—16	—	0.721 6	0.728 1	0.864 6	0.841 4	0.825 9	1.144 0	1.017 0	0.967 6
22—13	—	0.692 1	0.703 1	0.849 6	0.838 3	0.819 3	1.104 3	1.029 9	0.969 6
22—14	—	0.689 1	0.696 7	0.842 1	0.830 3	0.811 4	1.098 7	1.018 5	0.956 7
22—15	—	0.685 7	0.694 3	0.834 7	0.821 3	0.803 9	1.082 0	1.005 9	0.943 9
22—16	—	0.683 3	0.691 8	0.825 6	0.812 7	0.795 8	1.073 2	0.991 7	0.931 9
22—17	—	0.679 9	0.689 1	0.811 6	0.802 3	0.788 7	1.060 2	0.973 9	0.921 2
22—18	—	0.675 2	0.686 9	0.792 2	0.793 2	0.782 8	1.049 5	0.952 3	0.908 7
24—14	—	0.658 1	0.670 0	0.801 8	0.803 7	0.791 0	1.032 3	0.984 8	0.934 4
24—15	—	0.655 0	0.667 6	0.793 2	0.798 0	0.784 9	1.024 9	0.974 8	0.922 1
24—16	—	0.653 6	0.665 8	0.789 5	0.790 1	0.777 6	1.016 3	0.964 9	0.910 9
24—17	—	0.650 1	0.663 6	0.780 6	0.783 6	0.771 0	0.996 1	0.951 2	0.898 4
24—18	—	0.648 6	0.661 9	0.766 4	0.773 9	0.763 3	1.002 1	0.941 0	0.888 6
24—19	—	0.644 3	0.659 2	0.754 8	0.767 8	0.758 1	0.967 3	0.917 3	0.877 1
24—20	—	0.640 7	0.656 9	0.735 5	0.755 1	0.751 6	0.965 7	0.900 6	0.863 9
26—16	—	0.631 1	0.646 3	0.753 2	0.770 0	0.762 1	0.964 0	0.939 1	0.895 7
26—17	—	0.626 9	0.643 0	0.751 5	0.765 8	0.757 5	0.956 8	0.929 9	0.884 4
26—18	—	0.624 8	0.642 1	0.740 0	0.759 0	0.751 1	0.943 3	0.918 8	0.873 2
26—19	—	0.621 8	0.639 5	0.729 7	0.751 3	0.744 9	0.934 2	0.910 4	0.864 7
26—20	—	0.619 5	0.638 7	0.724 5	0.747 4	0.740 2	0.918 9	0.891 2	0.851 5
26—21	—	0.617 3	0.635 4	0.703 0	0.733 7	0.732 5	0.898 4	0.872 1	0.843 0
26—22	—	0.612 5	0.635 5	0.677 7	0.722 5	0.725 4	0.896 5	0.861 2	0.822 5
28—18	—	0.606 7	0.626 5	0.717 1	0.744 8	0.740 6	0.902 8	0.898 3	0.861 9
28—19	—	0.603 0	0.624 1	0.706 4	0.737 0	0.734 4	0.900 5	0.890 0	0.853 1
28—20	—	0.599 6	0.621 9	0.701 4	0.731 5	0.730 1	0.877 8	0.881 7	0.846 5
28—21	—	0.598 3	0.621 7	0.692 7	0.727 3	0.725 7	0.877 3	0.867 4	0.831 8
28—22	—	0.595 8	0.618 8	0.674 7	0.713 5	0.717 3	0.851 1	0.854 6	0.824 1
28—24	—	0.582 2	0.612 4	0.638 2	0.695 8	0.701 1	0.826 0	0.814 1	0.789 5
30—20	—	0.585 3	0.608 8	0.677 7	0.716 7	0.720 4	0.853 4	0.864 1	0.835 4
30—21	—	0.579 8	0.606 5	0.675 7	0.714 6	0.716 6	0.837 9	0.853 6	0.828 8
30—22	—	0.581 4	0.605 4	0.662 6	0.708 8	0.712 1	0.830 0	0.846 3	0.815 9
30—23	—	0.575 6	0.605 0	0.658 8	0.698 9	0.704 2	0.814 5	0.831 1	0.809 2
30—24	—	0.569 8	0.602 5	0.638 7	0.694 4	0.700 1	0.798 9	0.816 5	0.796 6
30—26	—	0.560 5	0.594 6	0.605 5	0.664 6	0.682 9	0.726 4	0.778 0	0.766 5

表 A.1（续）

粮食种类：小麦　　　　环境温度 T_h：40 ℃　　　　环境相对湿度 RH：30%

降水范围 (M_1-M_2) %	热风温度 T_r/℃								
	50			70			90		
	热风表观风速 v_r/(m/s)								
	0.1	0.2	0.3	0.1	0.2	0.3	0.1	0.2	0.3
18—13	0.302 8	0.299 8	0.304 3	0.650 9	0.601 6	0.582 2	0.990 7	0.837 4	0.795 7
18—14	0.288 6	0.287 2	0.292 2	0.614 6	0.574 1	0.558 4	0.975 6	0.803 3	0.763 3
20—13	0.292 0	0.288 0	0.290 1	0.632 3	0.585 1	0.563 3	0.931 3	0.826 2	0.767 3
20—14	0.284 0	0.280 6	0.281 8	0.614 0	0.569 0	0.548 0	0.925 5	0.794 6	0.748 5
20—15	0.274 1	0.271 7	0.273 6	0.589 0	0.549 3	0.531 0	0.892 7	0.759 5	0.726 9
20—16	0.260 4	0.259 8	0.263 6	0.555 9	0.522 5	0.509 2	0.871 2	0.735 0	0.694 2
22—13	0.282 4	0.280 6	0.281 3	0.613 5	0.574 3	0.551 7	0.903 2	0.808 5	0.751 7
22—14	0.277 5	0.275 8	0.275 1	0.602 6	0.562 8	0.540 9	0.875 2	0.790 1	0.734 7
22—15	0.271 7	0.270 1	0.269 5	0.587 8	0.549 6	0.528 7	0.870 4	0.768 2	0.718 7
22—16	0.264 2	0.263 2	0.263 6	0.570 5	0.534 5	0.514 6	0.844 8	0.737 1	0.701 6
22—17	0.255 3	0.254 8	0.256 3	0.546 0	0.515 3	0.498 5	0.825 0	0.710 1	0.682 0
22—18	0.241 5	0.243 1	0.246 4	0.513 7	0.488 5	0.478 9	0.767 3	0.690 0	0.646 7
24—14	0.269 8	0.271 5	0.270 8	0.586 1	0.556 9	0.535 9	0.854 2	0.778 7	0.727 1
24—15	0.265 7	0.267 7	0.266 9	0.577 8	0.546 8	0.526 8	0.838 9	0.764 7	0.713 2
24—16	0.261 9	0.263 3	0.262 9	0.566 8	0.536 4	0.516 6	0.820 2	0.747 4	0.698 9
24—17	0.256 0	0.258 2	0.258 2	0.554 0	0.524 1	0.505 1	0.813 3	0.725 4	0.684 1
24—18	0.249 9	0.251 6	0.252 5	0.534 8	0.510 0	0.492 1	0.785 7	0.697 5	0.669 3
24—19	0.239 8	0.243 7	0.245 4	0.509 5	0.490 5	0.477 3	0.770 6	0.676 7	0.648 5
24—20	0.224 5	0.232 4	0.235 7	0.476 8	0.465 8	0.458 3	0.681 5	0.656 0	0.612 9
26—16	0.256 3	0.261 6	0.261 6	0.555 1	0.535 1	0.516 3	0.802 6	0.742 4	0.697 1
26—17	0.251 9	0.257 6	0.258 5	0.546 9	0.525 4	0.508 3	0.780 5	0.728 5	0.684 9
26—18	0.248 4	0.253 7	0.254 8	0.536 5	0.515 1	0.498 8	0.772 5	0.714 5	0.671 9
26—19	0.243 7	0.248 9	0.250 4	0.519 5	0.505 5	0.488 5	0.762 4	0.692 1	0.658 0
26—20	0.235 6	0.243 3	0.245 1	0.505 1	0.489 2	0.476 0	0.727 9	0.667 8	0.643 5
26—21	0.226 1	0.235 6	0.238 2	0.478 9	0.470 1	0.462 8	0.710 2	0.649 3	0.622 0
26—22	0.213 0	0.224 4	0.229 4	0.450 2	0.442 8	0.442 6	0.616 5	0.630 0	0.585 2
28—18	0.243 7	0.254 3	0.255 0	0.530 4	0.515 9	0.501 6	0.753 0	0.713 9	0.673 7
28—19	0.242 2	0.249 6	0.251 9	0.519 3	0.507 0	0.493 7	0.735 4	0.701 9	0.661 7
28—20	0.237 2	0.246 1	0.248 7	0.508 9	0.498 1	0.484 9	0.729 8	0.684 2	0.650 7
28—21	0.232 0	0.242 2	0.244 5	0.494 3	0.486 4	0.474 0	0.708 1	0.664 9	0.638 8
28—22	0.226 3	0.235 3	0.238 7	0.475 9	0.473 2	0.463 9	0.683 7	0.642 6	0.623 2
28—24	0.199 2	0.215 4	0.222 8	0.427 2	0.426 6	0.431 4	0.567 0	0.600 9	0.563 7
30—20	0.235 8	0.246 4	0.249 4	0.503 4	0.499 3	0.488 7	0.708 2	0.688 5	0.654 0
30—21	0.231 4	0.244 2	0.246 5	0.496 8	0.493 1	0.481 1	0.695 9	0.674 1	0.643 1
30—22	0.229 1	0.240 1	0.243 3	0.482 8	0.482 3	0.472 1	0.694 4	0.661 7	0.633 2
30—23	0.222 8	0.234 9	0.239 1	0.471 5	0.472 8	0.463 7	0.656 7	0.639 4	0.619 3
30—24	0.215 3	0.228 3	0.235 0	0.452 2	0.456 8	0.451 7	0.643 5	0.625 2	0.604 3
30—26	0.193 6	0.211 6	0.219 0	0.398 5	0.412 6	0.420 0	0.533 6	0.578 2	0.545 7

表 A.1（续）

粮食种类：小麦　　环境温度 T_h：40 ℃　　环境相对湿度 RH：60%

降水范围 (M_1-M_2) %	热风温度 T_r/℃								
	50			70			90		
	热风表观风速 v_r/(m/s)								
	0.1	0.2	0.3	0.1	0.2	0.3	0.1	0.2	0.3
18—13	—	0.454 7	0.461 2	0.782 0	0.737 0	0.715 4	1.129 9	0.980 8	0.914 3
18—14	—	0.445 2	0.449 0	0.762 5	0.719 7	0.700 6	1.101 7	0.944 6	0.895 5
20—13	—	0.423 9	0.428 2	0.736 7	0.704 1	0.682 1	1.042 7	0.940 1	0.875 5
20—14	—	0.418 6	0.420 0	0.724 2	0.692 0	0.671 2	1.025 6	0.920 9	0.858 6
20—15	—	0.411 8	0.413 3	0.710 2	0.678 0	0.659 0	1.014 9	0.893 9	0.842 0
20—16	—	0.402 7	0.405 5	0.689 1	0.660 3	0.644 6	0.992 4	0.864 1	0.824 0
22—13	—	0.403 8	0.408 6	0.698 0	0.681 1	0.661 8	0.977 8	0.907 1	0.851 7
22—14	—	0.400 2	0.403 0	0.690 2	0.672 1	0.653 8	0.971 7	0.893 7	0.838 3
22—15	—	0.396 1	0.398 9	0.682 0	0.662 3	0.644 7	0.949 7	0.877 6	0.822 8
22—16	—	0.391 3	0.394 2	0.669 9	0.650 7	0.634 6	0.944 4	0.860 0	0.807 8
22—17	—	0.384 7	0.388 2	0.654 0	0.637 3	0.623 0	0.913 7	0.834 5	0.793 1
22—18	—	0.375 4	0.380 7	0.628 1	0.620 3	0.608 9	0.902 4	0.812 4	0.774 4
24—14	—	0.385 7	0.390 6	0.660 1	0.654 2	0.640 2	0.915 8	0.869 6	0.821 9
24—15	—	0.382 5	0.388 2	0.651 9	0.648 3	0.633 3	0.908 9	0.858 9	0.810 2
24—16	—	0.379 6	0.384 9	0.646 6	0.639 0	0.625 6	0.896 0	0.846 9	0.797 8
24—17	—	0.375 5	0.381 4	0.636 8	0.630 4	0.617 3	0.878 3	0.832 4	0.784 2
24—18	—	0.371 3	0.377 1	0.622 6	0.619 4	0.607 0	0.873 3	0.814 8	0.771 2
24—19	—	0.364 5	0.371 2	0.606 2	0.607 7	0.596 6	0.839 5	0.789 4	0.756 8
24—20	—	0.355 9	0.364 1	0.578 6	0.588 9	0.583 6	0.824 8	0.771 9	0.734 7
26—16	—	0.369 4	0.376 7	0.619 7	0.626 4	0.617 0	0.855 6	0.830 0	0.788 8
26—17	—	0.366 6	0.374 0	0.617 4	0.620 5	0.611 1	0.846 7	0.820 4	0.777 9
26—18	—	0.363 3	0.371 0	0.608 2	0.614 3	0.604 1	0.826 9	0.807 5	0.766 6
26—19	—	0.359 5	0.367 6	0.595 5	0.604 5	0.595 3	0.823 3	0.793 6	0.755 1
26—20	—	0.355 0	0.363 8	0.588 2	0.597 9	0.588 6	0.791 0	0.773 6	0.741 6
26—21	—	0.349 1	0.358 0	0.564 4	0.580 9	0.576 6	0.774 0	0.754 4	0.726 9
26—22	—	0.339 5	0.351 0	0.534 1	0.561 9	0.563 5	0.754 7	0.741 2	0.705 4
28—18	—	0.355 4	0.364 9	0.591 0	0.604 5	0.598 7	0.802 3	0.794 7	0.761 3
28—19	—	0.353 0	0.363 1	0.581 3	0.597 1	0.590 8	0.793 1	0.785 7	0.751 3
28—20	—	0.348 8	0.359 1	0.572 9	0.590 9	0.585 6	0.772 7	0.773 9	0.741 5
28—21	—	0.346 4	0.356 6	0.563 8	0.584 1	0.578 9	0.770 1	0.758 3	0.729 0
28—22	—	0.341 4	0.352 5	0.544 9	0.570 0	0.568 1	0.737 2	0.744 3	0.718 5
28—24	—	0.324 6	0.337 9	0.504 3	0.539 9	0.544 7	0.674 0	0.706 1	0.678 3
30—20	—	0.343 8	0.356 3	0.556 4	0.582 3	0.580 7	0.758 5	0.765 5	0.737 1
30—21	—	0.340 1	0.353 1	0.553 0	0.577 4	0.576 3	0.738 0	0.753 7	0.729 4
30—22	—	0.338 8	0.350 9	0.544 4	0.570 5	0.571 3	0.731 7	0.746 3	0.718 4
30—23	—	0.334 3	0.347 3	0.534 6	0.560 5	0.560 4	0.710 7	0.729 8	0.708 9
30—24	—	0.328 5	0.343 9	0.515 6	0.551 1	0.556 5	0.691 0	0.711 2	0.694 8
30—26	—	0.312 3	0.328 1	0.477 4	0.517 8	0.529 6	0.602 5	0.680 2	0.650 8

表 A.1（续）

粮食种类：小麦　　　　环境温度 T_h：40 ℃　　　　环境相对湿度 RH：90%

降水范围 (M_1-M_2) %	热风温度 T_r/℃								
	50			70			90		
	热风表观风速 v_r/(m/s)								
	0.1	0.2	0.3	0.1	0.2	0.3	0.1	0.2	0.3
18—13	—	—	—	0.888 5	0.862 4	0.842 8	1.196 1	1.076 7	1.004 1
18—14	—	—	—	0.874 4	0.851 8	0.835 1	1.190 7	1.054 0	0.990 6
20—13	—	—	—	0.825 9	0.816 2	0.799 8	1.106 7	1.020 1	0.958 0
20—14	—	—	—	0.816 8	0.807 1	0.791 6	1.088 6	1.006 3	0.942 8
20—15	—	—	—	0.806 0	0.797 6	0.783 1	1.086 5	0.988 8	0.928 3
20—16	—	—	—	0.792 2	0.786 7	0.775 2	1.057 6	0.965 7	0.915 5
22—13	—	—	—	0.774 3	0.780 9	0.770 8	1.027 6	0.977 8	0.927 0
22—14	—	—	—	0.767 4	0.775 1	0.764 5	1.020 5	0.966 7	0.913 9
22—15	—	—	—	0.761 5	0.766 9	0.756 9	1.010 5	0.955 0	0.900 9
22—16	—	—	—	0.752 3	0.759 6	0.750 0	0.993 3	0.939 7	0.886 3
22—17	—	—	—	0.740 0	0.750 0	0.741 7	0.982 0	0.924 2	0.874 4
22—18	—	—	—	0.719 7	0.739 6	0.734 3	0.960 5	0.900 1	0.859 6
24—14	—	—	—	0.726 6	0.746 8	0.742 0	0.956 8	0.930 8	0.891 0
24—15	—	—	—	0.720 1	0.741 4	0.736 5	0.951 9	0.924 7	0.881 8
24—16	—	—	—	0.717 0	0.737 3	0.731 7	0.944 0	0.914 1	0.869 7
24—17	—	—	—	0.707 8	0.729 6	0.724 7	0.923 3	0.900 9	0.856 4
24—18	—	—	—	0.695 5	0.721 9	0.718 6	0.921 8	0.891 2	0.845 6
24—19	—	—	—	0.681 1	0.712 8	0.710 7	0.893 8	0.871 3	0.833 4
24—20	—	—	—	0.662 7	0.701 2	0.704 5	0.881 9	0.851 2	0.818 4
26—16	—	—	—	0.680 1	0.713 7	0.714 2	0.896 3	0.889 0	0.854 3
26—17	—	—	—	0.679 6	0.711 6	0.710 6	0.882 6	0.878 1	0.843 7
26—18	—	—	—	0.669 4	0.704 1	0.705 7	0.871 6	0.867 5	0.833 6
26—19	—	—	—	0.660 0	0.698 1	0.700 7	0.858 8	0.861 2	0.823 7
26—20	—	—	—	0.655 0	0.691 0	0.692 8	0.843 5	0.842 4	0.811 2
26—21	—	—	—	0.633 8	0.682 5	0.688 5	0.821 0	0.823 5	0.798 9
26—22	—	—	—	0.608 8	0.669 7	0.678 6	0.817 3	0.804 2	0.776 6
28—18	—	—	—	0.646 4	0.689 0	0.692 5	0.830 6	0.846 8	0.821 5
28—19	—	—	—	0.635 8	0.682 1	0.689 6	0.828 8	0.839 5	0.814 2
28—20	—	—	—	0.632 1	0.677 3	0.684 8	0.808 0	0.832 9	0.804 0
28—21	—	—	—	0.622 3	0.672 8	0.677 6	0.800 2	0.814 7	0.792 4
28—22	—	—	—	0.604 2	0.661 7	0.674 7	0.784 1	0.804 6	0.781 4
28—24	—	—	—	0.573 4	0.642 1	0.653 1	0.745 3	0.759 2	0.749 3
30—20	—	—	—	0.607 0	0.662 0	0.674 4	0.784 1	0.813 3	0.796 8
30—21	—	—	—	0.605 7	0.659 5	0.670 0	0.767 8	0.806 6	0.787 2
30—22	—	—	—	0.593 5	0.654 6	0.665 0	0.762 5	0.792 2	0.775 7
30—23	—	—	—	0.588 3	0.644 2	0.660 9	0.743 7	0.782 4	0.768 2
30—24	—	—	—	0.571 7	0.643 2	0.650 3	0.734 7	0.765 6	0.754 1
30—26	—	—	—	0.542 5	0.611 0	0.636 0	0.658 7	0.725 9	0.721 5

附 录 B
(规范性附录)
处理量折算系数 K_c

处理量折算系数 K_c 见表 B.1。

表 B.1 处理量折算系数 K_c

粮食种类:玉米　　环境温度 T_h:−20 ℃　　环境相对湿度 RH:30%

降水范围 (M_1-M_2) %	热风温度 T_r/℃								
	60			80			100		
	热风表观风速 v_r/(m/s)								
	0.1	0.2	0.3	0.1	0.2	0.3	0.1	0.2	0.3
20—13	2.774 6	1.536 3	1.121 8	2.331 6	1.308 3	0.961 1	2.077 7	1.173 6	0.862 7
20—15	2.142 5	1.194 3	0.867 9	1.823 8	1.038 9	0.759 1	1.626 9	0.943 0	0.689 1
22—13	3.349 7	1.831 6	1.336 8	2.761 7	1.533 7	1.124 4	2.437 8	1.362 7	1.002 6
22—15	2.722 8	1.489 6	1.080 3	2.285 0	1.274 6	0.930 1	2.031 1	1.145 1	0.836 8
22—17	2.103 6	1.168 4	0.844 6	1.785 0	1.018 1	0.740 9	1.588 1	0.922 3	0.673 6
24—13	3.937 8	2.132 1	1.549 2	3.196 9	1.753 9	1.287 6	2.792 7	1.544 0	1.134 7
24—15	3.310 9	1.785 0	1.290 2	2.728 0	1.500 0	1.093 3	2.404 1	1.334 2	0.976 7
24—17	2.699 5	1.463 7	1.057 0	2.256 5	1.253 9	0.911 9	2.000 0	1.129 5	0.821 2
24—19	2.080 3	1.155 4	0.831 6	1.759 1	1.005 2	0.730 6	1.562 2	0.909 3	0.663 2
26—13	4.541 5	2.435 2	1.764 2	3.645 1	1.979 3	1.448 2	3.152 8	1.725 4	1.266 8
26—15	3.919 7	2.085 5	1.500 0	3.176 2	1.722 8	1.251 3	2.772 0	1.518 1	1.108 8
26—17	3.305 7	1.761 7	1.264 2	2.715 0	1.481 9	1.072 5	2.386 0	1.321 2	0.961 1
26—19	2.696 9	1.453 4	1.041 5	2.246 1	1.243 5	0.899 0	1.981 9	1.119 2	0.810 9
26—21	2.072 5	1.147 7	0.823 8	1.746 1	0.997 4	0.722 8	1.544 0	0.901 6	0.658 0
28—13	5.147 7	2.740 9	1.976 7	4.101 0	2.204 7	1.606 2	3.518 1	1.904 1	1.393 8
28—15	4.536 3	2.391 2	1.712 4	3.637 3	1.948 2	1.411 9	3.139 9	1.702 1	1.238 3
28—17	3.930 1	2.064 8	1.471 5	3.178 8	1.707 3	1.233 2	2.766 8	1.505 2	1.093 3
28—19	3.318 7	1.753 9	1.248 7	2.717 6	1.474 1	1.062 2	2.380 8	1.313 5	0.950 8
28—21	2.707 3	1.453 4	1.033 7	2.246 1	1.240 9	0.893 8	1.974 1	1.114 0	0.805 7
28—23	2.075 1	1.147 7	0.821 2	1.740 9	0.994 8	0.720 2	1.536 3	0.896 4	0.655 4
30—15	5.160 6	2.699 5	1.924 9	4.108 8	2.176 2	1.569 9	3.518 1	1.883 4	1.367 9
30—17	4.567 4	2.375 6	1.683 9	3.652 8	1.935 2	1.391 2	3.147 7	1.691 7	1.222 8
30—19	3.961 1	2.062 2	1.461 1	3.194 3	1.704 7	1.222 8	2.772 0	1.502 6	1.085 5
30—21	3.347 2	1.761 7	1.243 5	2.733 2	1.476 7	1.057 0	2.383 4	1.313 5	0.945 6
30—23	2.728 0	1.458 5	1.033 7	2.253 9	1.243 5	0.893 8	1.974 1	1.114 0	0.805 7
30—25	2.085 5	1.150 3	0.821 2	1.740 9	0.994 8	0.720 2	1.531 1	0.893 8	0.652 8
35—20	5.300 5	2.715 0	1.896 4	4.202 1	2.183 9	1.546 6	3.580 3	1.888 6	1.347 2
35—22	4.694 3	2.419 7	1.681 3	3.746 1	1.961 1	1.386 0	3.209 8	1.707 3	1.217 6
35—24	4.090 7	2.119 2	1.471 5	3.282 4	1.735 8	1.228 0	2.831 6	1.523 3	1.088 1
35—26	3.463 7	1.813 5	1.264 2	2.805 7	1.507 8	1.069 9	2.432 6	1.334 2	0.953 4
35—28	2.818 7	1.500 0	1.054 4	2.305 7	1.266 8	0.904 1	2.005 2	1.129 5	0.813 5
35—30	2.142 5	1.176 2	0.836 8	1.774 6	1.007 8	0.730 6	1.549 2	0.899 0	0.658 0
40—25	5.510 4	2.826 4	1.940 4	4.365 3	2.259 1	1.575 1	3.704 7	1.943 0	1.367 9
40—27	4.906 7	2.523 3	1.735 8	3.899 0	2.033 7	1.419 7	3.326 4	1.759 1	1.243 5
40—29	4.279 8	2.215 0	1.525 9	3.419 7	1.803 1	1.261 7	2.930 1	1.572 5	1.114 0
40—31	3.621 8	1.893 8	1.310 9	2.922 3	1.562 2	1.101 0	2.513 0	1.373 1	0.979 3
40—33	2.943 0	1.567 4	1.093 3	2.399 0	1.310 9	0.932 6	2.069 9	1.158 0	0.834 2
40—35	2.233 2	1.220 2	0.865 3	1.834 2	1.036 3	0.748 7	1.593 3	0.919 7	0.673 6

表 B.1（续）

粮食种类：玉米　　　　环境温度 T_h：−20 ℃　　　　环境相对湿度 RH：60%

降水范围 (M_1-M_2) %	热风温度 T_r/℃								
	60			80			100		
	热风表观风速 v_r/(m/s)								
	0.1	0.2	0.3	0.1	0.2	0.3	0.1	0.2	0.3
20−13	2.785 0	1.541 5	1.126 9	2.336 8	1.310 9	0.961 1	2.080 3	1.173 6	0.862 7
20−15	2.150 3	1.199 5	0.870 5	1.829 0	1.041 5	0.761 7	1.629 5	0.943 0	0.691 7
22−13	3.360 1	1.839 4	1.342 0	2.766 8	1.536 3	1.126 9	2.443 0	1.362 7	1.002 6
22−15	2.730 6	1.494 8	1.085 5	2.287 6	1.277 2	0.932 6	2.033 7	1.147 7	0.839 4
22−17	2.111 4	1.173 6	0.849 7	1.790 2	1.020 7	0.743 5	1.590 7	0.924 9	0.676 2
24−13	3.950 8	2.139 9	1.554 4	3.202 1	1.759 1	1.290 2	2.797 9	1.546 6	1.137 3
24−15	3.321 2	1.790 2	1.295 3	2.733 2	1.502 6	1.095 9	2.406 7	1.336 8	0.976 7
24−17	2.707 3	1.468 9	1.059 6	2.261 7	1.256 5	0.911 9	2.002 6	1.129 5	0.823 8
24−19	2.088 1	1.158 0	0.834 2	1.764 2	1.007 8	0.730 6	1.564 8	0.911 9	0.665 8
26−13	4.557 0	2.443 0	1.769 4	3.650 3	1.981 9	1.450 8	3.155 4	1.728 0	1.266 8
26−15	3.932 6	2.090 7	1.505 2	3.181 3	1.725 4	1.253 9	2.774 6	1.520 7	1.111 4
26−17	3.316 1	1.766 8	1.266 8	2.720 2	1.484 5	1.075 1	2.388 6	1.321 2	0.961 1
26−19	2.704 7	1.458 5	1.044 0	2.251 3	1.246 1	0.901 6	1.984 5	1.121 8	0.813 5
26−21	2.080 3	1.152 8	0.826 4	1.748 7	1.000 0	0.725 4	1.546 6	0.901 6	0.658 0
28−13	5.165 8	2.748 7	1.984 5	4.108 8	2.207 3	1.611 4	3.523 3	1.906 7	1.396 4
28−15	4.551 8	2.399 0	1.717 6	3.645 1	1.950 8	1.414 5	3.145 1	1.702 1	1.240 9
28−17	3.943 0	2.069 9	1.476 7	3.183 9	1.709 8	1.235 8	2.769 4	1.507 8	1.093 3
28−19	3.329 0	1.759 1	1.253 9	2.722 8	1.476 7	1.064 8	2.383 4	1.316 1	0.950 8
28−21	2.715 0	1.456 0	1.038 9	2.248 7	1.243 5	0.896 4	1.976 7	1.116 6	0.808 3
28−23	2.082 9	1.150 3	0.823 8	1.743 5	0.997 4	0.722 8	1.538 9	0.896 4	0.655 4
30−15	5.176 2	2.709 8	1.932 6	4.114 0	2.178 8	1.575 1	3.523 3	1.886 0	1.370 5
30−17	4.580 3	2.383 4	1.689 1	3.658 0	1.940 4	1.393 8	3.152 8	1.694 3	1.225 4
30−19	3.974 1	2.069 9	1.463 7	3.199 5	1.707 3	1.225 4	2.774 6	1.505 2	1.085 5
30−21	3.357 5	1.766 8	1.248 7	2.738 3	1.479 3	1.059 6	2.386 0	1.316 1	0.948 2
30−23	2.738 3	1.463 7	1.038 9	2.256 5	1.246 1	0.893 8	1.979 3	1.116 6	0.805 7
30−25	2.090 7	1.155 4	0.823 8	1.746 1	0.997 4	0.722 8	1.533 7	0.896 4	0.655 4
35−20	5.313 5	2.722 8	1.901 6	4.209 8	2.189 1	1.549 2	3.585 5	1.891 2	1.349 7
35−22	4.709 8	2.427 5	1.686 5	3.753 9	1.963 7	1.388 6	3.215 0	1.709 8	1.220 2
35−24	4.103 6	2.124 4	1.476 7	3.290 2	1.740 9	1.230 6	2.834 2	1.525 9	1.088 1
35−26	3.474 1	1.818 7	1.266 8	2.810 9	1.510 4	1.069 9	2.435 2	1.334 2	0.956 0
35−28	2.826 4	1.505 2	1.057 0	2.310 9	1.269 4	0.906 7	2.007 8	1.129 5	0.816 1
35−30	2.150 3	1.181 3	0.839 4	1.777 2	1.010 4	0.730 6	1.551 8	0.901 6	0.660 6
40−25	5.531 1	2.834 2	1.948 2	4.373 1	2.261 7	1.577 7	3.709 8	1.945 6	1.370 5
40−27	4.922 3	2.531 1	1.740 9	3.904 1	2.038 9	1.422 3	3.329 0	1.761 7	1.243 5
40−29	4.292 7	2.222 8	1.531 1	3.424 9	1.805 7	1.264 2	2.935 2	1.572 5	1.114 0
40−31	3.629 5	1.901 6	1.316 1	2.927 5	1.567 4	1.103 6	2.518 1	1.375 6	0.979 3
40−33	2.953 4	1.572 5	1.098 4	2.404 1	1.313 5	0.932 6	2.072 5	1.160 6	0.836 8
40−35	2.238 3	1.225 4	0.867 9	1.839 4	1.036 3	0.751 3	1.595 9	0.919 7	0.673 6

表 B.1（续）

粮食种类:玉米　　环境温度 T_h:−20 ℃　　环境相对湿度 RH:90%

降水范围 (M_1-M_2) %	热风温度 T_r/℃								
	60			80			100		
	热风表观风速 v_r/(m/s)								
	0.1	0.2	0.3	0.1	0.2	0.3	0.1	0.2	0.3
20—13	2.795 3	1.546 6	1.129 5	2.339 4	1.313 5	0.963 7	2.082 9	1.176 2	0.865 3
20—15	2.158 0	1.204 7	0.875 6	1.834 2	1.044 0	0.761 7	1.632 1	0.945 6	0.691 7
22—13	3.370 5	1.844 6	1.347 2	2.772 0	1.538 9	1.129 5	2.445 6	1.365 3	1.005 2
22—15	2.740 9	1.500 0	1.088 1	2.292 7	1.279 8	0.935 2	2.036 3	1.147 7	0.839 4
22—17	2.116 6	1.176 2	0.852 3	1.792 7	1.023 3	0.743 5	1.593 3	0.924 9	0.676 2
24—13	3.963 7	2.147 7	1.562 2	3.207 3	1.761 7	1.292 7	2.800 5	1.549 2	1.137 3
24—15	3.331 6	1.795 3	1.297 9	2.738 3	1.505 2	1.095 9	2.409 3	1.339 4	0.979 3
24—17	2.717 6	1.474 1	1.062 2	2.266 8	1.259 1	0.914 5	2.005 2	1.132 1	0.823 8
24—19	2.095 9	1.163 2	0.836 8	1.766 8	1.010 4	0.733 2	1.564 8	0.911 9	0.665 8
26—13	4.572 5	2.450 8	1.774 6	3.658 0	1.987 0	1.453 4	3.160 6	1.728 0	1.269 4
26—15	3.943 0	2.098 4	1.510 4	3.189 1	1.728 0	1.256 5	2.777 2	1.523 3	1.111 4
26—17	3.326 4	1.772 0	1.272 0	2.725 4	1.487 0	1.077 7	2.391 2	1.323 8	0.961 1
26—19	2.715 0	1.461 1	1.046 6	2.253 9	1.248 7	0.904 1	1.987 0	1.121 8	0.813 5
26—21	2.088 1	1.155 4	0.829 0	1.753 9	1.002 6	0.725 4	1.549 2	0.904 1	0.660 6
28—13	5.181 3	2.759 1	1.992 2	4.116 6	2.212 4	1.614 0	3.528 5	1.909 3	1.399 0
28—15	4.567 4	2.406 7	1.722 8	3.650 3	1.956 0	1.417 1	3.147 7	1.704 7	1.240 9
28—17	3.956 0	2.077 7	1.481 9	3.189 1	1.712 4	1.235 8	2.772 0	1.510 4	1.095 9
28—19	3.339 4	1.764 2	1.256 5	2.728 0	1.479 3	1.064 8	2.386 0	1.316 1	0.953 4
28—21	2.725 4	1.461 1	1.041 5	2.253 9	1.246 1	0.896 4	1.979 3	1.119 2	0.808 3
28—23	2.090 7	1.155 4	0.826 4	1.748 7	1.000 0	0.722 8	1.541 5	0.899 0	0.658 0
30—15	5.194 3	2.717 6	1.937 8	4.121 8	2.183 9	1.577 7	3.525 9	1.888 6	1.370 5
30—17	4.595 9	2.388 6	1.696 9	3.665 8	1.943 0	1.396 4	3.155 4	1.694 3	1.225 4
30—19	3.987 0	2.077 7	1.468 9	3.207 3	1.709 8	1.228 0	2.779 8	1.507 8	1.088 1
30—21	3.367 9	1.772 0	1.251 3	2.743 5	1.481 9	1.062 2	2.391 2	1.316 1	0.948 2
30—23	2.746 1	1.468 9	1.041 5	2.261 7	1.248 7	0.896 4	1.981 9	1.119 2	0.808 3
30—25	2.098 4	1.158 0	0.826 4	1.748 7	1.000 0	0.722 8	1.536 3	0.896 4	0.655 4
35—20	5.329 0	2.733 2	1.906 7	4.217 6	2.191 7	1.551 8	3.590 7	1.891 2	1.352 3
35—22	4.725 4	2.435 2	1.691 7	3.761 7	1.968 9	1.391 2	3.217 6	1.712 4	1.220 2
35—24	4.121 8	2.132 1	1.481 9	3.295 3	1.743 5	1.233 2	2.836 8	1.528 5	1.090 7
35—26	3.484 5	1.823 8	1.272 0	2.818 7	1.513 0	1.072 5	2.437 8	1.336 8	0.956 0
35—28	2.834 2	1.510 4	1.059 6	2.316 1	1.272 0	0.909 3	2.010 4	1.132 1	0.816 1
35—30	2.158 0	1.183 9	0.842 0	1.779 8	1.010 4	0.733 2	1.551 8	0.901 6	0.660 6
40—25	5.551 8	2.842 0	1.953 4	4.380 8	2.266 8	1.580 3	3.712 4	1.945 6	1.370 5
40—27	4.935 2	2.541 5	1.746 1	3.911 9	2.041 5	1.424 9	3.334 2	1.764 2	1.246 1
40—29	4.305 7	2.230 6	1.536 3	3.430 1	1.808 3	1.266 8	2.937 8	1.575 1	1.116 6
40—31	3.642 5	1.906 7	1.321 2	2.935 2	1.569 9	1.103 6	2.520 7	1.378 2	0.981 9
40—33	2.966 3	1.577 7	1.101 0	2.406 7	1.316 1	0.935 2	2.077 7	1.160 6	0.836 8
40—35	2.246 1	1.228 0	0.873 1	1.842 0	1.038 9	0.751 3	1.598 4	0.922 3	0.676 2

表 B.1(续)

粮食种类:玉米　　　　环境温度 T_h:−15 ℃　　　　环境相对湿度 RH:30%

降水范围 (M_1-M_2) %	热风温度 T_r/℃								
	60			80			100		
	热风表观风速 v_r/(m/s)								
	0.1	0.2	0.3	0.1	0.2	0.3	0.1	0.2	0.3
20—13	2.766 8	1.531 1	1.119 2	2.316 1	1.297 9	0.953 4	2.059 6	1.163 2	0.854 9
20—15	2.129 5	1.183 9	0.860 1	1.808 3	1.028 5	0.751 3	1.611 4	0.930 1	0.681 3
22—13	3.347 2	1.829 0	1.334 2	2.751 3	1.525 9	1.119 2	2.424 9	1.352 3	0.994 8
22—15	2.712 4	1.484 5	1.075 1	2.269 4	1.264 2	0.922 3	2.013 0	1.134 7	0.829 0
22—17	2.088 1	1.158 0	0.836 8	1.766 8	1.005 2	0.733 2	1.569 9	0.909 3	0.663 2
24—13	3.940 4	2.129 5	1.549 2	3.189 1	1.748 7	1.282 4	2.782 4	1.536 3	1.129 5
24—15	3.308 3	1.779 8	1.287 6	2.715 0	1.492 2	1.088 1	2.388 6	1.326 4	0.968 9
24—17	2.689 1	1.456 0	1.049 2	2.243 5	1.243 5	0.904 1	1.984 5	1.116 6	0.813 5
24—19	2.067 4	1.142 5	0.823 8	1.743 5	0.992 2	0.720 2	1.544 0	0.896 4	0.652 8
26—13	4.546 6	2.435 2	1.764 2	3.639 9	1.974 1	1.443 0	3.142 5	1.717 6	1.261 7
26—15	3.919 7	2.082 9	1.497 4	3.168 4	1.717 6	1.248 7	2.759 1	1.510 4	1.103 6
26—17	3.303 1	1.756 5	1.259 1	2.704 7	1.471 5	1.067 4	2.370 5	1.310 9	0.953 4
26—19	2.686 5	1.445 6	1.033 7	2.230 6	1.233 2	0.891 2	1.966 3	1.106 2	0.803 1
26—21	2.059 6	1.134 7	0.813 5	1.730 6	0.984 5	0.712 4	1.528 5	0.888 6	0.647 7
28—13	5.152 8	2.740 9	1.976 7	4.101 0	2.202 1	1.603 6	3.510 4	1.899 0	1.391 2
28—15	4.541 5	2.391 2	1.709 8	3.632 1	1.943 0	1.406 7	3.132 1	1.694 3	1.233 2
28—17	3.932 6	2.062 2	1.468 9	3.171 0	1.699 5	1.228 0	2.753 9	1.497 4	1.085 5
28—19	3.316 1	1.748 7	1.243 5	2.707 3	1.466 3	1.054 4	2.365 3	1.303 1	0.943 0
28—21	2.699 5	1.443 0	1.028 5	2.230 6	1.230 6	0.886 0	1.958 5	1.103 6	0.797 9
28—23	2.062 2	1.134 7	0.810 9	1.722 8	0.981 9	0.709 8	1.518 1	0.883 4	0.645 1
30—15	5.165 8	2.702 1	1.924 9	4.106 2	2.173 6	1.567 4	3.513 0	1.878 2	1.362 7
30—17	4.569 9	2.373 1	1.683 9	3.647 7	1.930 1	1.388 6	3.137 3	1.683 9	1.217 6
30—19	3.963 7	2.059 6	1.458 5	3.186 5	1.696 9	1.217 6	2.761 7	1.494 8	1.077 7
30—21	3.344 6	1.756 5	1.240 9	2.720 2	1.466 3	1.051 8	2.370 5	1.303 1	0.937 8
30—23	2.720 2	1.450 8	1.028 5	2.240 9	1.233 2	0.883 4	1.958 5	1.103 6	0.795 3
30—25	2.072 5	1.139 9	0.810 9	1.725 4	0.981 9	0.709 8	1.515 5	0.880 8	0.642 5
35—20	5.305 7	2.715 0	1.893 8	4.204 7	2.181 3	1.541 5	3.572 5	1.880 8	1.342 0
35—22	4.699 5	2.419 7	1.678 8	3.740 9	1.956 0	1.380 8	3.202 1	1.699 5	1.212 4
35—24	4.090 7	2.114 0	1.468 9	3.277 2	1.730 6	1.222 8	2.818 7	1.515 5	1.080 3
35—26	3.461 1	1.808 3	1.259 1	2.797 9	1.497 4	1.062 2	2.417 1	1.321 2	0.945 6
35—28	2.810 9	1.492 2	1.046 6	2.292 7	1.256 5	0.896 4	1.992 2	1.116 6	0.803 1
35—30	2.132 1	1.165 8	0.826 4	1.759 1	0.994 8	0.717 6	1.533 7	0.886 0	0.647 7
40—25	5.518 1	2.826 4	1.940 4	4.365 3	2.256 5	1.569 9	3.702 1	1.935 2	1.362 7
40—27	4.906 7	2.520 7	1.733 2	3.896 4	2.028 5	1.414 5	3.316 1	1.751 3	1.235 8
40—29	4.282 4	2.215 0	1.523 3	3.414 5	1.795 3	1.256 5	2.922 3	1.562 2	1.106 2
40—31	3.621 8	1.891 2	1.305 7	2.914 5	1.554 4	1.093 3	2.502 6	1.362 7	0.968 9
40—33	2.937 8	1.559 6	1.088 1	2.386 0	1.300 5	0.922 3	2.057 0	1.147 7	0.823 8
40—35	2.222 8	1.209 8	0.854 9	1.821 2	1.023 3	0.738 3	1.580 3	0.906 7	0.663 2

表 B.1（续）

粮食种类：玉米　　　　环境温度 T_h：−15 ℃　　　　环境相对湿度 RH：60%

降水范围 (M_1-M_2) %	热风温度 T_r/℃ 热风表观风速 v_r/(m/s) 60 0.1	60 0.2	60 0.3	80 0.1	80 0.2	80 0.3	100 0.1	100 0.2	100 0.3
20—13	2.782 4	1.538 9	1.124 4	2.323 8	1.303 1	0.958 5	2.064 8	1.165 8	0.857 5
20—15	2.139 9	1.191 7	0.865 3	1.813 5	1.031 1	0.753 9	1.614 0	0.932 6	0.681 3
22—13	3.362 7	1.839 4	1.342 0	2.759 1	1.531 1	1.124 4	2.430 1	1.354 9	0.997 4
22—15	2.728 0	1.492 2	1.082 9	2.277 2	1.269 4	0.927 5	2.018 1	1.137 3	0.831 6
22—17	2.101 0	1.163 2	0.842 0	1.774 6	1.010 4	0.735 8	1.575 1	0.911 9	0.665 8
24—13	3.961 1	2.142 5	1.557 0	3.199 5	1.753 9	1.287 6	2.787 6	1.538 9	1.132 1
24—15	3.323 8	1.790 2	1.292 7	2.725 4	1.494 8	1.090 7	2.393 8	1.329 0	0.971 5
24—17	2.704 7	1.463 7	1.054 4	2.248 7	1.248 7	0.906 7	1.987 0	1.119 2	0.816 1
24—19	2.077 7	1.147 7	0.826 4	1.748 7	0.994 8	0.722 8	1.546 6	0.899 0	0.655 4
26—13	4.569 9	2.448 2	1.772 0	3.650 3	1.979 3	1.448 2	3.150 3	1.720 2	1.264 2
26—15	3.940 4	2.093 3	1.505 2	3.178 8	1.722 8	1.251 3	2.764 2	1.513 0	1.103 6
26—17	3.318 7	1.764 2	1.266 8	2.712 4	1.476 7	1.069 9	2.375 6	1.313 5	0.953 4
26—19	2.702 1	1.450 8	1.038 9	2.238 3	1.238 3	0.893 8	1.968 9	1.108 8	0.805 7
26—21	2.069 9	1.142 5	0.818 7	1.735 8	0.987 0	0.715 0	1.531 1	0.891 2	0.650 3
28—13	5.181 3	2.756 5	1.989 6	4.111 4	2.207 3	1.608 8	3.518 1	1.904 1	1.393 8
28—15	4.564 8	2.401 6	1.720 2	3.642 5	1.948 2	1.411 9	3.137 3	1.696 9	1.235 8
28—17	3.953 4	2.072 5	1.476 7	3.178 8	1.704 7	1.230 6	2.759 1	1.500 0	1.088 1
28—19	3.334 2	1.756 5	1.251 3	2.715 0	1.468 9	1.059 6	2.370 5	1.305 7	0.945 6
28—21	2.712 4	1.450 8	1.033 7	2.238 3	1.233 2	0.888 6	1.963 7	1.106 2	0.800 5
28—23	2.072 5	1.139 9	0.816 1	1.730 6	0.984 5	0.712 4	1.523 3	0.886 0	0.645 1
30—15	5.191 7	2.715 0	1.935 2	4.119 2	2.178 8	1.572 5	3.518 1	1.880 8	1.365 3
30—17	4.593 3	2.386 0	1.691 7	3.658 0	1.935 2	1.391 2	3.145 1	1.686 5	1.220 2
30—19	3.984 5	2.072 5	1.463 7	3.196 9	1.702 1	1.220 2	2.766 8	1.497 4	1.080 3
30—21	3.362 7	1.764 2	1.246 1	2.728 0	1.471 5	1.054 4	2.375 6	1.305 7	0.940 4
30—23	2.735 8	1.458 5	1.033 7	2.248 7	1.235 8	0.886 0	1.963 7	1.103 6	0.797 9
30—25	2.082 9	1.145 1	0.816 1	1.730 6	0.984 5	0.712 4	1.520 7	0.883 4	0.645 1
35—20	5.331 6	2.730 6	1.904 1	4.215 0	2.186 5	1.546 6	3.580 3	1.886 0	1.344 6
35—22	4.722 8	2.432 6	1.689 1	3.751 3	1.961 1	1.386 0	3.207 3	1.702 1	1.212 4
35—24	4.116 6	2.126 9	1.476 7	3.287 6	1.733 2	1.225 4	2.823 8	1.518 1	1.082 9
35—26	3.479 3	1.816 1	1.264 2	2.805 7	1.502 6	1.064 8	2.422 3	1.323 8	0.948 2
35—28	2.826 4	1.500 0	1.051 8	2.300 5	1.261 7	0.899 0	1.994 8	1.119 2	0.805 7
35—30	2.145 1	1.171 0	0.831 6	1.764 2	0.997 4	0.720 2	1.536 3	0.888 6	0.650 3
40—25	5.549 2	2.842 0	1.950 8	4.375 6	2.261 7	1.575 1	3.707 3	1.937 8	1.365 3
40—27	4.932 6	2.536 3	1.743 5	3.909 3	2.036 3	1.419 7	3.321 2	1.756 5	1.238 3
40—29	4.308 3	2.225 4	1.531 1	3.422 3	1.800 5	1.259 1	2.927 5	1.564 8	1.106 2
40—31	3.637 3	1.899 0	1.313 5	2.922 3	1.557 0	1.095 9	2.507 8	1.365 3	0.971 5
40—33	2.950 8	1.567 4	1.093 3	2.396 4	1.303 1	0.924 9	2.062 2	1.150 3	0.826 4
40—35	2.230 6	1.215 0	0.860 1	1.826 4	1.025 9	0.740 9	1.585 5	0.909 3	0.663 2

表 B.1(续)

粮食种类:玉米　　　　环境温度 T_h:−15 ℃　　　　环境相对湿度 RH:90%

降水范围 (M_1-M_2) %	热风温度 T_r/℃								
	60			80			100		
	热风表观风速 v_r/(m/s)								
	0.1	0.2	0.3	0.1	0.2	0.3	0.1	0.2	0.3
20−13	2.797 9	1.546 6	1.129 5	2.331 6	1.308 3	0.961 1	2.069 9	1.168 4	0.860 1
20−15	2.152 8	1.199 5	0.870 5	1.821 2	1.036 3	0.756 5	1.619 2	0.935 2	0.683 9
22−13	3.380 8	1.849 7	1.349 7	2.766 8	1.536 3	1.126 9	2.435 2	1.357 5	1.000 0
22−15	2.740 9	1.500 0	1.088 1	2.285 0	1.272 0	0.930 1	2.023 3	1.139 9	0.834 2
22−17	2.111 4	1.171 0	0.847 2	1.779 8	1.013 0	0.738 3	1.577 7	0.914 5	0.668 4
24−13	3.981 9	2.155 4	1.564 8	3.209 8	1.759 1	1.290 2	2.792 7	1.541 5	1.134 7
24−15	3.342 0	1.800 5	1.300 5	2.733 2	1.500 0	1.093 3	2.399 0	1.331 6	0.974 1
24−17	2.717 6	1.471 5	1.059 6	2.256 5	1.251 3	0.909 3	1.992 2	1.121 8	0.816 1
24−19	2.088 1	1.155 4	0.831 6	1.753 9	1.000 0	0.725 4	1.551 8	0.901 6	0.658 0
26−13	4.593 3	2.461 1	1.782 4	3.660 6	1.987 0	1.453 4	3.155 4	1.725 4	1.264 2
26−15	3.961 1	2.103 6	1.513 0	3.189 1	1.725 4	1.253 9	2.769 4	1.515 5	1.106 2
26−17	3.336 8	1.774 6	1.272 0	2.720 2	1.481 9	1.072 5	2.380 8	1.316 1	0.956 0
26−19	2.715 0	1.458 5	1.044 0	2.246 1	1.240 9	0.896 4	1.974 1	1.111 4	0.805 7
26−21	2.080 3	1.147 7	0.823 8	1.740 9	0.992 2	0.717 6	1.533 7	0.893 8	0.650 3
28−13	5.207 3	2.772 0	2.000 0	4.124 4	2.215 0	1.614 0	3.525 9	1.906 7	1.396 4
28−15	4.588 1	2.414 5	1.728 0	3.655 4	1.953 4	1.414 5	3.145 1	1.699 5	1.238 3
28−17	3.974 1	2.082 9	1.484 5	3.189 1	1.709 8	1.233 2	2.764 2	1.502 6	1.090 7
28−19	3.349 7	1.766 8	1.256 5	2.722 8	1.474 1	1.062 2	2.375 6	1.308 3	0.945 6
28−21	2.728 0	1.458 5	1.038 9	2.246 1	1.238 3	0.891 2	1.966 3	1.106 2	0.800 5
28−23	2.085 5	1.147 7	0.818 7	1.735 8	0.987 0	0.715 0	1.525 9	0.886 0	0.647 7
30−15	5.220 2	2.730 6	1.945 6	4.132 1	2.186 5	1.577 7	3.525 9	1.886 0	1.367 9
30−17	4.619 2	2.399 0	1.699 5	3.671 0	1.943 0	1.396 4	3.150 3	1.689 1	1.222 8
30−19	4.005 2	2.082 9	1.471 5	3.207 3	1.707 3	1.222 8	2.772 0	1.500 0	1.080 3
30−21	3.378 2	1.774 6	1.251 3	2.738 3	1.476 7	1.057 0	2.380 8	1.308 3	0.943 0
30−23	2.751 3	1.466 3	1.036 3	2.253 9	1.240 9	0.888 6	1.968 9	1.106 2	0.800 5
30−25	2.093 3	1.150 3	0.821 2	1.738 3	0.987 0	0.715 0	1.523 3	0.886 0	0.647 7
35−20	5.357 5	2.746 1	1.914 5	4.225 4	2.191 7	1.551 8	3.588 1	1.888 6	1.347 2
35−22	4.751 3	2.443 0	1.696 9	3.761 7	1.968 9	1.388 6	3.215 0	1.704 7	1.215 0
35−24	4.137 3	2.137 3	1.484 5	3.300 5	1.738 3	1.228 0	2.829 0	1.520 7	1.082 9
35−26	3.497 4	1.826 4	1.272 0	2.816 1	1.507 8	1.067 4	2.427 5	1.326 4	0.948 2
35−28	2.839 4	1.507 8	1.057 0	2.308 3	1.264 2	0.901 6	1.997 4	1.121 8	0.808 3
35−30	2.155 4	1.178 8	0.836 8	1.769 4	1.002 6	0.722 8	1.538 9	0.891 2	0.652 8
40−25	5.580 3	2.854 9	1.958 5	4.388 6	2.269 4	1.580 3	3.715 0	1.943 0	1.367 9
40−27	4.956 0	2.549 2	1.751 3	3.917 1	2.041 5	1.422 3	3.326 4	1.759 1	1.240 9
40−29	4.329 0	2.235 8	1.538 9	3.432 6	1.805 7	1.264 2	2.932 6	1.567 4	1.108 8
40−31	3.658 0	1.909 3	1.321 2	2.932 6	1.564 8	1.098 4	2.513 0	1.367 9	0.974 1
40−33	2.966 3	1.575 1	1.098 4	2.401 6	1.308 3	0.927 5	2.064 8	1.152 8	0.829 0
40−35	2.243 5	1.222 8	0.865 3	1.831 6	1.028 5	0.743 5	1.588 1	0.911 9	0.665 8

表 B.1（续）

粮食种类:玉米　　环境温度 T_h:−10 ℃　　环境相对湿度 RH:30%

降水范围 (M_1-M_2) %	热风温度 T_r/℃								
	60			80			100		
	热风表观风速 v_r/(m/s)								
	0.1	0.2	0.3	0.1	0.2	0.3	0.1	0.2	0.3
20—13	2.761 7	1.525 9	1.114 0	2.303 1	1.290 2	0.948 2	2.041 5	1.152 8	0.847 2
20—15	2.114 0	1.176 2	0.854 9	1.790 2	1.015 5	0.740 9	1.593 3	0.917 1	0.671 0
22—13	3.347 2	1.829 0	1.334 2	2.740 9	1.518 1	1.116 6	2.409 3	1.344 6	0.989 6
22—15	2.707 3	1.476 7	1.072 5	2.253 9	1.253 9	0.917 1	1.994 8	1.121 8	0.821 2
22—17	2.075 1	1.147 7	0.829 0	1.751 3	0.992 2	0.722 8	1.554 4	0.896 4	0.655 4
24—13	3.945 6	2.132 1	1.549 2	3.183 9	1.746 1	1.279 8	2.769 4	1.528 5	1.124 4
24—15	3.308 3	1.777 2	1.285 0	2.704 7	1.484 5	1.082 9	2.373 1	1.316 1	0.961 1
24—17	2.683 9	1.450 8	1.044 0	2.228 0	1.233 2	0.896 4	1.966 3	1.103 6	0.805 7
24—19	2.051 8	1.132 1	0.813 5	1.725 4	0.979 3	0.709 8	1.525 9	0.883 4	0.642 5
26—13	4.554 4	2.437 8	1.764 2	3.637 3	1.971 5	1.440 4	3.134 7	1.712 4	1.256 5
26—15	3.924 9	2.082 9	1.497 4	3.163 2	1.709 8	1.243 5	2.746 1	1.502 6	1.095 9
26—17	3.300 5	1.751 3	1.256 5	2.694 3	1.463 7	1.062 2	2.357 5	1.300 5	0.945 6
26—19	2.681 3	1.437 8	1.028 5	2.215 0	1.222 8	0.883 4	1.948 2	1.093 3	0.792 7
26—21	2.046 6	1.124 4	0.805 7	1.712 4	0.971 5	0.702 1	1.510 4	0.873 1	0.637 3
28—13	5.163 2	2.746 1	1.979 3	4.101 0	2.199 5	1.603 6	3.505 2	1.893 8	1.386 0
28—15	4.549 2	2.391 2	1.712 4	3.629 5	1.940 4	1.404 1	3.124 4	1.686 5	1.228 0
28—17	3.937 8	2.062 2	1.468 9	3.163 2	1.694 3	1.222 8	2.740 9	1.489 6	1.080 3
28—19	3.316 1	1.746 1	1.240 9	2.696 9	1.456 0	1.049 2	2.349 7	1.292 7	0.935 2
28—21	2.691 7	1.435 2	1.020 7	2.217 6	1.220 2	0.878 2	1.943 0	1.090 7	0.787 6
28—23	2.049 2	1.124 4	0.800 5	1.707 3	0.966 3	0.699 5	1.502 6	0.870 5	0.632 1
30—15	5.178 8	2.704 7	1.927 5	4.106 2	2.171 0	1.564 8	3.507 8	1.873 1	1.360 1
30—17	4.580 3	2.375 6	1.683 9	3.645 1	1.927 5	1.383 4	3.129 5	1.676 2	1.212 4
30—19	3.968 9	2.059 6	1.456 0	3.181 3	1.691 7	1.212 4	2.748 7	1.484 5	1.069 9
30—21	3.344 6	1.751 3	1.235 8	2.709 8	1.458 5	1.044 0	2.354 9	1.292 7	0.930 1
30—23	2.715 0	1.443 0	1.020 7	2.228 0	1.220 2	0.875 6	1.943 0	1.090 7	0.787 6
30—25	2.062 2	1.126 9	0.803 1	1.712 4	0.968 9	0.699 5	1.500 0	0.867 9	0.632 1
35—20	5.313 5	2.720 2	1.896 4	4.204 7	2.178 8	1.538 9	3.569 9	1.875 6	1.336 8
35—22	4.709 8	2.419 7	1.678 8	3.740 9	1.950 8	1.378 2	3.191 7	1.691 7	1.204 7
35—24	4.098 4	2.114 0	1.466 3	3.272 0	1.722 8	1.217 6	2.808 3	1.505 2	1.072 5
35—26	3.461 1	1.803 1	1.253 9	2.787 6	1.489 6	1.054 4	2.404 1	1.310 9	0.937 8
35—28	2.808 3	1.484 5	1.038 9	2.285 0	1.246 1	0.886 0	1.976 7	1.103 6	0.792 7
35—30	2.121 8	1.155 4	0.818 7	1.743 5	0.981 9	0.707 3	1.520 7	0.873 1	0.637 3
40—25	5.531 1	2.829 0	1.940 4	4.357 5	2.253 9	1.567 4	3.691 7	1.927 5	1.357 5
40—27	4.917 1	2.525 9	1.735 8	3.888 6	2.025 9	1.411 9	3.308 3	1.743 5	1.230 6
40—29	4.287 6	2.212 4	1.520 7	3.414 5	1.790 2	1.251 3	2.914 5	1.551 8	1.098 4
40—31	3.619 2	1.888 6	1.303 1	2.909 3	1.546 6	1.085 5	2.492 2	1.352 3	0.961 1
40—33	2.930 1	1.551 8	1.080 3	2.373 1	1.290 2	0.911 9	2.044 0	1.134 7	0.813 5
40—35	2.212 4	1.199 5	0.847 2	1.808 3	1.010 4	0.728 0	1.564 8	0.893 8	0.650 3

表 B.1（续）

粮食种类:玉米　　　　环境温度 T_h:－10 ℃　　　　环境相对湿度 RH:60%

降水范围 (M_1-M_2) %	热风温度 T_r/℃								
	60			80			100		
	热风表观风速 v_r/(m/s)								
	0.1	0.2	0.3	0.1	0.2	0.3	0.1	0.2	0.3
20—13	2.785 0	1.538 9	1.124 4	2.313 5	1.297 9	0.953 4	2.049 2	1.155 4	0.852 3
20—15	2.134 7	1.186 5	0.862 7	1.800 5	1.020 7	0.746 1	1.598 4	0.919 7	0.673 6
22—13	3.375 6	1.844 6	1.344 6	2.753 9	1.525 9	1.121 8	2.417 1	1.347 2	0.992 2
22—15	2.728 0	1.489 6	1.080 3	2.266 8	1.261 7	0.922 3	2.002 6	1.126 9	0.823 8
22—17	2.093 3	1.158 0	0.836 8	1.759 1	1.000 0	0.728 0	1.559 6	0.899 0	0.658 0
24—13	3.976 7	2.150 3	1.562 2	3.199 5	1.753 9	1.285 0	2.779 8	1.533 7	1.126 9
24—15	3.334 2	1.792 7	1.295 3	2.720 2	1.492 2	1.085 5	2.380 8	1.318 7	0.966 3
24—17	2.704 7	1.461 1	1.051 8	2.238 3	1.238 3	0.901 6	1.974 1	1.108 8	0.808 3
24—19	2.069 9	1.139 9	0.821 2	1.735 8	0.984 5	0.715 0	1.531 1	0.886 0	0.645 1
26—13	4.593 3	2.458 5	1.779 8	3.655 4	1.979 3	1.448 2	3.145 1	1.717 6	1.259 1
26—15	3.956 0	2.101 0	1.510 4	3.178 8	1.717 6	1.248 7	2.756 5	1.507 8	1.101 0
26—17	3.329 0	1.766 8	1.266 8	2.707 3	1.471 5	1.064 8	2.365 3	1.303 1	0.948 2
26—19	2.702 1	1.448 2	1.036 3	2.228 0	1.228 0	0.888 6	1.956 0	1.098 4	0.795 3
26—21	2.064 8	1.134 7	0.810 9	1.722 8	0.976 7	0.707 3	1.515 5	0.878 2	0.639 9
28—13	5.207 3	2.769 4	1.997 4	4.119 2	2.209 8	1.611 4	3.515 5	1.899 0	1.391 2
28—15	4.588 1	2.411 9	1.725 4	3.647 7	1.948 2	1.409 3	3.134 7	1.691 7	1.230 6
28—17	3.968 9	2.077 7	1.479 3	3.178 8	1.702 1	1.228 0	2.751 3	1.492 2	1.082 9
28—19	3.342 0	1.759 1	1.251 3	2.709 8	1.463 7	1.054 4	2.357 5	1.295 3	0.937 8
28—21	2.712 4	1.448 2	1.028 5	2.228 0	1.225 4	0.880 8	1.948 2	1.093 3	0.790 2
28—23	2.067 4	1.132 1	0.808 3	1.717 6	0.974 1	0.702 1	1.507 8	0.873 1	0.634 7
30—15	5.220 2	2.728 0	1.943 0	4.124 4	2.181 3	1.572 5	3.518 1	1.878 2	1.362 7
30—17	4.616 6	2.393 8	1.696 9	3.663 2	1.935 2	1.391 2	3.137 3	1.681 3	1.215 0
30—19	4.000 0	2.077 7	1.466 3	3.196 9	1.699 5	1.217 6	2.756 5	1.489 6	1.075 1
30—21	3.370 5	1.766 8	1.246 1	2.722 8	1.466 3	1.049 2	2.362 7	1.295 3	0.932 6
30—23	2.738 3	1.456 0	1.028 5	2.238 3	1.228 0	0.878 2	1.950 8	1.093 3	0.790 2
30—25	2.080 3	1.137 3	0.808 3	1.720 2	0.974 1	0.702 1	1.505 2	0.870 5	0.634 7
35—20	5.357 5	2.740 9	1.909 3	4.222 8	2.186 5	1.546 6	3.580 3	1.880 8	1.342 0
35—22	4.751 3	2.437 8	1.694 3	3.756 5	1.961 1	1.383 4	3.202 1	1.696 9	1.207 3
35—24	4.132 1	2.132 1	1.479 3	3.287 6	1.730 6	1.222 8	2.816 1	1.510 4	1.075 1
35—26	3.489 6	1.818 7	1.264 2	2.803 1	1.497 4	1.059 6	2.411 9	1.316 1	0.940 4
35—28	2.829 0	1.497 4	1.049 2	2.295 3	1.251 3	0.891 2	1.981 9	1.108 8	0.795 3
35—30	2.142 5	1.163 2	0.823 8	1.753 9	0.987 0	0.712 4	1.523 3	0.875 6	0.639 9
40—25	5.580 3	2.852 3	1.956 0	4.383 4	2.264 2	1.575 1	3.702 1	1.935 2	1.360 1
40—27	4.961 1	2.546 6	1.748 7	3.911 9	2.033 7	1.417 1	3.316 1	1.748 7	1.233 2
40—29	4.321 2	2.230 6	1.533 7	3.427 5	1.797 9	1.256 5	2.922 3	1.557 0	1.101 0
40—31	3.652 8	1.901 6	1.313 5	2.922 3	1.551 8	1.090 7	2.500 0	1.354 9	0.963 7
40—33	2.956 0	1.564 8	1.088 1	2.383 4	1.295 3	0.917 1	2.049 2	1.137 3	0.816 1
40—35	2.230 6	1.209 8	0.854 9	1.818 7	1.015 5	0.730 6	1.569 9	0.896 4	0.652 8

表 B.1（续）

粮食种类：玉米　　环境温度 T_h：−10 ℃　　环境相对湿度 RH：90%

降水范围 (M_1-M_2) %	热风温度 T_r/℃								
	60			80			100		
	热风表观风速 v_r/(m/s)								
	0.1	0.2	0.3	0.1	0.2	0.3	0.1	0.2	0.3
20—13	2.808 3	1.551 8	1.134 7	2.326 4	1.303 1	0.958 5	2.057 0	1.160 6	0.854 9
20—15	2.152 8	1.196 9	0.870 5	1.810 9	1.028 5	0.751 3	1.606 2	0.924 9	0.676 2
22—13	3.401 6	1.860 1	1.354 9	2.766 8	1.533 7	1.126 9	2.424 9	1.352 3	0.994 8
22—15	2.751 3	1.502 6	1.088 1	2.277 2	1.266 8	0.924 9	2.010 4	1.129 5	0.829 0
22—17	2.111 4	1.165 8	0.844 6	1.769 4	1.005 2	0.730 6	1.564 8	0.904 1	0.660 6
24—13	4.010 4	2.168 4	1.575 1	3.215 0	1.761 7	1.290 2	2.787 6	1.538 9	1.129 5
24—15	3.362 7	1.808 3	1.305 7	2.733 2	1.497 4	1.090 7	2.388 6	1.323 8	0.968 9
24—17	2.728 0	1.474 1	1.062 2	2.251 3	1.246 1	0.904 1	1.979 3	1.111 4	0.810 9
24—19	2.088 1	1.150 3	0.829 0	1.743 5	0.989 6	0.717 6	1.538 9	0.891 2	0.647 7
26—13	4.629 5	2.479 3	1.795 3	3.671 0	1.989 6	1.453 4	3.155 4	1.722 8	1.264 2
26—15	3.989 6	2.116 6	1.520 7	3.194 3	1.725 4	1.253 9	2.764 2	1.510 4	1.103 6
26—17	3.357 5	1.779 8	1.274 6	2.720 2	1.479 3	1.069 9	2.373 1	1.308 3	0.950 8
26—19	2.725 4	1.461 1	1.044 0	2.238 3	1.233 2	0.891 2	1.963 7	1.101 0	0.797 9
26—21	2.080 3	1.142 5	0.818 7	1.730 6	0.981 9	0.709 8	1.520 7	0.880 8	0.642 5
28—13	5.248 7	2.795 3	2.013 0	4.137 3	2.220 2	1.616 6	3.528 5	1.904 1	1.393 8
28—15	4.626 9	2.432 6	1.738 3	3.663 2	1.956 0	1.417 1	3.145 1	1.696 9	1.235 8
28—17	4.002 6	2.093 3	1.492 2	3.194 3	1.709 8	1.233 2	2.759 1	1.497 4	1.085 5
28—19	3.370 5	1.772 0	1.259 1	2.722 8	1.471 5	1.059 6	2.367 9	1.300 5	0.940 4
28—21	2.735 8	1.458 5	1.036 3	2.238 3	1.230 6	0.886 0	1.956 0	1.098 4	0.792 7
28—23	2.085 5	1.142 5	0.816 1	1.725 4	0.979 3	0.707 3	1.513 0	0.875 6	0.637 3
30—15	5.261 7	2.751 3	1.958 5	4.145 1	2.191 7	1.580 3	3.528 5	1.883 4	1.365 3
30—17	4.655 4	2.414 5	1.709 8	3.681 3	1.943 0	1.396 4	3.147 7	1.686 5	1.220 2
30—19	4.033 7	2.093 3	1.479 3	3.212 4	1.707 3	1.222 8	2.766 8	1.494 8	1.077 7
30—21	3.399 0	1.779 8	1.253 9	2.738 3	1.471 5	1.054 4	2.370 5	1.300 5	0.935 2
30—23	2.761 7	1.466 3	1.036 3	2.251 3	1.233 2	0.883 4	1.956 0	1.098 4	0.792 7
30—25	2.095 9	1.145 1	0.816 1	1.728 0	0.979 3	0.707 3	1.510 4	0.873 1	0.637 3
35—20	5.396 4	2.764 2	1.924 9	4.243 5	2.199 5	1.551 8	3.590 7	1.886 0	1.344 6
35—22	4.787 6	2.461 1	1.707 3	3.774 6	1.971 5	1.388 6	3.212 4	1.702 1	1.212 4
35—24	4.168 4	2.150 3	1.489 6	3.305 7	1.738 3	1.228 0	2.823 8	1.515 5	1.077 7
35—26	3.518 1	1.831 6	1.274 6	2.816 1	1.502 6	1.062 2	2.419 7	1.318 7	0.943 0
35—28	2.852 3	1.507 8	1.057 0	2.305 7	1.256 5	0.893 8	1.989 6	1.111 4	0.797 9
35—30	2.160 6	1.173 6	0.831 6	1.761 7	0.992 2	0.715 0	1.528 5	0.880 8	0.642 5
40—25	5.621 8	2.875 6	1.974 1	4.406 7	2.274 6	1.580 3	3.717 6	1.940 4	1.365 3
40—27	4.997 4	2.564 8	1.761 7	3.930 1	2.044 0	1.422 3	3.329 0	1.753 9	1.235 8
40—29	4.354 9	2.251 3	1.546 6	3.445 6	1.805 7	1.261 7	2.930 1	1.562 2	1.103 6
40—31	3.681 3	1.919 7	1.323 8	2.935 2	1.559 6	1.095 9	2.505 2	1.360 1	0.966 3
40—33	2.981 9	1.577 7	1.098 4	2.396 4	1.303 1	0.922 3	2.054 4	1.142 5	0.818 7
40—35	2.246 1	1.220 2	0.860 1	1.829 0	1.020 7	0.735 8	1.575 1	0.899 0	0.655 4

表 B.1（续）

粮食种类：玉米　　环境温度 T_h：−5 ℃　　环境相对湿度 RH：30%

降水范围 (M_1-M_2) %	热风温度 T_r/℃								
	60			80			100		
	热风表观风速 v_r/(m/s)								
	0.1	0.2	0.3	0.1	0.2	0.3	0.1	0.2	0.3
20—13	2.759 1	1.523 3	1.114 0	2.290 2	1.282 4	0.943 0	2.025 9	1.142 5	0.842 0
20—15	2.103 6	1.165 8	0.847 2	1.772 0	1.002 6	0.733 2	1.572 5	0.904 1	0.663 2
22—13	3.352 3	1.829 0	1.334 2	2.733 2	1.513 0	1.111 4	2.396 4	1.336 8	0.984 5
22—15	2.702 1	1.474 1	1.067 4	2.240 9	1.246 1	0.909 3	1.979 3	1.111 4	0.813 5
22—17	2.062 2	1.137 3	0.821 2	1.733 2	0.979 3	0.712 4	1.533 7	0.883 4	0.645 1
24—13	3.956 0	2.134 7	1.551 8	3.181 3	1.740 9	1.277 2	2.759 1	1.523 3	1.119 2
24—15	3.310 9	1.777 2	1.282 4	2.696 9	1.476 7	1.077 7	2.360 1	1.305 7	0.956 0
24—17	2.678 8	1.445 6	1.041 5	2.215 0	1.222 8	0.888 6	1.948 2	1.093 3	0.795 3
24—19	2.041 5	1.121 8	0.805 7	1.709 8	0.966 3	0.699 5	1.507 8	0.867 9	0.632 1
26—13	4.567 4	2.443 0	1.766 8	3.637 3	1.968 9	1.440 4	3.126 9	1.707 3	1.251 3
26—15	3.935 2	2.085 5	1.497 4	3.160 6	1.707 3	1.240 9	2.735 8	1.494 8	1.090 7
26—17	3.305 7	1.751 3	1.253 9	2.683 9	1.458 5	1.054 4	2.342 0	1.290 2	0.937 8
26—19	2.676 2	1.432 6	1.023 3	2.202 1	1.212 4	0.875 6	1.932 6	1.082 9	0.785 0
26—21	2.036 3	1.114 0	0.797 9	1.696 9	0.956 0	0.691 7	1.492 2	0.860 1	0.626 9
28—13	5.181 3	2.753 9	1.984 5	4.103 6	2.199 5	1.601 0	3.500 0	1.888 6	1.383 4
28—15	4.564 8	2.396 4	1.715 0	3.629 5	1.937 8	1.401 6	3.116 6	1.681 3	1.222 8
28—17	3.948 2	2.062 2	1.468 9	3.160 6	1.689 1	1.217 6	2.730 6	1.481 9	1.075 1
28—19	3.321 2	1.743 5	1.238 3	2.686 5	1.448 2	1.044 0	2.336 8	1.282 4	0.927 5
28—21	2.689 1	1.430 1	1.015 5	2.204 7	1.207 3	0.867 9	1.927 5	1.077 7	0.779 8
28—23	2.038 9	1.111 4	0.792 7	1.691 7	0.953 4	0.689 1	1.484 5	0.854 9	0.621 8
30—15	5.196 9	2.712 4	1.930 1	4.108 8	2.168 4	1.564 8	3.500 0	1.867 9	1.354 9
30—17	4.593 3	2.380 8	1.686 5	3.645 1	1.924 9	1.380 8	3.121 8	1.671 0	1.207 3
30—19	3.979 3	2.062 2	1.456 0	3.178 8	1.686 5	1.207 3	2.735 8	1.476 7	1.064 8
30—21	3.349 7	1.751 3	1.233 2	2.702 1	1.450 8	1.038 9	2.342 0	1.279 8	0.922 3
30—23	2.712 4	1.437 8	1.015 5	2.215 0	1.209 8	0.865 3	1.930 1	1.077 7	0.777 2
30—25	2.051 8	1.116 6	0.792 7	1.696 9	0.953 4	0.686 5	1.481 9	0.852 3	0.619 2
35—20	5.331 6	2.728 0	1.899 0	4.204 7	2.176 2	1.538 9	3.564 8	1.870 5	1.334 2
35—22	4.722 8	2.424 9	1.681 3	3.740 9	1.948 2	1.373 1	3.186 5	1.683 9	1.199 5
35—24	4.106 2	2.116 6	1.466 3	3.266 8	1.717 6	1.209 8	2.797 9	1.494 8	1.064 8
35—26	3.468 9	1.803 1	1.251 3	2.779 8	1.481 9	1.046 6	2.391 2	1.300 5	0.927 5
35—28	2.803 1	1.479 3	1.033 7	2.269 4	1.233 2	0.875 6	1.961 1	1.090 7	0.782 4
35—30	2.114 0	1.145 1	0.808 3	1.730 6	0.968 9	0.696 9	1.502 6	0.860 1	0.624 4
40—25	5.554 4	2.836 8	1.943 0	4.367 9	2.251 3	1.564 8	3.686 5	1.922 3	1.352 3
40—27	4.932 6	2.531 1	1.735 8	3.891 2	2.023 3	1.406 7	3.300 5	1.738 3	1.222 8
40—29	4.300 5	2.215 0	1.520 7	3.409 3	1.785 0	1.246 1	2.901 6	1.544 0	1.090 7
40—31	3.624 4	1.886 0	1.300 5	2.899 0	1.536 3	1.077 7	2.479 3	1.342 0	0.950 8
40—33	2.932 6	1.549 2	1.075 1	2.365 3	1.279 8	0.904 1	2.031 1	1.121 8	0.803 1
40—35	2.204 7	1.191 7	0.836 8	1.795 3	1.000 0	0.715 0	1.549 2	0.880 8	0.639 9

表 B.1（续）

粮食种类：玉米　　　　环境温度 T_h：−5 ℃　　　　环境相对湿度 RH：60%

降水范围 (M_1-M_2) %	热风温度 T_r/℃								
	60			80			100		
	热风表观风速 v_r/(m/s)								
	0.1	0.2	0.3	0.1	0.2	0.3	0.1	0.2	0.3
20—13	2.795 3	1.544 0	1.129 5	2.308 3	1.292 7	0.950 8	2.036 3	1.147 7	0.844 6
20—15	2.132 1	1.183 9	0.860 1	1.787 6	1.013 0	0.740 9	1.582 9	0.909 3	0.665 8
22—13	3.396 4	1.852 3	1.349 7	2.753 9	1.525 9	1.119 2	2.409 3	1.342 0	0.987 0
22—15	2.738 3	1.492 2	1.082 9	2.259 1	1.256 5	0.917 1	1.989 6	1.116 6	0.818 7
22—17	2.090 7	1.152 8	0.834 2	1.748 7	0.989 6	0.720 2	1.544 0	0.888 6	0.647 7
24—13	4.007 8	2.163 2	1.569 9	3.204 7	1.753 9	1.285 0	2.774 6	1.528 5	1.124 4
24—15	3.354 9	1.800 5	1.300 5	2.717 6	1.487 0	1.085 5	2.373 1	1.313 5	0.961 1
24—17	2.715 0	1.463 7	1.054 4	2.230 6	1.233 2	0.896 4	1.958 5	1.098 4	0.800 5
24—19	2.067 4	1.134 7	0.816 1	1.722 8	0.974 1	0.707 3	1.518 1	0.873 1	0.637 3
26—13	4.626 9	2.476 7	1.790 2	3.663 2	1.984 5	1.450 8	3.142 5	1.715 0	1.256 5
26—15	3.984 5	2.111 4	1.515 5	3.183 9	1.717 6	1.248 7	2.751 3	1.502 6	1.095 9
26—17	3.347 2	1.772 0	1.269 4	2.704 7	1.468 9	1.062 2	2.354 9	1.295 3	0.943 0
26—19	2.712 4	1.448 2	1.036 3	2.220 2	1.220 2	0.880 8	1.943 0	1.088 1	0.790 2
26—21	2.062 2	1.126 9	0.808 3	1.709 8	0.966 3	0.696 9	1.500 0	0.865 3	0.629 5
28—13	5.248 7	2.790 2	2.010 4	4.134 7	2.215 0	1.614 0	3.518 1	1.899 0	1.388 6
28—15	4.624 4	2.427 5	1.735 8	3.658 0	1.950 8	1.411 9	3.132 1	1.689 1	1.228 0
28—17	4.000 0	2.088 1	1.487 0	3.183 9	1.702 1	1.228 0	2.743 5	1.487 0	1.077 7
28—19	3.362 7	1.764 2	1.253 9	2.707 3	1.458 5	1.049 2	2.349 7	1.287 6	0.932 6
28—21	2.722 8	1.448 2	1.028 5	2.220 2	1.217 6	0.875 6	1.937 8	1.082 9	0.782 4
28—23	2.067 4	1.126 9	0.803 1	1.707 3	0.961 1	0.694 3	1.494 8	0.860 1	0.626 9
30—15	5.264 2	2.746 1	1.956 0	4.139 9	2.183 9	1.575 1	3.518 1	1.875 6	1.360 1
30—17	4.652 8	2.411 9	1.707 3	3.673 6	1.937 8	1.391 2	3.137 3	1.678 8	1.212 4
30—19	4.028 5	2.088 1	1.474 1	3.202 1	1.696 9	1.215 0	2.751 3	1.481 9	1.069 9
30—21	3.391 2	1.772 0	1.248 7	2.722 8	1.461 1	1.044 0	2.354 9	1.287 6	0.927 5
30—23	2.748 7	1.456 0	1.028 5	2.233 2	1.220 2	0.873 1	1.940 4	1.082 9	0.779 8
30—25	2.077 7	1.132 1	0.803 1	1.709 8	0.961 1	0.694 3	1.492 2	0.857 5	0.624 4
35—20	5.393 8	2.761 7	1.922 3	4.238 3	2.191 7	1.546 6	3.580 3	1.878 2	1.339 4
35—22	4.787 6	2.456 0	1.702 1	3.769 4	1.963 7	1.383 4	3.199 5	1.691 7	1.204 7
35—24	4.160 6	2.145 1	1.484 5	3.292 7	1.730 6	1.220 2	2.810 9	1.502 6	1.069 9
35—26	3.513 0	1.823 8	1.266 8	2.800 5	1.492 2	1.054 4	2.404 1	1.305 7	0.932 6
35—28	2.839 4	1.497 4	1.046 6	2.290 2	1.243 5	0.883 4	1.971 5	1.098 4	0.787 6
35—30	2.139 9	1.158 0	0.818 7	1.746 1	0.976 7	0.702 1	1.510 4	0.865 3	0.629 5
40—25	5.621 8	2.873 1	1.968 9	4.401 6	2.266 8	1.575 1	3.704 7	1.932 6	1.357 5
40—27	5.000 0	2.562 2	1.756 5	3.922 3	2.036 3	1.417 1	3.316 1	1.746 1	1.228 0
40—29	4.349 7	2.246 1	1.541 5	3.432 6	1.795 3	1.253 9	2.919 7	1.551 8	1.095 9
40—31	3.671 0	1.914 5	1.318 7	2.924 9	1.546 6	1.085 5	2.492 2	1.347 2	0.956 0
40—33	2.968 9	1.567 4	1.088 1	2.383 4	1.287 6	0.911 9	2.041 5	1.126 9	0.808 3
40—35	2.235 8	1.204 7	0.849 7	1.810 9	1.007 8	0.722 8	1.557 0	0.886 0	0.642 5

表 B.1（续）

粮食种类：玉米　　　　环境温度 T_h：−5 ℃　　　　环境相对湿度 RH：90%

降水范围 (M_1-M_2) %	热风温度 T_r/℃								
	60			80			100		
	热风表观风速 v_r/(m/s)								
	0.1	0.2	0.3	0.1	0.2	0.3	0.1	0.2	0.3
20−13	2.834 2	1.564 8	1.142 5	2.326 4	1.303 1	0.958 5	2.049 2	1.152 8	0.849 7
20−15	2.160 6	1.199 5	0.870 5	1.803 1	1.020 7	0.746 1	1.593 3	0.914 5	0.671 0
22−13	3.440 4	1.878 2	1.367 9	2.774 6	1.536 3	1.126 9	2.419 7	1.347 2	0.992 2
22−15	2.774 6	1.510 4	1.095 9	2.274 6	1.264 2	0.924 9	2.000 0	1.124 4	0.823 8
22−17	2.116 6	1.168 4	0.844 6	1.761 7	0.997 4	0.725 4	1.551 8	0.893 8	0.652 8
24−13	4.059 6	2.191 7	1.590 7	3.228 0	1.766 8	1.295 3	2.787 6	1.536 3	1.129 5
24−15	3.399 0	1.821 2	1.316 1	2.738 3	1.497 4	1.090 7	2.383 4	1.318 7	0.963 7
24−17	2.748 7	1.479 3	1.064 8	2.248 7	1.240 9	0.901 6	1.968 9	1.103 6	0.805 7
24−19	2.095 9	1.150 3	0.826 4	1.738 3	0.981 9	0.712 4	1.525 9	0.880 8	0.639 9
26−13	4.686 5	2.507 8	1.813 5	3.691 7	1.997 4	1.458 5	3.158 0	1.720 2	1.261 7
26−15	4.036 3	2.137 3	1.536 3	3.207 3	1.730 6	1.256 5	2.764 2	1.507 8	1.101 0
26−17	3.391 2	1.795 3	1.285 0	2.725 4	1.479 3	1.069 9	2.365 3	1.300 5	0.945 6
26−19	2.746 1	1.466 3	1.049 2	2.238 3	1.230 6	0.888 6	1.953 4	1.093 3	0.792 7
26−21	2.090 7	1.142 5	0.816 1	1.725 4	0.974 1	0.704 7	1.510 4	0.870 5	0.634 7
28−13	5.316 1	2.826 4	2.036 3	4.163 2	2.230 6	1.624 4	3.536 3	1.906 7	1.393 8
28−15	4.683 9	2.458 5	1.756 5	3.683 9	1.963 7	1.419 7	3.147 7	1.696 9	1.233 2
28−17	4.049 2	2.114 0	1.505 2	3.207 3	1.712 4	1.235 8	2.756 5	1.494 8	1.082 9
28−19	3.406 7	1.787 6	1.266 8	2.728 0	1.468 9	1.057 0	2.362 7	1.292 7	0.935 2
28−21	2.756 5	1.466 3	1.041 5	2.238 3	1.225 4	0.880 8	1.945 6	1.088 1	0.787 6
28−23	2.095 9	1.139 9	0.813 5	1.720 2	0.968 9	0.699 5	1.502 6	0.865 3	0.629 5
30−15	5.329 0	2.782 4	1.979 3	4.171 0	2.199 5	1.585 5	3.533 7	1.883 4	1.365 3
30−17	4.712 4	2.440 4	1.725 4	3.702 1	1.950 8	1.399 0	3.152 8	1.683 9	1.217 6
30−19	4.080 3	2.114 0	1.489 6	3.225 4	1.709 8	1.222 8	2.764 2	1.489 6	1.072 5
30−21	3.435 2	1.792 7	1.261 7	2.743 5	1.471 5	1.051 8	2.365 3	1.292 7	0.930 1
30−23	2.782 4	1.474 1	1.038 9	2.251 3	1.228 0	0.878 2	1.948 2	1.088 1	0.785 0
30−25	2.106 2	1.145 1	0.813 5	1.722 8	0.971 5	0.699 5	1.500 0	0.862 7	0.629 5
35−20	5.463 7	2.797 9	1.945 6	4.269 4	2.207 3	1.557 0	3.598 4	1.886 0	1.344 6
35−22	4.849 7	2.487 0	1.722 8	3.795 3	1.976 7	1.391 2	3.215 0	1.699 5	1.209 8
35−24	4.212 4	2.171 0	1.502 6	3.316 1	1.743 5	1.228 0	2.826 4	1.510 4	1.075 1
35−26	3.557 0	1.847 2	1.282 4	2.823 8	1.502 6	1.062 2	2.417 1	1.313 5	0.937 8
35−28	2.875 6	1.518 1	1.059 6	2.305 7	1.253 9	0.891 2	1.981 9	1.103 6	0.792 7
35−30	2.171 0	1.173 6	0.829 0	1.759 1	0.984 5	0.707 3	1.518 1	0.870 5	0.632 1
40−25	5.689 1	2.911 9	1.994 8	4.435 2	2.285 0	1.588 1	3.725 4	1.940 4	1.362 7
40−27	5.051 8	2.595 9	1.779 8	3.950 8	2.049 2	1.427 5	3.331 6	1.753 9	1.233 2
40−29	4.404 1	2.274 6	1.559 6	3.456 0	1.810 9	1.261 7	2.932 6	1.557 0	1.101 0
40−31	3.717 6	1.935 2	1.334 2	2.945 6	1.559 6	1.093 3	2.500 0	1.354 9	0.961 1
40−33	3.005 2	1.588 1	1.101 0	2.396 4	1.297 9	0.917 1	2.051 8	1.134 7	0.810 9
40−35	2.261 7	1.220 2	0.860 1	1.823 8	1.013 0	0.728 0	1.567 4	0.891 2	0.647 7

表 B.1（续）

粮食种类：玉米　　环境温度 T_h：0 ℃　　环境相对湿度 RH：30%

降水范围 (M_1-M_2) %	热风温度 T_r/℃								
	60			80			100		
	热风表观风速 v_r/(m/s)								
	0.1	0.2	0.3	0.1	0.2	0.3	0.1	0.2	0.3
20—13	2.761 7	1.523 3	1.114 0	2.277 2	1.274 6	0.937 8	2.007 8	1.132 1	0.834 2
20—15	2.093 3	1.158 0	0.842 0	1.753 9	0.992 2	0.725 4	1.554 4	0.888 6	0.652 8
22—13	3.362 7	1.831 6	1.334 2	2.725 4	1.507 8	1.108 8	2.383 4	1.326 4	0.976 7
22—15	2.704 7	1.471 5	1.067 4	2.228 0	1.235 8	0.904 1	1.961 1	1.101 0	0.805 7
22—17	2.051 8	1.126 9	0.816 1	1.715 0	0.966 3	0.704 7	1.515 5	0.867 9	0.634 7
24—13	3.971 5	2.142 5	1.554 4	3.178 8	1.738 3	1.274 6	2.751 3	1.515 5	1.114 0
24—15	3.321 2	1.779 8	1.285 0	2.691 7	1.471 5	1.072 5	2.347 2	1.297 9	0.948 2
24—17	2.678 8	1.440 4	1.036 3	2.202 1	1.215 0	0.880 8	1.932 6	1.080 3	0.787 6
24—19	2.031 1	1.111 4	0.797 9	1.691 7	0.950 8	0.689 1	1.489 6	0.854 9	0.621 8
26—13	4.590 7	2.453 4	1.772 0	3.642 5	1.968 9	1.437 8	3.121 8	1.702 1	1.248 7
26—15	3.950 8	2.090 7	1.500 0	3.158 0	1.702 1	1.238 3	2.728 0	1.487 0	1.085 5
26—17	3.316 1	1.751 3	1.253 9	2.676 2	1.450 8	1.049 2	2.329 0	1.279 8	0.930 1
26—19	2.676 2	1.427 5	1.020 7	2.191 7	1.202 1	0.867 9	1.914 5	1.069 9	0.777 2
26—21	2.025 9	1.103 6	0.787 6	1.678 8	0.943 0	0.681 3	1.476 7	0.844 6	0.614 0
28—13	5.207 3	2.766 8	1.992 2	4.111 4	2.199 5	1.601 0	3.500 0	1.886 0	1.380 8
28—15	4.585 5	2.406 7	1.717 6	3.634 7	1.935 2	1.401 6	3.111 4	1.676 2	1.220 2
28—17	3.963 7	2.067 4	1.471 5	3.158 0	1.686 5	1.215 0	2.720 2	1.471 5	1.067 4
28—19	3.331 6	1.743 5	1.238 3	2.681 3	1.443 0	1.036 3	2.323 8	1.272 0	0.919 7
28—21	2.689 1	1.424 9	1.013 0	2.191 7	1.196 9	0.860 1	1.909 3	1.064 8	0.769 4
28—23	2.031 1	1.101 0	0.785 0	1.676 2	0.940 4	0.676 2	1.468 9	0.839 4	0.611 4
30—15	5.222 8	2.722 8	1.937 8	4.116 6	2.171 0	1.564 8	3.497 4	1.862 7	1.352 3
30—17	4.616 6	2.388 6	1.689 1	3.647 7	1.922 3	1.378 2	3.116 6	1.663 2	1.202 1
30—19	3.994 8	2.067 4	1.458 5	3.176 2	1.681 3	1.204 7	2.728 0	1.468 9	1.057 0
30—21	3.360 1	1.751 3	1.233 2	2.696 9	1.443 0	1.031 1	2.329 0	1.269 4	0.914 5
30—23	2.715 0	1.432 6	1.010 4	2.204 7	1.199 5	0.857 5	1.914 5	1.064 8	0.766 8
30—25	2.044 0	1.106 2	0.785 0	1.681 3	0.940 4	0.676 2	1.466 3	0.839 4	0.608 8
35—20	5.357 5	2.738 3	1.904 1	4.215 0	2.176 2	1.536 3	3.562 2	1.865 3	1.329 0
35—22	4.746 1	2.432 6	1.686 5	3.743 5	1.945 6	1.370 5	3.178 8	1.678 8	1.194 3
35—24	4.126 9	2.121 8	1.468 9	3.269 4	1.715 0	1.207 3	2.787 6	1.487 0	1.059 6
35—26	3.479 3	1.803 1	1.251 3	2.777 2	1.474 1	1.041 5	2.380 8	1.290 2	0.919 7
35—28	2.808 3	1.474 1	1.028 5	2.261 7	1.222 8	0.867 9	1.948 2	1.077 7	0.772 0
35—30	2.108 8	1.134 7	0.797 9	1.717 6	0.956 0	0.683 9	1.489 6	0.844 6	0.614 0
40—25	5.580 3	2.849 7	1.950 8	4.375 6	2.253 9	1.564 8	3.683 9	1.919 7	1.347 2
40—27	4.961 1	2.541 5	1.740 9	3.896 4	2.020 7	1.404 1	3.295 3	1.730 6	1.217 6
40—29	4.316 1	2.222 8	1.523 3	3.411 9	1.779 8	1.240 9	2.893 8	1.536 3	1.082 9
40—31	3.639 9	1.888 6	1.300 5	2.896 4	1.531 1	1.072 5	2.471 5	1.329 0	0.943 0
40—33	2.935 2	1.544 0	1.069 9	2.357 5	1.269 4	0.893 8	2.018 1	1.108 8	0.792 7
40—35	2.202 1	1.181 3	0.829 0	1.782 4	0.984 5	0.704 7	1.533 7	0.867 9	0.626 9

表 B.1（续）

粮食种类：玉米　　　　环境温度 T_h：0 ℃　　　　环境相对湿度 RH：60%

降水范围 (M_1-M_2) %	热风温度 T_r/℃								
	60			80			100		
	热风表观风速 v_r/(m/s)								
	0.1	0.2	0.3	0.1	0.2	0.3	0.1	0.2	0.3
20—13	2.816 1	1.554 4	1.134 7	2.305 7	1.290 2	0.948 2	2.025 9	1.139 9	0.842 0
20—15	2.137 3	1.183 9	0.860 1	1.777 2	1.005 2	0.735 8	1.569 9	0.899 0	0.658 0
22—13	3.427 5	1.870 5	1.362 7	2.759 1	1.525 9	1.121 8	2.401 6	1.336 8	0.984 5
22—15	2.756 5	1.500 0	1.085 5	2.253 9	1.251 3	0.914 5	1.976 7	1.108 8	0.813 5
22—17	2.093 3	1.150 3	0.831 6	1.738 3	0.979 3	0.712 4	1.528 5	0.875 6	0.639 9
24—13	4.051 8	2.186 5	1.585 5	3.215 0	1.759 1	1.287 6	2.772 0	1.525 9	1.121 8
24—15	3.386 0	1.813 5	1.308 3	2.720 2	1.487 0	1.082 9	2.365 3	1.305 7	0.956 0
24—17	2.733 2	1.468 9	1.057 0	2.228 0	1.228 0	0.891 2	1.948 2	1.088 1	0.792 7
24—19	2.072 5	1.132 1	0.813 5	1.712 4	0.963 7	0.699 5	1.502 6	0.862 7	0.626 9
26—13	4.681 3	2.502 6	1.808 3	3.681 3	1.989 6	1.453 4	3.145 1	1.712 4	1.256 5
26—15	4.028 5	2.129 5	1.528 5	3.194 3	1.720 2	1.248 7	2.746 1	1.497 4	1.093 3
26—17	3.380 8	1.785 0	1.277 2	2.707 3	1.466 3	1.062 2	2.347 2	1.287 6	0.937 8
26—19	2.728 0	1.453 4	1.038 9	2.217 6	1.215 0	0.878 2	1.932 6	1.077 7	0.782 4
26—21	2.067 4	1.124 4	0.803 1	1.702 1	0.956 0	0.691 7	1.487 0	0.852 3	0.621 8
28—13	5.310 9	2.821 2	2.031 1	4.158 0	2.225 4	1.619 2	3.525 9	1.899 0	1.388 6
28—15	4.676 2	2.453 4	1.751 3	3.676 2	1.956 0	1.414 5	3.134 7	1.686 5	1.228 0
28—17	4.041 5	2.106 2	1.497 4	3.194 3	1.702 1	1.228 0	2.740 9	1.481 9	1.075 1
28—19	3.393 8	1.777 2	1.259 1	2.712 4	1.458 5	1.049 2	2.342 0	1.279 8	0.924 9
28—21	2.743 5	1.453 4	1.031 1	2.220 2	1.209 8	0.870 5	1.924 9	1.072 5	0.774 6
28—23	2.072 5	1.124 4	0.800 5	1.696 9	0.950 8	0.686 5	1.481 9	0.847 2	0.616 6
30—15	5.321 2	2.777 2	1.974 1	4.160 6	2.194 3	1.580 3	3.523 3	1.875 6	1.360 1
30—17	4.704 7	2.432 6	1.720 2	3.689 1	1.943 0	1.393 8	3.139 9	1.676 2	1.209 8
30—19	4.075 1	2.106 2	1.484 5	3.212 4	1.699 5	1.215 0	2.748 7	1.479 3	1.064 8
30—21	3.424 9	1.785 0	1.253 9	2.728 0	1.458 5	1.041 5	2.347 2	1.279 8	0.919 7
30—23	2.766 8	1.458 5	1.028 5	2.230 6	1.212 4	0.867 9	1.930 1	1.072 5	0.772 0
30—25	2.085 5	1.126 9	0.800 5	1.702 1	0.953 4	0.683 9	1.479 3	0.847 2	0.614 0
35—20	5.458 5	2.792 7	1.940 4	4.261 7	2.199 5	1.551 8	3.590 7	1.878 2	1.336 8
35—22	4.842 0	2.481 9	1.717 6	3.787 6	1.968 9	1.386 0	3.202 1	1.689 1	1.202 1
35—24	4.204 7	2.163 2	1.494 8	3.303 1	1.733 2	1.220 2	2.810 9	1.497 4	1.064 8
35—26	3.546 6	1.839 4	1.274 6	2.808 3	1.489 6	1.051 8	2.399 0	1.297 9	0.924 9
35—28	2.862 7	1.505 2	1.049 2	2.287 6	1.238 3	0.878 2	1.963 7	1.088 1	0.779 8
35—30	2.150 3	1.158 0	0.816 1	1.738 3	0.966 3	0.694 3	1.500 0	0.852 3	0.619 2
40—25	5.683 9	2.904 1	1.989 6	4.427 5	2.277 2	1.580 3	3.715 0	1.932 6	1.354 9
40—27	5.051 8	2.590 7	1.774 6	3.943 0	2.041 5	1.419 7	3.318 7	1.743 5	1.225 4
40—29	4.393 8	2.266 8	1.551 8	3.445 6	1.800 5	1.253 9	2.911 9	1.546 6	1.090 7
40—31	3.704 7	1.927 5	1.326 4	2.924 9	1.546 6	1.082 9	2.487 0	1.339 4	0.948 2
40—33	2.992 2	1.575 1	1.090 7	2.383 4	1.282 4	0.904 1	2.033 7	1.119 2	0.797 9
40—35	2.243 5	1.204 7	0.847 2	1.805 7	0.997 4	0.712 4	1.546 6	0.875 6	0.634 7

表 B.1（续）

粮食种类：玉米　　　　环境温度 T_h：0 ℃　　　　环境相对湿度 RH：90%

降水范围 (M_1-M_2) %	热风温度 T_r/℃								
	60			80			100		
	热风表观风速 v_r/(m/s)								
	0.1	0.2	0.3	0.1	0.2	0.3	0.1	0.2	0.3
20—13	2.873 1	1.585 5	1.158 0	2.331 6	1.305 7	0.958 5	2.041 5	1.150 3	0.847 2
20—15	2.178 8	1.207 3	0.878 2	1.800 5	1.018 1	0.743 5	1.582 9	0.906 7	0.665 8
22—13	3.494 8	1.906 7	1.388 6	2.787 6	1.541 5	1.132 1	2.419 7	1.347 2	0.992 2
22—15	2.810 9	1.525 9	1.106 2	2.279 8	1.264 2	0.924 9	1.994 8	1.116 6	0.818 7
22—17	2.134 7	1.173 6	0.847 2	1.759 1	0.992 2	0.722 8	1.544 0	0.886 0	0.647 7
24—13	4.129 5	2.223 0	1.614 0	3.251 3	1.777 2	1.300 5	2.792 7	1.536 3	1.129 5
24—15	3.450 8	1.847 2	1.331 6	2.751 3	1.502 6	1.095 9	2.383 4	1.316 1	0.961 1
24—17	2.785 0	1.494 8	1.075 1	2.253 9	1.240 9	0.901 6	1.963 7	1.098 4	0.800 5
24—19	2.114 0	1.155 4	0.829 0	1.735 8	0.976 7	0.707 3	1.515 5	0.870 5	0.634 7
26—13	4.772 0	2.55[illegible] 8	1.842 0	3.722 8	2.010 4	1.468 9	3.168 4	1.722 8	1.264 2
26—15	4.106 2	2.171 0	1.557 0	3.228 0	1.738 3	1.261 7	2.766 8	1.507 8	1.098 4
26—17	3.445 6	1.816 1	1.297 9	2.738 3	1.481 9	1.072 5	2.362 7	1.297 9	0.943 0
26—19	2.779 8	1.479 3	1.057 0	2.243 5	1.228 0	0.886 0	1.948 2	1.085 5	0.787 6
26—21	2.106 2	1.145 1	0.818 7	1.722 8	0.968 9	0.699 5	1.500 0	0.860 1	0.626 9
28—13	5.411 9	2.875 6	2.067 4	4.202 1	2.246 1	1.634 7	3.549 2	1.909 3	1.396 4
28—15	4.766 8	2.497 4	1.782 4	3.715 0	1.976 7	1.427 5	3.155 4	1.696 9	1.233 2
28—17	4.119 2	2.145 1	1.523 3	3.230 6	1.720 2	1.238 3	2.761 7	1.492 2	1.080 3
28—19	3.461 1	1.808 3	1.282 4	2.743 5	1.474 1	1.057 0	2.360 1	1.290 2	0.932 6
28—21	2.795 3	1.479 3	1.049 2	2.243 5	1.225 4	0.878 2	1.940 4	1.080 3	0.782 4
28—23	2.114 0	1.145 1	0.813 5	1.717 6	0.963 7	0.694 3	1.492 2	0.854 9	0.621 8
30—15	5.424 9	2.826 4	2.010 4	4.209 8	2.217 6	1.593 3	3.549 2	1.886 0	1.367 9
30—17	4.792 7	2.479 3	1.751 3	3.730 6	1.961 1	1.406 7	3.160 6	1.686 5	1.217 6
30—19	4.150 3	2.145 1	1.510 4	3.246 1	1.717 6	1.228 0	2.766 8	1.487 0	1.072 5
30—21	3.489 6	1.816 1	1.277 2	2.756 5	1.474 1	1.051 8	2.365 3	1.287 6	0.927 5
30—23	2.818 7	1.487 0	1.046 6	2.256 5	1.228 0	0.878 2	1.945 6	1.080 3	0.779 8
30—25	2.126 9	1.150 3	0.816 1	1.722 8	0.963 7	0.694 3	1.489 6	0.854 9	0.619 2
35—20	5.569 9	2.844 6	1.976 7	4.305 7	2.222 8	1.567 4	3.616 6	1.888 6	1.344 6
35—22	4.927 5	2.528 5	1.748 7	3.831 6	1.989 6	1.399 0	3.225 4	1.699 5	1.209 8
35—24	4.282 4	2.204 7	1.523 3	3.339 4	1.751 3	1.230 6	2.831 6	1.507 8	1.072 5
35—26	3.608 8	1.873 1	1.297 9	2.839 4	1.505 2	1.062 2	2.417 1	1.308 3	0.932 6
35—28	2.911 9	1.533 7	1.067 4	2.313 5	1.251 3	0.888 6	1.979 3	1.095 9	0.785 0
35—30	2.194 3	1.181 3	0.831 6	1.759 1	0.979 3	0.702 1	1.510 4	0.860 1	0.624 4
40—25	5.790 2	2.961 1	2.025 9	4.471 5	2.303 1	1.595 9	3.740 9	1.945 6	1.365 3
40—27	5.134 7	2.639 9	1.805 7	3.979 3	2.064 8	1.435 2	3.339 4	1.753 9	1.233 2
40—29	4.476 7	2.308 3	1.580 3	3.484 5	1.818 7	1.266 8	2.935 2	1.557 0	1.098 4
40—31	3.779 8	1.963 7	1.349 7	2.958 5	1.564 8	1.095 9	2.502 6	1.349 7	0.956 0
40—33	3.049 2	1.606 2	1.111 4	2.404 1	1.297 9	0.914 5	2.049 2	1.126 9	0.805 7
40—35	2.285 0	1.230 6	0.862 7	1.823 8	1.010 4	0.722 8	1.559 6	0.880 8	0.639 9

表 B.1(续)

粮食种类:玉米　　　　环境温度 T_h:5 ℃　　　　环境相对湿度 RH:30%

降水范围 (M_1-M_2) %	热风温度 T_r/℃								
	60			80			100		
	热风表观风速 v_r/(m/s)								
	0.1	0.2	0.3	0.1	0.2	0.3	0.1	0.2	0.3
20—13	2.766 8	1.525 9	1.114 0	2.266 8	1.266 8	0.932 6	1.992 2	1.121 8	0.829 0
20—15	2.085 5	1.152 8	0.839 4	1.735 8	0.979 3	0.717 6	1.533 7	0.875 6	0.642 5
22—13	3.378 2	1.839 4	1.339 4	2.722 8	1.505 2	1.106 2	2.370 5	1.318 7	0.971 5
22—15	2.707 3	1.471 5	1.064 8	2.215 0	1.228 0	0.899 0	1.943 0	1.088 1	0.797 9
22—17	2.044 0	1.119 2	0.810 9	1.696 9	0.953 4	0.694 3	1.497 4	0.854 9	0.624 4
24—13	3.997 4	2.152 8	1.562 2	3.181 3	1.738 3	1.274 6	2.743 5	1.510 4	1.111 4
24—15	3.336 8	1.785 0	1.287 6	2.686 5	1.466 3	1.069 9	2.331 6	1.287 6	0.943 0
24—17	2.683 9	1.437 8	1.036 3	2.189 1	1.204 7	0.875 6	1.914 5	1.067 4	0.779 8
24—19	2.023 3	1.101 0	0.790 2	1.676 2	0.937 8	0.681 3	1.471 5	0.839 4	0.611 4
26—13	4.619 2	2.468 9	1.782 4	3.647 7	1.968 9	1.437 8	3.119 2	1.696 9	1.246 1
26—15	3.974 1	2.101 0	1.505 2	3.160 6	1.702 1	1.235 8	2.717 6	1.481 9	1.080 3
26—17	3.329 0	1.756 5	1.256 5	2.673 6	1.445 6	1.046 6	2.316 1	1.269 4	0.924 9
26—19	2.681 3	1.424 9	1.018 1	2.178 8	1.191 7	0.860 1	1.899 0	1.057 0	0.766 8
26—21	2.018 1	1.093 3	0.779 8	1.663 2	0.930 1	0.671 0	1.456 0	0.829 0	0.603 6
28—13	5.243 5	2.785 0	2.002 6	4.121 8	2.204 7	1.603 6	3.500 0	1.883 4	1.378 2
28—15	4.616 6	2.419 7	1.725 4	3.642 5	1.935 2	1.399 0	3.106 2	1.671 0	1.215 0
28—17	3.987 0	2.075 1	1.476 7	3.160 6	1.683 9	1.212 4	2.712 4	1.466 3	1.062 2
28—19	3.344 6	1.748 7	1.238 3	2.676 2	1.435 2	1.031 1	2.310 9	1.261 7	0.911 9
28—21	2.694 3	1.422 3	1.007 8	2.181 3	1.186 5	0.852 3	1.893 8	1.051 8	0.759 1
28—23	2.025 9	1.090 7	0.774 6	1.663 2	0.924 9	0.665 8	1.450 8	0.823 8	0.598 4
30—15	5.256 5	2.740 9	1.945 6	4.126 9	2.173 6	1.564 8	3.497 4	1.860 1	1.349 7
30—17	4.647 7	2.401 6	1.696 9	3.655 4	1.922 3	1.378 2	3.111 4	1.658 0	1.196 9
30—19	4.018 1	2.075 1	1.461 1	3.178 8	1.678 8	1.199 5	2.720 2	1.461 1	1.051 8
30—21	3.375 6	1.753 9	1.233 2	2.691 7	1.437 8	1.025 9	2.316 1	1.259 1	0.906 7
30—23	2.720 2	1.430 1	1.007 8	2.194 3	1.189 1	0.849 7	1.899 0	1.049 2	0.756 5
30—25	2.038 9	1.095 9	0.774 6	1.665 8	0.924 9	0.665 8	1.450 8	0.823 8	0.595 9
35—20	5.391 2	2.753 9	1.914 5	4.222 8	2.178 8	1.536 3	3.562 2	1.860 1	1.323 8
35—22	4.779 8	2.448 2	1.691 7	3.748 7	1.948 2	1.370 5	3.176 2	1.673 6	1.189 1
35—24	4.150 3	2.132 1	1.474 1	3.272 0	1.709 8	1.202 1	2.782 4	1.479 3	1.051 8
35—26	3.494 8	1.808 3	1.251 3	2.774 6	1.466 3	1.033 7	2.370 5	1.277 2	0.911 9
35—28	2.813 5	1.474 1	1.025 9	2.253 9	1.212 4	0.860 1	1.935 2	1.064 8	0.761 7
35—30	2.103 6	1.126 9	0.790 2	1.704 7	0.943 0	0.673 6	1.474 1	0.831 6	0.601 0
40—25	5.616 6	2.865 3	1.961 1	4.388 6	2.256 5	1.564 8	3.686 5	1.914 5	1.344 6
40—27	4.989 6	2.554 4	1.748 7	3.909 3	2.020 7	1.401 6	3.295 3	1.725 4	1.212 4
40—29	4.339 4	2.233 2	1.528 5	3.414 5	1.777 2	1.238 3	2.888 6	1.528 5	1.075 1
40—31	3.658 0	1.896 4	1.303 1	2.896 4	1.523 3	1.064 8	2.458 5	1.318 7	0.932 6
40—33	2.943 0	1.544 0	1.067 4	2.347 2	1.259 1	0.886 0	2.005 2	1.095 9	0.782 4
40—35	2.204 7	1.176 2	0.821 2	1.772 0	0.974 1	0.691 7	1.518 1	0.852 3	0.616 6

表 B.1（续）

粮食种类：玉米　　　　环境温度 T_h：5 ℃　　　　环境相对湿度 RH：60%

降水范围 (M_1-M_2) %	热风温度 T_r/℃								
	60			80			100		
	热风表观风速 v_r/(m/s)								
	0.1	0.2	0.3	0.1	0.2	0.3	0.1	0.2	0.3
20—13	2.847 2	1.569 9	1.145 1	2.305 7	1.290 2	0.948 2	2.015 5	1.134 7	0.836 8
20—15	2.147 7	1.186 5	0.862 7	1.769 4	0.997 4	0.730 6	1.557 0	0.888 6	0.652 8
22—13	3.474 1	1.891 2	1.378 2	2.766 8	1.528 5	1.124 4	2.396 4	1.331 6	0.981 9
22—15	2.785 0	1.510 4	1.093 3	2.253 9	1.248 7	0.911 9	1.966 3	1.101 0	0.808 3
22—17	2.103 6	1.152 8	0.834 2	1.730 6	0.971 5	0.707 3	1.515 5	0.865 3	0.632 1
24—13	4.108 8	2.215 0	1.603 6	3.233 2	1.764 2	1.292 7	2.772 0	1.523 3	1.121 8
24—15	3.430 1	1.831 6	1.321 2	2.730 6	1.489 6	1.085 5	2.360 1	1.300 5	0.953 4
24—17	2.759 1	1.476 7	1.062 2	2.225 4	1.225 4	0.888 6	1.937 8	1.080 3	0.787 6
24—19	2.082 9	1.132 1	0.813 5	1.704 7	0.956 0	0.691 7	1.489 6	0.849 7	0.619 2
26—13	4.748 7	2.538 9	1.831 6	3.707 3	2.000 0	1.458 5	3.152 8	1.712 4	1.256 5
26—15	4.085 5	2.158 0	1.546 6	3.209 8	1.725 4	1.253 9	2.746 1	1.494 8	1.090 7
26—17	3.422 3	1.803 1	1.287 6	2.717 6	1.466 3	1.062 2	2.342 0	1.282 4	0.932 6
26—19	2.756 5	1.463 7	1.044 0	2.215 0	1.209 8	0.873 1	1.922 3	1.069 9	0.774 6
26—21	2.077 7	1.124 4	0.803 1	1.694 3	0.945 6	0.683 9	1.474 1	0.842 0	0.611 4
28—13	5.388 6	2.862 7	2.057 0	4.186 5	2.238 3	1.626 9	3.536 3	1.901 6	1.388 6
28—15	4.743 5	2.484 5	1.772 0	3.699 5	1.963 7	1.419 7	3.139 9	1.686 5	1.225 4
28—17	4.098 4	2.132 1	1.513 0	3.212 4	1.707 3	1.230 6	2.740 9	1.479 3	1.072 5
28—19	3.440 4	1.795 3	1.269 4	2.720 2	1.458 5	1.046 6	2.336 8	1.274 6	0.922 3
28—21	2.769 4	1.461 1	1.033 7	2.220 2	1.207 3	0.865 3	1.917 1	1.062 2	0.769 4
28—23	2.085 5	1.121 8	0.797 9	1.691 7	0.943 0	0.678 8	1.468 9	0.836 8	0.606 2
30—15	5.401 6	2.813 5	1.997 4	4.194 3	2.207 3	1.585 5	3.536 3	1.878 2	1.360 1
30—17	4.774 6	2.466 3	1.740 9	3.715 0	1.950 8	1.396 4	3.145 1	1.673 6	1.207 3
30—19	4.132 1	2.132 1	1.500 0	3.228 0	1.704 7	1.217 6	2.748 7	1.474 1	1.062 2
30—21	3.468 9	1.800 5	1.264 2	2.738 3	1.458 5	1.041 5	2.342 0	1.272 0	0.914 5
30—23	2.795 3	1.468 9	1.033 7	2.230 6	1.207 3	0.862 7	1.919 7	1.062 2	0.764 2
30—25	2.098 4	1.126 9	0.797 9	1.696 9	0.943 0	0.676 2	1.466 3	0.834 2	0.606 2
35—20	5.541 5	2.829 0	1.963 7	4.292 7	2.212 4	1.557 0	3.601 0	1.878 2	1.336 8
35—22	4.911 9	2.513 0	1.735 8	3.813 5	1.976 7	1.388 6	3.209 8	1.689 1	1.199 5
35—24	4.259 1	2.189 1	1.513 0	3.323 8	1.738 3	1.220 2	2.810 9	1.494 8	1.062 2
35—26	3.593 3	1.857 5	1.285 0	2.821 2	1.489 6	1.049 2	2.396 4	1.292 7	0.919 7
35—28	2.893 8	1.515 5	1.054 4	2.292 7	1.233 2	0.873 1	1.956 0	1.077 7	0.772 0
35—30	2.168 4	1.158 0	0.813 5	1.735 8	0.958 5	0.686 5	1.489 6	0.842 0	0.608 8
40—25	5.766 8	2.948 2	2.015 5	4.458 5	2.290 2	1.588 1	3.728 0	1.935 2	1.354 9
40—27	5.116 6	2.626 9	1.795 3	3.968 9	2.051 8	1.424 9	3.326 4	1.743 5	1.222 8
40—29	4.453 4	2.292 7	1.569 9	3.466 3	1.805 7	1.256 5	2.914 5	1.541 5	1.085 5
40—31	3.753 9	1.948 2	1.336 8	2.940 4	1.549 2	1.082 9	2.484 5	1.334 2	0.943 0
40—33	3.025 9	1.585 5	1.095 9	2.383 4	1.279 8	0.901 6	2.025 9	1.108 8	0.790 2
40—35	2.259 1	1.209 8	0.844 6	1.800 5	0.989 6	0.704 7	1.536 3	0.862 7	0.624 4

表 B.1（续）

粮食种类:玉米　　　　环境温度 T_h:5 ℃　　　　环境相对湿度 RH:90%

降水范围 (M_1-M_2) %	热风温度 T_r/℃								
	60			80			100		
	热风表观风速 v_r/(m/s)								
	0.1	0.2	0.3	0.1	0.2	0.3	0.1	0.2	0.3
20—13	2.927 5	1.611 4	1.178 8	2.344 6	1.310 9	0.963 7	2.038 9	1.147 7	0.844 6
20—15	2.209 8	1.220 2	0.886 0	1.803 1	1.015 5	0.743 5	1.575 1	0.899 0	0.660 6
22—13	3.569 9	1.943 0	1.414 5	2.810 9	1.551 8	1.139 9	2.422 3	1.347 2	0.992 2
22—15	2.860 1	1.549 2	1.121 8	2.290 2	1.269 4	0.927 5	1.989 6	1.114 0	0.816 1
22—17	2.163 2	1.183 9	0.854 9	1.761 7	0.989 6	0.720 2	1.533 7	0.878 2	0.639 9
24—13	4.222 8	2.274 6	1.647 7	3.285 0	1.790 2	1.310 9	2.800 5	1.538 9	1.129 5
24—15	3.525 9	1.880 8	1.354 9	2.772 0	1.510 4	1.101 0	2.383 4	1.313 5	0.961 1
24—17	2.834 2	1.515 5	1.088 1	2.264 2	1.243 5	0.901 6	1.958 5	1.093 3	0.795 3
24—19	2.139 9	1.163 2	0.834 2	1.735 8	0.971 5	0.704 7	1.507 8	0.862 7	0.626 9
26—13	4.880 8	2.606 2	1.878 2	3.764 2	2.028 5	1.479 3	3.183 9	1.728 0	1.266 8
26—15	4.199 5	2.215 0	1.585 5	3.261 7	1.751 3	1.269 4	2.774 6	1.507 8	1.098 4
26—17	3.518 1	1.849 7	1.318 7	2.759 1	1.487 0	1.075 1	2.365 3	1.295 3	0.940 4
26—19	2.831 6	1.500 0	1.069 9	2.253 9	1.230 6	0.886 0	1.943 0	1.080 3	0.782 4
26—21	2.134 7	1.155 4	0.823 8	1.722 8	0.963 7	0.694 3	1.492 2	0.852 3	0.619 2
28—13	5.533 7	2.940 4	2.111 4	4.253 9	2.269 4	1.647 7	3.572 5	1.917 1	1.401 6
28—15	4.878 2	2.551 8	1.816 1	3.756 5	1.992 2	1.437 8	3.171 0	1.702 1	1.235 8
28—17	4.209 8	2.189 1	1.551 8	3.261 7	1.733 2	1.246 1	2.769 4	1.492 2	1.080 3
28—19	3.533 7	1.839 4	1.300 5	2.764 2	1.479 3	1.062 2	2.362 7	1.287 6	0.930 1
28—21	2.844 6	1.500 0	1.059 6	2.253 9	1.225 4	0.878 2	1.937 8	1.075 1	0.777 2
28—23	2.142 5	1.152 8	0.818 7	1.720 2	0.958 5	0.691 7	1.484 5	0.847 2	0.614 0
30—15	5.549 2	2.888 6	2.049 2	4.261 7	2.238 3	1.608 8	3.572 5	1.893 8	1.370 5
30—17	4.904 1	2.531 1	1.785 0	3.772 0	1.979 3	1.417 1	3.176 2	1.689 1	1.217 6
30—19	4.240 9	2.186 5	1.536 3	3.279 8	1.728 0	1.233 2	2.777 2	1.489 6	1.069 9
30—21	3.564 8	1.849 7	1.295 3	2.782 4	1.481 9	1.057 0	2.367 9	1.285 0	0.924 9
30—23	2.873 1	1.507 8	1.059 6	2.269 4	1.228 0	0.875 6	1.943 0	1.075 1	0.774 6
30—25	2.158 0	1.158 0	0.818 7	1.725 4	0.961 1	0.689 1	1.484 5	0.844 6	0.614 0
35—20	5.691 7	2.904 1	2.015 5	4.360 1	2.246 1	1.580 3	3.637 3	1.896 4	1.347 2
35—22	5.044 0	2.582 9	1.782 4	3.870 5	2.007 8	1.409 3	3.243 5	1.704 7	1.209 8
35—24	4.373 1	2.248 7	1.549 2	3.375 6	1.764 2	1.238 3	2.839 4	1.507 8	1.072 5
35—26	3.689 1	1.906 7	1.318 7	2.862 7	1.513 0	1.064 8	2.422 3	1.305 7	0.930 1
35—28	2.971 5	1.557 0	1.080 3	2.326 4	1.253 9	0.886 0	1.979 3	1.088 1	0.779 8
35—30	2.230 6	1.191 7	0.836 8	1.764 2	0.976 7	0.696 9	1.505 2	0.852 3	0.616 6
40—25	5.911 9	3.025 9	2.069 9	4.523 3	2.326 4	1.611 4	3.759 1	1.953 4	1.367 9
40—27	5.251 3	2.699 5	1.844 6	4.025 9	2.082 9	1.445 6	3.360 1	1.759 1	1.233 2
40—29	4.569 9	2.354 9	1.611 4	3.520 7	1.834 2	1.274 6	2.943 0	1.559 6	1.095 9
40—31	3.857 5	2.000 0	1.373 1	2.987 0	1.572 5	1.098 4	2.510 4	1.347 2	0.953 4
40—33	3.101 0	1.629 5	1.126 9	2.424 9	1.303 1	0.914 5	2.049 2	1.121 8	0.800 5
40—35	2.326 4	1.243 5	0.870 5	1.831 6	1.007 8	0.717 6	1.554 4	0.875 6	0.632 1

表 B.1（续）

粮食种类：玉米　　　　环境温度 T_h：10 ℃　　　　环境相对湿度 RH：30%

降水范围 (M_1-M_2) %	热风温度 T_r/℃								
	60			80			100		
	热风表观风速 v_r/(m/s)								
	0.1	0.2	0.3	0.1	0.2	0.3	0.1	0.2	0.3
20—13	2.779 8	1.531 1	1.116 6	2.259 1	1.261 7	0.930 1	1.976 7	1.111 4	0.821 2
20—15	2.080 3	1.147 7	0.834 2	1.720 2	0.968 9	0.709 8	1.515 5	0.862 7	0.634 7
22—13	3.404 1	1.849 7	1.344 6	2.722 8	1.502 6	1.103 6	2.360 1	1.310 9	0.968 9
22—15	2.720 2	1.474 1	1.067 4	2.207 3	1.222 8	0.893 8	1.927 5	1.077 7	0.792 7
22—17	2.038 9	1.114 0	0.805 7	1.681 3	0.940 4	0.686 5	1.476 7	0.839 4	0.614 0
24—13	4.031 1	2.168 4	1.569 9	3.189 1	1.738 3	1.274 6	2.738 3	1.505 2	1.106 2
24—15	3.360 1	1.792 7	1.290 2	2.683 9	1.463 7	1.067 4	2.321 2	1.279 8	0.937 8
24—17	2.694 3	1.440 4	1.036 3	2.178 8	1.196 9	0.870 5	1.899 0	1.057 0	0.772 0
24—19	2.018 1	1.093 3	0.785 0	1.658 0	0.924 9	0.671 0	1.453 4	0.823 8	0.601 0
26—13	4.663 2	2.487 0	1.792 7	3.660 6	1.974 1	1.440 4	3.119 2	1.694 3	1.243 5
26—15	4.010 4	2.114 0	1.513 0	3.165 8	1.702 1	1.233 2	2.712 4	1.474 1	1.075 1
26—17	3.354 9	1.764 2	1.259 1	2.671 0	1.440 4	1.041 5	2.303 1	1.261 7	0.917 1
26—19	2.691 7	1.424 9	1.015 5	2.171 0	1.181 3	0.854 9	1.883 4	1.044 0	0.759 1
26—21	2.015 5	1.085 5	0.774 6	1.650 3	0.914 5	0.660 6	1.437 8	0.813 5	0.590 7
28—13	5.292 7	2.808 3	2.015 5	4.139 9	2.209 8	1.606 2	3.502 6	1.880 8	1.375 6
28—15	4.658 0	2.437 8	1.735 8	3.655 4	1.940 4	1.401 6	3.103 6	1.665 8	1.212 4
28—17	4.020 7	2.090 7	1.481 9	3.168 4	1.681 3	1.209 8	2.704 7	1.458 5	1.057 0
28—19	3.370 5	1.753 9	1.243 5	2.676 2	1.430 1	1.028 5	2.300 5	1.251 3	0.904 1
28—21	2.707 3	1.422 3	1.007 8	2.173 6	1.178 8	0.844 6	1.878 2	1.038 9	0.751 3
28—23	2.025 9	1.082 9	0.769 4	1.647 7	0.911 9	0.655 4	1.432 6	0.810 9	0.585 5
30—15	5.303 1	2.761 7	1.961 1	4.145 1	2.178 8	1.567 4	3.500 0	1.857 5	1.347 2
30—17	4.689 1	2.419 7	1.707 3	3.671 0	1.924 9	1.378 2	3.111 4	1.652 8	1.194 3
30—19	4.051 8	2.088 1	1.468 9	3.186 5	1.678 8	1.199 5	2.712 4	1.453 4	1.046 6
30—21	3.399 0	1.761 7	1.235 8	2.691 7	1.432 6	1.020 7	2.305 7	1.251 3	0.899 0
30—23	2.733 2	1.430 1	1.005 2	2.189 1	1.178 8	0.842 0	1.883 4	1.036 3	0.746 1
30—25	2.038 9	1.088 1	0.769 4	1.655 4	0.911 9	0.652 8	1.432 6	0.808 3	0.585 5
35—20	5.450 8	2.777 2	1.927 5	4.240 9	2.183 9	1.538 9	3.567 4	1.857 5	1.321 2
35—22	4.826 4	2.466 3	1.702 1	3.764 2	1.948 2	1.370 5	3.176 2	1.668 4	1.183 9
35—24	4.186 5	2.147 7	1.479 3	3.277 2	1.709 8	1.202 1	2.777 2	1.471 5	1.046 6
35—26	3.520 7	1.816 1	1.253 9	2.774 6	1.463 7	1.028 5	2.362 7	1.266 8	0.901 6
35—28	2.826 4	1.474 1	1.023 3	2.248 7	1.204 7	0.852 3	1.924 9	1.051 8	0.751 3
35—30	2.108 8	1.119 2	0.782 4	1.694 3	0.927 5	0.660 6	1.458 5	0.816 1	0.588 1
40—25	5.671 0	2.888 6	1.976 7	4.406 7	2.261 7	1.567 4	3.691 7	1.911 9	1.339 4
40—27	5.028 5	2.575 1	1.759 1	3.917 1	2.023 3	1.404 1	3.290 2	1.720 2	1.207 3
40—29	4.380 8	2.248 7	1.536 3	3.424 9	1.777 2	1.235 8	2.886 0	1.520 7	1.069 9
40—31	3.681 3	1.904 1	1.305 7	2.899 0	1.520 7	1.062 2	2.453 4	1.310 9	0.924 9
40—33	2.961 1	1.546 6	1.067 4	2.344 6	1.251 3	0.878 2	1.994 8	1.085 5	0.772 0
40—35	2.204 7	1.171 0	0.813 5	1.761 7	0.961 1	0.681 3	1.505 2	0.839 4	0.603 6

表 B.1（续）

粮食种类：玉米　　　　环境温度 T_h：10 ℃　　　　环境相对湿度 RH：60%

降水范围 (M_1-M_2) %	热风温度 T_r/℃								
	60			80			100		
	热风表观风速 v_r/(m/s)								
	0.1	0.2	0.3	0.1	0.2	0.3	0.1	0.2	0.3
20—13	2.893 8	1.593 3	1.163 2	2.313 5	1.292 7	0.950 8	2.010 4	1.129 5	0.834 2
20—15	2.168 4	1.194 3	0.870 5	1.766 8	0.994 8	0.728 0	1.544 0	0.878 2	0.645 1
22—13	3.538 9	1.924 9	1.399 0	2.785 0	1.536 3	1.129 5	2.396 4	1.331 6	0.981 9
22—15	2.829 0	1.531 1	1.108 8	2.259 1	1.248 7	0.914 5	1.958 5	1.095 9	0.803 1
22—17	2.124 4	1.158 0	0.836 8	1.725 4	0.966 3	0.704 7	1.505 2	0.854 9	0.626 9
24—13	4.191 7	2.256 5	1.632 1	3.261 7	1.777 2	1.300 5	2.777 2	1.525 9	1.121 8
24—15	3.494 8	1.860 1	1.339 4	2.746 1	1.494 8	1.088 1	2.357 5	1.297 9	0.950 8
24—17	2.803 1	1.494 8	1.072 5	2.233 2	1.222 8	0.888 6	1.930 1	1.072 5	0.782 4
24—19	2.103 6	1.137 3	0.816 1	1.702 1	0.948 2	0.689 1	1.479 3	0.839 4	0.611 4
26—13	4.847 2	2.585 5	1.862 7	3.743 5	2.015 5	1.468 9	3.163 2	1.715 0	1.256 5
26—15	4.168 4	2.194 3	1.569 9	3.238 3	1.735 8	1.259 1	2.753 9	1.494 8	1.090 7
26—17	3.487 0	1.829 0	1.305 7	2.733 2	1.471 5	1.062 2	2.339 4	1.279 8	0.930 1
26—19	2.797 9	1.479 3	1.054 4	2.222 8	1.209 8	0.873 1	1.914 5	1.062 2	0.769 4
26—21	2.098 4	1.129 5	0.805 7	1.691 7	0.940 4	0.678 8	1.463 7	0.831 6	0.603 6
28—13	5.500 0	2.919 7	2.093 3	4.233 2	2.256 5	1.639 9	3.554 4	1.906 7	1.393 8
28—15	4.844 6	2.531 1	1.800 5	3.735 8	1.979 3	1.427 5	3.150 3	1.689 1	1.225 4
28—17	4.181 3	2.168 4	1.536 3	3.238 3	1.717 6	1.235 8	2.746 1	1.479 3	1.069 9
28—19	3.502 6	1.821 2	1.287 6	2.738 3	1.461 1	1.049 2	2.336 8	1.269 4	0.917 1
28—21	2.813 5	1.479 3	1.044 0	2.225 4	1.204 7	0.865 3	1.911 9	1.054 4	0.761 7
28—23	2.108 8	1.126 9	0.800 5	1.691 7	0.935 2	0.673 6	1.458 5	0.826 4	0.598 4
30—15	5.515 5	2.867 9	2.033 7	4.238 3	2.225 4	1.598 4	3.554 4	1.880 8	1.362 7
30—17	4.873 1	2.510 4	1.769 4	3.751 3	1.963 7	1.404 1	3.158 0	1.676 2	1.209 8
30—19	4.212 4	2.168 4	1.520 7	3.256 5	1.712 4	1.222 8	2.753 9	1.474 1	1.059 6
30—21	3.536 3	1.829 0	1.279 8	2.753 9	1.463 7	1.041 5	2.342 0	1.269 4	0.911 9
30—23	2.839 4	1.487 0	1.041 5	2.238 3	1.207 3	0.860 1	1.914 5	1.054 4	0.759 1
30—25	2.124 4	1.134 7	0.800 5	1.694 3	0.935 2	0.671 0	1.458 5	0.823 8	0.595 9
35—20	5.655 4	2.883 4	1.997 4	4.339 4	2.230 6	1.569 9	3.619 2	1.883 4	1.336 8
35—22	5.010 4	2.559 6	1.766 8	3.852 3	1.992 2	1.396 4	3.222 8	1.689 1	1.199 5
35—24	4.344 6	2.230 6	1.536 3	3.349 7	1.746 1	1.225 4	2.818 7	1.492 2	1.059 6
35—26	3.655 4	1.886 0	1.303 1	2.839 4	1.494 8	1.051 8	2.396 4	1.287 6	0.914 5
35—28	2.940 4	1.533 7	1.062 2	2.297 9	1.233 2	0.870 5	1.953 4	1.069 9	0.764 2
35—30	2.194 3	1.165 8	0.816 1	1.735 8	0.953 4	0.678 8	1.481 9	0.831 6	0.601 0
40—25	5.883 4	3.002 6	2.051 8	4.507 8	2.310 9	1.598 4	3.748 7	1.940 4	1.357 5
40—27	5.207 3	2.676 2	1.826 4	4.002 6	2.067 4	1.432 6	3.339 4	1.743 5	1.222 8
40—29	4.528 5	2.336 8	1.595 9	3.494 8	1.816 1	1.261 7	2.924 9	1.541 5	1.082 9
40—31	3.826 4	1.979 3	1.354 9	2.963 7	1.554 4	1.082 9	2.484 5	1.329 0	0.937 8
40—33	3.072 5	1.606 2	1.108 8	2.396 4	1.279 8	0.899 0	2.023 3	1.103 6	0.785 0
40—35	2.292 7	1.220 2	0.849 7	1.803 1	0.984 5	0.699 5	1.528 5	0.854 9	0.614 0

表 B.1（续）

粮食种类：玉米　　　　环境温度 T_h：10 ℃　　　　环境相对湿度 RH：90%

降水范围 (M_1-M_2) %	热风温度 T_r/℃								
	60			80			100		
	热风表观风速 v_r/(m/s)								
	0.1	0.2	0.3	0.1	0.2	0.3	0.1	0.2	0.3
20—13	3.007 8	1.652 8	1.207 3	2.365 3	1.321 2	0.971 5	2.041 5	1.147 7	0.847 2
20—15	2.256 5	1.240 9	0.901 6	1.810 9	1.018 1	0.746 1	1.572 5	0.893 8	0.658 0
22—13	3.676 2	1.997 4	1.450 8	2.847 2	1.567 4	1.150 3	2.432 6	1.349 7	0.992 2
22—15	2.937 8	1.585 5	1.147 7	2.310 9	1.277 2	0.932 6	1.992 2	1.111 4	0.816 1
22—17	2.207 3	1.202 1	0.867 9	1.769 4	0.989 6	0.720 2	1.531 1	0.870 5	0.637 3
24—13	4.354 9	2.342 0	1.691 7	3.331 6	1.813 5	1.326 4	2.818 7	1.544 0	1.134 7
24—15	3.629 5	1.930 1	1.386 0	2.805 7	1.525 9	1.108 8	2.393 8	1.316 1	0.961 1
24—17	2.909 3	1.549 2	1.111 4	2.282 4	1.248 7	0.906 7	1.961 1	1.090 7	0.792 7
24—19	2.186 5	1.181 3	0.847 2	1.743 5	0.971 5	0.704 7	1.502 6	0.854 9	0.621 8
26—13	5.033 7	2.686 5	1.932 6	3.826 4	2.057 0	1.497 4	3.209 8	1.735 8	1.272 0
26—15	4.329 0	2.274 6	1.626 9	3.308 3	1.772 0	1.282 4	2.792 7	1.513 0	1.103 6
26—17	3.621 8	1.896 4	1.349 7	2.792 7	1.500 0	1.082 9	2.375 6	1.295 3	0.940 4
26—19	2.906 7	1.533 7	1.090 7	2.272 0	1.235 8	0.891 2	1.945 6	1.077 7	0.779 8
26—21	2.181 3	1.171 0	0.834 2	1.733 2	0.963 7	0.694 3	1.487 0	0.844 6	0.614 0
28—13	5.712 4	3.031 1	2.171 0	4.321 2	2.303 1	1.671 0	3.603 6	1.930 1	1.409 3
28—15	5.028 5	2.624 4	1.865 3	3.818 7	2.018 1	1.456 0	3.196 9	1.709 8	1.240 9
28—17	4.342 0	2.248 7	1.590 7	3.310 9	1.751 3	1.259 1	2.785 0	1.497 4	1.082 9
28—19	3.637 3	1.888 6	1.331 6	2.797 9	1.492 2	1.069 9	2.370 5	1.287 6	0.930 1
28—21	2.919 7	1.533 7	1.080 3	2.277 2	1.230 6	0.883 4	1.940 4	1.072 5	0.774 6
28—23	2.189 1	1.171 0	0.829 0	1.730 6	0.958 5	0.689 1	1.481 9	0.839 4	0.608 8
30—15	5.725 4	2.974 1	2.106 2	4.329 0	2.269 4	1.626 9	3.603 6	1.904 1	1.378 2
30—17	5.057 0	2.603 6	1.831 6	3.831 6	2.005 2	1.432 6	3.202 1	1.696 9	1.222 8
30—19	4.373 1	2.248 7	1.575 1	3.326 4	1.748 7	1.246 1	2.795 3	1.492 2	1.072 5
30—21	3.671 0	1.896 4	1.323 8	2.816 1	1.494 8	1.062 2	2.375 6	1.285 0	0.922 3
30—23	2.950 8	1.541 5	1.080 3	2.290 2	1.233 2	0.878 2	1.945 6	1.069 9	0.769 4
30—25	2.207 3	1.178 8	0.829 0	1.735 8	0.958 5	0.686 5	1.479 3	0.839 4	0.606 2
35—20	5.867 9	2.994 8	2.069 9	4.427 5	2.277 2	1.598 4	3.668 4	1.906 7	1.352 3
35—22	5.204 7	2.658 0	1.831 6	3.935 2	2.033 7	1.424 9	3.269 4	1.712 4	1.212 4
35—24	4.510 4	2.313 5	1.590 7	3.422 3	1.785 0	1.248 7	2.857 5	1.513 0	1.072 5
35—26	3.797 9	1.958 5	1.349 7	2.901 6	1.528 5	1.072 5	2.432 6	1.305 7	0.927 5
35—28	3.054 4	1.590 7	1.103 6	2.352 3	1.259 1	0.891 2	1.979 3	1.085 5	0.774 6
35—30	2.279 8	1.212 4	0.847 2	1.777 2	0.976 7	0.696 9	1.502 6	0.847 2	0.611 4
40—25	6.093 3	3.116 6	2.126 9	4.598 4	2.357 5	1.632 1	3.792 7	1.963 7	1.373 1
40—27	5.422 3	2.782 4	1.896 4	4.088 1	2.111 4	1.461 1	3.388 6	1.766 8	1.238 3
40—29	4.699 5	2.422 3	1.655 4	3.569 9	1.854 9	1.287 6	2.966 3	1.562 2	1.098 4
40—31	3.966 3	2.054 4	1.406 7	3.025 9	1.588 1	1.106 2	2.520 7	1.349 7	0.950 8
40—33	3.191 7	1.671 0	1.150 3	2.448 2	1.310 9	0.919 7	2.051 8	1.119 2	0.795 3
40—35	2.375 6	1.266 8	0.880 8	1.839 4	1.010 4	0.717 6	1.551 8	0.867 9	0.626 9

表 B.1（续）

粮食种类：玉米　　　　环境温度 T_h：15 ℃　　　　环境相对湿度 RH：30%

降水范围 (M_1-M_2) %	热风温度 T_r/℃								
	60			80			100		
	热风表观风速 v_r/(m/s)								
	0.1	0.2	0.3	0.1	0.2	0.3	0.1	0.2	0.3
20—13	2.803 1	1.538 9	1.121 8	2.253 9	1.259 1	0.927 5	1.961 1	1.103 6	0.816 1
20—15	2.082 9	1.145 1	0.831 6	1.704 7	0.958 5	0.702 1	1.494 8	0.849 7	0.624 4
22—13	3.440 4	1.865 3	1.352 3	2.728 0	1.502 6	1.103 6	2.349 7	1.305 7	0.963 7
22—15	2.740 9	1.479 3	1.067 4	2.202 1	1.215 0	0.888 6	1.911 9	1.067 4	0.785 0
22—17	2.038 9	1.108 8	0.800 5	1.665 8	0.930 1	0.678 8	1.456 0	0.823 8	0.603 6
24—13	4.080 3	2.191 7	1.582 9	3.202 1	1.743 5	1.274 6	2.735 8	1.500 0	1.103 6
24—15	3.396 4	1.805 7	1.297 9	2.689 1	1.461 1	1.064 8	2.310 9	1.272 0	0.932 6
24—17	2.715 0	1.445 6	1.036 3	2.173 6	1.189 1	0.865 3	1.883 4	1.046 6	0.764 2
24—19	2.020 7	1.088 1	0.779 8	1.642 5	0.911 9	0.660 6	1.432 6	0.808 3	0.590 7
26—13	4.722 8	2.515 5	1.810 9	3.681 3	1.981 9	1.443 0	3.121 8	1.691 7	1.240 9
26—15	4.057 0	2.134 7	1.525 9	3.178 8	1.704 7	1.235 8	2.709 8	1.468 9	1.072 5
26—17	3.391 2	1.777 2	1.266 8	2.676 2	1.437 8	1.038 9	2.295 3	1.253 9	0.911 9
26—19	2.712 4	1.430 1	1.018 1	2.163 2	1.176 2	0.847 2	1.867 9	1.033 7	0.748 7
26—21	2.018 1	1.077 7	0.769 4	1.634 7	0.901 6	0.650 3	1.419 7	0.797 9	0.580 3
28—13	5.362 7	2.842 0	2.036 3	4.165 8	2.220 2	1.611 4	3.510 4	1.883 4	1.375 6
28—15	4.717 6	2.463 7	1.751 3	3.673 6	1.945 6	1.404 1	3.108 8	1.663 2	1.209 8
28—17	4.069 9	2.108 8	1.492 2	3.178 8	1.683 9	1.209 8	2.702 1	1.453 4	1.051 8
28—19	3.406 7	1.766 8	1.248 7	2.681 3	1.427 5	1.025 9	2.290 2	1.243 5	0.899 0
28—21	2.728 0	1.427 5	1.007 8	2.168 4	1.171 0	0.839 4	1.865 3	1.025 9	0.740 9
28—23	2.031 1	1.077 7	0.761 7	1.637 3	0.896 4	0.645 1	1.417 1	0.792 7	0.575 1
30—15	5.375 6	2.792 7	1.979 3	4.173 6	2.189 1	1.572 5	3.510 4	1.857 5	1.344 6
30—17	4.746 1	2.445 6	1.722 8	3.689 1	1.930 1	1.380 8	3.111 4	1.650 3	1.191 7
30—19	4.101 0	2.108 8	1.479 3	3.199 5	1.678 8	1.199 5	2.709 8	1.448 2	1.041 5
30—21	3.437 8	1.774 6	1.240 9	2.696 9	1.430 1	1.018 1	2.297 9	1.240 9	0.891 2
30—23	2.751 3	1.435 2	1.005 2	2.183 9	1.171 0	0.836 8	1.873 1	1.025 9	0.738 3
30—25	2.044 0	1.082 9	0.761 7	1.642 5	0.899 0	0.642 5	1.417 1	0.792 7	0.572 5
35—20	5.513 0	2.810 9	1.945 6	4.266 8	2.194 3	1.541 5	3.572 5	1.857 5	1.321 2
35—22	4.880 8	2.492 2	1.717 6	3.785 0	1.956 0	1.370 5	3.178 8	1.663 2	1.181 3
35—24	4.230 6	2.168 4	1.492 2	3.292 7	1.712 4	1.199 5	2.777 2	1.466 3	1.041 5
35—26	3.557 0	1.829 0	1.261 7	2.782 4	1.461 1	1.025 9	2.354 9	1.259 1	0.896 4
35—28	2.852 3	1.481 9	1.025 9	2.246 1	1.196 9	0.844 6	1.911 9	1.038 9	0.740 9
35—30	2.116 6	1.116 6	0.777 2	1.683 9	0.917 1	0.650 3	1.445 6	0.803 1	0.575 1
40—25	5.728 0	2.924 9	1.997 4	4.437 8	2.269 4	1.572 5	3.696 9	1.911 9	1.339 4
40—27	5.090 7	2.606 2	1.777 2	3.937 8	2.031 1	1.406 7	3.295 3	1.717 6	1.204 7
40—29	4.419 7	2.272 0	1.549 2	3.437 8	1.779 8	1.235 8	2.886 0	1.513 0	1.064 8
40—31	3.722 8	1.919 7	1.316 1	2.904 1	1.518 1	1.057 0	2.445 6	1.300 5	0.917 1
40—33	2.984 5	1.554 4	1.057 4	2.344 6	1.246 1	0.870 5	1.984 5	1.072 5	0.761 7
40—35	2.220 2	1.168 4	0.810 9	1.759 1	0.948 2	0.671 0	1.492 2	0.826 4	0.590 7

表 B.1（续）

粮食种类：玉米　　　　环境温度 T_h：15 ℃　　　　环境相对湿度 RH：60%

降水范围 (M_1-M_2) %	热风温度 T_r/℃								
	60			80			100		
	热风表观风速 v_r/(m/s)								
	0.1	0.2	0.3	0.1	0.2	0.3	0.1	0.2	0.3
20—13	2.963 7	1.626 9	1.186 5	2.329 0	1.300 5	0.958 5	2.007 8	1.126 9	0.834 2
20—15	2.207 3	1.212 4	0.880 8	1.769 4	0.992 2	0.728 0	1.533 7	0.873 1	0.642 5
22—13	3.632 1	1.971 5	1.430 1	2.813 5	1.549 2	1.137 3	2.401 6	1.331 6	0.981 9
22—15	2.893 8	1.559 6	1.126 9	2.274 6	1.253 9	0.917 1	1.956 0	1.090 7	0.800 5
22—17	2.158 0	1.173 6	0.847 2	1.725 4	0.963 7	0.702 1	1.494 8	0.847 2	0.619 2
24—13	4.308 3	2.313 5	1.671 0	3.303 1	1.795 3	1.310 9	2.792 7	1.528 5	1.124 4
24—15	3.585 5	1.904 1	1.367 9	2.774 6	1.505 2	1.095 9	2.362 7	1.297 9	0.948 2
24—17	2.867 9	1.520 7	1.090 7	2.246 1	1.228 0	0.891 2	1.924 9	1.069 9	0.779 8
24—19	2.137 3	1.150 3	0.823 8	1.702 1	0.945 6	0.683 9	1.468 9	0.831 6	0.606 2
26—13	4.984 5	2.655 4	1.909 3	3.797 9	2.038 9	1.484 5	3.183 9	1.722 8	1.261 7
26—15	4.282 4	2.248 7	1.603 6	3.279 8	1.753 9	1.269 4	2.764 2	1.497 4	1.090 7
26—17	3.580 3	1.870 5	1.331 6	2.761 7	1.481 9	1.069 9	2.344 6	1.277 2	0.927 5
26—19	2.862 7	1.505 2	1.069 9	2.235 8	1.212 4	0.873 1	1.911 9	1.054 4	0.764 2
26—21	2.134 7	1.139 9	0.810 9	1.694 3	0.935 2	0.673 6	1.456 0	0.821 2	0.595 9
28—13	5.655 4	2.997 4	2.145 1	4.292 7	2.285 0	1.655 4	3.582 9	1.914 5	1.399 0
28—15	4.979 3	2.595 9	1.844 6	3.790 2	2.000 0	1.440 4	3.171 0	1.694 3	1.230 6
28—17	4.295 3	2.220 2	1.569 9	3.279 8	1.733 2	1.243 5	2.759 1	1.479 3	1.069 9
28—19	3.595 9	1.860 1	1.310 9	2.766 8	1.471 5	1.054 4	2.342 0	1.266 8	0.914 5
28—21	2.878 2	1.505 2	1.059 6	2.240 9	1.207 3	0.865 3	1.906 7	1.049 2	0.756 5
28—23	2.145 1	1.139 9	0.805 7	1.694 3	0.930 1	0.668 4	1.450 8	0.816 1	0.590 7
30—15	5.668 4	2.943 0	2.082 9	4.300 5	2.251 3	1.614 0	3.580 3	1.891 2	1.367 9
30—17	5.005 2	2.575 1	1.810 9	3.805 7	1.987 0	1.417 1	3.178 8	1.681 3	1.209 8
30—19	4.326 4	2.220 2	1.554 4	3.297 9	1.728 0	1.230 6	2.766 8	1.474 1	1.059 6
30—21	3.629 5	1.870 5	1.305 7	2.782 4	1.471 5	1.046 6	2.347 2	1.266 8	0.909 3
30—23	2.906 7	1.513 0	1.057 0	2.253 9	1.209 8	0.862 7	1.914 5	1.049 2	0.753 9
30—25	2.163 2	1.145 1	0.805 7	1.699 5	0.932 6	0.665 8	1.450 8	0.813 5	0.588 1
35—20	5.805 7	2.961 1	2.049 2	4.401 6	2.259 1	1.585 5	3.642 5	1.891 2	1.342 0
35—22	5.152 8	2.629 5	1.808 3	3.904 1	2.015 5	1.409 3	3.246 1	1.696 9	1.202 1
35—24	4.463 7	2.282 4	1.569 9	3.391 2	1.764 2	1.235 8	2.829 0	1.494 8	1.059 6
35—26	3.756 5	1.930 1	1.329 0	2.865 3	1.505 2	1.057 0	2.404 1	1.285 0	0.911 9
35—28	3.013 0	1.564 8	1.080 3	2.318 7	1.235 8	0.870 5	1.953 4	1.064 8	0.759 1
35—30	2.238 3	1.181 3	0.823 8	1.740 9	0.950 8	0.673 6	1.476 7	0.823 8	0.593 3
40—25	6.033 7	3.082 9	2.103 6	4.567 4	2.339 4	1.616 6	3.774 6	1.950 8	1.362 7
40—27	5.349 7	2.748 7	1.873 1	4.054 4	2.093 3	1.445 6	3.360 1	1.751 3	1.225 4
40—29	4.645 1	2.393 8	1.632 1	3.536 3	1.834 2	1.272 0	2.937 8	1.544 0	1.085 5
40—31	3.924 9	2.028 5	1.386 0	2.994 8	1.567 4	1.090 7	2.492 2	1.329 0	0.935 2
40—33	3.142 5	1.642 5	1.126 9	2.419 7	1.285 0	0.899 0	2.025 9	1.098 4	0.779 8
40—35	2.334 2	1.238 3	0.857 5	1.810 9	0.984 5	0.694 3	1.523 3	0.847 2	0.606 2

表 B.1（续）

粮食种类：玉米　　　　环境温度 T_h：15 ℃　　　　环境相对湿度 RH：90%

降水范围 (M_1-M_2) %	热风温度 T_r/℃								
	60			80			100		
	热风表观风速 v_r/(m/s)								
	0.1	0.2	0.3	0.1	0.2	0.3	0.1	0.2	0.3
20—13	3.121 8	1.712 4	1.248 7	2.401 6	1.336 8	0.984 5	2.049 2	1.150 3	0.849 7
20—15	2.329 0	1.274 6	0.927 5	1.829 0	1.025 9	0.751 3	1.572 5	0.893 8	0.655 4
22—13	3.829 0	2.075 1	1.502 6	2.899 0	1.593 3	1.168 4	2.448 2	1.354 9	0.997 4
22—15	3.049 2	1.637 3	1.181 3	2.344 6	1.290 2	0.943 0	1.997 4	1.114 0	0.816 1
22—17	2.277 2	1.233 2	0.888 6	1.785 0	0.994 8	0.725 4	1.531 1	0.867 9	0.634 7
24—13	4.538 9	2.432 6	1.753 9	3.401 6	1.844 6	1.344 6	2.847 2	1.554 4	1.139 9
24—15	3.779 8	2.000 0	1.432 6	2.857 5	1.546 6	1.124 4	2.409 3	1.321 2	0.963 7
24—17	3.020 7	1.598 4	1.142 5	2.316 1	1.261 7	0.914 5	1.966 3	1.090 7	0.792 7
24—19	2.256 5	1.209 8	0.865 3	1.759 1	0.976 7	0.707 3	1.502 6	0.849 7	0.619 2
26—13	5.248 7	2.792 7	2.005 2	3.909 3	2.095 9	1.523 3	3.246 1	1.751 3	1.279 8
26—15	4.513 0	2.362 7	1.683 9	3.375 6	1.800 5	1.300 5	2.821 2	1.523 3	1.108 8
26—17	3.769 4	1.963 7	1.393 8	2.844 6	1.520 7	1.095 9	2.391 2	1.300 5	0.943 0
26—19	3.018 1	1.580 3	1.119 2	2.305 7	1.248 7	0.899 0	1.953 4	1.077 7	0.779 8
26—21	2.251 3	1.202 1	0.852 3	1.748 7	0.966 3	0.696 9	1.487 0	0.842 0	0.611 4
28—13	5.953 4	3.152 8	2.253 9	4.424 9	2.349 7	1.699 5	3.652 8	1.948 2	1.419 7
28—15	5.240 9	2.728 0	1.935 2	3.899 0	2.057 0	1.476 7	3.233 2	1.722 8	1.248 7
28—17	4.520 7	2.334 2	1.645 1	3.375 6	1.779 8	1.274 6	2.813 5	1.505 2	1.088 1
28—19	3.787 6	1.956 0	1.373 1	2.849 7	1.513 0	1.080 3	2.388 6	1.290 2	0.930 1
28—21	3.031 1	1.582 9	1.111 4	2.310 9	1.243 5	0.888 6	1.948 2	1.069 9	0.772 0
28—23	2.261 7	1.202 1	0.847 2	1.748 7	0.963 7	0.691 7	1.481 9	0.836 8	0.603 6
30—15	5.966 3	3.095 9	2.186 5	4.427 5	2.313 5	1.655 4	3.650 3	1.922 3	1.388 6
30—17	5.266 8	2.707 3	1.899 0	3.917 1	2.041 5	1.453 4	3.238 3	1.709 8	1.230 6
30—19	4.549 2	2.336 8	1.629 5	3.396 4	1.777 2	1.261 7	2.821 2	1.500 0	1.077 7
30—21	3.821 2	1.966 3	1.367 9	2.865 3	1.515 5	1.075 1	2.396 4	1.290 2	0.924 9
30—23	3.059 6	1.593 3	1.108 8	2.323 8	1.246 1	0.886 0	1.953 4	1.069 9	0.769 4
30—25	2.282 4	1.209 8	0.847 2	1.753 9	0.963 7	0.689 1	1.481 9	0.834 2	0.603 6
35—20	6.106 2	3.116 6	2.150 3	4.528 5	2.323 8	1.626 9	3.717 6	1.924 9	1.362 7
35—22	5.419 7	2.764 2	1.899 0	4.020 7	2.072 5	1.445 6	3.305 7	1.725 4	1.220 2
35—24	4.686 5	2.406 7	1.650 3	3.494 8	1.813 5	1.266 8	2.886 0	1.523 3	1.077 7
35—26	3.940 4	2.033 7	1.396 4	2.953 4	1.549 2	1.085 5	2.450 8	1.310 9	0.930 1
35—28	3.168 4	1.645 1	1.137 3	2.391 2	1.274 6	0.896 4	1.992 2	1.085 5	0.774 6
35—30	2.354 9	1.246 1	0.867 9	1.797 9	0.981 9	0.696 9	1.505 2	0.842 0	0.606 2
40—25	6.318 7	3.243 5	2.212 4	4.691 7	2.406 7	1.660 6	3.842 0	1.984 5	1.386 0
40—27	5.632 1	2.891 2	1.968 9	4.176 2	2.152 8	1.487 0	3.430 1	1.782 4	1.246 1
40—29	4.883 4	2.523 3	1.717 6	3.639 9	1.888 6	1.308 3	2.994 8	1.572 5	1.103 6
40—31	4.124 4	2.132 1	1.456 0	3.080 3	1.614 0	1.121 8	2.546 6	1.354 9	0.953 4
40—33	3.313 5	1.728 0	1.186 5	2.489 6	1.326 4	0.927 5	2.062 2	1.121 8	0.795 3
40—35	2.453 4	1.303 1	0.904 1	1.865 3	1.015 5	0.720 2	1.557 0	0.865 3	0.621 8

表 B.1（续）

粮食种类：玉米　　　　环境温度 T_h：20 ℃　　　　环境相对湿度 RH：30%

降水范围 (M_1-M_2) %	热风温度 T_r/℃								
	60			80			100		
	热风表观风速 v_r/(m/s)								
	0.1	0.2	0.3	0.1	0.2	0.3	0.1	0.2	0.3
20—13	2.834 2	1.549 2	1.126 9	2.256 5	1.256 5	0.924 9	1.948 2	1.095 9	0.810 9
20—15	2.090 7	1.142 5	0.829 0	1.691 7	0.948 2	0.694 3	1.474 1	0.836 8	0.616 6
22—13	3.489 6	1.883 4	1.362 7	2.738 3	1.505 2	1.103 6	2.344 6	1.300 5	0.958 5
22—15	2.769 4	1.484 5	1.069 9	2.199 5	1.212 4	0.883 4	1.899 0	1.059 6	0.777 2
22—17	2.046 6	1.103 6	0.795 3	1.650 3	0.917 1	0.668 4	1.435 2	0.810 9	0.593 3
24—13	4.145 1	2.215 0	1.595 9	3.222 8	1.748 7	1.277 2	2.735 8	1.497 4	1.101 0
24—15	3.445 6	1.821 2	1.305 7	2.699 5	1.463 7	1.062 2	2.305 7	1.266 8	0.927 5
24—17	2.746 1	1.450 8	1.036 3	2.173 6	1.183 9	0.857 5	1.867 9	1.036 3	0.756 5
24—19	2.028 5	1.082 9	0.774 6	1.629 5	0.899 0	0.652 8	1.414 5	0.792 7	0.580 3
26—13	4.803 1	2.549 2	1.829 0	3.712 4	1.992 2	1.448 2	3.129 5	1.691 7	1.240 9
26—15	4.124 4	2.158 0	1.536 3	3.199 5	1.709 8	1.235 8	2.709 8	1.466 3	1.069 9
26—17	3.443 0	1.792 7	1.272 0	2.686 5	1.437 8	1.038 9	2.287 6	1.246 1	0.906 7
26—19	2.746 1	1.435 2	1.018 1	2.163 2	1.168 4	0.842 0	1.854 9	1.020 7	0.740 9
26—21	2.028 5	1.075 1	0.761 7	1.624 4	0.888 6	0.639 9	1.404 1	0.782 4	0.569 9
28—13	5.453 4	2.883 4	2.059 6	4.202 1	2.233 2	1.619 2	3.523 3	1.886 0	1.375 6
28—15	4.797 9	2.497 4	1.769 4	3.702 1	1.956 0	1.406 7	3.116 6	1.663 2	1.207 3
28—17	4.137 3	2.134 7	1.505 2	3.199 5	1.689 1	1.212 4	2.702 1	1.450 8	1.049 2
28—19	3.458 5	1.785 0	1.253 9	2.691 7	1.427 5	1.023 3	2.285 0	1.235 8	0.893 8
28—21	2.761 7	1.435 2	1.007 8	2.168 4	1.163 2	0.834 2	1.852 3	1.015 5	0.733 2
28—23	2.041 5	1.075 1	0.756 5	1.626 9	0.886 0	0.634 7	1.401 6	0.777 2	0.562 2
30—15	5.466 3	2.834 2	2.002 6	4.209 8	2.202 1	1.577 7	3.523 3	1.860 1	1.344 6
30—17	4.829 0	2.476 7	1.738 3	3.720 2	1.940 4	1.386 0	3.121 8	1.650 3	1.189 1
30—19	4.168 4	2.134 7	1.492 2	3.220 2	1.683 9	1.199 5	2.709 8	1.443 0	1.038 9
30—21	3.487 0	1.792 7	1.248 7	2.709 8	1.430 1	1.015 5	2.292 7	1.233 2	0.886 0
30—23	2.785 0	1.445 6	1.007 8	2.183 9	1.165 8	0.829 0	1.860 1	1.013 0	0.728 0
30—25	2.057 0	1.080 3	0.756 5	1.632 1	0.886 0	0.632 1	1.401 6	0.777 2	0.559 6
35—20	5.611 4	2.852 3	1.971 5	4.308 3	2.207 3	1.549 2	3.590 7	1.860 1	1.318 7
35—22	4.963 7	2.531 1	1.738 3	3.818 7	1.966 3	1.375 6	3.186 5	1.663 2	1.178 8
35—24	4.300 5	2.196 9	1.507 8	3.313 5	1.717 6	1.202 1	2.777 2	1.461 1	1.036 3
35—26	3.614 0	1.852 3	1.272 0	2.790 2	1.461 1	1.023 3	2.349 7	1.251 3	0.888 6
35—28	2.886 0	1.494 8	1.028 5	2.248 7	1.191 7	0.839 4	1.901 6	1.028 5	0.733 2
35—30	2.134 7	1.114 0	0.774 6	1.676 2	0.904 1	0.639 9	1.427 5	0.787 6	0.564 8
40—25	5.823 8	2.974 1	2.025 9	4.474 1	2.285 0	1.577 7	3.715 0	1.914 5	1.339 4
40—27	5.168 4	2.647 7	1.800 5	3.968 9	2.041 5	1.411 9	3.308 3	1.717 6	1.202 1
40—29	4.489 6	2.305 7	1.569 9	3.463 7	1.785 0	1.235 8	2.891 2	1.510 4	1.059 6
40—31	3.772 0	1.943 0	1.329 0	2.917 1	1.520 7	1.057 0	2.437 8	1.292 7	0.911 9
40—33	3.010 4	1.567 4	1.075 1	2.349 7	1.238 3	0.865 3	1.979 3	1.062 2	0.751 3
40—35	2.222 8	1.171 0	0.808 3	1.753 9	0.937 8	0.660 6	1.479 3	0.810 9	0.577 7

表 B.1（续）

粮食种类：玉米　　　　环境温度 T_h：20 ℃　　　　环境相对湿度 RH：60%

降水范围 (M_1-M_2) %	热风温度 T_r/℃								
	60			80			100		
	热风表观风速 v_r/(m/s)								
	0.1	0.2	0.3	0.1	0.2	0.3	0.1	0.2	0.3
20—13	3.062 2	1.676 2	1.220 2	2.357 5	1.313 5	0.966 3	2.010 4	1.126 9	0.834 2
20—15	2.264 2	1.238 3	0.899 0	1.777 2	0.997 4	0.730 6	1.528 5	0.865 3	0.637 3
22—13	3.761 7	2.036 3	1.471 5	2.857 5	1.569 9	1.150 3	2.414 5	1.336 8	0.984 5
22—15	2.987 0	1.601 0	1.155 4	2.300 5	1.264 2	0.922 3	1.958 5	1.090 7	0.800 5
22—17	2.215 0	1.194 3	0.862 7	1.735 8	0.963 7	0.702 1	1.487 0	0.839 4	0.616 6
24—13	4.468 9	2.391 2	1.722 8	3.360 1	1.821 2	1.329 0	2.813 5	1.536 3	1.126 9
24—15	3.715 0	1.961 1	1.404 1	2.816 1	1.523 3	1.106 2	2.373 1	1.300 5	0.950 8
24—17	2.958 5	1.562 2	1.116 6	2.269 4	1.235 8	0.896 4	1.927 5	1.067 4	0.777 2
24—19	2.194 3	1.171 0	0.836 8	1.712 4	0.945 6	0.683 9	1.463 7	0.823 8	0.601 0
26—13	5.168 4	2.746 1	1.968 9	3.870 5	2.072 5	1.505 2	3.215 0	1.733 2	1.266 8
26—15	4.437 8	2.321 2	1.652 8	3.336 8	1.777 2	1.285 0	2.787 6	1.502 6	1.093 3
26—17	3.707 3	1.927 5	1.365 3	2.803 1	1.497 4	1.077 7	2.354 9	1.279 8	0.927 5
26—19	2.956 0	1.544 0	1.093 3	2.261 7	1.220 2	0.878 2	1.914 5	1.051 8	0.761 7
26—21	2.191 7	1.163 2	0.823 8	1.702 1	0.935 2	0.673 6	1.450 8	0.813 5	0.590 7
28—13	5.865 3	3.103 6	2.217 6	4.380 8	2.323 8	1.681 3	3.621 8	1.930 1	1.406 7
28—15	5.160 6	2.683 9	1.901 6	3.860 1	2.031 1	1.461 1	3.202 1	1.704 7	1.235 8
28—17	4.450 8	2.292 7	1.616 6	3.339 4	1.756 5	1.259 1	2.779 8	1.487 0	1.075 1
28—19	3.722 8	1.919 7	1.347 2	2.808 3	1.487 0	1.062 2	2.352 3	1.269 4	0.914 5
28—21	2.971 5	1.546 6	1.082 9	2.266 8	1.215 0	0.867 9	1.911 9	1.046 6	0.753 9
28—23	2.202 1	1.163 2	0.818 7	1.704 7	0.930 1	0.665 8	1.448 2	0.808 3	0.582 9
30—15	5.873 1	3.046 6	2.150 3	4.386 0	2.287 6	1.637 3	3.619 2	1.904 1	1.375 6
30—17	5.189 1	2.663 2	1.867 9	3.878 2	2.015 5	1.435 2	3.207 3	1.691 7	1.217 6
30—19	4.484 5	2.295 3	1.601 0	3.354 9	1.751 3	1.246 1	2.787 6	1.479 3	1.062 2
30—21	3.759 1	1.930 1	1.342 0	2.826 4	1.489 6	1.057 0	2.360 1	1.266 8	0.909 3
30—23	3.000 0	1.554 4	1.082 9	2.285 0	1.217 6	0.865 3	1.917 1	1.044 0	0.751 3
30—25	2.225 4	1.168 4	0.818 7	1.712 4	0.930 1	0.665 8	1.448 2	0.805 7	0.580 3
35—20	6.018 1	3.067 4	2.116 6	4.484 5	2.297 9	1.608 8	3.683 9	1.906 7	1.349 7
35—22	5.342 0	2.720 2	1.865 3	3.976 7	2.046 6	1.427 5	3.274 6	1.707 3	1.207 3
35—24	4.619 2	2.365 3	1.619 2	3.456 0	1.790 2	1.248 7	2.852 3	1.500 0	1.062 2
35—26	3.878 2	1.994 8	1.367 9	2.914 5	1.523 3	1.064 8	2.414 5	1.287 6	0.911 9
35—28	3.114 0	1.608 8	1.108 8	2.347 2	1.246 1	0.875 6	1.958 5	1.059 6	0.753 9
35—30	2.300 5	1.207 3	0.836 8	1.756 5	0.950 8	0.673 6	1.474 1	0.816 1	0.585 5
40—25	6.240 9	3.194 3	2.176 2	4.652 8	2.380 8	1.642 5	3.821 2	1.963 7	1.370 5
40—27	5.549 2	2.844 6	1.935 2	4.132 1	2.126 9	1.466 3	3.391 2	1.761 7	1.230 6
40—29	4.808 3	2.479 3	1.686 5	3.598 4	1.862 7	1.287 6	2.963 7	1.551 8	1.088 1
40—31	4.057 0	2.093 3	1.427 5	3.044 0	1.588 1	1.101 0	2.507 8	1.329 0	0.935 2
40—33	3.248 7	1.691 7	1.158 0	2.448 2	1.295 3	0.904 1	2.031 1	1.095 9	0.774 6
40—35	2.401 6	1.266 8	0.873 1	1.826 4	0.984 5	0.694 3	1.523 3	0.839 4	0.601 0

表 B.1（续）

粮食种类：玉米　　　　环境温度 T_h：20 ℃　　　　环境相对湿度 RH：90%

降水范围 (M_1-M_2) %	热风温度 T_r/℃								
	60			80			100		
	热风表观风速 v_r/(m/s)								
	0.1	0.2	0.3	0.1	0.2	0.3	0.1	0.2	0.3
20—13	3.287 6	1.797 9	1.305 7	2.453 4	1.362 7	1.002 6	2.067 4	1.158 0	0.854 9
20—15	2.435 2	1.326 4	0.961 1	1.857 5	1.038 9	0.761 7	1.577 7	0.893 8	0.658 0
22—13	4.038 9	2.181 3	1.575 1	2.971 5	1.626 9	1.191 7	2.476 7	1.367 9	1.005 2
22—15	3.207 3	1.712 4	1.233 2	2.396 4	1.313 5	0.956 0	2.013 0	1.119 2	0.818 7
22—17	2.380 8	1.279 8	0.919 7	1.813 5	1.005 2	0.733 2	1.536 3	0.867 9	0.634 7
24—13	4.792 7	2.562 2	1.842 0	3.494 8	1.886 0	1.373 1	2.886 0	1.569 9	1.150 3
24—15	3.987 0	2.095 9	1.500 0	2.930 1	1.577 7	1.145 1	2.437 8	1.331 6	0.971 5
24—17	3.176 2	1.668 4	1.189 1	2.365 3	1.282 4	0.927 5	1.981 9	1.093 3	0.795 3
24—19	2.357 5	1.256 5	0.893 8	1.787 6	0.987 0	0.712 4	1.507 8	0.849 7	0.619 2
26—13	5.541 5	2.943 0	2.106 2	4.020 7	2.147 7	1.557 0	3.300 5	1.772 0	1.292 7
26—15	4.764 2	2.484 5	1.764 2	3.468 9	1.842 0	1.326 4	2.860 1	1.536 3	1.116 6
26—17	3.979 3	2.059 6	1.456 0	2.917 1	1.551 8	1.116 6	2.419 7	1.310 9	0.948 2
26—19	3.173 6	1.652 8	1.165 8	2.354 9	1.266 8	0.909 3	1.968 9	1.080 3	0.782 4
26—21	2.357 5	1.246 1	0.880 8	1.777 2	0.976 7	0.702 1	1.494 8	0.839 4	0.608 8
28—13	6.285 0	3.323 8	2.370 5	4.557 0	2.409 3	1.738 3	3.715 0	1.974 1	1.435 2
28—15	5.533 7	2.870 5	2.031 1	4.015 5	2.106 2	1.510 4	3.282 4	1.740 9	1.259 1
28—17	4.774 6	2.453 4	1.722 8	3.471 5	1.821 2	1.300 5	2.854 9	1.520 7	1.095 9
28—19	3.992 2	2.054 4	1.435 2	2.922 3	1.544 0	1.101 0	2.417 1	1.300 5	0.935 2
28—21	3.189 1	1.655 4	1.155 4	2.360 1	1.264 2	0.901 6	1.963 7	1.075 1	0.774 6
28—23	2.365 3	1.248 7	0.875 6	1.779 8	0.971 5	0.696 9	1.489 6	0.834 2	0.603 6
30—15	6.292 7	3.259 1	2.295 3	4.559 6	2.373 1	1.694 3	3.712 4	1.945 6	1.401 6
30—17	5.557 0	2.849 7	1.992 2	4.031 1	2.090 7	1.484 5	3.290 2	1.728 0	1.240 9
30—19	4.803 1	2.458 5	1.707 3	3.489 6	1.818 7	1.287 6	2.862 7	1.515 5	1.085 5
30—21	4.023 3	2.067 4	1.430 1	2.943 0	1.546 6	1.093 3	2.424 9	1.300 5	0.930 1
30—23	3.220 2	1.665 8	1.155 4	2.375 6	1.266 8	0.899 0	1.968 9	1.075 1	0.769 4
30—25	2.388 6	1.256 5	0.878 2	1.787 6	0.974 1	0.694 3	1.489 6	0.831 6	0.601 0
35—20	6.435 2	3.287 6	2.261 7	4.660 6	2.386 0	1.665 8	3.779 8	1.950 8	1.378 2
35—22	5.704 7	2.917 1	1.997 4	4.139 9	2.126 9	1.479 3	3.357 5	1.748 7	1.233 2
35—24	4.940 4	2.536 3	1.733 2	3.585 5	1.857 5	1.295 3	2.927 5	1.538 9	1.085 5
35—26	4.147 7	2.137 3	1.463 7	3.025 9	1.582 9	1.106 2	2.481 9	1.321 2	0.935 2
35—28	3.331 6	1.725 4	1.186 5	2.445 6	1.295 3	0.909 3	2.010 4	1.090 7	0.774 6
35—30	2.463 7	1.297 9	0.899 0	1.834 2	0.992 2	0.704 7	1.515 5	0.842 0	0.603 6
40—25	6.668 4	3.424 9	2.331 6	4.829 0	2.474 1	1.702 1	3.906 7	2.010 4	1.401 6
40—27	5.930 1	3.046 6	2.072 5	4.305 7	2.209 8	1.523 3	3.479 3	1.805 7	1.259 1
40—29	5.139 9	2.660 6	1.808 3	3.735 8	1.935 2	1.336 8	3.036 3	1.590 7	1.114 0
40—31	4.329 0	2.248 7	1.531 1	3.163 2	1.650 3	1.145 1	2.575 1	1.365 3	0.958 5
40—33	3.481 9	1.813 5	1.240 9	2.544 0	1.349 7	0.940 4	2.085 5	1.126 9	0.797 9
40—35	2.564 8	1.360 1	0.940 4	1.901 6	1.028 5	0.725 4	1.564 8	0.865 3	0.619 2

表 B.1（续）

粮食种类：水稻　　　　环境温度 T_h：−20 ℃　　　　环境相对湿度 RH：30%

降水范围 (M_1-M_2) %	热风温度 T_r/℃								
	40			60			80		
	热风表观风速 v_r/(m/s)								
	0.1	0.2	0.3	0.1	0.2	0.3	0.1	0.2	0.3
16—13	1.641 4	0.886 1	0.624 5	1.316 5	0.742 6	0.531 6	1.168 8	0.670 9	0.485 2
16—14	1.177 2	0.654 0	0.468 4	0.962 0	0.552 7	0.400 8	0.860 8	0.502 1	0.367 1
16—15	0.675 1	0.388 2	0.282 7	0.561 2	0.329 1	0.240 5	0.502 1	0.295 4	0.219 4
18—13	2.413 5	1.270 0	0.894 5	1.856 5	1.021 1	0.730 0	1.624 5	0.911 4	0.658 2
18—14	1.983 1	1.046 4	0.738 4	1.557 0	0.860 8	0.616 0	1.375 5	0.780 6	0.557 0
18—15	1.557 0	0.835 4	0.590 7	1.244 7	0.700 4	0.502 1	1.105 5	0.637 1	0.459 9
18—16	1.109 7	0.616 0	0.438 8	0.907 2	0.523 2	0.379 7	0.810 1	0.472 6	0.346 0
18—17	0.632 9	0.362 9	0.265 8	0.527 4	0.308 0	0.227 8	0.468 4	0.278 5	0.202 5
20—15	2.341 8	1.215 2	0.848 1	1.793 2	0.974 7	0.696 2	1.565 4	0.877 6	0.628 7
20—16	1.924 1	1.012 7	0.704 6	1.502 1	0.831 2	0.590 7	1.320 7	0.751 1	0.535 9
20—17	1.502 1	0.810 1	0.569 6	1.198 3	0.675 1	0.481 0	1.059 1	0.607 6	0.438 8
20—18	1.067 5	0.590 7	0.421 9	0.869 2	0.497 9	0.362 9	0.772 2	0.451 5	0.329 1
20—19	0.603 4	0.346 0	0.253 2	0.502 1	0.291 1	0.215 2	0.443 0	0.261 6	0.194 1
22—17	2.303 8	1.194 1	0.822 8	1.755 3	0.953 6	0.675 1	1.523 2	0.852 3	0.611 8
22—18	1.894 5	0.995 8	0.687 8	1.468 4	0.810 1	0.573 8	1.282 7	0.730 0	0.523 2
22—19	1.476 8	0.793 2	0.557 0	1.168 8	0.654 0	0.468 4	1.029 5	0.590 7	0.426 2
22—20	1.046 4	0.578 1	0.409 3	0.843 9	0.481 0	0.350 2	0.746 8	0.434 6	0.316 5
22—21	0.582 3	0.333 3	0.240 5	0.485 2	0.282 7	0.206 8	0.430 4	0.253 2	0.185 7
24—19	2.299 6	1.189 9	0.814 3	1.742 6	0.940 9	0.662 4	1.497 9	0.839 7	0.599 2
24—20	1.881 9	0.987 3	0.683 5	1.451 5	0.797 5	0.565 4	1.261 6	0.713 1	0.514 8
24—21	1.464 1	0.784 8	0.548 5	1.151 9	0.645 6	0.459 9	1.008 4	0.578 1	0.417 7
24—22	1.033 8	0.569 6	0.405 1	0.831 2	0.472 6	0.341 8	0.734 2	0.421 9	0.308 0
24—23	0.573 8	0.329 1	0.236 3	0.472 6	0.274 3	0.202 5	0.417 7	0.244 7	0.181 4
26—21	2.299 6	1.189 9	0.818 6	1.738 4	0.936 7	0.658 2	1.489 5	0.831 2	0.594 9
26—22	1.881 9	0.991 6	0.683 5	1.447 3	0.793 2	0.561 2	1.248 9	0.704 6	0.506 3
26—23	1.459 9	0.784 8	0.548 5	1.143 5	0.637 1	0.455 7	0.995 8	0.569 6	0.413 5
26—24	1.025 3	0.565 4	0.400 8	0.822 8	0.464 1	0.337 6	0.721 5	0.417 7	0.303 8
26—25	0.561 2	0.320 7	0.232 1	0.468 4	0.270 0	0.198 3	0.409 3	0.240 5	0.177 2
28—23	2.308 0	1.202 5	0.822 8	1.742 6	0.940 9	0.662 4	1.485 2	0.827 0	0.590 7
28—24	1.894 5	0.995 8	0.687 8	1.447 3	0.793 2	0.561 2	1.244 7	0.700 4	0.506 3
28—25	1.464 1	0.784 8	0.548 5	1.143 5	0.637 1	0.455 7	0.991 6	0.565 4	0.409 3
28—26	1.029 5	0.565 4	0.400 8	0.814 3	0.464 1	0.333 3	0.717 3	0.413 5	0.299 6
28—27	0.565 4	0.320 7	0.232 1	0.459 9	0.265 8	0.194 1	0.409 3	0.236 3	0.173 0
30—25	2.324 9	1.219 4	0.835 4	1.755 3	0.945 1	0.662 4	1.489 5	0.827 0	0.590 7
30—26	1.903 0	1.008 4	0.696 2	1.455 7	0.797 5	0.565 4	1.248 9	0.700 4	0.502 1
30—27	1.476 8	0.793 2	0.552 7	1.147 7	0.637 1	0.455 7	0.991 6	0.561 2	0.405 1
30—28	1.025 3	0.565 4	0.400 8	0.818 6	0.464 1	0.333 3	0.713 1	0.409 3	0.299 6
30—29	0.561 2	0.320 7	0.232 1	0.455 7	0.265 8	0.194 1	0.405 1	0.236 3	0.173 0

表 B.1(续)

粮食种类:水稻　　　　环境温度 T_h:—20 ℃　　　　环境相对湿度 RH:60%

降水范围 (M_1-M_2) %	热风温度 T_r/℃								
	40			60			80		
	热风表观风速 v_r/(m/s)								
	0.1	0.2	0.3	0.1	0.2	0.3	0.1	0.2	0.3
16—13	1.654 0	0.890 3	0.628 7	1.324 9	0.746 8	0.531 6	1.173 0	0.675 1	0.485 2
16—14	1.189 9	0.662 4	0.472 6	0.970 5	0.557 0	0.405 1	0.860 8	0.502 1	0.367 1
16—15	0.683 5	0.392 4	0.286 9	0.565 4	0.333 3	0.244 7	0.502 1	0.299 6	0.219 4
18—13	2.430 4	1.278 5	0.903 0	1.865 0	1.021 1	0.734 2	1.628 7	0.915 6	0.658 2
18—14	2.000 0	1.054 9	0.742 6	1.565 4	0.865 0	0.616 0	1.379 7	0.780 6	0.561 2
18—15	1.565 4	0.843 9	0.594 9	1.253 2	0.704 6	0.502 1	1.109 7	0.637 1	0.459 9
18—16	1.118 1	0.620 3	0.443 0	0.911 4	0.523 2	0.379 7	0.810 1	0.472 6	0.346 0
18—17	0.637 1	0.367 1	0.265 8	0.527 4	0.308 0	0.227 8	0.468 4	0.278 5	0.206 8
20—15	2.358 6	1.223 6	0.852 3	1.801 7	0.978 9	0.696 2	1.569 6	0.877 6	0.628 7
20—16	1.936 7	1.016 9	0.708 9	1.510 5	0.835 4	0.590 7	1.324 9	0.751 1	0.540 1
20—17	1.514 8	0.814 3	0.569 6	1.202 5	0.679 3	0.485 2	1.063 3	0.611 8	0.443 0
20—18	1.075 9	0.594 9	0.426 2	0.873 4	0.502 1	0.362 9	0.776 4	0.451 5	0.329 1
20—19	0.607 6	0.350 2	0.253 2	0.502 1	0.295 4	0.215 2	0.447 3	0.261 6	0.194 1
22—17	2.320 7	1.202 5	0.827 0	1.763 7	0.957 8	0.675 1	1.527 4	0.856 5	0.611 8
22—18	1.907 2	1.000 0	0.692 0	1.476 8	0.814 3	0.578 1	1.286 9	0.730 0	0.523 2
22—19	1.489 5	0.797 5	0.561 2	1.173 0	0.658 2	0.472 6	1.029 5	0.590 7	0.430 4
22—20	1.050 6	0.582 3	0.413 5	0.848 1	0.485 2	0.350 2	0.751 1	0.434 6	0.320 7
22—21	0.590 7	0.337 6	0.244 7	0.485 2	0.282 7	0.206 8	0.430 4	0.253 2	0.185 7
24—19	2.312 2	1.194 1	0.822 8	1.746 8	0.945 1	0.666 7	1.502 1	0.839 7	0.599 2
24—20	1.894 5	0.995 8	0.687 8	1.455 7	0.801 7	0.569 6	1.265 8	0.717 3	0.514 8
24—21	1.476 8	0.789 0	0.552 7	1.156 1	0.645 6	0.464 1	1.008 4	0.578 1	0.421 9
24—22	1.038 0	0.573 8	0.409 3	0.831 2	0.476 8	0.346 0	0.734 2	0.426 2	0.312 2
24—23	0.578 1	0.329 1	0.240 5	0.472 6	0.274 3	0.202 5	0.417 7	0.244 7	0.181 4
26—21	2.316 5	1.198 3	0.822 8	1.742 6	0.940 9	0.662 4	1.489 5	0.831 2	0.594 9
26—22	1.894 5	0.995 8	0.687 8	1.451 5	0.797 5	0.565 4	1.253 2	0.708 9	0.510 5
26—23	1.472 6	0.789 0	0.552 7	1.147 7	0.641 4	0.459 9	1.000 0	0.569 6	0.413 5
26—24	1.029 5	0.569 6	0.405 1	0.827 0	0.468 4	0.337 6	0.721 5	0.417 7	0.303 8
26—25	0.565 4	0.324 9	0.236 3	0.468 4	0.270 0	0.198 3	0.413 5	0.240 5	0.177 2
28—23	2.324 9	1.211 0	0.827 0	1.746 8	0.940 9	0.662 4	1.485 2	0.827 0	0.590 7
28—24	1.903 0	1.004 2	0.692 0	1.451 5	0.797 5	0.565 4	1.244 7	0.704 6	0.506 3
28—25	1.472 6	0.793 2	0.552 7	1.147 7	0.637 1	0.455 7	0.995 8	0.565 4	0.409 3
28—26	1.033 8	0.569 6	0.405 1	0.818 6	0.464 1	0.337 6	0.717 3	0.413 5	0.299 6
28—27	0.565 4	0.324 9	0.232 1	0.459 9	0.270 0	0.198 3	0.409 3	0.236 3	0.177 2
30—25	2.341 8	1.227 8	0.839 7	1.759 5	0.949 4	0.666 7	1.489 5	0.831 2	0.590 7
30—26	1.915 6	1.016 9	0.700 4	1.459 9	0.797 5	0.565 4	1.248 9	0.700 4	0.506 3
30—27	1.485 2	0.797 5	0.557 0	1.151 9	0.637 1	0.455 7	0.991 6	0.565 4	0.409 3
30—28	1.029 5	0.569 6	0.405 1	0.822 8	0.464 1	0.337 6	0.713 1	0.413 5	0.299 6
30—29	0.565 4	0.320 7	0.232 1	0.459 9	0.270 0	0.194 1	0.405 1	0.236 3	0.173 0

表 B.1（续）

粮食种类：水稻　　　　环境温度 T_h：−20 ℃　　　　环境相对湿度 RH：90%

降水范围 (M_1-M_2) %	热风温度 T_r/℃								
	40			60			80		
	热风表观风速 v_r/(m/s)								
	0.1	0.2	0.3	0.1	0.2	0.3	0.1	0.2	0.3
16−13	1.666 7	0.898 7	0.637 1	1.329 1	0.746 8	0.535 9	1.177 2	0.675 1	0.485 2
16−14	1.198 3	0.666 7	0.476 8	0.974 7	0.561 2	0.405 1	0.865 0	0.506 3	0.371 3
16−15	0.687 8	0.396 6	0.291 1	0.569 6	0.333 3	0.244 7	0.506 3	0.299 6	0.223 6
18−13	2.447 3	1.286 9	0.911 4	1.869 2	1.025 3	0.734 2	1.632 9	0.919 8	0.662 4
18−14	2.012 7	1.063 3	0.746 8	1.569 6	0.869 2	0.620 3	1.384 0	0.784 8	0.561 2
18−15	1.578 1	0.848 1	0.599 2	1.257 4	0.708 9	0.506 3	1.109 7	0.641 4	0.459 9
18−16	1.126 6	0.628 7	0.447 3	0.915 6	0.527 4	0.384 0	0.814 3	0.476 8	0.346 0
18−17	0.645 6	0.371 3	0.270 0	0.531 6	0.312 2	0.227 8	0.472 6	0.278 5	0.206 8
20−15	2.371 3	1.232 1	0.856 5	1.805 9	0.983 1	0.700 4	1.569 6	0.881 9	0.632 9
20−16	1.949 4	1.025 3	0.713 1	1.514 8	0.835 4	0.594 9	1.329 1	0.755 3	0.540 1
20−17	1.523 2	0.818 6	0.573 8	1.206 8	0.679 3	0.489 5	1.063 3	0.611 8	0.443 0
20−18	1.084 4	0.599 2	0.430 4	0.877 6	0.502 1	0.367 1	0.776 4	0.451 5	0.333 3
20−19	0.611 8	0.350 2	0.257 4	0.506 3	0.295 4	0.219 4	0.447 3	0.265 8	0.194 1
22−17	2.337 6	1.206 8	0.835 4	1.767 9	0.962 0	0.679 3	1.531 6	0.856 5	0.611 8
22−18	1.919 8	1.008 4	0.696 2	1.481 0	0.814 3	0.578 1	1.291 1	0.734 2	0.527 4
22−19	1.497 9	0.801 7	0.561 2	1.177 2	0.662 4	0.472 6	1.033 8	0.594 9	0.430 4
22−20	1.059 1	0.586 5	0.417 7	0.852 3	0.489 5	0.354 4	0.751 1	0.438 8	0.320 7
22−21	0.594 9	0.341 8	0.248 9	0.489 5	0.286 9	0.211 0	0.434 6	0.253 2	0.189 9
24−19	2.329 1	1.202 5	0.827 0	1.751 1	0.949 4	0.666 7	1.506 3	0.843 9	0.603 4
24−20	1.907 2	1.000 0	0.692 0	1.459 9	0.805 9	0.569 6	1.265 8	0.717 3	0.514 8
24−21	1.485 2	0.793 2	0.557 0	1.160 3	0.649 8	0.464 1	1.012 7	0.582 3	0.421 9
24−22	1.046 4	0.578 1	0.409 3	0.835 4	0.476 8	0.346 0	0.738 4	0.426 2	0.312 2
24−23	0.582 3	0.333 3	0.240 5	0.476 8	0.278 5	0.202 5	0.421 9	0.248 9	0.181 4
26−21	2.329 1	1.206 8	0.827 0	1.746 8	0.945 1	0.662 4	1.493 7	0.835 4	0.594 9
26−22	1.907 2	1.004 2	0.692 0	1.455 7	0.797 5	0.565 4	1.253 2	0.708 9	0.510 5
26−23	1.481 0	0.793 2	0.557 0	1.151 9	0.641 4	0.459 9	1.004 2	0.573 8	0.413 5
26−24	1.038 0	0.573 8	0.405 1	0.831 2	0.468 4	0.341 8	0.725 7	0.417 7	0.308 0
26−25	0.569 6	0.329 1	0.236 3	0.472 6	0.274 3	0.198 3	0.413 5	0.244 7	0.177 2
28−23	2.341 8	1.219 4	0.835 4	1.755 3	0.945 1	0.666 7	1.489 5	0.831 2	0.594 9
28−24	1.919 8	1.008 4	0.696 2	1.455 7	0.797 5	0.565 4	1.248 9	0.704 6	0.506 3
28−25	1.481 0	0.797 5	0.557 0	1.151 9	0.641 4	0.459 9	1.000 0	0.569 6	0.409 3
28−26	1.042 2	0.573 8	0.405 1	0.822 8	0.468 4	0.337 6	0.721 5	0.413 5	0.303 8
28−27	0.573 8	0.324 9	0.236 3	0.464 1	0.270 0	0.198 3	0.409 3	0.240 5	0.177 2
30−25	2.362 9	1.232 1	0.843 9	1.767 9	0.949 4	0.666 7	1.493 7	0.831 2	0.594 9
30−26	1.932 5	1.025 3	0.704 6	1.464 1	0.801 7	0.565 4	1.253 2	0.704 6	0.506 3
30−27	1.497 9	0.801 7	0.561 2	1.156 1	0.641 4	0.459 9	0.995 8	0.565 4	0.409 3
30−28	1.038 0	0.573 8	0.409 3	0.827 0	0.468 4	0.337 6	0.717 3	0.413 5	0.299 6
30−29	0.569 6	0.324 9	0.236 3	0.459 9	0.270 0	0.198 3	0.405 1	0.236 3	0.173 0

表 B.1（续）

粮食种类：水稻　　　　环境温度 T_h：−15 ℃　　　　环境相对湿度 RH：30%

降水范围 (M_1-M_2) %	热风温度 T_r/℃								
	40			60			80		
	热风表观风速 v_r/(m/s)								
	0.1	0.2	0.3	0.1	0.2	0.3	0.1	0.2	0.3
16—13	1.637 1	0.881 9	0.620 3	1.308 0	0.734 2	0.523 2	1.156 1	0.662 4	0.476 8
16—14	1.168 8	0.645 6	0.459 9	0.953 6	0.544 3	0.392 4	0.843 9	0.493 7	0.358 6
16—15	0.666 7	0.379 7	0.274 3	0.548 5	0.320 7	0.236 3	0.489 5	0.286 9	0.211 0
18—13	2.417 7	1.270 0	0.894 5	1.848 1	1.012 7	0.725 7	1.611 8	0.903 0	0.649 8
18—14	1.983 1	1.046 4	0.734 2	1.548 5	0.852 3	0.607 6	1.362 9	0.767 9	0.552 7
18—15	1.552 7	0.831 2	0.582 3	1.236 3	0.692 0	0.493 7	1.092 8	0.624 5	0.451 5
18—16	1.101 3	0.607 6	0.434 6	0.894 5	0.510 5	0.371 3	0.797 5	0.459 9	0.337 6
18—17	0.624 5	0.354 4	0.257 4	0.514 8	0.299 6	0.219 4	0.455 7	0.270 0	0.198 3
20—15	2.346 0	1.215 2	0.848 1	1.784 8	0.970 5	0.692 0	1.552 7	0.869 2	0.620 3
20—16	1.924 1	1.008 4	0.700 4	1.493 7	0.822 8	0.582 3	1.308 0	0.738 4	0.527 4
20—17	1.497 9	0.801 7	0.561 2	1.185 7	0.666 7	0.476 8	1.046 4	0.599 2	0.430 4
20—18	1.063 3	0.582 3	0.417 7	0.856 5	0.489 5	0.354 4	0.759 5	0.438 8	0.320 7
20—19	0.594 9	0.337 6	0.244 7	0.489 5	0.282 7	0.206 8	0.434 6	0.253 2	0.185 7
22—17	2.308 0	1.194 1	0.822 8	1.751 1	0.945 1	0.670 9	1.510 5	0.843 9	0.603 4
22—18	1.894 5	0.991 6	0.687 8	1.459 9	0.801 7	0.569 6	1.270 0	0.717 3	0.514 8
22—19	1.472 6	0.784 8	0.548 5	1.156 1	0.645 6	0.464 1	1.016 9	0.582 3	0.417 7
22—20	1.038 0	0.569 6	0.405 1	0.835 4	0.472 6	0.341 8	0.734 2	0.426 2	0.308 0
22—21	0.573 8	0.324 9	0.236 3	0.472 6	0.274 3	0.198 3	0.417 7	0.244 7	0.181 4
24—19	2.299 6	1.185 7	0.814 3	1.734 2	0.936 7	0.658 2	1.489 5	0.831 2	0.590 7
24—20	1.881 9	0.983 1	0.679 3	1.443 0	0.789 0	0.561 2	1.248 9	0.704 6	0.506 3
24—21	1.459 9	0.780 6	0.544 3	1.139 2	0.637 1	0.455 7	0.995 8	0.569 6	0.409 3
24—22	1.025 3	0.561 2	0.396 6	0.818 6	0.464 1	0.333 3	0.721 5	0.413 5	0.303 8
24—23	0.565 4	0.320 7	0.232 1	0.459 9	0.265 8	0.194 1	0.405 1	0.236 3	0.173 0
26—21	2.303 8	1.189 9	0.814 3	1.730 0	0.932 5	0.654 0	1.476 8	0.822 8	0.586 5
26—22	1.877 6	0.987 3	0.679 3	1.438 8	0.784 8	0.557 0	1.236 3	0.696 2	0.497 9
26—23	1.455 7	0.776 4	0.544 3	1.135 0	0.628 7	0.451 5	0.987 3	0.561 2	0.405 1
26—24	1.016 9	0.557 0	0.396 6	0.810 1	0.459 9	0.329 1	0.708 9	0.409 3	0.295 4
26—25	0.552 7	0.316 5	0.227 8	0.455 7	0.261 6	0.189 9	0.400 8	0.232 1	0.168 8
28—23	2.312 2	1.202 5	0.822 8	1.734 2	0.932 5	0.654 0	1.472 6	0.818 6	0.582 3
28—24	1.890 3	0.995 8	0.683 5	1.438 8	0.784 8	0.557 0	1.232 1	0.692 0	0.497 9
28—25	1.459 9	0.780 6	0.544 3	1.130 8	0.628 7	0.447 3	0.978 9	0.557 0	0.400 8
28—26	1.021 1	0.557 0	0.396 6	0.805 9	0.455 7	0.329 1	0.704 6	0.405 1	0.295 4
28—27	0.557 0	0.312 2	0.227 8	0.451 5	0.261 6	0.189 9	0.396 6	0.232 1	0.168 8
30—25	2.333 3	1.215 2	0.835 4	1.746 8	0.940 9	0.658 2	1.476 8	0.818 6	0.582 3
30—26	1.907 2	1.008 4	0.692 0	1.447 3	0.789 0	0.557 0	1.236 3	0.692 0	0.493 7
30—27	1.476 8	0.789 0	0.548 5	1.139 2	0.628 7	0.447 3	0.978 9	0.552 7	0.400 8
30—28	1.021 1	0.561 2	0.396 6	0.810 1	0.455 7	0.329 1	0.704 6	0.400 8	0.291 1
30—29	0.552 7	0.312 2	0.223 6	0.447 3	0.261 6	0.189 9	0.392 4	0.227 8	0.168 8

表 B.1（续）

粮食种类：水稻　　环境温度 T_h：−15 ℃　　环境相对湿度 RH：60%

降水范围 ($M_1 - M_2$) %	热风温度 T_r/℃								
	40			60			80		
	热风表观风速 v_r/(m/s)								
	0.1	0.2	0.3	0.1	0.2	0.3	0.1	0.2	0.3
16−13	1.658 2	0.890 3	0.628 7	1.316 5	0.738 4	0.527 4	1.164 6	0.666 7	0.476 8
16−14	1.185 7	0.658 2	0.468 4	0.957 8	0.548 5	0.396 6	0.852 3	0.493 7	0.358 6
16−15	0.675 1	0.388 2	0.282 7	0.557 0	0.324 9	0.240 5	0.493 7	0.291 1	0.215 2
18−13	2.447 3	1.282 7	0.907 2	1.860 8	1.021 1	0.730 0	1.620 3	0.907 2	0.654 0
18−14	2.008 4	1.054 9	0.742 6	1.557 0	0.860 8	0.611 8	1.367 1	0.772 2	0.552 7
18−15	1.569 6	0.839 7	0.590 7	1.244 7	0.696 2	0.497 9	1.097 0	0.628 7	0.451 5
18−16	1.118 1	0.616 0	0.438 8	0.903 0	0.514 8	0.375 5	0.801 7	0.464 1	0.337 6
18−17	0.632 9	0.358 6	0.261 6	0.519 0	0.303 8	0.223 6	0.459 9	0.270 0	0.198 3
20−15	2.371 3	1.227 8	0.856 5	1.797 5	0.974 7	0.696 2	1.557 0	0.869 2	0.624 5
20−16	1.945 1	1.016 9	0.708 9	1.502 1	0.827 0	0.586 5	1.312 2	0.742 6	0.531 6
20−17	1.514 8	0.810 1	0.569 6	1.194 1	0.670 9	0.476 8	1.050 6	0.603 4	0.434 6
20−18	1.071 7	0.590 7	0.421 9	0.865 0	0.493 7	0.358 6	0.763 7	0.443 0	0.324 9
20−19	0.603 4	0.341 8	0.248 9	0.493 7	0.286 9	0.211 0	0.438 8	0.257 4	0.189 9
22−17	2.333 3	1.206 8	0.831 2	1.759 5	0.953 6	0.670 9	1.519 0	0.848 1	0.603 4
22−18	1.915 6	1.000 0	0.692 0	1.468 4	0.805 9	0.573 8	1.278 5	0.721 5	0.519 0
22−19	1.489 5	0.793 2	0.557 0	1.164 6	0.649 8	0.464 1	1.021 1	0.582 3	0.421 9
22−20	1.050 6	0.573 8	0.409 3	0.839 7	0.476 8	0.346 0	0.738 4	0.426 2	0.312 2
22−21	0.582 3	0.329 1	0.240 5	0.476 8	0.278 5	0.202 5	0.421 9	0.244 7	0.181 4
24−19	2.324 9	1.198 3	0.822 8	1.742 6	0.940 9	0.662 4	1.493 7	0.831 2	0.594 9
24−20	1.903 0	0.995 8	0.687 8	1.451 5	0.793 2	0.565 4	1.253 2	0.708 9	0.506 3
24−21	1.476 8	0.789 0	0.548 5	1.147 7	0.637 1	0.455 7	1.000 0	0.569 6	0.413 5
24−22	1.038 0	0.565 4	0.400 8	0.822 8	0.468 4	0.337 6	0.725 7	0.417 7	0.303 8
24−23	0.573 8	0.324 9	0.232 1	0.464 1	0.270 0	0.198 3	0.409 3	0.240 5	0.177 2
26−21	2.329 1	1.202 5	0.822 8	1.738 4	0.936 7	0.658 2	1.481 0	0.827 0	0.586 5
26−22	1.898 7	0.995 8	0.687 8	1.443 0	0.789 0	0.561 2	1.240 5	0.700 4	0.502 1
26−23	1.472 6	0.784 8	0.548 5	1.139 2	0.632 9	0.451 5	0.991 6	0.561 2	0.405 1
26−24	1.025 3	0.565 4	0.400 8	0.818 6	0.459 9	0.333 3	0.713 1	0.409 3	0.299 6
26−25	0.561 2	0.320 7	0.232 1	0.459 9	0.265 8	0.194 1	0.405 1	0.236 3	0.173 0
28−23	2.337 6	1.215 2	0.831 2	1.746 8	0.936 7	0.658 2	1.476 8	0.822 8	0.586 5
28−24	1.911 4	1.004 2	0.692 0	1.447 3	0.789 0	0.557 0	1.236 3	0.696 2	0.497 9
28−25	1.472 6	0.789 0	0.548 5	1.139 2	0.632 9	0.451 5	0.983 1	0.557 0	0.400 8
28−26	1.033 8	0.565 4	0.400 8	0.814 3	0.459 9	0.329 1	0.708 9	0.405 1	0.295 4
28−27	0.561 2	0.316 5	0.227 8	0.451 5	0.261 6	0.189 9	0.400 8	0.232 1	0.168 8
30−25	2.362 9	1.227 8	0.843 9	1.755 3	0.945 1	0.662 4	1.481 0	0.822 8	0.586 5
30−26	1.928 3	1.016 9	0.700 4	1.455 7	0.793 2	0.561 2	1.240 5	0.696 2	0.497 9
30−27	1.489 5	0.797 5	0.557 0	1.143 5	0.632 9	0.451 5	0.983 1	0.557 0	0.400 8
30−28	1.029 5	0.565 4	0.400 8	0.814 3	0.459 9	0.329 1	0.704 6	0.405 1	0.295 4
30−29	0.557 0	0.316 5	0.227 8	0.451 5	0.261 6	0.189 9	0.396 6	0.232 1	0.168 8

表 B.1（续）

粮食种类：水稻　　　　环境温度 T_h：−15 ℃　　　　环境相对湿度 RH：90%

降水范围 (M_1-M_2) %	热风温度 T_r/℃								
	40			60			80		
	热风表观风速 v_r/(m/s)								
	0.1	0.2	0.3	0.1	0.2	0.3	0.1	0.2	0.3
16—13	1.675 1	0.903 0	0.637 1	1.324 9	0.742 6	0.531 6	1.168 8	0.670 9	0.481 0
16—14	1.202 5	0.666 7	0.472 6	0.966 2	0.552 7	0.400 8	0.856 5	0.497 9	0.362 9
16—15	0.683 5	0.392 4	0.286 9	0.561 2	0.329 1	0.240 5	0.497 9	0.291 1	0.215 2
18—13	2.472 6	1.299 6	0.915 6	1.869 2	1.025 3	0.734 2	1.624 5	0.911 4	0.658 2
18—14	2.029 5	1.067 5	0.751 1	1.569 6	0.865 0	0.616 0	1.375 5	0.776 4	0.557 0
18—15	1.586 5	0.848 1	0.599 2	1.248 9	0.700 4	0.502 1	1.101 3	0.632 9	0.455 7
18—16	1.130 8	0.624 5	0.443 0	0.907 2	0.519 0	0.375 5	0.805 9	0.468 4	0.341 8
18—17	0.641 4	0.367 1	0.265 8	0.523 2	0.303 8	0.223 6	0.464 1	0.274 3	0.202 5
20—15	2.396 6	1.240 5	0.865 0	1.805 9	0.978 9	0.696 2	1.565 4	0.873 4	0.628 7
20—16	1.966 2	1.029 5	0.717 3	1.510 5	0.831 2	0.590 7	1.320 7	0.746 8	0.535 9
20—17	1.531 6	0.818 6	0.573 8	1.202 5	0.675 1	0.481 0	1.054 9	0.603 4	0.438 8
20—18	1.084 4	0.599 2	0.426 2	0.869 2	0.497 9	0.358 6	0.767 9	0.447 3	0.324 9
20—19	0.611 8	0.346 0	0.253 2	0.497 9	0.291 1	0.211 0	0.438 8	0.257 4	0.189 9
22—17	2.358 6	1.219 4	0.839 7	1.767 9	0.957 8	0.675 1	1.523 2	0.852 3	0.607 6
22—18	1.936 7	1.012 7	0.700 4	1.476 8	0.810 1	0.573 8	1.282 7	0.725 7	0.519 0
22—19	1.506 3	0.801 7	0.561 2	1.173 0	0.654 0	0.468 4	1.025 3	0.586 5	0.421 9
22—20	1.059 1	0.582 3	0.413 5	0.843 9	0.481 0	0.346 0	0.742 6	0.430 4	0.312 2
22—21	0.590 7	0.333 3	0.244 7	0.481 0	0.278 5	0.202 5	0.426 2	0.248 9	0.181 4
24—19	2.350 2	1.211 0	0.831 2	1.751 1	0.945 1	0.666 7	1.497 9	0.835 4	0.594 9
24—20	1.924 1	1.004 2	0.696 2	1.459 9	0.801 7	0.565 4	1.257 4	0.708 9	0.510 5
24—21	1.493 7	0.793 2	0.557 0	1.156 1	0.641 4	0.459 9	1.004 2	0.573 8	0.413 5
24—22	1.046 4	0.573 8	0.409 3	0.827 0	0.468 4	0.341 8	0.725 7	0.417 7	0.303 8
24—23	0.578 1	0.329 1	0.236 3	0.468 4	0.270 0	0.198 3	0.413 5	0.240 5	0.177 2
26—21	2.350 2	1.215 2	0.831 2	1.751 1	0.940 9	0.662 4	1.489 5	0.827 0	0.590 7
26—22	1.919 8	1.008 4	0.696 2	1.451 5	0.793 2	0.561 2	1.248 9	0.700 4	0.502 1
26—23	1.489 5	0.793 2	0.552 7	1.147 7	0.637 1	0.455 7	0.995 8	0.565 4	0.409 3
26—24	1.038 0	0.569 6	0.405 1	0.822 8	0.464 1	0.333 3	0.717 3	0.413 5	0.299 6
26—25	0.565 4	0.324 9	0.232 1	0.464 1	0.265 8	0.194 1	0.405 1	0.236 3	0.173 0
28—23	2.358 6	1.227 8	0.839 7	1.755 3	0.940 9	0.662 4	1.485 2	0.822 8	0.586 5
28—24	1.932 5	1.016 9	0.700 4	1.455 7	0.793 2	0.561 2	1.244 7	0.696 2	0.502 1
28—25	1.489 5	0.797 5	0.557 0	1.143 5	0.632 9	0.451 5	0.987 3	0.561 2	0.405 1
28—26	1.046 4	0.569 6	0.405 1	0.818 6	0.459 9	0.333 3	0.713 1	0.409 3	0.295 4
28—27	0.569 6	0.320 7	0.232 1	0.455 7	0.265 8	0.194 1	0.400 8	0.232 1	0.173 0
30—25	2.384 0	1.240 5	0.852 3	1.763 7	0.949 4	0.666 7	1.489 5	0.822 8	0.586 5
30—26	1.953 6	1.029 5	0.708 9	1.464 1	0.797 5	0.565 4	1.244 7	0.696 2	0.497 9
30—27	1.506 3	0.805 9	0.561 2	1.151 9	0.637 1	0.455 7	0.987 3	0.557 0	0.405 1
30—28	1.042 2	0.573 8	0.405 1	0.818 6	0.459 9	0.333 3	0.708 9	0.405 1	0.295 4
30—29	0.565 4	0.320 7	0.232 1	0.455 7	0.265 8	0.189 9	0.396 6	0.232 1	0.168 8

表 B.1（续）

粮食种类：水稻　　　　环境温度 T_h：−10 ℃　　　　环境相对湿度 RH：30%

降水范围 (M_1-M_2) %	热风温度 T_r/℃								
	40			60			80		
	热风表观风速 v_r/(m/s)								
	0.1	0.2	0.3	0.1	0.2	0.3	0.1	0.2	0.3
16−13	1.637 1	0.877 6	0.620 3	1.295 4	0.721 5	0.514 8	1.143 5	0.649 8	0.468 4
16−14	1.164 6	0.641 4	0.455 7	0.940 9	0.535 9	0.384 0	0.831 2	0.481 0	0.350 2
16−15	0.654 0	0.371 3	0.270 0	0.540 1	0.312 2	0.227 8	0.476 8	0.278 5	0.206 8
18−13	2.430 4	1.274 3	0.898 7	1.843 9	1.008 4	0.721 5	1.603 4	0.898 7	0.645 6
18−14	1.987 3	1.042 2	0.734 2	1.540 1	0.848 1	0.603 4	1.350 2	0.759 5	0.544 3
18−15	1.548 5	0.827 0	0.578 1	1.223 6	0.683 5	0.485 2	1.080 2	0.616 0	0.443 0
18−16	1.097 0	0.603 4	0.426 2	0.881 9	0.502 1	0.362 9	0.780 6	0.451 5	0.329 1
18−17	0.611 8	0.346 0	0.248 9	0.502 1	0.291 1	0.211 0	0.447 3	0.261 6	0.189 9
20−15	2.354 4	1.215 2	0.848 1	1.780 6	0.962 0	0.683 5	1.540 1	0.856 5	0.616 0
20−16	1.928 3	1.004 2	0.700 4	1.485 2	0.814 3	0.578 1	1.295 4	0.730 0	0.523 2
20−17	1.497 9	0.797 5	0.557 0	1.177 2	0.654 0	0.468 4	1.033 8	0.586 5	0.421 9
20−18	1.054 9	0.578 1	0.409 3	0.848 1	0.481 0	0.346 0	0.746 8	0.430 4	0.312 2
20−19	0.586 5	0.329 1	0.236 3	0.476 8	0.274 3	0.202 5	0.421 9	0.244 7	0.181 4
22−17	2.316 5	1.194 1	0.822 8	1.742 6	0.940 9	0.662 4	1.502 1	0.835 4	0.594 9
22−18	1.898 7	0.987 3	0.683 5	1.451 5	0.793 2	0.561 2	1.261 6	0.708 9	0.506 3
22−19	1.472 6	0.780 6	0.544 3	1.147 7	0.637 1	0.455 7	1.004 2	0.569 6	0.409 3
22−20	1.033 8	0.561 2	0.396 6	0.822 8	0.464 1	0.333 3	0.721 5	0.413 5	0.299 6
22−21	0.565 4	0.316 5	0.227 8	0.464 1	0.265 8	0.194 1	0.409 3	0.236 3	0.173 0
24−19	2.308 0	1.189 9	0.814 3	1.730 0	0.928 3	0.654 0	1.476 8	0.822 8	0.582 3
24−20	1.886 1	0.983 1	0.679 3	1.434 6	0.784 8	0.552 7	1.236 3	0.696 2	0.497 9
24−21	1.459 9	0.776 4	0.540 1	1.130 8	0.624 5	0.447 3	0.983 1	0.557 0	0.400 8
24−22	1.021 1	0.552 7	0.392 4	0.810 1	0.455 7	0.324 9	0.708 9	0.405 1	0.295 4
24−23	0.557 0	0.312 2	0.223 6	0.451 5	0.257 4	0.185 7	0.396 6	0.227 8	0.168 8
26−21	2.312 2	1.194 1	0.814 3	1.725 7	0.924 1	0.649 8	1.468 4	0.814 3	0.578 1
26−22	1.886 1	0.987 3	0.679 3	1.430 4	0.776 4	0.548 5	1.227 8	0.687 8	0.489 5
26−23	1.455 7	0.776 4	0.540 1	1.126 6	0.620 3	0.443 0	0.974 7	0.548 5	0.396 6
26−24	1.012 7	0.552 7	0.388 2	0.801 7	0.447 3	0.320 7	0.696 2	0.396 6	0.286 9
26−25	0.548 5	0.308 0	0.219 4	0.447 3	0.253 2	0.185 7	0.392 4	0.227 8	0.164 6
28−23	2.320 7	1.202 5	0.822 8	1.730 0	0.928 3	0.649 8	1.464 1	0.810 1	0.573 8
28−24	1.894 5	0.991 6	0.683 5	1.434 6	0.776 4	0.548 5	1.223 6	0.683 5	0.489 5
28−25	1.459 9	0.776 4	0.540 1	1.122 4	0.620 3	0.438 8	0.970 5	0.544 3	0.392 4
28−26	1.016 9	0.552 7	0.388 2	0.797 5	0.447 3	0.320 7	0.696 2	0.396 6	0.286 9
28−27	0.548 5	0.308 0	0.219 4	0.443 0	0.253 2	0.181 4	0.388 2	0.223 6	0.164 6
30−25	2.346 0	1.219 4	0.831 2	1.742 6	0.932 5	0.654 0	1.468 4	0.810 1	0.573 8
30−26	1.911 4	1.004 2	0.692 0	1.438 8	0.780 6	0.552 7	1.227 8	0.683 5	0.489 5
30−27	1.472 6	0.784 8	0.544 3	1.126 6	0.620 3	0.443 0	0.970 5	0.544 3	0.392 4
30−28	1.012 7	0.557 0	0.392 4	0.797 5	0.447 3	0.320 7	0.692 0	0.392 4	0.282 7
30−29	0.544 3	0.303 8	0.219 4	0.438 8	0.253 2	0.181 4	0.384 0	0.223 6	0.160 3

表 B.1（续）

粮食种类：水稻　　　　环境温度 T_h：−10 ℃　　　　环境相对湿度 RH：60%

降水范围 (M_1-M_2) %	热风温度 T_r/℃								
	40			60			80		
	热风表观风速 v_r/(m/s)								
	0.1	0.2	0.3	0.1	0.2	0.3	0.1	0.2	0.3
16—13	1.666 7	0.894 5	0.632 9	1.312 2	0.730 0	0.523 2	1.151 9	0.658 2	0.472 6
16—14	1.185 7	0.654 0	0.464 1	0.953 6	0.544 3	0.392 4	0.839 7	0.485 2	0.354 4
16—15	0.670 9	0.384 0	0.278 5	0.548 5	0.316 5	0.232 1	0.481 0	0.282 7	0.206 8
18—13	2.472 6	1.295 4	0.915 6	1.860 8	1.016 9	0.730 0	1.611 8	0.903 0	0.649 8
18—14	2.025 3	1.063 3	0.746 8	1.557 0	0.856 5	0.607 6	1.358 6	0.763 7	0.548 5
18—15	1.578 1	0.839 7	0.590 7	1.236 3	0.692 0	0.493 7	1.084 4	0.620 3	0.447 3
18—16	1.118 1	0.611 8	0.434 6	0.894 5	0.510 5	0.367 1	0.789 0	0.455 7	0.333 3
18—17	0.624 5	0.354 4	0.257 4	0.510 5	0.295 4	0.215 2	0.451 5	0.261 6	0.194 1
20—15	2.396 6	1.236 3	0.860 8	1.797 5	0.970 5	0.692 0	1.548 5	0.865 0	0.620 3
20—16	1.962 0	1.021 1	0.708 9	1.497 9	0.822 8	0.582 3	1.303 8	0.734 2	0.523 2
20—17	1.523 2	0.810 1	0.565 4	1.189 9	0.662 4	0.472 6	1.042 2	0.594 9	0.426 2
20—18	1.075 9	0.586 5	0.417 7	0.856 5	0.485 2	0.350 2	0.751 1	0.434 6	0.316 5
20—19	0.599 2	0.337 6	0.244 7	0.485 2	0.278 5	0.202 5	0.426 2	0.248 9	0.181 4
22—17	2.358 6	1.215 2	0.835 4	1.759 5	0.949 4	0.670 9	1.510 5	0.839 7	0.599 2
22—18	1.928 3	1.004 2	0.696 2	1.464 1	0.801 7	0.565 4	1.265 8	0.713 1	0.510 5
22—19	1.497 9	0.793 2	0.552 7	1.160 3	0.645 6	0.459 9	1.008 4	0.573 8	0.413 5
22—20	1.050 6	0.573 8	0.405 1	0.831 2	0.468 4	0.337 6	0.730 0	0.417 7	0.303 8
22—21	0.578 1	0.324 9	0.232 1	0.468 4	0.270 0	0.194 1	0.413 5	0.240 5	0.177 2
24—19	2.350 2	1.211 0	0.827 0	1.742 6	0.936 7	0.658 2	1.485 2	0.827 0	0.586 5
24—20	1.919 8	1.000 0	0.687 8	1.447 3	0.789 0	0.557 0	1.244 7	0.700 4	0.502 1
24—21	1.485 2	0.789 0	0.548 5	1.143 5	0.632 9	0.451 5	0.991 6	0.561 2	0.405 1
24—22	1.038 0	0.565 4	0.400 8	0.818 6	0.459 9	0.329 1	0.713 1	0.409 3	0.295 4
24—23	0.569 6	0.320 7	0.227 8	0.455 7	0.261 6	0.189 9	0.400 8	0.232 1	0.168 8
26—21	2.350 2	1.215 2	0.827 0	1.738 4	0.932 5	0.654 0	1.476 8	0.818 6	0.582 3
26—22	1.915 6	1.000 0	0.687 8	1.443 0	0.784 8	0.552 7	1.232 1	0.692 0	0.493 7
26—23	1.481 0	0.789 0	0.548 5	1.135 0	0.628 7	0.447 3	0.978 9	0.552 7	0.400 8
26—24	1.029 5	0.561 2	0.396 6	0.810 1	0.455 7	0.324 9	0.704 6	0.400 8	0.291 1
26—25	0.557 0	0.316 5	0.227 8	0.451 5	0.257 4	0.185 7	0.392 4	0.227 8	0.164 6
28—23	2.358 6	1.223 6	0.835 4	1.742 6	0.936 7	0.654 0	1.472 6	0.814 3	0.578 1
28—24	1.928 3	1.008 4	0.696 2	1.447 3	0.784 8	0.552 7	1.232 1	0.687 8	0.493 7
28—25	1.485 2	0.793 2	0.548 5	1.135 0	0.624 5	0.443 0	0.974 7	0.548 5	0.396 6
28—26	1.033 8	0.565 4	0.396 6	0.805 9	0.451 5	0.324 9	0.700 4	0.396 6	0.286 9
28—27	0.557 0	0.312 2	0.223 6	0.447 3	0.257 4	0.185 7	0.388 2	0.223 6	0.164 6
30—25	2.384 0	1.236 3	0.848 1	1.755 3	0.940 9	0.658 2	1.476 8	0.814 3	0.578 1
30—26	1.945 1	1.021 1	0.704 6	1.455 7	0.789 0	0.557 0	1.232 1	0.687 8	0.489 5
30—27	1.497 9	0.797 5	0.552 7	1.139 2	0.628 7	0.447 3	0.974 7	0.548 5	0.392 4
30—28	1.033 8	0.565 4	0.396 6	0.810 1	0.451 5	0.324 9	0.696 2	0.396 6	0.286 9
30—29	0.557 0	0.312 2	0.223 6	0.443 0	0.257 4	0.185 7	0.388 2	0.223 6	0.164 6

表 B.1（续）

粮食种类：水稻　　　　环境温度 T_h：−10 ℃　　　　环境相对湿度 RH：90%

降水范围 (M_1-M_2) %	热风温度 T_r/℃								
	40			60			80		
	热风表观风速 v_r/(m/s)								
	0.1	0.2	0.3	0.1	0.2	0.3	0.1	0.2	0.3
16−13	1.696 2	0.911 4	0.641 4	1.324 9	0.738 4	0.527 4	1.160 3	0.662 4	0.476 8
16−14	1.211 0	0.666 7	0.472 6	0.962 0	0.548 5	0.396 6	0.848 1	0.493 7	0.358 6
16−15	0.687 8	0.392 4	0.282 7	0.552 7	0.324 9	0.236 3	0.489 5	0.286 9	0.211 0
18−13	2.514 8	1.320 7	0.932 5	1.877 6	1.025 3	0.734 2	1.620 3	0.907 2	0.654 0
18−14	2.059 1	1.080 2	0.759 5	1.569 6	0.860 8	0.616 0	1.367 1	0.767 9	0.552 7
18−15	1.603 4	0.856 5	0.599 2	1.248 9	0.696 2	0.497 9	1.092 8	0.624 5	0.447 3
18−16	1.139 2	0.624 5	0.443 0	0.903 0	0.514 8	0.371 3	0.793 2	0.459 9	0.333 3
18−17	0.641 4	0.362 9	0.261 6	0.519 0	0.299 6	0.219 4	0.455 7	0.265 8	0.194 1
20−15	2.434 6	1.257 4	0.873 4	1.810 1	0.978 9	0.696 2	1.557 0	0.869 2	0.624 5
20−16	1.995 8	1.038 0	0.721 5	1.510 5	0.827 0	0.586 5	1.312 2	0.738 4	0.527 4
20−17	1.548 5	0.822 8	0.578 1	1.198 3	0.670 9	0.476 8	1.046 4	0.599 2	0.430 4
20−18	1.092 8	0.599 2	0.426 2	0.865 0	0.489 5	0.354 4	0.759 5	0.438 8	0.320 7
20−19	0.607 6	0.346 0	0.248 9	0.489 5	0.282 7	0.206 8	0.430 4	0.253 2	0.185 7
22−17	2.396 6	1.232 1	0.848 1	1.776 4	0.957 8	0.675 1	1.519 0	0.843 9	0.603 4
22−18	1.962 0	1.021 1	0.704 6	1.476 8	0.810 1	0.573 8	1.274 3	0.717 3	0.514 8
22−19	1.523 2	0.805 9	0.565 4	1.168 8	0.649 8	0.464 1	1.016 9	0.578 1	0.417 7
22−20	1.067 5	0.582 3	0.413 5	0.839 7	0.476 8	0.341 8	0.734 2	0.421 9	0.308 0
22−21	0.586 5	0.333 3	0.240 5	0.472 6	0.274 3	0.198 3	0.417 7	0.240 5	0.177 2
24−19	2.388 2	1.227 8	0.839 7	1.759 5	0.945 1	0.662 4	1.493 7	0.831 2	0.590 7
24−20	1.949 4	1.016 9	0.700 4	1.459 9	0.797 5	0.565 4	1.253 2	0.704 6	0.502 1
24−21	1.506 3	0.801 7	0.557 0	1.151 9	0.637 1	0.455 7	0.995 8	0.565 4	0.409 3
24−22	1.054 9	0.573 8	0.405 1	0.822 8	0.464 1	0.333 3	0.717 3	0.413 5	0.299 6
24−23	0.578 1	0.324 9	0.232 1	0.464 1	0.265 8	0.194 1	0.405 1	0.236 3	0.173 0
26−21	2.392 4	1.232 1	0.843 9	1.755 3	0.940 9	0.658 2	1.485 2	0.822 8	0.586 5
26−22	1.949 4	1.016 9	0.700 4	1.451 5	0.793 2	0.561 2	1.240 5	0.696 2	0.497 9
26−23	1.506 3	0.801 7	0.557 0	1.143 5	0.632 9	0.451 5	0.983 1	0.557 0	0.400 8
26−24	1.046 4	0.569 6	0.405 1	0.818 6	0.459 9	0.329 1	0.708 9	0.405 1	0.295 4
26−25	0.565 4	0.320 7	0.232 1	0.455 7	0.261 6	0.189 9	0.396 6	0.232 1	0.168 8
28−23	2.396 6	1.244 7	0.852 3	1.759 5	0.940 9	0.658 2	1.481 0	0.818 6	0.582 3
28−24	1.957 8	1.025 3	0.704 6	1.459 9	0.793 2	0.557 0	1.236 3	0.692 0	0.493 7
28−25	1.506 3	0.805 9	0.561 2	1.143 5	0.632 9	0.451 5	0.978 9	0.552 7	0.396 6
28−26	1.050 6	0.573 8	0.405 1	0.814 3	0.455 7	0.329 1	0.704 6	0.400 8	0.291 1
28−27	0.569 6	0.320 7	0.227 8	0.451 5	0.257 4	0.189 9	0.392 4	0.227 8	0.164 6
30−25	2.421 9	1.261 6	0.860 8	1.776 4	0.949 4	0.662 4	1.481 0	0.818 6	0.582 3
30−26	1.978 9	1.038 0	0.713 1	1.468 4	0.797 5	0.561 2	1.240 5	0.692 0	0.493 7
30−27	1.519 0	0.810 1	0.565 4	1.147 7	0.632 9	0.451 5	0.978 9	0.552 7	0.396 6
30−28	1.046 4	0.573 8	0.405 1	0.814 3	0.455 7	0.329 1	0.700 4	0.400 8	0.286 9
30−29	0.565 4	0.320 7	0.227 8	0.447 3	0.257 4	0.185 7	0.392 4	0.227 8	0.164 6

表 B.1（续）

粮食种类：水稻　　环境温度 T_h：－5 ℃　　环境相对湿度 RH：30％

降水范围 (M_1-M_2) %	热风温度 T_r/℃								
	40			60			80		
	热风表观风速 v_r/(m/s)								
	0.1	0.2	0.3	0.1	0.2	0.3	0.1	0.2	0.3
16－13	1.637 1	0.873 4	0.616 0	1.286 9	0.713 1	0.510 5	1.130 8	0.641 4	0.459 9
16－14	1.160 3	0.632 9	0.447 3	0.928 3	0.527 4	0.375 5	0.818 6	0.472 6	0.341 8
16－15	0.645 6	0.362 9	0.261 6	0.527 4	0.303 8	0.219 4	0.464 1	0.270 0	0.198 3
18－13	2.447 3	1.278 5	0.903 0	1.839 7	1.004 2	0.721 5	1.590 7	0.890 3	0.641 4
18－14	1.995 8	1.046 4	0.734 2	1.531 6	0.839 7	0.599 2	1.337 6	0.751 1	0.535 9
18－15	1.548 5	0.822 8	0.578 1	1.215 2	0.675 1	0.481 0	1.063 3	0.603 4	0.434 6
18－16	1.092 8	0.594 9	0.417 7	0.873 4	0.493 7	0.354 4	0.767 9	0.438 8	0.320 7
18－17	0.603 4	0.337 6	0.240 5	0.489 5	0.282 7	0.202 5	0.434 6	0.248 9	0.181 4
20－15	2.367 1	1.219 4	0.848 1	1.776 4	0.957 8	0.683 5	1.527 4	0.848 1	0.607 6
20－16	1.936 7	1.008 4	0.696 2	1.476 8	0.805 9	0.569 6	1.282 7	0.717 3	0.514 8
20－17	1.497 9	0.793 2	0.552 7	1.168 8	0.645 6	0.459 9	1.021 1	0.578 1	0.413 5
20－18	1.050 6	0.569 6	0.400 8	0.835 4	0.468 4	0.337 6	0.734 2	0.417 7	0.303 8
20－19	0.578 1	0.320 7	0.227 8	0.468 4	0.265 8	0.194 1	0.413 5	0.236 3	0.173 0
22－17	2.333 3	1.198 3	0.822 8	1.742 6	0.932 5	0.658 2	1.489 5	0.827 0	0.586 5
22－18	1.907 2	0.991 6	0.683 5	1.447 3	0.784 8	0.557 0	1.248 9	0.700 4	0.497 9
22－19	1.472 6	0.776 4	0.540 1	1.139 2	0.628 7	0.447 3	0.991 6	0.561 2	0.400 8
22－20	1.029 5	0.557 0	0.392 4	0.810 1	0.455 7	0.324 9	0.713 1	0.405 1	0.291 1
22－21	0.557 0	0.312 2	0.223 6	0.451 5	0.257 4	0.185 7	0.396 6	0.227 8	0.164 6
24－19	2.320 7	1.194 1	0.814 3	1.725 7	0.924 1	0.645 6	1.468 4	0.810 1	0.578 1
24－20	1.894 5	0.983 1	0.675 1	1.430 4	0.776 4	0.544 3	1.227 8	0.683 5	0.489 5
24－21	1.459 9	0.772 2	0.535 9	1.122 4	0.616 0	0.438 8	0.974 7	0.548 5	0.392 4
24－22	1.016 9	0.548 5	0.384 0	0.797 5	0.447 3	0.320 7	0.696 2	0.396 6	0.286 9
24－23	0.548 5	0.303 8	0.215 2	0.438 8	0.248 9	0.181 4	0.388 2	0.223 6	0.160 3
26－21	2.324 9	1.198 3	0.818 6	1.721 5	0.919 8	0.641 4	1.455 7	0.801 7	0.569 6
26－22	1.894 5	0.987 3	0.679 3	1.426 2	0.772 2	0.544 3	1.215 2	0.679 3	0.485 2
26－23	1.459 9	0.772 2	0.535 9	1.118 1	0.611 8	0.434 6	0.962 0	0.540 1	0.388 2
26－24	1.008 4	0.548 5	0.384 0	0.793 2	0.438 8	0.316 5	0.687 8	0.388 2	0.278 5
26－25	0.540 1	0.299 6	0.215 2	0.434 6	0.248 9	0.177 2	0.379 7	0.219 4	0.156 1
28－23	2.337 6	1.206 8	0.822 8	1.725 7	0.924 1	0.645 6	1.455 7	0.801 7	0.569 6
28－24	1.903 0	0.995 8	0.683 5	1.430 4	0.772 2	0.544 3	1.211 0	0.675 1	0.481 0
28－25	1.464 1	0.776 4	0.535 9	1.118 1	0.611 8	0.434 6	0.957 8	0.535 9	0.384 0
28－26	1.012 7	0.548 5	0.384 0	0.789 0	0.438 8	0.312 2	0.683 5	0.384 0	0.278 5
28－27	0.540 1	0.299 6	0.215 2	0.430 4	0.244 7	0.177 2	0.375 5	0.215 2	0.156 1
30－25	2.358 6	1.223 6	0.835 4	1.742 6	0.928 3	0.645 6	1.459 9	0.801 7	0.569 6
30－26	1.919 8	1.008 4	0.692 0	1.434 6	0.776 4	0.544 3	1.215 2	0.675 1	0.481 0
30－27	1.476 8	0.784 8	0.544 3	1.122 4	0.616 0	0.434 6	0.957 8	0.535 9	0.384 0
30－28	1.012 7	0.552 7	0.388 2	0.793 2	0.438 8	0.312 2	0.679 3	0.384 0	0.278 5
30－29	0.535 9	0.299 6	0.215 2	0.430 4	0.244 7	0.177 2	0.375 5	0.215 2	0.156 1

表 B.1（续）

粮食种类:水稻　　　　环境温度 T_h:−5 ℃　　　　环境相对湿度 RH:60%

降水范围 (M_1-M_2) %	热风温度 T_r/℃								
	40			60			80		
	热风表观风速 v_r/(m/s)								
	0.1	0.2	0.3	0.1	0.2	0.3	0.1	0.2	0.3
16—13	1.687 8	0.898 7	0.637 1	1.308 0	0.725 7	0.519 0	1.143 5	0.649 8	0.464 1
16—14	1.194 1	0.654 0	0.464 1	0.945 1	0.535 9	0.384 0	0.831 2	0.476 8	0.346 0
16—15	0.670 9	0.379 7	0.274 3	0.540 1	0.312 2	0.227 8	0.472 6	0.274 3	0.202 5
18—13	2.514 8	1.316 5	0.928 3	1.865 0	1.016 9	0.730 0	1.603 4	0.898 7	0.645 6
18—14	2.050 6	1.071 7	0.755 3	1.557 0	0.852 3	0.607 6	1.350 2	0.759 5	0.544 3
18—15	1.594 9	0.843 9	0.590 7	1.232 1	0.683 5	0.489 5	1.075 9	0.611 8	0.438 8
18—16	1.122 4	0.611 8	0.434 6	0.886 1	0.502 1	0.362 9	0.780 6	0.447 3	0.324 9
18—17	0.624 5	0.350 2	0.253 2	0.502 1	0.286 9	0.211 0	0.438 8	0.257 4	0.185 7
20—15	2.434 6	1.253 2	0.873 4	1.801 7	0.970 5	0.692 0	1.544 3	0.856 5	0.616 0
20—16	1.987 3	1.033 8	0.717 3	1.497 9	0.818 6	0.578 1	1.295 4	0.725 7	0.519 0
20—17	1.540 1	0.814 3	0.569 6	1.185 7	0.658 2	0.468 4	1.029 5	0.586 5	0.421 9
20—18	1.080 2	0.586 5	0.413 5	0.848 1	0.476 8	0.346 0	0.742 6	0.426 2	0.308 0
20—19	0.594 9	0.333 3	0.240 5	0.476 8	0.274 3	0.198 3	0.417 7	0.240 5	0.177 2
22—17	2.396 6	1.232 1	0.843 9	1.763 7	0.945 1	0.666 7	1.502 1	0.835 4	0.594 9
22—18	1.957 8	1.016 9	0.700 4	1.464 1	0.797 5	0.561 2	1.261 6	0.704 6	0.502 1
22—19	1.514 8	0.797 5	0.557 0	1.156 1	0.637 1	0.455 7	1.000 0	0.565 4	0.405 1
22—20	1.054 9	0.573 8	0.400 8	0.827 0	0.464 1	0.333 3	0.717 3	0.409 3	0.295 4
22—21	0.573 8	0.320 7	0.232 1	0.459 9	0.261 6	0.189 9	0.405 1	0.232 1	0.168 8
24—19	2.384 0	1.223 6	0.835 4	1.746 8	0.936 7	0.658 2	1.481 0	0.818 6	0.582 3
24—20	1.945 1	1.008 4	0.692 0	1.447 3	0.784 8	0.552 7	1.240 5	0.692 0	0.493 7
24—21	1.502 1	0.793 2	0.548 5	1.139 2	0.628 7	0.447 3	0.983 1	0.552 7	0.396 6
24—22	1.046 4	0.565 4	0.396 6	0.810 1	0.451 5	0.324 9	0.704 6	0.400 8	0.291 1
24—23	0.565 4	0.316 5	0.223 6	0.447 3	0.257 4	0.185 7	0.392 4	0.227 8	0.164 6
26—21	2.388 2	1.227 8	0.839 7	1.746 8	0.932 5	0.649 8	1.468 4	0.810 1	0.573 8
26—22	1.945 1	1.012 7	0.696 2	1.443 0	0.780 6	0.548 5	1.227 8	0.683 5	0.489 5
26—23	1.497 9	0.793 2	0.548 5	1.135 0	0.620 3	0.443 0	0.970 5	0.544 3	0.392 4
26—24	1.038 0	0.561 2	0.396 6	0.805 9	0.447 3	0.320 7	0.696 2	0.392 4	0.282 7
26—25	0.557 0	0.312 2	0.223 6	0.443 0	0.253 2	0.181 4	0.384 0	0.219 4	0.160 3
28—23	2.396 6	1.240 5	0.843 9	1.751 1	0.932 5	0.654 0	1.468 4	0.810 1	0.573 8
28—24	1.949 4	1.021 1	0.700 4	1.447 3	0.780 6	0.548 5	1.223 6	0.679 3	0.485 2
28—25	1.497 9	0.797 5	0.552 7	1.130 8	0.620 3	0.438 8	0.966 2	0.544 3	0.388 2
28—26	1.038 0	0.565 4	0.396 6	0.801 7	0.447 3	0.320 7	0.692 0	0.388 2	0.282 7
28—27	0.557 0	0.312 2	0.219 4	0.438 8	0.248 9	0.181 4	0.379 7	0.219 4	0.160 3
30—25	2.413 5	1.257 4	0.856 5	1.763 7	0.940 9	0.654 0	1.468 4	0.810 1	0.573 8
30—26	1.974 7	1.033 8	0.708 9	1.455 7	0.784 8	0.552 7	1.227 8	0.679 3	0.485 2
30—27	1.510 5	0.805 9	0.557 0	1.139 2	0.624 5	0.438 8	0.966 2	0.540 1	0.388 2
30—28	1.038 0	0.565 4	0.396 6	0.801 7	0.447 3	0.316 5	0.687 8	0.388 2	0.278 5
30—29	0.552 7	0.308 0	0.219 4	0.438 8	0.248 9	0.181 4	0.379 7	0.219 4	0.156 1

表 B.1（续）

粮食种类：水稻　　　　环境温度 T_h：−5 ℃　　　　环境相对湿度 RH：90%

降水范围 (M_1-M_2) %	热风温度 T_r/℃								
	40			60			80		
	热风表观风速 v_r/(m/s)								
	0.1	0.2	0.3	0.1	0.2	0.3	0.1	0.2	0.3
16−13	1.734 2	0.928 3	0.654 0	1.329 1	0.738 4	0.527 4	1.156 1	0.658 2	0.472 6
16−14	1.232 1	0.675 1	0.476 8	0.962 0	0.548 5	0.392 4	0.839 7	0.485 2	0.354 4
16−15	0.692 0	0.392 4	0.282 7	0.552 7	0.320 7	0.232 1	0.481 0	0.282 7	0.206 8
18−13	2.582 3	1.350 2	0.953 6	1.890 3	1.033 8	0.738 4	1.620 3	0.907 2	0.654 0
18−14	2.109 7	1.101 3	0.772 2	1.578 1	0.865 0	0.616 0	1.362 9	0.763 7	0.548 5
18−15	1.637 1	0.869 2	0.607 6	1.253 2	0.696 2	0.493 7	1.088 6	0.620 3	0.443 0
18−16	1.156 1	0.632 9	0.447 3	0.903 0	0.510 5	0.367 1	0.789 0	0.455 7	0.329 1
18−17	0.645 6	0.362 9	0.261 6	0.510 5	0.295 4	0.215 2	0.447 3	0.261 6	0.189 9
20−15	2.497 9	1.286 9	0.894 5	1.822 8	0.983 1	0.700 4	1.557 0	0.865 0	0.620 3
20−16	2.042 2	1.059 1	0.734 2	1.519 0	0.831 2	0.586 5	1.308 0	0.734 2	0.523 2
20−17	1.582 3	0.835 4	0.582 3	1.202 5	0.666 7	0.476 8	1.042 2	0.590 7	0.426 2
20−18	1.109 7	0.603 4	0.426 2	0.860 8	0.485 2	0.350 2	0.751 1	0.430 4	0.312 2
20−19	0.611 8	0.346 0	0.248 9	0.485 2	0.278 5	0.202 5	0.426 2	0.244 7	0.181 4
22−17	2.459 9	1.261 6	0.865 0	1.789 0	0.957 8	0.675 1	1.514 8	0.839 7	0.599 2
22−18	2.008 4	1.042 2	0.717 3	1.485 2	0.810 1	0.569 6	1.270 0	0.713 1	0.510 5
22−19	1.552 7	0.818 6	0.569 6	1.173 0	0.649 8	0.459 9	1.008 4	0.573 8	0.413 5
22−20	1.084 4	0.586 5	0.413 5	0.835 4	0.472 6	0.337 6	0.725 7	0.417 7	0.299 6
22−21	0.590 7	0.333 3	0.236 3	0.468 4	0.270 0	0.194 1	0.409 3	0.236 3	0.173 0
24−19	2.451 5	1.257 4	0.856 5	1.772 2	0.949 4	0.666 7	1.493 7	0.827 0	0.586 5
24−20	1.995 8	1.038 0	0.713 1	1.468 4	0.797 5	0.561 2	1.248 9	0.700 4	0.497 9
24−21	1.540 1	0.814 3	0.565 4	1.156 1	0.637 1	0.451 5	0.991 6	0.561 2	0.400 8
24−22	1.071 7	0.578 1	0.409 3	0.822 8	0.459 9	0.329 1	0.713 1	0.405 1	0.295 4
24−23	0.582 3	0.324 9	0.232 1	0.455 7	0.261 6	0.189 9	0.396 6	0.227 8	0.168 8
26−21	2.451 5	1.261 6	0.860 8	1.767 9	0.945 1	0.658 2	1.481 0	0.818 6	0.582 3
26−22	1.991 6	1.038 0	0.713 1	1.464 1	0.793 2	0.557 0	1.240 5	0.692 0	0.493 7
26−23	1.540 1	0.814 3	0.565 4	1.147 7	0.632 9	0.447 3	0.978 9	0.552 7	0.396 6
26−24	1.063 3	0.578 1	0.405 1	0.814 3	0.455 7	0.324 9	0.700 4	0.396 6	0.286 9
26−25	0.569 6	0.320 7	0.227 8	0.451 5	0.257 4	0.185 7	0.392 4	0.223 6	0.164 6
28−23	2.459 9	1.274 3	0.869 2	1.776 4	0.945 1	0.662 4	1.481 0	0.814 3	0.578 1
28−24	2.004 2	1.046 4	0.717 3	1.464 1	0.793 2	0.557 0	1.232 1	0.687 8	0.489 5
28−25	1.540 1	0.818 6	0.565 4	1.147 7	0.628 7	0.447 3	0.974 7	0.548 5	0.392 4
28−26	1.063 3	0.578 1	0.405 1	0.810 1	0.451 5	0.324 9	0.696 2	0.396 6	0.286 9
28−27	0.569 6	0.320 7	0.227 8	0.447 3	0.253 2	0.185 7	0.388 2	0.223 6	0.160 3
30−25	2.481 0	1.291 1	0.877 6	1.784 8	0.953 6	0.666 7	1.485 2	0.814 3	0.578 1
30−26	2.029 5	1.059 1	0.725 7	1.476 8	0.797 5	0.561 2	1.236 3	0.687 8	0.489 5
30−27	1.552 7	0.827 0	0.573 8	1.151 9	0.632 9	0.447 3	0.974 7	0.548 5	0.392 4
30−28	1.067 5	0.582 3	0.409 3	0.814 3	0.451 5	0.324 9	0.692 0	0.392 4	0.282 7
30−29	0.569 6	0.316 5	0.227 8	0.443 0	0.253 2	0.181 4	0.384 0	0.219 4	0.160 3

表 B.1（续）

粮食种类：水稻　　　　环境温度 T_h：0 ℃　　　　环境相对湿度 RH：30%

降水范围 (M_1-M_2) %	热风温度 T_r/℃								
	40			60			80		
	热风表观风速 v_r/(m/s)								
	0.1	0.2	0.3	0.1	0.2	0.3	0.1	0.2	0.3
16−13	1.645 6	0.877 6	0.616 0	1.278 5	0.708 9	0.502 1	1.118 1	0.628 7	0.451 5
16−14	1.156 1	0.628 7	0.443 0	0.915 6	0.514 8	0.367 1	0.805 9	0.459 9	0.333 3
16−15	0.637 1	0.354 4	0.253 2	0.514 8	0.295 4	0.211 0	0.451 5	0.261 6	0.189 9
18−13	2.472 6	1.291 1	0.911 4	1.839 7	1.000 0	0.717 3	1.578 1	0.881 9	0.637 1
18−14	2.012 7	1.050 6	0.734 2	1.527 4	0.831 2	0.594 9	1.324 9	0.738 4	0.531 6
18−15	1.557 0	0.822 8	0.573 8	1.202 5	0.662 4	0.472 6	1.050 6	0.594 9	0.421 9
18−16	1.088 6	0.586 5	0.413 5	0.860 8	0.481 0	0.346 0	0.755 3	0.430 4	0.308 0
18−17	0.594 9	0.329 1	0.236 3	0.481 0	0.270 0	0.194 1	0.421 9	0.240 5	0.177 2
20−15	2.392 4	1.232 1	0.852 3	1.772 2	0.953 6	0.679 3	1.519 0	0.839 7	0.603 4
20−16	1.949 4	1.012 7	0.700 4	1.472 6	0.797 5	0.565 4	1.270 0	0.708 9	0.506 3
20−17	1.506 3	0.793 2	0.548 5	1.156 1	0.637 1	0.451 5	1.008 4	0.565 4	0.405 1
20−18	1.050 6	0.565 4	0.396 6	0.822 8	0.459 9	0.329 1	0.721 5	0.409 3	0.295 4
20−19	0.569 6	0.312 2	0.223 6	0.455 7	0.257 4	0.185 7	0.400 8	0.227 8	0.164 6
22−17	2.354 4	1.206 8	0.827 0	1.738 4	0.928 3	0.654 0	1.481 0	0.818 6	0.582 3
22−18	1.919 8	0.991 6	0.683 5	1.438 8	0.780 6	0.548 5	1.236 3	0.687 8	0.489 5
22−19	1.481 0	0.776 4	0.535 9	1.130 8	0.620 3	0.438 8	0.978 9	0.548 5	0.392 4
22−20	1.025 3	0.548 5	0.384 0	0.801 7	0.447 3	0.316 5	0.700 4	0.396 6	0.282 7
22−21	0.548 5	0.303 8	0.215 2	0.443 0	0.248 9	0.177 2	0.388 2	0.219 4	0.160 3
24−19	2.346 0	1.202 5	0.818 6	1.725 7	0.919 8	0.641 4	1.459 9	0.801 7	0.569 6
24−20	1.907 2	0.987 3	0.679 3	1.426 2	0.767 9	0.540 1	1.215 2	0.675 1	0.481 0
24−21	1.468 4	0.772 2	0.531 6	1.113 9	0.607 6	0.430 4	0.962 0	0.535 9	0.384 0
24−22	1.016 9	0.544 3	0.379 7	0.789 0	0.434 6	0.312 2	0.683 5	0.384 0	0.278 5
24−23	0.540 1	0.299 6	0.211 0	0.430 4	0.240 5	0.173 0	0.375 5	0.215 2	0.156 1
26−21	2.346 0	1.206 8	0.822 8	1.721 5	0.915 6	0.637 1	1.447 3	0.793 2	0.561 2
26−22	1.907 2	0.991 6	0.679 3	1.421 9	0.763 7	0.535 9	1.206 8	0.666 7	0.476 8
26−23	1.468 4	0.772 2	0.531 6	1.113 9	0.603 4	0.426 2	0.949 4	0.531 6	0.379 7
26−24	1.008 4	0.544 3	0.379 7	0.780 6	0.430 4	0.308 0	0.675 1	0.379 7	0.274 3
26−25	0.535 9	0.295 4	0.206 8	0.426 2	0.240 5	0.173 0	0.371 3	0.211 0	0.151 9
28−23	2.358 6	1.215 2	0.831 2	1.725 7	0.919 8	0.637 1	1.447 3	0.793 2	0.561 2
28−24	1.919 8	1.000 0	0.683 5	1.426 2	0.763 7	0.535 9	1.202 5	0.666 7	0.472 6
28−25	1.472 6	0.776 4	0.535 9	1.109 7	0.603 4	0.426 2	0.945 1	0.527 4	0.375 5
28−26	1.012 7	0.544 3	0.379 7	0.780 6	0.430 4	0.303 8	0.670 9	0.375 5	0.270 0
28−27	0.535 9	0.295 4	0.206 8	0.421 9	0.236 3	0.168 8	0.367 1	0.206 8	0.151 9
30−25	2.379 7	1.232 1	0.839 7	1.742 6	0.924 1	0.641 4	1.451 5	0.793 2	0.561 2
30−26	1.932 5	1.012 7	0.692 0	1.434 6	0.772 2	0.540 1	1.206 8	0.666 7	0.472 6
30−27	1.485 2	0.784 8	0.540 1	1.113 9	0.607 6	0.426 2	0.945 1	0.527 4	0.375 5
30−28	1.012 7	0.548 5	0.384 0	0.784 8	0.430 4	0.303 8	0.666 7	0.375 5	0.270 0
30−29	0.531 6	0.295 4	0.206 8	0.421 9	0.236 3	0.168 8	0.362 9	0.206 8	0.147 7

表 B.1（续）

粮食种类:水稻　　环境温度 T_h:0 ℃　　环境相对湿度 RH:60%

降水范围 (M_1-M_2) %	热风温度 T_r/℃								
	40			60			80		
	热风表观风速 v_r/(m/s)								
	0.1	0.2	0.3	0.1	0.2	0.3	0.1	0.2	0.3
16—13	1.721 5	0.915 6	0.645 6	1.308 0	0.725 7	0.519 0	1.139 2	0.641 4	0.459 9
16—14	1.211 0	0.658 2	0.464 1	0.940 9	0.531 6	0.379 7	0.822 8	0.472 6	0.341 8
16—15	0.675 1	0.375 5	0.270 0	0.531 6	0.303 8	0.223 6	0.464 1	0.270 0	0.198 3
18—13	2.573 8	1.346 0	0.949 4	1.877 6	1.025 3	0.734 2	1.603 4	0.894 5	0.645 6
18—14	2.097 0	1.092 8	0.767 9	1.561 2	0.852 3	0.607 6	1.346 0	0.751 1	0.540 1
18—15	1.624 5	0.855 5	0.599 2	1.232 1	0.679 3	0.485 2	1.067 5	0.603 4	0.430 4
18—16	1.139 2	0.616 0	0.434 6	0.881 9	0.497 9	0.354 4	0.767 9	0.438 8	0.316 5
18—17	0.624 5	0.350 2	0.248 9	0.493 7	0.282 7	0.202 5	0.430 4	0.248 9	0.181 4
20—15	2.489 5	1.278 5	0.890 3	1.810 1	0.974 7	0.692 0	1.540 1	0.852 3	0.611 8
20—16	2.029 5	1.050 6	0.725 7	1.502 1	0.814 3	0.578 1	1.291 1	0.721 5	0.514 8
20—17	1.569 6	0.822 8	0.573 8	1.185 7	0.654 0	0.464 1	1.021 1	0.578 1	0.413 5
20—18	1.092 8	0.590 7	0.413 5	0.843 9	0.472 6	0.337 6	0.734 2	0.417 7	0.299 6
20—19	0.594 9	0.329 1	0.236 3	0.468 4	0.265 8	0.194 1	0.409 3	0.236 3	0.168 8
22—17	2.451 5	1.257 4	0.860 8	1.776 4	0.949 4	0.666 7	1.497 9	0.827 0	0.590 7
22—18	2.000 0	1.033 8	0.708 9	1.472 6	0.797 5	0.561 2	1.253 2	0.700 4	0.497 9
22—19	1.540 1	0.810 1	0.561 2	1.156 1	0.632 9	0.451 5	0.991 6	0.557 0	0.400 8
22—20	1.067 5	0.573 8	0.400 8	0.822 8	0.455 7	0.329 1	0.708 9	0.400 8	0.291 1
22—21	0.573 8	0.320 7	0.227 8	0.455 7	0.257 4	0.185 7	0.392 4	0.223 6	0.164 6
24—19	2.443 0	1.248 9	0.852 3	1.759 5	0.936 7	0.654 0	1.476 8	0.814 3	0.578 1
24—20	1.983 1	1.029 5	0.704 6	1.455 7	0.784 8	0.552 7	1.232 1	0.683 5	0.489 5
24—21	1.527 4	0.801 7	0.552 7	1.139 2	0.624 5	0.443 0	0.974 7	0.544 3	0.392 4
24—22	1.059 1	0.565 4	0.396 6	0.805 9	0.447 3	0.320 7	0.696 2	0.392 4	0.282 7
24—23	0.565 4	0.312 2	0.223 6	0.443 0	0.248 9	0.181 4	0.384 0	0.219 4	0.160 3
26—21	2.443 0	1.253 2	0.852 3	1.759 5	0.932 5	0.649 8	1.468 4	0.805 9	0.569 6
26—22	1.983 1	1.029 5	0.704 6	1.451 5	0.780 6	0.548 5	1.223 6	0.679 3	0.481 0
26—23	1.527 4	0.801 7	0.552 7	1.135 0	0.620 3	0.438 8	0.962 0	0.540 1	0.384 0
26—24	1.050 6	0.565 4	0.396 6	0.801 7	0.443 0	0.316 5	0.683 5	0.388 2	0.278 5
26—25	0.557 0	0.308 0	0.219 4	0.438 8	0.244 7	0.177 2	0.375 5	0.215 2	0.156 1
28—23	2.451 5	1.265 8	0.860 8	1.763 7	0.936 7	0.654 0	1.464 1	0.801 7	0.569 6
28—24	1.995 8	1.038 0	0.713 1	1.451 5	0.780 6	0.548 5	1.219 4	0.675 1	0.481 0
28—25	1.527 4	0.810 1	0.557 0	1.135 0	0.620 3	0.434 6	0.957 8	0.535 9	0.384 0
28—26	1.054 9	0.569 6	0.396 6	0.797 5	0.443 0	0.312 2	0.683 5	0.384 0	0.274 3
28—27	0.557 0	0.308 0	0.219 4	0.434 6	0.244 7	0.177 2	0.371 3	0.211 0	0.151 9
30—25	2.472 6	1.282 7	0.873 4	1.776 4	0.945 1	0.654 0	1.468 4	0.805 9	0.569 6
30—26	2.012 7	1.054 9	0.721 5	1.464 1	0.784 8	0.548 5	1.223 6	0.675 1	0.481 0
30—27	1.540 1	0.818 6	0.565 4	1.139 2	0.620 3	0.438 8	0.962 0	0.535 9	0.379 7
30—28	1.054 9	0.569 6	0.400 8	0.801 7	0.443 0	0.312 2	0.679 3	0.384 0	0.274 3
30—29	0.552 7	0.308 0	0.219 4	0.434 6	0.244 7	0.173 0	0.371 3	0.211 0	0.151 9

表 B.1（续）

粮食种类：水稻　　　　环境温度 T_h：0 ℃　　　　环境相对湿度 RH：90%

降水范围 (M_1-M_2) %	热风温度 T_r/℃								
	40			60			80		
	热风表观风速 v_r/(m/s)								
	0.1	0.2	0.3	0.1	0.2	0.3	0.1	0.2	0.3
16—13	1.793 2	0.953 6	0.675 1	1.341 8	0.742 6	0.531 6	1.156 1	0.654 0	0.468 4
16—14	1.270 0	0.687 8	0.485 2	0.966 2	0.548 5	0.392 4	0.835 4	0.481 0	0.350 2
16—15	0.708 9	0.400 8	0.286 9	0.548 5	0.316 5	0.232 1	0.476 8	0.278 5	0.202 5
18—13	2.683 5	1.405 1	0.991 6	1.915 6	1.042 2	0.746 8	1.624 5	0.907 2	0.654 0
18—14	2.185 7	1.139 2	0.797 5	1.594 9	0.869 2	0.620 3	1.362 9	0.763 7	0.548 5
18—15	1.692 0	0.890 3	0.624 5	1.261 6	0.696 2	0.497 9	1.084 4	0.616 0	0.438 8
18—16	1.185 7	0.641 4	0.451 5	0.907 2	0.510 5	0.367 1	0.784 8	0.447 3	0.324 9
18—17	0.654 0	0.367 1	0.261 6	0.510 5	0.291 1	0.211 0	0.443 0	0.257 4	0.185 7
20—15	2.594 9	1.333 3	0.924 1	1.848 1	0.991 6	0.704 6	1.561 2	0.865 0	0.620 3
20—16	2.113 9	1.092 8	0.755 3	1.535 9	0.831 2	0.590 7	1.308 0	0.730 0	0.523 2
20—17	1.632 9	0.856 5	0.594 9	1.211 0	0.666 7	0.472 6	1.038 0	0.586 5	0.421 9
20—18	1.139 2	0.616 0	0.430 4	0.865 0	0.485 2	0.350 2	0.746 8	0.426 2	0.308 0
20—19	0.624 5	0.346 0	0.248 9	0.481 0	0.274 3	0.198 3	0.417 7	0.240 5	0.177 2
22—17	2.548 5	1.308 0	0.894 5	1.810 1	0.966 2	0.679 3	1.519 0	0.839 7	0.599 2
22—18	2.080 2	1.071 7	0.738 4	1.502 1	0.810 1	0.573 8	1.270 0	0.708 9	0.506 3
22—19	1.603 4	0.839 7	0.582 3	1.181 4	0.649 8	0.459 9	1.008 4	0.569 6	0.409 3
22—20	1.113 9	0.599 2	0.421 9	0.839 7	0.468 4	0.337 6	0.721 5	0.409 3	0.295 4
22—21	0.603 4	0.333 3	0.240 5	0.468 4	0.265 8	0.189 9	0.400 8	0.232 1	0.168 8
24—19	2.540 1	1.299 6	0.886 1	1.793 2	0.953 6	0.666 7	1.497 9	0.822 8	0.586 5
24—20	2.067 5	1.067 5	0.730 0	1.485 2	0.801 7	0.561 2	1.248 9	0.696 2	0.493 7
24—21	1.586 5	0.835 4	0.578 1	1.164 6	0.637 1	0.451 5	0.987 3	0.557 0	0.396 6
24—22	1.101 3	0.590 7	0.413 5	0.822 8	0.459 9	0.329 1	0.708 9	0.400 8	0.286 9
24—23	0.590 7	0.329 1	0.232 1	0.455 7	0.257 4	0.185 7	0.392 4	0.223 6	0.164 6
26—21	2.540 1	1.303 8	0.886 1	1.793 2	0.953 6	0.662 4	1.485 2	0.814 3	0.578 1
26—22	2.063 3	1.071 7	0.734 2	1.481 0	0.797 5	0.561 2	1.240 5	0.687 8	0.489 5
26—23	1.590 7	0.835 4	0.578 1	1.156 1	0.632 9	0.447 3	0.974 7	0.548 5	0.392 4
26—24	1.097 0	0.586 5	0.413 5	0.818 6	0.455 7	0.324 9	0.696 2	0.392 4	0.282 7
26—25	0.578 1	0.324 9	0.232 1	0.447 3	0.253 2	0.181 4	0.384 0	0.219 4	0.160 3
28—23	2.552 7	1.320 7	0.894 5	1.797 5	0.953 6	0.666 7	1.481 0	0.814 3	0.573 8
28—24	2.071 7	1.080 2	0.738 4	1.481 0	0.797 5	0.561 2	1.232 1	0.683 5	0.485 2
28—25	1.590 7	0.839 7	0.582 3	1.156 1	0.632 9	0.447 3	0.974 7	0.544 3	0.388 2
28—26	1.092 8	0.590 7	0.413 5	0.814 3	0.451 5	0.320 7	0.692 0	0.388 2	0.278 5
28—27	0.578 1	0.320 7	0.227 8	0.443 0	0.248 9	0.181 4	0.379 7	0.215 2	0.156 1
30—25	2.569 6	1.337 6	0.907 2	1.810 1	0.962 0	0.670 9	1.485 2	0.814 3	0.578 1
30—26	2.101 3	1.092 8	0.746 8	1.493 7	0.801 7	0.561 2	1.236 3	0.683 5	0.485 2
30—27	1.599 2	0.852 3	0.586 5	1.164 6	0.632 9	0.447 3	0.974 7	0.544 3	0.388 2
30—28	1.097 0	0.594 9	0.417 7	0.818 6	0.451 5	0.320 7	0.687 8	0.388 2	0.278 5
30—29	0.582 3	0.320 7	0.227 8	0.443 0	0.253 2	0.181 4	0.379 7	0.215 2	0.156 1

表 B.1（续）

粮食种类：水稻　　环境温度 T_h：5 ℃　　环境相对湿度 RH：30%

降水范围 (M_1-M_2) %	热风温度 T_r/℃								
	40			60			80		
	热风表观风速 v_r/(m/s)								
	0.1	0.2	0.3	0.1	0.2	0.3	0.1	0.2	0.3
16—13	1.662 4	0.877 6	0.620 3	1.270 0	0.700 4	0.497 9	1.105 5	0.620 3	0.443 0
16—14	1.160 3	0.624 5	0.438 8	0.907 2	0.506 3	0.358 6	0.793 2	0.447 3	0.320 7
16—15	0.628 7	0.346 0	0.244 7	0.502 1	0.282 7	0.202 5	0.438 8	0.253 2	0.181 4
18—13	2.506 3	1.308 0	0.919 8	1.839 7	1.000 0	0.717 3	1.569 6	0.873 4	0.628 7
18—14	2.038 0	1.059 1	0.742 6	1.523 2	0.827 0	0.590 7	1.312 2	0.730 0	0.523 2
18—15	1.569 6	0.822 8	0.573 8	1.194 1	0.654 0	0.464 1	1.038 0	0.582 3	0.413 5
18—16	1.088 6	0.582 3	0.405 1	0.848 1	0.472 6	0.333 3	0.742 6	0.417 7	0.299 6
18—17	0.586 5	0.320 7	0.227 8	0.468 4	0.261 6	0.185 7	0.409 3	0.232 1	0.168 8
20—15	2.426 2	1.244 7	0.860 8	1.776 4	0.953 6	0.675 1	1.506 3	0.831 2	0.594 9
20—16	1.974 7	1.016 9	0.700 4	1.468 4	0.793 2	0.561 2	1.257 4	0.696 2	0.497 9
20—17	1.519 0	0.793 2	0.548 5	1.151 9	0.628 7	0.443 0	0.995 8	0.557 0	0.396 6
20—18	1.050 6	0.557 0	0.388 2	0.814 3	0.447 3	0.320 7	0.708 9	0.396 6	0.286 9
20—19	0.561 2	0.303 8	0.215 2	0.443 0	0.248 9	0.177 2	0.388 2	0.219 4	0.156 1
22—17	2.388 2	1.219 4	0.835 4	1.738 4	0.924 1	0.649 8	1.472 6	0.805 9	0.573 8
22—18	1.940 9	1.000 0	0.683 5	1.438 8	0.772 2	0.544 3	1.223 6	0.679 3	0.481 0
22—19	1.493 7	0.776 4	0.535 9	1.122 4	0.611 8	0.430 4	0.966 2	0.540 1	0.384 0
22—20	1.025 3	0.544 3	0.379 7	0.793 2	0.434 6	0.308 0	0.683 5	0.384 0	0.274 3
22—21	0.544 3	0.295 4	0.206 8	0.430 4	0.240 5	0.168 8	0.375 5	0.211 0	0.151 9
24—19	2.379 7	1.215 2	0.827 0	1.725 7	0.915 6	0.637 1	1.451 5	0.793 2	0.561 2
24—20	1.932 5	0.995 8	0.679 3	1.421 9	0.763 7	0.535 9	1.206 8	0.666 7	0.472 6
24—21	1.481 0	0.772 2	0.531 6	1.109 7	0.603 4	0.421 9	0.949 4	0.527 4	0.375 5
24—22	1.016 9	0.540 1	0.375 5	0.780 6	0.426 2	0.303 8	0.670 9	0.375 5	0.265 8
24—23	0.535 9	0.291 1	0.202 5	0.421 9	0.232 1	0.164 6	0.362 9	0.206 8	0.147 7
26—21	2.379 7	1.219 4	0.827 0	1.721 5	0.911 4	0.632 9	1.443 0	0.784 8	0.557 0
26—22	1.928 3	1.000 0	0.683 5	1.417 7	0.759 5	0.531 6	1.198 3	0.658 2	0.468 4
26—23	1.481 0	0.772 2	0.531 6	1.105 5	0.599 2	0.421 9	0.940 9	0.519 0	0.371 3
26—24	1.012 7	0.540 1	0.375 5	0.776 4	0.421 9	0.299 6	0.662 4	0.371 3	0.261 6
26—25	0.527 4	0.286 9	0.202 5	0.413 5	0.232 1	0.164 6	0.358 6	0.202 5	0.143 5
28—23	2.388 2	1.232 1	0.835 4	1.730 0	0.915 6	0.637 1	1.438 8	0.784 8	0.552 7
28—24	1.936 7	1.008 4	0.687 8	1.426 2	0.759 5	0.531 6	1.194 1	0.654 0	0.464 1
28—25	1.481 0	0.780 6	0.535 9	1.105 5	0.599 2	0.417 7	0.936 7	0.519 0	0.367 1
28—26	1.016 9	0.544 3	0.375 5	0.772 2	0.421 9	0.299 6	0.658 2	0.367 1	0.261 6
28—27	0.527 4	0.286 9	0.202 5	0.413 5	0.227 8	0.164 6	0.354 4	0.198 3	0.143 5
30—25	2.405 1	1.248 9	0.848 1	1.746 8	0.919 8	0.637 1	1.443 0	0.784 8	0.552 7
30—26	1.962 0	1.021 1	0.696 2	1.430 4	0.763 7	0.531 6	1.198 3	0.658 2	0.464 1
30—27	1.493 7	0.784 8	0.540 1	1.113 9	0.599 2	0.421 9	0.936 7	0.519 0	0.367 1
30—28	1.016 9	0.544 3	0.379 7	0.776 4	0.421 9	0.299 6	0.658 2	0.367 1	0.261 6
30—29	0.527 4	0.286 9	0.202 5	0.413 5	0.227 8	0.164 6	0.350 2	0.198 3	0.143 5

表 B.1（续）

粮食种类：水稻　　　　环境温度 T_h：5 ℃　　　　环境相对湿度 RH：60%

降水范围 (M_1-M_2) %	热风温度 T_r/℃								
	40			60			80		
	热风表观风速 v_r/(m/s)								
	0.1	0.2	0.3	0.1	0.2	0.3	0.1	0.2	0.3
16—13	1.767 9	0.936 7	0.658 2	1.316 5	0.725 7	0.519 0	1.130 8	0.637 1	0.455 7
16—14	1.236 3	0.666 7	0.468 4	0.940 9	0.527 4	0.375 5	0.814 3	0.464 1	0.333 3
16—15	0.679 3	0.375 5	0.270 0	0.527 4	0.299 6	0.215 2	0.455 7	0.261 6	0.189 9
18—13	2.662 4	1.388 2	0.978 9	1.894 5	1.029 5	0.738 4	1.599 2	0.894 5	0.641 4
18—14	2.160 3	1.122 4	0.784 8	1.569 6	0.852 3	0.607 6	1.337 6	0.746 8	0.535 9
18—15	1.662 4	0.873 4	0.607 6	1.236 3	0.679 3	0.481 0	1.063 3	0.594 9	0.426 2
18—16	1.160 3	0.620 3	0.434 6	0.881 9	0.489 5	0.350 2	0.759 5	0.430 4	0.312 2
18—17	0.628 7	0.346 0	0.244 7	0.489 5	0.274 3	0.198 3	0.421 9	0.240 5	0.177 2
20—15	2.569 6	1.316 5	0.911 4	1.827 0	0.978 9	0.696 2	1.535 9	0.848 1	0.607 6
20—16	2.088 6	1.075 9	0.742 6	1.510 5	0.818 6	0.578 1	1.282 7	0.713 1	0.510 5
20—17	1.607 6	0.839 7	0.582 3	1.185 7	0.649 8	0.459 9	1.016 9	0.569 6	0.405 1
20—18	1.113 9	0.594 9	0.417 7	0.843 9	0.468 4	0.333 3	0.725 7	0.409 3	0.295 4
20—19	0.599 2	0.329 1	0.232 1	0.464 1	0.261 6	0.185 7	0.400 8	0.227 8	0.164 6
22—17	2.527 4	1.291 1	0.881 9	1.789 0	0.953 6	0.670 9	1.497 9	0.822 8	0.586 5
22—18	2.059 1	1.059 1	0.725 7	1.481 0	0.797 5	0.561 2	1.248 9	0.692 0	0.493 7
22—19	1.582 3	0.822 8	0.569 6	1.160 3	0.632 9	0.447 3	0.987 3	0.552 7	0.392 4
22—20	1.092 8	0.582 3	0.405 1	0.818 6	0.451 5	0.320 7	0.700 4	0.396 6	0.282 7
22—21	0.582 3	0.316 5	0.223 6	0.447 3	0.248 9	0.181 4	0.384 0	0.219 4	0.156 1
24—19	2.514 8	1.286 9	0.873 4	1.776 4	0.940 9	0.658 2	1.476 8	0.810 1	0.573 8
24—20	2.046 4	1.054 9	0.721 5	1.464 1	0.784 8	0.552 7	1.227 8	0.679 3	0.481 0
24—21	1.565 4	0.818 6	0.561 2	1.143 5	0.620 3	0.438 8	0.966 2	0.540 1	0.384 0
24—22	1.080 2	0.573 8	0.400 8	0.805 9	0.443 0	0.316 5	0.687 8	0.384 0	0.274 3
24—23	0.569 6	0.312 2	0.219 4	0.438 8	0.244 7	0.173 0	0.375 5	0.211 0	0.151 9
26—21	2.519 0	1.291 1	0.877 6	1.772 2	0.936 7	0.654 0	1.468 4	0.801 7	0.565 4
26—22	2.046 4	1.059 1	0.721 5	1.459 9	0.780 6	0.548 5	1.219 4	0.670 9	0.476 8
26—23	1.565 4	0.818 6	0.565 4	1.139 2	0.616 0	0.434 6	0.957 8	0.531 6	0.379 7
26—24	1.075 9	0.573 8	0.396 6	0.797 5	0.438 8	0.312 2	0.679 3	0.379 7	0.270 0
26—25	0.561 2	0.308 0	0.219 4	0.430 4	0.240 5	0.173 0	0.367 1	0.211 0	0.151 9
28—23	2.523 2	1.303 8	0.886 1	1.780 6	0.940 9	0.654 0	1.464 1	0.797 5	0.565 4
28—24	2.046 4	1.067 5	0.725 7	1.464 1	0.784 8	0.548 5	1.215 2	0.670 9	0.472 6
28—25	1.565 4	0.827 0	0.565 4	1.139 2	0.616 0	0.434 6	0.953 6	0.527 4	0.375 5
28—26	1.071 7	0.573 8	0.400 8	0.797 5	0.438 8	0.308 0	0.675 1	0.375 5	0.270 0
28—27	0.561 2	0.308 0	0.219 4	0.426 2	0.240 5	0.168 8	0.362 9	0.206 8	0.147 7
30—25	2.548 5	1.320 7	0.893 7	1.793 2	0.949 4	0.658 2	1.468 4	0.801 7	0.565 4
30—26	2.071 7	1.080 2	0.738 4	1.476 8	0.789 0	0.548 5	1.219 4	0.670 9	0.472 6
30—27	1.582 3	0.835 4	0.573 8	1.143 5	0.620 3	0.434 6	0.953 6	0.527 4	0.375 5
30—28	1.080 2	0.582 3	0.405 1	0.801 7	0.438 8	0.312 2	0.670 9	0.375 5	0.270 0
30—29	0.561 2	0.308 0	0.219 4	0.426 2	0.240 5	0.168 8	0.362 9	0.206 8	0.147 7

表 B.1（续）

粮食种类：水稻　　　　环境温度 T_h：5 ℃　　　　环境相对湿度 RH：90%

降水范围 (M_1-M_2) %	热风温度 T_r/℃								
	40			60			80		
	热风表观风速 v_r/(m/s)								
	0.1	0.2	0.3	0.1	0.2	0.3	0.1	0.2	0.3
16—13	1.881 9	0.995 8	0.700 4	1.358 6	0.751 1	0.535 9	1.156 1	0.654 0	0.468 4
16—14	1.320 7	0.713 1	0.502 1	0.974 7	0.548 5	0.392 4	0.835 4	0.476 8	0.346 0
16—15	0.730 0	0.409 3	0.291 1	0.552 7	0.316 5	0.227 8	0.472 6	0.274 3	0.198 3
18—13	2.822 8	1.472 6	1.042 2	1.949 4	1.059 1	0.759 5	1.628 7	0.907 2	0.654 0
18—14	2.291 1	1.189 9	0.831 2	1.616 0	0.877 6	0.624 5	1.367 1	0.763 7	0.548 5
18—15	1.763 7	0.924 1	0.645 6	1.274 3	0.700 4	0.497 9	1.084 4	0.611 8	0.438 8
18—16	1.232 1	0.662 4	0.464 1	0.911 4	0.510 5	0.367 1	0.780 6	0.443 0	0.320 7
18—17	0.675 1	0.375 5	0.265 8	0.510 5	0.291 1	0.211 0	0.434 6	0.248 9	0.181 4
20—15	2.725 7	1.396 6	0.966 2	1.877 6	1.004 2	0.713 1	1.565 4	0.865 0	0.620 3
20—16	2.215 2	1.139 2	0.784 8	1.557 0	0.839 7	0.594 9	1.308 0	0.730 0	0.519 0
20—17	1.704 6	0.890 3	0.616 0	1.223 6	0.670 9	0.476 8	1.038 0	0.582 3	0.417 7
20—18	1.185 7	0.632 9	0.443 0	0.869 2	0.485 2	0.346 0	0.742 6	0.421 9	0.303 8
20—19	0.641 4	0.354 4	0.253 2	0.481 0	0.274 3	0.198 3	0.413 5	0.236 3	0.173 0
22—17	2.679 3	1.367 1	0.932 5	1.839 7	0.978 9	0.687 8	1.523 2	0.839 7	0.594 9
22—18	2.177 2	1.118 1	0.763 7	1.523 2	0.818 6	0.573 8	1.274 3	0.708 9	0.502 1
22—19	1.670 9	0.873 4	0.599 2	1.194 1	0.649 8	0.459 9	1.004 2	0.565 4	0.405 1
22—20	1.156 1	0.616 0	0.430 4	0.843 9	0.468 4	0.333 3	0.717 3	0.405 1	0.291 1
22—21	0.616 0	0.341 8	0.240 5	0.464 1	0.261 6	0.189 9	0.396 6	0.227 8	0.164 6
24—19	2.662 4	1.362 9	0.924 1	1.822 8	0.966 2	0.675 1	1.502 1	0.822 8	0.582 3
24—20	2.164 6	1.113 9	0.759 5	1.506 3	0.810 1	0.565 4	1.253 2	0.692 0	0.493 7
24—21	1.658 2	0.865 0	0.594 9	1.177 2	0.641 4	0.451 5	0.987 3	0.552 7	0.392 4
24—22	1.143 5	0.607 6	0.426 2	0.831 2	0.459 9	0.329 1	0.700 4	0.396 6	0.282 7
24—23	0.607 6	0.333 3	0.236 3	0.451 5	0.253 2	0.185 7	0.384 0	0.219 4	0.160 3
26—21	2.666 7	1.367 1	0.928 3	1.822 8	0.962 0	0.670 9	1.493 7	0.814 3	0.578 1
26—22	2.168 8	1.118 1	0.763 7	1.502 1	0.805 9	0.561 2	1.240 5	0.683 5	0.485 2
26—23	1.658 2	0.865 0	0.594 9	1.168 8	0.637 1	0.447 3	0.974 7	0.544 3	0.388 2
26—24	1.139 2	0.607 6	0.421 9	0.822 8	0.455 7	0.324 9	0.692 0	0.388 2	0.278 5
26—25	0.599 2	0.329 1	0.232 1	0.447 3	0.253 2	0.181 4	0.379 7	0.215 2	0.156 1
28—23	2.683 5	1.379 7	0.936 7	1.831 2	0.966 2	0.670 9	1.489 5	0.814 3	0.573 8
28—24	2.168 8	1.130 8	0.767 9	1.502 1	0.805 9	0.565 4	1.236 3	0.683 5	0.485 2
28—25	1.658 2	0.873 4	0.599 2	1.173 0	0.637 1	0.447 3	0.970 5	0.540 1	0.384 0
28—26	1.135 0	0.607 6	0.421 9	0.822 8	0.451 5	0.320 7	0.687 8	0.384 0	0.274 3
28—27	0.594 9	0.329 1	0.232 1	0.443 0	0.248 9	0.177 2	0.375 5	0.211 0	0.151 9
30—25	2.700 4	1.396 6	0.949 4	1.848 1	0.974 7	0.675 1	1.493 7	0.814 3	0.573 8
30—26	2.194 1	1.143 5	0.780 6	1.519 0	0.810 1	0.565 4	1.240 5	0.683 5	0.485 2
30—27	1.670 9	0.886 1	0.607 6	1.181 4	0.637 1	0.447 3	0.970 5	0.540 1	0.384 0
30—28	1.143 5	0.616 0	0.426 2	0.827 0	0.451 5	0.320 7	0.687 8	0.384 0	0.274 3
30—29	0.594 9	0.329 1	0.232 1	0.443 0	0.248 9	0.177 2	0.371 3	0.211 0	0.151 9

表 B.1(续)

粮食种类:水稻　　环境温度 T_h:10 ℃　　环境相对湿度 RH:30%

降水范围 (M_1-M_2) %	热风温度 T_r/℃ 40			60			80		
	热风表观风速 v_r/(m/s) 0.1	0.2	0.3	0.1	0.2	0.3	0.1	0.2	0.3
16—13	1.683 5	0.886 1	0.624 5	1.261 6	0.692 0	0.493 7	1.088 6	0.607 6	0.434 6
16—14	1.164 6	0.620 3	0.434 6	0.894 5	0.493 7	0.350 2	0.776 4	0.434 6	0.312 2
16—15	0.624 5	0.337 6	0.236 3	0.489 5	0.270 0	0.194 1	0.426 2	0.240 5	0.173 0
18—13	2.557 0	1.329 1	0.936 7	1.848 1	1.000 0	0.717 3	1.561 2	0.869 2	0.624 5
18—14	2.071 7	1.071 7	0.746 8	1.519 0	0.822 8	0.586 5	1.299 6	0.721 5	0.514 8
18—15	1.586 5	0.827 0	0.573 8	1.189 9	0.645 6	0.455 7	1.025 3	0.569 6	0.405 1
18—16	1.092 8	0.578 1	0.400 8	0.839 7	0.459 9	0.324 9	0.725 7	0.405 1	0.291 1
18—17	0.578 1	0.312 2	0.215 2	0.455 7	0.248 9	0.177 2	0.396 6	0.223 6	0.160 3
20—15	2.472 6	1.261 6	0.873 4	1.780 6	0.949 4	0.675 1	1.497 9	0.827 0	0.590 7
20—16	2.004 2	1.029 5	0.708 9	1.464 1	0.789 0	0.557 0	1.248 9	0.687 8	0.489 5
20—17	1.535 9	0.793 2	0.548 5	1.143 5	0.620 3	0.434 6	0.978 9	0.544 3	0.384 0
20—18	1.054 9	0.552 7	0.384 0	0.801 7	0.438 8	0.308 0	0.692 0	0.384 0	0.274 3
20—19	0.552 7	0.295 4	0.206 8	0.434 6	0.236 3	0.168 8	0.375 5	0.211 0	0.147 7
22—17	2.434 6	1.240 5	0.843 9	1.746 8	0.924 1	0.649 8	1.459 9	0.797 5	0.569 6
22—18	1.974 7	1.012 7	0.692 0	1.434 6	0.767 9	0.535 9	1.215 2	0.666 7	0.472 6
22—19	1.510 5	0.780 6	0.535 9	1.118 1	0.603 4	0.421 9	0.953 6	0.527 4	0.375 5
22—20	1.033 8	0.544 3	0.375 5	0.784 8	0.426 2	0.299 6	0.670 9	0.371 3	0.265 8
22—21	0.535 9	0.286 9	0.198 3	0.417 7	0.227 8	0.160 3	0.362 9	0.202 5	0.143 5
24—19	2.421 9	1.236 3	0.839 7	1.730 0	0.911 4	0.637 1	1.443 0	0.784 8	0.557 0
24—20	1.966 2	1.008 4	0.687 8	1.421 9	0.755 3	0.527 4	1.198 3	0.654 0	0.464 1
24—21	1.497 9	0.776 4	0.531 6	1.105 5	0.594 9	0.417 7	0.936 7	0.514 8	0.367 1
24—22	1.025 3	0.535 9	0.371 3	0.772 2	0.417 7	0.295 4	0.658 2	0.362 9	0.257 4
24—23	0.531 6	0.282 7	0.198 3	0.409 3	0.223 6	0.160 3	0.354 4	0.194 1	0.139 2
26—21	2.421 9	1.240 5	0.839 7	1.730 0	0.911 4	0.632 9	1.434 6	0.776 4	0.548 5
26—22	1.962 0	1.012 7	0.687 8	1.421 9	0.755 3	0.523 2	1.185 7	0.649 8	0.459 9
26—23	1.502 1	0.780 6	0.531 6	1.101 3	0.590 7	0.413 5	0.928 3	0.510 5	0.362 9
26—24	1.021 1	0.535 9	0.371 3	0.767 9	0.413 5	0.291 1	0.649 8	0.358 6	0.253 2
26—25	0.523 2	0.282 7	0.194 1	0.405 1	0.223 6	0.156 1	0.350 2	0.194 1	0.139 2
28—23	2.434 6	1.248 9	0.848 1	1.738 4	0.911 4	0.632 9	1.434 6	0.776 4	0.544 3
28—24	1.970 5	1.021 1	0.696 2	1.426 2	0.755 3	0.527 4	1.185 7	0.645 6	0.455 7
28—25	1.497 9	0.784 8	0.535 9	1.101 3	0.590 7	0.413 5	0.928 3	0.506 3	0.358 6
28—26	1.021 1	0.540 1	0.371 3	0.763 7	0.413 5	0.291 1	0.649 8	0.358 6	0.253 2
28—27	0.523 2	0.282 7	0.198 3	0.400 8	0.219 4	0.156 1	0.346 0	0.189 9	0.135 0
30—25	2.459 9	1.270 0	0.860 8	1.751 1	0.919 8	0.637 1	1.438 8	0.776 4	0.544 3
30—26	1.995 8	1.033 8	0.704 6	1.438 8	0.759 5	0.527 4	1.189 9	0.645 6	0.455 7
30—27	1.519 0	0.793 2	0.544 3	1.109 7	0.594 9	0.413 5	0.924 1	0.506 3	0.358 6
30—28	1.025 3	0.544 3	0.375 5	0.772 2	0.417 7	0.291 1	0.645 6	0.358 6	0.253 2
30—29	0.523 2	0.282 7	0.198 3	0.405 1	0.223 6	0.156 1	0.341 8	0.189 9	0.135 0

表 B.1（续）

粮食种类：水稻　　　环境温度 T_h：10 ℃　　　环境相对湿度 RH：60%

降水范围 (M_1-M_2) %	热风温度 T_r/℃								
	40			60			80		
	热风表观风速 v_r/(m/s)								
	0.1	0.2	0.3	0.1	0.2	0.3	0.1	0.2	0.3
16—13	1.839 7	0.970 5	0.683 5	1.324 9	0.730 0	0.519 0	1.126 6	0.632 9	0.451 5
16—14	1.278 5	0.683 5	0.481 0	0.945 1	0.523 2	0.375 5	0.810 1	0.455 7	0.329 1
16—15	0.692 0	0.379 7	0.270 0	0.523 2	0.295 4	0.211 0	0.447 3	0.257 4	0.185 7
18—13	2.784 8	1.451 5	1.021 1	1.924 1	1.042 2	0.746 8	1.603 4	0.894 5	0.645 6
18—14	2.257 4	1.164 6	0.814 3	1.586 5	0.860 8	0.611 8	1.337 6	0.742 6	0.531 6
18—15	1.730 0	0.898 7	0.624 5	1.244 7	0.679 3	0.481 0	1.059 1	0.590 7	0.421 9
18—16	1.198 3	0.632 9	0.443 0	0.881 9	0.489 5	0.346 0	0.755 3	0.426 2	0.303 8
18—17	0.641 4	0.350 2	0.244 7	0.485 2	0.270 0	0.194 1	0.413 5	0.236 3	0.168 8
20—15	2.687 8	1.371 3	0.949 4	1.852 3	0.987 3	0.700 4	1.540 1	0.848 1	0.607 6
20—16	2.177 2	1.118 1	0.767 9	1.527 4	0.822 8	0.578 1	1.282 7	0.708 9	0.506 3
20—17	1.670 9	0.865 0	0.594 9	1.194 1	0.649 8	0.459 9	1.012 7	0.565 4	0.400 8
20—18	1.151 9	0.607 6	0.421 9	0.843 9	0.464 1	0.329 1	0.717 3	0.400 8	0.286 9
20—19	0.611 8	0.329 1	0.232 1	0.459 9	0.257 4	0.181 4	0.392 4	0.219 4	0.160 3
22—17	2.641 4	1.346 0	0.915 6	1.814 3	0.962 0	0.675 1	1.497 9	0.822 8	0.582 3
22—18	2.143 5	1.097 0	0.751 1	1.497 9	0.801 7	0.561 2	1.248 9	0.687 8	0.489 5
22—19	1.641 4	0.848 1	0.582 3	1.168 8	0.632 9	0.443 0	0.983 1	0.544 3	0.388 2
22—20	1.126 6	0.594 9	0.409 3	0.818 6	0.447 3	0.316 5	0.696 2	0.388 2	0.278 5
22—21	0.590 7	0.320 7	0.223 6	0.443 0	0.244 7	0.173 0	0.379 7	0.211 0	0.151 9
24—19	2.628 7	1.341 8	0.907 2	1.801 7	0.949 4	0.662 4	1.476 8	0.805 9	0.569 6
24—20	2.135 0	1.092 8	0.742 6	1.481 0	0.789 0	0.552 7	1.227 8	0.675 1	0.476 8
24—21	1.624 5	0.843 9	0.578 1	1.151 9	0.620 3	0.438 8	0.966 2	0.531 6	0.379 7
24—22	1.113 9	0.586 5	0.405 1	0.805 9	0.438 8	0.312 2	0.679 3	0.379 7	0.270 0
24—23	0.578 1	0.312 2	0.219 4	0.434 6	0.240 5	0.168 8	0.367 1	0.206 8	0.147 7
26—21	2.628 7	1.346 0	0.911 4	1.801 7	0.949 4	0.658 2	1.468 4	0.797 5	0.565 4
26—22	2.135 0	1.097 0	0.746 8	1.476 8	0.789 0	0.548 5	1.219 4	0.666 7	0.472 6
26—23	1.628 7	0.843 9	0.578 1	1.147 7	0.620 3	0.434 6	0.953 6	0.527 4	0.375 5
26—24	1.109 7	0.586 5	0.405 1	0.801 7	0.434 6	0.308 0	0.670 9	0.371 3	0.265 8
26—25	0.569 6	0.312 2	0.219 4	0.426 2	0.236 3	0.168 8	0.362 9	0.202 5	0.143 5
28—23	2.641 4	1.358 6	0.919 8	1.810 1	0.949 4	0.658 2	1.468 4	0.797 5	0.561 2
28—24	2.135 0	1.109 7	0.755 3	1.485 2	0.789 0	0.548 5	1.215 2	0.666 7	0.468 4
28—25	1.628 7	0.852 3	0.582 3	1.151 9	0.620 3	0.434 6	0.953 6	0.523 2	0.371 3
28—26	1.109 7	0.590 7	0.409 3	0.797 5	0.434 6	0.308 0	0.666 7	0.371 3	0.261 6
28—27	0.569 6	0.308 0	0.219 4	0.421 9	0.236 3	0.164 6	0.358 6	0.198 3	0.143 5
30—25	2.658 2	1.375 5	0.932 5	1.822 8	0.957 8	0.662 4	1.472 6	0.797 5	0.561 2
30—26	2.164 6	1.122 4	0.763 7	1.497 9	0.793 2	0.552 7	1.219 4	0.666 7	0.468 4
30—27	1.641 4	0.865 0	0.590 7	1.156 1	0.620 3	0.434 6	0.953 6	0.523 2	0.371 3
30—28	1.118 1	0.594 9	0.409 3	0.805 9	0.438 8	0.308 0	0.666 7	0.371 3	0.261 6
30—29	0.565 4	0.312 2	0.219 4	0.421 9	0.232 1	0.164 6	0.354 4	0.198 3	0.143 5

表 B.1（续）

粮食种类：水稻　　　　环境温度 T_h：10 ℃　　　　环境相对湿度 RH：90%

降水范围 (M_1-M_2) %	热风温度 T_r/℃								
	40			60			80		
	热风表观风速 v_r/(m/s)								
	0.1	0.2	0.3	0.1	0.2	0.3	0.1	0.2	0.3
16−13	2.008 4	1.059 1	0.746 8	1.388 2	0.763 7	0.544 3	1.164 6	0.654 0	0.468 4
16−14	1.400 8	0.746 8	0.523 2	0.991 6	0.552 7	0.396 6	0.835 4	0.476 8	0.341 8
16−15	0.767 9	0.426 2	0.303 8	0.557 0	0.316 5	0.227 8	0.468 4	0.270 0	0.198 3
18−13	3.033 8	1.582 3	1.113 9	2.000 0	1.084 4	0.776 4	1.645 6	0.915 6	0.658 2
18−14	2.455 7	1.265 8	0.886 1	1.654 0	0.894 5	0.637 1	1.375 5	0.763 7	0.548 5
18−15	1.881 9	0.978 9	0.679 3	1.299 6	0.708 9	0.502 1	1.088 6	0.611 8	0.434 6
18−16	1.303 8	0.692 0	0.485 2	0.924 1	0.514 8	0.367 1	0.780 6	0.443 0	0.316 5
18−17	0.704 6	0.388 2	0.274 3	0.510 5	0.291 1	0.211 0	0.430 4	0.248 9	0.181 4
20−15	2.919 8	1.489 5	1.025 3	1.928 3	1.025 3	0.725 7	1.578 1	0.869 2	0.620 3
20−16	2.367 1	1.211 0	0.831 2	1.590 7	0.856 5	0.603 4	1.316 5	0.730 0	0.519 0
20−17	1.814 3	0.936 7	0.645 6	1.244 7	0.679 3	0.481 0	1.038 0	0.582 3	0.413 5
20−18	1.253 2	0.662 4	0.459 9	0.881 9	0.489 5	0.346 0	0.742 6	0.417 7	0.299 6
20−19	0.670 9	0.362 9	0.257 4	0.485 2	0.274 3	0.194 1	0.409 3	0.232 1	0.168 8
22−17	2.869 2	1.464 1	0.991 6	1.886 1	1.000 0	0.700 4	1.535 9	0.843 9	0.599 2
22−18	2.324 9	1.189 9	0.810 1	1.557 0	0.831 2	0.582 3	1.278 5	0.708 9	0.502 1
22−19	1.780 6	0.919 8	0.632 9	1.215 2	0.658 2	0.464 1	1.008 4	0.561 2	0.400 8
22−20	1.223 6	0.645 6	0.447 3	0.856 5	0.472 6	0.333 3	0.717 3	0.400 8	0.286 9
22−21	0.645 6	0.350 2	0.248 9	0.468 4	0.261 6	0.185 7	0.392 4	0.223 6	0.160 3
24−19	2.852 3	1.455 7	0.987 3	1.873 4	0.987 3	0.687 8	1.514 8	0.827 0	0.586 5
24−20	2.312 2	1.185 7	0.805 9	1.544 3	0.822 8	0.573 8	1.261 6	0.692 0	0.493 7
24−21	1.763 7	0.915 6	0.628 7	1.202 5	0.649 8	0.455 7	0.991 6	0.548 5	0.392 4
24−22	1.206 8	0.641 4	0.443 0	0.843 9	0.464 1	0.329 1	0.700 4	0.392 4	0.282 7
24−23	0.628 7	0.346 0	0.244 7	0.455 7	0.253 2	0.181 4	0.379 7	0.215 2	0.156 1
26−21	2.848 1	1.459 9	0.987 3	1.869 2	0.983 1	0.683 5	1.506 3	0.818 6	0.578 1
26−22	2.312 2	1.189 9	0.810 1	1.535 9	0.818 6	0.569 6	1.248 9	0.687 8	0.485 2
26−23	1.759 5	0.919 8	0.628 7	1.194 1	0.645 6	0.451 5	0.978 9	0.544 3	0.388 2
26−24	1.206 8	0.637 1	0.443 0	0.835 4	0.455 7	0.324 9	0.692 0	0.384 0	0.274 3
26−25	0.628 7	0.341 8	0.240 5	0.447 3	0.248 9	0.177 2	0.375 5	0.211 0	0.151 9
28−23	2.865 0	1.472 6	1.000 0	1.877 6	0.987 3	0.683 5	1.502 1	0.818 6	0.573 8
28−24	2.324 9	1.202 5	0.818 6	1.544 3	0.822 8	0.569 6	1.244 7	0.683 5	0.485 2
28−25	1.772 2	0.924 1	0.632 9	1.198 3	0.645 6	0.451 5	0.974 7	0.540 1	0.384 0
28−26	1.198 3	0.641 4	0.443 0	0.835 4	0.455 7	0.320 7	0.687 8	0.384 0	0.274 3
28−27	0.620 3	0.341 8	0.240 5	0.443 0	0.248 9	0.177 2	0.371 3	0.206 8	0.151 9
30−25	2.877 6	1.493 7	1.012 7	1.894 5	0.995 8	0.687 8	1.510 5	0.818 6	0.578 1
30−26	2.333 3	1.219 4	0.831 2	1.557 0	0.827 0	0.573 8	1.248 9	0.683 5	0.485 2
30−27	1.772 2	0.936 7	0.641 4	1.202 5	0.649 8	0.455 7	0.978 9	0.540 1	0.384 0
30−28	1.215 2	0.645 6	0.447 3	0.839 7	0.455 7	0.320 7	0.683 5	0.379 7	0.270 0
30−29	0.616 0	0.341 8	0.240 5	0.443 0	0.248 9	0.177 2	0.367 1	0.206 8	0.147 7

表 B.1（续）

粮食种类：水稻　　　　环境温度 T_h：15 ℃　　　　环境相对湿度 RH：30%

降水范围 (M_1-M_2) %	热风温度 T_r/℃								
	40			60			80		
	热风表观风速 v_r/(m/s)								
	0.1	0.2	0.3	0.1	0.2	0.3	0.1	0.2	0.3
16—13	1.713 1	0.894 5	0.628 7	1.257 4	0.687 8	0.489 5	1.075 9	0.599 2	0.430 4
16—14	1.168 8	0.616 0	0.426 2	0.881 9	0.481 0	0.341 8	0.759 5	0.421 9	0.299 6
16—15	0.611 8	0.320 7	0.219 4	0.476 8	0.257 4	0.181 4	0.413 5	0.227 8	0.164 6
18—13	2.616 0	1.354 4	0.949 4	1.856 5	1.004 2	0.717 3	1.557 0	0.865 0	0.624 5
18—14	2.113 9	1.084 4	0.755 3	1.523 2	0.822 8	0.582 3	1.286 9	0.713 1	0.510 5
18—15	1.611 8	0.831 2	0.573 8	1.181 4	0.637 1	0.451 5	1.008 4	0.557 0	0.396 6
18—16	1.101 3	0.569 6	0.392 4	0.827 0	0.447 3	0.312 2	0.713 1	0.392 4	0.278 5
18—17	0.569 6	0.295 4	0.202 5	0.443 0	0.240 5	0.168 8	0.384 0	0.211 0	0.147 7
20—15	2.531 6	1.286 9	0.886 1	1.789 0	0.953 6	0.675 1	1.493 7	0.818 6	0.586 5
20—16	2.046 4	1.042 2	0.713 1	1.468 4	0.784 8	0.552 7	1.236 3	0.679 3	0.481 0
20—17	1.561 2	0.797 5	0.548 5	1.139 2	0.611 8	0.426 2	0.966 2	0.531 6	0.375 5
20—18	1.063 3	0.548 5	0.375 5	0.793 2	0.426 2	0.299 6	0.679 3	0.375 5	0.265 8
20—19	0.548 5	0.282 7	0.194 1	0.421 9	0.227 8	0.160 3	0.362 9	0.198 3	0.139 2
22—17	2.493 7	1.261 6	0.856 5	1.755 3	0.924 1	0.649 8	1.455 7	0.793 2	0.561 2
22—18	2.021 1	1.025 3	0.696 2	1.438 8	0.763 7	0.531 6	1.206 8	0.658 2	0.464 1
22—19	1.540 1	0.784 8	0.535 9	1.113 9	0.594 9	0.413 5	0.940 9	0.514 8	0.362 9
22—20	1.042 2	0.540 1	0.367 1	0.772 2	0.413 5	0.291 1	0.658 2	0.362 9	0.253 2
22—21	0.531 6	0.278 5	0.189 9	0.409 3	0.219 4	0.151 9	0.350 2	0.189 9	0.135 0
24—19	2.489 5	1.261 6	0.852 3	1.742 6	0.911 4	0.637 1	1.434 6	0.776 4	0.548 5
24—20	2.012 7	1.025 3	0.692 0	1.426 2	0.755 3	0.523 2	1.185 7	0.645 6	0.455 7
24—21	1.531 6	0.784 8	0.531 6	1.101 3	0.586 5	0.409 3	0.928 3	0.506 3	0.354 4
24—22	1.038 0	0.535 9	0.367 1	0.763 7	0.409 3	0.286 9	0.649 8	0.354 4	0.248 9
24—23	0.523 2	0.274 3	0.189 9	0.396 6	0.215 2	0.151 9	0.337 6	0.185 7	0.130 8
26—21	2.489 5	1.265 8	0.856 5	1.742 6	0.911 4	0.628 7	1.426 2	0.772 2	0.540 1
26—22	2.008 4	1.029 5	0.696 2	1.421 9	0.751 1	0.519 0	1.181 4	0.641 4	0.451 5
26—23	1.527 4	0.789 0	0.535 9	1.101 3	0.582 3	0.405 1	0.919 8	0.497 9	0.350 2
26—24	1.033 8	0.535 9	0.367 1	0.763 7	0.405 1	0.282 7	0.641 4	0.350 2	0.244 7
26—25	0.519 0	0.274 3	0.189 9	0.396 6	0.215 2	0.147 7	0.337 6	0.185 7	0.130 8
28—23	2.497 9	1.282 7	0.865 0	1.751 1	0.915 6	0.632 9	1.426 2	0.767 9	0.540 1
28—24	2.021 1	1.042 2	0.704 6	1.430 4	0.755 3	0.519 0	1.177 2	0.637 1	0.447 3
28—25	1.527 4	0.797 5	0.540 1	1.101 3	0.586 5	0.405 1	0.915 6	0.497 9	0.350 2
28—26	1.021 1	0.544 3	0.371 3	0.755 3	0.405 1	0.282 7	0.637 1	0.346 0	0.244 7
28—27	0.523 2	0.274 3	0.189 9	0.392 4	0.211 0	0.147 7	0.333 3	0.181 4	0.130 8
30—25	2.519 0	1.299 6	0.877 6	1.763 7	0.924 1	0.637 1	1.434 6	0.772 2	0.540 1
30—26	2.046 4	1.054 9	0.713 1	1.443 0	0.759 5	0.523 2	1.181 4	0.637 1	0.447 3
30—27	1.544 3	0.805 9	0.548 5	1.105 5	0.590 7	0.409 3	0.919 8	0.497 9	0.350 2
30—28	1.033 8	0.548 5	0.375 5	0.763 7	0.409 3	0.282 7	0.632 9	0.346 0	0.244 7
30—29	0.514 8	0.278 5	0.189 9	0.392 4	0.215 2	0.147 7	0.333 3	0.181 4	0.126 6

表 B.1（续）

粮食种类：水稻　　环境温度 T_h：15 ℃　　环境相对湿度 RH：60%

降水范围 (M_1-M_2) %	热风温度 T_r/℃								
	40			60			80		
	热风表观风速 v_r/(m/s)								
	0.1	0.2	0.3	0.1	0.2	0.3	0.1	0.2	0.3
16—13	1.953 6	1.025 3	0.721 5	1.346 0	0.734 2	0.527 4	1.126 6	0.628 7	0.451 5
16—14	1.341 8	0.708 9	0.497 9	0.953 6	0.523 2	0.371 3	0.805 9	0.451 5	0.324 9
16—15	0.717 3	0.388 2	0.270 0	0.523 2	0.291 1	0.206 8	0.443 0	0.248 9	0.181 4
18—13	2.966 2	1.540 1	1.084 4	1.970 5	1.063 3	0.759 5	1.611 8	0.894 5	0.645 6
18—14	2.396 6	1.232 1	0.856 5	1.616 0	0.873 4	0.620 3	1.341 8	0.742 6	0.531 6
18—15	1.827 0	0.945 1	0.654 0	1.261 6	0.683 5	0.485 2	1.054 9	0.586 5	0.417 7
18—16	1.253 2	0.654 0	0.455 7	0.886 1	0.485 2	0.346 0	0.751 1	0.417 7	0.299 6
18—17	0.662 4	0.354 4	0.244 7	0.481 0	0.265 8	0.189 9	0.409 3	0.227 8	0.164 6
20—15	2.856 5	1.455 7	1.000 0	1.894 5	1.004 2	0.713 1	1.548 5	0.848 1	0.607 6
20—16	2.308 0	1.181 4	0.805 9	1.557 0	0.831 2	0.586 5	1.286 9	0.708 9	0.502 1
20—17	1.763 7	0.907 2	0.620 3	1.211 0	0.654 0	0.459 9	1.008 4	0.557 0	0.396 6
20—18	1.206 8	0.628 7	0.434 6	0.848 1	0.464 1	0.324 9	0.713 1	0.396 6	0.282 7
20—19	0.628 7	0.333 3	0.232 1	0.455 7	0.248 9	0.177 2	0.384 0	0.215 2	0.151 9
22—17	2.805 9	1.426 2	0.966 2	1.856 5	0.978 9	0.683 5	1.506 3	0.822 8	0.582 3
22—18	2.270 0	1.160 3	0.789 0	1.523 2	0.810 1	0.565 4	1.253 2	0.683 5	0.485 2
22—19	1.730 0	0.890 3	0.607 6	1.185 7	0.632 9	0.443 0	0.978 9	0.540 1	0.384 0
22—20	1.181 4	0.616 0	0.421 9	0.827 0	0.447 3	0.316 5	0.692 0	0.384 0	0.270 0
22—21	0.611 8	0.324 9	0.223 6	0.438 8	0.240 5	0.168 8	0.371 3	0.206 8	0.147 7
24—19	2.793 2	1.421 9	0.962 0	1.843 9	0.966 2	0.670 9	1.485 2	0.805 9	0.569 6
24—20	2.261 6	1.156 1	0.780 6	1.510 5	0.797 5	0.557 0	1.232 1	0.670 9	0.476 8
24—21	1.713 1	0.886 1	0.603 4	1.168 8	0.624 5	0.438 8	0.962 0	0.527 4	0.375 5
24—22	1.168 8	0.611 8	0.417 7	0.814 3	0.438 8	0.308 0	0.675 1	0.371 3	0.265 8
24—23	0.594 9	0.320 7	0.223 6	0.430 4	0.236 3	0.164 6	0.358 6	0.198 3	0.143 5
26—21	2.789 0	1.426 2	0.962 0	1.839 7	0.962 0	0.666 7	1.476 8	0.797 5	0.561 2
26—22	2.257 4	1.160 3	0.784 8	1.506 3	0.797 5	0.552 7	1.223 6	0.666 7	0.468 4
26—23	1.717 3	0.886 1	0.603 4	1.164 6	0.624 5	0.434 6	0.953 6	0.523 2	0.371 3
26—24	1.168 8	0.611 8	0.417 7	0.810 1	0.434 6	0.308 0	0.656 7	0.367 1	0.261 6
26—25	0.590 7	0.316 5	0.219 4	0.426 2	0.232 1	0.164 6	0.354 4	0.198 3	0.139 2
28—23	2.801 7	1.438 8	0.974 7	1.848 1	0.966 2	0.666 7	1.476 8	0.797 5	0.561 2
28—24	2.261 6	1.173 0	0.793 2	1.510 5	0.797 5	0.552 7	1.219 4	0.662 4	0.468 4
28—25	1.721 5	0.894 5	0.611 8	1.168 8	0.624 5	0.434 6	0.949 4	0.519 0	0.367 1
28—26	1.156 1	0.611 8	0.421 9	0.805 9	0.434 6	0.303 8	0.666 7	0.362 9	0.257 4
28—27	0.586 5	0.316 5	0.219 4	0.421 9	0.232 1	0.164 6	0.350 2	0.194 1	0.139 2
30—25	2.814 3	1.459 9	0.987 3	1.865 0	0.974 7	0.670 9	1.485 2	0.797 5	0.561 2
30—26	2.278 5	1.189 9	0.805 9	1.527 4	0.805 9	0.557 0	1.227 8	0.666 7	0.468 4
30—27	1.730 0	0.907 2	0.620 3	1.177 2	0.628 7	0.434 6	0.953 6	0.519 0	0.367 1
30—28	1.177 2	0.620 3	0.426 2	0.818 6	0.438 8	0.308 0	0.662 4	0.362 9	0.257 4
30—29	0.573 8	0.316 5	0.223 6	0.426 2	0.232 1	0.164 6	0.350 2	0.194 1	0.139 2

表 B.1（续）

粮食种类：水稻　　　　环境温度 T_h：15 ℃　　　　环境相对湿度 RH：90%

降水范围 (M_1-M_2) %	热风温度 T_r/℃								
	40			60			80		
	热风表观风速 v_r/(m/s)								
	0.1	0.2	0.3	0.1	0.2	0.3	0.1	0.2	0.3
16—13	2.211 0	1.160 3	0.814 3	1.430 4	0.780 6	0.557 0	1.173 0	0.658 2	0.472 6
16—14	1.527 4	0.805 9	0.565 4	1.016 9	0.565 4	0.400 8	0.843 9	0.476 8	0.341 8
16—15	0.827 0	0.451 5	0.320 7	0.565 4	0.320 7	0.232 1	0.468 4	0.270 0	0.194 1
18—13	3.350 2	1.742 6	1.227 8	2.075 9	1.118 1	0.801 7	1.666 7	0.924 1	0.666 7
18—14	2.700 4	1.388 2	0.966 2	1.708 9	0.919 8	0.654 0	1.388 2	0.772 2	0.552 7
18—15	2.059 1	1.063 3	0.734 2	1.337 6	0.725 7	0.514 8	1.097 0	0.611 8	0.438 8
18—16	1.417 7	0.742 6	0.514 8	0.945 1	0.523 2	0.371 3	0.780 6	0.443 0	0.316 5
18—17	0.755 3	0.409 3	0.291 1	0.519 0	0.291 1	0.211 0	0.430 4	0.244 7	0.177 2
20—15	3.219 4	1.637 1	1.122 4	1.995 8	1.059 1	0.746 8	1.599 2	0.877 6	0.628 7
20—16	2.599 2	1.324 9	0.903 0	1.641 4	0.877 6	0.616 0	1.329 1	0.734 2	0.523 2
20—17	1.983 1	1.016 9	0.696 2	1.282 7	0.692 0	0.489 5	1.046 4	0.582 3	0.413 5
20—18	1.362 9	0.708 9	0.489 5	0.903 0	0.493 7	0.350 2	0.742 6	0.417 7	0.299 6
20—19	0.717 3	0.384 0	0.270 0	0.489 5	0.274 3	0.194 1	0.405 1	0.227 8	0.164 6
22—17	3.160 3	1.607 6	1.088 6	1.957 8	1.029 5	0.717 3	1.557 0	0.848 1	0.603 4
22—18	2.552 7	1.303 8	0.881 9	1.607 6	0.852 3	0.599 2	1.295 4	0.713 1	0.502 1
22—19	1.945 1	1.000 0	0.683 5	1.253 2	0.675 1	0.472 6	1.016 9	0.565 4	0.400 8
22—20	1.329 1	0.696 2	0.476 8	0.877 6	0.481 0	0.337 6	0.717 3	0.400 8	0.286 9
22—21	0.696 2	0.371 3	0.261 6	0.472 6	0.261 6	0.185 7	0.392 4	0.219 4	0.156 1
24—19	3.130 8	1.599 2	1.080 2	1.940 9	1.016 9	0.704 6	1.535 9	0.835 4	0.590 7
24—20	2.540 1	1.299 6	0.877 6	1.594 9	0.843 9	0.586 5	1.274 3	0.696 2	0.493 7
24—21	1.932 5	0.995 8	0.679 3	1.236 3	0.662 4	0.464 1	1.000 0	0.552 7	0.392 4
24—22	1.312 2	0.687 8	0.472 6	0.860 8	0.468 4	0.333 3	0.704 6	0.392 4	0.278 5
24—23	0.675 1	0.367 1	0.257 4	0.459 9	0.257 4	0.181 4	0.379 7	0.211 0	0.151 9
26—21	3.126 6	1.607 6	1.084 4	1.936 7	1.012 7	0.700 4	1.523 2	0.827 0	0.582 3
26—22	2.531 6	1.303 8	0.881 9	1.590 7	0.839 7	0.582 3	1.265 8	0.692 0	0.489 5
26—23	1.919 8	1.000 0	0.679 3	1.232 1	0.658 2	0.459 9	0.987 3	0.544 3	0.388 2
26—24	1.303 8	0.692 0	0.472 6	0.856 5	0.464 1	0.329 1	0.696 2	0.384 0	0.274 3
26—25	0.670 9	0.362 9	0.253 2	0.455 7	0.253 2	0.177 2	0.371 3	0.206 8	0.147 7
28—23	3.130 8	1.620 3	1.097 0	1.949 4	1.016 9	0.704 6	1.523 2	0.822 8	0.578 1
28—24	2.544 3	1.316 5	0.890 3	1.594 9	0.843 9	0.586 5	1.261 6	0.687 8	0.485 2
28—25	1.932 5	1.008 4	0.687 8	1.236 3	0.658 2	0.459 9	0.983 1	0.540 1	0.384 0
28—26	1.303 8	0.696 2	0.476 8	0.856 5	0.464 1	0.324 9	0.692 0	0.379 7	0.270 0
28—27	0.658 2	0.362 9	0.253 2	0.451 5	0.248 9	0.177 2	0.367 1	0.206 8	0.147 7
30—25	3.147 7	1.637 1	1.109 7	1.970 5	1.029 5	0.708 9	1.531 6	0.827 0	0.578 1
30—26	2.544 3	1.329 1	0.903 0	1.611 8	0.852 3	0.590 7	1.265 8	0.687 8	0.485 2
30—27	1.924 1	1.021 1	0.696 2	1.240 5	0.666 7	0.464 1	0.987 3	0.540 1	0.384 0
30—28	1.303 8	0.696 2	0.485 2	0.856 5	0.468 4	0.324 9	0.687 8	0.379 7	0.270 0
30—29	0.649 8	0.362 9	0.253 2	0.451 5	0.248 9	0.177 2	0.362 9	0.206 8	0.147 7

表 B.1（续）

粮食种类：水稻　　　　环境温度 T_h：20 ℃　　　　环境相对湿度 RH：30%

降水范围 (M_1-M_2) %	热风温度 T_r/℃								
	40			60			80		
	热风表观风速 v_r/(m/s)								
	0.1	0.2	0.3	0.1	0.2	0.3	0.1	0.2	0.3
16—13	1.738 4	0.907 2	0.632 9	1.253 2	0.679 3	0.481 0	1.059 1	0.586 5	0.421 9
16—14	1.164 6	0.607 6	0.421 9	0.865 0	0.468 4	0.329 1	0.742 6	0.409 3	0.291 1
16—15	0.569 6	0.295 4	0.202 5	0.451 5	0.240 5	0.164 6	0.396 6	0.215 2	0.151 9
18—13	2.679 3	1.384 0	0.974 7	1.869 2	1.004 2	0.717 3	1.552 7	0.856 5	0.616 0
18—14	2.151 9	1.101 3	0.767 9	1.523 2	0.814 3	0.578 1	1.278 5	0.704 6	0.502 1
18—15	1.620 3	0.831 2	0.573 8	1.173 0	0.628 7	0.443 0	0.995 8	0.544 3	0.388 2
18—16	1.080 2	0.557 0	0.384 0	0.810 1	0.430 4	0.299 6	0.696 2	0.375 5	0.265 8
18—17	0.519 0	0.265 8	0.181 4	0.421 9	0.219 4	0.151 9	0.367 1	0.198 3	0.139 2
20—15	2.582 3	1.308 0	0.898 7	1.801 7	0.949 4	0.670 9	1.485 2	0.814 3	0.582 3
20—16	2.075 9	1.054 9	0.721 5	1.472 6	0.776 4	0.544 3	1.227 8	0.666 7	0.472 6
20—17	1.565 4	0.797 5	0.544 3	1.130 8	0.599 2	0.417 7	0.953 6	0.519 0	0.367 1
20—18	1.042 2	0.531 6	0.362 9	0.780 6	0.413 5	0.286 9	0.666 7	0.358 6	0.253 2
20—19	0.497 9	0.253 2	0.173 0	0.405 1	0.211 0	0.143 5	0.350 2	0.185 7	0.130 8
22—17	2.540 1	1.282 7	0.869 2	1.767 9	0.924 1	0.645 6	1.451 5	0.784 8	0.557 0
22—18	2.046 4	1.038 0	0.700 4	1.443 0	0.759 5	0.527 4	1.194 1	0.649 8	0.455 7
22—19	1.540 1	0.784 8	0.531 6	1.109 7	0.586 5	0.405 1	0.928 3	0.502 1	0.354 4
22—20	1.021 1	0.523 2	0.354 4	0.763 7	0.400 8	0.278 5	0.645 6	0.350 2	0.244 7
22—21	0.489 5	0.248 9	0.168 8	0.396 6	0.206 8	0.143 5	0.337 6	0.181 4	0.126 6
24—19	2.523 2	1.278 5	0.860 8	1.755 3	0.915 6	0.632 9	1.430 4	0.772 2	0.544 3
24—20	2.038 0	1.033 8	0.696 2	1.430 4	0.751 1	0.519 0	1.177 2	0.637 1	0.447 3
24—21	1.527 4	0.780 6	0.527 4	1.101 3	0.578 1	0.400 8	0.915 6	0.493 7	0.346 0
24—22	1.008 4	0.523 2	0.354 4	0.755 3	0.396 6	0.274 3	0.637 1	0.341 8	0.240 5
24—23	0.476 8	0.248 9	0.168 8	0.388 2	0.206 8	0.139 2	0.329 1	0.177 2	0.122 4
26—21	2.527 4	1.286 9	0.865 0	1.755 3	0.911 4	0.628 7	1.421 9	0.763 7	0.535 9
26—22	2.033 8	1.042 2	0.700 4	1.434 6	0.746 8	0.514 8	1.173 0	0.628 7	0.443 0
26—23	1.527 4	0.784 8	0.531 6	1.101 3	0.578 1	0.396 6	0.907 2	0.489 5	0.341 8
26—24	1.012 7	0.523 2	0.354 4	0.755 3	0.396 6	0.274 3	0.628 7	0.337 6	0.236 3
26—25	0.472 6	0.248 9	0.168 8	0.384 0	0.202 5	0.139 2	0.324 9	0.173 0	0.122 4
28—23	2.531 6	1.299 6	0.877 6	1.767 9	0.915 6	0.628 7	1.421 9	0.763 7	0.531 6
28—24	2.038 0	1.050 6	0.708 9	1.438 8	0.751 1	0.519 0	1.173 0	0.628 7	0.438 8
28—25	1.531 6	0.793 2	0.535 9	1.105 5	0.578 1	0.400 8	0.907 2	0.489 5	0.341 8
28—26	1.000 0	0.527 4	0.358 6	0.755 3	0.396 6	0.274 3	0.628 7	0.337 6	0.236 3
28—27	0.472 6	0.253 2	0.173 0	0.379 7	0.202 5	0.139 2	0.320 7	0.173 0	0.122 4
30—25	2.561 2	1.320 7	0.890 3	1.780 6	0.928 3	0.637 1	1.434 6	0.763 7	0.535 9
30—26	2.063 3	1.063 3	0.721 5	1.459 9	0.759 5	0.523 2	1.177 2	0.628 7	0.438 8
30—27	1.535 9	0.805 9	0.544 3	1.113 9	0.586 5	0.400 8	0.911 4	0.489 5	0.341 8
30—28	1.012 7	0.531 6	0.362 9	0.763 7	0.400 8	0.274 3	0.624 5	0.337 6	0.236 3
30—29	0.464 1	0.253 2	0.173 0	0.384 0	0.202 5	0.139 2	0.320 7	0.173 0	0.122 4

表 B.1（续）

粮食种类：水稻　　　　　　　　环境温度 T_h：20 ℃　　　　　　　　环境相对湿度 RH：60%

降水范围 (M_1-M_2) %	热风温度 T_r/℃								
	40			60			80		
	热风表观风速 v_r/(m/s)								
	0.1	0.2	0.3	0.1	0.2	0.3	0.1	0.2	0.3
16—13	2.113 9	1.101 3	0.772 2	1.375 5	0.751 1	0.535 9	1.130 8	0.628 7	0.451 5
16—14	1.438 8	0.755 3	0.523 2	0.966 2	0.527 4	0.375 5	0.801 7	0.447 3	0.320 7
16—15	0.755 3	0.396 6	0.278 5	0.523 2	0.286 9	0.202 5	0.434 6	0.244 7	0.173 0
18—13	3.223 6	1.666 7	1.173 0	2.029 5	1.092 8	0.780 6	1.628 7	0.903 0	0.654 0
18—14	2.594 9	1.324 9	0.919 8	1.662 4	0.890 3	0.632 9	1.350 2	0.746 8	0.535 9
18—15	1.970 5	1.008 4	0.692 0	1.286 9	0.692 0	0.489 5	1.059 1	0.582 3	0.417 7
18—16	1.337 6	0.692 0	0.476 8	0.898 7	0.485 2	0.341 8	0.746 8	0.413 5	0.295 4
18—17	0.692 0	0.362 9	0.248 9	0.481 0	0.261 6	0.185 7	0.400 8	0.223 6	0.160 3
20—15	3.101 3	1.569 6	1.075 9	1.953 6	1.029 5	0.730 0	1.561 2	0.852 3	0.611 8
20—16	2.502 1	1.270 0	0.860 8	1.599 2	0.848 1	0.594 9	1.291 1	0.708 9	0.502 1
20—17	1.903 0	0.966 2	0.658 2	1.236 3	0.658 2	0.464 1	1.012 7	0.557 0	0.392 4
20—18	1.291 1	0.662 4	0.451 5	0.860 8	0.464 1	0.324 9	0.708 9	0.392 4	0.278 5
20—19	0.662 4	0.346 0	0.236 3	0.455 7	0.248 9	0.173 0	0.379 7	0.206 8	0.147 7
22—17	3.046 4	1.544 3	1.042 2	1.915 6	1.000 0	0.700 4	1.523 2	0.827 0	0.586 5
22—18	2.464 1	1.248 9	0.843 9	1.565 4	0.827 0	0.573 8	1.257 4	0.683 5	0.485 2
22—19	1.869 2	0.953 6	0.645 6	1.211 0	0.641 4	0.447 3	0.983 1	0.535 9	0.379 7
22—20	1.265 8	0.649 8	0.443 0	0.839 7	0.451 5	0.316 5	0.687 8	0.375 5	0.265 8
22—21	0.641 4	0.337 5	0.232 1	0.438 8	0.240 5	0.168 8	0.362 9	0.198 3	0.143 5
24—19	3.029 5	1.540 1	1.033 8	1.898 7	0.991 6	0.687 8	1.502 1	0.810 1	0.569 6
24—20	2.451 5	1.244 7	0.839 7	1.552 7	0.814 3	0.565 4	1.240 5	0.670 9	0.472 6
24—21	1.852 3	0.949 4	0.641 4	1.198 3	0.632 9	0.443 0	0.966 2	0.527 4	0.371 3
24—22	1.244 7	0.649 8	0.438 8	0.827 0	0.443 0	0.308 0	0.675 1	0.367 1	0.261 6
24—23	0.628 7	0.333 3	0.227 8	0.434 6	0.232 1	0.164 6	0.354 4	0.194 1	0.139 2
26—21	3.016 9	1.544 3	1.042 2	1.898 7	0.987 3	0.683 5	1.489 5	0.801 7	0.565 4
26—22	2.447 3	1.253 2	0.843 9	1.548 5	0.814 3	0.561 2	1.232 1	0.666 7	0.468 4
26—23	1.843 9	0.957 8	0.649 8	1.194 1	0.632 9	0.438 8	0.957 8	0.519 0	0.367 1
26—24	1.232 1	0.649 8	0.443 0	0.822 8	0.438 8	0.308 0	0.666 7	0.362 9	0.257 4
26—25	0.624 5	0.329 1	0.227 8	0.426 2	0.227 8	0.160 3	0.350 2	0.189 9	0.135 0
28—23	3.029 5	1.557 0	1.050 6	1.903 0	0.991 6	0.683 5	1.489 5	0.801 7	0.561 2
28—24	2.451 5	1.265 8	0.856 5	1.557 0	0.814 3	0.565 4	1.227 8	0.662 4	0.464 1
28—25	1.852 3	0.966 2	0.654 0	1.198 3	0.632 9	0.438 8	0.957 8	0.519 0	0.362 9
28—26	1.240 5	0.654 0	0.447 3	0.818 6	0.438 8	0.303 8	0.662 4	0.362 9	0.253 2
28—27	0.611 8	0.333 3	0.227 8	0.421 9	0.227 8	0.160 3	0.346 0	0.189 9	0.135 0
30—25	3.029 5	1.578 1	1.067 5	1.928 3	1.004 2	0.687 8	1.502 1	0.801 7	0.561 2
30—26	2.443 0	1.282 7	0.869 2	1.573 8	0.822 8	0.569 6	1.236 3	0.666 7	0.468 4
30—27	1.848 1	0.970 5	0.666 7	1.206 8	0.637 1	0.443 0	0.957 8	0.519 0	0.362 9
30—28	1.248 9	0.649 8	0.451 5	0.831 2	0.443 0	0.308 0	0.662 4	0.362 9	0.253 2
30—29	0.599 2	0.329 1	0.227 8	0.426 2	0.227 8	0.160 3	0.346 0	0.189 9	0.135 0

表 B.1（续）

粮食种类：水稻　　　　环境温度 T_h：20 ℃　　　　环境相对湿度 RH：90%

降水范围 (M_1-M_2) %	热风温度 T_r/℃								
	40			60			80		
	热风表观风速 v_r/(m/s)								
	0.1	0.2	0.3	0.1	0.2	0.3	0.1	0.2	0.3
16—13	2.535 9	1.324 9	0.932 5	1.489 5	0.810 1	0.578 1	1.194 1	0.666 7	0.476 8
16—14	1.734 2	0.907 2	0.628 7	1.054 9	0.582 3	0.413 5	0.852 3	0.481 0	0.346 0
16—15	0.924 1	0.497 9	0.350 2	0.582 3	0.329 1	0.236 3	0.472 6	0.270 0	0.194 1
18—13	3.843 9	1.995 8	1.409 3	2.181 4	1.173 0	0.835 4	1.700 4	0.940 9	0.679 3
18—14	3.097 0	1.582 3	1.097 0	1.789 0	0.957 8	0.679 3	1.413 5	0.780 6	0.561 2
18—15	2.346 0	1.198 3	0.822 8	1.392 4	0.751 1	0.531 6	1.113 9	0.616 0	0.438 8
18—16	1.603 4	0.827 0	0.569 6	0.978 9	0.535 9	0.379 7	0.789 0	0.443 0	0.316 5
18—17	0.843 9	0.447 3	0.312 2	0.531 6	0.295 4	0.211 0	0.430 4	0.244 7	0.177 2
20—15	3.687 8	1.869 2	1.274 3	2.097 0	1.105 5	0.776 4	1.628 7	0.890 3	0.637 1
20—16	2.970 5	1.510 5	1.021 1	1.717 3	0.911 4	0.637 1	1.354 4	0.742 6	0.527 4
20—17	2.257 4	1.151 9	0.780 6	1.337 6	0.713 1	0.502 1	1.063 3	0.586 5	0.417 7
20—18	1.535 9	0.793 2	0.544 3	0.936 7	0.506 3	0.358 6	0.751 1	0.417 7	0.299 6
20—19	0.797 5	0.421 9	0.295 4	0.502 1	0.278 5	0.198 3	0.405 1	0.227 8	0.164 6
22—17	3.616 0	1.835 4	1.236 3	2.059 1	1.071 7	0.746 8	1.590 7	0.860 8	0.611 8
22—18	2.919 8	1.485 2	1.000 0	1.683 5	0.886 1	0.616 0	1.316 5	0.717 3	0.510 5
22—19	2.219 4	1.130 8	0.767 9	1.303 8	0.696 2	0.485 2	1.033 8	0.569 6	0.400 8
22—20	1.502 1	0.776 4	0.531 6	0.911 4	0.493 7	0.346 0	0.725 7	0.400 8	0.286 9
22—21	0.772 2	0.409 3	0.282 7	0.485 2	0.265 8	0.189 9	0.392 4	0.219 4	0.156 1
24—19	3.582 3	1.827 0	1.227 8	2.038 0	1.063 3	0.734 2	1.565 4	0.848 1	0.594 9
24—20	2.898 7	1.476 8	0.995 8	1.670 9	0.877 6	0.607 6	1.299 6	0.704 6	0.497 9
24—21	2.198 3	1.126 6	0.763 7	1.291 1	0.687 8	0.476 8	1.012 7	0.557 0	0.392 4
24—22	1.481 0	0.772 2	0.527 4	0.894 5	0.485 2	0.337 6	0.708 9	0.392 4	0.278 5
24—23	0.746 8	0.405 1	0.278 5	0.472 6	0.261 6	0.185 7	0.379 7	0.211 0	0.151 9
26—21	3.557 0	1.831 2	1.236 3	2.038 0	1.059 1	0.730 0	1.557 0	0.839 7	0.590 7
26—22	2.877 6	1.485 2	1.004 2	1.666 7	0.873 4	0.607 6	1.286 9	0.700 4	0.493 7
26—23	2.181 4	1.130 8	0.767 9	1.286 9	0.683 5	0.476 8	1.004 2	0.548 5	0.388 2
26—24	1.464 1	0.772 2	0.527 4	0.886 1	0.481 0	0.337 6	0.700 4	0.388 2	0.274 3
26—25	0.738 4	0.396 6	0.278 5	0.464 1	0.257 4	0.181 4	0.375 5	0.206 8	0.147 7
28—23	3.548 5	1.843 9	1.248 9	2.050 6	1.067 5	0.734 2	1.557 0	0.835 4	0.586 5
28—24	2.873 4	1.497 9	1.012 7	1.675 1	0.877 6	0.607 6	1.282 7	0.696 2	0.489 5
28—25	2.164 6	1.139 2	0.776 4	1.286 9	0.683 5	0.476 8	1.000 0	0.544 3	0.384 0
28—26	1.459 9	0.776 4	0.531 6	0.890 3	0.476 8	0.333 3	0.696 2	0.384 0	0.270 0
28—27	0.717 3	0.396 6	0.278 5	0.464 1	0.253 2	0.181 4	0.367 1	0.202 5	0.147 7
30—25	3.557 0	1.865 0	1.261 6	2.067 5	1.080 2	0.738 4	1.565 4	0.839 7	0.586 5
30—26	2.869 2	1.510 5	1.029 5	1.687 8	0.886 1	0.611 8	1.291 1	0.696 2	0.489 5
30—27	2.177 2	1.151 9	0.784 8	1.295 4	0.692 0	0.476 8	1.000 0	0.544 3	0.384 0
30—28	1.434 6	0.784 8	0.535 9	0.890 3	0.481 0	0.337 6	0.696 2	0.384 0	0.270 0
30—29	0.725 7	0.396 6	0.278 5	0.459 9	0.253 2	0.177 2	0.367 1	0.202 5	0.143 5

表 B.1（续）

粮食种类：小麦　　　　环境温度 T_h：0 ℃　　　　环境相对湿度 RH：30%

降水范围 (M_1-M_2) %	热风温度 T_r/℃								
	50			70			90		
	热风表观风速 v_r/(m/s)								
	0.1	0.2	0.3	0.1	0.2	0.3	0.1	0.2	0.3
18—13	2.483 9	1.179 7	0.792 6	2.202 8	1.000 0	0.640 6	2.184 3	0.926 3	0.594 5
18—14	2.000 0	0.958 5	0.654 4	1.737 3	0.811 1	0.525 3	1.815 7	0.751 2	0.488 5
20—13	3.308 8	1.553 0	1.027 6	2.940 1	1.304 1	0.829 5	2.765 0	1.225 8	0.760 4
20—14	2.834 1	1.331 8	0.884 8	2.516 1	1.124 4	0.718 9	2.424 0	1.041 5	0.659 0
20—15	2.368 7	1.119 8	0.755 8	2.059 9	0.949 3	0.608 3	2.055 3	0.866 4	0.562 2
20—16	1.898 6	0.912 4	0.622 1	1.635 9	0.765 0	0.497 7	1.700 5	0.714 3	0.460 8
22—13	4.133 6	1.935 5	1.267 3	3.626 7	1.612 9	1.023 0	3.327 2	1.506 9	0.926 3
22—14	3.668 2	1.718 9	1.124 4	3.230 4	1.433 2	0.907 8	2.967 7	1.341 0	0.824 9
22—15	3.207 4	1.502 3	0.990 8	2.824 9	1.262 7	0.801 8	2.668 2	1.170 5	0.732 7
22—16	2.751 2	1.294 9	0.861 8	2.410 1	1.087 6	0.695 9	2.318 0	0.995 4	0.640 6
22—17	2.294 9	1.092 2	0.732 7	1.967 7	0.917 1	0.589 9	1.963 1	0.834 1	0.543 8
22—18	1.838 7	0.889 4	0.608 3	1.576 0	0.732 7	0.483 9	1.580 6	0.691 2	0.442 4
24—14	4.488 5	2.110 6	1.368 7	3.907 8	1.751 2	1.106 0	3.599 1	1.622 1	1.000 0
24—15	4.046 1	1.898 6	1.235 0	3.520 7	1.576 0	0.995 4	3.198 2	1.465 4	0.903 2
24—16	3.594 5	1.691 2	1.106 0	3.133 6	1.405 5	0.889 4	2.889 4	1.304 1	0.806 5
24—17	3.147 5	1.483 9	0.977 0	2.737 3	1.235 0	0.788 0	2.594 5	1.133 6	0.714 3
24—18	2.695 9	1.281 1	0.852 5	2.331 8	1.069 1	0.682 0	2.221 2	0.967 7	0.626 7
24—19	2.253 5	1.078 3	0.728 1	1.898 6	0.894 0	0.576 0	1.889 4	0.815 7	0.530 0
24—20	1.792 6	0.875 6	0.599 1	1.534 6	0.714 3	0.470 0	1.460 8	0.672 8	0.428 6
26—16	4.419 4	2.092 2	1.354 8	3.829 5	1.728 1	1.092 2	3.474 7	1.585 3	0.981 6
26—17	3.986 2	1.884 8	1.230 4	3.447 0	1.557 6	0.986 2	3.110 6	1.437 8	0.889 4
26—18	3.543 8	1.677 4	1.101 4	3.050 7	1.391 7	0.880 2	2.834 1	1.276 5	0.797 2
26—19	3.096 8	1.474 7	0.977 0	2.677 4	1.225 8	0.778 8	2.511 5	1.110 6	0.705 1
26—20	2.668 2	1.271 9	0.852 5	2.258 1	1.055 3	0.672 8	2.142 9	0.944 7	0.617 5
26—21	2.212 0	1.073 7	0.723 5	1.857 1	0.880 2	0.571 4	1.834 1	0.801 8	0.520 7
26—22	1.755 8	0.875 6	0.599 1	1.506 9	0.700 5	0.465 4	1.373 3	0.663 6	0.414 7
28—18	4.382 5	2.087 6	1.359 4	3.741 9	1.714 3	1.087 6	3.387 1	1.566 8	0.972 4
28—19	3.935 5	1.880 2	1.230 4	3.377 9	1.548 4	0.981 6	3.055 3	1.414 7	0.880 2
28—20	3.493 1	1.682 0	1.106 0	3.000 0	1.382 5	0.880 2	2.783 4	1.258 1	0.788 0
28—21	3.078 3	1.479 3	0.981 6	2.617 5	1.216 6	0.774 2	2.424 0	1.087 6	0.700 5
28—22	2.626 7	1.276 5	0.857 1	2.216 6	1.046 1	0.672 8	2.096 8	0.935 5	0.612 9
28—24	1.737 3	0.875 6	0.599 1	1.470 0	0.695 9	0.465 4	1.290 3	0.654 4	0.410 1
30—20	4.322 6	2.087 6	1.364 1	3.695 9	1.709 7	1.087 6	3.304 1	1.548 4	0.967 7
30—21	3.907 8	1.884 8	1.244 2	3.322 6	1.543 8	0.986 2	3.009 2	1.405 5	0.880 2
30—22	3.483 9	1.682 0	1.115 2	2.958 5	1.382 5	0.880 2	2.718 9	1.244 2	0.788 0
30—23	3.041 5	1.488 5	0.990 8	2.566 8	1.216 6	0.778 8	2.382 5	1.078 3	0.700 5
30—24	2.617 5	1.281 1	0.866 4	2.165 9	1.046 1	0.672 8	2.050 7	0.926 3	0.608 3
30—26	1.700 5	0.880 2	0.608 3	1.447 0	0.691 2	0.465 4	1.248 8	0.649 8	0.405 5

表 B.1（续）

粮食种类：小麦　　环境温度 T_h：0 ℃　　环境相对湿度 RH：60%

降水范围 (M_1-M_2) %	热风温度 T_r/℃								
	50			70			90		
	热风表观风速 v_r/(m/s)								
	0.1	0.2	0.3	0.1	0.2	0.3	0.1	0.2	0.3
18—13	2.511 5	1.207 4	0.811 1	2.207 4	1.004 6	0.649 8	2.184 3	0.930 9	0.599 1
18—14	2.023 0	0.981 6	0.672 8	1.741 9	0.815 7	0.534 6	1.815 7	0.755 8	0.493 1
20—13	3.336 4	1.585 3	1.055 3	2.930 9	1.308 8	0.838 7	2.765 0	1.230 4	0.765 0
20—14	2.861 8	1.359 4	0.907 8	2.511 5	1.133 6	0.728 1	2.424 0	1.050 7	0.663 6
20—15	2.391 7	1.147 5	0.774 2	2.064 5	0.953 9	0.617 5	2.055 3	0.875 6	0.566 8
20—16	1.921 7	0.935 5	0.640 6	1.640 6	0.769 6	0.506 9	1.700 5	0.714 3	0.465 4
22—13	4.152 1	1.972 4	1.299 5	3.608 3	1.622 1	1.032 3	3.345 6	1.511 5	0.930 9
22—14	3.691 2	1.751 2	1.152 1	3.212 0	1.442 4	0.917 1	2.972 4	1.345 6	0.834 1
22—15	3.230 4	1.539 2	1.018 4	2.811 1	1.267 3	0.811 1	2.672 8	1.175 1	0.737 3
22—16	2.774 2	1.327 2	0.884 8	2.405 5	1.096 8	0.705 1	2.318 0	1.000 0	0.640 6
22—17	2.313 4	1.119 8	0.755 8	1.977 0	0.921 7	0.599 1	1.958 5	0.838 7	0.548 4
22—18	1.857 1	0.912 4	0.626 7	1.576 0	0.741 9	0.488 5	1.589 9	0.691 2	0.447 0
24—14	4.502 3	2.147 5	1.400 9	3.889 4	1.760 4	1.115 2	3.612 9	1.626 7	1.004 6
24—15	4.069 1	1.935 5	1.267 3	3.502 3	1.585 3	1.009 2	3.212 0	1.465 4	0.907 8
24—16	3.617 5	1.723 5	1.133 6	3.124 4	1.414 7	0.898 6	2.884 8	1.308 8	0.811 1
24—17	3.165 9	1.516 1	1.004 6	2.723 5	1.244 2	0.792 6	2.594 5	1.142 9	0.718 9
24—18	2.714 3	1.308 8	0.875 6	2.331 8	1.073 7	0.691 2	2.216 6	0.972 4	0.626 7
24—19	2.271 9	1.106 0	0.746 5	1.903 2	0.903 2	0.585 3	1.889 4	0.820 3	0.534 6
24—20	1.811 1	0.898 6	0.617 5	1.530 0	0.723 5	0.479 3	1.470 0	0.677 4	0.428 6
26—16	4.433 2	2.129 0	1.391 7	3.801 8	1.737 3	1.101 4	3.488 5	1.594 5	0.986 2
26—17	4.000 0	1.921 7	1.262 7	3.419 4	1.566 8	0.995 4	3.119 8	1.437 8	0.894 0
26—18	3.562 2	1.714 3	1.133 6	3.032 3	1.396 3	0.889 4	2.838 7	1.281 1	0.801 8
26—19	3.115 2	1.511 5	1.000 0	2.668 2	1.230 4	0.788 0	2.511 5	1.115 2	0.709 7
26—20	2.686 6	1.304 1	0.875 6	2.258 1	1.064 5	0.682 0	2.138 2	0.949 3	0.617 5
26—21	2.230 4	1.101 4	0.746 5	1.857 1	0.889 4	0.576 0	1.838 7	0.806 5	0.525 3
26—22	1.778 8	0.898 6	0.617 5	1.497 7	0.709 7	0.474 7	1.377 9	0.663 6	0.419 4
28—18	4.391 7	2.124 4	1.391 7	3.723 5	1.723 5	1.096 8	3.400 9	1.566 8	0.977 0
28—19	3.949 3	1.921 7	1.262 7	3.359 4	1.557 6	0.995 4	3.055 3	1.414 7	0.884 8
28—20	3.516 1	1.714 3	1.138 2	2.990 8	1.391 7	0.889 4	2.778 8	1.262 7	0.797 2
28—21	3.096 8	1.506 9	1.009 2	2.599 1	1.225 8	0.783 4	2.424 0	1.096 8	0.705 1
28—22	2.645 2	1.308 8	0.880 2	2.216 6	1.055 3	0.682 0	2.082 9	0.940 1	0.612 9
28—24	1.760 4	0.898 6	0.617 5	1.460 8	0.700 5	0.470 0	1.294 9	0.654 4	0.414 7
30—20	4.336 4	2.129 0	1.400 9	3.672 8	1.718 9	1.096 8	3.294 9	1.553 0	0.972 4
30—21	3.917 1	1.926 3	1.276 5	3.308 8	1.553 0	0.995 4	3.000 0	1.410 1	0.884 8
30—22	3.493 1	1.718 9	1.147 5	2.930 9	1.391 7	0.889 4	2.709 7	1.248 8	0.792 6
30—23	3.059 9	1.520 7	1.018 4	2.553 0	1.221 2	0.788 0	2.373 3	1.087 6	0.705 1
30—24	2.635 9	1.313 4	0.884 8	2.165 9	1.055 3	0.682 0	2.036 9	0.930 9	0.612 9
30—26	1.723 5	0.903 2	0.622 1	1.437 8	0.700 5	0.470 0	1.253 5	0.649 8	0.405 5

表 B.1（续）

粮食种类：小麦　　环境温度 T_h：0 ℃　　环境相对湿度 RH：90%

降水范围 (M_1-M_2) %	热风温度 T_r/℃								
	50			70			90		
	热风表观风速 v_r/(m/s)								
	0.1	0.2	0.3	0.1	0.2	0.3	0.1	0.2	0.3
18—13	2.553 0	1.235 0	0.834 1	2.221 2	1.018 4	0.659 0	2.193 5	0.940 1	0.603 7
18—14	2.059 9	1.009 2	0.686 6	1.755 8	0.824 9	0.539 2	1.815 7	0.760 4	0.493 1
20—13	3.387 1	1.622 1	1.082 9	2.935 5	1.322 6	0.847 9	2.769 6	1.235 0	0.769 6
20—14	2.903 2	1.396 3	0.935 5	2.516 1	1.142 9	0.737 3	2.437 8	1.055 3	0.668 2
20—15	2.428 6	1.175 1	0.792 6	2.082 9	0.963 1	0.626 7	2.055 3	0.880 2	0.571 4
20—16	1.953 9	0.963 1	0.659 0	1.649 8	0.778 8	0.511 5	1.709 7	0.718 9	0.470 0
22—13	4.207 4	2.013 8	1.331 8	3.612 9	1.635 9	1.041 5	3.373 3	1.516 1	0.935 5
22—14	3.741 9	1.792 6	1.184 3	3.212 0	1.456 2	0.930 9	2.981 6	1.354 8	0.838 7
22—15	3.276 5	1.576 0	1.041 5	2.815 7	1.281 1	0.820 3	2.677 4	1.184 3	0.741 9
22—16	2.815 7	1.359 4	0.907 8	2.410 1	1.106 0	0.714 3	2.322 6	1.009 2	0.645 2
22—17	2.350 2	1.147 5	0.774 2	1.986 2	0.930 9	0.603 7	1.958 5	0.843 3	0.553 0
22—18	1.884 8	0.935 5	0.640 6	1.580 6	0.751 2	0.497 7	1.603 7	0.695 9	0.447 0
24—14	4.548 4	2.193 5	1.437 8	3.884 8	1.774 2	1.129 0	3.626 7	1.631 3	1.009 2
24—15	4.115 2	1.981 6	1.299 5	3.506 9	1.599 1	1.018 4	3.225 8	1.474 7	0.912 4
24—16	3.659 0	1.765 0	1.165 9	3.124 4	1.428 6	0.912 4	2.889 4	1.313 4	0.820 3
24—17	3.212 0	1.553 0	1.032 3	2.723 5	1.258 1	0.806 5	2.599 1	1.152 1	0.723 5
24—18	2.751 2	1.341 0	0.898 6	2.336 4	1.087 6	0.700 5	2.216 6	0.977 0	0.631 3
24—19	2.304 1	1.133 6	0.765 0	1.917 1	0.912 4	0.594 5	1.889 4	0.824 9	0.539 2
24—20	1.838 7	0.926 3	0.631 3	1.530 0	0.732 7	0.483 9	1.493 1	0.677 4	0.433 2
26—16	4.474 7	2.170 5	1.424 0	3.797 2	1.751 2	1.115 2	3.497 7	1.603 7	0.995 4
26—17	4.050 7	1.967 7	1.294 9	3.424 0	1.580 6	1.009 2	3.138 2	1.447 0	0.898 6
26—18	3.603 7	1.755 8	1.161 3	3.036 9	1.410 1	0.903 2	2.838 7	1.290 3	0.806 5
26—19	3.156 7	1.543 8	1.027 6	2.677 4	1.244 2	0.797 2	2.511 5	1.124 4	0.714 3
26—20	2.723 5	1.336 4	0.898 6	2.262 7	1.073 7	0.691 2	2.138 2	0.958 5	0.622 1
26—21	2.262 7	1.129 0	0.765 0	1.861 8	0.898 6	0.585 3	1.838 7	0.811 1	0.525 3
26—22	1.806 5	0.921 7	0.631 3	1.493 1	0.718 9	0.479 3	1.382 5	0.668 2	0.424 0
28—18	4.433 2	2.165 9	1.428 6	3.718 9	1.737 3	1.110 6	3.428 6	1.571 4	0.986 2
28—19	3.986 2	1.963 1	1.294 9	3.354 8	1.571 4	1.004 6	3.055 3	1.424 0	0.894 0
28—20	3.557 6	1.755 8	1.165 9	2.990 8	1.400 9	0.898 6	2.774 2	1.271 9	0.801 8
28—21	3.138 2	1.543 8	1.032 3	2.594 5	1.239 6	0.797 2	2.433 2	1.106 0	0.709 7
28—22	2.672 8	1.341 0	0.903 2	2.216 6	1.064 5	0.691 2	2.082 9	0.944 7	0.617 5
28—24	1.788 0	0.921 7	0.631 3	1.460 8	0.709 7	0.479 3	1.304 1	0.659 0	0.414 7
30—20	4.368 7	2.175 1	1.437 8	3.659 0	1.732 7	1.110 6	3.294 9	1.562 2	0.981 6
30—21	3.958 5	1.967 7	1.308 8	3.299 5	1.566 8	1.009 2	2.990 8	1.414 7	0.889 4
30—22	3.543 8	1.760 4	1.175 1	2.926 3	1.405 5	0.903 2	2.709 7	1.253 5	0.797 2
30—23	3.087 6	1.557 6	1.041 5	2.557 6	1.230 4	0.797 2	2.373 3	1.096 8	0.709 7
30—24	2.663 6	1.345 6	0.912 4	2.175 1	1.064 5	0.691 2	2.027 6	0.940 1	0.617 5
30—26	1.751 2	0.926 3	0.640 6	1.433 2	0.705 1	0.479 3	1.258 1	0.654 4	0.410 1

表 B.1（续）

粮食种类：小麦　　　　环境温度 T_h：5 ℃　　　　环境相对湿度 RH：30%

降水范围 (M_1-M_2) %	热风温度 T_r/℃								
	50			70			90		
	热风表观风速 v_r/(m/s)								
	0.1	0.2	0.3	0.1	0.2	0.3	0.1	0.2	0.3
18—13	2.483 9	1.184 3	0.792 6	2.193 5	0.995 4	0.640 6	2.175 1	0.917 1	0.585 3
18—14	1.995 4	0.958 5	0.654 4	1.728 1	0.801 8	0.520 7	1.806 5	0.741 9	0.479 3
20—13	3.313 4	1.562 2	1.032 3	2.926 3	1.299 5	0.829 5	2.760 4	1.216 6	0.755 8
20—14	2.838 7	1.341 0	0.889 4	2.502 3	1.119 8	0.714 3	2.414 7	1.036 9	0.654 4
20—15	2.368 7	1.124 4	0.755 8	2.050 7	0.940 1	0.603 7	2.050 7	0.861 8	0.557 6
20—16	1.898 6	0.912 4	0.622 1	1.626 7	0.760 4	0.493 1	1.691 2	0.705 1	0.456 2
22—13	4.133 6	1.944 7	1.276 5	3.612 9	1.612 9	1.023 0	3.331 8	1.502 3	0.921 7
22—14	3.672 8	1.728 1	1.133 6	3.216 6	1.433 2	0.907 8	2.963 1	1.336 4	0.824 9
22—15	3.212 0	1.516 1	1.000 0	2.811 1	1.258 1	0.801 8	2.663 6	1.165 9	0.728 1
22—16	2.751 2	1.304 1	0.866 4	2.396 3	1.087 6	0.691 2	2.313 4	0.990 8	0.631 3
22—17	2.294 9	1.096 8	0.737 3	1.963 1	0.907 8	0.585 3	1.953 9	0.829 5	0.539 2
22—18	1.834 1	0.889 4	0.608 3	1.566 8	0.728 1	0.479 3	1.571 4	0.686 6	0.437 8
24—14	4.483 9	2.119 8	1.382 5	3.889 4	1.751 2	1.106 0	3.603 7	1.617 5	0.995 4
24—15	4.050 7	1.912 4	1.244 2	3.506 9	1.576 0	1.000 0	3.202 8	1.460 8	0.898 6
24—16	3.599 1	1.700 5	1.115 2	3.124 4	1.405 5	0.889 4	2.884 8	1.299 5	0.806 5
24—17	3.147 5	1.493 1	0.986 2	2.728 1	1.235 0	0.783 4	2.539 9	1.129 0	0.709 7
24—18	2.695 9	1.285 7	0.857 1	2.322 6	1.064 5	0.677 4	2.216 6	0.963 1	0.622 1
24—19	2.253 5	1.082 9	0.728 1	1.898 6	0.889 4	0.571 4	1.884 8	0.811 1	0.525 3
24—20	1.792 6	0.880 2	0.599 1	1.525 3	0.709 7	0.465 4	1.451 6	0.668 2	0.424 0
26—16	4.419 4	2.101 4	1.368 7	3.815 7	1.728 1	1.092 2	3.479 3	1.585 3	0.981 6
26—17	3.986 2	1.898 6	1.239 6	3.433 2	1.557 6	0.986 2	3.110 6	1.433 2	0.884 8
26—18	3.548 4	1.691 2	1.110 6	3.041 5	1.387 1	0.880 2	2.838 7	1.276 5	0.792 6
26—19	3.096 8	1.483 9	0.981 6	2.668 2	1.221 2	0.774 2	2.506 9	1.106 0	0.705 1
26—20	2.672 8	1.281 1	0.857 1	2.253 5	1.055 3	0.672 8	2.138 2	0.944 7	0.612 9
26—21	2.212 0	1.082 9	0.728 1	1.852 5	0.875 6	0.566 8	1.829 5	0.797 2	0.516 1
26—22	1.760 4	0.875 6	0.599 1	1.497 7	0.700 5	0.460 8	1.368 7	0.659 0	0.410 1
28—18	4.382 5	2.096 8	1.368 7	3.728 1	1.714 3	1.087 6	3.387 1	1.562 2	0.972 4
28—19	3.935 5	1.894 0	1.244 2	3.359 4	1.548 4	0.986 2	3.050 7	1.410 1	0.880 2
28—20	3.502 3	1.691 2	1.115 2	2.995 4	1.382 5	0.880 2	2.788 0	1.253 5	0.788 0
28—21	3.078 3	1.488 5	0.990 8	2.603 7	1.216 6	0.774 2	2.419 4	1.087 6	0.700 5
28—22	2.626 7	1.285 7	0.861 8	2.212 0	1.046 1	0.668 2	2.092 2	0.930 9	0.608 3
28—24	1.741 9	0.880 2	0.603 7	1.460 8	0.691 2	0.460 8	1.290 3	0.649 8	0.405 5
30—20	4.318 0	2.106 0	1.377 9	3.686 6	1.709 7	1.087 6	3.294 9	1.543 8	0.967 7
30—21	3.907 8	1.898 6	1.253 5	3.304 1	1.543 8	0.986 2	3.004 6	1.400 9	0.875 6
30—22	3.483 9	1.695 9	1.124 4	2.944 7	1.382 5	0.880 2	2.709 7	1.244 2	0.788 0
30—23	3.046 1	1.497 7	1.000 0	2.557 6	1.212 0	0.778 8	2.373 3	1.078 3	0.695 9
30—24	2.617 5	1.290 3	0.871 0	2.165 9	1.046 1	0.672 8	2.041 5	0.926 3	0.603 7
30—26	1.705 1	0.884 8	0.608 3	1.437 8	0.686 6	0.460 8	1.248 8	0.645 2	0.400 9

表 B.1（续）

粮食种类：小麦　　　　环境温度 T_h：5 ℃　　　　环境相对湿度 RH：60%

降水范围 (M_1-M_2) %	热风温度 T_r/℃								
	50			70			90		
	热风表观风速 v_r/(m/s)								
	0.1	0.2	0.3	0.1	0.2	0.3	0.1	0.2	0.3
18—13	2.539 2	1.225 8	0.824 9	2.207 4	1.004 6	0.649 8	2.184 3	0.926 3	0.594 5
18—14	2.041 5	0.995 4	0.677 4	1.741 9	0.815 7	0.530 0	1.806 5	0.751 2	0.488 5
20—13	3.373 3	1.612 9	1.073 7	2.926 3	1.313 4	0.843 3	2.765 0	1.230 4	0.760 4
20—14	2.894 0	1.387 1	0.926 3	2.506 9	1.133 6	0.728 1	2.428 6	1.046 1	0.663 6
20—15	2.414 7	1.165 9	0.783 4	2.069 1	0.953 9	0.617 5	2.050 7	0.871 0	0.562 2
20—16	1.940 1	0.949 3	0.649 8	1.640 6	0.769 6	0.502 3	1.700 5	0.714 3	0.460 8
22—13	4.193 5	2.004 6	1.322 6	3.608 3	1.631 3	1.036 9	3.364 1	1.511 5	0.930 9
22—14	3.732 7	1.783 4	1.175 1	3.207 4	1.451 6	0.921 7	2.977 0	1.345 6	0.834 1
22—15	3.267 3	1.566 8	1.036 9	2.811 1	1.271 9	0.815 7	2.672 8	1.179 7	0.732 7
22—16	2.801 8	1.350 2	0.898 6	2.400 9	1.101 4	0.705 1	2.318 0	1.000 0	0.640 6
22—17	2.341 0	1.138 2	0.765 0	1.981 6	0.921 7	0.594 5	1.953 9	0.838 7	0.543 8
22—18	1.875 6	0.926 3	0.631 3	1.571 4	0.741 9	0.488 5	1.589 9	0.691 2	0.442 4
24—14	4.539 2	2.184 3	1.433 2	3.884 8	1.769 6	1.124 4	3.622 1	1.631 3	1.004 6
24—15	4.106 0	1.972 4	1.294 9	3.506 9	1.594 5	1.013 8	3.225 8	1.470 0	0.907 8
24—16	3.649 8	1.755 8	1.156 7	3.119 8	1.419 4	0.903 2	2.889 4	1.308 8	0.811 1
24—17	3.202 8	1.543 8	1.023 0	2.718 9	1.248 8	0.797 2	2.594 5	1.142 9	0.718 9
24—18	2.741 9	1.331 8	0.889 4	2.327 2	1.078 3	0.691 2	2.212 0	0.972 4	0.626 7
24—19	2.294 9	1.124 4	0.755 8	1.907 8	0.903 2	0.585 3	1.884 8	0.815 7	0.530 0
24—20	1.829 5	0.912 4	0.622 1	1.530 0	0.723 5	0.479 3	1.479 3	0.672 8	0.428 6
26—16	4.460 8	2.165 9	1.419 4	3.797 2	1.746 5	1.110 6	3.497 7	1.594 5	0.990 8
26—17	4.041 5	1.958 5	1.285 7	3.419 4	1.576 0	1.004 6	3.133 6	1.442 4	0.894 0
26—18	3.594 5	1.746 5	1.156 7	3.041 5	1.405 5	0.898 6	2.834 1	1.281 1	0.801 8
26—19	3.147 5	1.539 2	1.023 0	2.668 2	1.235 0	0.792 6	2.511 5	1.115 2	0.709 7
26—20	2.714 3	1.327 2	0.889 4	2.253 5	1.064 5	0.686 6	2.133 6	0.949 3	0.617 5
26—21	2.248 8	1.119 8	0.755 8	1.857 1	0.889 4	0.580 6	1.834 1	0.801 8	0.520 7
26—22	1.801 8	0.912 4	0.622 1	1.493 1	0.709 7	0.474 7	1.377 9	0.663 6	0.419 4
28—18	4.428 6	2.161 3	1.419 4	3.714 3	1.732 7	1.106 0	3.428 6	1.571 4	0.981 6
28—19	3.981 6	1.953 9	1.290 3	3.350 2	1.566 8	1.000 0	3.055 3	1.419 4	0.889 4
28—20	3.548 4	1.746 5	1.161 3	2.986 2	1.396 3	0.894 0	2.774 2	1.267 3	0.797 2
28—21	3.129 0	1.539 2	1.027 6	2.594 5	1.235 0	0.788 0	2.424 0	1.101 4	0.705 1
28—22	2.668 2	1.331 8	0.894 0	2.216 6	1.059 9	0.682 0	2.082 9	0.940 1	0.612 9
28—24	1.778 8	0.912 4	0.626 7	1.456 2	0.705 1	0.470 0	1.299 5	0.654 4	0.410 1
30—20	4.359 4	2.165 9	1.428 6	3.663 6	1.728 1	1.106 0	3.294 9	1.557 6	0.977 0
30—21	3.953 9	1.958 5	1.299 5	3.299 5	1.557 6	1.004 6	2.995 4	1.410 1	0.884 8
30—22	3.530 0	1.751 2	1.170 5	2.926 3	1.400 9	0.898 6	2.709 7	1.248 8	0.792 6
30—23	3.082 9	1.548 4	1.036 9	2.553 0	1.225 8	0.792 6	2.368 7	1.087 6	0.705 1
30—24	2.659 0	1.336 4	0.903 2	2.170 5	1.059 9	0.686 6	2.027 6	0.935 5	0.608 3
30—26	1.746 5	0.917 1	0.631 3	1.433 2	0.700 5	0.470 0	1.248 8	0.649 8	0.405 5

表 B.1（续）

粮食种类：小麦　　　　环境温度 T_h：5 ℃　　　　环境相对湿度 RH：90%

降水范围 (M_1-M_2) %	热风温度 T_r/℃								
	50			70			90		
	热风表观风速 v_r/(m/s)								
	0.1	0.2	0.3	0.1	0.2	0.3	0.1	0.2	0.3
18—13	2.608 3	1.271 9	0.857 1	2.230 4	1.023 0	0.663 6	2.198 2	0.940 1	0.599 1
18—14	2.101 4	1.036 9	0.705 1	1.765 0	0.829 5	0.543 8	1.815 7	0.760 4	0.493 1
20—13	3.460 8	1.668 2	1.115 2	2.944 7	1.336 4	0.857 1	2.778 8	1.239 6	0.769 6
20—14	2.967 7	1.437 8	0.958 5	2.525 3	1.152 1	0.741 9	2.447 0	1.059 9	0.668 2
20—15	2.483 9	1.212 0	0.815 7	2.092 2	0.972 4	0.631 3	2.059 9	0.880 2	0.571 4
20—16	1.995 4	0.986 2	0.672 8	1.659 0	0.783 4	0.516 1	1.709 7	0.718 9	0.465 4
22—13	4.290 3	2.069 1	1.373 3	3.622 1	1.649 8	1.055 3	3.400 9	1.525 3	0.940 1
22—14	3.820 3	1.847 9	1.221 2	3.225 8	1.470 0	0.940 1	2.995 4	1.359 4	0.843 3
22—15	3.345 6	1.622 1	1.073 7	2.829 5	1.290 3	0.829 5	2.682 0	1.188 9	0.741 9
22—16	2.875 6	1.396 3	0.935 5	2.419 4	1.115 2	0.718 9	2.331 8	1.013 8	0.645 2
22—17	2.400 9	1.179 7	0.792 6	2.000 0	0.940 1	0.608 3	1.958 5	0.847 9	0.548 4
22—18	1.926 3	0.963 1	0.654 4	1.585 3	0.755 8	0.497 7	1.612 9	0.695 9	0.447 0
24—14	4.631 3	2.253 5	1.483 9	3.894 0	1.792 6	1.142 9	3.645 2	1.640 6	1.018 4
24—15	4.188 9	2.036 9	1.341 0	3.520 7	1.617 5	1.032 3	3.253 5	1.479 3	0.917 1
24—16	3.732 7	1.815 7	1.202 8	3.129 0	1.442 4	0.921 7	2.898 6	1.322 6	0.820 3
24—17	3.276 5	1.599 1	1.059 9	2.732 7	1.267 3	0.811 1	2.608 3	1.156 7	0.728 1
24—18	2.811 1	1.382 5	0.921 7	2.350 2	1.092 2	0.705 1	2.221 2	0.981 6	0.631 3
24—19	2.350 2	1.165 9	0.788 0	1.926 3	0.917 1	0.594 5	1.889 4	0.824 9	0.534 6
24—20	1.880 2	0.949 3	0.649 8	1.539 2	0.737 3	0.488 5	1.511 5	0.677 4	0.433 2
26—16	4.548 4	2.235 0	1.470 0	3.806 5	1.769 6	1.129 0	3.516 1	1.608 3	1.000 0
26—17	4.124 4	2.023 0	1.336 4	3.428 6	1.599 1	1.018 4	3.152 1	1.451 6	0.903 2
26—18	3.668 2	1.806 5	1.198 2	3.050 7	1.424 0	0.912 4	2.843 3	1.294 9	0.811 1
26—19	3.216 6	1.589 9	1.059 9	2.682 0	1.253 5	0.806 5	2.516 1	1.129 0	0.718 9
26—20	2.778 8	1.373 3	0.921 7	2.267 3	1.082 9	0.700 5	2.147 5	0.963 1	0.622 1
26—21	2.308 8	1.161 3	0.783 4	1.871 0	0.907 8	0.589 9	1.834 1	0.811 1	0.525 3
26—22	1.843 3	0.944 7	0.645 2	1.493 1	0.723 5	0.483 9	1.391 7	0.663 6	0.424 0
28—18	4.506 9	2.225 8	1.474 7	3.723 5	1.755 8	1.124 4	3.437 8	1.580 6	0.990 8
28—19	4.059 9	2.023 0	1.336 4	3.359 4	1.585 3	1.018 4	3.055 3	1.428 6	0.898 6
28—20	3.622 1	1.806 5	1.202 8	2.995 4	1.414 7	0.912 4	2.769 6	1.281 1	0.801 8
28—21	3.198 2	1.589 9	1.064 5	2.603 7	1.248 8	0.806 5	2.442 4	1.110 6	0.709 7
28—22	2.723 5	1.377 9	0.926 3	2.230 4	1.073 7	0.695 9	2.078 3	0.949 3	0.617 5
28—24	1.820 3	0.944 7	0.649 8	1.456 2	0.714 3	0.479 3	1.322 6	0.659 0	0.414 7
30—20	4.442 4	2.235 0	1.483 9	3.663 6	1.751 2	1.124 4	3.294 9	1.571 4	0.986 2
30—21	4.023 0	2.023 0	1.350 2	3.308 8	1.580 6	1.018 4	2.990 8	1.419 4	0.894 0
30—22	3.608 3	1.811 1	1.212 0	2.926 3	1.419 4	0.912 4	2.705 1	1.258 1	0.801 8
30—23	3.147 5	1.603 7	1.078 3	2.562 2	1.244 2	0.806 5	2.373 3	1.101 4	0.709 7
30—24	2.723 5	1.382 5	0.935 5	2.179 7	1.073 7	0.700 5	2.018 4	0.940 1	0.617 5
30—26	1.788 0	0.949 3	0.654 4	1.433 2	0.714 3	0.483 9	1.262 7	0.654 4	0.410 1

表 B.1（续）

粮食种类：小麦　　　　环境温度 T_h：10 ℃　　　　环境相对湿度 RH：30%

降水范围 (M_1-M_2) %	热风温度 T_r/℃								
	50			70			90		
	热风表观风速 v_r/(m/s)								
	0.1	0.2	0.3	0.1	0.2	0.3	0.1	0.2	0.3
18—13	2.493 1	1.193 5	0.801 8	2.184 3	0.986 2	0.635 9	2.170 5	0.912 4	0.580 6
18—14	2.000 0	0.963 1	0.654 4	1.718 9	0.797 2	0.516 1	1.792 6	0.737 3	0.474 7
20—13	3.331 8	1.576 0	1.046 1	2.917 1	1.299 5	0.829 5	2.755 8	1.216 6	0.751 2
20—14	2.852 5	1.350 2	0.898 6	2.493 1	1.119 8	0.714 3	2.414 7	1.032 3	0.649 8
20—15	2.377 9	1.133 6	0.760 4	2.046 1	0.935 5	0.599 1	2.041 5	0.857 1	0.553 0
20—16	1.903 2	0.917 1	0.622 1	1.622 1	0.751 2	0.488 5	1.682 0	0.700 5	0.447 0
22—13	4.152 1	1.967 7	1.290 3	3.603 7	1.612 9	1.023 0	3.341 0	1.502 3	0.921 7
22—14	3.686 6	1.746 5	1.147 5	3.202 8	1.433 2	0.912 4	2.963 1	1.336 4	0.820 3
22—15	3.225 8	1.530 0	1.009 2	2.801 8	1.258 1	0.797 2	2.663 6	1.161 3	0.723 5
22—16	2.765 0	1.318 0	0.875 6	2.391 7	1.082 9	0.691 2	2.308 8	0.986 2	0.626 7
22—17	2.304 1	1.106 0	0.741 9	1.958 5	0.907 8	0.580 6	1.949 3	0.824 9	0.534 6
22—18	1.843 3	0.894 0	0.608 3	1.562 2	0.723 5	0.474 7	1.566 8	0.677 4	0.428 6
24—14	4.497 7	2.142 9	1.396 3	3.884 8	1.755 8	1.110 6	3.608 3	1.617 5	0.995 4
24—15	4.064 5	1.930 9	1.262 7	3.497 7	1.580 6	1.000 0	3.207 4	1.456 2	0.898 6
24—16	3.612 9	1.718 9	1.129 0	3.115 2	1.405 5	0.894 0	2.884 8	1.294 9	0.801 8
24—17	3.165 9	1.511 5	0.995 4	2.714 3	1.235 0	0.783 4	2.589 9	1.129 0	0.709 7
24—18	2.705 1	1.299 5	0.866 4	2.318 0	1.064 5	0.677 4	2.207 4	0.958 5	0.617 5
24—19	2.262 7	1.092 2	0.732 7	1.898 6	0.889 4	0.571 4	1.880 2	0.806 5	0.520 7
24—20	1.801 8	0.884 8	0.603 7	1.520 7	0.709 7	0.465 4	1.451 6	0.663 6	0.419 4
26—16	4.428 6	2.124 4	1.387 1	3.797 2	1.732 7	1.096 8	3.483 9	1.585 3	0.981 6
26—17	4.000 0	1.917 1	1.253 5	3.419 4	1.562 2	0.990 8	3.115 2	1.428 6	0.884 8
26—18	3.557 6	1.709 7	1.124 4	3.027 6	1.391 7	0.884 8	2.834 1	1.271 9	0.792 6
26—19	3.106 0	1.502 3	0.995 4	2.663 6	1.221 2	0.778 8	2.506 9	1.106 0	0.700 5
26—20	2.686 6	1.294 9	0.866 4	2.253 5	1.050 7	0.672 8	2.133 6	0.940 1	0.608 3
26—21	2.221 2	1.092 2	0.732 7	1.847 9	0.875 6	0.566 8	1.824 9	0.792 6	0.511 5
26—22	1.769 6	0.884 8	0.599 1	1.493 1	0.695 9	0.460 8	1.368 7	0.654 4	0.410 1
28—18	4.391 7	2.119 8	1.387 1	3.718 9	1.718 9	1.092 2	3.391 7	1.562 2	0.972 4
28—19	3.949 3	1.917 1	1.258 1	3.350 2	1.553 0	0.986 2	3.055 3	1.410 1	0.875 6
28—20	3.511 5	1.709 7	1.129 0	2.986 2	1.382 5	0.880 2	2.778 8	1.253 5	0.788 0
28—21	3.092 2	1.502 3	1.000 0	2.594 5	1.216 6	0.774 2	2.419 4	1.087 6	0.695 9
28—22	2.635 9	1.299 5	0.871 0	2.212 0	1.046 1	0.668 2	2.078 3	0.930 9	0.603 7
28—24	1.751 2	0.884 8	0.603 7	1.456 2	0.691 2	0.460 8	1.285 7	0.645 2	0.400 9
30—20	4.336 4	2.129 0	1.396 3	3.672 8	1.714 3	1.092 2	3.294 9	1.543 8	0.967 7
30—21	3.912 4	1.921 7	1.267 3	3.304 1	1.548 4	0.990 8	3.000 0	1.400 9	0.875 6
30—22	3.493 1	1.714 3	1.142 9	2.935 5	1.382 5	0.884 8	2.705 1	1.239 6	0.783 4
30—23	3.050 7	1.516 1	1.009 2	2.553 0	1.212 0	0.778 8	2.368 7	1.078 3	0.695 9
30—24	2.631 3	1.304 1	0.880 2	2.161 3	1.046 1	0.672 8	2.032 3	0.926 3	0.603 7
30—26	1.714 3	0.894 0	0.612 9	1.428 6	0.686 6	0.460 8	1.248 8	0.645 2	0.396 3

表 B.1（续）

粮食种类：小麦　　环境温度 T_h：10 ℃　　环境相对湿度 RH：60%

降水范围 (M_1-M_2) %	热风温度 T_r/℃								
	50			70			90		
	热风表观风速 v_r/(m/s)								
	0.1	0.2	0.3	0.1	0.2	0.3	0.1	0.2	0.3
18—13	2.589 9	1.253 5	0.847 9	2.216 6	1.009 2	0.654 4	2.188 9	0.926 3	0.589 9
18—14	2.082 9	1.018 4	0.691 2	1.751 2	0.815 7	0.530 0	1.806 5	0.746 5	0.483 9
20—13	3.442 4	1.654 4	1.101 4	2.935 5	1.327 2	0.847 9	2.769 6	1.230 4	0.765 0
20—14	2.949 3	1.424 0	0.949 3	2.516 1	1.142 9	0.732 7	2.437 8	1.050 7	0.659 0
20—15	2.460 8	1.193 5	0.801 8	2.078 3	0.958 5	0.617 5	2.050 7	0.871 0	0.562 2
20—16	1.977 0	0.972 4	0.659 0	1.645 2	0.774 2	0.502 3	1.695 9	0.709 7	0.456 2
22—13	4.271 9	2.055 3	1.359 4	3.617 5	1.645 2	1.046 1	3.391 7	1.516 1	0.935 5
22—14	3.801 8	1.829 5	1.207 4	3.216 6	1.460 8	0.930 9	2.986 2	1.350 2	0.834 1
22—15	3.327 2	1.608 3	1.064 5	2.820 3	1.285 7	0.820 3	2.677 4	1.179 7	0.737 3
22—16	2.857 1	1.387 1	0.921 7	2.410 1	1.106 0	0.709 7	2.327 2	1.004 6	0.640 6
22—17	2.382 5	1.165 9	0.783 4	1.990 8	0.926 3	0.599 1	1.953 9	0.838 7	0.539 2
22—18	1.912 4	0.944 7	0.645 2	1.576 0	0.741 9	0.488 5	1.599 1	0.686 6	0.437 8
24—14	4.612 9	2.239 6	1.470 0	3.894 0	1.788 0	1.138 2	3.640 6	1.635 9	1.013 8
24—15	4.170 5	2.023 0	1.331 8	3.516 1	1.608 3	1.023 0	3.248 8	1.474 7	0.912 4
24—16	3.714 3	1.801 8	1.188 9	3.124 4	1.433 2	0.912 4	2.894 0	1.313 4	0.815 7
24—17	3.262 7	1.585 3	1.050 7	2.728 1	1.258 1	0.806 5	2.603 7	1.147 5	0.718 9
24—18	2.792 6	1.368 7	0.912 4	2.336 4	1.082 9	0.695 9	2.216 6	0.972 4	0.626 7
24—19	2.336 4	1.152 1	0.774 2	1.921 7	0.907 8	0.585 3	1.884 8	0.815 7	0.530 0
24—20	1.861 8	0.935 5	0.635 9	1.530 0	0.728 1	0.479 3	1.497 7	0.672 8	0.424 0
26—16	4.530 0	2.216 6	1.460 8	3.801 8	1.760 4	1.124 4	3.516 1	1.603 7	0.995 4
26—17	4.106 0	2.009 2	1.322 6	3.424 0	1.589 9	1.013 8	3.152 1	1.447 0	0.898 6
26—18	3.649 8	1.792 6	1.188 9	3.046 1	1.419 4	0.907 8	2.838 7	1.285 7	0.801 8
26—19	3.202 8	1.580 6	1.050 7	2.677 4	1.244 2	0.797 2	2.516 1	1.124 4	0.709 7
26—20	2.765 0	1.359 4	0.912 4	2.267 3	1.073 7	0.691 2	2.138 2	0.953 9	0.617 5
26—21	2.294 9	1.147 5	0.774 2	1.866 4	0.898 6	0.580 6	1.829 5	0.806 5	0.520 7
26—22	1.834 1	0.930 9	0.635 9	1.493 1	0.714 3	0.474 7	1.382 5	0.659 0	0.414 7
28—18	4.488 5	2.212 0	1.460 8	3.723 5	1.751 2	1.119 8	3.442 4	1.576 0	0.986 2
28—19	4.041 5	2.009 2	1.327 2	3.354 8	1.580 6	1.009 2	3.055 3	1.424 0	0.889 4
28—20	3.603 7	1.792 6	1.193 5	2.990 8	1.405 5	0.903 2	2.769 6	1.271 9	0.797 2
28—21	3.188 9	1.576 0	1.055 3	2.599 1	1.239 6	0.797 2	2.437 8	1.101 4	0.705 1
28—22	2.714 3	1.368 7	0.917 1	2.225 8	1.064 5	0.691 2	2.073 7	0.944 7	0.612 9
28—24	1.811 1	0.935 5	0.640 6	1.451 6	0.705 1	0.474 7	1.313 4	0.649 8	0.410 1
30—20	4.424 0	2.221 2	1.470 0	3.663 6	1.741 9	1.119 8	3.299 5	1.566 8	0.981 6
30—21	4.009 2	2.009 2	1.336 4	3.304 1	1.571 4	1.013 8	2.990 8	1.414 7	0.889 4
30—22	3.594 5	1.797 2	1.202 8	2.926 3	1.410 1	0.907 8	2.705 1	1.253 5	0.797 2
30—23	3.129 0	1.589 9	1.064 5	2.557 6	1.235 0	0.797 2	2.368 7	1.096 8	0.705 1
30—24	2.709 7	1.373 3	0.926 3	2.175 1	1.064 5	0.691 2	2.018 4	0.935 5	0.608 3
30—26	1.778 8	0.935 5	0.645 2	1.428 6	0.705 1	0.474 7	1.258 1	0.649 8	0.405 5

表 B.1（续）

粮食种类：小麦　　环境温度 T_h：10 ℃　　环境相对湿度 RH：90%

降水范围 (M_1-M_2) %	热风温度 T_r/℃								
	50			70			90		
	热风表观风速 v_r/(m/s)								
	0.1	0.2	0.3	0.1	0.2	0.3	0.1	0.2	0.3
18—13	2.705 1	1.322 6	0.894 0	2.253 5	1.032 3	0.672 8	2.212 0	0.944 7	0.603 7
18—14	2.179 7	1.073 7	0.732 7	1.788 0	0.838 7	0.548 4	1.815 7	0.760 4	0.493 1
20—13	3.580 6	1.741 9	1.165 9	2.972 4	1.354 8	0.871 0	2.797 2	1.248 8	0.774 2
20—14	3.073 7	1.497 7	1.000 0	2.548 4	1.165 9	0.751 2	2.465 4	1.069 1	0.672 8
20—15	2.566 8	1.258 1	0.847 9	2.115 2	0.981 6	0.635 9	2.069 1	0.884 8	0.571 4
20—16	2.064 5	1.023 0	0.695 9	1.672 8	0.792 6	0.520 7	1.709 7	0.718 9	0.465 4
22—13	4.424 0	2.156 7	1.433 2	3.654 4	1.677 4	1.073 7	3.442 4	1.539 2	0.949 3
22—14	3.944 7	1.926 3	1.276 5	3.253 5	1.493 1	0.953 9	3.023 0	1.368 7	0.847 9
22—15	3.456 2	1.691 2	1.124 4	2.852 5	1.313 4	0.843 3	2.695 9	1.198 2	0.746 5
22—16	2.972 4	1.456 2	0.972 4	2.437 8	1.133 6	0.728 1	2.345 6	1.023 0	0.649 8
22—17	2.479 3	1.225 8	0.824 9	2.018 4	0.949 3	0.617 5	1.963 1	0.852 5	0.548 4
22—18	1.990 8	1.000 0	0.677 4	1.599 1	0.765 0	0.502 3	1.617 5	0.695 9	0.447 0
24—14	4.769 6	2.345 6	1.548 4	3.921 7	1.820 3	1.165 9	3.663 6	1.654 4	1.027 6
24—15	4.313 4	2.119 8	1.400 9	3.548 4	1.645 2	1.050 7	3.285 7	1.493 1	0.926 3
24—16	3.847 9	1.894 0	1.253 5	3.152 1	1.465 4	0.940 1	2.921 7	1.331 8	0.829 5
24—17	3.377 9	1.663 6	1.110 6	2.755 8	1.285 7	0.824 9	2.626 7	1.165 9	0.732 7
24—18	2.898 6	1.437 8	0.963 1	2.364 1	1.110 6	0.714 3	2.230 4	0.990 8	0.635 9
24—19	2.424 0	1.212 0	0.815 7	1.944 7	0.930 9	0.603 7	1.889 4	0.829 5	0.539 2
24—20	1.940 1	0.986 2	0.672 8	1.548 4	0.746 5	0.493 1	1.520 7	0.677 4	0.433 2
26—16	4.672 8	2.327 2	1.539 2	3.834 1	1.797 2	1.152 1	3.553 0	1.626 7	1.009 2
26—17	4.244 2	2.106 0	1.396 3	3.451 6	1.622 1	1.041 5	3.184 3	1.460 8	0.912 4
26—18	3.774 2	1.884 8	1.248 8	3.069 1	1.447 0	0.930 9	2.847 9	1.304 1	0.815 7
26—19	3.318 0	1.659 0	1.106 0	2.695 9	1.271 9	0.820 3	2.525 3	1.142 9	0.723 5
26—20	2.861 8	1.433 2	0.963 1	2.285 7	1.096 8	0.709 7	2.156 7	0.972 4	0.626 7
26—21	2.382 5	1.207 4	0.815 7	1.889 4	0.917 1	0.599 1	1.829 5	0.815 7	0.530 0
26—22	1.903 2	0.981 6	0.668 2	1.502 3	0.732 7	0.488 5	1.410 1	0.668 2	0.424 0
28—18	4.631 3	2.318 0	1.539 2	3.741 9	1.783 4	1.147 5	3.442 4	1.594 5	1.000 0
28—19	4.170 5	2.106 0	1.400 9	3.382 5	1.612 9	1.036 9	3.059 9	1.442 4	0.903 2
28—20	3.728 1	1.880 2	1.253 5	3.013 8	1.437 8	0.926 3	2.769 6	1.290 3	0.811 1
28—21	3.294 9	1.659 0	1.110 6	2.617 5	1.267 3	0.820 3	2.447 0	1.119 8	0.714 3
28—22	2.801 8	1.437 8	0.967 7	2.244 2	1.092 2	0.709 7	2.069 1	0.958 5	0.622 1
28—24	1.875 6	0.981 6	0.672 8	1.460 8	0.723 5	0.488 5	1.336 4	0.659 0	0.414 7
30—20	4.562 2	2.327 2	1.553 0	3.677 4	1.774 2	1.147 5	3.308 8	1.580 6	0.995 4
30—21	4.133 6	2.106 0	1.405 5	3.327 2	1.608 3	1.041 5	2.986 2	1.428 6	0.903 2
30—22	3.700 5	1.889 4	1.267 3	2.944 7	1.437 8	0.930 9	2.705 1	1.267 3	0.806 5
30—23	3.235 0	1.668 2	1.124 4	2.585 3	1.262 7	0.820 3	2.368 7	1.110 6	0.714 3
30—24	2.806 5	1.442 4	0.977 0	2.198 2	1.087 6	0.709 7	2.013 8	0.944 7	0.617 5
30—26	1.843 3	0.986 2	0.677 4	1.437 8	0.723 5	0.488 5	1.267 3	0.654 4	0.410 1

表 B.1（续）

粮食种类：小麦　　环境温度 T_h：15 ℃　　环境相对湿度 RH：30%

降水范围 (M_1-M_2) %	热风温度 T_r/℃								
	50			70			90		
	热风表观风速 v_r/(m/s)								
	0.1	0.2	0.3	0.1	0.2	0.3	0.1	0.2	0.3
18—13	2.520 7	1.207 4	0.811 1	2.179 7	0.986 2	0.631 3	2.165 9	0.903 2	0.576 0
18—14	2.013 8	0.972 4	0.659 0	1.714 3	0.792 6	0.511 5	1.783 4	0.728 1	0.470 0
20—13	3.364 1	1.599 1	1.059 9	2.912 4	1.304 1	0.829 5	2.755 8	1.212 0	0.751 2
20—14	2.880 2	1.373 3	0.912 4	2.488 5	1.119 8	0.714 3	2.414 7	1.027 6	0.645 2
20—15	2.396 3	1.147 5	0.769 6	2.041 5	0.935 5	0.599 1	2.036 9	0.852 5	0.548 4
20—16	1.917 1	0.926 3	0.626 7	1.617 5	0.746 5	0.483 9	1.672 8	0.695 9	0.442 4
22—13	4.188 9	1.995 4	1.313 4	3.603 7	1.622 1	1.027 6	3.354 8	1.497 7	0.921 7
22—14	3.723 5	1.774 2	1.165 9	3.198 2	1.442 4	0.912 4	2.967 7	1.331 8	0.820 3
22—15	3.258 1	1.553 0	1.023 0	2.797 2	1.262 7	0.801 8	2.663 6	1.161 3	0.723 5
22—16	2.792 6	1.336 4	0.884 8	2.387 1	1.082 9	0.691 2	2.308 8	0.981 6	0.626 7
22—17	2.322 6	1.119 8	0.751 2	1.958 5	0.903 2	0.580 6	1.940 1	0.820 3	0.525 3
22—18	1.857 1	0.903 2	0.612 9	1.557 6	0.723 5	0.470 0	1.562 2	0.672 8	0.424 0
24—14	4.534 6	2.175 1	1.419 4	3.880 2	1.760 4	1.115 2	3.617 5	1.617 5	1.000 0
24—15	4.096 8	1.963 1	1.281 1	3.497 7	1.585 3	1.004 6	3.221 2	1.456 2	0.898 6
24—16	3.645 2	1.746 5	1.147 5	3.115 2	1.410 1	0.894 0	2.884 8	1.294 9	0.801 8
24—17	3.193 5	1.534 6	1.013 8	2.709 7	1.235 0	0.788 0	2.589 9	1.124 4	0.705 1
24—18	2.732 7	1.318 0	0.875 6	2.318 0	1.064 5	0.677 4	2.207 4	0.953 9	0.612 9
24—19	2.281 1	1.106 0	0.741 9	1.894 0	0.889 4	0.566 8	1.875 6	0.801 8	0.516 1
24—20	1.815 7	0.894 0	0.603 7	1.516 1	0.705 1	0.460 8	1.451 6	0.659 0	0.414 7
26—16	4.456 2	2.152 1	1.410 1	3.792 6	1.737 3	1.106 0	3.493 1	1.585 3	0.981 6
26—17	4.032 3	1.949 3	1.276 5	3.414 7	1.566 8	0.995 4	3.129 0	1.433 2	0.884 8
26—18	3.589 9	1.737 3	1.142 9	3.027 6	1.396 3	0.889 4	2.834 1	1.271 9	0.792 6
26—19	3.138 2	1.525 3	1.009 2	2.659 0	1.225 8	0.778 8	2.506 9	1.101 4	0.695 9
26—20	2.705 1	1.313 4	0.875 6	2.248 8	1.055 3	0.672 8	2.129 0	0.940 1	0.603 7
26—21	2.244 2	1.106 0	0.741 9	1.852 5	0.875 6	0.566 8	1.820 3	0.792 6	0.506 9
26—22	1.788 0	0.894 0	0.603 7	1.488 5	0.695 9	0.456 2	1.364 1	0.649 8	0.405 5
28—18	4.419 4	2.152 1	1.410 1	3.714 3	1.728 1	1.096 8	3.424 0	1.562 2	0.972 4
28—19	3.972 4	1.944 7	1.281 1	3.350 2	1.557 6	0.990 8	3.055 3	1.405 5	0.880 2
28—20	3.543 8	1.737 3	1.147 5	2.981 6	1.387 1	0.884 8	2.774 2	1.253 5	0.783 4
28—21	3.119 8	1.525 3	1.018 4	2.589 9	1.221 2	0.778 8	2.414 7	1.087 6	0.695 9
28—22	2.659 0	1.322 6	0.884 8	2.216 6	1.046 1	0.672 8	2.078 3	0.930 9	0.603 7
28—24	1.765 0	0.898 6	0.608 3	1.447 0	0.691 2	0.456 2	1.290 3	0.640 6	0.396 3
30—20	4.359 4	2.161 3	1.424 0	3.663 6	1.718 9	1.101 4	3.294 9	1.548 4	0.967 7
30—21	3.944 7	1.949 3	1.290 3	3.294 9	1.553 0	0.995 4	2.995 4	1.400 9	0.875 6
30—22	3.525 3	1.741 9	1.161 3	2.921 7	1.387 1	0.889 4	2.705 1	1.239 6	0.783 4
30—23	3.073 7	1.539 2	1.027 6	2.548 4	1.216 6	0.778 8	2.364 1	1.078 3	0.691 2
30—24	2.649 8	1.322 6	0.894 0	2.161 3	1.046 1	0.677 4	2.023 0	0.921 7	0.599 1
30—26	1.732 7	0.903 2	0.617 5	1.424 0	0.686 6	0.460 8	1.239 6	0.640 6	0.396 3

表 B.1（续）

粮食种类：小麦　　　　环境温度 T_h：15 ℃　　　　环境相对湿度 RH：60%

降水范围 (M_1-M_2) %	热风温度 T_r/℃								
	50			70			90		
	热风表观风速 v_r/(m/s)								
	0.1	0.2	0.3	0.1	0.2	0.3	0.1	0.2	0.3
18—13	2.672 8	1.299 5	0.875 6	2.235 0	1.018 4	0.659 0	2.198 2	0.930 9	0.589 9
18—14	2.142 9	1.050 7	0.714 3	1.765 0	0.820 3	0.534 6	1.806 5	0.746 5	0.479 3
20—13	3.548 4	1.718 9	1.147 5	2.958 5	1.341 0	0.861 8	2.788 0	1.239 6	0.765 0
20—14	3.041 5	1.474 7	0.986 2	2.530 0	1.152 1	0.741 9	2.451 6	1.055 3	0.663 6
20—15	2.539 2	1.239 6	0.829 5	2.096 8	0.967 7	0.622 1	2.059 9	0.871 0	0.557 6
20—16	2.032 3	1.004 6	0.677 4	1.659 0	0.778 8	0.506 9	1.700 5	0.709 7	0.456 2
22—13	4.387 1	2.129 0	1.414 7	3.645 2	1.668 2	1.064 5	3.428 6	1.525 3	0.944 7
22—14	3.912 4	1.898 6	1.258 1	3.239 6	1.483 9	0.944 7	3.009 2	1.359 4	0.838 7
22—15	3.424 0	1.668 2	1.106 0	2.838 7	1.299 5	0.829 5	2.686 6	1.188 9	0.737 3
22—16	2.944 7	1.437 8	0.958 5	2.424 0	1.119 8	0.718 9	2.341 0	1.009 2	0.640 6
22—17	2.451 6	1.207 4	0.811 1	2.004 6	0.935 5	0.603 7	1.958 5	0.838 7	0.539 2
22—18	1.967 7	0.977 0	0.663 6	1.589 9	0.751 2	0.488 5	1.603 7	0.686 6	0.437 8
24—14	4.732 7	2.318 0	1.530 0	3.912 4	1.811 1	1.156 7	3.654 4	1.649 8	1.018 4
24—15	4.276 5	2.096 8	1.382 5	3.534 6	1.631 3	1.041 5	3.276 5	1.483 9	0.921 7
24—16	3.815 7	1.871 0	1.235 0	3.142 9	1.451 6	0.926 3	2.912 4	1.322 6	0.820 3
24—17	3.345 6	1.645 2	1.092 2	2.741 9	1.276 5	0.815 7	2.622 1	1.152 1	0.723 5
24—18	2.871 0	1.419 4	0.944 7	2.359 4	1.096 8	0.705 1	2.221 2	0.981 6	0.626 7
24—19	2.400 9	1.188 9	0.801 8	1.935 5	0.917 1	0.594 5	1.884 8	0.820 3	0.530 0
24—20	1.917 1	0.967 7	0.654 4	1.539 2	0.732 7	0.483 9	1.502 3	0.672 8	0.424 0
26—16	4.635 9	2.294 9	1.516 1	3.824 9	1.788 0	1.142 9	3.548 4	1.617 5	1.004 6
26—17	4.207 4	2.078 3	1.373 3	3.442 4	1.612 9	1.032 3	3.179 7	1.456 2	0.903 2
26—18	3.741 9	1.861 8	1.235 0	3.059 9	1.437 8	0.921 7	2.843 3	1.294 9	0.806 5
26—19	3.285 7	1.635 9	1.092 2	2.686 6	1.258 1	0.811 1	2.525 3	1.129 0	0.714 3
26—20	2.838 7	1.410 1	0.944 7	2.281 1	1.087 6	0.700 5	2.152 1	0.958 5	0.617 5
26—21	2.359 4	1.188 9	0.801 8	1.880 2	0.907 8	0.589 9	1.829 5	0.806 5	0.520 7
26—22	1.884 8	0.963 1	0.654 4	1.497 7	0.723 5	0.479 3	1.391 7	0.659 0	0.414 7
28—18	4.594 5	2.290 3	1.520 7	3.737 3	1.774 2	1.138 2	3.447 0	1.589 9	0.995 4
28—19	4.129 0	2.078 3	1.377 9	3.373 3	1.599 1	1.027 6	3.059 9	1.433 2	0.898 6
28—20	3.695 9	1.857 1	1.239 6	3.009 2	1.428 6	0.917 1	2.769 6	1.281 1	0.801 8
28—21	3.267 3	1.635 9	1.096 8	2.612 9	1.258 1	0.806 5	2.442 4	1.110 6	0.709 7
28—22	2.783 4	1.414 7	0.953 9	2.235 0	1.078 3	0.700 5	2.069 1	0.949 3	0.612 9
28—24	1.861 8	0.967 7	0.659 0	1.456 2	0.714 3	0.479 3	1.322 6	0.654 4	0.410 1
30—20	4.530 0	2.299 5	1.530 0	3.668 2	1.765 0	1.138 2	3.308 8	1.576 0	0.990 8
30—21	4.106 0	2.078 3	1.387 1	3.327 2	1.594 5	1.032 3	2.990 8	1.424 0	0.894 0
30—22	3.677 4	1.866 4	1.248 8	2.940 1	1.428 6	0.921 7	2.705 1	1.262 7	0.797 2
30—23	3.207 4	1.649 8	1.106 0	2.576 0	1.248 8	0.811 1	2.368 7	1.106 0	0.709 7
30—24	2.778 8	1.419 4	0.958 5	2.188 9	1.078 3	0.700 5	2.009 2	0.940 1	0.612 9
30—26	1.820 3	0.967 7	0.663 6	1.433 2	0.714 3	0.479 3	1.262 7	0.649 8	0.405 5

表 B.1（续）

粮食种类：小麦　　　　环境温度 T_h：15 ℃　　　　环境相对湿度 RH：90%

降水范围 (M_1-M_2) %	热风温度 T_r/℃								
	50			70			90		
	热风表观风速 v_r/(m/s)								
	0.1	0.2	0.3	0.1	0.2	0.3	0.1	0.2	0.3
18—13	2.847 9	1.400 9	0.944 7	2.290 3	1.055 3	0.682 0	2.235 0	0.953 9	0.603 7
18—14	2.290 3	1.133 6	0.769 6	1.820 3	0.852 5	0.557 6	1.824 9	0.765 0	0.493 1
20—13	3.765 0	1.843 3	1.235 0	3.018 4	1.387 1	0.889 4	2.824 9	1.262 7	0.783 4
20—14	3.235 0	1.585 3	1.059 9	2.585 3	1.193 5	0.769 6	2.488 5	1.082 9	0.677 4
20—15	2.700 5	1.331 8	0.894 0	2.152 1	1.000 0	0.649 8	2.082 9	0.894 0	0.571 4
20—16	2.170 5	1.082 9	0.732 7	1.705 1	0.806 5	0.530 0	1.718 9	0.723 5	0.465 4
22—13	4.626 7	2.281 1	1.520 7	3.709 7	1.718 9	1.101 4	3.483 9	1.557 6	0.963 1
22—14	4.133 6	2.036 9	1.354 8	3.304 1	1.530 0	0.981 6	3.064 5	1.387 1	0.857 1
22—15	3.626 7	1.792 6	1.188 9	2.889 4	1.341 0	0.861 8	2.714 3	1.212 0	0.755 8
22—16	3.119 8	1.543 8	1.032 3	2.474 7	1.156 7	0.746 5	2.377 9	1.036 9	0.654 4
22—17	2.603 7	1.299 5	0.871 0	2.050 7	0.967 7	0.626 7	1.972 4	0.857 1	0.553 0
22—18	2.087 6	1.055 3	0.714 3	1.622 1	0.778 8	0.511 5	1.631 3	0.700 5	0.447 0
24—14	4.981 6	2.479 3	1.645 2	3.967 7	1.866 4	1.193 5	3.695 9	1.677 4	1.041 5
24—15	4.502 3	2.244 2	1.488 5	3.594 5	1.682 0	1.078 3	3.341 0	1.511 5	0.940 1
24—16	4.032 3	2.004 6	1.331 8	3.193 5	1.497 7	0.963 1	2.953 9	1.345 6	0.838 7
24—17	3.530 0	1.765 0	1.175 1	2.792 6	1.318 0	0.847 9	2.640 6	1.179 7	0.737 3
24—18	3.041 5	1.525 3	1.018 4	2.391 7	1.133 6	0.732 7	2.248 8	1.004 6	0.640 6
24—19	2.539 2	1.281 1	0.861 8	1.977 0	0.949 3	0.617 5	1.898 6	0.838 7	0.539 2
24—20	2.036 9	1.041 5	0.705 1	1.571 4	0.760 4	0.502 3	1.534 6	0.682 0	0.433 2
26—16	4.871 0	2.456 2	1.631 3	3.875 6	1.838 7	1.179 7	3.571 4	1.645 2	1.027 6
26—17	4.428 6	2.225 8	1.479 3	3.488 5	1.659 0	1.069 1	3.202 8	1.479 3	0.926 3
26—18	3.940 1	1.990 8	1.327 2	3.106 0	1.479 3	0.953 9	2.857 1	1.318 0	0.824 9
26—19	3.465 4	1.755 8	1.175 1	2.728 1	1.299 5	0.838 7	2.534 6	1.156 7	0.728 1
26—20	2.986 2	1.516 1	1.018 4	2.318 0	1.119 8	0.728 1	2.161 3	0.981 6	0.631 3
26—21	2.493 1	1.276 5	0.861 8	1.917 1	0.935 5	0.612 9	1.824 9	0.820 3	0.530 0
26—22	1.990 8	1.036 9	0.705 1	1.516 1	0.746 5	0.497 7	1.433 2	0.668 2	0.424 0
28—18	4.811 1	2.447 0	1.631 3	3.774 2	1.824 9	1.175 1	3.456 2	1.617 5	1.013 8
28—19	4.341 0	2.221 2	1.483 9	3.414 7	1.649 8	1.064 5	3.082 9	1.460 8	0.917 1
28—20	3.884 8	1.986 2	1.331 8	3.046 1	1.470 0	0.949 3	2.769 6	1.299 5	0.820 3
28—21	3.428 6	1.755 8	1.179 7	2.645 2	1.290 3	0.838 7	2.460 8	1.133 6	0.723 5
28—22	2.930 9	1.516 1	1.023 0	2.271 9	1.115 2	0.728 1	2.069 1	0.967 7	0.626 7
28—24	1.958 5	1.036 9	0.709 7	1.474 7	0.741 9	0.497 7	1.345 6	0.663 6	0.419 4
30—20	4.741 9	2.447 0	1.640 6	3.709 7	1.815 7	1.179 7	3.345 6	1.599 1	1.009 2
30—21	4.299 5	2.225 8	1.493 1	3.359 4	1.640 6	1.069 1	3.000 0	1.447 0	0.912 4
30—22	3.857 1	1.995 4	1.341 0	2.967 7	1.465 4	0.953 9	2.709 7	1.285 7	0.815 7
30—23	3.368 7	1.760 4	1.188 9	2.608 3	1.290 3	0.843 3	2.368 7	1.124 4	0.723 5
30—24	2.926 3	1.525 3	1.032 3	2.216 6	1.110 6	0.728 1	2.009 2	0.958 5	0.626 7
30—26	1.921 7	1.036 9	0.714 3	1.447 0	0.737 3	0.497 7	1.271 9	0.654 4	0.414 7

表 B.1（续）

粮食种类：小麦　　　　环境温度 T_h：20 ℃　　　　环境相对湿度 RH：30%

降水范围 (M_1-M_2) %	热风温度 T_r/℃								
	50			70			90		
	热风表观风速 v_r/(m/s)								
	0.1	0.2	0.3	0.1	0.2	0.3	0.1	0.2	0.3
18—13	2.557 6	1.225 8	0.824 9	2.179 7	0.986 2	0.631 3	2.156 7	0.898 6	0.571 4
18—14	2.041 5	0.985 2	0.663 6	1.709 7	0.788 0	0.506 9	1.769 6	0.723 5	0.460 8
20—13	3.414 7	1.631 3	1.082 9	2.917 1	1.308 8	0.834 1	2.755 8	1.212 0	0.746 5
20—14	2.926 3	1.396 3	0.926 3	2.488 5	1.119 8	0.714 3	2.414 7	1.023 0	0.645 2
20—15	2.433 2	1.165 9	0.778 8	2.046 1	0.935 5	0.599 1	2.023 0	0.847 9	0.539 2
20—16	1.940 1	0.935 5	0.631 3	1.612 9	0.746 5	0.479 3	1.654 4	0.686 6	0.437 8
22—13	4.248 8	2.032 3	1.336 4	3.608 3	1.631 3	1.036 9	3.382 5	1.502 3	0.926 3
22—14	3.778 8	1.806 5	1.188 9	3.202 8	1.451 6	0.921 7	2.977 0	1.331 8	0.820 3
22—15	3.308 8	1.585 3	1.041 5	2.801 8	1.267 3	0.806 5	2.668 2	1.161 3	0.718 9
22—16	2.838 7	1.359 4	0.898 6	2.387 1	1.087 6	0.691 2	2.308 8	0.981 6	0.622 1
22—17	2.359 4	1.138 2	0.760 4	1.963 1	0.903 2	0.580 6	1.930 9	0.815 7	0.520 7
22—18	1.884 8	0.917 1	0.617 5	1.557 6	0.718 9	0.465 4	1.539 2	0.668 2	0.419 4
24—14	4.594 5	2.216 6	1.451 6	3.884 8	1.774 2	1.129 0	3.631 3	1.622 1	1.000 0
24—15	4.152 1	2.000 0	1.308 8	3.511 5	1.599 1	1.013 8	3.239 6	1.456 2	0.898 6
24—16	3.695 9	1.783 4	1.170 5	3.115 2	1.419 4	0.903 2	2.889 4	1.294 9	0.801 8
24—17	3.239 6	1.562 2	1.032 3	2.714 3	1.244 2	0.792 6	2.594 5	1.124 4	0.705 1
24—18	2.774 2	1.345 6	0.894 0	2.327 2	1.064 5	0.677 4	2.202 8	0.953 9	0.608 3
24—19	2.313 4	1.124 4	0.751 2	1.903 2	0.889 4	0.566 8	1.861 8	0.797 2	0.511 5
24—20	1.843 3	0.907 8	0.612 9	1.516 1	0.705 1	0.460 8	1.428 6	0.654 4	0.410 1
26—16	4.506 9	2.198 2	1.437 8	3.797 2	1.751 2	1.115 2	3.502 3	1.589 9	0.986 2
26—17	4.082 9	1.986 2	1.304 1	3.419 4	1.580 6	1.004 6	3.142 9	1.433 2	0.889 4
26—18	3.631 3	1.774 2	1.170 5	3.032 3	1.405 5	0.894 0	2.834 1	1.271 9	0.792 6
26—19	3.179 7	1.557 6	1.032 3	2.668 2	1.230 4	0.783 4	2.511 5	1.106 0	0.695 9
26—20	2.746 5	1.341 0	0.894 0	2.258 1	1.059 9	0.672 8	2.124 4	0.935 5	0.603 7
26—21	2.271 9	1.129 0	0.755 8	1.857 1	0.880 2	0.566 8	1.811 1	0.788 0	0.506 9
26—22	1.806 5	0.907 8	0.612 9	1.483 9	0.695 9	0.456 2	1.341 0	0.645 2	0.400 9
28—18	4.470 0	2.193 5	1.442 4	3.718 9	1.741 9	1.110 6	3.442 4	1.566 8	0.977 0
28—19	4.023 0	1.986 2	1.308 8	3.350 2	1.566 8	1.000 0	3.055 3	1.410 1	0.880 2
28—20	3.589 9	1.774 2	1.175 1	2.986 2	1.396 3	0.894 0	2.769 6	1.258 1	0.783 4
28—21	3.165 9	1.557 6	1.036 9	2.594 5	1.230 4	0.783 4	2.419 4	1.087 6	0.691 2
28—22	2.695 9	1.350 2	0.898 6	2.216 6	1.050 7	0.672 8	2.073 7	0.930 9	0.599 1
28—24	1.783 4	0.912 4	0.617 5	1.442 4	0.691 2	0.456 2	1.262 7	0.640 6	0.396 3
30—20	4.414 7	2.202 8	1.456 2	3.663 6	1.732 7	1.110 6	3.294 9	1.553 0	0.972 4
30—21	3.990 8	1.990 8	1.322 6	3.299 5	1.562 2	1.004 6	2.990 8	1.405 5	0.875 6
30—22	3.576 0	1.778 8	1.184 3	2.926 3	1.396 3	0.894 0	2.700 5	1.244 2	0.783 4
30—23	3.115 2	1.571 4	1.050 7	2.553 0	1.221 2	0.788 0	2.368 7	1.082 9	0.691 2
30—24	2.691 2	1.350 2	0.907 8	2.170 5	1.050 7	0.677 4	2.013 8	0.926 3	0.599 1
30—26	1.746 5	0.917 1	0.626 7	1.414 7	0.691 2	0.460 8	1.212 0	0.640 6	0.391 7

表 B.1（续）

粮食种类：小麦　　　　环境温度 T_h：20 ℃　　　　环境相对湿度 RH：60%

降水范围 (M_1-M_2) %	热风温度 T_r/℃								
	50			70			90		
	热风表观风速 v_r/(m/s)								
	0.1	0.2	0.3	0.1	0.2	0.3	0.1	0.2	0.3
18—13	2.797 2	1.368 7	0.921 7	2.262 7	1.036 9	0.668 2	2.216 6	0.935 5	0.589 9
18—14	2.239 6	1.101 4	0.746 5	1.792 6	0.829 5	0.539 2	1.811 1	0.751 2	0.479 3
20—13	3.705 1	1.806 5	1.207 4	2.995 4	1.368 7	0.875 6	2.811 1	1.248 8	0.774 2
20—14	3.179 7	1.553 0	1.036 9	2.562 2	1.175 1	0.755 8	2.474 7	1.064 5	0.663 6
20—15	2.649 8	1.299 5	0.871 0	2.124 4	0.981 6	0.631 3	2.073 7	0.880 2	0.562 2
20—16	2.124 4	1.050 7	0.709 7	1.682 0	0.788 0	0.511 5	1.705 1	0.709 7	0.451 6
22—13	4.562 2	2.239 6	1.488 5	3.686 6	1.700 5	1.087 6	3.465 4	1.543 8	0.953 9
22—14	4.073 7	1.995 4	1.322 6	3.285 7	1.511 5	0.967 7	3.050 7	1.373 3	0.847 9
22—15	3.566 8	1.755 8	1.161 3	2.875 6	1.327 2	0.847 9	2.705 1	1.198 2	0.741 9
22—16	3.069 1	1.511 5	1.004 6	2.456 2	1.138 2	0.728 1	2.364 1	1.018 4	0.640 6
22—17	2.557 6	1.267 3	0.847 9	2.032 3	0.949 3	0.612 9	1.963 1	0.843 3	0.539 2
22—18	2.046 1	1.023 0	0.691 2	1.608 3	0.760 4	0.497 7	1.617 5	0.686 6	0.437 8
24—14	4.907 8	2.433 2	1.608 3	3.949 3	1.847 9	1.179 7	3.686 6	1.663 6	1.032 3
24—15	4.437 8	2.198 2	1.456 2	3.576 0	1.668 2	1.064 5	3.322 6	1.502 3	0.930 9
24—16	3.967 7	1.967 7	1.304 1	3.179 7	1.483 9	0.949 3	2.940 1	1.336 4	0.829 5
24—17	3.479 3	1.728 1	1.147 5	2.778 8	1.299 5	0.834 1	2.635 9	1.165 9	0.728 1
24—18	2.990 8	1.488 5	0.995 4	2.377 9	1.115 2	0.718 9	2.239 6	0.990 8	0.631 3
24—19	2.497 7	1.248 8	0.838 7	1.963 1	0.930 9	0.603 7	1.889 4	0.824 9	0.530 0
24—20	2.000 0	1.009 2	0.682 0	1.557 6	0.746 5	0.488 5	1.525 3	0.672 8	0.424 0
26—16	4.806 5	2.410 1	1.599 1	3.861 8	1.820 3	1.170 5	3.566 8	1.635 9	1.013 8
26—17	4.364 1	2.179 7	1.447 0	3.470 0	1.645 2	1.055 3	3.193 5	1.470 0	0.917 1
26—18	3.884 8	1.953 9	1.299 5	3.092 2	1.465 4	0.940 1	2.852 5	1.308 8	0.815 7
26—19	3.414 7	1.718 9	1.147 5	2.714 3	1.285 7	0.824 9	2.530 0	1.142 9	0.718 9
26—20	2.944 7	1.483 9	0.995 4	2.304 1	1.106 0	0.714 3	2.156 7	0.967 7	0.622 1
26—21	2.456 2	1.244 2	0.843 3	1.903 2	0.921 7	0.599 1	1.824 9	0.811 1	0.520 7
26—22	1.958 5	1.009 2	0.682 0	1.506 9	0.732 7	0.483 9	1.419 4	0.663 6	0.414 7
28—18	4.755 8	2.400 9	1.599 1	3.765 0	1.811 1	1.165 9	3.451 6	1.608 3	1.004 6
28—19	4.285 7	2.179 7	1.451 6	3.396 3	1.631 3	1.050 7	3.073 7	1.451 6	0.907 8
28—20	3.829 5	1.949 3	1.304 1	3.036 9	1.456 2	0.940 1	2.765 0	1.294 9	0.811 1
28—21	3.387 1	1.718 9	1.152 1	2.635 9	1.276 5	0.824 9	2.456 2	1.119 8	0.714 3
28—22	2.889 4	1.483 9	1.000 0	2.262 7	1.101 4	0.714 3	2.064 5	0.958 5	0.617 5
28—24	1.930 9	1.009 2	0.686 6	1.460 8	0.728 1	0.483 9	1.341 0	0.654 4	0.410 1
30—20	4.682 0	2.405 5	1.608 3	3.705 1	1.801 8	1.165 9	3.336 4	1.594 5	1.000 0
30—21	4.253 5	2.184 3	1.460 8	3.350 2	1.626 7	1.055 3	2.995 4	1.433 2	0.907 8
30—22	3.806 5	1.958 5	1.313 4	2.958 5	1.451 6	0.944 7	2.705 1	1.271 9	0.806 5
30—23	3.322 6	1.723 5	1.161 3	2.594 5	1.271 9	0.829 5	2.373 3	1.115 2	0.714 3
30—24	2.884 8	1.493 1	1.009 2	2.207 4	1.096 8	0.714 3	2.009 2	0.949 3	0.617 5
30—26	1.889 4	1.009 2	0.691 2	1.437 8	0.728 1	0.488 5	1.267 3	0.649 8	0.405 5

表 B.1（续）

粮食种类：小麦　　　　环境温度 T_h：20 ℃　　　　环境相对湿度 RH：90%

降水范围 (M_1-M_2) %	热风温度 T_r/℃								
	50			70			90		
	热风表观风速 v_r/(m/s)								
	0.1	0.2	0.3	0.1	0.2	0.3	0.1	0.2	0.3
18—13	3.069 1	1.520 7	1.023 0	2.345 6	1.082 9	0.705 1	2.267 3	0.972 4	0.612 9
18—14	2.465 4	1.225 8	0.829 5	1.866 4	0.875 6	0.571 4	1.834 1	0.774 2	0.497 7
20—13	4.036 9	1.995 4	1.336 4	3.087 6	1.428 6	0.921 7	2.871 0	1.285 7	0.797 2
20—14	3.470 0	1.718 9	1.147 5	2.649 8	1.230 4	0.792 6	2.516 1	1.101 4	0.686 6
20—15	2.898 6	1.442 4	0.963 1	2.198 2	1.032 3	0.668 2	2.106 0	0.912 4	0.580 6
20—16	2.327 2	1.165 9	0.788 0	1.746 5	0.829 5	0.543 8	1.723 5	0.732 7	0.470 0
22—13	4.940 1	2.465 4	1.645 2	3.783 4	1.774 2	1.138 2	3.530 0	1.585 3	0.981 6
22—14	4.405 5	2.202 8	1.465 4	3.377 9	1.580 6	1.013 8	3.129 0	1.410 1	0.875 6
22—15	3.875 6	1.935 5	1.290 3	2.953 9	1.387 1	0.889 4	2.746 5	1.235 0	0.769 6
22—16	3.331 8	1.668 2	1.115 2	2.530 0	1.193 5	0.769 6	2.405 5	1.055 3	0.663 6
22—17	2.788 0	1.400 9	0.940 1	2.096 8	0.995 4	0.645 2	1.986 2	0.871 0	0.557 6
22—18	2.230 4	1.133 6	0.765 0	1.659 0	0.801 8	0.525 3	1.645 2	0.705 1	0.451 6
24—14	5.290 3	2.668 2	1.778 8	4.041 5	1.926 3	1.239 6	3.741 9	1.705 1	1.064 5
24—15	4.792 6	2.419 4	1.608 3	3.663 6	1.737 3	1.115 2	3.387 1	1.539 2	0.958 5
24—16	4.290 3	2.165 9	1.442 4	3.253 5	1.548 4	0.995 4	2.981 6	1.368 7	0.852 5
24—17	3.760 4	1.907 8	1.271 9	2.852 5	1.354 8	0.875 6	2.649 8	1.198 2	0.751 2
24—18	3.239 6	1.645 2	1.101 4	2.433 2	1.165 9	0.755 8	2.276 5	1.023 0	0.649 8
24—19	2.700 5	1.382 5	0.930 9	2.023 0	0.977 0	0.635 9	1.894 0	0.847 9	0.548 4
24—20	2.170 5	1.119 8	0.760 4	1.599 1	0.783 4	0.516 1	1.543 8	0.691 2	0.437 8
26—16	5.165 9	2.640 6	1.765 0	3.940 1	1.894 0	1.225 8	3.599 1	1.672 8	1.046 1
26—17	4.695 9	2.391 7	1.603 7	3.548 4	1.714 3	1.106 0	3.235 0	1.506 9	0.944 7
26—18	4.179 7	2.147 5	1.437 8	3.161 3	1.525 3	0.986 2	2.875 6	1.345 6	0.843 3
26—19	3.682 0	1.894 0	1.267 3	2.769 6	1.341 0	0.866 4	2.548 4	1.170 5	0.741 9
26—20	3.165 9	1.635 9	1.101 4	2.364 1	1.152 1	0.751 2	2.175 1	1.000 0	0.640 6
26—21	2.663 6	1.373 3	0.930 9	1.953 9	0.963 1	0.631 3	1.824 9	0.834 1	0.539 2
26—22	2.115 2	1.115 2	0.760 4	1.539 2	0.769 6	0.511 5	1.451 6	0.677 4	0.428 6
28—18	5.082 9	2.631 3	1.765 0	3.843 3	1.875 6	1.221 2	3.474 7	1.645 2	1.036 9
28—19	4.603 7	2.387 1	1.603 7	3.465 4	1.700 5	1.101 4	3.106 0	1.483 9	0.935 5
28—20	4.115 2	2.142 9	1.437 8	3.096 8	1.516 1	0.986 2	2.778 8	1.318 0	0.834 1
28—21	3.631 3	1.889 4	1.271 9	2.691 2	1.331 8	0.866 4	2.483 9	1.156 7	0.737 3
28—22	3.115 2	1.626 7	1.106 0	2.313 4	1.147 5	0.751 2	2.073 7	0.981 6	0.635 9
28—24	2.073 7	1.110 6	0.760 4	1.493 1	0.760 4	0.511 5	1.359 4	0.668 2	0.424 0
30—20	5.013 8	2.626 7	1.774 2	3.769 6	1.871 0	1.221 2	3.364 1	1.626 7	1.032 3
30—21	4.548 4	2.391 7	1.612 9	3.405 5	1.695 9	1.106 0	3.013 8	1.465 4	0.930 9
30—22	4.069 1	2.142 9	1.447 0	3.009 2	1.506 9	0.986 2	2.723 5	1.308 8	0.834 1
30—23	3.562 2	1.884 8	1.281 1	2.659 0	1.331 8	0.871 0	2.377 9	1.142 9	0.732 7
30—24	3.096 8	1.640 6	1.115 2	2.244 2	1.138 2	0.751 2	2.013 8	0.972 4	0.631 3
30—26	2.032 3	1.110 6	0.765 0	1.465 4	0.760 4	0.511 5	1.276 5	0.659 0	0.419 4

表 B.1(续)

粮食种类:小麦　　环境温度 T_h:25 ℃　　环境相对湿度 RH:30%

降水范围 (M_1-M_2) %	热风温度 T_r/℃								
	50			70			90		
	热风表观风速 v_r/(m/s)								
	0.1	0.2	0.3	0.1	0.2	0.3	0.1	0.2	0.3
18—13	2.580 6	1.248 8	0.838 7	2.175 1	0.986 2	0.631 3	2.133 6	0.894 0	0.566 8
18—14	2.046 1	0.995 4	0.672 8	1.700 5	0.783 4	0.506 9	1.737 3	0.714 3	0.456 2
20—13	3.447 0	1.659 0	1.101 4	2.921 7	1.322 6	0.838 7	2.741 9	1.212 0	0.746 5
20—14	2.944 7	1.419 4	0.944 7	2.483 9	1.129 0	0.718 9	2.396 3	1.023 0	0.640 6
20—15	2.437 8	1.179 7	0.788 0	2.041 5	0.935 5	0.599 1	1.995 4	0.838 7	0.534 6
20—16	1.930 9	0.940 1	0.631 3	1.599 1	0.741 9	0.479 3	1.617 5	0.677 4	0.428 6
22—13	4.285 7	2.069 1	1.368 7	3.617 5	1.649 8	1.046 1	3.382 5	1.506 9	0.926 3
22—14	3.811 1	1.838 7	1.212 0	3.207 4	1.465 4	0.930 9	2.967 7	1.336 4	0.824 9
22—15	3.327 2	1.608 3	1.059 9	2.801 8	1.281 1	0.811 1	2.649 8	1.156 7	0.718 9
22—16	2.843 3	1.377 9	0.912 4	2.382 5	1.092 2	0.695 9	2.281 1	0.977 0	0.617 5
22—17	2.354 8	1.147 5	0.765 0	1.958 5	0.907 8	0.580 6	1.898 6	0.811 1	0.516 1
22—18	1.866 4	0.917 1	0.617 5	1.543 8	0.718 9	0.465 4	1.493 1	0.659 0	0.414 7
24—14	4.631 3	2.253 5	1.479 3	3.894 0	1.797 2	1.138 2	3.626 7	1.631 3	1.004 6
24—15	4.179 7	2.032 3	1.336 4	3.511 5	1.617 5	1.027 6	3.235 0	1.460 8	0.903 2
24—16	3.718 9	1.811 1	1.188 9	3.115 2	1.437 8	0.912 4	2.871 0	1.299 5	0.801 8
24—17	3.248 8	1.585 3	1.046 1	2.714 3	1.253 5	0.797 2	2.576 0	1.124 4	0.705 1
24—18	2.774 2	1.359 4	0.903 2	2.318 0	1.073 7	0.682 0	2.170 5	0.953 9	0.608 3
24—19	2.304 1	1.133 6	0.755 8	1.903 2	0.894 0	0.571 4	1.829 5	0.792 6	0.506 9
24—20	1.815 7	0.907 8	0.608 3	1.502 3	0.705 1	0.460 8	1.387 1	0.649 8	0.405 5
26—16	4.534 6	2.230 4	1.470 0	3.801 8	1.769 6	1.129 0	3.502 3	1.599 1	0.990 8
26—17	4.110 6	2.013 8	1.327 2	3.424 0	1.599 1	1.018 4	3.138 2	1.433 2	0.889 4
26—18	3.640 6	1.797 2	1.188 9	3.036 9	1.419 4	0.903 2	2.815 7	1.271 9	0.792 6
26—19	3.184 3	1.576 0	1.046 1	2.663 6	1.239 6	0.792 6	2.479 3	1.106 0	0.695 9
26—20	2.741 9	1.350 2	0.903 2	2.253 5	1.064 5	0.682 0	2.106 0	0.935 5	0.599 1
26—21	2.262 7	1.129 0	0.760 4	1.847 9	0.884 8	0.566 8	1.778 8	0.788 0	0.502 3
26—22	1.778 8	0.903 2	0.608 3	1.456 2	0.700 5	0.456 2	1.294 9	0.640 6	0.396 3
28—18	4.493 1	2.225 8	1.474 7	3.723 5	1.760 4	1.124 4	3.405 5	1.571 4	0.981 6
28—19	4.032 3	2.013 8	1.331 8	3.350 2	1.585 3	1.013 8	3.032 3	1.414 7	0.884 8
28—20	3.594 5	1.797 2	1.193 5	2.986 2	1.410 1	0.903 2	2.737 3	1.258 1	0.788 0
28—21	3.161 3	1.576 0	1.050 7	2.589 9	1.235 0	0.792 6	2.405 5	1.092 2	0.691 2
28—22	2.686 6	1.359 4	0.912 4	2.212 0	1.059 9	0.682 0	2.036 9	0.930 9	0.599 1
28—24	1.751 2	0.907 8	0.617 5	1.419 4	0.691 2	0.460 8	1.225 8	0.635 9	0.391 7
30—20	4.428 6	2.235 0	1.483 9	3.663 6	1.751 2	1.124 4	3.281 1	1.562 2	0.977 0
30—21	4.000 0	2.018 4	1.345 6	3.308 8	1.580 6	1.018 4	2.967 7	1.410 1	0.880 2
30—22	3.566 8	1.801 8	1.202 8	2.921 7	1.410 1	0.907 8	2.686 6	1.248 8	0.783 4
30—23	3.092 2	1.585 3	1.064 5	2.553 0	1.235 0	0.792 6	2.331 8	1.087 6	0.691 2
30—24	2.682 0	1.359 4	0.917 1	2.156 7	1.055 3	0.682 0	1.981 6	0.926 3	0.599 1
30—26	1.709 7	0.907 8	0.617 5	1.391 7	0.691 2	0.460 8	1.170 5	0.635 9	0.391 7

表 B.1（续）

粮食种类：小麦　　　　环境温度 T_h：25 ℃　　　　环境相对湿度 RH：60%

降水范围 (M_1-M_2) %	热风温度 T_r/℃								
	50			70			90		
	热风表观风速 v_r/(m/s)								
	0.1	0.2	0.3	0.1	0.2	0.3	0.1	0.2	0.3
18—13	2.981 6	1.465 4	0.986 2	2.308 8	1.059 9	0.682 0	2.239 6	0.949 3	0.594 5
18—14	2.387 1	1.175 1	0.792 6	1.829 5	0.847 9	0.548 4	1.820 3	0.755 8	0.479 3
20—13	3.930 9	1.930 9	1.290 3	3.055 3	1.405 5	0.903 2	2.847 9	1.267 3	0.783 4
20—14	3.377 9	1.659 0	1.106 0	2.617 5	1.207 4	0.774 2	2.502 3	1.078 3	0.672 8
20—15	2.820 3	1.387 1	0.926 3	2.170 5	1.004 6	0.645 2	2.087 6	0.889 4	0.562 2
20—16	2.253 5	1.119 8	0.751 2	1.714 3	0.801 8	0.520 7	1.714 3	0.714 3	0.456 2
22—13	4.820 3	2.387 1	1.589 9	3.755 8	1.751 2	1.119 8	3.511 5	1.566 8	0.967 7
22—14	4.304 1	2.133 6	1.414 7	3.345 6	1.557 6	0.995 4	3.106 0	1.391 7	0.861 8
22—15	3.778 8	1.875 6	1.244 2	2.926 3	1.359 4	0.871 0	2.732 7	1.216 6	0.755 8
22—16	3.248 8	1.612 9	1.073 7	2.502 3	1.165 9	0.751 2	2.391 7	1.032 3	0.649 8
22—17	2.714 3	1.350 2	0.903 2	2.073 7	0.972 4	0.626 7	1.977 0	0.852 5	0.543 8
22—18	2.170 5	1.087 6	0.732 7	1.635 9	0.778 8	0.506 9	1.631 3	0.691 2	0.437 8
24—14	5.170 5	2.589 9	1.718 9	4.013 8	1.898 6	1.216 6	3.728 1	1.691 2	1.050 7
24—15	4.677 4	2.345 6	1.557 6	3.635 9	1.709 7	1.096 8	3.373 3	1.525 3	0.944 7
24—16	4.188 9	2.101 4	1.391 7	3.230 4	1.525 3	0.977 0	2.972 4	1.354 8	0.838 7
24—17	3.672 8	1.847 9	1.230 4	2.824 9	1.336 4	0.857 1	2.645 2	1.179 7	0.737 3
24—18	3.161 3	1.594 5	1.064 5	2.414 7	1.142 9	0.737 3	2.262 7	1.004 6	0.635 9
24—19	2.635 9	1.336 4	0.894 0	2.004 6	0.953 9	0.617 5	1.894 0	0.834 1	0.534 6
24—20	2.110 6	1.078 3	0.728 1	1.580 6	0.760 4	0.497 7	1.530 0	0.677 4	0.424 0
26—16	5.059 9	2.566 8	1.709 7	3.917 1	1.871 0	1.202 8	3.589 9	1.654 4	1.032 3
26—17	4.589 9	2.322 6	1.553 0	3.525 3	1.691 2	1.087 6	3.221 2	1.493 1	0.930 9
26—18	4.092 2	2.082 9	1.391 7	3.142 9	1.502 3	0.967 7	2.866 4	1.327 2	0.829 5
26—19	3.599 1	1.834 1	1.225 8	2.751 2	1.318 0	0.852 5	2.543 8	1.156 7	0.728 1
26—20	3.096 8	1.585 3	1.059 9	2.345 6	1.129 0	0.732 7	2.170 5	0.986 2	0.626 7
26—21	2.589 9	1.327 2	0.894 0	1.940 1	0.944 7	0.612 9	1.820 3	0.820 3	0.525 3
26—22	2.055 3	1.073 7	0.728 1	1.525 3	0.751 2	0.497 7	1.433 2	0.663 6	0.419 4
28—18	4.977 0	2.557 6	1.709 7	3.811 1	1.852 5	1.198 2	3.465 4	1.631 3	1.023 0
28—19	4.497 7	2.318 0	1.553 0	3.447 0	1.672 8	1.082 9	3.096 8	1.474 7	0.921 7
28—20	4.032 3	2.078 3	1.391 7	3.078 3	1.497 7	0.967 7	2.774 2	1.308 8	0.820 3
28—21	3.553 0	1.834 1	1.230 4	2.672 8	1.308 8	0.847 9	2.470 0	1.142 9	0.723 5
28—22	3.041 5	1.576 0	1.069 1	2.294 9	1.129 0	0.732 7	2.069 1	0.972 4	0.622 1
28—24	2.018 4	1.069 1	0.732 7	1.474 7	0.741 9	0.497 7	1.341 0	0.659 0	0.410 1
30—20	4.907 8	2.553 0	1.718 9	3.741 9	1.847 9	1.202 8	3.359 4	1.612 9	1.018 4
30—21	4.456 2	2.327 2	1.562 2	3.382 5	1.672 8	1.087 6	3.004 6	1.456 2	0.917 1
30—22	3.990 8	2.082 9	1.400 9	2.990 8	1.488 5	0.967 7	2.718 9	1.294 9	0.820 3
30—23	3.488 5	1.834 1	1.239 6	2.631 3	1.308 8	0.852 5	2.377 9	1.129 0	0.718 9
30—24	3.027 6	1.589 9	1.078 3	2.225 8	1.119 8	0.732 7	2.009 2	0.963 1	0.622 1
30—26	1.977 0	1.069 1	0.737 3	1.451 6	0.741 9	0.497 7	1.262 7	0.649 8	0.405 5

表 B.1（续）

粮食种类：小麦　　环境温度 T_h：25 ℃　　环境相对湿度 RH：90％

降水范围 (M_1-M_2) %	热风温度 T_r/℃								
	50			70			90		
	热风表观风速 v_r/(m/s)								
	0.1	0.2	0.3	0.1	0.2	0.3	0.1	0.2	0.3
18—13	3.400 9	1.691 2	1.142 9	2.419 4	1.129 0	0.732 7	2.308 8	0.990 8	0.622 1
18—14	2.728 1	1.364 1	0.921 7	1.930 9	0.907 8	0.589 9	1.852 5	0.788 0	0.502 3
20—13	4.442 4	2.221 2	1.488 5	3.184 3	1.493 1	0.963 1	2.940 1	1.318 0	0.815 7
20—14	3.815 7	1.912 4	1.276 5	2.728 1	1.281 1	0.824 9	2.553 0	1.124 4	0.700 5
20—15	3.193 5	1.603 7	1.073 7	2.271 9	1.073 7	0.695 9	2.142 9	0.930 9	0.589 9
20—16	2.562 2	1.294 9	0.871 0	1.801 8	0.861 8	0.562 2	1.737 3	0.746 5	0.474 7
22—13	5.396 3	2.728 1	1.829 5	3.889 4	1.852 5	1.193 5	3.585 3	1.622 1	1.009 2
22—14	4.815 7	2.442 4	1.631 3	3.470 0	1.649 8	1.064 5	3.198 2	1.442 4	0.898 6
22—15	4.239 6	2.147 5	1.433 2	3.036 9	1.442 4	0.930 9	2.783 4	1.262 7	0.783 4
22—16	3.649 8	1.852 5	1.239 6	2.603 7	1.239 6	0.801 8	2.424 0	1.078 3	0.677 4
22—17	3.059 9	1.553 0	1.046 1	2.156 7	1.036 9	0.672 8	2.009 2	0.889 4	0.566 8
22—18	2.447 0	1.258 1	0.847 9	1.709 7	0.829 5	0.543 8	1.649 8	0.718 9	0.456 2
24—14	5.728 1	2.949 3	1.977 0	4.152 1	2.009 2	1.294 9	3.778 8	1.746 5	1.092 2
24—15	5.221 2	2.677 4	1.788 0	3.751 2	1.811 1	1.170 5	3.424 0	1.576 0	0.986 2
24—16	4.672 8	2.391 7	1.603 7	3.341 0	1.612 9	1.041 5	3.023 0	1.400 9	0.875 6
24—17	4.101 4	2.110 6	1.414 7	2.930 9	1.414 7	0.917 1	2.663 6	1.230 4	0.769 6
24—18	3.534 6	1.820 3	1.225 8	2.497 7	1.216 6	0.788 0	2.313 4	1.046 1	0.663 6
24—19	2.944 7	1.534 6	1.032 3	2.082 9	1.013 8	0.663 6	1.903 2	0.866 4	0.557 6
24—20	2.368 7	1.239 6	0.838 7	1.640 6	0.811 1	0.534 6	1.553 0	0.695 9	0.442 4
26—16	5.612 9	2.912 4	1.958 5	4.023 0	1.977 0	1.281 1	3.626 7	1.709 7	1.073 7
26—17	5.082 9	2.645 2	1.778 8	3.640 6	1.778 8	1.156 7	3.276 5	1.539 2	0.967 7
26—18	4.543 8	2.368 7	1.594 5	3.239 6	1.589 9	1.032 3	2.894 0	1.373 3	0.861 8
26—19	3.990 8	2.092 2	1.410 1	2.829 5	1.396 3	0.907 8	2.571 4	1.198 2	0.755 8
26—20	3.437 8	1.806 5	1.221 2	2.428 6	1.198 2	0.783 4	2.193 5	1.023 0	0.654 4
26—21	2.894 0	1.520 7	1.027 6	2.000 0	1.000 0	0.659 0	1.834 1	0.847 9	0.548 4
26—22	2.294 9	1.225 8	0.834 1	1.571 4	0.797 2	0.530 0	1.465 4	0.686 6	0.437 8
28—18	5.488 5	2.898 6	1.958 5	3.926 3	1.949 3	1.276 5	3.502 3	1.682 0	1.064 5
28—19	4.972 4	2.626 7	1.778 8	3.548 4	1.765 0	1.156 7	3.147 5	1.516 1	0.958 5
28—20	4.447 0	2.364 1	1.599 1	3.165 9	1.580 6	1.032 3	2.797 2	1.345 6	0.852 5
28—21	3.935 5	2.078 3	1.410 1	2.760 4	1.382 5	0.907 8	2.502 3	1.184 3	0.751 2
28—22	3.377 9	1.797 2	1.221 2	2.359 4	1.193 5	0.783 4	2.087 6	1.004 6	0.645 2
28—24	2.244 2	1.216 6	0.838 7	1.525 3	0.792 6	0.530 0	1.382 5	0.677 4	0.428 6
30—20	5.410 1	2.889 4	1.963 1	3.843 3	1.949 3	1.276 5	3.396 3	1.659 0	1.055 3
30—21	4.898 6	2.631 3	1.788 0	3.474 7	1.760 4	1.156 7	3.032 3	1.493 1	0.953 9
30—22	4.387 1	2.354 8	1.599 1	3.078 3	1.566 8	1.032 3	2.728 1	1.336 4	0.852 5
30—23	3.847 9	2.073 7	1.419 4	2.714 3	1.382 5	0.912 4	2.387 1	1.161 3	0.746 5
30—24	3.341 0	1.797 2	1.230 4	2.290 3	1.184 3	0.783 4	2.018 4	0.990 8	0.645 2
30—26	2.188 9	1.216 6	0.843 3	1.493 1	0.788 0	0.530 0	1.281 1	0.663 6	0.424 0

表 B.1（续）

粮食种类：小麦　　　　环境温度 T_h：30 ℃　　　　环境相对湿度 RH：30%

降水范围 (M_1-M_2) %	热风温度 T_r/℃								
	50			70			90		
	热风表观风速 v_r/(m/s)								
	0.1	0.2	0.3	0.1	0.2	0.3	0.1	0.2	0.3
18—13	2.603 7	1.271 9	0.857 1	2.152 1	0.986 2	0.631 3	2.106 0	0.889 4	0.562 2
18—14	2.046 1	1.004 6	0.677 4	1.672 8	0.778 8	0.502 3	1.705 1	0.705 1	0.447 0
20—13	3.493 1	1.695 9	1.133 6	2.894 0	1.322 6	0.843 3	2.723 5	1.207 4	0.751 2
20—14	2.967 7	1.442 4	0.963 1	2.456 2	1.124 4	0.718 9	2.368 7	1.018 4	0.640 6
20—15	2.447 0	1.193 5	0.797 2	2.009 2	0.930 9	0.594 5	1.958 5	0.829 5	0.534 6
20—16	1.921 7	0.944 7	0.635 9	1.562 2	0.732 7	0.470 0	1.576 0	0.663 6	0.424 0
22—13	4.345 6	2.115 2	1.405 5	3.594 5	1.654 4	1.055 3	3.373 3	1.511 5	0.935 5
22—14	3.857 1	1.880 2	1.244 2	3.184 3	1.465 4	0.935 5	2.953 9	1.336 4	0.824 9
22—15	3.359 4	1.640 6	1.087 6	2.774 2	1.276 5	0.815 7	2.622 1	1.156 7	0.718 9
22—16	2.861 8	1.396 3	0.930 9	2.350 2	1.087 6	0.695 9	2.244 2	0.972 4	0.617 5
22—17	2.350 2	1.156 7	0.774 2	1.921 7	0.898 6	0.576 0	1.866 4	0.801 8	0.516 1
22—18	1.847 9	0.912 4	0.617 5	1.502 3	0.705 1	0.456 2	1.447 0	0.645 2	0.405 5
24—14	4.686 6	2.304 1	1.520 7	3.861 8	1.801 8	1.147 5	3.608 3	1.631 3	1.013 8
24—15	4.225 8	2.078 3	1.368 7	3.488 5	1.617 5	1.032 3	3.212 0	1.465 4	0.907 8
24—16	3.755 8	1.847 9	1.221 2	3.082 9	1.437 8	0.917 1	2.852 5	1.294 9	0.806 5
24—17	3.271 9	1.612 9	1.069 1	2.682 0	1.253 5	0.797 2	2.548 4	1.119 8	0.705 1
24—18	2.783 4	1.377 9	0.917 1	2.276 5	1.069 1	0.682 0	2.133 6	0.944 7	0.603 7
24—19	2.285 7	1.142 9	0.765 0	1.871 0	0.880 2	0.566 8	1.797 2	0.783 4	0.502 3
24—20	1.783 4	0.898 6	0.608 3	1.456 2	0.691 2	0.451 6	1.336 4	0.635 9	0.396 3
26—16	4.585 3	2.285 7	1.511 5	3.778 8	1.778 8	1.138 2	3.483 9	1.603 7	0.995 4
26—17	4.147 5	2.055 3	1.364 1	3.387 1	1.599 1	1.023 0	3.101 4	1.437 8	0.894 0
26—18	3.672 8	1.834 1	1.216 6	3.000 0	1.419 4	0.907 8	2.783 4	1.267 3	0.797 2
26—19	3.202 8	1.599 1	1.069 1	2.626 7	1.239 6	0.792 6	2.437 8	1.101 4	0.695 9
26—20	2.723 5	1.368 7	0.917 1	2.216 6	1.055 3	0.677 4	2.064 5	0.930 9	0.599 1
26—21	2.248 8	1.133 6	0.765 0	1.801 8	0.871 0	0.562 2	1.741 9	0.774 2	0.497 7
26—22	1.746 5	0.894 0	0.608 3	1.400 9	0.682 0	0.451 6	1.239 6	0.622 1	0.391 7
28—18	4.525 3	2.271 9	1.511 5	3.682 0	1.765 0	1.133 6	3.359 4	1.576 0	0.986 2
28—19	4.069 1	2.055 3	1.364 1	3.318 0	1.589 9	1.018 4	3.000 0	1.414 7	0.889 4
28—20	3.612 9	1.829 5	1.221 2	2.953 9	1.410 1	0.903 2	2.695 9	1.258 1	0.792 6
28—21	3.165 9	1.599 1	1.069 1	2.548 4	1.230 4	0.792 6	2.364 1	1.087 6	0.691 2
28—22	2.682 0	1.364 1	0.921 7	2.161 3	1.050 7	0.677 4	1.990 8	0.921 7	0.594 5
28—24	1.700 5	0.898 6	0.612 9	1.373 3	0.677 4	0.451 6	1.184 3	0.622 1	0.387 1
30—20	4.451 6	2.276 5	1.520 7	3.622 1	1.755 8	1.133 6	3.258 1	1.562 2	0.981 6
30—21	4.023 0	2.059 9	1.373 3	3.267 3	1.580 6	1.018 4	2.926 3	1.405 5	0.884 8
30—22	3.585 3	1.829 5	1.230 4	2.875 6	1.410 1	0.907 8	2.640 6	1.244 2	0.788 0
30—23	3.110 6	1.599 1	1.078 3	2.506 9	1.230 4	0.792 6	2.276 5	1.078 3	0.695 9
30—24	2.663 6	1.373 3	0.926 3	2.106 0	1.046 1	0.682 0	1.935 5	0.917 1	0.594 5
30—26	1.677 4	0.889 4	0.612 9	1.350 2	0.677 4	0.456 2	1.133 6	0.612 9	0.382 5

表 B.1(续)

粮食种类:小麦　　环境温度 T_h:30 ℃　　环境相对湿度 RH:60%

降水范围 (M_1-M_2) %	热风温度 T_r/℃								
	50			70			90		
	热风表观风速 v_r/(m/s)								
	0.1	0.2	0.3	0.1	0.2	0.3	0.1	0.2	0.3
18—13	3.235 0	1.594 5	1.073 7	2.373 3	1.092 2	0.705 1	2.276 5	0.963 1	0.603 7
18—14	2.585 3	1.281 1	0.857 1	1.884 8	0.871 0	0.566 8	1.824 9	0.760 4	0.483 9
20—13	4.235 0	2.096 8	1.400 9	3.138 2	1.460 8	0.935 5	2.898 6	1.290 3	0.797 2
20—14	3.631 3	1.801 8	1.198 2	2.686 6	1.248 8	0.801 8	2.525 3	1.101 4	0.682 0
20—15	3.027 6	1.506 9	1.004 6	2.230 4	1.036 9	0.668 2	2.106 0	0.903 2	0.571 4
20—16	2.419 4	1.207 4	0.806 5	1.765 0	0.829 5	0.534 6	1.709 7	0.718 9	0.456 2
22—13	5.161 3	2.585 3	1.728 1	3.843 3	1.815 7	1.165 9	3.562 2	1.599 1	0.990 8
22—14	4.599 1	2.308 8	1.534 6	3.433 2	1.612 9	1.036 9	3.165 9	1.419 4	0.880 2
22—15	4.041 5	2.027 6	1.350 2	3.000 0	1.410 1	0.907 8	2.760 4	1.239 6	0.769 6
22—16	3.470 0	1.746 5	1.161 3	2.566 8	1.207 4	0.778 8	2.405 5	1.050 7	0.659 0
22—17	2.898 6	1.460 8	0.977 0	2.124 4	1.004 6	0.649 8	1.986 2	0.866 4	0.553 0
22—18	2.308 8	1.170 5	0.788 0	1.677 4	0.801 8	0.520 7	1.622 1	0.695 9	0.442 4
24—14	5.502 3	2.797 2	1.866 4	4.106 0	1.972 4	1.267 3	3.760 4	1.723 5	1.073 7
24—15	4.990 8	2.534 6	1.691 2	3.714 3	1.774 2	1.142 9	3.405 5	1.553 0	0.967 7
24—16	4.460 8	2.267 3	1.511 5	3.304 1	1.580 6	1.018 4	3.000 0	1.377 9	0.857 1
24—17	3.912 4	1.995 4	1.331 8	2.894 0	1.382 5	0.889 4	2.649 8	1.202 8	0.751 2
24—18	3.364 1	1.714 3	1.147 5	2.470 0	1.184 3	0.765 0	2.290 3	1.018 4	0.645 2
24—19	2.792 6	1.437 8	0.963 1	2.046 1	0.986 2	0.640 6	1.884 8	0.843 3	0.539 2
24—20	2.230 4	1.152 1	0.778 8	1.608 3	0.783 4	0.516 1	1.516 1	0.682 0	0.428 6
26—16	5.359 4	2.765 0	1.852 5	3.986 2	1.940 1	1.253 5	3.612 9	1.686 6	1.055 3
26—17	4.852 5	2.506 9	1.677 4	3.603 7	1.746 5	1.133 6	3.258 1	1.520 7	0.949 3
26—18	4.336 4	2.239 6	1.506 9	3.207 4	1.557 6	1.009 2	2.884 8	1.354 8	0.843 3
26—19	3.811 1	1.972 4	1.327 2	2.806 5	1.368 7	0.884 8	2.557 6	1.179 7	0.741 9
26—20	3.271 9	1.705 1	1.147 5	2.396 3	1.170 5	0.760 4	2.179 7	1.004 6	0.635 9
26—21	2.746 5	1.419 4	0.958 5	1.967 7	0.972 4	0.635 9	1.811 1	0.834 1	0.534 6
26—22	2.161 3	1.138 2	0.774 2	1.534 6	0.774 2	0.511 5	1.419 4	0.672 8	0.424 0
28—18	5.235 0	2.751 2	1.852 5	3.894 0	1.917 1	1.248 8	3.493 1	1.663 6	1.046 1
28—19	4.755 8	2.488 5	1.677 4	3.511 5	1.732 7	1.129 0	3.129 0	1.497 7	0.940 1
28—20	4.248 8	2.235 0	1.506 9	3.138 2	1.548 4	1.004 6	2.788 0	1.331 8	0.838 7
28—21	3.746 5	1.972 4	1.327 2	2.723 5	1.354 8	0.880 2	2.493 1	1.165 9	0.737 3
28—22	3.216 6	1.691 2	1.147 5	2.331 8	1.165 9	0.760 4	2.064 5	0.986 2	0.631 3
28—24	2.092 2	1.133 6	0.778 8	1.488 5	0.765 0	0.511 5	1.331 8	0.668 2	0.414 7
30—20	5.156 7	2.741 9	1.857 1	3.815 7	1.912 4	1.248 8	3.382 5	1.640 6	1.041 5
30—21	4.677 4	2.497 7	1.691 2	3.447 0	1.728 1	1.129 0	3.023 0	1.479 3	0.935 5
30—22	4.188 9	2.230 4	1.511 5	3.041 5	1.534 6	1.004 6	2.723 5	1.318 0	0.838 7
30—23	3.663 6	1.963 1	1.336 4	2.686 6	1.350 2	0.884 8	2.368 7	1.147 5	0.732 7
30—24	3.170 5	1.700 5	1.156 7	2.258 1	1.152 1	0.760 4	2.000 0	0.981 6	0.631 3
30—26	2.046 1	1.133 6	0.783 4	1.460 8	0.765 0	0.511 5	1.230 4	0.654 4	0.410 1

表 B.1(续)

粮食种类:小麦　　环境温度 T_h:30 ℃　　环境相对湿度 RH:90%

降水范围 (M_1-M_2) %	热风温度 T_r/℃								
	50			70			90		
	热风表观风速 v_r/(m/s)								
	0.1	0.2	0.3	0.1	0.2	0.3	0.1	0.2	0.3
18—13	—	1.967 7	1.327 2	2.530 0	1.188 9	0.769 6	2.354 8	1.023 0	0.635 9
18—14	—	1.580 6	1.064 5	2.018 4	0.953 9	0.622 1	1.880 2	0.811 1	0.511 5
20—13	—	2.562 2	1.723 5	3.318 0	1.576 0	1.018 4	3.023 0	1.354 8	0.838 7
20—14	—	2.207 4	1.479 3	2.843 3	1.354 8	0.875 6	2.589 9	1.161 3	0.718 9
20—15	—	1.852 5	1.239 6	2.368 7	1.129 0	0.732 7	2.184 3	0.958 5	0.603 7
20—16	—	1.493 1	1.004 6	1.880 2	0.907 8	0.589 9	1.751 2	0.760 4	0.483 9
22—13	—	3.133 6	2.110 6	4.036 9	1.953 9	1.267 3	3.640 6	1.668 2	1.041 5
22—14	—	2.806 5	1.880 2	3.603 7	1.741 9	1.129 0	3.258 1	1.483 9	0.926 3
22—15	—	2.470 0	1.659 0	3.156 7	1.525 3	0.986 2	2.824 9	1.299 5	0.811 1
22—16	—	2.133 6	1.433 2	2.709 7	1.308 8	0.847 9	2.456 2	1.115 2	0.695 9
22—17	—	1.788 0	1.202 8	2.239 6	1.092 2	0.709 7	2.036 9	0.917 1	0.580 6
22—18	—	1.442 4	0.972 4	1.778 8	0.875 6	0.576 0	1.654 4	0.732 7	0.465 4
24—14	—	3.373 3	2.271 9	4.294 9	2.110 6	1.373 3	3.829 5	1.797 2	1.129 0
24—15	—	3.059 9	2.059 9	3.875 6	1.907 8	1.239 6	3.470 0	1.617 5	1.013 8
24—16	—	2.737 3	1.847 9	3.465 4	1.695 9	1.106 0	3.082 9	1.442 4	0.903 2
24—17	—	2.414 7	1.631 3	3.032 3	1.488 5	0.972 4	2.691 2	1.262 7	0.792 6
24—18	—	2.087 5	1.410 1	2.585 3	1.281 1	0.838 7	2.350 2	1.078 3	0.677 4
24—19	—	1.755 3	1.188 9	2.152 1	1.069 1	0.700 5	1.917 1	0.889 4	0.571 4
24—20	—	1.419 4	0.963 1	1.700 5	0.852 5	0.566 8	1.562 2	0.714 3	0.456 2
26—16	—	3.322 6	2.248 8	4.142 9	2.078 3	1.359 4	3.668 2	1.755 8	1.110 6
26—17	—	3.013 8	2.046 1	3.765 0	1.875 6	1.225 8	3.322 6	1.585 3	1.000 0
26—18	—	2.700 5	1.834 1	3.350 2	1.672 8	1.096 8	2.935 5	1.410 1	0.889 4
26—19	—	2.387 1	1.622 1	2.921 7	1.470 0	0.963 1	2.594 5	1.230 4	0.778 8
26—20	—	2.059 9	1.400 9	2.511 5	1.262 7	0.829 5	2.216 6	1.050 7	0.668 2
26—21	—	1.737 3	1.184 3	2.059 9	1.050 7	0.695 9	1.838 7	0.871 0	0.562 2
26—22	—	1.391 7	0.958 5	1.617 5	0.838 7	0.562 2	1.479 3	0.700 5	0.447 0
28—18	—	3.290 3	2.244 2	4.055 3	2.055 3	1.350 2	3.539 2	1.728 1	1.096 8
28—19	—	2.990 8	2.036 9	3.645 2	1.857 1	1.221 2	3.202 8	1.557 6	0.986 2
28—20	—	2.682 0	1.829 5	3.253 5	1.659 0	1.092 2	2.820 3	1.382 5	0.880 2
28—21	—	2.364 1	1.617 5	2.834 1	1.456 2	0.963 1	2.516 1	1.216 6	0.774 2
28—22	—	2.046 1	1.400 9	2.424 0	1.248 8	0.824 9	2.101 4	1.032 3	0.663 6
28—24	—	1.377 9	0.953 9	1.566 8	0.829 5	0.557 6	1.400 9	0.686 6	0.437 8
30—20	—	3.276 5	2.244 2	3.940 1	2.041 5	1.350 2	3.433 2	1.700 5	1.087 6
30—21	—	2.967 7	2.036 9	3.566 8	1.847 9	1.221 2	3.059 9	1.534 6	0.981 6
30—22	—	2.668 2	1.834 1	3.161 3	1.645 2	1.096 8	2.746 5	1.373 3	0.875 6
30—23	—	2.354 8	1.622 1	2.788 0	1.447 0	0.958 5	2.396 3	1.188 9	0.769 6
30—24	—	2.023 0	1.400 9	2.345 6	1.239 6	0.829 5	2.032 3	1.018 4	0.663 6
30—26	—	1.364 1	0.958 5	1.534 6	0.820 3	0.557 6	1.281 1	0.672 8	0.437 8

表 B.1（续）

粮食种类:小麦　　　　环境温度 T_h:35 ℃　　　　环境相对湿度 RH:30%

降水范围 (M_1-M_2) %	热风温度 T_r/℃								
	50			70			90		
	热风表观风速 v_r/(m/s)								
	0.1	0.2	0.3	0.1	0.2	0.3	0.1	0.2	0.3
18—13	2.663 6	1.308 8	0.884 8	2.124 4	0.977 0	0.631 3	2.073 7	0.875 6	0.557 6
18—14	2.073 7	1.027 6	0.695 9	1.635 9	0.765 0	0.493 1	1.663 6	0.686 6	0.437 8
20—13	3.585 3	1.755 8	1.175 1	2.871 0	1.322 6	0.847 9	2.700 5	1.198 2	0.741 9
20—14	3.036 9	1.488 5	0.995 4	2.428 6	1.119 8	0.718 9	2.341 0	1.004 6	0.631 3
20—15	2.488 5	1.221 2	0.820 3	1.977 0	0.917 1	0.589 9	1.921 7	0.815 7	0.520 7
20—16	1.935 5	0.958 5	0.649 8	1.525 3	0.714 3	0.465 4	1.530 0	0.645 2	0.410 1
22—13	4.460 8	2.193 5	1.460 8	3.576 0	1.659 0	1.059 9	3.359 4	1.502 3	0.930 9
22—14	3.953 9	1.944 7	1.290 3	3.165 9	1.465 4	0.935 5	2.926 3	1.327 2	0.820 3
22—15	3.433 2	1.691 2	1.124 4	2.746 5	1.271 9	0.815 7	2.589 9	1.142 9	0.714 3
22—16	2.907 8	1.437 8	0.958 5	2.318 0	1.078 3	0.691 2	2.202 8	0.958 5	0.608 3
22—17	2.382 5	1.179 7	0.792 6	1.880 2	0.884 8	0.571 4	1.820 3	0.783 4	0.502 3
22—18	1.852 5	0.921 7	0.622 1	1.456 2	0.686 6	0.447 0	1.391 7	0.626 7	0.391 7
24—14	4.806 5	2.391 7	1.585 3	3.843 3	1.806 5	1.156 7	3.580 6	1.626 7	1.009 2
24—15	4.322 6	2.147 5	1.424 0	3.460 8	1.622 1	1.036 9	3.198 2	1.456 2	0.907 8
24—16	3.838 7	1.907 8	1.262 7	3.055 3	1.433 2	0.917 1	2.829 5	1.285 7	0.801 8
24—17	3.331 8	1.659 0	1.106 0	2.649 8	1.248 8	0.797 2	2.502 3	1.106 0	0.695 9
24—18	2.824 9	1.410 1	0.944 7	2.235 0	1.055 3	0.677 4	2.096 8	0.930 9	0.594 5
24—19	2.308 8	1.161 3	0.778 8	1.815 7	0.866 4	0.557 6	1.751 2	0.765 0	0.493 1
24—20	1.783 4	0.907 8	0.612 9	1.400 9	0.672 8	0.442 4	1.281 1	0.612 9	0.382 5
26—16	4.682 0	2.359 4	1.566 8	3.746 5	1.778 8	1.142 9	3.451 6	1.594 5	0.995 4
26—17	4.225 8	2.124 4	1.414 7	3.359 4	1.599 1	1.027 6	3.059 9	1.424 0	0.889 4
26—18	3.741 9	1.884 8	1.258 1	2.977 0	1.414 7	0.907 8	2.737 3	1.258 1	0.788 0
26—19	3.262 7	1.645 2	1.101 4	2.571 4	1.230 4	0.792 6	2.396 3	1.082 9	0.691 2
26—20	2.741 9	1.400 9	0.940 1	2.175 1	1.041 5	0.672 8	2.013 8	0.912 4	0.589 9
26—21	2.248 8	1.152 1	0.778 8	1.751 2	0.857 1	0.557 6	1.672 8	0.755 8	0.483 9
26—22	1.723 5	0.898 6	0.612 9	1.350 2	0.659 0	0.437 8	1.188 9	0.603 7	0.373 3
28—18	4.599 1	2.350 2	1.566 8	3.659 0	1.765 0	1.138 2	3.322 6	1.566 8	0.986 2
28—19	4.147 5	2.115 2	1.414 7	3.285 7	1.585 3	1.023 0	2.967 7	1.405 5	0.884 8
28—20	3.672 8	1.880 2	1.258 1	2.903 2	1.405 5	0.907 8	2.654 4	1.244 2	0.783 4
28—21	3.175 1	1.640 6	1.101 4	2.506 9	1.221 2	0.788 0	2.322 6	1.073 7	0.686 6
28—22	2.705 1	1.391 7	0.940 1	2.110 6	1.036 9	0.672 8	1.935 5	0.903 2	0.585 3
28—24	1.686 6	0.894 0	0.612 9	1.318 0	0.659 0	0.437 8	1.124 4	0.599 1	0.373 3
30—20	4.543 8	2.341 0	1.576 0	3.585 3	1.755 8	1.138 2	3.212 0	1.553 0	0.981 6
30—21	4.078 3	2.119 8	1.424 0	3.225 8	1.580 6	1.023 0	2.884 8	1.391 7	0.880 2
30—22	3.649 8	1.884 8	1.267 3	2.824 9	1.400 9	0.907 8	2.594 5	1.230 4	0.783 4
30—23	3.147 5	1.635 9	1.110 6	2.460 8	1.221 2	0.792 6	2.193 5	1.059 9	0.682 0
30—24	2.654 4	1.396 3	0.949 3	2.055 3	1.027 6	0.672 8	1.884 8	0.903 2	0.585 3
30—26	1.663 6	0.898 6	0.612 9	1.299 5	0.649 8	0.442 4	1.082 9	0.589 9	0.368 7

表 B.1（续）

粮食种类：小麦　　　　环境温度 T_h：35 ℃　　　　环境相对湿度 RH：60%

降水范围 (M_1-M_2) %	热风温度 T_r/℃								
	50			70			90		
	热风表观风速 v_r/(m/s)								
	0.1	0.2	0.3	0.1	0.2	0.3	0.1	0.2	0.3
18—13	—	1.783 4	1.202 8	2.451 6	1.142 9	0.737 3	2.299 5	0.986 2	0.612 9
18—14	—	1.419 4	0.953 9	1.944 7	0.907 8	0.585 3	1.829 5	0.774 2	0.488 5
20—13	—	2.336 4	1.566 8	3.235 0	1.525 3	0.977 0	2.949 3	1.322 6	0.815 7
20—14	—	2.004 6	1.336 4	2.765 0	1.304 1	0.838 7	2.543 8	1.124 4	0.695 9
20—15	—	1.668 2	1.115 2	2.290 3	1.082 9	0.695 9	2.119 8	0.921 7	0.580 6
20—16	—	1.327 2	0.889 4	1.811 1	0.857 1	0.557 6	1.705 1	0.728 1	0.460 8
22—13	—	2.871 0	1.926 3	3.944 7	1.894 0	1.221 2	3.589 9	1.635 9	1.018 4
22—14	—	2.562 2	1.714 3	3.516 1	1.682 0	1.082 9	3.202 8	1.451 6	0.903 2
22—15	—	2.248 8	1.502 3	3.078 3	1.470 0	0.949 3	2.774 2	1.267 3	0.788 0
22—16	—	1.930 9	1.290 3	2.631 3	1.258 1	0.811 1	2.405 5	1.078 3	0.672 8
22—17	—	1.608 3	1.078 3	2.170 5	1.046 1	0.677 4	1.977 0	0.880 2	0.557 6
22—18	—	1.281 1	0.861 8	1.705 1	0.829 5	0.539 2	1.599 1	0.705 1	0.447 0
24—14	—	3.096 8	2.078 3	4.207 4	2.050 7	1.327 2	3.774 2	1.765 0	1.106 0
24—15	—	2.806 5	1.880 2	3.792 6	1.847 9	1.198 2	3.424 0	1.585 3	0.990 8
24—16	—	2.502 3	1.682 0	3.387 1	1.645 2	1.064 5	3.023 0	1.410 1	0.880 2
24—17	—	2.198 2	1.479 3	2.958 5	1.437 8	0.930 9	2.645 2	1.230 4	0.769 6
24—18	—	1.884 8	1.271 9	2.516 1	1.235 0	0.801 8	2.294 9	1.041 5	0.659 0
24—19	—	1.571 4	1.064 5	2.082 9	1.023 0	0.663 6	1.866 4	0.857 1	0.548 4
24—20	—	1.253 5	0.847 9	1.626 7	0.811 1	0.530 0	1.493 1	0.686 6	0.433 2
26—16	—	3.055 3	2.059 9	4.059 9	2.023 0	1.313 4	3.631 3	1.728 1	1.087 6
26—17	—	2.765 0	1.866 4	3.682 0	1.820 3	1.184 3	3.276 5	1.557 6	0.977 0
26—18	—	2.465 4	1.668 2	3.267 3	1.622 1	1.055 3	2.889 4	1.382 5	0.866 4
26—19	—	2.170 5	1.470 0	2.852 5	1.419 4	0.926 3	2.553 0	1.202 8	0.755 8
26—20	—	1.866 4	1.262 7	2.442 4	1.216 6	0.792 6	2.147 5	1.023 0	0.649 8
26—21	—	1.553 0	1.059 9	1.990 8	1.004 6	0.659 0	1.783 4	0.847 9	0.539 2
26—22	—	1.235 0	0.843 3	1.548 4	0.792 6	0.530 0	1.396 3	0.677 4	0.428 6
28—18	—	3.032 3	2.055 3	3.972 4	1.995 4	1.304 1	3.493 1	1.700 5	1.073 7
28—19	—	2.737 3	1.857 1	3.566 8	1.801 8	1.179 7	3.147 5	1.530 0	0.967 7
28—20	—	2.451 6	1.663 6	3.184 3	1.608 3	1.050 7	2.778 8	1.354 8	0.857 1
28—21	—	2.147 5	1.465 4	2.769 6	1.405 5	0.921 7	2.465 4	1.188 9	0.751 2
28—22	—	1.852 5	1.262 7	2.350 2	1.202 8	0.792 6	2.041 5	1.004 6	0.645 2
28—24	—	1.216 6	0.843 3	1.497 7	0.788 0	0.530 0	1.313 4	0.668 2	0.424 0
30—20	—	3.009 2	2.055 3	3.866 4	1.986 2	1.304 1	3.382 5	1.677 4	1.069 1
30—21	—	2.723 5	1.857 1	3.506 9	1.792 6	1.179 7	3.009 2	1.506 9	0.963 1
30—22	—	2.437 8	1.668 2	3.087 6	1.594 5	1.055 3	2.700 5	1.350 2	0.857 1
30—23	—	2.138 2	1.470 0	2.718 9	1.400 9	0.921 7	2.336 4	1.165 9	0.751 2
30—24	—	1.834 1	1.258 1	2.285 7	1.193 5	0.792 6	1.972 4	0.995 4	0.640 6
30—26	—	1.207 4	0.843 3	1.465 4	0.778 8	0.525 3	1.198 2	0.654 4	0.419 4

表 B.1（续）

粮食种类:小麦　　　　环境温度 T_h:35 ℃　　　　环境相对湿度 RH:90%

降水范围 (M_1-M_2) %	热风温度 T_r/℃								
	50			70			90		
	热风表观风速 v_r/(m/s)								
	0.1	0.2	0.3	0.1	0.2	0.3	0.1	0.2	0.3
18—13	—	2.419 4	1.640 6	2.668 2	1.271 9	0.829 5	2.400 9	1.059 9	0.659 0
18—14	—	1.949 3	1.308 8	2.129 0	1.023 0	0.668 2	1.921 7	0.838 7	0.530 0
20—13	—	3.124 4	2.110 6	3.493 1	1.691 2	1.096 8	3.096 8	1.405 5	0.875 6
20—14	—	2.695 9	1.806 5	2.995 4	1.451 6	0.940 1	2.640 6	1.198 2	0.746 5
20—15	—	2.262 7	1.516 1	2.493 1	1.207 4	0.788 0	2.230 4	0.995 4	0.622 1
20—16	—	1.820 3	1.225 8	1.986 2	0.967 7	0.631 3	1.769 6	0.788 0	0.502 3
22—13	—	3.788 0	2.566 8	4.235 0	2.087 6	1.364 1	3.705 1	1.728 1	1.087 6
22—14	—	3.391 7	2.285 7	3.774 2	1.861 8	1.212 0	3.318 0	1.539 2	0.963 1
22—15	—	2.990 8	2.018 4	3.313 4	1.631 3	1.064 5	2.889 4	1.345 6	0.843 3
22—16	—	2.585 3	1.746 5	2.843 3	1.400 9	0.912 4	2.488 5	1.152 1	0.723 5
22—17	—	2.170 5	1.465 4	2.354 8	1.165 9	0.765 0	2.073 7	0.953 9	0.603 7
22—18	—	1.746 5	1.184 3	1.861 8	0.935 5	0.612 9	1.663 6	0.755 8	0.479 3
24—14	—	4.050 7	2.751 2	4.493 1	2.253 5	1.479 3	3.894 0	1.857 1	1.175 1
24—15	—	3.672 8	2.493 1	4.046 1	2.036 9	1.336 4	3.520 7	1.677 4	1.055 3
24—16	—	3.294 9	2.239 6	3.622 1	1.815 7	1.188 9	3.142 9	1.493 1	0.940 1
24—17	—	2.903 2	1.977 0	3.170 5	1.594 5	1.046 1	2.728 1	1.304 1	0.820 3
24—18	—	2.511 5	1.709 7	2.700 5	1.364 1	0.898 6	2.382 5	1.119 8	0.705 1
24—19	—	2.106 0	1.437 8	2.244 2	1.142 9	0.751 2	1.940 1	0.921 7	0.585 3
24—20	—	1.695 9	1.161 3	1.774 2	0.912 4	0.603 7	1.566 8	0.732 7	0.470 0
26—16	—	3.977 0	2.714 3	4.318 0	2.207 4	1.456 2	3.723 5	1.815 7	1.156 7
26—17	—	3.599 1	2.460 8	3.926 3	2.000 0	1.322 6	3.368 7	1.635 9	1.036 9
26—18	—	3.225 8	2.212 0	3.479 3	1.783 4	1.179 7	2.986 2	1.456 2	0.921 7
26—19	—	2.843 3	1.949 3	3.036 9	1.566 8	1.036 9	2.622 1	1.276 5	0.811 1
26—20	—	2.460 8	1.691 2	2.617 5	1.350 2	0.894 0	2.235 0	1.087 6	0.691 2
26—21	—	2.069 1	1.419 4	2.142 9	1.119 8	0.746 5	1.847 9	0.898 6	0.580 6
26—22	—	1.663 6	1.152 1	1.677 4	0.894 0	0.599 1	1.493 1	0.718 9	0.456 2
28—18	—	3.917 1	2.695 9	4.212 0	2.193 5	1.451 6	3.571 4	1.778 8	1.138 2
28—19	—	3.543 8	2.447 0	3.783 4	1.972 4	1.313 4	3.248 8	1.603 7	1.027 6
28—20	—	3.175 1	2.193 5	3.377 9	1.765 0	1.175 1	2.847 9	1.433 2	0.917 1
28—21	—	2.806 5	1.944 7	2.958 5	1.553 0	1.032 3	2.520 7	1.248 8	0.797 2
28—22	—	2.428 6	1.682 0	2.502 3	1.322 6	0.889 4	2.124 4	1.069 1	0.686 6
28—24	—	1.622 1	1.138 2	1.617 5	0.884 8	0.594 5	1.410 1	0.695 9	0.451 6
30—20	—	3.871 0	2.686 6	4.078 3	2.156 7	1.447 0	3.460 8	1.751 2	1.129 0
30—21	—	3.497 7	2.437 8	3.709 7	1.963 1	1.313 4	3.096 8	1.580 6	1.023 0
30—22	—	3.156 7	2.193 5	3.271 9	1.751 2	1.175 1	2.760 4	1.410 1	0.907 8
30—23	—	2.769 6	1.940 1	2.884 8	1.530 0	1.027 6	2.400 9	1.225 8	0.797 2
30—24	—	2.382 5	1.682 0	2.428 6	1.322 6	0.889 4	2.046 1	1.046 1	0.682 0
30—26	—	1.603 7	1.133 6	1.580 6	0.866 4	0.594 5	1.276 5	0.682 0	0.451 6

表 B.1（续）

粮食种类：小麦　　　　环境温度 T_h：40 ℃　　　　环境相对湿度 RH：30%

降水范围 (M_1-M_2) %	热风温度 T_r/℃								
	50			70			90		
	热风表观风速 v_r/(m/s)								
	0.1	0.2	0.3	0.1	0.2	0.3	0.1	0.2	0.3
18—13	2.774 2	1.373 3	0.930 9	2.110 6	0.977 0	0.631 3	2.041 5	0.861 8	0.548 4
18—14	2.138 2	1.064 5	0.723 5	1.612 9	0.755 8	0.488 5	1.626 7	0.672 8	0.424 0
20—13	3.746 5	1.847 9	1.239 6	2.871 0	1.327 2	0.852 5	2.686 6	1.193 5	0.737 3
20—14	3.156 7	1.562 2	1.046 1	2.419 4	1.119 8	0.718 9	2.313 4	0.995 4	0.626 7
20—15	2.571 4	1.276 5	0.857 1	1.953 9	0.912 4	0.589 9	1.880 2	0.801 8	0.511 5
20—16	1.977 0	0.986 2	0.668 2	1.493 1	0.705 1	0.456 2	1.488 5	0.626 7	0.396 3
22—13	4.654 4	2.313 4	1.548 4	3.580 6	1.677 4	1.073 7	3.345 6	1.497 7	0.930 9
22—14	4.115 2	2.046 1	1.359 4	3.161 3	1.479 3	0.949 3	2.917 1	1.318 0	0.815 7
22—15	3.566 8	1.774 2	1.179 7	2.732 7	1.276 5	0.820 3	2.566 8	1.133 6	0.709 7
22—16	3.009 2	1.497 7	1.000 0	2.299 5	1.078 3	0.691 2	2.161 3	0.944 7	0.599 1
22—17	2.451 6	1.225 8	0.820 3	1.857 1	0.875 6	0.566 8	1.783 4	0.769 6	0.493 1
22—18	1.880 2	0.944 7	0.640 6	1.414 7	0.672 8	0.442 4	1.341 0	0.603 7	0.377 9
24—14	5.000 0	2.516 1	1.672 8	3.843 3	1.829 5	1.175 1	3.557 6	1.622 1	1.009 2
24—15	4.483 9	2.258 1	1.502 3	3.451 6	1.635 9	1.050 7	3.184 3	1.451 6	0.903 2
24—16	3.977 0	2.000 0	1.331 8	3.046 1	1.442 4	0.926 3	2.797 2	1.276 5	0.797 2
24—17	3.442 4	1.737 3	1.156 7	2.635 9	1.248 8	0.801 8	2.456 2	1.096 8	0.691 2
24—18	2.917 1	1.470 0	0.981 6	2.207 4	1.055 3	0.677 4	2.059 9	0.917 1	0.585 3
24—19	2.359 4	1.198 2	0.806 5	1.774 2	0.857 1	0.557 6	1.705 1	0.751 2	0.479 3
24—20	1.792 6	0.926 3	0.626 7	1.345 6	0.659 0	0.433 2	1.221 2	0.589 9	0.368 7
26—16	4.861 8	2.483 9	1.654 4	3.728 1	1.797 2	1.156 7	3.424 0	1.585 3	0.990 8
26—17	4.354 8	2.225 8	1.488 5	3.345 6	1.608 3	1.036 9	3.032 3	1.414 7	0.889 4
26—18	3.861 8	1.972 4	1.322 6	2.953 9	1.419 4	0.917 1	2.700 5	1.248 8	0.783 4
26—19	3.354 8	1.714 3	1.152 1	2.534 6	1.235 0	0.797 2	2.359 4	1.073 7	0.682 0
26—20	2.815 7	1.456 2	0.977 0	2.142 9	1.036 9	0.672 8	1.958 5	0.898 6	0.576 0
26—21	2.281 1	1.188 9	0.801 8	1.709 7	0.843 3	0.553 0	1.612 9	0.737 3	0.470 0
26—22	1.741 9	0.917 1	0.626 7	1.304 1	0.640 6	0.428 6	1.133 6	0.580 6	0.359 4
28—18	4.737 3	2.470 0	1.654 4	3.649 8	1.774 2	1.152 1	3.290 3	1.562 2	0.981 6
28—19	4.290 3	2.212 0	1.488 5	3.253 5	1.594 5	1.032 3	2.926 3	1.396 3	0.880 2
28—20	3.783 4	1.963 1	1.322 6	2.871 0	1.405 5	0.912 4	2.612 9	1.225 8	0.778 8
28—21	3.281 1	1.709 7	1.152 1	2.470 0	1.216 6	0.792 6	2.248 8	1.055 3	0.677 4
28—22	2.778 8	1.442 4	0.977 0	2.064 5	1.027 6	0.672 8	1.884 8	0.889 4	0.576 0
28—24	1.672 8	0.903 2	0.626 7	1.271 9	0.635 9	0.428 6	1.069 1	0.566 8	0.354 8
30—20	4.705 1	2.456 2	1.659 0	3.548 4	1.765 0	1.152 1	3.170 5	1.543 8	0.977 0
30—21	4.202 8	2.216 6	1.493 1	3.193 5	1.589 9	1.032 3	2.838 7	1.377 9	0.875 6
30—22	3.746 5	1.963 1	1.327 2	2.792 6	1.396 3	0.912 4	2.557 6	1.216 6	0.778 8
30—23	3.230 4	1.705 1	1.156 7	2.419 4	1.216 6	0.792 6	2.138 2	1.041 5	0.672 8
30—24	2.709 7	1.442 4	0.986 2	2.013 8	1.018 4	0.672 8	1.820 3	0.884 8	0.571 4
30—26	1.668 2	0.912 4	0.631 3	1.216 6	0.631 3	0.428 6	1.036 9	0.562 2	0.354 8

表 B.1（续）

粮食种类：小麦　　　　环境温度 T_h：40 ℃　　　　环境相对湿度 RH：60%

降水范围 (M_1-M_2) %	热风温度 T_r/℃								
	50			70			90		
	热风表观风速 v_r/(m/s)								
	0.1	0.2	0.3	0.1	0.2	0.3	0.1	0.2	0.3
18—13	—	2.078 3	1.405 5	2.530 0	1.193 5	0.774 2	2.322 6	1.009 2	0.626 7
18—14	—	1.645 2	1.106 0	1.995 4	0.944 7	0.612 9	1.829 5	0.788 0	0.497 7
20—13	—	2.709 7	1.824 9	3.336 4	1.594 5	1.032 3	2.995 4	1.350 2	0.838 7
20—14	—	2.322 6	1.553 0	2.843 3	1.359 4	0.880 2	2.557 6	1.147 5	0.714 3
20—15	—	1.926 3	1.290 3	2.350 2	1.124 4	0.728 1	2.133 6	0.940 1	0.589 9
20—16	—	1.525 3	1.023 0	1.847 9	0.884 8	0.576 0	1.691 2	0.737 3	0.470 0
22—13	—	3.318 0	2.239 6	4.059 9	1.981 6	1.285 7	3.612 9	1.677 4	1.050 7
22—14	—	2.958 5	1.986 2	3.612 9	1.760 4	1.142 9	3.230 4	1.483 9	0.930 9
22—15	—	2.594 5	1.741 9	3.161 3	1.534 6	0.995 4	2.792 6	1.290 3	0.806 5
22—16	—	2.221 2	1.493 1	2.691 2	1.308 8	0.852 5	2.410 1	1.096 8	0.686 6
22—17	—	1.843 3	1.239 6	2.216 6	1.082 9	0.705 1	1.967 7	0.898 6	0.571 4
22—18	—	1.456 2	0.986 2	1.723 5	0.852 5	0.557 6	1.576 0	0.709 7	0.451 6
24—14	—	3.562 2	2.405 5	4.318 0	2.138 2	1.396 3	3.801 8	1.806 5	1.138 2
24—15	—	3.216 6	2.179 7	3.880 2	1.930 9	1.258 1	3.437 8	1.626 7	1.023 0
24—16	—	2.871 0	1.944 7	3.465 4	1.714 3	1.119 8	3.050 7	1.442 4	0.907 8
24—17	—	2.516 1	1.705 1	3.023 0	1.497 7	0.977 0	2.645 2	1.253 5	0.788 0
24—18	—	2.161 3	1.460 8	2.562 2	1.276 5	0.834 1	2.281 1	1.064 5	0.672 8
24—19	—	1.788 0	1.216 6	2.106 0	1.059 9	0.691 2	1.852 5	0.871 0	0.557 6
24—20	—	1.414 7	0.967 7	1.626 7	0.829 5	0.548 4	1.474 7	0.691 2	0.437 8
26—16	—	3.493 1	2.377 9	4.152 1	2.096 8	1.377 9	3.635 9	1.765 0	1.119 8
26—17	—	3.156 7	2.147 5	3.765 0	1.894 0	1.244 2	3.281 1	1.589 9	1.004 6
26—18	—	2.815 7	1.917 1	3.336 4	1.686 6	1.106 0	2.889 4	1.410 1	0.894 0
26—19	—	2.470 0	1.682 0	2.894 0	1.470 0	0.967 7	2.543 8	1.225 8	0.778 8
26—20	—	2.115 2	1.447 0	2.483 9	1.262 7	0.829 5	2.119 8	1.036 9	0.663 6
26—21	—	1.755 8	1.202 8	2.009 2	1.036 9	0.686 6	1.751 2	0.852 5	0.548 4
26—22	—	1.387 1	0.953 9	1.543 8	0.811 1	0.543 8	1.382 5	0.682 0	0.433 2
28—18	—	3.442 4	2.359 4	4.055 3	2.073 7	1.368 7	3.493 1	1.732 7	1.106 0
28—19	—	3.119 8	2.138 2	3.631 3	1.866 4	1.230 4	3.147 5	1.562 2	0.995 4
28—20	—	2.774 2	1.907 8	3.221 2	1.663 6	1.101 4	2.760 4	1.382 5	0.884 8
28—21	—	2.442 4	1.677 4	2.811 1	1.456 2	0.963 1	2.437 8	1.202 8	0.769 6
28—22	—	2.092 2	1.437 8	2.359 4	1.235 0	0.820 3	2.027 6	1.023 0	0.659 0
28—24	—	1.359 4	0.944 7	1.493 1	0.801 8	0.539 2	1.267 3	0.663 6	0.428 6
30—20	—	3.414 7	2.359 4	3.912 4	2.046 1	1.364 1	3.387 1	1.709 7	1.096 8
30—21	—	3.078 3	2.133 6	3.543 8	1.852 5	1.235 0	3.004 6	1.534 6	0.990 8
30—22	—	2.760 4	1.907 8	3.142 9	1.645 2	1.101 4	2.682 0	1.368 7	0.880 2
30—23	—	2.419 4	1.672 8	2.732 7	1.433 2	0.958 5	2.308 8	1.184 3	0.769 6
30—24	—	2.059 9	1.437 8	2.290 3	1.225 8	0.824 9	1.949 3	1.004 6	0.654 4
30—26	—	1.341 0	0.944 7	1.451 6	0.788 0	0.539 2	1.165 9	0.659 0	0.419 4

表 B.1（续）

粮食种类：小麦　　　　环境温度 T_h：40 ℃　　　　环境相对湿度 RH：90%

降水范围 (M_1-M_2) %	热风温度 T_r/℃								
	50			70			90		
	热风表观风速 v_r/(m/s)								
	0.1	0.2	0.3	0.1	0.2	0.3	0.1	0.2	0.3
18—13	—	—	—	2.866 4	1.391 7	0.907 8	2.447 0	1.101 4	0.686 6
18—14	—	—	—	2.281 1	1.110 6	0.728 1	1.972 4	0.875 6	0.548 4
20—13	—	—	—	3.728 1	1.843 3	1.202 8	3.170 5	1.460 8	0.917 1
20—14	—	—	—	3.198 2	1.580 6	1.032 3	2.705 1	1.253 5	0.783 4
20—15	—	—	—	2.659 0	1.318 0	0.861 8	2.276 5	1.036 9	0.649 8
20—16	—	—	—	2.115 2	1.050 7	0.691 2	1.792 6	0.820 3	0.520 7
22—13	—	—	—	4.493 1	2.267 3	1.493 1	3.783 4	1.801 8	1.138 2
22—14	—	—	—	4.004 6	2.023 0	1.331 8	3.382 5	1.603 7	1.009 2
22—15	—	—	—	3.516 1	1.774 2	1.165 9	2.963 1	1.400 9	0.880 2
22—16	—	—	—	3.013 8	1.520 7	1.004 6	2.525 3	1.198 2	0.751 2
22—17	—	—	—	2.502 3	1.267 3	0.838 7	2.106 0	0.990 8	0.626 7
22—18	—	—	—	1.967 7	1.013 8	0.672 8	1.668 2	0.783 4	0.497 7
24—14	—	—	—	4.737 3	2.437 8	1.612 9	3.963 1	1.926 3	1.230 4
24—15	—	—	—	4.276 5	2.202 8	1.460 8	3.589 9	1.746 5	1.110 6
24—16	—	—	—	3.829 5	1.967 7	1.304 1	3.202 8	1.553 0	0.986 2
24—17	—	—	—	3.350 2	1.728 1	1.142 9	2.774 2	1.354 8	0.857 1
24—18	—	—	—	2.852 5	1.483 9	0.986 2	2.400 9	1.161 3	0.737 3
24—19	—	—	—	2.359 4	1.235 0	0.820 3	1.967 7	0.958 5	0.612 9
24—20	—	—	—	1.857 1	0.986 2	0.659 0	1.571 4	0.760 4	0.488 5
26—16	—	—	—	4.539 2	2.382 5	1.589 9	3.801 8	1.884 8	1.207 4
26—17	—	—	—	4.133 6	2.165 9	1.442 4	3.410 1	1.695 9	1.087 6
26—18	—	—	—	3.663 6	1.926 3	1.290 3	3.027 6	1.506 9	0.967 7
26—19	—	—	—	3.198 2	1.691 2	1.133 6	2.645 2	1.327 2	0.847 9
26—20	—	—	—	2.755 8	1.456 2	0.972 4	2.253 5	1.124 4	0.723 5
26—21	—	—	—	2.248 8	1.212 0	0.815 7	1.852 5	0.930 9	0.603 7
26—22	—	—	—	1.751 2	0.963 1	0.654 4	1.493 1	0.737 3	0.474 7
28—18	—	—	—	4.419 4	2.354 8	1.580 6	3.608 3	1.838 7	1.193 5
28—19	—	—	—	3.963 1	2.129 0	1.433 2	3.281 1	1.663 6	1.073 7
28—20	—	—	—	3.548 4	1.898 6	1.281 1	2.875 6	1.483 9	0.953 9
28—21	—	—	—	3.092 2	1.672 8	1.124 4	2.525 3	1.285 7	0.834 1
28—22	—	—	—	2.608 3	1.428 6	0.972 4	2.147 5	1.101 4	0.714 3
28—24	—	—	—	1.695 9	0.949 3	0.645 2	1.396 3	0.714 3	0.470 0
30—20	—	—	—	4.253 5	2.322 6	1.576 0	3.488 5	1.811 1	1.184 3
30—21	—	—	—	3.871 0	2.106 0	1.428 6	3.115 2	1.635 9	1.064 5
30—22	—	—	—	3.414 7	1.884 8	1.276 5	2.783 4	1.447 0	0.944 7
30—23	—	—	—	3.000 0	1.645 2	1.124 4	2.410 1	1.267 3	0.829 5
30—24	—	—	—	2.530 0	1.424 0	0.963 1	2.064 5	1.078 3	0.709 7
30—26	—	—	—	1.645 2	0.926 3	0.645 2	1.267 3	0.700 5	0.465 4

ICS 65.060.99
B 93

中华人民共和国国家标准

GB/T 30468—2013

青饲料牧草烘干机组

Green forage and grass dehydrators

2013-12-31 发布　　　　2014-10-01 实施

中华人民共和国国家质量监督检验检疫总局
中国国家标准化管理委员会　发布

前　言

本标准按照GB/T 1.1—2009给出的规则起草。

本标准由中国机械工业联合会提出。

本标准由全国农业机械标准化技术委员会(SAC/TC 201)归口。

本标准起草单位:中船重工集团公司第七一三研究所。

本标准主要起草人:陆文启、邱文君、许冰石、孙琪、李云翔、倪庆军。

青饲料牧草烘干机组

1 范围

本标准规定了青饲料牧草烘干机组的型式与型号、设备工作的一般条件、技术要求、性能试验、检验规则、标志、包装、运输与贮存。

本标准适用于以无污染高温热空气为干燥介质，高温快速干燥方式的滚筒式青饲料牧草烘干机组(以下简称烘干机组)。

2 规范性引用文件

下列文件对于本文件的应用是必不可少的。凡是注日期的引用文件，仅注日期的版本适用于本文件。凡是不注日期的引用文件，其最新版本(包括所有的修改单)适用于本文件。

GB 151 管壳式换热器

GB/T 191 包装储运图示标志

GB 713 锅炉和压力容器用钢板

GB/T 5468 锅炉烟尘测试方法

GB/T 5667 农业机械 生产试验方法

GB/T 6388 运输包装收发货标志

GB/T 6432 饲料中粗蛋白测定方法

GB/T 6434 饲料中粗纤维的含量测定 过滤法

GB/T 6435 饲料中水分和其他挥发性物质含量的测定

GB/T 11835 绝热用岩棉、矿渣棉及其制品

GB 13271 锅炉大气污染物排放标准

GB/T 13306 标牌

GB/T 13384 机电产品包装通用技术条件

GB 14048.1 低压开关设备和控制设备 第1部分:总则

GB/T 16157 固定污染源排气中颗粒物测定与气态污染物采样方法

GB/T 16400 绝热用硅酸铝棉及其制品

GB 16895.3 建筑物电气装置 第50-54部分 电气设备的选择和安装 接地配置、保护导体和保护联接导体

GB/T 24343—2009 工业机械电气设备 绝缘电阻试验规范

GB 50211 工业炉砌筑工程施工及验收规范

GB 50309 工业炉砌筑工程质量验收规范

JB/T 6672—2011 燃煤热风炉

JB/T 8581—2010 畜牧机械 产品型号编制规则

3 术语和定义

下列术语和定义适用于本文件。

3.1

高温热风炉　high-temperature hot-blast furnace

间接加热，加热介质为空气，可输出大于 550 ℃无污染热风的热源设备。

3.2

青饲料牧草　grass and green forage

含水率不低于 50%的禾谷类青饲型作物及在适宜时期收割的天然牧草或人工种植的牧草。

3.3

青干草　green hay

经高温快速干燥调制得到的干草。

3.4

青饲料牧草预处理　pretreatment of grass and green forage

将青饲料牧草的茎秆压裂切铡或揉切加工成适于烘干的草段。

3.5

湿物料　wet materials

青饲料牧草预处理后的草段。

3.6

青干草生产率(G_{ds})　production rate G_{ds} of green hay

每秒钟烘干机组产出青干草质量。

3.7

额定脱水能力(W_h)　rated water separation capability W_h

烘干机组每小时最大的水分蒸发量。

3.8

青干草的产出量(湿基)，(G_{df})　G_{df} output of drying machine set when water separation capability is (based on wet material)

额定脱水能力时烘干机组每小时产出含水率为 M_f 的青干草质量。

3.9

滚筒干燥器进口输入热量(Q_{yx})　dehydrator intake heat quantity Q_{yx}

输入滚筒干燥器的干燥介质的热量。

3.10

单位热耗(Q_r)　specific heat consumption Q_r

干燥过程中蒸发 1 kg 水所消耗干燥介质的热量。

3.11

高温快速干燥　high-temperature fast drying

以高温热空气为干燥介质，将湿物料在滚筒干燥器内迅速达到干燥要求的作业。

3.12

前热风管道　fore hot air duct

热风炉热风出口与滚筒干燥器进口间输送干燥介质的通道。

3.13

后热风管道　rear hot air duct

滚筒干燥器出口与分离器间输送物料和废气的通道。

4 型式与型号

4.1 型式

4.1.1 按滚筒干燥器结构的型式

4.1.1.1 单通道烘干机组。
4.1.1.2 多通道烘干机组。

4.1.2 按干燥方式的型式

4.1.2.1 并流单程式烘干机组。
4.1.2.2 并流往复式烘干机组。

4.2 型号

4.2.1 产品型号

产品型号的编制按 JB/T 8581—2010 的规定。

4.2.2 产品型号系列的组成及含义

4.2.2.1 烘干机组产品型号按 JB/T 8581—2010 的 3.1 执行。
4.2.2.2 产品型号系列的组成及含义。

```
9  Q  H-12  D  A
│  │  │  │   │  └──机组系列(A、A2、A3……)
│  │  │  │   └─────机组型式(D:单通道;W:多通道)
│  │  │  └─────────机组额定脱水量 1 200 kg/h(特征数字 × 100)
│  │  └────────────烘干机组
│  └───────────────青饲料牧草
└──────────────────畜牧机械代号
```

型号示例:
9QH-6DA:额定脱水量为 600 kg/h 单通道 A 系列青饲料牧草烘干机组。

5 设备工作的一般条件

5.1 周围空气温度

周围空气温度如下:
a) 周围空气温度上限为 40 ℃,24 h 内其平均值不超过 35 ℃;
b) 周围空气温度下限为 −5 ℃。

5.2 海拔

安装地点的海拔不超过 2 000 m。高于 2 000 m 的海拔由制造商和用户协商。

5.3 大气条件

5.3.1 湿度

环境温度最高 40 ℃时,大气相对湿度不大于 50%。月平均最低温度 25 ℃时,大气相对湿度不大于 90%。

5.3.2 污染等级

电气设备适用于 GB 14048.1 规定的污染等级 3 的环境。

6 技术要求

6.1 一般要求

6.1.1 烘干机组应按规定程序批准的图样和技术文件制造。

6.1.2 烘干机组的金属外表面应进行防锈处理；表面涂层颜色及色环色相应符合管道种类和用途的相关规定。

6.1.3 外表面涂层颜色应均匀一致，不应有脱落、气泡、裂纹和划痕。

6.1.4 烘干机组应设有去除物料中铁块等杂物的装置。

6.1.5 烘干机组的高温部位应有明显的安全警示标识，必要时应采取防护措施。

6.1.6 所有外露回转件及传动机构应设置防护装置或防护罩。

6.1.7 满负荷运行时，物料在滚筒干燥器中的干燥过程应流畅，不应有缠绕勾挂和阻塞现象；达到干燥要求的物料通过后热风管道输送到分离器的过程应流畅绝不应有阻塞。

6.1.8 燃煤热风炉应符合 JB/T 6672 的要求。

6.1.9 列管式换热器应符合 GB 151 的规定；其他型式的换热器的钢板材料不应低于 GB 713 规定的要求。

6.1.10 前热风管道、滚筒干燥器、密封装置的钢板材料不应低于 GB 713 的要求，对于工作在高温区的钢板其耐热性能和力学性能不能低于相关标准的规定。

6.1.11 滚圈和托轮加工后的外表面不允许有沙眼，更不允许补焊，其硬度处理应考虑使用寿命的一致性，滚圈和托轮的直径比不应选整数倍。

6.1.12 后热风管道及分离器内表面必须进行打磨，要求光滑平整、无毛刺、无气孔。

6.1.13 喂料器和卸料器叶轮采用镶刀结构，通过调节镶刀与内壁之间间隙大小保证密闭性。

6.1.14 升运均料设备应有符合机组喂入量的控制装置。

6.1.15 前热风管道与滚筒干燥器进口间的密封装置应适应高温、高压、高速气流和高转速工况下的密封要求。在压差和温度变化作用下不应产生泄漏。滚筒干燥器出口与后热风管道间的密封装置应具有同样的性能。

6.1.16 烘干机组在正常烘干温度范围工作时，滚筒干燥器在烘干工艺要求的任意转速长时间运转时，其滚圈与托轮的接触位置的单向位移不应影响密封装置的性能。

6.1.17 电动机控制装置应具有防止过载、短路、缺相、欠压等安全防护功能。

6.2 现场安装要求

6.2.1 所有传动件应转动灵活，不应有卡滞或窜动现象。

6.2.2 焊接不应有夹渣、漏焊、虚焊，焊缝外观应平整光滑。

6.2.3 法兰连接时不允许施加外力强行安装。

6.2.4 热风炉现场安装和砌筑应符合 GB 50309、GB 50211 的要求。

6.2.5 配电柜、操作台设备屏前操作通道应大于 1 500 mm，屏后维护通道应大于 1 000 mm。

6.2.6 电气设备安装应符合 GB 16895.3 的要求。

6.3 性能指标

6.3.1 干燥后牧草粗蛋白质损失应小于 5%；不应有烤焦、烤糊等现象。

6.3.2 产出青干草含水率在10%～18%的范围内。

6.3.3 额定工况额定脱水能力达到设计值。

6.3.4 额定工况滚筒干燥器进口热风额定热量达到设计值。

6.3.5 滚筒干燥器进口温度大于550 ℃，出口温度小于100 ℃时，单位热耗应不大于1 000 kcal/kg。

6.3.6 烘干机组全面运行时，噪声小于85 dB(A)。

6.3.7 保温材料在使用温度小于650 ℃时应符合GB/T 11835的要求；使用温度小于1 200 ℃时应符合GB/T 16400的要求。

6.3.8 烟气炉与换热器进口处、热风炉出口处应设置有温度测量、显示装置。对于机烧热风炉应有运行控制系统，保证出口热风温度差在±5 ℃内。

6.3.9 对于额定功率的热风炉，在保持其空气侧通道换热鼓风机转速不变的条件下，提高最高输出热风温度15%的情况下，应能连续正常工作不少于2 h。

6.3.10 烟气炉燃烧室的主体部分应保证在连续运行20 000 h之内不出现结构性损坏，换热器应保证在连续运行10 000 h之内不出现结构性和气密性损坏。

6.3.11 整套换热器的空气侧或烟气侧通道必须采用0.2 MPa气压，连续加压0.5 h后保压，进行气密性检验，气压下降值不应大于5%。换热器应维护简单和易于维修。

6.3.12 燃煤烟气炉污染物的排放，应符合GB 13271的规定。

6.3.13 滚筒干燥器筒体外表面平均温升小于30 ℃。

6.3.14 滚筒干燥器转速应在1 r/min～18 r/min无级控制。

6.3.15 分离器的分离效率应达到(产品回收率)大于95%的要求。

6.3.16 滚筒干燥器和分离器应保证在正常运行50 000 h之内不出现结构性损坏。

6.3.17 当电路接地发生故障、热过载、缺相、断相、过压或欠压时，电气控制电路的保护装置应使被驱动的电机立即停机。

6.3.18 电气控制系统应具有被控负载运行状态、热风温度、喂料量、滚筒干燥器转速等监测、故障显示和报警功能。

6.3.19 电气设备及相关元器件，包括电源输入端子、输出端子和执行原件其绝缘电阻应不小于1 MΩ。

6.3.20 电气设备应可靠接地，接地电阻应不大于4 Ω。

7 性能试验

7.1 试验条件和准备

7.1.1 烘干机组的设计数据记入附录A中的表A.1。

7.1.2 试验样机应按制造厂的安装说明书进行安装、调试、空载运行、试运行，确定达到正常运行状态后方可进行试验。

7.1.3 性能试验采用含水率(M_0)70%～75%的紫花苜蓿。

7.1.4 试验测定用测试仪器、仪表、工具参见附录B。在试验前应经过校验合格。

7.1.5 试验测定前进行热风测温和测压点的布置，进气测温和测压点位置在前热风管道上选择；废气测温和测压点位置在分离器与主风机之间的管道上选择。要求测点位置不宜靠近弯头及断面形状急剧变化的部位；测定位置应距弯头、接头、阀门和其他变径管的下游方向大于6倍直径处，和距上述部位的上游方向大于3倍直径处。在选定的测点位置开孔，在孔口焊接与热电偶和皮托管配套的丝母，并装上丝堵。

7.1.6 测点位置及数目：将圆形管道断面划分为适当数量的等面积同心圆环，各测点均在环的等面积中心线上，所分的等面积圆环数由管道直径大小而定，并按表1确定环数和测点数。

表 1　圆形管道分环及测点数的确定

管道直径(D),mm	环数	测点数
<200	1	2
200～400	1～2	2～4
400～600	2～3	4～6
600～800	3～4	6～8
800 以上	4～5	8～10

7.1.7　当测定现场不能满足 7.1.5 所述要求时,对圆形管道应增加与第一测量直径成 90°夹角的第二测量直径,总测点数增加一倍。

测点距管道内壁距离如图 1 所示。

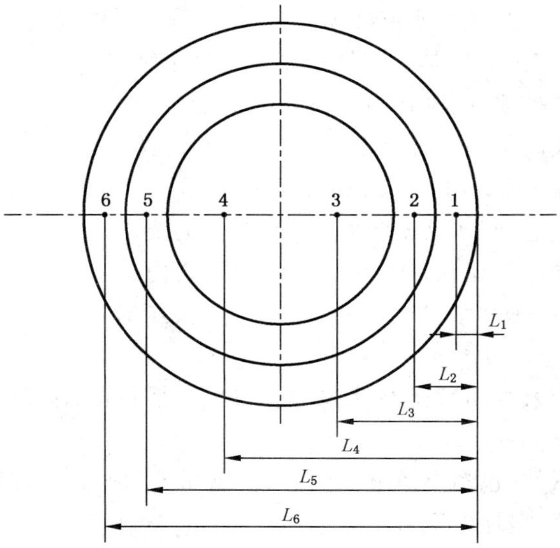

图 1　测点距圆形管道内壁的距离表示法(以 3 环为例)

各环测点与管道内壁的距离按式(1)确定。

$$L_n = \frac{D}{2}\left(1 - \sqrt{\frac{2n-1}{2N}}\right) \quad \cdots\cdots(1)$$

式中:

L_n ——各环测点与管道内壁的距离,单位为毫米(mm);

D ——管道内径,单位为毫米(mm);

n ——从管道中心算出的环的序号;

N ——管道分割的等分环的数目。

7.2　试验要求

7.2.1　每次试验测定应在高温热风炉达到额定工况;烘干机组稳定工作 1 h 后进行。

7.2.2　试验样机应连续作业,不得中断,否则本次测试无效。

7.2.3　试验在额定工况下进行各项目的测定。

7.2.4　试验样机累积工作时间不少于 100 h,性能试验不得少于三次,每次试验时间不少于 30 h,每次试验至少有一次连续工作时间不少于 16 h。各项目测定数据不少于 3 个。三次试验测定数据取算术平均值。

7.3 试验内容和方法

7.3.1 大气压力、环境温度和相对湿度测定

大气压力采用空盒压力计测定；将湿度计、温度计设置在机组正前方约 2.5 mm 的避阳处，进行环境温度和相对湿度的测定。数据记入附录 A 中的表 A.2。

7.3.2 燃煤热风炉性能测定

应符合 JB/T 6672 中的试验方法。

7.3.3 粗蛋白质和粗纤维的测定

湿物料、青干草粗蛋白质和粗纤维的测定方法按 GB/T 6432、GB/T 6434。

7.3.4 额定脱水能力测定计算

7.3.4.1 青干草生产率的测定和计算

烘干机组在额定工况稳定工作 1 h 后开始记录青干草的产出质量，测定不少于三次，每次测定连续产出时间不小于 6 h，按式(2)计算。数据记入附录 A 中的表 A.2。

$$G_{ds}=\frac{G_{mt}}{t\times 3\ 600} \qquad \cdots\cdots(2)$$

式中：

G_{ds}——青干草生产率，单位为千克每秒(kg/s)；

G_{mt}——测定时间青干草产出质量，单位为千克(kg)；

t ——产出时间，单位为小时(h)。

7.3.4.2 湿物料含水率和青干草含水率的测定

湿物料含水率和青干草含水率的测定方法按 GB/T 6435，数据记入附录 A 中的表 A.2。

7.3.4.3 额定脱水能力计算

额定脱水能力按式(3)计算，数据记入附录 A 中的表 A.2。

$$W_h=G_{ds}\times\left(\frac{M_0-M_f}{1-M_0}\right)\times 3\ 600 \qquad \cdots\cdots(3)$$

式中：

W_h ——额定脱水能力，单位为千克每小时(kg/h)；

M_0 ——湿物料含水率(湿基)，%；

M_f ——青干草含水率(湿基)，%。

7.3.5 额定工况青干草的产出量计算

额定脱水能力时烘干机组每小时产出含水率为 M_f 的青干草质量，按式(4)计算，数据记入附录 A 中的表 A.2。

$$G_{df}=W_h\times\frac{1-M_0}{M_0-M_f} \qquad \cdots\cdots(4)$$

式中：

G_{df}——青干草产出质量，单位为千克每小时(kg/h)。

7.3.6 滚筒干燥器进口热量测定与计算

7.3.6.1 测量点的布置

在前热风管道上按7.1.5和7.1.6中要求布置测量点，当管道直径小于或等于200 mm时，可在管道截面中心只测一点的温度，作为整个截面上的平均温度。

7.3.6.2 滚筒干燥器进口热风温度测定

用热电偶温度计测定。它在测量管道截面上的布置应做记录，并列出布置图。数据记入附录A中的表A.3。

7.3.6.3 热风流量测定与计算

滚筒干燥器进口热风流量测点的布置按7.1.5和7.1.6中要求。

7.3.6.3.1 输入热风风压测定

在测定点安装皮托管和倾斜式微压计测定，运行时同步测出各点风压并把测定数据记入附录A中的表A.4。

7.3.6.3.2 热风密度、平均风压、平均流速、热风流量计算

计算如下：

a) 滚筒干燥器进口输入热风密度，按式(5)进行计算，数据记入附录A中的表A.2。

$$\rho = 2.176 \times 10^{-3} \times \frac{H}{273 + t_p} \times \frac{1 + X}{0.622 + X} \qquad (5)$$

式中：

ρ ——输入热风密度，单位为千克每立方米(kg/ m³)；

H——气体绝对压力，单位为帕(Pa)；

X——进口冷风湿含量，单位为千克每千克(kg/kg)(按附录A中A.1.2求出)；

t_p——输入热风平均温度，单位为摄氏度(℃)(取测定周期内全部所测输入热风温度的算术平均值)。

b) 滚筒干燥器进口输入热风平均风压，按式(6)进行计算，数据记入附录A中的表A.4。

$$Z_p = \frac{1}{n}\left\{\sum_{j=1}^{n}\left[\frac{\sum_{i=1}^{m}\sqrt{Z_i}}{m}\right]^2\right\} \qquad (6)$$

式中：

Z_p——测定截面上m点输入热风平均风压，单位为帕(Pa)；

Z_i——i点微压计动压读数，单位为帕(Pa)；

m——测点数；

n——试验期间测定的次数。

c) 滚筒干燥器进口输入热风平均流速，按式(7)进行计算，数据记入附录A中的表A.2。

$$v_p = \sqrt{2}K_d\sqrt{K}\frac{\sqrt{Z_p}}{\sqrt{\rho}} \qquad (7)$$

式中：

v_p ——输入热风平均流速，单位为米每秒(m/s)；

K ——倾斜微压计常数因子；

K_d——皮托管系数，标准皮托管 $K_d=1$，S型皮托管 $K_d=0.80\sim0.85$。

d) 滚筒干燥器进口热风流量，按式(8)进行计算，数据记入附录A中的表A.2。

$$q_v=3\ 600v_pF \quad\cdots\cdots(8)$$

式中：

q_v——输入热风流量，单位为立方米每小时(m^3/h)；

F ——热风测量管道截面积，单位为平方米(m^2)。

7.3.6.3.3 进冷风温度测定

将温湿度计悬挂在离热风炉空气侧通道换热鼓风机进口约1 m的避阳处测定，数据记入附录A中的表A.3。

7.3.6.4 滚筒干燥器进口输入热量计算

滚筒干燥器进口输入热量按式(9)进行计算，数据记入附录A中的表A.2。

$$Q_{yx}=q_v\rho(C_{pmo}^{t}t-C_{pmo}^{t_0}t_0) \quad\cdots\cdots(9)$$

式中：

Q_{yx} ——输入热风热量，单位为千焦每小时(kJ/h)；

t_0 ——进冷风平均温度，单位为摄氏度(℃)；

C_{pmo}^{t}——输入热风温度 t 时平均定压质量比热容，单位为千焦每千克开[kJ/(kg·K)](按附录C中C.2求出)；

$C_{pmo}^{t_0}$——温度 t_0、t 时进口冷风平均定压质量比热容，单位为千焦每千克开[kJ/(kg·K)](按附录C中C.2求出)。

7.3.7 单位热耗量计算

蒸发1 kg水所消耗的热量，按式(10)计算，数据记入附录A中的表A.2。

$$Q_r=\frac{Q_{yx}}{W_H} \quad\cdots\cdots(10)$$

式中：

Q_r——蒸发1 kg水所消耗的热量，单位为千焦每千克(kJ/kg)。

7.3.8 单位能源消耗测定

单位能源消耗测定与生产试验结合进行，测定不少于三次，每次不少于6 h。

7.3.8.1 产出1 kg青干草所消耗能源折合标准煤的质量，按式(11)计算，数据记入附录A中的表A.2。

$$G_{mb}=\frac{\sum G_m q_n}{\sum G_{mt}\times 2.93\times 10^4} \quad\cdots\cdots(11)$$

式中：

G_{mb}——产出1 kg青干草消耗标准煤的质量，单位为千焦每千克(kJ/kg)；

G_m ——测定时间能源消耗质量，单位为千克每千瓦时[kg(kW·h)]；

q_n ——实际使用能源的热值，单位为千焦每千克(kJ/kg)。

7.3.8.2 产出1 kg青干草所消耗的电能，按式(12)计算，数据记入附录A中的表A.2。

$$N_{mb}=\frac{\sum N_m}{\sum G_{mt}} \quad\cdots\cdots(12)$$

式中：

N_{mb}——产出 1 kg 青干草耗电量，单位为千瓦时每千克(kW·h/kg)；

N_{m}——测定时间耗电量，单位为千瓦时(kW·h)。

7.3.9 噪声测定

在距离烘干机组 1.5 m，离地面 1.5 m 处几个不同位置(不少于 6 点)，用声级计的计权网络 A 档测量噪声强度，取测量最大值。数据记入附录 A 中的表 A.5。

7.3.10 热风炉过载性能测定

保持热风炉空气侧通道换热鼓风机和烘干机主风机转速不变的条件下，提高最高输出热风温度 15%的情况下，连续工作 2 h。输出热风温度、进冷风温度及进入换热器的烟气温度每 5 min 测量一次。

7.3.11 燃煤烟气炉污染物的排放测定

烟气排放浓度及排放量测定按 GB/T 5468 的规定进行；采样方法按 GB/T 16157 的规定进行，数据记入附录 A 中的表 A.2。

7.3.12 滚筒干燥器运转稳定性能测定

热风炉过载试验 1 h 后进行测定，滚筒干燥器在 15 r/min、10 r/min、5 r/min 时，分别运行 10 min、15 min、30 min。任意时刻用秒表测定滚筒干燥器的实际转速应与电控台上滚筒干燥器转速显示数据相同。

7.3.13 滚筒干燥器表面温度的测定

烘干机组稳定工作 1 h 后进行测定：在筒体外表面轴向距离平均取三点用点温计测定，每隔 30 min 测定一次，不少于三次，取算术平均值，数据记入附录 A 中的表 A.2。

7.3.14 分离器效率测定

在烘干机主风机出口处装除尘布袋回收排放物，测定时与 7.3.8 同步进行，测定不少于三次，每次不少于 6 h，按式(13)计算，数据记入附录 A 中的表 A.2。

$$\eta_f = \frac{G_m}{G_{mt} + G_m} \times 100\% \qquad \cdots\cdots(13)$$

式中：

η_f——分离器效率，%；

G_m——回收物质量，单位为千克(kg)。

7.3.15 电气绝缘电阻测定

电气绝缘电阻按 GB/T 24343—2009 中第 4 章～第 5 章进行检验。

7.3.16 接地电阻测定

用接地电阻测试仪进行测试。

7.3.17 生产试验

按 GB/T 5667 的规定。

8 检验规则

8.1 检验分类

检验主要分以下几种：

a) 出厂检验；

b) 现场安装检验；

c) 型式检验。

8.1.1 出厂检验

出厂前应由生产厂质量检验部门依据图样与技术文件要求进行检验。每一项检验结果均达到要求时，方可出厂。

8.1.2 现场安装检验

8.1.2.1 烘干机组现场安装，应按 6.2 规定进行。

8.1.2.2 热风炉按 JB/T 6672—2011 中 5.4 进行检验（寿命要求免检）。

8.1.3 型式检验

8.1.3.1 遇有下列情况之一时应进行型式检验：

a) 经鉴定定型后制造厂第一次生产的产品或转厂生产的老产品；

b) 产品因设计、结构、材料或工艺的变更可能影响烘干机组性能时；

c) 产品停产超过两年后，恢复生产时；

d) 交付检验结果与上次型式检验有较大差异时；

e) 批量生产时，每三年应进行一次；

f) 国家质量监督机构提出进行型式试验要求时。

8.1.3.2 检验项目分类如表 2 所示。

表 2 检验项目分类表

类别	序号	项目名称	对应条款
A	1	高温防护	6.1.5
	2	防护罩	6.1.6
	3	粗蛋白质	6.3.1
	4	额定脱水能力	6.3.3
	5	额定热量	6.3.4
	6	单位热耗	6.3.5
	7	换热器气密性	6.3.11
	8	筒体转速	6.3.14
	9	分离效率	6.3.15
B	1	除铁装置	6.1.4
	2	高温警示	6.1.5

表 2（续）

类别	序号	项目名称	对应条款
B	3	过载、短路等保护装置	6.1.17、6.3.17
	4	青干草含水率	6.3.2
	5	烟气排放	6.3.12
	6	热风炉过载	6.3.9
	7	烟气燃烧室主体、换热器运行时间	6.3.10
	8	喂料器、卸料器密闭性	6.1.13
	9	筒体温升	6.3.13
	10	滚筒干燥器、分离器运行时间	6.3.16
	11	绝缘电阻	6.3.19
	12	接地电阻	6.3.20
C	1	防锈、涂漆	6.1.2、6.1.3
	2	装配质量	6.2.1
	3	焊接质量	6.2.2
	4	噪声	6.3.6
	5	标牌	9.1.2

8.1.3.3　烘干机组的型式检验在用户中进行，上述检验在机组安装、调整，确认达到连续正常运行状态后方可进行。

8.1.3.4　判定规则

烘干机组应逐台进行。当被检产品在 A、B、C 类各项合格时，则整件产品被判为合格；若 B、C 类中各有 3 项不合格，允许对这些项目进行返工后重检，重检全部合格则整件产品被判为合格。

9　标志、包装、运输与贮存

9.1　标志

9.1.1　标志的内容

至少应包括以下内容：

a）产品名称、型号；

b）产品主要技术参数；

c）产品执行标准编号；

d）厂名、商标；

e）产品编号和制造日期。

9.1.2　标志的要求

应符合以下要求：

a）标牌应清晰，易于识别，且耐久不易磨灭；

b）应在产品的明显部位设置符合 GB/T 13306 规定的产品标牌；

c） 安全标识醒目、突出。

9.2 包装

9.2.1 热风炉和烘干机的主机包装由供需双方协商解决。

9.2.2 热风炉和烘干机的组件、部件、零件应有能防止运输过程中遭受损坏的包装箱。

9.2.3 配电设备和电气控制设备的包装应符合 GB/T 13384 的规定，外包装应能防止运输过程中遭受损坏。

9.2.4 包装储运图示应符合 GB/T 191 的规定；运输包装收发货标志应符合 GB/T 6388 的规定。外包装的标志应清楚整齐，保证不因运输和贮存后模糊不清，其内容如下：

a） 制造厂名；

b） 产品名称和型号；

c） 产品数量；

d） 包装箱的尺寸“长×宽×高”及重量；

e） 收货单位名称和地址；

f） 标上“电器”，“小心轻放”，“向上”，“包装年月”等字样或标记；

g） 发货单位名称和地址。

9.2.5 每台烘干机组出厂应配带下列文件：

a） 产品出厂检验合格证、随机携带的安全环保、热工、排放性能报告；

b） 产品使用说明书；

c） 产品总图和安装图；

d） 附件、易损件、仪表、配套设备清单及装箱单。

9.3 运输与贮存

9.3.1 烘干机组的贮存场所应干燥通风，存放时切勿与有腐蚀性的气体或液体接触。

9.3.2 电器设备贮存温度－10 ℃～40 ℃；相对湿度（25 ℃时）不超过 95％。

9.3.3 烘干机组的运输应符合汽车、火车及水路运输的相关要求。

附　录　A
（资料性附录）
生产试验记录表格

表 A.1　烘干机组设计数据表

烘干机组型号：　　　　　　　　　　测定日期：　　　　　测定人：　　　　　记录人：

序号	名　　称	设计数据
1	烘干机组外形尺寸(长×宽×高)/mm	
2	输入滚筒干燥器热风最高温度/℃	
3	输入滚筒干燥器热风额定热量/[kJ/h(MW)]	
4	总装机容量/kW	
5	最大脱水能力/(kg/h)	
6	单位热耗/(kJ/kg)	
7	滚筒干燥器调速范围/(r/min)	
8	分离器效率/%	
9	烘干机出口热量损失/[kJ/h(MW)]	
10	高温热风炉输出最高热风温度/℃	
11	高温热风炉输出热风额定换热量/[kJ/h(MW)]	
12	高温热风炉热效率/%	

表 A.2　性能试验测定汇总表

试验测定日期：　　　　天气：　　　　　测定人：　　　　　　　资料整理记录人：

项目	名　　称	测定数据						平均值	备注
		1	2	3	4	5	6		
环境条件	环境温度/℃								
	环境相对湿度/%								
	大气压力/(kPa)								
试验时间	测定起始时间/h								
	测定终止时间/h								
	测定升温时间/min								
	故障时间/h								
	纯测定时间/h								

表 A.2（续）

项目	名　　称	测定数据						平均值	备注
		1	2	3	4	5	6		
试验条件	湿物料含水率/%								
	青干草含水率/%								
	滚筒干燥器转速/(r/min)								
	滚筒表面温度/℃								
主要性能指标	干燥器输入热风平均温度/℃								
	干燥器输入热风密度/(kg/m³)								
	干燥器输入热风平均流速/(m/s)								
	干燥器输入热风流量/(m³/h)								
	干燥器进口输入热风热量/(kJ/h)								
	单位热耗/(kJ/kg)								
	额定脱水能力/(kg/h)								
	青干草生产率/(kg/h)								
	分离效率/%								
	产出 1 kg 青干草标准煤耗/kg								
	产出 1 kg 青干草耗电量/(kW·h/kg)								
	烟尘黑度/林格曼黑度级								
	烟气含尘浓度/mg/nm³ 干烟气								
	烟尘排放量/mg/h								

表 A.3　输入热风平均温度及冷风温度测定记录表

试验测定地点：　　　　测定日期：　　　　气候条件：

试验测定起止时刻：　　　　进冷风环境相对湿度：

大气压力：

序号	每测一次整个测量截面上的输入热风平均温度值/℃	进冷风温度/℃	备注
1			注明： 1. 测点布置图及测点位置 2. 测温元件型号及编号
2			
3			
n			
总平均值			

测定人：　　　　　　　　　　记录人：

表 A.4　输入热风风压试验测定记录表

试验测定地点：　　　　　　　　测定日期：　　　　　　　　气候条件：
试验测定起止时刻：　　　　　　进冷风环境相对湿度：　　　输入热风温度：
大气压力：　　　　　　　　　　静压：

微压计读数名称		测点							$\left(\frac{\sum_{i=1}^{m}\sqrt{Z_i}}{m}\right)^2$	备注
		1	2	3				m		
测量序号	1									注明： 1. 测点布置图； 2. 测点位置 m； 3. 测量次数 n。
	2									
	3									
	4									
	5									
	n									
Z_p										

注：表 A.4 格式仅适用于采用皮托管测量时用。

测定人：　　　　　　　　　　　　　　　　　　　　　记录人：

表 A.5　噪声测定数据表

日期	测定次数	空载噪声/db(A)									负载噪声/db(A)								
		测定部位									测定部位								
		1	2	3	4	5	6	7	8	平均	1	2	3	4	5	6	7	8	平均
	1																		
	2																		
	3																		

测定人：　　　　　　　　　　　　　　　　　　　　　记录人：

表 A.6　紫花苜蓿品质测定数据表

测定人：　　　　　　　　　　　　　　　　　　　　　测定单位：

项目	含水率/%	粗蛋白质/%	粗纤维/%	色泽	气味	等级标准	烘干后粗蛋白质损失/%
湿物料							
青干草							

附 录 B
（资料性附录）
实验测定使用的仪器、仪表

表 B.1 实验测定使用的仪器、仪表

序号	仪器、仪表名称	规格	精度	数量	用途
1	数显温度仪		±0.5 ℃	2 台	测量进风温度和输出热风温度
2	倾斜式微压计		0.5 级	2 只	测量输出端输出热风动压、静压及进风端静压、动压
3	皮托管或均压管			2 只	
4	实验水银温度计	0～50 ℃	±0.5 ℃	1 只	测量进风温度
5	干湿球温度计			1 只	测量相对湿度和环境温度
6	空盒压力计		＜200 Pa	1 台	测量大气压力
7	动压平衡型等速烟尘采样仪		2.5 级	1 台	测量烟气含尘浓度和烟尘排放质量
8	台秤	500 kg	±0.1%	1 台	测定燃煤质量、物料质量
9	半导体点温计	0～300 ℃		1 只	测量物料温度及烘干筒表面温度
10	秒表			1 只	测量滚筒干燥器转速
11	热电偶			2 只	测量热风温度

附 录 C
（规范性附录）
进风湿含量和湿空气平均定压质量比热容的求法

C.1 进风的湿含量的计算

C.1.1 进风的蒸气分压力 p_w 的计算

根据已测定的进风温度 t_0 和相对湿度可按表 C.1 查得饱和蒸气压力 p_s 值，按式(C.1)计算水蒸气分压力。

$$p_w = \varphi \times p_s \qquad \cdots\cdots(C.1)$$

式中：

p_w ——进风中水蒸气分压力，单位为帕(Pa)；

φ ——进风相对湿度，%。

C.1.2 进风的湿含量按式(C.2)计算：

$$X = 0.622 \times \frac{p_w}{p - p_w} \times \varphi \qquad \cdots\cdots(C.2)$$

式中：

X ——进口冷风的湿含量，单位为千克每千克(kg/kg)；

p ——大气压力，单位为帕(Pa)。

C.2 湿空气平均定压质量比热容计算

湿空气平均定压质量比热容计算按式(C.3)计算：

$$C^t_{pmo} = \frac{C^t_{pmgo} + C^t_{pmwo} \times X}{1 + X} \qquad \cdots\cdots(C.3)$$

式中：

C^t_{pmo} ——温度 t 时湿空气平均定压质量比热容，单位为千焦每千克开[kJ/(kg·K)]；

C^t_{pmgo} ——温度 t 时干空气平均定压质量比热容，单位为千焦每千克开[kJ/(kg·K)]；

C^t_{pmwo} ——温度 t 时蒸气平均定压质量比热容，单位为千焦每千克开[kJ/(kg·K)]。

注 1：C^t_{pmgo}、C^t_{pmwo} 可查表 C.2 求得。

注 2：当温度 $t \leqslant 200$ ℃时，可取 $C^t_{pmgo} = 1.005$ kJ/(kg·K)，$C^t_{pmwo} = 1.842\ 0$ kJ/(kg·K)。

表 C.1 饱和蒸气压力 p_s 与温度 t 之间的关系

t ℃	p_s kPa	t ℃	p_s kPa	t ℃	p_s kPa
0.01	0.610 8	14	1.598 3	22	2.577 3
1	0.660 2	16	1.817	23	2.809 3
5	0.872	18	2.063 5	24	2.984
10	1.228	20	2.333 7	25	3.168 0
12	1.402 3	21	2.486 6	26	3.361 2

表 C.1（续）

t ℃	p_s kPa	t ℃	p_s kPa	t ℃	p_s kPa
27	3.565 2	90	70.110	230	2 797.8
28	3.780	100	101.33	240	3 347.8
29	4.005 2	110	142.27	250	3 977.6
30	4.241	120	198.54	260	4 694.3
31	4.493 2	130	270.13	270	5 505.8
32	4.754 7	140	361.4	280	6 420.2
33	5.030 5	150	476.0	290	7 446.1
34	5.032 0	160	618.1	300	8 592.7
35	5.624	170	792.0	310	9 870.0
40	7.375	180	1 002.7	320	11 289.0
50	12.335	190	1 255.1	330	12 363.0
60	19.93	200	1 554.9	340	14 605.0
70	31.16	210	1 907.7	350	16 535.0
80	47.36	220	2 319.8		

表 C.2　气体的平均定压质量比热容 C_{pmo}^{t}

单位为千焦每千克开

t ℃	O_2	N_2	H_2	CO	CO_2	H_2O C_{pmwo}^{t}	空气 C_{pmgo}^{t}
0	0.917	1.017	14.210	1.038	0.821	0.855	1.005
100	0.925	1.043	14.352	1.043	0.871	1.867	1.005
200	0.938	1.047	14.432	1.047	0.913	1.888	1.013
300	0.950	1.051	14.465	1.055	0.950	1.913	1.017
400	0.967	1.059	14.491	1.063	0.984	1.938	1.030
500	0.980	1.068	14.520	1.076	1.013	1.968	1.038

ICS 65.060.30
B 91

中华人民共和国国家标准

GB/T 30469—2013

施水播种机械作业技术规范

Technical specifications for operation of seedbed irrigation and sowing

2013-12-31 发布 2014-10-01 实施

中华人民共和国国家质量监督检验检疫总局
中国国家标准化管理委员会
发布

前　言

本标准按照GB/T 1.1—2009给出的规则起草。

本标准由中国机械工业联合会提出。

本标准由全国农业机械标准化技术委员会(SAC/TC 201)归口。

本标准起草单位:中国农业大学。

本标准主要起草人:庞昌乐、张淑敏。

施水播种机械作业技术规范

1 范围

本标准规定了施水播种机械的作业条件、作业准备、作业要求和安全要求。

本标准适用于行走式节水灌溉机的施水播种作业。

2 规范性引用文件

下列文件对于本文件的应用是必不可少的。凡是注日期的引用文件，仅注日期的版本适用于本文件。凡是不注日期的引用文件，其最新版本(包括所有的修改单)适用于本文件。

GB 5084—2005 农田灌溉水质标准

GB/T 25404 行走式节水灌溉机

NY/T 1143—2006 播种机质量评价技术规范

3 术语和定义

下列术语和定义适用于本文件。

3.1

施水播种机 seedbed irrigation and sowing machine

以拖拉机等为动力，配置机载水箱，一次完成开沟、施水、播种、覆土等功能的复式作业机具。

3.2

施水量 seedbed irrigation yield

单位面积施入土壤中的水量。

4 作业条件

4.1 作业地块土壤含水率应不大于12%、坡度应不大于5%。

4.2 作业地块应经过整地，耕深应符合机械播种作业的农艺要求。

4.3 选用符合当地农艺要求的种子，对种子进行去杂质、拌药或种子包衣等必要处理。

4.4 施水播种的水质应符合GB 5084—2005 中 3.1 的要求，作业地块附近应有水源。

4.5 施水播种机应符合 GB/T 25404 和 NY/T 1143—2006 第3章的要求。

4.6 应配备补水车，载水量应满足施水播种机连续作业的加水要求。

4.7 作业人员应经过正规操作、维修技术培训。拖拉机驾驶员应具有拖拉机驾驶证。

5 作业准备

5.1 播种机应进行全面检查、调整和保养，确保技术状态符合作业要求。

5.2 拖拉机应调整、保养到正常作业状况。机载水箱、输水管路应进行清理。

5.3 对播种机与拖拉机的挂接应进行调试，保证连接安全、可靠。

5.4 按作业地块形状、水箱载水量和实际施水量确定施水播种作业路线和补水点位置。长地块作业时,应增设补水点。

5.5 机载水箱应按作业要求加满水,保证施水播种连续作业。

6 作业要求

6.1 施水播种作业应在开沟器入土深度达到农艺要求后进行。

6.2 按水在土壤中入渗速度和施水播种的要求,确定机组行驶作业速度,一般为 6 km/h～8 km/h。

6.3 按土壤含水率和作物种类确定每公顷作业施水量,作业施水量按表 1。

表 1 作业施水量

作物种类	土壤含水率/%	施水量/(m^3/hm^2)
玉米	10～12	15～30
	8～10	45～60
	<8	60～90
小麦	10～12	10～20
	8～10	30～40
	<8	40～60

6.4 作业中应保证施水连续均匀、水不溢出沟外,避免发生施水断条现象。

6.5 种子应播在水分入渗后的湿润土壤上,施水播种作业后,应对土壤进行压实。

6.6 作业时应保持机组匀速直线行驶,避免中途停机、变速和倒车作业。特殊情况下需要中途停车时应同时关闭出水阀并停止播种。

6.7 机组停靠地头时,应停车将机载水箱加满水。

6.8 作业中应随时检查施水播种机工作状况,有杂物堵塞时应及时清除。

7 安全要求

7.1 作业人员不应在酒后或身体过度疲劳状态下进行施水播种作业。

7.2 作业时施水播种机起落架上禁止站人;作业人员不应将手伸入种、肥箱内;与作业无关人员不应靠近作业机械。

7.3 施水播种机的检查和调整应停机熄火,并应在平地上进行。

7.4 作业中清除施水播种机的堵塞杂物时,应停机并切断动力源。

7.5 机组在转移、地头转弯或田间转场时应停止作业,并避开行人和障碍物。运输中施水播种机应处于提升状态并慢速行驶。

7.6 机组停止作业停驻在田间、地头等任何地方时,应能可靠制动。

ICS 25.100.70
J 43

中华人民共和国国家标准

GB/T 30470—2013

超硬磨料制品　金刚石绳锯

Superabrasives—Diamond wire saw

2013-12-31 发布　　2014-10-01 实施

中华人民共和国国家质量监督检验检疫总局
中国国家标准化管理委员会　发布

前　言

本标准按照 GB/T 1.1—2009 给出的规则起草。

本标准由中国机械工业联合会提出。

本标准由全国磨料磨具标准化技术委员会(SAC/TC 139)归口。

本标准主要起草单位:广东奔朗新材料股份有限公司、桂林特邦新材料有限公司。

本标准主要起草人:尹育航、陶洪亮、向刚强、蒙云开、谢志刚、王智慧。

本标准为首次发布。

超硬磨料制品　金刚石绳锯

1　范围

本标准规定了金刚石绳锯的产品分类及代号、结构型式及代号、技术要求、试验方法、安全使用要求、检验规则、标志、包装、运输和贮存。

本标准适用于矿山开采、石材加工、工程施工等用途的金刚石绳锯(以下简称“绳锯”)。

2　规范性引用文件

下列文件对于本文件的应用是必不可少的。凡是注日期的引用文件，仅注日期的版本适用于本文件。凡是不注日期的引用文件，其最新版本(包括所有的修改单)适用于本文件。

GB/T 8358　钢丝绳破断拉伸试验方法

GB/T 23536　超硬磨料　人造金刚石品种

JB/T 7989　超硬磨料　人造金刚石技术条件

3　产品分类及代号

绳锯按用途分类，其品种及代号见表1。

表1　品种及代号

用　途	品　种	代　号
矿山开采	花岗岩矿山开采绳锯	G/Q
	大理石矿山开采绳锯	M/Q
石材加工	花岗岩异形加工绳锯	G/S
	花岗岩荒料整形绳锯	G/B
	花岗岩大板组合切割绳锯	G/M
	大理石异形加工绳锯	M/S
	大理石荒料整形绳锯	M/B
工程施工	钢筋混凝土切割绳锯	RC
	钢铁等其他材料切割绳锯	S/O

4　结构型式与代号

4.1　结构型式

4.1.1　绳锯主要由钢丝绳、金刚石串珠、固定材料三部分组成。绳锯结构型式如图1所示：

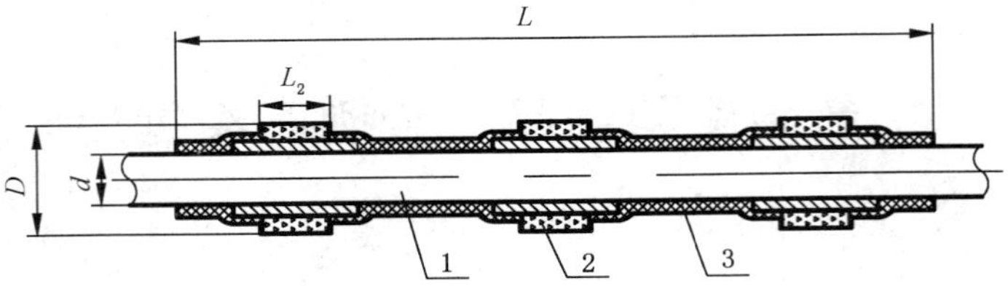

说明：
1——钢丝绳；
2——金刚石串珠；
3——固定材料。

图 1 金刚石绳锯结构型式示意图

4.1.2 金刚石串珠主要由钢质基体、磨料层两部分组成。金刚石串珠结构型式如图 2 所示：

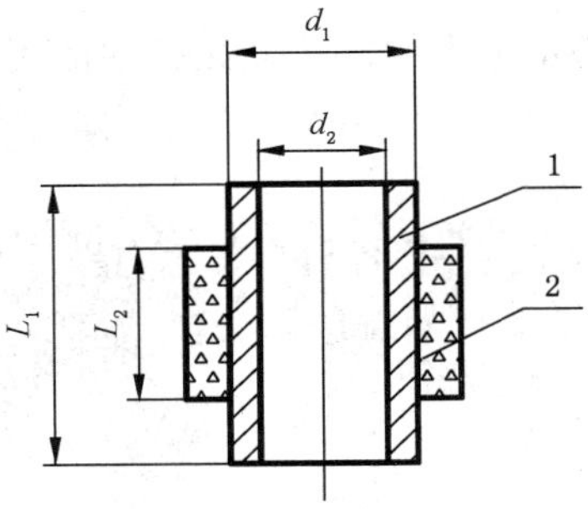

说明：
1——钢质基体；
2——磨料层。

图 2 金刚石串珠结构型式示意图

4.2 尺寸代号与尺寸规格

4.2.1 尺寸代号

绳锯各部位尺寸代号见表 2。

表 2 尺寸代号

部位尺寸名称	代　　号
绳锯长度	L
基体长度	L_1
磨料层长度	L_2
串珠外径	D
钢丝绳直径	d
基体外径	d_1
基体内径	d_2

4.2.2 尺寸规格

产品尺寸规格见表 3。

表 3 产品尺寸规格

单位为毫米

<table>
<tr><th>产品规格</th><th>D</th><th>d_1</th><th>d_2</th><th>d</th><th>L_1</th><th>L_2</th><th>L</th></tr>
<tr><td>ϕ8.5</td><td>8.5</td><td>6.2</td><td>4.8</td><td>4.5,4.6</td><td rowspan="5">9.5
10
11
12</td><td rowspan="5">5.0
5.5
6.0
6.5
7.0</td><td rowspan="5">根据客户要求确定</td></tr>
<tr><td>ϕ9.0</td><td>9.0</td><td>6.6</td><td rowspan="4">5.1
5.2
5.3</td><td rowspan="4">4.8
4.9</td></tr>
<tr><td>ϕ10.5</td><td>10.5</td><td>7.5</td></tr>
<tr><td>ϕ11.0</td><td>11.0</td><td>7.5</td></tr>
<tr><td>ϕ11.5</td><td>11.5</td><td>8.0</td></tr>
</table>

4.3 构成及部件代号

4.3.1 金刚石串珠制造方式及代号见表 4。

表 4 金刚石串珠制造方式及代号

制造方式	代　　号
钎焊法	B
电镀法	G
烧结法	S

4.3.2 金刚石串珠固定材料及代号见表 5。

表 5 固定材料及代号

固定材料	代　　号
弹簧	S
塑料	P
橡胶	R
塑料与弹簧	PS
橡胶与弹簧	RS

4.4 标记

产品应标记如下：

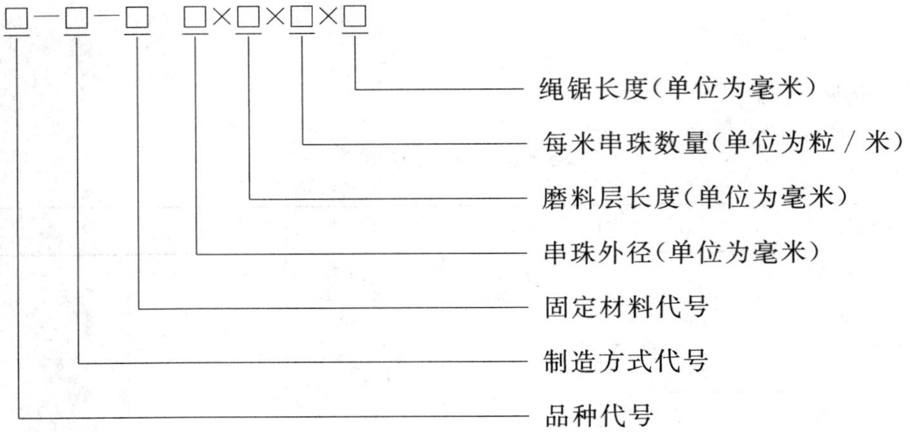

示例：花岗岩大板组合切割绳锯，采用烧结法制造，塑料与弹簧复合固定，串珠外径 $D=9.0$ mm，磨料层长度 $L_2=6.0$ mm，每米串珠数量 37 粒，绳锯长度 $L=20\ 500$ mm 的产品标记：G/M—S—PS 9.0×6.0×37×20 500。

5 技术要求

5.1 钢丝绳

绳锯所需钢丝绳的抗拉强度应不小于 800 MPa。

5.2 超硬磨料

绳锯所使用金刚石的品种及技术条件应分别符合 GB/T 23536 和 JB/T 7989 的要求。

5.3 钢质基体

钢质基体应采用 45＃钢或同等力学性能及以上的材料制造。

5.4 外观

5.4.1 绳锯

5.4.1.1 采用橡胶或塑料固定串珠的绳锯，固定材料表面不应有鼓泡、裂纹等现象。

5.4.1.2 采用弹簧固定串珠的绳锯，组装后钢丝绳应无任何破损。弹簧端头应闭合缠绕，且每端应修磨。

5.4.1.3 绳锯锯切方向标志应清晰。

5.4.2 金刚石串珠

5.4.2.1 串珠表面不得有锈斑或氧化层。

5.4.2.2 工作面上金刚石颗粒应出露且分布均匀。

5.4.2.3 烧结串珠工作面不应有掉边、掉角、裂纹、缺口、凹陷等缺陷。

5.4.2.4 钎焊及电镀串珠工作面不应有起皮或起泡等缺陷。

5.5 基本尺寸极限偏差

绳锯基本尺寸极限偏差应符合表 6 的规定。

表 6　基本尺寸极限偏差

单位为毫米

基本尺寸	极限偏差
D	±0.2
L	+0.005L 0
L_2	+0.2 −0.3

5.6　磨料层与钢质基体结合强度

采用烧结法制造的金刚石串珠，磨料层与钢质基体的结合强度以剪切应力(τ_1)表示，应不小于 60 MPa。

5.7　串珠与钢丝绳的固定强度

采用橡胶、塑料、塑料与弹簧、橡胶与弹簧将串珠固定的绳锯，串珠与钢丝绳的固定强度以剪切应力(τ_2)表示，应不小于 7.5 MPa。

6　试验方法

6.1　钢丝绳

验证有效期内的产品检验报告，必要时按 GB/T 8358 的规定进行检验。

6.2　超硬磨料及钢质基体

按相应产品标准的试验方法检验或验证有效期内的产品检验报告。

6.3　外观

目测检验。

6.4　基本尺寸极限偏差

串珠外径、磨料层长度分别采用分度值为 0.02 mm 游标卡尺测量，检测 20 粒串珠，取平均值；绳锯长度用卷尺测量。

6.5　磨料层与钢质基体结合强度

6.5.1　试验装置

支承座由硬质合金或工具钢制成，硬度 50 HRC～60 HRC。支承座内径根据串珠基体外径而定，尺寸比串珠基体外径大 0.10 mm～0.15 mm。材料试验机量程应不大于 30 kN，精度 0.5 级。

6.5.2　测试方法

测试方法步骤如下：

a)　从绳锯试样中任意截取 10 粒串珠，保留其内孔中的钢丝绳及固定材料，将待检串珠基体上下端面磨平。

b) 采用分度值为0.02 mm游标卡尺测量串珠的磨料层长度、基体外径，数值应精确到小数点后一位。将试样置放在圆柱形支承座上，然后启动试验机在钢质基体中心轴线位置以0.5 mm/min的位移速度均匀施加负荷(如图3所示)，直至磨料层与基体剥离，记录剥离时的剪切力F。剪切应力τ_1值按式(1)计算：

$$\tau_1=\frac{F}{\pi\times d_1\times L_2} \qquad \cdots\cdots(1)$$

式中：

τ_1——剪切应力，单位为兆帕(MPa)；

F——剪切力，单位为牛顿(N)；

π——圆周率；

d_1——基体外径，单位为毫米(mm)；

L_2——磨料层长度，单位为毫米(mm)。

c) 测试10粒串珠，每粒串珠都应符合5.6规定。

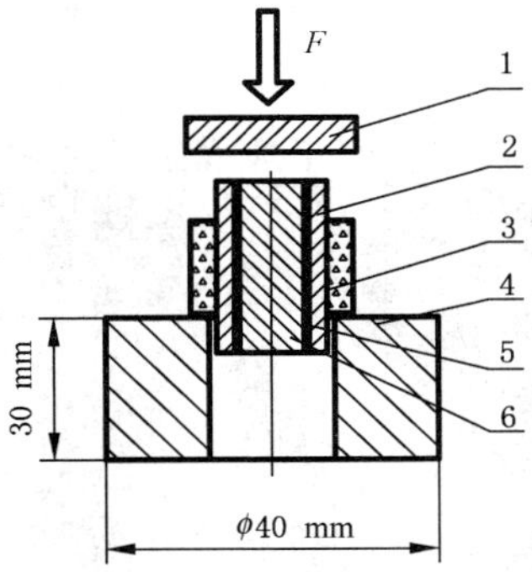

说明：

1——压板；

2——钢质基体；

3——磨料层；

4——支承座；

5——固定材料；

6——钢丝绳。

图3 磨料层与钢质基体结合强度测试示意图

6.6 串珠与钢丝绳的固定强度

6.6.1 试验装置

夹具由硬质合金或工具钢制成，硬度50 HRC～60 HRC。下夹具中心位置应有一个对半分的圆孔，圆孔内径根据钢丝绳直径而定，尺寸比钢丝绳直径大1 mm～1.5 mm。材料试验机量程应不大于30 kN，精度0.5级。

6.6.2 测试方法

测试方法步骤如下：

a) 将串珠两端钢丝绳表面的固定材料全部去除干净；

b) 夹持部分的钢丝绳表面需经喷砂处理；

c) 将试样钢丝绳的一端固定在材料试验机的上夹具上，将试样另一端的待测串珠固定在试验机的下夹具上(如图 4 所示)。以 50 mm/min 的位移速度匀速运动,记录串珠剥离时的剪切力 F。剪切应力 τ_2 值按式(2)计算:

$$\tau_2 = \frac{F}{\pi \times d_2 \times L_1} \quad \cdots\cdots(2)$$

式中:

τ_2——剪切应力,单位为兆帕(MPa);

F——剪切力,单位为牛顿(N);

π——圆周率;

d_2——基体内径,单位为毫米(mm);

L_1——基体长度,单位为毫米(mm)。

d) 待串珠与钢丝绳完全剥离后,将基体内孔残留的固定材料去除干净。采用分度值为 0.02 mm 游标卡尺测量串珠的基体内径、基体长度,数值精确到小数点后一位;

e) 测试 10 粒串珠,每粒串珠都应符合 5.7 规定。测试过程串珠应不变形、不开裂,否则数据无效。

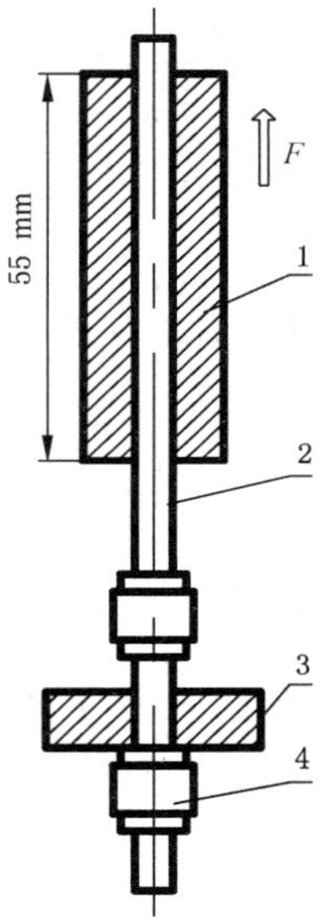

说明:

1——上夹具;

2——钢丝绳;

3——下夹具;

4——待测串珠。

图 4　串珠与钢丝绳固定强度测试示意图

7　安全使用要求

7.1　最高工作速度

采用橡胶、塑料、塑料与弹簧、橡胶与弹簧将串珠固定的绳锯,最高工作速度不应超过 50 m/s;采用弹簧将串珠固定的绳锯,最高工作速度不应超过 40 m/s。

7.2 绳锯接头的连接强度

绳锯接头的连接强度应能承受钢丝绳最小破断拉力的25%以上。

8 检验规则

8.1 检验项目

产品应按5.4～5.7的规定进行出厂或监督检验，合格者方可出厂并附有质量合格证。

8.2 出厂检验

8.2.1 抽样方法

以同一班次、同一工艺生产的同一配方产品为一批。产品的外观质量、长度为全检。随机抽取每批产品中的20粒串珠，检测串珠外径、磨料层长度，其他项目选取同一批中长度为1.0 m的产品作为待测试样。选取待测试样中10粒串珠测试串珠与钢丝绳的固定强度；选取试样中的10粒串珠，测试磨料层与钢质基体结合强度。

8.2.2 判定

检验项目中检验全部合格，该样品为合格；若检验项目中有一项或一项以上不合格，则该样品不合格。

8.3 监督性检验

8.3.1 抽样方法

随机抽取一根绳锯作为样品，随机抽取20粒串珠，检测串珠外径、磨料层长度。选取1 m的样品测试其中10粒串珠的固定强度，另选取测试磨料层与钢质基体结合强度的10粒串珠。

8.3.2 判定

检验项目经检验全部合格，该批产品为合格；若抽检项目中有一项或一项以上不合格，则应在该批产品中对不符合本标准规定的项目取双倍数量的样品进行复检。如仍有一项结果不符合本标准规定时，则该批产品不合格。

9 标志、包装、运输和贮存

9.1 标志

9.1.1 产品标志

产品标志以标签形式固定在产品上，且至少应包括如下内容：

a） 制造厂名称、商标；

b） 产品名称、规格、型号及标记；

c） 安全标志；

d） 产品编号；

e） 生产日期。

9.1.2 外包装标志

包装箱上应注明以下内容：

a） 制造厂名称、商标；

b） 产品名称；

c） 产品型号、规格；

d） 产品编号；

e） 生产日期。

9.2 包装

9.2.1 包装应牢固、美观。

9.2.2 包装箱内应填衬软质材料，并附有合格证、使用说明书。

9.3 运输

运输、装卸过程中不得抛掷、重压、曝晒、受雨雪直接淋袭。

9.4 贮存

绳锯贮存在干燥通风良好的库房内，入库后分类存放，贮存期为2年。超过贮存期的绳锯应按照本标准技术要求重新检验，合格方可使用。

ICS 65.060.99
B 92

中华人民共和国国家标准

GB/T 30471—2013

规模养猪场粪便利用设备　槽式翻抛机

Equipment for manure utilization of large scale pig farm—Channel type turner

2013-12-31 发布　　2014-10-01 实施

中华人民共和国国家质量监督检验检疫总局
中国国家标准化管理委员会　发布

前　言

本标准按照 GB/T 1.1—2009 给出的规则起草。

本标准由中国机械工业联合会提出。

本标准由全国农业机械标准化技术委员会(SAC/TC 201)归口。

本标准起草单位:现代农装科技股份有限公司。

本标准主要起草人:吴德胜、孙跃飞、赵明杰、马学良、孙长征、肖士军。

规模养猪场粪便利用设备　槽式翻抛机

1　范围

本标准规定了规模养猪场粪便利用设备槽式翻抛机的术语和定义、型式与基本参数、技术要求、试验方法、检验规则、标志、包装、运输与贮存。

本标准适用于规模养猪场处理猪粪用槽式翻抛机(以下简称“翻抛机”)。其他养殖场槽式翻抛机也可参照执行。

2　规范性引用文件

下列文件对于本文件的应用是必不可少的。凡是注日期的引用文件,仅注日期的版本适用于本文件。凡是不注日期的引用文件,其最新版本(包括所有的修改单)适用于本文件。

GB/T 985.1　气焊、焊条电弧焊、气体保护焊和高能束焊的推荐坡口

GB/T 985.2　埋弧焊的推荐坡口

GB/T 985.4　复合钢的推荐坡口

GB/T 2828.1　计数抽样检验程序　第1部分:按接收质量限(AQL)检索的逐批检验抽样计划

GB/T 3768　声学　声压法测定噪声源声功率级　反射面上方采用包络测量表面的简易法

GB/T 3797—2005　电气控制设备

GB 4053.3　固定式钢梯及平台安全要求　第3部分:工业防护栏杆及钢平台

GB 5226.1—2008　机械电气安全　机械电气设备　第1部分:通用技术条件

GB/T 5667　农业机械　生产试验方法

GB/T 9969　工业产品使用说明书　总则

GB 10396　农林拖拉机和机械、草坪和园艺动力机械　安全标志和危险图形　总则

GB/T 13306　标牌

3　术语与定义

下列术语和定义适用于本文件。

3.1

好氧堆肥　aerobic composting

在充分供氧的条件下,通过好氧微生物的作用,使有机物降解和稳定,产出适宜土地利用的物质的过程。

3.2

堆肥槽　compost channel

好氧堆肥过程中,用于堆放发酵原料、承载槽式翻抛机并完成堆肥过程的槽式设施。通常建造在建筑物内。堆肥槽的墙体上一般铺设可供机器行走的轨道,其底部可配置曝气系统。

3.3

堆肥槽高度　the height of compost channel

堆肥槽轨道顶面至槽底距离。

3.4

堆肥槽宽度　the width of compost channel

堆肥槽间壁墙的中心距。

3.5

槽式翻抛机　channel type turner

安置在堆肥槽上，可沿槽移动，并具有对槽内物料翻覆、抛扔、移位和重新置堆等作业功能的设备。

4　型式与基本参数

4.1　型式

4.1.1　按工作部件划分，主要分为桨叶式、链板式、竖螺旋式和转鼓式。

4.2　基本参数

4.2.1　翻抛机的主参数为：堆肥槽宽度，mm；堆肥槽高度，mm。

4.2.2　翻抛机的型号用大写拉丁字母和阿拉伯数字等表示，组成及意义如下：

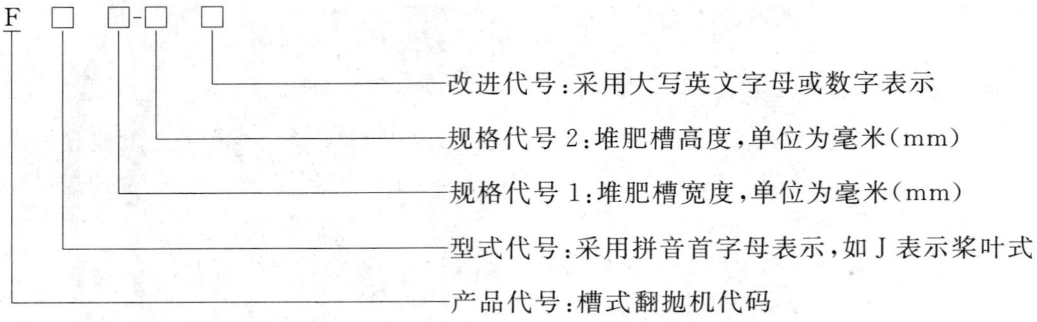

型号示例：

槽宽 6 000 mm，槽高 1 300 mm 的桨叶式翻抛机：FJ6000-1300。

5　技术要求

5.1　一般要求

5.1.1　翻抛机应按经规定程序批准的图样和技术文件进行制造。

5.1.2　翻抛机外观应平整、光滑，漆膜不应有漆漏、起皱、裂纹、毛边和剥落等缺陷。

5.1.3　铸件不应有裂纹和其他降低零件强度的缺陷，配合部位不允许有砂眼、气孔、缩松等缺陷。

5.1.4　所有焊接件应牢固，不应有夹渣、虚焊、烧穿和未焊透等缺陷。焊缝的破口形式与尺寸应符合 GB/T 985.1、GB/T 985.2 和 GB/T 985.4 的规定。

5.1.5　产品使用说明书的编写应符合 GB/T 9969 的规定。

5.2　主要性能指标

翻抛机的主要性能指标应符合表 1 的规定。

表 1　主要性能指标

序号	项目名称	指标
1	生产能力/(m^3/h)	达到设计值
2	单位能耗/(kW·h/m^3)	≤0.1
3	噪声[a]/dB(A)	≤90
4	轴承温升/℃	≤30
5	使用有效度/(%)	≥95
[a] 以内燃机为动力的槽式翻抛机不考核噪声指标。		

5.3　装配技术要求

5.3.1　所有零部件应检验合格，外购件、外协件应有合格证并经抽检合格后方可进行装配。

5.3.2　各运转件应转动灵活、平稳，不应有异常振动、声响及卡滞现象。

5.3.3　所有连接件和紧固件应连接牢固可靠、不松动。

5.3.4　润滑及液压系统不应有漏油现象。

5.4　安全要求

5.4.1　外露旋转工作部件应有可靠的防护装置。

5.4.2　在易产生危险的部位应有安全标志，安全标志应符合 GB 10396 的规定。

5.4.3　爬梯等操作安全防护装置应符合 GB 4053.3 的规定。

5.4.4　短接的动力电路(包括动力电路联接的控制电路和信号线路)与保护电路(包括机座)导线之间的绝缘电阻应不小于 2 MΩ。

5.4.5　电气系统应具有接地保护，接地保护应符合 GB/T 3797—2005 中 4.10.6 的规定。

5.4.6　电气系统的标记、警告标志和参照代号应符合 GB 5226.1—2008 中第 16 章的规定。

6　试验方法

6.1　试验条件

6.1.1　试验场地应能满足翻抛机试验要求。

6.1.2　试验样机的安装应符合制造商规定的产品使用说明书要求。

6.1.3　试验样机应配备熟练的操作人员，检测人员不应随意更换。

6.1.4　试验前应记录样机的主要技术参数；检查样机空运转有无异常声响；将样机调整到正常工作状态，试验中不能随意改变工况。

6.1.5　试验原料的主料应为规模养猪场未经发酵或处于发酵周期前三天的猪粪原料，辅料应为秸秆粉末或其他物性相似的生物质粉末，主辅料混合后含水率应在 50%～65%范围内。

6.1.6　试验原料在堆肥槽内应全面积铺放，料堆高度应一致。物料量应大于槽式翻抛机 10 min 以上的处理量。

6.1.7　试验用仪器、仪表应经校验合格，并在检定有效期内。试验用仪器、仪表和工具参见附录 A。

6.2　原料含水率

从自然堆放的原料中随机取样 3 份，每份约 50 g，称其初始质量后在烘干箱中烘干，烘干到质量不变时为止，再称其质量。按式(1)计算原料含水率。

$$H=\frac{m_s-m_g}{m_s}\times 100\% \quad \cdots\cdots(1)$$

式中：

H ——物料含水率，%；

m_s ——烘干前样品质量，单位为克(g)；

m_g ——烘干后样品质量，单位为克(g)。

6.3 生产能力

按堆肥槽中料堆的高度、料堆的宽度和翻抛机的工作时间测定设备生产能力，共测三次，每次测定作业时间不少于 10 min，试验测定结果取平均值。按式(2)计算生产能力。

$$P=h\times w\times L/t \quad \cdots\cdots(2)$$

式中：

P ——翻抛机生产能力，单位为立方米每小时(m^3/h)；

h ——料堆高度，单位为米(m)；

w ——料堆宽度，单位为米(m)；

L ——翻抛机在测定时间内作业的距离，单位为米(m)；

t ——测定作业时间，单位为小时(h)。

6.4 单位能耗

按翻抛机耗电量和所翻抛物料体积测定设备单位能耗，共测三次，每次测定作业时间不少于 10 min，试验测定结果取平均值。按式(3)计算单位能耗。

$$e=\frac{n}{m} \quad \cdots\cdots(3)$$

式中：

e ——翻抛物料每立方米耗电量，单位为千瓦时每立方米($kW\cdot h/m^3$)；

n ——测定时间内翻抛机耗电量，单位为千瓦时(kW·h)；

m ——测定时间内槽式翻抛机翻抛物料体积，单位为立方米(m^3)。

6.5 使用有效度

应在额定工况下运行，考核使用有效度。至少连续三个班次，每个班次作业时间不得少于 6 h，准确记录每班纯作业时间，故障停机时间。按 GB/T 5667 的规定进行使用有效度考核，按式(4)计算使用有效度。

$$K=\frac{\sum T_z}{\sum T_z+\sum T_g} \quad \cdots\cdots(4)$$

式中：

K ——使用有效度，%；

T_z ——总工作时间，单位为小时(h)；

T_g ——总故障排除时间，单位为小时(h)。

6.6 轴承温升

试验开始前测量工作部件及行走系统上各轴承座的温度，作为初始温度；在额定工况下连续工作 40 min 以上，测量工作部件及行走系统上各轴承座上对应位置的温度，作为终止温度，计算温升。以最高的轴承温升作为设备的轴承温升。

6.7 噪声

按 GB/T 3768 规定进行。试验开始后，在试验前期、中期、后期各测量一次噪声。测点为样机前、后、左、右四点，距离样机表面 1 m，距离堆肥槽的轨道顶面 1.5 m。取各点测量结果的平均值。

6.8 试验报告

试验报告应至少包括下列内容：

a) 被试样机概况；

b) 被试样机的主要技术性能参数；

c) 试验目的、依据，试验时间、地点、单位和人员；

d) 试验用主要设备及仪器仪表的精度及试验装置系统简图；

e) 试验有关环境条件；

f) 试验记录、计算结果(包括试验计算数据和曲线图表)和分析；

g) 结论。

7 检验规则

7.1 出厂检验

7.1.1 每台翻抛机应经制造商质量检验部门检验合格，并附有产品合格证方可出厂。

7.1.2 出厂检验项目应符合表 2 规定。

7.2 型式检验

7.2.1 凡属下列情况之一时，应对翻抛机进行型式检验：

a) 新产品的试制定型鉴定；

b) 产品停产两年以后再次生产时；

c) 产品的设计、工艺、功能等方面发生重大变化时；

d) 正常批量生产的产品每三年应进行一次；

e) 国家质量监督部门提出进行型式检验要求时。

7.2.2 翻抛机型式检验项目应符合第 5 章规定。检验分类按表 2 进行。

7.2.3 型式检验的产品应在出厂检验的合格品中随机抽取。抽样方案应符合 GB/T 2828.1 规定的正常一次抽样方案的规定，抽样基数数量为 5 台～10 台，样本数为 2。在用户抽取时可不受此限。

7.2.4 当被检类的不合格数小于或等于 Ac 时，该类判定为合格。当被检类的不合格数大于或等于 Re 时，该类判定为不合格。当被检产品在 A、B、C 类均被判定为合格时，则整批产品被判为合格，否则被判为不合格。判定规则按表 3 规定。

表 2 翻抛机检验项目分类

检验项目分类		名称	对应条款	出厂检验	型式检验
A	1	防护装置	5.4.1	√	√
	2	安全标志	5.4.2	√	√
	3	电气安全	5.4.5	√	√

表 2（续）

检验项目分类		名称	对应条款	出厂检验	型式检验
B	1	生产能力	表 1	—	√
	2	单位能耗	表 1	—	√
	3	轴承温升	表 1	—	√
C	1	噪声	表 1	—	√
	2	使用有效度	表 1	—	√
	3	外观质量	5.1.2	√	√
	4	铸件质量	5.1.3	√	√
	5	焊接质量	5.1.4	√	√
	6	使用说明书	5.1.5	√	√
	7	装配质量	5.3.2	√	√
	8	紧固件、连接件	5.3.3	√	√
	9	润滑及液压系统	5.3.4	√	√

表 3　判定规则

类别		A		B		C	
项目数		3		3		9	
检查水平		S-1					
样本字码		A					
样本大小		2					
AQL		6.5		25		40	
Ac	Re	0	1	1	2	2	3

7.3　交收检验

交收检验可参照 7.2 进行。检验项目由制造商和购货方协商确定。

8　标志、包装、运输与贮存

8.1　标志

每台翻抛机应在明显位置固定永久性标牌，标牌应符合 GB/T 13306 的规定。标牌内容至少应包括：

a）制造厂名称、地址；

b）产品名称和型号；

c）主要技术参数；

d）产品执行标准编号；

e）出厂日期和出厂编号。

8.2 包装

8.2.1 翻抛机出厂时应进行包装，包装方式应满足购货方需求。

8.2.2 随机技术文件应包括：

a) 装箱清单；

b) 产品质量检验合格证；

c) 产品使用说明书。

8.3 运输与贮存

8.3.1 运输过程中应对翻抛机进行固定，确保设备和各零部件不受损坏。运输方式由供需双方协商确定。

8.3.2 翻抛机室内贮存时应干燥、通风；露天存放时应有防雨、防晒措施。

附 录 A
（资料性附录）
试验用仪器、仪表和工具

A.1 烘干箱；

A.2 温度计(准确度:1 ℃)；

A.3 秒表(准确度:0.01 s)；

A.4 米尺(准确度:1 mm)；

A.5 成套测功仪表[准确度:0.5%±0.11%FS]；

A.6 天平(准确度:0.01 g)；

A.7 噪声测定仪；

A.8 取样袋和样品铝盒。

ICS 65.060
B 93

中华人民共和国国家标准

GB/T 30472—2013

饲料加工成套设备技术规范

Technical specification of complete sets of feed processing equipment

2013-12-31 发布　　　　2014-10-01 实施

中华人民共和国国家质量监督检验检疫总局
中国国家标准化管理委员会　发布

前　　言

本标准按照 GB/T 1.1—2009 给出的规则起草。

本标准由中国机械工业联合会提出。

本标准由全国饲料机械标准化技术委员会(SAC/TC 384)归口。

本标准起草单位:华中农业大学工学院、武汉明博机电有限公司、江苏牧羊集团有限公司、中国农业大学工学院。

本标准主要起草人:宗力、牛智有、吴龙兵、谭鹤群、王顺喜、郭学元、安文博、杨立明、刘梅英、李金成、朱世川。

饲料加工成套设备技术规范

1 范围

本标准规定了饲料加工成套设备的术语和定义、要求、试验方法和验收。

本标准适用于工业化生产畜禽与水产配合饲料、浓缩饲料和精料补充料加工成套设备的设计、制造、安装、调试与验收(以下简称成套设备)。

本标准不适用于预混合饲料加工成套设备。

2 规范性引用文件

下列文件对于本文件的应用是必不可少的。凡是注日期的引用文件,仅注日期的版本适用于本文件。凡是不注日期的引用文件,其最新版本(包括所有的修改单)适用于本文件。

GBZ 1—2010　工业企业设计卫生标准

GBZ 2.2　工作场所有害因素职业接触限值　第2部分:物理因素

GBZ/T 189.8　工作场所物理因素测量　第8部分:噪声

GBZ/T 192.1　工作场所空气中粉尘测定　第1部分:总粉尘浓度

GB/T 2893.2　图形符号　安全色和安全标志　第2部分:产品安全标签的设计原则

GB 2893　安全色

GB 2894　安全标志及其使用导则

GB/T 3797　电气控制设备

GB 4053.1　固定式钢梯及平台安全要求　第1部分:钢直梯

GB 4053.2　固定式钢梯及平台安全要求　第2部分:钢斜梯

GB 4053.3　固定式钢梯及平台安全要求　第3部分:工业防护栏杆及钢平台

GB 5226.1　机械电气安全　机械电气设备　第1部分:通用技术条件

GB/T 5917.1　饲料粉碎粒度测定　两层筛筛分法

GB/T 5918　饲料产品混合均匀度的测定

GB/T 6435　饲料中水分和其他挥发性物质含量的测定

GB 7231　工业管道的基本识别色、识别符号和安全标识

GB/T 9969　工业产品使用说明书　总则

GB/T 10647—2008　饲料工业术语

GB/T 13306　标牌

GB/T 16157　固定污染源排气中颗粒物测定与气态污染物采样方法

GB/T 16765—1997　颗粒饲料通用技术条件

GB/T 18695　饲料加工设备　术语

GB 19081　饲料加工系统粉尘防爆安全规程

GB/T 20803—2006　饲料配料系统通用技术规范

GB 23821　机械安全　防止上下肢触及危险区的安全距离

GB/T 24352　饲料加工设备图形符号

GB/T 25698　饲料加工工艺术语

GB/T 27738—2011 重力式自动装料衡器
GB 50168 电气装置安装工程电缆线路施工及验收规范
GB 50169 电气装置安装工程接地装置施工及验收规范
GB 50171 电气装置安装工程 盘、柜及二次回路施工及验收规范
GB 50184 工业金属管道工程施工质量验收规范
GB 50231 机械设备安装工程施工及验收通用规范
GB 50235 工业 金属管道工程施工规范
GB 50254 电气装置安装工程低压电器施工及验收规范
GB 50257 电气装置安装工程爆炸和火灾危险环境电气装置施工及验收规范
GB 50275 风机、压缩机、泵安装工程施工及验收规范
GB 50303 建筑电气工程施工质量验收规范
JB/T 11299—2012 饲料机械 产品涂装通用技术条件

3 术语和定义

GB/T 10647—2008、GB/T 18695 与 GB/T 25698 中界定的以及下列术语和定义适用于本文件。

3.1

饲料加工工艺 feed processing technology

利用饲料加工设备将多种饲料原料按一定的配比制成各种类型饲料产品的方法和过程。

3.2

作业单元 work cell

具有某种饲料加工作业功能的单一设备、装置或设施。

3.3

工段 workshop section

由一个或多个作业单元所形成的某一加工过程,如粉碎工段、配料工段、成型工段等。

3.4

饲料加工成套设备 complete sets of feed processing equipment

在单体车间内完成从饲料原料到饲料产品全部加工过程的各基本工段与设备组成的工业联合装置。饲料加工成套设备应包括原料接收与清理、粉碎、配料、混合、成型以及成品处理等6个基本作业工段的相关加工设备以及为成套设备配套的微机电控系统、压缩空气系统、通风除尘系统和车间蒸汽系统等辅助设备。成套设备可以是一条独立的饲料生产线,也可以由单体车间中多条饲料生产线组合而成。

注:粉状饲料产品生产可省略成型设备和相应辅助设备。

3.5

成型饲料 shaped feed

采用一定的工艺方法由粉状饲料加工而成的一定形状的饲料。

3.6

颗粒饲料 pelleted feed

将粉状饲料经调质、挤出压模模孔制成的规则粒状饲料产品。

[GB/T 10647—2008,定义 6.10]

3.7

膨化颗粒饲料 extruded feed

经调质、增压挤出模孔和骤然降压过程制成的规则颗粒饲料。

注:改写 GB/T 10647—2008,定义 6.14。

3.8

散装饲料　bulk feed

可以采用专用饲料罐车运输的无包装的饲料产品。

3.9

袋装饲料　bagged feed

采用专用包装袋定量容纳的饲料产品。

3.10

成品处理　finished product processing

在入库储存或出库销售之前对加工好的饲料产品进行筛分、计量、装袋、条码打印、袋形整理、转运、堆码与产品装车发货等各项作业的总称。

3.11

成品含粉率　fines rate of finished products

成型饲料中小于其规定直径的细颗粒或细粉所占的比例。

3.12

设计生产率　design productivity

在规定的配方、工艺规程和负荷条件下，合同标明的成套设备所能完成的单位时间产量。

3.13

实际生产率　real productivity

在规定的配方、工艺规程和负荷条件下，成套设备连续生产所得到的平均单位时间产量。

3.14

溶失率　dissolve rate

一定时间内，成型饲料或粉状饲料加水搅合成"面团"饲料在水中溶失的质量百分数，是评价水产饲料水中稳定性的一项指标。

3.15

漂浮率　floating rate

在规定试验条件下将定量浮性膨化饲料投入水中，在规定时间内水面漂浮的膨化饲料所占的数量百分比。

3.16

下沉率　sinking rate

在规定试验条件下将定量沉性膨化饲料投入水中，规定时间内沉入水底的膨化饲料所占的数量百分比。

4　要求

4.1　成套设备系列规格

成套设备的规格以设计生产率（单位为吨每小时）表示，规格系列推荐采用优先数为 R10/3，即：2.5、5.0、10、20、40、80、……。

补充系列：15、30、60、120……；50、100、200……。

注：2.5 和 5.0 仅用于独立的虾饲料生产线与膨化饲料生产线。

4.2　技术指标

4.2.1　成套设备的基本性能指标

成套设备的基本性能指标见表 1。除表 1 中规定外的其他性能指标，建设方与承建方可以在建设合同中协商约定。

表 1　成套设备性能指标

序号	项　目			指　标
1	实际生产率/(t/h)			≥设计生产率
2	吨产品电耗/(kW・h/t)	粉状饲料产品		≤10(特种饲料除外)
3		畜禽颗粒饲料产品	颗粒料	≤40
			破碎料	≤50
4		水产颗粒饲料产品	鱼料	≤55(中成鱼)
5			虾料	≤120(不含开口饵料)
6		膨化饲料产品		≤180
7	配料自动称量最大允许误差/%			±0.20(准确度等级 0.2 级)
8	定量包装允许误差			每次装料质量的最大允许偏差和最大允许预设值误差应符合 GB/T 27738—2011 中 X(0.2)级的规定
9	稳定性			成套设备和独立饲料生产线连续不中断生产时间应不少于 40 h(相当于 5 个班次)

注 1：表中饲料产品吨产品电耗是指在 5.1.1 规定条件下的数值。

注 2：连续不中断生产时间包含了因非操作原因但不影响正常出产品所导致的短暂故障停机时间。因操作原因所致故障的时间不作为成套设备故障时间加以累计。

4.2.2　成套设备饲料加工质量指标

成套设备的饲料加工质量指标见表 2。

表 2　饲料加工质量指标

序号	项　目			指　标
1	混合均匀度变异系数/%	配合饲料	畜禽饲料	≤10
2			水产饲料	≤7
3		浓缩饲料、精料补充料		≤7
4	饲料粉碎粒度	畜禽饲料		符合相关饲料产品国家标准
		水产饲料		符合附录 A 中表 A.1 的要求
5	含粉率/%	畜禽	颗粒饲料	≤4(特种饲料除外)
6			膨化颗粒饲料	符合相关饲料产品国家标准
7		水产	颗粒饲料	≤0.5
8			膨化颗粒饲料	≤0.1
9	粉化率/%	畜禽	颗粒饲料	符合 GB/T 16765—1997 中要求
10			膨化颗粒饲料	符合相关饲料产品国家标准
11		水产	颗粒饲料	≤10
12			膨化颗粒饲料	≤1

表 2（续）

序号	项目			指标
13	水分/%	畜禽	颗粒饲料	符合相关饲料产品国家标准
14			膨化颗粒饲料	符合相关饲料产品国家标准
15		水产	颗粒饲料	≤12.5
16			膨化颗粒饲料	≤10
17	水产饲料溶失率			符合附录 A 中表 A.2 中要求
18	水产膨化颗粒饲料漂浮率/%			≥99
19	水产膨化颗粒饲料下沉率/%			≥99

4.3 成套设备工艺设计规范

4.3.1 工艺设计文件

工艺设计应编制完整的工艺设计文件，主要内容包括：

——饲料加工工艺流程图与设备清单；

——工艺流程说明与主要技术经济指标；

——成套设备的平面布置与立面布置设计图；

——成套设备安装施工图与非标件设计图；

——土建设计所需的设计文件；

——微机电控系统设计图和配套清单。

4.3.2 工艺流程设计

4.3.2.1 工艺流程设计原则

成套设备的工艺流程设计应遵循以下原则：

a) 应充分考虑技术经济的合理性以及对各种饲料品种加工的适应性，根据饲料厂的生产规模、产品种类和质量要求，采用成熟的先进工艺、先进技术、先进设备，优化各工段设备之间的匹配性，使生产过程机械化、连续化和自动化，提高设备利用率、劳动生产率，降低工人劳动强度、能耗和原料消耗，使产品加工质量、安全卫生和环保指标符合国家相关标准；

b) 根据饲料品种的加工要求，应明确表达原料加工成饲料产品的加工顺序与各类原料的走向以及压缩空气、车间蒸汽系统、通风除尘系统等辅助工段的气流流向；

c) 工艺流程图绘制时宜优先采用 GB/T 24352 中规定的各类饲料加工设备图形符号，采用设备的非标图形符号时，图中应加以解释和说明。

4.3.2.2 工艺设计技术规范

4.3.2.2.1 原料接收工段

原料接收清理储藏设计时要求：

a) 为保证主车间成套设备的全天连续生产，谷物原料接收能力应大于主车间成套设备生产能力的 3～4 倍，车间袋装原料的供料能力应大于主车间成套设备生产能力 1～2 倍，宜采用机械化方式投料。其他形态的原料接收能力应保证满足主车间满负荷生产时的原料需求；

b) 车间内原料接收线的数量应根据粒状原料和粉状原料的种类与接收量进行合理匹配和设置，并分别设置需要粉碎和不需要粉碎的原料接收清理作业线；
c) 粒状原料在进入立筒库贮存前，宜进行初步清理，不需粉碎的粉状原料需经过清理后再进入到配料仓或其他中间仓内，原料接收的清理工段应有筛选和磁选设备，磁选设备应放在筛选设备之后，并配置合理的风选装置和通风除尘系统；
d) 原料立筒库应设有测温装置和通风系统。

4.3.2.2.2 粉碎工段

粉碎工段要求：
a) 粉碎工段的生产能力应大于配混生产能力，并满足不同粉碎粒度要求的饲料产品能连续生产，应根据原料特性和产品要求，选择不同类型和数量、配套功率合理的普通粉碎机、微粉碎机与超微粉碎机；
b) 粉碎工段负压吸风装置的风量与风压应与被粉碎原料和对应粉碎筛孔大小相适应，筛孔直径小于或等于 1.5 mm 的粉碎作业时，粉碎系统的负压吸风装置宜考虑设有沙克龙和布袋除尘器二级负压除尘装置或采用合适的气力输送出料系统；
c) 粉碎工段的喂料装置和出料装置的生产能力应与粉碎机生产能力匹配；
d) 在先配料后粉碎工艺中应配置并联(双)粉碎系统。

4.3.2.2.3 配料与混合工段

配料与混合工段要求：
a) 畜禽饲料独立生产线的配混设计生产能力应大于或等于 10 批/h，而且配料能力应与混合能力匹配，成套设备的配混设计生产能力应能满足其颗粒饲料生产能力或膨化饲料生产能力；
b) 配料仓的数量和单仓尺寸规格应能使得各仓容量匹配均衡，满足主要配方连续生产的需求，配料仓体形状和仓内结构应能减少原料残留和改善仓内原料的整体流动性；
c) 配比小于 2% 的预混合料以及不宜进仓的添加剂原料，建议采用人工称重后添加到混合机中或稀释扩大到 5% 以上的配比再进入配料仓参加计算机自动配料或采用独立的微量配料系统进行添加；
d) 大宗原料的配料作业应采用计算机控制的重量式配料方式，并采取各种措施在保持较高配料速度的前提下，减少配料过程的累积误差；
e) 采用超微粉碎的二次粉碎工段应与二次配料与二次混合工段相配合，以保证产品的混合均匀度，减少高度活性原料成分损失；
f) 水产饲料的液体添加应在最后一次混合过程中进行。

4.3.2.2.4 成型工段

成型工段要求：
a) 可根据成套设备的生产能力和饲料品种数量，设置多条颗粒饲料生产线和膨化饲料生产线，并与配混生产能力相匹配；
b) 饲料制粒工艺中配置的冷却器、颗粒破碎机的生产能力应按制粒机最大生产率配置，分级筛的生产率应能与颗粒破碎机破碎大颗粒后的生产率匹配；
c) 应合理设置分级筛筛分的细粉料重新进入制粒生产线的回流方式和路线；
d) 膨化生产线应根据膨化机生产的饲料种类配置生产率相当的干燥机、冷却器、油脂喷涂和其他有助于提高产量和改善饲料品质的生产装置；
e) 水产颗粒饲料宜采用挤压膨化机生产。

4.3.2.2.5 成品处理工段

成品处理工段要求：

a) 散装饲料产品的成品处理工段生产能力应与车间同类型饲料产品的生产能力匹配；

b) 成套设备的袋装饲料产品的称重包装能力应大于车间饲料加工能力，根据饲料产品的种类和生产规模可以设置多条称重包装线；

c) 可根据饲料产品需求，在成品包装前设置酶制剂、液体维生素等液体后喷涂设备；

d) 在称重包装前成型饲料和散装产品装车前可根据需要设有筛分设备清除产品中的细粉；

e) 宜采用机械化码垛、转运、装车技术与设备。

4.3.2.2.6 仓储系统与料仓

仓储系统和料仓要求：

a) 分别根据原料与产品各自不同特点和加工要求，配有不同结构、不同规格和不同用途的料仓，以满足饲料加工和储藏需求，仓储形式可以分为原料库和成品库，成套设备各工段可以根据各自工艺要求，分设若干待粉碎仓、配料仓、待制粒仓、待膨化仓、待包装仓、缓冲仓、散装成品仓等不同功能的料仓；

b) 各工段中的料仓容量应充分满足各工段的生产能力；

c) 原料与饲料产品的仓储库房或料仓应根据各自品种、周转率、配方比例等相关条件来确定各自容量；

d) 各料仓不应出现物料结拱、桥架、残留等现象，并保证原料和产品的“先进先出”；

e) 连续作业和分批作业的设备之间应设有缓冲仓；

f) 为保证各工段的连续生产，各料仓上宜设置上下料位器或连续式料位指示；

g) 为降低料仓作业时的粉尘各料仓应设置通风除尘系统或排气装置。

4.3.2.3 工艺设备布置

在饲料加工主车间进行成套设备布置时要求：

a) 根据生产工艺的要求和建厂当地的地质、环境、建厂周期、投资等要求确定主车间的结构形式，一般有混凝土结构和钢结构两种形式；

b) 布置成套设备的饲料加工主车间宜为多层建筑。在进行成套设备布置时，既要考虑工艺流程的顺序性，保证正常生产作业，又要根据工艺需要合理确定建筑面积，楼层的数量和楼层的层高，节省投资，主车间建筑的柱距、开间和层高尺寸应符合相关建筑模数要求；

c) 成套设备在主车间内的布置分为平面布置与立面布置，设备平面布置时，应留有足够的设备之间的操作间距、维修保养与易损件更换空间以及预留规划中的后期设备安装的空间，设备立面布置时，应充分考虑物料的重力自流特性；

d) 设备作业面与操作平台的平面尺寸应满足使用要求，平台上方空间应不小于 2 000 mm，平台下方空间尺寸应满足清洁作业。

4.4 设备基本要求

4.4.1 主要设备设计、制造与选用

主要设备设计、制造与选用应满足以下要求：

a) 成套设备中的各专业设备应是先进可靠的定型产品，应满足各自的国家标准和行业标准规定的功能要求、技术规范和质量验收标准；

b) 成套设备所采用的专业设备上应带有与设备自身功能与性能参数吻合的设备铭牌，其铭牌格式、内容要求与固定的位置应符合 GB/T 13306 中的相关要求；
c) 成套设备中采用的专业设备应达到其使用说明书或设备铭牌上规定的各项数值要求并配置合适的电动机，设备装箱清单、使用说明书等技术文件齐全，设备使用说明书格式与内容应符合 GB/T 9969 中的要求；
d) 液体的称重与添加宜采用液体自动添加系统；
e) 成套设备的机械与电气安全要求应符合 4.9.1 的规定。

4.4.2 非标设备设计制造

非标设备设计与制造要求：
a) 成套设备各类料仓的容量应满足饲料生产的连续性；
b) 与主要设备安装配套的缓冲仓斗、沉降室、与上下设备相联接的过渡件等非标件的设计、制造，要求其容量、结构、外形尺寸及外观涂层等应与所配套设备相吻合，所有仓斗合适位置上应设置观察窗，需要观察或维修作业的缓冲斗应在合适位置设置检视口或人孔；
c) 料仓内部表面应光滑，无漏料现象。仓顶上的人孔盖密封良好；
d) 所有非标件制造应依据设计的施工图纸进行；
e) 电缆套管、压缩空气管、气力输送管、通风除尘风管、溜管、油管、水管等各种金属管道和管道连接件的现场加工以及管道支架、吊架的制造应参照 GB 50235 中的相关要求和条款执行；
f) 冷却风网系统的旋风分离器和风网管道宜采用不锈钢材料制造，并根据需要安装保温层；
g) 待制粒仓下的汇集缓冲斗宜采用不锈钢材质制作；
h) 固定式钢制斜梯、钢制直梯、钢制栏杆与设备平台的设计与制造应符合 GB 4053.1、GB 4053.2 和 GB 4053.3 中的相关要求。

4.5 微机控制系统设计与制造

4.5.1 功能要求

微机控制系统除安全、可靠、经济、可行外，还应具备以下功能：
a) 实现自动控制、联锁，过载保护、断电保护、运行监控；
b) 应具有防雷击措施；
c) 在自动控制系统出现故障时，可手动操作；
d) 历史故障及主要设备工作状态与重要数据自动保存和备份；
e) 留有在原电控系统上进行增加和扩展新电控设备的空间和条件。

4.5.2 设计与制造要求

4.5.2.1 成套设备控制系统的设计和制造应满足 GB/T 3797 中的相关技术要求。
4.5.2.2 成套设备每一作业工段中的加工设备之间和各工段加工设备之间的启停顺序、运行保护、互锁、联锁等各种电气控制功能，应通过相应的自动控制系统实现。
4.5.2.3 各类低压开关柜、配电盘、保护盘、控制盘(箱、屏、台)内的低压电器配置与安装应满足 GB 50254 中的相关规定，还应符合下列要求：
a) 功率部件(变压器，驱动部件，负载功率电源等）与控制部件(继电器控制部分，可编程控制器等）宜分开安装；
b) 不宜将装有显示器的操作面板安装在靠近电缆和带有线圈的设备旁边。
4.5.2.4 各类低压开关柜、配电盘、保护盘、控制盘(箱、屏、台)的安装应满足 GB 50171 中的相关规定。

4.5.2.5 室外现场控制柜要求有防雨、防尘、防盗开的措施。

4.5.2.6 饲料加工成套设备的工艺监控系统中各类检测元件如传感器、一次仪表等零部件应齐全完整，连接正确、信号传输可靠，其技术参数、规格型号、功能要求应符合安装合同中有关条款的技术要求。

4.5.2.7 中央监控与目标单机、部件、远程监控设备等控制终端的连接要正确、安全和可靠；各项技术指标应符合安装合同中有关条款的技术要求。

4.5.2.8 电缆选型应满足设备额定电流要求外还应满足以下要求：

a) 旋转抖动性设备宜采用 RVV 电缆；

b) 15 kW 功率以下的电气设备宜采用铠装电缆。

4.5.2.9 各类控制柜、控制屏(盘)在运输途中和成套设备安装现场临时存放时应有相应的保护措施，避免受损。

4.5.3 其他要求

4.5.3.1 成套设备的配料混合系统的主要控制功能和要求应达到 GB/T 20803 中规定的相关要求。

4.5.3.2 成套设备的粉碎系统应具有监控运行状态和根据粉碎机电流强度自动调控喂料量的自动控制系统。

4.5.3.3 畜禽饲料颗粒制粒机与挤压膨化机宜采用自动控制方式，实现原料喂料量、蒸汽添加量和液体添加量自动调节。

4.5.3.4 与配混系统配套的液体添加系统要求实现与固体配料系统的联锁和互锁，能够在设定配方后生产时自动称重和自动添加。

4.6 设备安装

4.6.1 安装通则

4.6.1.1 成套设备的安装作业应按照相关安装施工设计图纸及单机设备使用说明书中的安装要求进行。

4.6.1.2 成套设备安装作业应按照 GB 50231 中的安装程序、步骤、要求和方法进行。

4.6.1.3 成套设备安装现场应设置警示、安全、提示等标识，其图形和颜色应符合 GB 2894 中的相关要求。

4.6.2 作业单元设备安装与工段设备连接

4.6.2.1 单机设备的定位应符合设计图纸中规定的定位尺寸要求。

4.6.2.2 粉碎机的进出料口，配料秤斗的进出口，大型风机的进出风口，分级筛和高方筛的进出料口以及其他工作时可能产生振动和影响饲料加工精度的设备进出料口与各自上下道设备的连接宜采用柔性连接方式。

4.6.2.3 成套设备的各连接处必须做密封处理。

4.6.2.4 所有单机设备周围应留有足够的操作维修空间。安装高度离地面超过 2 m 的有动力设备应设置维修平台。

4.6.2.5 配混系统安装应满足下列要求：

a) 配料秤斗应安装平稳，称重传感器的安装平台和安装支架应符合传感器的安装与使用要求；

b) 配料秤斗安装平台或安装支架上应设置用于放置校秤砝码的结构；

c) 配料混合工段应设置能消除回风对配料精度影响的装置；

d) 配料绞龙出料口到配料秤进料口的距离没有具体要求时，不宜超过 150 mm。

4.6.2.6 3 层以上调质器应安装专用固定支架。

4.6.2.7 作业振动较大的设备安装时采取减振措施。没有特殊减振要求时机架支撑点处宜垫 10 mm 橡胶板。

4.6.3 风机、压缩机与泵的安装

4.6.3.1 成套设备上配置的风机、空气压缩机和流体输送用的各种泵的安装与相关安装质量的验收，应参照各类设备使用说明书中的安装要求以及 GB 50275 中的相关条款进行。

4.6.3.2 所有设备上的压缩空气气缸应在距气缸 1 000 mm 以内的管网上安装气水分离器、油雾器和压力调节器，脉冲除尘器的压缩空气气缸宜在进气口附近安装气水分离器和压力调节器。

4.6.4 管网安装

4.6.4.1 成套设备所需的蒸汽管道、压缩空气管道、自来水管(含消防水管)等流体管道的现场制作与安装，应参照 GB 50235 和 GB 50231 中相关条款进行。管道固定用的吊架、支架参照 GB 50235 中的相关条款进行制作和安装。

4.6.4.2 管网的制作与安装质量按 GB 50184 中的相关条款进行检验、试验和验收。

4.6.4.3 冷却风网和通风除尘风网的水平段风管上在合适位置应设置专用料垢和粉尘清理孔。

4.6.4.4 所有风网吸风点应设置吸风罩；吸风罩进风口面积比出风口面积应大 5 倍以上。

4.6.4.5 气力输送风网应按设计要求制作安装，弯头的转弯半径应大于等于弯头直径的 3 倍(R 不小于 $3D$)，且为可拆卸方弯头。

4.6.4.6 蒸汽分汽缸和管道应有保温层。

4.6.4.7 车间内经常操作的蒸汽附件其安装高度与安装位置应便于操作和维护。

4.6.5 非标件现场制作与安装

4.6.5.1 在钢筋混土建筑车间楼面上进行非标设备安装基础的施工时，其安装基础尺寸、钢筋规格、型号、钢筋网结构、绑扎及灌浆工艺以及垫铁等应按 GB 50231 中相关要求进行。

4.6.5.2 在钢筋混土建筑车间楼面上对非标设备机架进行膨胀螺栓定位固定施工时，其膨胀螺栓规格、强度应满足相关设计要求。

4.6.5.3 车间内与成套设备配合使用的各类料仓应严格按照设计图纸进行制作与安装；料仓、缓冲斗等和下道设备连接处应考虑防堵设计，防结栱和配备破栱装置。

4.6.5.4 焊接件不应有漏焊、烧穿、未焊透、气孔、裂纹等缺陷。焊渣应清除干净，表面应平整。

4.6.5.5 溜管安装应满足以下要求：

a) 溜管安装角度应满足表 3 要求；

表 3 溜管安装角度

物料种类	安装角度(α)/(°)
粒料	≥45
粉料	≥60
预混料	≥65

b) 溜管与料仓连接或与加工设备进料口连接时应设有高度不小于 300 mm 的垂直段；

c) 溜管取样孔或观察孔距楼面垂直高度应为 800 mm～1 000 mm。

4.6.5.6 粒料溜管应内衬耐磨材料。

4.6.5.7 直梯、钢斜梯、防护护栏与平台的现场制作与安装应满足以下要求：

a） 车间作业人员行走的钢直梯的现场制作与安装应符合 GB 4053.1 中的相关条款要求；

b） 车间作业人员行走的钢斜梯的现场制作与安装应符合 GB 4053.2 中的相关条款要求；

c） 车间高处作业平台的防护栏杆与平台的现场制作与安装应符合 GB 4053.3 中的相关要求。

4.6.6 电气控制系统安装

4.6.6.1 电缆桥架、支架和吊架安装应符合 GB 50168 中的相关规定要求。

4.6.6.2 电缆套管的选择、制作、安装应符合 GB 50168 中的相关规定要求。

4.6.6.3 从室外进入室内的电缆布线、配线、套管敷设以及专用电缆接头的施工应按 GB 50168 中的要求进行安装。

4.6.6.4 弱电信号线和通讯线应独立敷设。

4.6.6.5 料仓下料位器应安装防冲击装置，上料位器应通过接线盒安装在料仓顶面上。

4.6.6.6 成套设备的配电柜、控制柜、照明配电箱的安装应符合 GB 50171 中的相关要求，并按 GB 50303 中的相关规定进行安装质量验收；还应达到以下要求：

a） 控制柜应可靠接地；

b） 控制柜间应用螺栓连接；

c） 控制室的开关柜尽可能靠近低压开关柜间。

4.6.6.7 与成套设备配套的车间、仓储、露天油罐等设施和需要接地的电气设备的接地装置的规格、预埋、连接等施工应按 GB 50169 中的要求进行安装和验收。

4.7 调试

4.7.1 调试要求

4.7.1.1 成套设备在涂装之前应先进行调试，调试包括各作业单机设备的单向运转调试、各加工工段、各辅助加工系统的空载和负载调试以及成套设备联机空载和负载调试。

4.7.1.2 参加成套设备调试的人员应是有资质的专业安装人员和电控操作人员。

4.7.1.3 调试作业区要求悬挂相关的安全标识。

4.7.1.4 做好调试过程的数据记录。

4.7.1.5 成套设备试运行步骤：

a） 作业单机空载试运行；

b） 工段设备联机空载试运行；

c） 工段设备联机负载试运行；

d） 成套设备联机负载试运行。

4.7.2 空载调试

4.7.2.1 空载调试包括作业单机单向运转调试、作业单机空载调试和各工段设备联机空载调试。

4.7.2.2 各作业单机单向运转调试：

a） 根据设备单机上所标示的转动方向，完成各单向运转作业设备的单向运转调试；

b） 电控人员点动设备启动按钮，由机械安装人员在设备现场观察电机或主要工作部件的运动方向，如果反向则通过改变电机接线方式完成换向。

4.7.2.3 各作业单机空载调试时应根据设备使用说明书和设备电控的相关要求，启动设备并空转规定时间，同时核查空载运转过程设备的运行状态如设备的振动、噪声以及轴承温升等指标是否超过设备技术条件的规定。

4.7.2.4 各工段设备空载运行调试应按工段各设备工作顺序，进行工段设备空载调试，检测工段设备的运转方向和检查各设备启动停机的控制节奏，检测工段设备自动控制和手动控制的操作效果。

4.7.3 负载调试

4.7.3.1 成套设备负载调试包括各工段设备联机负载调试和全厂设备负载调试。

4.7.3.2 生产线清洗：

a) 负载调试之前应分工段清洗生产线中的设备和料仓，清洗原料的选择原则是选价格较低，来源广泛，清洗后便于排出而且其残留对饲料产品质量无影响的原料品种；

b) 从各原料投料口分别投入一定量的清洗原料，在负载状态下分别清洗输送设备和各类料仓；

c) 清洗时要求锤片式粉碎机处于无筛状态，制粒机门处于打开状态(制粒机主电机处于关闭状态。清洗料不得进入环模与压辊之间)。

4.7.3.3 工段设备联机负载调试：

a) 每个工段按设备控制顺序逐一启动设备，开始进行联机负载调试，运行时可以采用人工控制与自动控制相结合的方式进行；

b) 工段设备联机负载调试时，检查其工艺性，在连续作业 30 min 内，不应有堵塞现象发生；设备的连接部位和物料排出口，不应有漏料现象。

4.7.3.4 成套设备负载调试是在工段联机负载调试的前提下进行，成套设备负载调试期间的主要设备负载程度宜在 70%～80%，后期可以逐渐提高。

4.7.3.5 全部调试期间要求同时完成成套设备的各项单机、工段空载和联机负载调试的记录，各安全保护功能试验记录和连续联机生产记录。

4.7.4 控制系统调试

4.7.4.1 控制系统软件调试：控制系统中软件版本和控制功能、各种参数设置应符合运行设计要求。

4.7.4.2 仪表调试：要求各种信息参数显示应正常。

4.8 涂装

4.8.1 涂前处理

4.8.1.1 成套设备安装结束方可以进行成套设备外观的涂装处理；主要任务包括：专业整机设备受损的外表面涂装修补，出厂前未作涂装的设备的涂装，秤斗、仓体仓斗、缓冲斗、溜管、管接头、设备连接处、楼梯、平台等在现场制作和安装的非标件的涂装。

4.8.1.2 涂装前设备的钢材表面除锈应符合 JB/T 11299—2012 中 4.4 的要求。

4.8.2 涂料选择

4.8.2.1 当成套设备设计无具体技术要求时，成套设备涂装的底漆或防锈漆要求应符合 JB/T 11299—2012 中 4.3 的要求。

4.8.2.2 成套设备涂装的颜色应符合双方合同商定的要求，同时应符合 GB 2893 中的相关规定。

4.8.3 涂层质量

4.8.3.1 成套设备的涂装过程和涂装质量均应符合 JB/T 11299—2012 中的要求。

4.8.3.2 室外设备涂装后 4 h 内应保护免受雨淋。

4.9 安全卫生

4.9.1 安全

4.9.1.1 机械安全

4.9.1.1.1 粉碎、混合、制粒、膨化、添加、喷涂、干燥、冷却、输送等设备的安全要求应符合相关产品标准的规定。

4.9.1.1.2 距离下方地面或地板 1.2 m 及以上平台的所有敞开边缘应设置防护栏杆,在可能放置工具、设备零部件或物品的平台上所有敞开边缘应设置带踢脚板的防护栏杆。

4.9.1.1.3 固定式钢直梯、斜梯、防护栏杆和钢平台应分别符合 GB 4053.1、GB 4053.2 和 GB 4053.3 的有关规定。

4.9.1.1.4 外露转动部件、风机进风口、裸带电部件应设置防护装置;高温部件应有隔热或防护措施。防护装置防止人体上下肢触及危险区域的安全距离应符合 GB 23821 的规定。

4.9.1.1.5 转动部件应标注转向标志,危险部位应有警示标志,设备上安全色、安全标签和工业管道识别色应符合 GB 2893、GB/T 2893.2 和 GB 7231 的规定。设备上的操作标志应字迹清晰、耐久。

4.9.1.1.6 在粉碎、制粒、膨化系统前,应设置去除铁磁性杂质的装置。

4.9.1.1.7 逆流式冷却器内宜设置物料温度报警装置。

4.9.1.1.8 设备操作参数,如额定电压、电流、压力、最高温度,应标注在该设备铭牌上,不得与设备分离标注。

4.9.1.1.9 现场制作件应无锐边、锐角和毛刺。

4.9.1.1.10 承受压力的设备应设置安全阀、泄压阀、压力显示和超压报警装置,高温设备应设置温度显示和超温报警装置。

4.9.1.1.11 垂直输送设备应有泄爆装置。

4.9.1.1.12 使用说明书应规定详细的安全操作规程和安全注意事项及安全标志的说明。

4.9.1.2 电气安全

4.9.1.2.1 电气安全应符合 GB 5226.1 的有关规定。

4.9.1.2.2 电气装置应尽可能布置在无粉尘爆炸危险的区域内,无法避免、需布置于按 GB 19081 规定的有粉尘爆炸危险区域内的电气装置应采用粉尘防爆型结构。

4.9.1.2.3 成套设备计算机集中控制的电气联锁应能保证下游设备至上游设备依次启动、上游设备至下游设备依次停车,同时符合主机的使用要求。

4.9.2 卫生

4.9.2.1 设备卫生

4.9.2.1.1 成套设备设计时应满足 GBZ 1—2010 中的卫生要求。

4.9.2.1.2 和饲料接触的部件表面材质不应在加工饲料的过程中增加饲料中有毒、有害物质的含量。

4.9.2.1.3 和饲料接触的设备内部结构,应使物料易于进入和易于清理,不应有用常规方法无法清除物料残留的死区;无法避免残留的部位,可设置压缩空气喷吹装置和便于人员进入管理的进人孔。设备表面结构也应易于清洗。

4.9.2.1.4 需要拆卸才能清洗的结构件,应具有可拆卸性。

4.9.2.1.5 料仓、料斗、溜管内表面应光滑、无死角。

4.9.2.1.6 埋刮板输送机应有自清功能。

4.9.2.1.7 轴进入装载饲料部件的通道处应有可靠的密封,不应使饲料受到污染,也不应出现饲料外漏。

4.9.2.1.8 所有设备的人孔、检修门、清扫孔、观察窗、进出料口及相互连接处应无粉尘外泄。

4.9.2.1.9 因物料进、出需要排气的设备,应设置吸风除尘系统或滤尘装置。

4.9.2.1.10 位于装载饲料区域的润滑型轴承,应有可靠的密封。

4.9.2.1.11 地面(或地板)与上方平台或管路、管路和设备相互之间应留有适当的清扫间距。

4.9.2.1.12　压缩空气管道安装过程中，应使用压缩空气吹扫。

4.9.2.1.13　料仓装配焊接完成后，应将仓内的焊渣、飞溅物和其他脏物清扫干净。

4.9.2.2　饲料残留和交叉污染控制

4.9.2.2.1　设备中的饲料残留率应符合相关饲料机械产品标准的规定，无产品标准规定时，按成套设备的生产商和用户的约定执行。

4.9.2.2.2　物料输送应尽量采用分配器和自流的形式，少用水平输送；设备布置应尽量减少物料的提升次数和缓冲仓的数量；吸风除尘系统应尽可能设置独立风网，将收集的粉尘直接送回原处。

4.9.2.2.3　应采取可靠方法和措施处理水产颗粒饲料和膨化水产饲料生产过程所产生的异味。

4.9.2.3　噪声

噪声工作场所噪声声级卫生限值应符合 GBZ 2.2 的规定，非噪声作业地点噪声声级卫生限值应符合 GBZ 1—2010 中 6.3.1.7 表 5 的规定。

4.9.2.4　粉尘浓度

4.9.2.4.1　工作区空气中的粉尘浓度应小于或等于 8 mg/m^3。

4.9.2.4.2　向大气排放的气体中的粉尘浓度应小于或等于 120 mg/m^3（标准状况下）。

5　试验方法

5.1　成套设备性能

5.1.1　成套设备实际生产率与吨产品电耗

5.1.1.1　不同品种饲料的成套设备生产率和吨产品电耗的测试应在规定的配方（见附录 B）、规定的工艺规程和规定的负荷程度的前提下进行，以不少于连续正常生产 8 h 的平均值来计算。

5.1.1.2　测试前准备：

a）选定推荐的生产配方和相关的工艺规程，如规定的粉碎机筛孔、配混周期、制粒机环模孔径（膨化机模板孔径）、冷却时间、分级筛各层筛筛孔规格等；

b）按工艺流程顺序启动设备进入生产状态；

c）测试仪器：计时器、记录表格、手持式电度表等。

5.1.1.3　测试：

a）成套设备进入稳定生产状态后 10 min 作为本次试验的时间起始点，稳定生产状态是指各加工主机均处于 80%左右负荷程度并正常出饲料产品时的状态；

b）同一个单体车间中有多条制粒加工线和膨化加工线的需分开统计各自的饲料生产量；

c）在时间起点同时记录中控室成套设备总电表的读数以及各分电表的读数；

d）时间结束点以连续生产不少于 4 h 开始发出指令，但应一直投料到各料仓原料量达到时间启点时的装满量为止，记录此时的生产总时间量、饲料生产总量以及总电表和各分电表的电度数；按公式（1）计算成套设备的小时生产率，按公式（2）计算成套设备的吨饲料产品电耗，分两次测试，取两次测试结果的平均值。

$$E = \frac{Q}{T} \quad \cdots\cdots\cdots\cdots (1)$$

式中：

E ——成套设备的小时生产率，单位为吨每小时（t/h）；

Q ——规定测试时间内成套设备生产的饲料总重量，单位为吨(t)；

T ——规定的饲料生产时间，单位为小时(h)。

$$G = \frac{G_n}{Q} \quad \cdots\cdots(2)$$

式中：

G ——成套设备的吨产品电耗，单位为千瓦时每吨(kW·h/t)；

G_n ——记录生产时间内的耗电量(总电表或各分电表读数)，单位为千瓦时(kW·h)。

5.1.2 配料自动称量最大允许误差

5.1.2.1 按 GB/T 20803—2006 中 7.2.2 规定的方法进行试验，推荐试验原料为豆粕。

5.1.2.2 当 5.1.2.1 的试验方法受现场条件限制时，推荐采用下列仲裁试验方法：

a) 将豆粕投入到每个秤对应的配料仓中，所投豆粕的数量应能满足试验；

b) 按试验配方要求，启动各配料仓配料绞龙依次向配料秤斗给料，当达到规定最大秤量时，停止给料，记录此时配料秤显示屏的读数；

c) 将秤斗中的试验物料放空，将标准砝码逐一对称挂在秤斗支架上，当达到所称试验物料的配料秤显示屏读数时，停止加砝码，记录此时砝码的总质量，可以认为此时的标准砝码的总质量等于试验物料的实际配料量。连续试验 3 次，取平均值；

d) 按公式(3)计算配料秤自动称量最大允许误差。

$$P_Z = \left| \frac{P_g - P_s}{P_g} \right| \times 100\% \quad \cdots\cdots(3)$$

式中：

P_Z ——配料秤自动称量时最大允许误差，%；

P_g ——配料秤理论最大配料量，单位为千克(kg)；

P_s ——配料秤实际最大配料量(标准砝码的质量)三次试验的平均值，单位为千克(kg)。

5.1.3 定量包装允许误差

在定量包装秤的控制系统中预设包装质量(分别以定量包装秤的最大秤量和最小秤量各进行 1 次试验)，定量包装机正常运行后，包装不少于 10 袋的饲料，从中随机抽取 10 袋，用准确度为 0.1%的校验秤称量每袋饲料的实际质量，按公式(4)～公式(7)计算每次装料质量的最大允许偏差和最大允许预设值误差。

$$\overline{X} = \frac{\sum_{i=1}^{10} P_i}{10} \quad \cdots\cdots(4)$$

式中：

$\overline{X}$ ——每次装料质量的平均值，单位为千克(kg)；

P_i ——实测每次装料质量，单位为千克(kg)。

$$D_a = \max(|P_i - \overline{X}|)_{i=1}^{10} \quad \cdots\cdots(5)$$

式中：

D_a ——每次装料质量的最大绝对偏差，单位为千克(kg)。

$$D_r = \frac{D_a}{\overline{X}} \times 100\% \quad \cdots\cdots(6)$$

式中：

D_r ——每次装料质量的最大允许偏差，%。

$$E=\frac{|P_s-\overline{X}|}{P_s}\times 100\% \qquad \cdots\cdots(7)$$

式中：

E ——定量包装的最大允许预设值误差，%；

P_s——定量包装的预设值，单位为千克(kg)。

5.1.4 成套设备稳定性

在每次连续生产 8 h 以及粉碎系统、配混系统、制粒系统、膨化系统等主要加工系统的负荷程度在75%～80%的前提下，通过记录连续生产并正常出产品的时间以及关键设备的负荷程度进行检验，当出现设备故障且排除故障时间过长而影响到饲料产品的正常生产(产量下降或不出饲料产品)，则中断计时。上述稳定性指标测试时，也可以以一条独立的饲料生产线作为一个单独的检测对象。

5.2 饲料加工质量

5.2.1 粉碎粒度

所有饲料原料粉碎粒度的取样在粉碎系统的出口处，按照 GB/T 5917.1 中的方法进行检测。

5.2.2 混合均匀度变异系数

配合饲料产品在包装出口处按规定方法取样，其混合均匀度变异系数按照 GB/T 5918 中的方法进行检测。

5.2.3 饲料水分

饲料产品的水分测试参照 GB/T 6435 中的方法进行。

5.2.4 粉化率

颗粒饲料和膨化颗粒饲料的粉化率按 GB/T 16765—1997 中 5.4.3 的方法进行。

5.2.5 含粉率

颗粒饲料与膨化颗粒饲料的含粉率按 GB/T 16765—1997 中 5.4.2 的方法进行。

5.2.6 溶失率

水产饲料的水中溶失率试验方法见附录 C。

5.2.7 漂浮率、下沉率

膨化饲料的漂浮率、下沉率的试验方法见附录 C。

5.3 安全卫生

5.3.1 安全指标

5.3.1.1 用目测方法检查成套设备机械传动系统是否有保护装置，防护装置的结构和危险区域的安全距离按 GB 23821 的规定检测。

5.3.1.2 检查转动部件所标注的转向标志、危险部位的警示标志，设备上安全色、安全标签和工业管道识别色是否符合 GB 2893、GB/T 2893.2 和 GB 7231 的规定。

5.3.1.3 成套设备电气设备的安全要求按 GB 50257 中的相关规定检测。

5.3.1.4 检查设备供货单位和成套设备安装单位是否有相关设备和材料的质检合格证，电器设备是否有相关安全性证明材料。

5.3.2 卫生

5.3.2.1 车间与库房等工作区间的粉尘浓度按 GBZ/T 192.1 中的方法检测，车间向大气排放的气体中的粉尘浓度按 GB/T 16157 中的方法检测。

5.3.2.2 对合同规定的车间内噪声工作场所的噪声和非噪声作业地点的噪声进行测试，测试方法应按照 GBZ/T 189.8 中的相关规定进行。

5.4 设备安装、管网连接与密封

5.4.1 用目测方法检查蒸汽管道、压缩空气管道、通风除尘风网管道、液体原料输送管道等管网的各种接头是否出现泄漏现象，管网安装质量验收方法按照 GB 50184 中相关规定进行。

5.4.2 溜管角度检测宜采用长卷尺，分别测量溜管的某一高度和水平距离，然后计算出溜管的安装倾角，设备软连接与设备连接处的密封效果可采用目测方式进行检查。

5.5 涂层质量

涂层质量按照 JB/T 11299—2012 中的规定进行检测。

6 验收

6.1 验收应具备的条件

6.1.1 饲料加工成套设备中的所有设备与辅助系统已经按照设计图纸完成了全部安装作业。

6.1.2 安装后的成套设备已经分别进行了单机空载试运行、各工段空载和负载试运行、成套设备联调负载试运行，并达到试运行的基本要求。

6.1.3 成套设备中的机械设备安装、电气设备安装、管线安装、隐蔽工程安装等各分部安装工程自检验收全部合格。

6.1.4 安装施工过程的各项检查签证记录、分部工程完工验收记录、缺陷整改情况报告及有关设备、材料、试件的试验报告等资料齐全完整，并已分类整理完毕。

6.1.5 成套设备竣工验收的图纸、资料和相关文件已修改整理完毕。

6.2 验收项目

验收项目：

——成套设备性能指标；

——饲料加工质量指标；

——成套设备安装质量；

——工程资料与文件的验收。

6.3 验收步骤

6.3.1 资料审查

验收时应审查下列资料：

——成套设备竣工图纸及设计文件；

——成套设备安装施工现场质量管理检查记录；

——特种设备的检验合格证书以及安装验收合格证书；
——各分项工程质量验收记录；
——成套设备各单机和电器设备的合格证书与安全证明资料；
——成套设备非标件的工程材料产品质量证明书与检验报告；
——成套设备性能指标测试记录；
——成套设备产品加工质量指标检测记录；
——成套设备运行过程中噪声与粉尘浓度检测报告；
——不合格项的处理记录及验收记录。

6.3.2 现场检查

6.3.2.1 现场检查要求在成套设备正常负荷运行状态下进行，现场检查人员由工程合同双方指定的有资质的专业人员组成。

6.3.2.2 对照所设计的工艺流程图与设备清单，现场核对已安装的成套设备各设备的名称、型号规格、数量、功率是否相符。

6.3.2.3 对照饲料加工成套设备立面布置图和平面布置图以及安装施工图，现场确认各设备的定位、安装是否达到设计图纸的要求。

6.3.2.4 各主要运转设备工作状态的现场检查：

a) 粉碎机、混合机、制粒机、膨化机、大功率风机等关键设备运行时轴承温度是否在规定范围内；
b) 专业设备与非标设备的涂装是否有损坏；
c) 各设备的传动箱和各润滑部件是否有渗漏油现象；
d) 各设备运行声音和振动是否正常。

6.3.2.5 安全装置与标识的检查：

a) 检查各设备传动部件上是否有防护装置；
b) 要求单项运动的部件应有运动方向标记，高温有触电危险的部位的警示标示；
c) 成套设备的蒸汽包和蒸汽管道、加热后的油脂管道、干燥器的热源管道等高温部件应有隔热、保温装置与相关安全标识。

6.4 交收

6.4.1 交收应具备的条件：

——完成全部成套设备工程建设合同中双方商定的工程内容的施工；
——完成合同规定指标的检验，且结果满足双方合同规定的要求；
——设备运行状态良好，试运行期间饲料加工产能基本达到双方合同商定要求；
——配套安全、消防设施齐全良好，且措施落实到位；
——已对使用方各岗位作业人员进行了规定的专业培训并达到独立上岗操作的要求；
——对成套工程验收中存在的缺陷已全部消除；
——设计文件与工程资料齐全；
——合同中规定的设备附件、备件和专用工具到位。

6.4.2 交收时应提供的工程资料：

——饲料成套设备建设合同与附件；
——成套设备竣工图纸与文件资料；
——车间供电系统图与车间布线施工图；
——电气控制原理图与控制柜布线图；
——电气控制系统使用说明书；

——自动控制系统及应用软件使用说明书与备份文件；
——加工设备单机使用说明书；
——成套设备性能指标测试记录；
——成套设备产品加工质量指标检测记录；
——成套设备工程验收报告。

附　录　A
（规范性附录）
水产饲料加工质量指标

A.1　表 A.1 规定了水产配合饲料原料粉碎粒度。

表 A.1　水产配合饲料原料粉碎粒度

饲养对象		苗种阶段		养成阶段	
		筛孔尺寸/mm	筛上物含量/%	筛孔尺寸/mm	筛上物含量/%
鱼类	草食性鱼类	0.355	≤10	0.500	≤10
	肉食性鱼类	0.250	≤5	0.425	≤5
虾蟹类	虾类	0.250	≤5	0.250	≤5
	蟹类	0.250	≤5	0.425	≤5
龟鳖类		0.180	≤6	0.180	≤8
蛙类		0.250	≤5	0.250	≤5
注：苗种前期开口饲料原料的粉碎粒度分别按饲养对象相应的饲料标准执行。					

A.2　表 A.2 规定了水产饲料水中溶失率。

表 A.2　水产饲料水中溶失率

饲养对象	饲料类别	浸泡时间/min	溶失率/%
鱼类	颗粒饲料	5	≤10
	膨化饲料	20	≤10
虾类	颗粒饲料	120	≤12
蟹类	颗粒饲料	30	≤10
龟、鳖、鳗鱼	粉状饲料(面团)	60	≤5
蛙类	颗粒饲料	60	浸泡时间内颗粒不开裂，不脱皮

附　录　B
（规范性附录）
试验饲料推荐配方

B.1　畜禽颗粒饲料

B.1.1　肉鸡（0～3 周龄）颗粒饲料配方：玉米 54.6%、豆粕 32%、棉籽粕 6%、石粉 1.3%、磷酸氢钙 1.8%、食盐 0.3%、大豆油 2.8%、99% DL-蛋氨酸 0.05%、98% L-赖氨酸盐酸盐 0.15%、肉鸡预混料 1%。

B.1.2　中大猪颗粒饲料配方：玉米 63.8%、豆粕 26%、麸皮 6%、豆油 0.80%、98% L-赖氨酸盐酸盐 0.3%、石粉 1.2%、磷酸氢钙 0.60%、食盐 0.30%、中猪预混料 1%。

B.2　水产颗粒饲料

B.2.1　南美白对虾料配方：进口鱼粉 18%、国产鱼粉 15%、豆粕 15%、面粉 20%、肉骨粉 15%、虾壳粉 12%、其他 5%。

B.2.2　黄颡鱼料配方：进口鱼粉 15%、国产鱼粉 10%、豆粕 30%、面粉 20%、菜粕 5%、DDGS10%、其他 10%。

B.2.3　鲤鱼颗粒料配方（用于体重在 250 g 以上）：豆粕 20.5%、菜粕 15%、次粉 15%、鱼粉 15%、米糠 12%、棉粕 12%、磷酸二氢钙 2.5%、大豆油 2%、大豆 5%、成鱼预混料 1%。

B.3　水产膨化饲料

B.3.1　浮性饲料的配方为：豆粕 30%、小麦 30%、麦麸 15%、菜粕 25%。

B.3.2　沉性饲料的配方为：豆粕 30%、鱼粉 40%、面粉 15%、菜粕 15%。

附 录 C
（规范性附录）
部分水产饲料加工质量指标测试方法

C.1 水产饲料溶失率

C.1.1 水产粉状饲料溶失率

C.1.1.1 仪器与设备：

——恒温烘箱；

——天平，感量为 0.01 g；

——立式搅拌器；

——量筒，500 mL；

——温度计，精度为 0.1 ℃；

——秒表。

C.1.1.2 试剂：蒸馏水。

C.1.1.3 步骤：

准确称取试料 2 份各 20 g，其中 1 份导入盛有 20 mL～24 mL 蒸馏水的搅拌器中，在室温条件下以 105 r/min 搅拌粘合 1 min，成面团后取出。将面团平分成 2 份，取 1 份放置静水中，在水温 25 ℃±2 ℃下浸泡 1 h，捞出后与另 1 份对照料同时放入烘箱中，在 105 ℃恒温下烘干至恒重，取出置于干燥器中冷却后，分别准确称重。溶失率按公式(C.1)计算，结果以 2 个平衡样的算术平均值计，数值表示至 1 位小数，允许相对误差小于或等于 4%。

$$S_1=\frac{m_1-m_2}{m_1}\times 100\% \qquad \cdots\cdots\cdots\cdots(C.1)$$

式中：

S_1——水产粉状饲料溶失率，%；

m_1——对照料烘干后质量，单位为克(g)；

m_2——浸泡料烘干后质量，单位为克(g)。

C.1.2 水产颗粒(膨化)饲料溶失率

C.1.2.1 仪器与设备：与 C.1.1.1 相同。

C.1.2.2 步骤：

称取 10 g 样品(准确至 0.1 g)放入圆筒形网筛内，网筛孔目数见表 C.1，然后置于水深为 5.5 cm 的容器中浸泡，水温为 26 ℃±2 ℃，然后把网筛从水中缓慢提升至水面，又缓慢沉入水中，使饲料离开筛底，如此反复 3 次，共浸泡 5 min 后取出筛网，斜放沥干附水。把网筛内饲料置于 105 ℃烘箱内烘干至恒重，同时，称取一份未浸水 10 g 样品(对照料)，置 105 ℃烘箱内烘干至恒重，按公式(C.2)计算。每组试验取两个平行样进行测定，以计算其算术平均值为结果，数值表示至 1 位小数，允许相对误差小于或等于 4%。推荐滤网筛孔规格数值见表 C.1。

$$S_2=\frac{n_1-n_2}{n_1}\times 100\% \qquad \cdots\cdots\cdots\cdots(C.2)$$

式中：

S_2——水产颗粒(膨化)饲料溶失率，%；

n_1——对照料烘干后质量,单位为克(g);

n_2——浸泡料烘干后质量,单位为克(g)。

表 C.1 滤网筛孔规格推荐值

项目	参数					
颗粒直径/mm	3.0	3.5	4.0	4.5	5.0	6.0
筛网直径/mm	2.36	2.8	3.15	3.55	4.0	5.0

C.2 膨化产品漂浮率

随机抽取 200 粒～300 粒样品,置于 26 ℃±2 ℃淡水中浸泡 30 min,搅拌数下,待静止后计算漂浮颗粒数,用公式(C.3)计算出膨化产品漂浮率。

$$F = \frac{G_1}{G} \times 100\% \qquad \cdots\cdots(C.3)$$

式中:

F——漂浮率,%;

G_1——漂浮颗粒数,单位为粒;

G——总颗粒数,单位为粒。

C.3 膨化产品下沉率

随机抽取 200 粒～300 粒样品,置于 26 ℃±2 ℃淡水中浸泡 1 min,搅拌数下,待静止后计算漂浮颗粒数,用公式(C.4)计算出膨化产品下沉率。

$$C = \frac{G - G_1}{G} \times 100\% \qquad \cdots\cdots(C.4)$$

式中:

C——下沉率,%;

G_1——漂浮颗粒数,单位为粒;

G——总颗粒数,单位为粒。

ICS 25.100.70
J 43

中华人民共和国国家标准

GB/T 30473—2013/ISO 2421:2003

涂附磨具　筒形砂套

Coated abrasives—Cylindrical abrasive sleeves

(ISO 2421:2003,IDT)

2013-12-31 发布　　2014-10-01 实施

中华人民共和国国家质量监督检验检疫总局
中国国家标准化管理委员会　发布

前　　言

本标准按照 GB/T 1.1—2009 给出的规则起草。

本标准使用翻译法等同采用 ISO 2421:2003《涂附磨具　筒形砂套》。

为便于使用，本标准做了如下编辑性修改：在范围一章中增加了适用性的内容。

本标准由中国机械工业联合会提出。

本标准由全国磨料磨具标准化技术委员会(SAC/TC 139)归口。

本标准起草单位：郑州方舟磨具有限公司、白鸽磨料磨具有限公司。

本标准主要起草人：吴成斌、郭志邦、赵新立、陈德光、王建伟。

涂附磨具 筒形砂套

1 范围

本标准规定了安装在手持式磨削机上符合 ISO 15637-1 要求的和安装在固定式磨削机上符合 ISO 15637-2要求的夹紧装置上的砂套的尺寸、公差和试验条件。

本标准适用于以砂布、砂纸制成的筒形砂套。

2 规范性引用文件

下列文件对于本文件的应用是必不可少的。凡是注日期的引用文件，仅注日期的版本适用于本文件。凡是不注日期的引用文件，其最新版本(包括所有的修改单)适用于本文件。

ISO 554 限定和/或测试时的标准大气环境 技术条件(Standard atmospheres for conditioning and/or testing—Specifications)

ISO 15637-1 筒形砂套的夹紧装置 第1部分:用于手持式磨削机上的带轴夹紧装置(Holding fixtures of cylindrical abrasive sleeves—Part 1:Holding fixtures with shank for hand-held grinding machines)

ISO 15637-2 筒形砂套的夹紧装置 第2部分:用于固定式磨削机上的夹紧装置(Holding fixtures of cylindrical abrasive sleeves—Part 2:Holding fixtures for stationary machines)

3 尺寸

筒形砂套尺寸见图1和表1、表2。

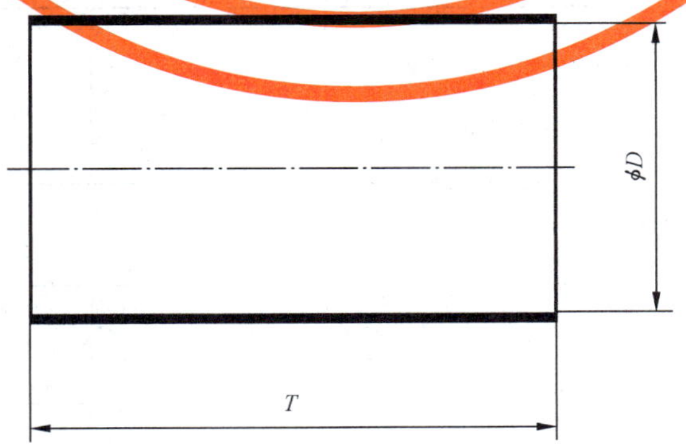

图1 筒形砂套

表 1　*D*≤100 mm 的筒形砂套

单位为毫米

D			*T*±1
数值	极限偏差		
	A 型　平接法	B 型　螺旋接法	
10	—	$^{0}_{-0.2}$	10
			20
15	—	$^{0}_{-0.2}$	10
			30
22	—	$^{-0.1}_{-0.3}$	20
			40
30	—	$^{-0.1}_{-0.3}$	20
			30
			40
			50
45	$^{-0.1}_{-0.4}$		30
			40
			50
60	$^{-0.1}_{-0.4}$		30
			40
			50
75	$^{-0.2}_{-0.5}$		30
			40
			50
100	$^{-0.2}_{-0.5}$		40

表 2　*D*＞100 mm 的筒形砂套

单位为毫米

D		*T*±1
数值	极限偏差 A 型　平接法	
125	$^{+1.6}_{0}$	150
		200
150	$^{+1.6}_{0}$	215
		225
		300
150	$^{+1.6}_{0}$	150
		200
		250

表 2（续）

D		$T \pm 1$
数值	极限偏差 A型　平接法	
175	$^{+1.85}_{0}$	100
		150
		200
		250
200	$^{+1.85}_{0}$	150
		200
		250
250	$^{+1.85}_{0}$	150
		200
		250
315	$^{+2.1}_{0}$	250
		300

4　试验条件

表 1 和表 2 中的极限偏差在下列条件(符合 ISO 554)下有效：

——温度：20 ℃±2 ℃；

——相对湿度：65%±5%。

筒形砂套在上述条件下放置至少 24 h 方可进行测试。

5　标记

符合本标准的筒形砂套应标记的内容为：

a）筒形砂套；

b）引用本标准，即 GB/T 30473；

c）A 型或 B 型；

d）直径 *D*；

e）宽度 *T*。

示例：一个 A 型的筒形砂套，直径 *D*=45 mm 和宽度 *T*=50 mm 应按以下标记：

筒形砂套 GB/T 30473—2013 A 45×50

6　标志

筒形砂套上应标有尺寸 *D* 和 *T*，制造厂名称或其注册商标。

ICS 25.100.70
J 43

中华人民共和国国家标准

GB/T 30474.1—2013

筒形砂套夹紧装置 第1部分:用于手持式磨削机上的带轴夹紧装置

Holding fixtures of cylindrical abrasive sleeves—Part 1:Holding fixtures with shank for hand-held grinding machines

(ISO 15637-1:2002,MOD)

2013-12-31 发布 2014-10-01 实施

中华人民共和国国家质量监督检验检疫总局
中国国家标准化管理委员会 发布

前　言

GB/T 30474《筒形砂套夹紧装置》分为以下2个部分：

——第1部分：用于手持式磨削机上的带轴夹紧装置；

——第2部分：用于固定式磨削机上的夹紧装置。

本部分为GB/T 30474的第1部分。

本部分按照GB/T 1.1—2009给出的规则起草。

本部分使用重新起草法修改采用ISO 15637-1:2002《筒形砂套夹紧装置　第1部分：用于手持式磨削机上的带轴夹紧装置》。

本部分与ISO 15637-1:2002的技术性差异及其原因如下：

——夹紧装置制成材料中增加了“或其他材料”，以适应国内的技术要求（见4.1）；

——关于标志，将“带轴夹紧装置的标志由制造厂自定”修改为标志注册商标或制造厂名称、最高允许转速，以适应国内生产、销售和使用的实际情况（见第6章）。

为便于使用，本部分还做了下列编辑性修改：

a)　范围中增加了规定性的内容；

b)　规范性引用文件中用等同采用国际标准的GB/T 30473—2013代替ISO 2421:2003。

本部分由中国机械工业联合会提出。

本部分由全国磨料磨具标准化技术委员会（SAC/TC 139）归口。

本部分起草单位：郑州埃凯德工程技术有限公司、河南工业大学。

本部分主要起草人：栗正新、赵红雨。

筒形砂套夹紧装置　第1部分：用于手持式磨削机上的带轴夹紧装置

1　范围

GB/T 30474 的本部分规定了用于手持式磨削机上的筒形砂套带轴夹紧装置的型式和尺寸、要求、标记、标志。

本部分适用于符合 GB/T 30473—2013 中 $D \leqslant 100$ mm 的筒形砂套使用的带轴夹紧装置。此类带轴夹紧装置通常为片状芯，通过离心力作用于薄片上导致直径的增加从而把筒形砂套夹紧在夹紧装置上。

2　规范性引用文件

下列文件对于本文件的应用是必不可少的。凡是注日期的引用文件，仅注日期的版本适用于本文件。凡是不注日期的引用文件，其最新版本(包括所有的修改单)适用于本文件。

GB/T 30473—2013　涂附磨具　筒形砂套(ISO 2421:2003,IDT)

3　型式和尺寸

3.1　型式

带轴夹紧装置的形状和型式由制造厂自定，仅应遵守规定的尺寸和公差。见图1。

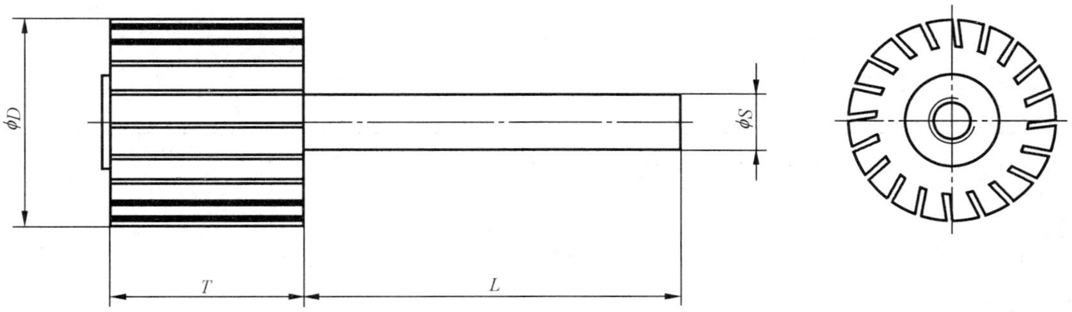

图1　带轴夹紧装置的型式示意

3.2　尺寸

尺寸见表1。

表 1　尺寸

单位为毫米

D 基本尺寸	D 极限偏差	T ±1	S h9	L ±3
10	$^{+0.5}_{0}$	10	6	40
		20		
15	$^{+0.5}_{0}$	10		
		30		
22	$^{+0.4}_{-0.1}$	20		
		40		
30	$^{+0.4}_{-0.1}$	20		
		30		
		40		
		50		
45	$^{+0.4}_{-0.1}$	30		
		40		
		50		
60	±0.3	30	6 或 8	
		40		
		50		
75	$^{+0.4}_{-0.3}$	30	8	
		40		
		50		
100	$^{+0.4}_{-0.3}$	40		

4　要求

4.1　夹紧装置

夹紧装置应用橡胶或其他材料制成，其型式由制造厂商自定。

4.2　轴

轴应用具有最小抗弯强度 $R_e = 300\ \text{N/mm}^2$ 的钢制成，其种类由制造厂自定。

5　标记

符合本部分的带轴夹紧装置应标记的内容为：

——带轴夹紧装置；

——引用本部分，即 GB/T 30474.1；

——尺寸 D、T 和 S，单位为毫米；

——最高工作速度 v_s，单位为米/秒。

示例： 直径 $D=45$ mm，厚度 $T=30$ mm，轴径 $S=6$ mm 且最高工作速度 $v_s=40$ m/s 的带轴夹紧装置按以下内容标记为：

带轴夹紧装置 GB/T 30474.1—45×30×6/40

6 标志

带轴夹紧装置上应标注：

——注册商标或制造厂名称；

——最高允许转速。

ICS 25.100.70
J 43

中华人民共和国国家标准

GB/T 30474.2—2013

筒形砂套夹紧装置 第2部分:用于固定式磨削机上的夹紧装置

Holding fixtures of cylindrical abrasive sleeves—Part 2:Holding fixtures for stationary machines

(ISO 15637-2:2002,MOD)

2013-12-31 发布　　2014-10-01 实施

中华人民共和国国家质量监督检验检疫总局
中国国家标准化管理委员会　发布

前　言

GB/T 30474《筒形砂套夹紧装置》分为以下2个部分：

——第1部分：用于手持式磨削机上的带轴夹紧装置；

——第2部分：用于固定式磨削机上的夹紧装置。

本部分为GB/T 30474的第2部分。

本部分按照GB/T 1.1—2009给出的规则起草。

本部分使用重新起草法修改采用ISO 15637-2:2002《筒形砂套夹紧装置　第2部分：用于固定式磨削机上的夹紧装置》。

本部分与ISO 15637-2:2002的技术性差异及原因如下：

——删除了标志中尺寸、供应商和进口商的内容(见第6章)，以适应国内生产、销售和使用的实际情况。

为便于使用，本部分做了下列编辑性修改：

a) 范围中增加了规定性的内容；

b) 规范性引用文件中用等同采用国际标准的GB/T 30473—2013代替ISO 2421:2003。

本部分与ISO 15637-2:2002相比存在技术性差异，这些差异涉及的条款已通过在其外侧页边空白位置的垂直单线(|)进行了标示。

本部分由中国机械工业联合会提出。

本部分由全国磨料磨具标准化技术委员会(SAC/TC 139)归口。

本部分起草单位：河南工业大学。

本部分主要起草人：栗正新。

筒形砂套夹紧装置
第2部分：用于固定式磨削机上的夹紧装置

1 范围

GB/T 30474 的本部分规定了用于固定式磨削机上的筒形砂套夹紧装置的型式、尺寸、要求、标记、标志。

本部分适用于符合 GB/T 30473 中 $D>100$ mm 的筒形砂套使用的夹紧装置。此类夹紧装置采用不同的方式夹紧筒形砂套，例如用片状芯或气动装置。

2 规范性引用文件

下列文件对于本文件的应用是必不可少的。凡是注日期的引用文件，仅注日期的版本适用于本文件。凡是不注日期的引用文件，其最新版本(包括所有的修改单)适用于本文件。

GB/T 30473—2013 涂附磨具 筒形砂套(ISO 2421:2003,IDT)

3 型式和尺寸

3.1 型式

夹紧装置的形状和型式由制造厂自定；仅应遵守规定的尺寸和公差。见图1。

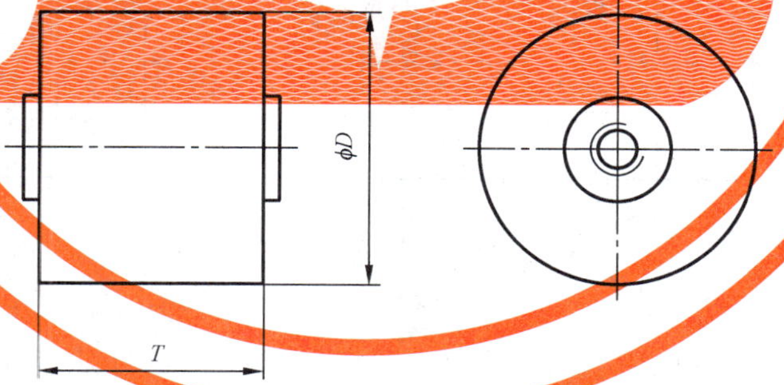

图1 夹紧装置的形状和型式示意

3.2 尺寸

尺寸见表1。

表 1 尺寸

单位为毫米

D		T
基本尺寸	极限偏差	±2
125	−0.1 −0.8	150
		200
150	−0.1 −0.8	215
		225
		300
160	−0.1 −0.8	150
		200
		250
175	−0.1 −0.8	100
		150
		200
		250
200	−0.2 −0.9	150
		200
		250
250	−0.2 −0.9	150
		200
		250
315	−0.2 −1.0	250
		300

4 要求

由制造厂自定。

5 标记

夹紧装置应标记的内容为：

a) 夹紧装置；

b) 引用本部分，即 GB/T 30474.2；

c) 尺寸 D 和 T，单位为毫米；

d) 最高工作速度 v_s，单位为米/秒。

示例：直径 D=200 mm，厚度 T=150 mm 并且最高工作速度 v_s=40 m/s 的夹紧装置按以下内容标记：

夹紧装置 GB/T 30474.2—200×150/40

6 标志

夹紧装置应标志的内容为：

——注册商标或制造厂名称；

——最高允许转速。

ICS 23.140
J 72

中华人民共和国国家标准

GB/T 30475.1—2013

压缩空气过滤器 试验方法 第1部分:悬浮油

Filters for compressed air—Test methods—
Part 1:Oil aerosols

(ISO 12500-1:2007,MOD)

2013-12-31 发布 2014-10-01 实施

中华人民共和国国家质量监督检验检疫总局
中国国家标准化管理委员会 发布

前　言

GB/T 30475《压缩空气过滤器　试验方法》分为四个部分：

——第1部分：悬浮油；

——第2部分：油蒸气；

——第3部分：颗粒；

——第4部分：水。

本部分为GB/T 30475的第1部分。

本部分按照GB/T 1.1—2009给出的规则起草。

本部分使用重新起草法修改采用ISO 12500-1：2007《压缩空气过滤器　试验方法　第1部分：悬浮油》(英文版)。

考虑到我国国情，本部分在采用ISO 12500-1：2007时，做了一些修改。有关技术差异已编入正文中，并在它们所涉及的条款的页边空白处用垂直单线标识。在附录B中给出了这些技术差异及其原因的一览表以供参考。

为了便于使用，本部分还做了下列编辑性修改：

——“本国际标准”一词改为“本部分”；

——删除ISO 12500-1：2007前言。

本部分由中国机械工业联合会提出。

本部分由全国压缩机标准化技术委员会(SAC/TC 145)归口。

本部分负责起草单位：合肥通用机械研究院、无锡市华灵过滤设备有限公司。

本部分参加起草单位：上海阿普达实业有限公司、杭州博大净化设备有限公司、无锡迈格艾尔净化设备有限公司、杭州正高气体科技有限公司、贝克欧(上海)净化系统科技有限公司、上海英格索兰压缩机有限公司、深圳市宏日嘉净化设备科技有限公司。

本部分主要起草人：陈放、李金禄、谭跃进、杨耀峰、党英利。

本部分参加起草人：张剑敏、顾国前、胡海南、徐莅、董鹏举、孙建成、刘柏藩。

压缩空气过滤器 试验方法 第1部分:悬浮油

1 范围

GB/T 30475的本部分规定了规定工况下测定过滤器压力降、出气口悬浮油浓度的试验方法,以及试验所需的设备配置及试验程序。

本部分适用于凝聚式压缩空气过滤器。

2 规范性引用文件

下列文件对于本文件的应用是必不可少的。凡是注日期的引用文件,仅注日期的版本适用于本文件。凡是不注日期的引用文件,其最新版本(包括所有的修改单)适用于本文件。

GB/T 786.1 流体传动系统及元件图形符号和回路图 第1部分:用于常规用途和数据处理的图形符号(GB/T 786.1—2009,ISO 1219-1:2006,IDT)

GB/T 3141 工业液体润滑剂 ISO粘度分类(GB/T 3141—1994,eqv ISO 3448:1992)

GB/T 10893.1 压缩空气干燥器 第1部分:规范与试验(GB/T 10893.1—2012,ISO 7183:2007,MOD)

GB/T 13277.1—2008 压缩空气 第1部分:污染物净化等级(ISO 8573-1:2001,MOD)

GB/T 16273.1 设备用图形符号 第1部分:通用符号(GB/T 16273.1—2008,ISO 7000:2004,NEQ)

GB/T 17446 流体传动系统及元件 词汇(GB/T 17446—2012,ISO 5598:2008,IDT)

JB/T 7664 压缩空气净化 术语

ISO 8573-2 压缩空气 第2部分:悬浮油含量测量方法(Compressed air—Part 2:Test methods for oil aerosol content)

3 术语和定义

GB/T 10893.1、GB/T 17446和JB/T 7664界定的以及下列术语和定义适用于本文件。

3.1

环境温度 ambient temperature

被试验过滤器周边的空气温度。

3.2

凝聚 coalescing

悬浮状液态粒子聚集成体积更大的粒子的作用过程。

3.3

污染物 contaminant

任何对系统有不良影响的固体、液体或气体。

3.4

过滤器 filter

分离或清除压缩空气(或气体)气流中污染物的装置。

3.5

压降(压差)　pressure drop (differential pressure)

Δp

在规定条件下,测得的某部件进气口与出气口的压力之差。

3.6

当量流速　equivalent flow velocity

对于额定压力不同于试验压力 0.7 MPa 的过滤器,其试验流量的大小应使得在试验条件下的流速与其在额定压力和流量下达到的流速相等,该试验条件下的流速称为当量流速。

3.7

管壁流　wall flow

管路气流中不再呈悬浮态的液态污染物。

3.8

悬浮油　oil aerosol

悬浮于气体介质中沉降速度可忽略的悬浮液态油混合物。

4　单位和符号

本部分用到的单位为国际单位制(SI)常用的单位。

图表中的图形符号应参照 GB/T 786.1 和 GB/T 16273.1。

5　标准状态

气体的标准状态如下:

a)　空气温度:20 ℃

b)　绝对空气压力(绝压):0.1 MPa;

c)　相对水蒸气压力:0。

6　试验要求

6.1　规定工况

规定工况见表 1。

表 1　规定工况

<table>
<tr><th>试验报告参数</th><th>单位</th><th colspan="2">规定工况[c]</th><th>实际仪表
读数波动范围</th><th>试验条件
下仪表精度</th></tr>
<tr><td>进气口温度</td><td>℃</td><td colspan="2">20</td><td>±5</td><td>±2</td></tr>
<tr><td>进气口压力</td><td>MPa</td><td colspan="2">0.7</td><td>±0.01</td><td>±0.01</td></tr>
<tr><td>环境温度</td><td>℃</td><td colspan="2">20</td><td>±5</td><td>±2</td></tr>
<tr><td>最低空气洁净度[a]</td><td>—</td><td colspan="4">GB/T 13277.1—2008　2　6　1[d]</td></tr>
<tr><td>试验空气流量</td><td>m^3/h</td><td colspan="2">100%额定流量</td><td>±2%</td><td>±4%</td></tr>
<tr><td>进气口悬浮油浓度[b,c]</td><td>mg/m^3</td><td>10</td><td>40</td><td>±10%</td><td>±10%</td></tr>
</table>

表 1（续）

试验报告参数	单位	规定工况[c]	实际仪表读数波动范围	试验条件下仪表精度
压降	Pa	—	—	±10%

[a] 悬浮油发生器进气清洁度的最低要求，并确保被试验过滤器进气口处无液态水。

[b] 可使用符合 GB/T 3141、黏度等级为 46、常用于压缩机的矿物润滑油。

[c] 根据应用过滤器的压缩机的类型和性能选择具体浓度。

[d] 第一个数字表示固体颗粒等级，第二个数字代表湿度等级，第三个数字代表总含油量等级。

6.2 进气口空气速度

为了维持紊流状态并尽可能减少悬浮物沉积，进气管路中气流的雷诺数应不低于 4 000。

雷诺数 Re 应通过式(1)来计算：

$$Re=\frac{Dv\rho}{\eta} \qquad (1)$$

式中：

D ——管子内径，单位为米(m)；

v ——流速，单位为米每秒(m/s)；

ρ ——密度，单位为千克每立方米(kg/m³)；

η ——动力黏度，单位为帕秒(Pa·s)。

6.3 进气流量

去除悬浮油的试验应在生产厂家为该型号过滤器标定的持续运行的最大额定工作流量条件下实行。

对于用不等于 0.7 MPa 的压力来标称最大额定流量的过滤器，其悬浮油去除性能在试验压力 0.7 MPa 下测定，以其额定压力下的当量流速来计算试验流量。

标准状态下的试验流量 $q_{Ve,REF}$(m³/h)由式(2)来计算：

$$q_{Ve,REF}=\frac{q_{Vn,REF}\times K_T\times p_e}{p_n} \qquad (2)$$

式中：

$q_{Vn,REF}$——标准状态下的额定流量，单位为立方米每小时(m³/h)；

p_e ——绝对试验压力(绝压)，单位为兆帕(MPa)；

p_n ——绝对额定压力(绝压)，单位为兆帕(MPa)；

K_T ——在额定压力和 20 ℃时空气的压缩系数，无量纲。

如果一个过滤器使用多个相同的滤芯，那么其性能可用相同滤芯的单滤芯过滤器的试验结果来代表，其试验流量为该滤芯最大建议流量。

7 试验方法

7.1 试验设备布置

试验设备布置见图 1。

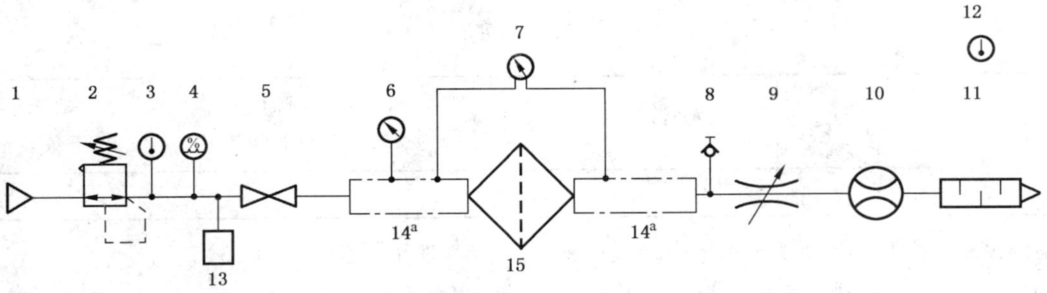

说明：

1 ——压缩空气源；
2 ——压力调节器；
3 ——温度计/传感器；
4 ——露点仪/传感器；
5 ——全流量球阀；
6 ——压力表/传感器；
7 ——压差表；
8 ——取样点；
9 ——精密调节阀；
10——流量计/传感器；
11——消音器；
12——环境温度计/传感器；
13——悬浮油发生器；
14——压力测量管；
15——被试验过滤器。

[a] 压力测量管的详细结构按 GB/T 10893.1 的要求。

图 1　试验设备的典型布置图

7.2　试验所需浓度

按表 1 规定的工况设置好试验台所有设备，调节悬浮油发生器，产生表 1 所需浓度的试验悬浮油。悬浮油发生器用来发生平均尺寸在 0.15 μm～0.4 μm 之间的多分散悬浮油，油颗粒的尺寸按个数呈正态分布。

注意输送到被试验过滤器的悬浮油应符合上述大小范围并呈悬浮态，如必要，在悬浮油发生器系统内应当有防止管壁流进入试验装置的措施。

7.3　试验程序

每种型号滤芯至少应测三个样品，每个滤芯重复测三次，试验结果应取平均值。

7.4　被试验滤芯的状态调节

在试验开始前，凝聚式过滤器滤芯应当调节到一种平衡态。虽然允许用大于表 1 规定的悬浮油试验浓度来调节被试验滤芯达到平衡态，但最好的方法是调节悬浮油发生器，以与实际试验相同特性和浓度的悬浮油来使滤芯达到平衡态。悬浮油浓度高于试验所需水平时会在出气口空气中产生额外的悬浮油浓度，这可能在测试阶段产生错误的结果。

当在被试过滤器壳体的底部可以观察到液态油和压差的每小时变化率小于测量值的 1%，就认为已经达到平衡态。

应记录被试验过滤器的压差。必要时，可调节空气流量。

7.5 悬浮油浓度的测量

悬浮油浓度应按照 ISO 8573-2 标准测量。应注意的是，确保对压缩空气取样的方法符合 ISO 8573-2 的规定，即全流量或等动力取样。

7.6 湿压降的测量

应在过滤器滤芯已达平衡态、流量为 100%额定流量、悬浮油发生器不停止工作并在表 1 的各项规定工况下测量湿压降。

8 不确定性

注：按照本条款通常不需要做概率误差计算。

由于物理测量的特性，不可能测量一个物理量而没有误差，或者说事实上确定任何一项特定测量的真实误差是不可能的。然而，如果测量条件充分已知，则可能估算出或者计算出所测值与真值间的特性偏差，因而能以一定的置信度断定其真实误差小于此偏差，此偏差的值(通常是 95%的置信度)就成为该特定测量精度的判断指标。

假定测量各独立量和气体特性时，可能产生的系统误差可以通过修正补偿。如果读数的数量足够多，还可进一步假定，读数的置信限和积累误差可以忽略不计。

可能产生的(小的)系统误差包含在测量的不确定度中。

由于除例外情况外(例如电器传感器)，各独立测量的不确定度仅仅是精度级和极限误差的几分之一，所以经常采用精度级和极限误差来确定这种不确定度。

有关确定各独立测量的不确定度和各气体特性置信限的数据都是一些近似值，改善这些近似程度则耗费巨大。

9 试验报告

9.1 说明

过滤器性能数据应说明是在标准状态下测得的，并至少应当包括表 1 所列数据。试验结果应包括在试验条件下测得的数据。

9.2 技术数据

过滤器技术数据的表述应至少包括以下内容：

——说明数据是通过符合本部分的试验获取的；

——过滤器壳体的型号；

——过滤器滤芯的型号；

——出气口悬浮油浓度和压降的平均值；

——试验所使用的进气口悬浮油浓度。

试验报告样表参见附录 A。

附 录 A
（资料性附录）
试验报告样表

A.1 试验报告的基本说明见表 A.1。

表 A.1 试验报告的基本说明

试验日期	
试验设备	
试验地点	
联系人	
被试验产品	
产品生产商	
过滤器壳体型号	
过滤器滤芯型号	
额定流量	
试验用油型号	
悬浮油浓度的测试方法	ISO 8573-2

A.2 规定工况参数和试验结果记录见表 A.2。

表 A.2 规定工况参数和试验结果

报告参数	单位	规定工况	试验 1	试验 2	试验 3	结果（平均值）
进气口温度	℃	20±5				
进气口压力	MPa	0.7±0.01				
环境温度	℃	20±5				
进气口压力露点	℃					
空气流量(标准状态)	m^3/h					
过滤器状态(如果大于表 1 所指定的浓度)	mg/m^3	—	—	—	—	
进气口悬浮油浓度	mg/m^3					
出气口悬浮油浓度	mg/m^3					
湿压降	Pa					
备注：						
试验方：						
签名(试验人)：				日期：		
见证方(生产厂家或其他方)：				日期：		

附 录 B
（资料性附录）
本部分与 ISO 12500-1:2007 的技术差异及其原因

表 B.1 给出了本部分与 ISO 12500-1:2007 的技术性差异及其原因的一览表。

表 B.1 本部分与 ISO 12500-1:2007 的技术性差异及其原因

本部分的章条编号	技术性差异	原 因
1	将原标准的三段语句重新编写	符合我国标准对于范围的描述
2	引用了适合我国实情的我国标准	适合我国国情
3.8	增加了悬浮油的定义	原文和 JB/T 7664 都没有该术语的定义，但该术语在文中多次出现
7	删除 ISO 14644-3 测试悬浮油浓度的方法	原标准推荐两种方法，可自行选择，ISO 8573-2 方法是专门针对压缩空气的测试方法，ISO 14644-3 是针对洁净室环境的，所以舍去后者
表 A.2	进气口压力的规定工况更改为(0.7±0.01)MPa	与前边的规定工况和 GB/T 30475 的第 2 部分保持一致

参考文献

[1] ISO 1000 国际单位制及其应用

[2] ISO 3448 工业液体润滑剂 ISO粘度分类

[3] ISO 5782-1 气动压缩空气过滤器 第1部分：商务文件中包含的主要特性和产品标识要求

[4] ISO 5782-2 气动压缩空气过滤器 第2部分：评定商务文件中包含的主要特性的测试方法

ICS 23.140
J 72

中华人民共和国国家标准

GB/T 30475.2—2013

压缩空气过滤器　试验方法
第2部分：油蒸气

**Filters for compressed air—Test methods—
Part 2:oil vapours**

(ISO 12500-2:2007,MOD)

2013-12-31 发布　　2014-10-01 实施

中华人民共和国国家质量监督检验检疫总局
中国国家标准化管理委员会　发布

前　言

GB/T 30475《压缩空气过滤器　试验方法》分为四个部分：

——第1部分：悬浮油；

——第2部分：油蒸气；

——第3部分：颗粒；

——第4部分：水。

本部分为GB/T 30475的第2部分。

本部分按照GB/T 1.1—2009给出的规则起草。

本部分使用重新起草法修改采用ISO 12500-2:2007《压缩空气过滤器　试验方法　第2部分：油蒸气》(英文版)。

考虑到我国国情，本部分在采用ISO 12500-2:2007时，做了一些修改。有关技术差异已编入正文中，并在它们所涉及的条款的页边空白处用垂直单线标识。在附录C中给出了这些技术差异及其原因的一览表以供参考。

为了便于使用，本部分还做了下列编辑性修改：

——"本国际标准"一词改为"本部分"；

——删除ISO 12500-2:2007前言。

本部分由中国机械工业联合会提出。

本部分由全国压缩机标准化技术委员会(SAC/TC 145)归口。

本部分负责起草单位：合肥通用机械研究院、无锡市华灵过滤设备有限公司。

本部分参加起草单位：上海阿普达实业有限公司、杭州博大净化设备有限公司、贝克欧(上海)净化系统科技有限公司、上海英格索兰压缩机有限公司、深圳市宏日嘉净化设备科技有限公司。

本部分主要起草人：李金禄、陈放、任芳、杨耀峰、党英利。

本部分参加起草人：张剑敏、顾国前、董鹏举、孙建成、刘柏藩。

压缩空气过滤器　试验方法　第2部分：油蒸气

1　范围

GB/T 30475的本部分规定了在规定工况下测定过滤器吸附油蒸气能力(吸附容量)、压力降的试验方法,以及试验所需的设备配置及试验程序。

本部分适用于吸附式压缩空气过滤器。

2　规范性引用文件

下列文件对于本文件的应用是必不可少的。凡是注日期的引用文件,仅注日期的版本适用于本文件。凡是不注日期的引用文件,其最新版本(包括所有的修改单)适用于本文件。

GB/T 786.1　流体传动系统及元件图形符号和回路图　第1部分:用于常规用途和数据处理的图形符号(GB/T 786.1—2009,ISO 1219-1:2006,IDT)

GB/T 10893.1　压缩空气干燥器　第1部分:规范与试验(GB/T 10893.1—2012,ISO 7183:2007,MOD)

GB/T 13277.1—2008　压缩空气　第1部分:污染物净化等级(ISO 8573-1:2001,MOD)

GB/T 16273.1　设备用图形符号　第1部分:通用符号(GB/T 16273.1—2008,ISO 7000:2004,NEQ)

GB/T 17446　流体传动系统及元件　词汇(GB/T 17446—2012,ISO 5598:2008,IDT)

JB/T 7664　压缩空气净化　术语

ISO 8573-6　压缩空气　第6部分:气态污染物含量测量方法(Compressed air—Part 6: Test methods for gaseous contaminant content)

3　术语和定义

GB/T 17446和JB/T 7664界定的以及下列术语和定义适用于本文件。

3.1

活性炭　activate carbon

为一种多孔隙结构的炭,其表层孔隙对某些气体或蒸气具有很强的吸附能力。

3.2

吸附剂　adsorbent

对气态或液态分子有吸引作用,并能将这些分子附着在其表面的固体。

3.3

吸附容量　adsorptive capacity

被试过滤器所能吸附的污染物的质量。

3.4

环境温度　ambient temperature

被试过滤器外壳周围的空气温度。

3.5

穿透　breakthrough

在吸附式过滤器下游检测到的试验试剂含量达到规定值的时刻点。

3.6

额定流量的当量流量　equivalent rated flow

过滤器在试验压力 0.7 MPa 下的试验流量，此时气体流速应与其在额定压力和流量下达到的流速相等，这个试验流量就称为额定流量的当量流量。

3.7

过滤器　filter

分离或清除压缩空气(或气体)气流中污染物的装置。

3.8

压降(压差)　pressure drop (differential pressure)

Δp

在规定条件下，测得的某部件进气口与出气口的压力之差。

3.9

试验试剂　test agent

用来测试过滤器的正己烷蒸气。

4　单位和符号

本部分用到的单位为国际单位制(SI)常用的单位。

图表中的图形符号应参照 GB/T 786.1 和 GB/T 16273.1。

5　标准状态

气体的标准状态如下：

a)　空气温度：20 ℃；

b)　绝对空气压力(绝压)：0.1 MPa；

c)　相对水蒸气压力 0。

6　试验要求

6.1　规定工况

规定工况见表 1。

表 1　规定工况

试验报告参数	单位	规定工况	实际仪表读数波动范围	试验条件下仪表精度
进气口温度	℃	20	±5	±2
进气口压力	MPa	0.7	±0.01	± 0.01
环境温度	℃	20	±5	±2
空气中试验试剂浓度[a]	mg/kg	1 000	±50	±0.1%

表 1（续）

试验报告参数	单位	规定工况	实际仪表读数波动范围	试验条件下仪表精度
最低空气洁净度[b]	—	GB/T 13277.1—2008　2　2　1[c]		
试验空气流量	m^3/h	100%额定流量	±2%	±4%
压降	Pa	—	—	±10%

[a] 空气密度按 1.18 kg/m^3。
[b] 为确保被试验过滤器不受水蒸气影响的最低空气洁净度要求。
[c] 第一个数字表示固体颗粒等级，第二个代表湿度等级，第三个代表总含油量等级。

6.2 进气流量

烃蒸气吸附式过滤器的试验应在厂家推荐的额定流量的当量流量下进行。

对于用不等于 0.7 MPa 的压力来标称最大额定流量的过滤器，其烃蒸气去除性能在试验压力 0.7 MPa下测定，以其额定压力下的当量流量来计算试验流量。

标准状态下的试验流量 $q_{\mathrm{Ve,REF}}$（m^3/h）由式(1)来计算：

$$q_{\mathrm{Ve,REF}} = \frac{q_{\mathrm{Vn,REF}} \times \kappa_{\mathrm{T}} \times p_{\mathrm{e}}}{p_{\mathrm{n}}} \qquad \cdots\cdots(1)$$

式中

$q_{\mathrm{Vn,REF}}$——标准状态下的额定流量，单位为立方米每小时（m^3/h）；

p_{e} ——绝对试验压力（绝压），单位为兆帕（MPa）；

p_{n} ——绝对额定压力（绝压），单位为兆帕（MPa）；

κ_{T} ——在额定压力和 20 ℃时空气的压缩系数，无量纲。

6.3 试验试剂

吸附式过滤器试验用的试剂是用来模拟压缩机油的使用情况的。

作为试验试剂的正己烷的纯度不宜小于 98%。

注意防止其他化学品或颗粒物质污染正己烷。

7 试验方法

7.1 试验设备布置

试验设备布置见图 1。

试验设备的说明参见附录 A。

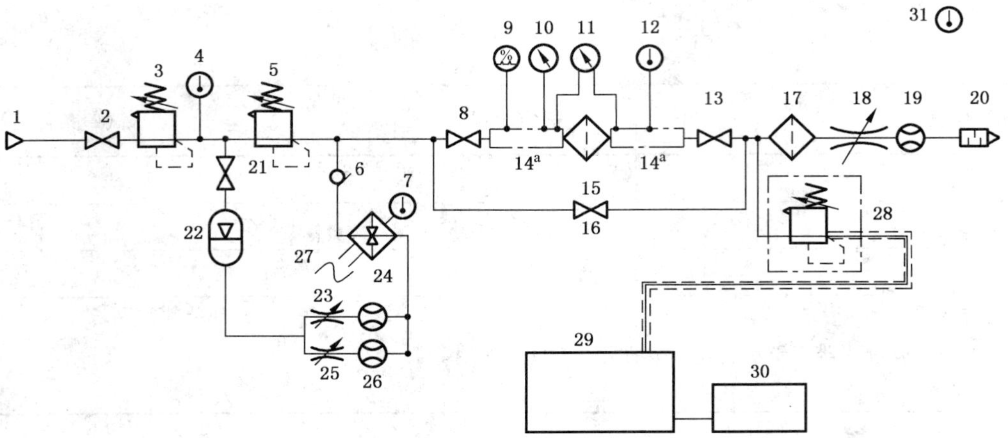

说明：

1 ——压缩空气源；
2 ——全流量球阀；
3 ——压力调节器；
4 ——压力表/传感器；
5 ——压力调节器；
6 ——止回阀；
7 ——温度计/传感器；
8 ——全流量球阀；
9 ——露点仪/传感器；
10——压力表/传感器；
11——压差表；
12——温度计/传感器；
13——全流量球阀；
14——压力测量管；
15——被试过滤器；
16——旁路全流量球阀；
17——活性炭过滤器(吸附容量足够大,以防止释放出正己烷)；
18——精密调节阀；
19——流量计/传感器；
20——消音器；
21——全流量球阀；
22——试剂储存器；
23——精密调节阀(大流量)；
24——流量计/传感器；
25——精密调节阀(小流量)；
26——流量计/传感器；
27——蒸发器；
28——可加热压力调节器(与 29 相连)；
29——烃蒸气检测器；
30——数据记录器；
31——环境温度计/传感器。

[a] 压力测量管的详细结构按 GB/T 10893.1 的要求。

图 1 试验设备的典型布置图

7.2 试验参数

试验期间,表 1 各项参数都应控制在所规定的范围内。

7.3 穿透浓度的确定

应按 ISO 8573-6 的规定测试进气口和出气口的试剂浓度,但无需等动力取样。

当下游试剂浓度达到 1 mg/kg 时,就认为发生试剂穿透。

应使用合适的仪器(如:火焰电离探测器或红外分析仪)测试试剂浓度。该仪器应按产品说明书的要求用试验试剂预先校准过。

7.4 试验持续时间

测量过滤器从开始引入试剂蒸气到发生试剂穿透所需的时间。每种型号至少测三个样品,试验结果应取平均值。

7.5 压降

测量并记录被试过滤器两端的压力降。

7.6 试剂吸附量的计算

被试过滤器吸附的试剂的质量 M_{TA}，以毫克(mg)为单位，应由式(2)计算得出：

$$M_{TA} = \omega_{TA,i} \times q_{air} \times t \times 1.18 \qquad (2)$$

式中：

$\omega_{TA,i}$——进气口试剂浓度，单位为毫克每千克(mg/kg)；

q_{air}——试验时所用的空气流量，单位为立方米每小时(m^3/h)；

t——被试验吸附式滤芯发生穿透所需要的时间，单位为小时(h)。

7.7 试验程序

试验应按下述顺序进行：

a) 调整所有试验设备，在温度、压力、流量稳定后开始记录数据。

b) 用烃蒸气检测器(HVD)测量环境甲烷含量以确定其背景浓度(一般<5 mg/kg)。可以通过HVD上的清零操作来消除背景浓度的影响，也可以不清零而在穿透时间的测量中在穿透浓度中加上背景浓度。

c) 在过滤器旁路管道打开而被试过滤器两端控制阀关闭的状态下，用HVD监测到的试剂浓度即为上游试验试剂浓度，调节蒸发器上的液体供给控制阀直到达到试验所需水平，并保持稳定。

d) 安装被试过滤器，打开进气阀，紧接着同时打开出气阀和关闭旁路阀。下游HVD检测到的浓度应回落到一个比规定的穿透浓度更低的水平，将浓度回落到低于穿透浓度的时间点记录下来。

e) 记录被试过滤器的压降。

f) 用HVD监测下游浓度，直到检测到的浓度超过规定的穿透浓度。发生穿透的准确时间能够由数据记录器记录的趋势数据确定。

g) 关闭蒸发器供给阀，然后将蒸发器从主管路隔离开来。打开旁路阀，并关闭被试过滤器两端的隔离阀。

h) 试验结束后，宜关闭所有气源阀，让试验设备内的压力安全衰减至0 kPa。

8 不确定性

注： 按照本条款通常不需要做概率误差计算。

由于物理测量的特性，不可能测量一个物理量而没有误差，或者说事实上确定任何一项特定测量的真实误差是不可能的。然而，如果测量条件充分已知，则可能估算出或者计算出所测值与真值间的特性偏差，因而能以一定的置信度断定其真实误差小于此偏差，此偏差的值(通常是95%的置信度)就成为该特定测量精度的判断指标。

假定测量各独立量和气体特性时，可能产生的系统误差可以通过修正补偿。如果读数的数量足够多，还可进一步假定，读数的置信限和积累误差可以忽略不计。

可能产生的(小的)系统误差包含在测量的不确定度中。

由于除例外情况外(例如电器传感器)，各独立测量的不确定度仅仅是精度级和极限误差的几分之一，所以经常采用精度级和极限误差来确定这种不确定度。

有关确定各独立测量的不确定度和各气体特性置信限的数据都是一些近似值，改善这些近似程度则耗费巨大。

9 试验报告

9.1 说明

过滤器性能数据应说明是在标准状态下测得的，并至少应当包括表1所列数据。试验结果应包括在试验条件下测得的数据。

9.2 技术数据

过滤器技术数据的表述应至少包括以下内容：

——说明数据是通过符合本部分的试验获取的；

——过滤器壳体的型号；

——过滤器滤芯的型号；

——试验试剂平均吸附量；

——压降(Δp)。

当引用过滤器的性能数据(包括预期使用寿命的估计值)时，应当同时包括试验条件下得到的那些数据。

试验报告样表参见附录B。

附　录　A
（资料性附录）
试验设备选用说明

A.1　管路

选用的管路宜为内壁光滑、易于清洗、能耐试验试剂腐蚀的管子，所用材质宜为不锈钢。各部件，特别是非导电部件，宜被接地，以防止静电积聚。

避免使用软橡胶管和塑料管，因为试验试剂的蒸气能够渗透进这种管子，造成污染，从而导致试验设备的背景污染水平越来越高。

A.2　切断阀

切断阀通常为不锈钢或黄铜制成的全流量球阀，阀座为聚四氟乙烯(PTFE)。

A.3　流量控制阀

采用不锈钢或黄铜制的流量控制阀，一般来说，针阀或闸阀可以提供最平滑的流量控制。

A.4　蒸发器

蒸发器由一个包覆厚壁管子并具有可调节温度的电加热套壳组成，能将液态试验试剂加温到 50 ℃以上。

A.5　蒸发器下游

蒸发器下游的测量设备具有对高浓度试验试剂的耐腐蚀性能。

A.6　数据记录器

数据记录器能以打印的形式输出试验持续时间，如果可能，把每次试验的其他各项参数也记录下来。

A.7　流量计

为了保证最终结果的精度，试验台流量计宜考虑试验台空气温度和压力变动的影响。

附　录　B
（资料性附录）
试验报告样表

B.1　试验报告的基本说明见表 B.1。

表 B.1　试验报告的基本说明

试验日期	
试验设备	
试验地点	
联系人	
被试验产品	
产品生产商	
过滤器壳体型号	
过滤器滤芯型号	
额定流量	
试验试剂	正己烷

B.2　规定工况参数和试验结果记录见表 B.2。

表 B.2　规定工况参数和试验结果

报告参数	单位	规定工况	试验 1	试验 2	试验 3	结　果（平均值）
进气口温度	℃	20±5				
进气口压力	MPa	0.7±0.01				
环境温度	℃	20±5				
穿透试验空气流量	m^3/h					
进气口试剂浓度	mg/kg					
穿透时间	h					
试剂吸附量	mg					
压降（Δp）	Pa					
备注：						
试验方：						
签名（试验人）：					日期：	
见证方（生产厂家或其他方）：					日期：	

附　录　C
（资料性附录）
本部分与 ISO 12500-2:2007 的技术差异及其原因

表 C.1 给出了本部分与 ISO 12500-2:2007 的技术性差异及其原因的一览表。

表 C.1　本部分与 ISO 12500-2:2007 的技术性差异及其原因

本部分的章条编号	技术性差异	原　　因
1	将原标准的两段语句重新编写	符合我国标准对于范围的描述
2	引用了适合我国实情的我国标准	适合我国国情
3.1	调整了活性炭的定义	适当调整后，定义更加明确
表 1	将压降的试验条件下仪表精度更改为±10%	使本部分和 GB/T 30475 的第 1 部分保持一致

参考文献

[1] ISO 1000 国际单位制及其应用
[2] ISO 7183 压缩空气干燥器 规范与试验

ICS 79.120.10
J 65

中华人民共和国国家标准

GB/T 30476—2013/ISO 7950:1985

木工机床 链式单轴榫槽机 术语和精度

Woodworking machines—Single chain mortising machines—Nomenclature and acceptance conditions

(ISO 7950:1985,IDT)

2013-12-31 发布 2014-10-01 实施

中华人民共和国国家质量监督检验检疫总局
中国国家标准化管理委员会 发布

前 言

本标准按照 GB/T 1.1—2009 给出的规则起草。

本标准使用翻译法等同采用 ISO 7950:1985《木工机床　链式单轴榫槽机　术语和验收条件》(英文版)。

与本标准中规范性引用的国际标准有一致性对应关系的我国标准如下:

——GB/T 17421.1—1998　机床检验通则　第 1 部分:在无负荷或精加工条件下机床的几何精度(eqv ISO 230-1:1996)

为便于使用,本标准作了下列编辑性修改:

国际标准中第 2 章 ISO/R 230 改为国际标准的正式版本 ISO 230-1。

本标准由中国机械工业联合会提出。

本标准由全国木工机床与刀具标准化技术委员会(SAC/TC 84)归口。

本标准起草单位:福州木工机床研究所、威海市产品质量监督检验所、闽侯县联翔木工机械厂、金华市强宏板式家具有限公司、临海市华洲机械有限公司、广东锐亚机械有限公司、邵武市振达机械制造有限责任公司 、南通国全木工机械制造有限公司。

本标准起草人:郑莉、鞠洪祥、林文信、陈云根、范庆平、周华标、杨华、李文晓、陈国泉。

木工机床　链式单轴榫槽机 术语和精度

1　范围

本标准规定了链式单轴榫槽机(以下简称机床)各部分的术语,同时参照ISO 230-1:1996,规定了机床的几何精度检验,并给定了相应的公差,适用于一般用途、普通精度的机床。

本标准只规定机床的精度检验,不适用于机床的运转试验(如振动、异常噪声、零部件的爬行等检验)、也不适用于机床的特性检验(如速度、进给量等),这些检验一般宜在机床精度检验前进行。

2　规范性引用文件

下列文件对于本文件的应用是必不可少的。凡是注日期的引用文件,仅注日期的版本适用于本文件。凡是不注日期的引用文件,其最新版本(包括所有的修改单)适用于本文件。

ISO 230-1:1996　机床检验通则　第1部分:在无负荷或精加工条件下机床的几何精度

3　简要说明

3.1　本标准中的所有尺寸和公差的单位均为毫米。

3.2　使用本标准时应参照ISO 230-1:1996,尤其是检验前机床的安装,主轴和其他运动部件的温升,以及检验方法。检具误差不得超过被检项目公差的1/3。

3.3　本标准中几何精度检验的顺序是按机床装配顺序给定的,其不限制实际检验时的顺序。为了便于检具的安装和检验的进行,可按任意顺序检验。

3.4　检验项目的选择由用户决定,并与制造商达成一致意见,于机床定货时明确规定。

3.5　在工件加工方向上的运动称为纵向运动。

3.6　当确定测量范围不同于本标准规定的测量范围上的公差时,应考虑公差的最小折算值为0.01 mm(见ISO 230-1:1996中2.311)。

4　术语

机床术语见图1和表1。

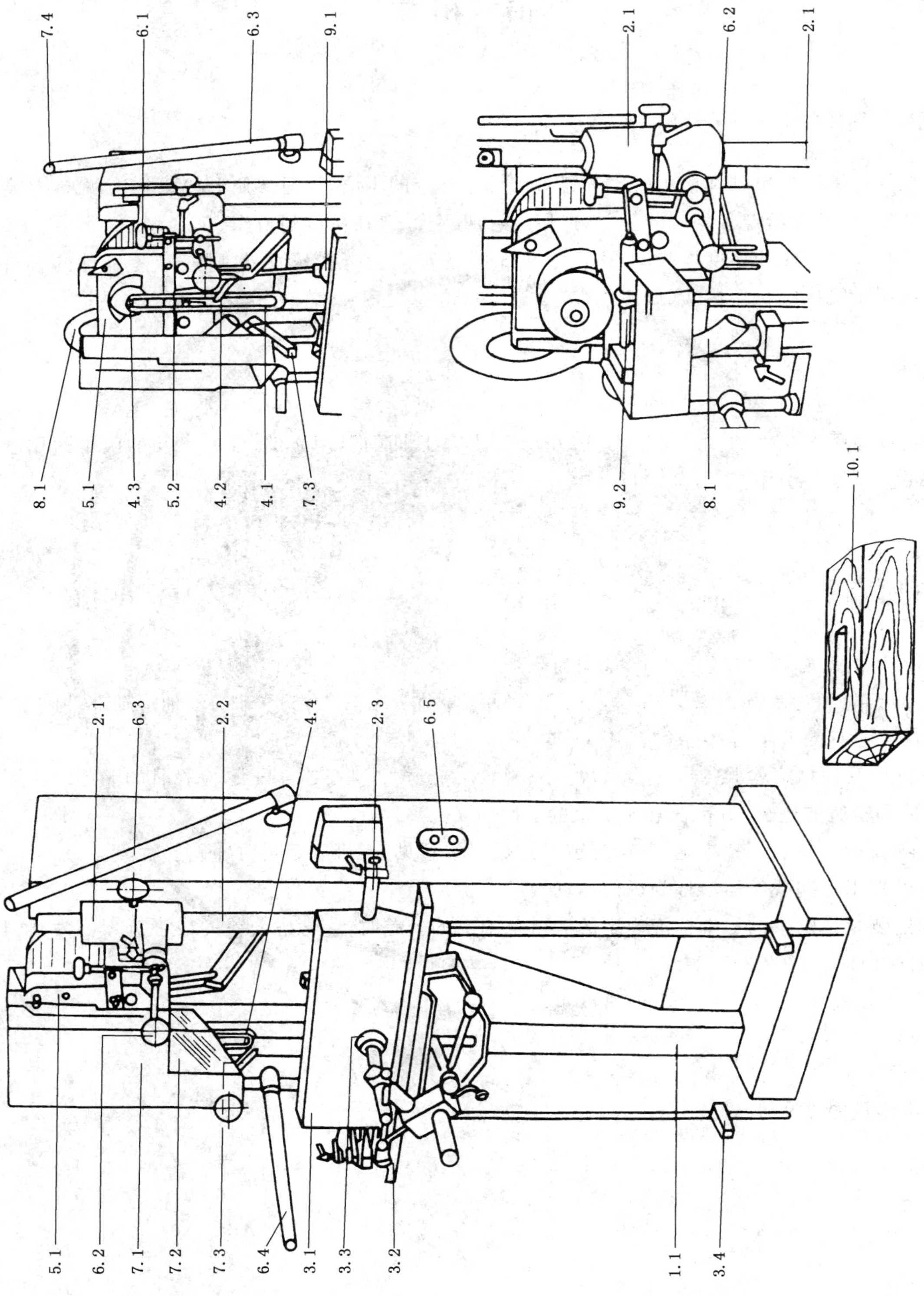
7.4
6.1
6.3
9.1
2.1
6.2
2.1
8.1
5.1
4.3
5.2
4.2
4.1
7.3
9.2
8.1
10.1
5.1
6.2
7.1
7.2
7.3
6.4
3.1
3.3
3.2
1.1
3.4
2.1
6.3
2.2
4.4
2.3
6.5

图 1

表 1 术语一览表

序号	中文术语	英文术语
	链式单轴榫槽机	single chain mortising machines
1	机身部分	framework
1.1	床身	body
2	工件和/或刀具的进给部分	feed of workpiece and/or tool
2.1	刀架支架	headstock carriage
2.2	刀头垂直导轨	main vertical slide
2.3	工作台导轨	table slide
3	工件的支承、夹紧和导向部分	workpiece support,clamp and guide
3.1	后板	back plate
3.2	水平工作台	horizontal table
3.3	夹紧装置	clamp
3.4	榫槽底部定位	bottom location for door lock mortising
4	刀夹和刀具部分	tool holder and tools
4.1	榫槽链	mortise chain
4.2	导向棒	guide bar
4.3	链轮	chain sprocket
4.4	导向棒辊轮	guide bar roller
5	加工头和刀具的传动部分	workheads and tool drives
5.1	链式刀头	chain headstock
5.2	导向棒支架	guide bar holder
6	操纵部分	controls
6.1	链张紧器调节装置	chain tension adjustment
6.2	链的横向调节装置	chain cross adjustment
6.3	加工头上下运动的控制装置	head vertical movement control
6.4	工作台上下运动的控制装置	table longitudinal movement control
6.5	停止/启动开关	stop/start switch
7	安全防护装置(实例)	safety devices(examples)
7.1	防护罩	guard
7.2	防护罩的视窗	guard window
7.3	断屑器	chip breaker
7.4	安全手柄	safety catch
8	其他	miscellaneous
8.1	吊环	chip outlet nozzle
9	附件	accessories
9.1	链的润滑装置	chain lubricating device
9.2	链式磨光辊	chain grinder
10	加工实例	examples of work
10.1	榫槽	mortise

5　验收条件和允差-几何精度检验

5.1　机床几何精度检验按表2的规定。

表2　几何精度检验

序号	简　　图	检验项目	公差	检具	参照 ISO 230-1:1996
G1	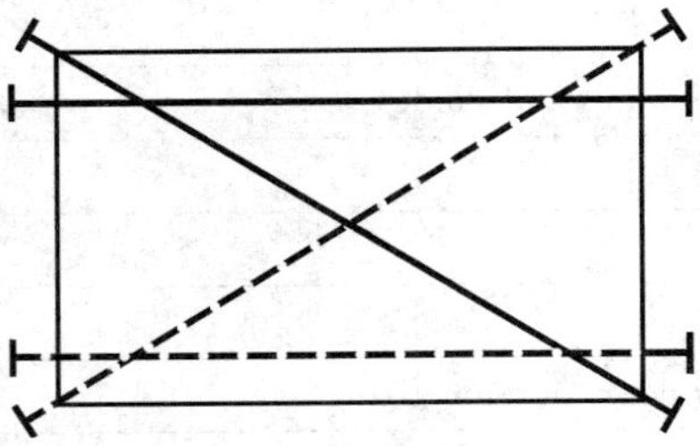	后板的平面度 a）纵向直线度； b）对角线方向直线度	a)和b) 测量长度≤500：0.20； 测量长度＞500：0.40	平尺、塞尺	5.322
G2	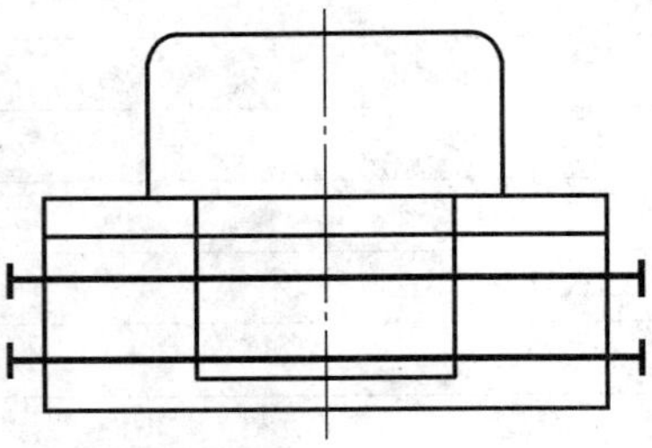	工作台金属部分的直线度	测量长度≤500：0.20； 测量长度＞500：0.30	平尺、塞尺	5.212 和 5.222
G3	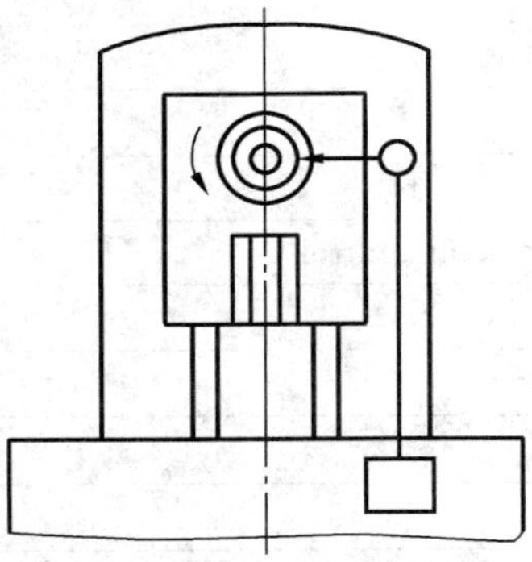	主轴的径向圆跳动	0.04	指示器	5.612.2
G4	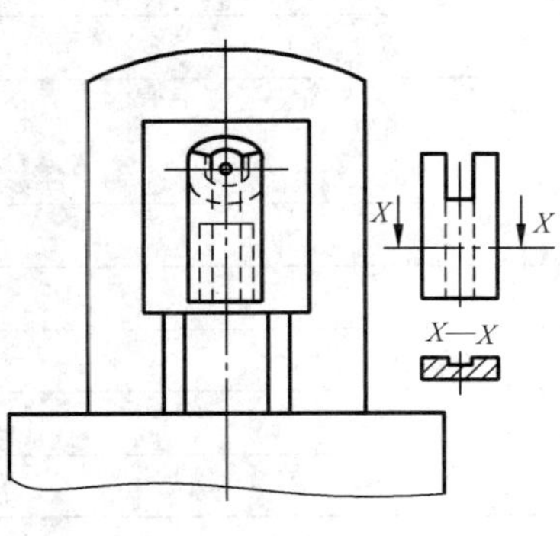	链轮主轴对导向棒的同轴度	0.25	专用量块	5.442

表 2（续）

序号	简　　图	检验项目	公差	检具	参照 ISO 230-1:1996
G5	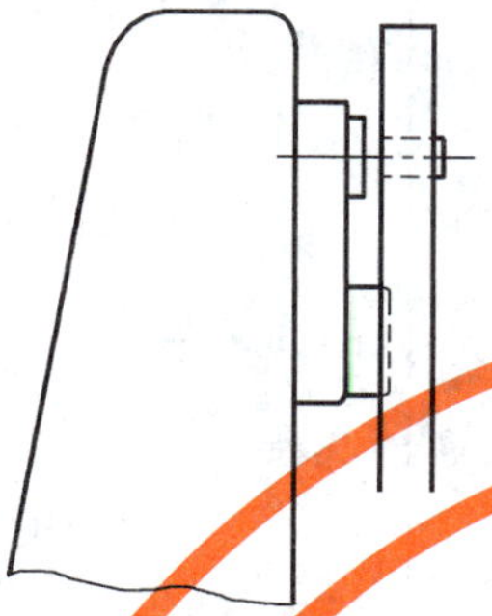	导向棒定位和链轮轴肩的重合度	0.20	平尺、专用量块	5.442
G6	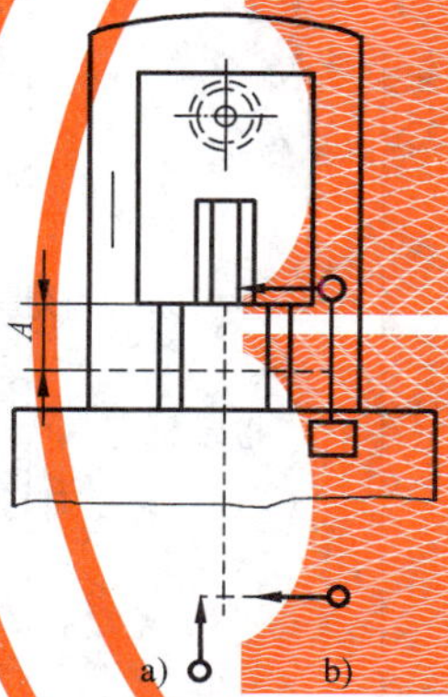	加工头运动对导向棒的平行度	a)和 b) $A=150$ 0.20	指示器	5.422.2
G7	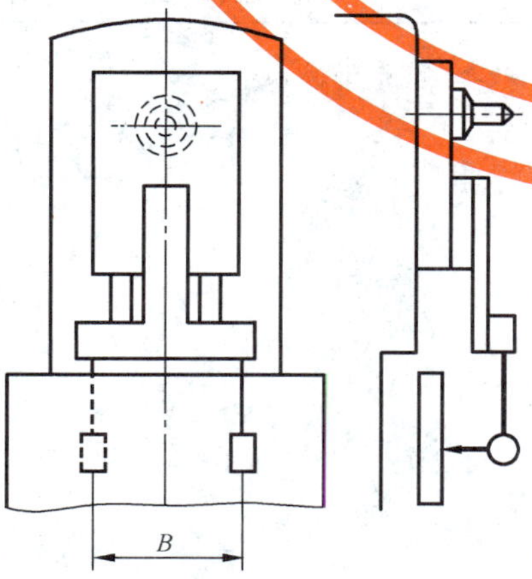	导向棒定位和后板的平行度	$B=150$ 0.25	指示器、专用量块	5.422.2

表 2（续）

序号	简　图	检验项目	公差	检具	参照 ISO 230-1:1996
G8	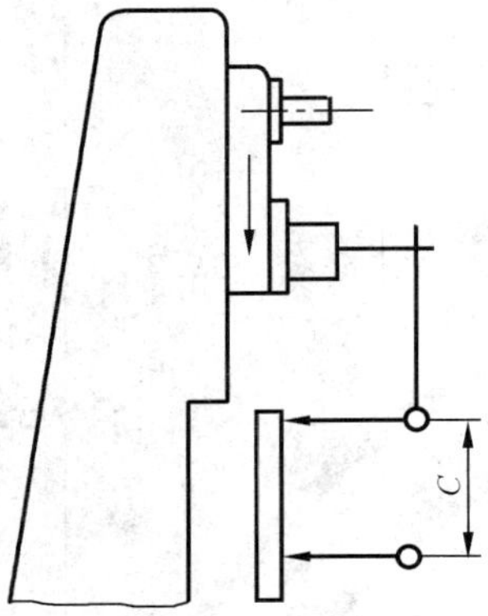	加工头运动对后板的平行度	C=150 0.20	指示器	5.422.2
G9	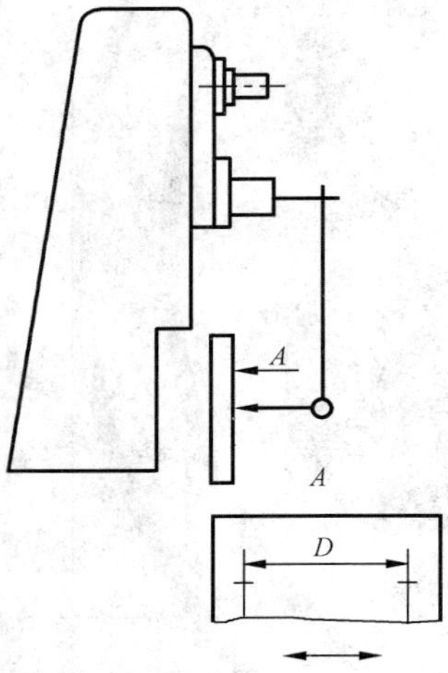	后板在运动方向的平行度	D=300 0.30	指示器	5.422.2

附 录 A
(资料性附录)
德文、西班牙文、意大利文、瑞典文的机床术语

德文、西班牙文、意大利文、瑞典文的机床术语见表 A.1。

表 A.1 机床术语(德文、西班牙文、意大利文、瑞典文)

序号	德文	西班牙文	意大利文	瑞典文
	Einfache Kettens temmaschine	Escopleadora de cadena	Cavatrice a catena	Kedjestämmaskin
1	Ständer	Armazón	Incastellatura	Stativkonstruktion
1.1	Ständer	Bastidor	Basamento	Stativ
2	Vorschub von Werkstück und/oder Werkzeug	Desplazamiento de las piezas y/o de los útiles	Spostamento dei pezzi e/o degli utensili	Matning av arbetsstycke och/eller verktyg
2.1	Schlitten für den Kettenantriebskopf	Carro	Testa portacatena	Stämkedjehusets slid
2.2	Vertikale Führung	Corredera vertical	Guida verticale scorrimento testa portacatene	Stämkedjehusets gejd
2.3	Tischführung	Corredera de la mesa	Guida di scorrimento della tavola	Bordstyrning
3	Werkstü ckauflage,-Halterung und-Führung	Soporte,sujeción y guía de las piezas	Supporto, fissaggio e guida dei pezzi	Upplag,hällare och styrning för arbetsstycke
3.1	Vertikaler Tisch	Mesa vertical	Tavola verticale	Vertikalt bord
3.2	Horizontaler Tisch	Mesa horizontal	Tavola orizzontale	Horisontalt bord
3.3	Spannvorrichtung	Prensor	Pressore	Fastspänningsanordning
3.4	Türenauflage	Soporte reglable para escopleaduras de puertas	Supporto regolabile per mortasare porte	Ställbara stöd för dörrstämning
4	Werkzeugträger und Werkzeuge	Porta-útil y útiles	Portautensili e utensili	Verktygshällare och verktyg
4.1	Fräskette	Cadena de escoplear	Catena	Fräskedja
4.2	Führungsschiene	Barra de guia	Guidacatena	Kedjeledare
4.3	Kettenantriebsritzel	Piñón de arrastre	Pignone della catena	Kedjedrev
4.4	Vordere Lagerung an der Führungsschiene	Rodamiento de la barra de guía	Cuscinetto a rulli della guidacatena	Rullar för kedjeledare
5	Einbauteile und Teile für den Werkzeugantrieb	Unidad de trabajo y su transmisión	Unitá operatrice e suo azionamento	Bearbetningsenheter och drivsystem
5.1	Kettenantriebskopf	Cabezal porta-cadena	Testa portacatena	Stämkedjehus
5.2	Kettenstiefelführung	Talon de la guia	Tassello portaguida	Kedjeledarstyrning
6	Bedienungs-und Überwachungs-organe	Mandos	Comandi	Manöverorgan

表 A.1（续）

序号	德文 Einfache Kettens temmaschine	西班牙文 Escopleadora de cadena	意大利文 Cavatrice a catena	瑞典文 Kedjestämmaskin
6.1	Regulierung der Kettensspannung	Mando de reglaje de la tensión de la cadena	Comando regolazione tensione catena	Reglering av kedjesträckningen
6.2	Querverstellung des Kettenantriebskopfes	Mando de reglaje del desplazamiento transversal del cabezal	Comando regolazione spostamento trasversale	Stämkedjehusets tvärinställning
6.3	Höhenverstellung des Kettenantriebskopfes	Mando del desplazamiento vertical del cabezal	Comando spostamento verticale testa portacatena	Stämkedjehusets höjdinställning
6.4	Längsverstellung des vertikalen Tisches	Mando del desplazamiento longitudinal de la mesa vertical	Comando spostamento longitudinale della tavola verticale	Det vertikala bordets höjdinställning
6.5	Elektrischer Schalter (Motorschutzschalter)	Commutator	Commutatore	Strömställare
7	Sicherheitseinrichtung en (Beispiele)	Dispositivos de seguridad (ejemplos)	Dispositivi di sicurezza (esempi)	Säkerhetsanordningar (exempel)
7.1	Kettenschutzhaube	Capo de protección	Cappa di protezione	Skyddsplät
7.2	Vorderer Kettenschutz	Pantalla protectora	Schermo protettore	Visir
7.3	Splitterholz	Para-astillas	Parascheggia	Spänbrytare
7.4	Verriegelung des Kettenantriebskopfes	Mando de puesta en marcha del cabezal porta-cadena	Comando bloccaggio testa portacatena	Spärr för manöverspak
8	Verschiedenes	Diversos	Varie	Diverse
8.1	Späneabblasvorrichtung	Soplador de viruta	Aspiratore trucioli	Spänutsug
9	Zubehör	Accesorios	Accessori	Tillbehör
9.1	Kettenschmiervorrichtung	Dispositivo de engrase de la cadena	Dispositivo lubrificazione catena	Kedjesmörjning
9.2	Kettenschärfeinrichtung	Dispositivo de afilado de la cadena	Dispositivo affilatura catena	Kedjeskärpare
10	Arbeitsbeispiele	Ejemplos de trabajo	Esempi di lavorazione	Bearbetningsexempel
10.1	Zapfenloch	Esclopeadura	Mortasa	Tapphälsframställning

ICS 79.120.10
J 65

中华人民共和国国家标准

GB/T 30477—2013

木工机床 双修边精密圆锯机 术语和精度

Woodworking machines—Double edging precision circular sawing machines—Nomenclature and acceptance conditions

(ISO 7959:1987,MOD)

2013-12-31 发布 2014-10-01 实施

中华人民共和国国家质量监督检验检疫总局
中国国家标准化管理委员会 发布

前　言

本标准按照 GB/T 1.1—2009 给出的规则起草。

本标准采用重新起草法修改采用 ISO 7959:1987《木工机床　双修边精密圆锯机　术语和验收条件》(英文版)。

本标准与 ISO 7959:1987 的技术性差异及其原因如下：

a)　第 1 章“范围”中增加了“精密多锯片圆锯机”,以适应我国的产品分类；

b)　表 3 中 P1 的公差改为 0.20,以适应我国的技术条件。

本标准做了下列编辑性修改：

a)　删除法文术语及国际标准等效术语的有关注释和附录 A 等效的术语；

b)　图和表的编辑性修改。

本标准由中国机械工业联合会提出。

本标准由全国木工机床与刀具标准化技术委员会(SAC TC 84)归口。

本标准起草单位:福州木工机床研究所、江苏江佳机械有限公司、邵武市振达机械制造有限责任公司、晋江市神工机械制造有限公司、福建省得力机电有限公司、无锡大和田精密机械制造有限公司。

本标准起草人:肖晓晖、朱志林、王均东、杨华、翁志纯、周富涛、蒋克勤。

木工机床　双修边精密圆锯机 术语和精度

1　范围

本标准规定了双修边精密圆锯机(以下简称机床)各部分的术语,同时参照GB/T 17421.1—1998,规定了机床的几何精度检验,并给定了相应的允差,适用于一般用途、普通精度的机床。

本标准只规定机床的精度检验,不适用于机床的运转试验(如振动、异常噪声、零部件的爬行等检验)、也不适用于机床的特性检验(如速度、进给量等),这些检验一般宜在机床精度检验前进行。

本标准适用于ISO 7984:1989中12.132.34指示的那些机床,也适用于精密多锯片圆锯机。

2　简要说明

2.1　本标准中的所有尺寸和公差的单位均为毫米。

2.2　使用本标准时应参照GB/T 17421.1—1998,尤其是检验前机床的安装,主轴和其他运动部件的温升,以及检验方法。检具误差不得超过被检项目公差的1/3。

2.3　本标准中几何精度检验的顺序是按机床装配顺序给定的,其不限制实际检验时的顺序。为了便于检具的安装和检验的进行,可按任意顺序检验。

2.4　检验机床时本标准给定的检验项目逐项检验。

2.5　检验项目的选择由用户决定,并与制造商达成一致意见,于机床定货时明确规定。被选择检验的项目往往是与用户感兴趣的机床性能有关。

2.6　在工件加工方向上的运动称为纵向运动。

2.7　当确定测量范围不同于本标准规定的测量范围上的公差时,应考虑公差的最小折算值为0.01 mm(见GB/T 17421.1—1998中2.3.1.1)。

3　术语

机床术语见图1和表1。

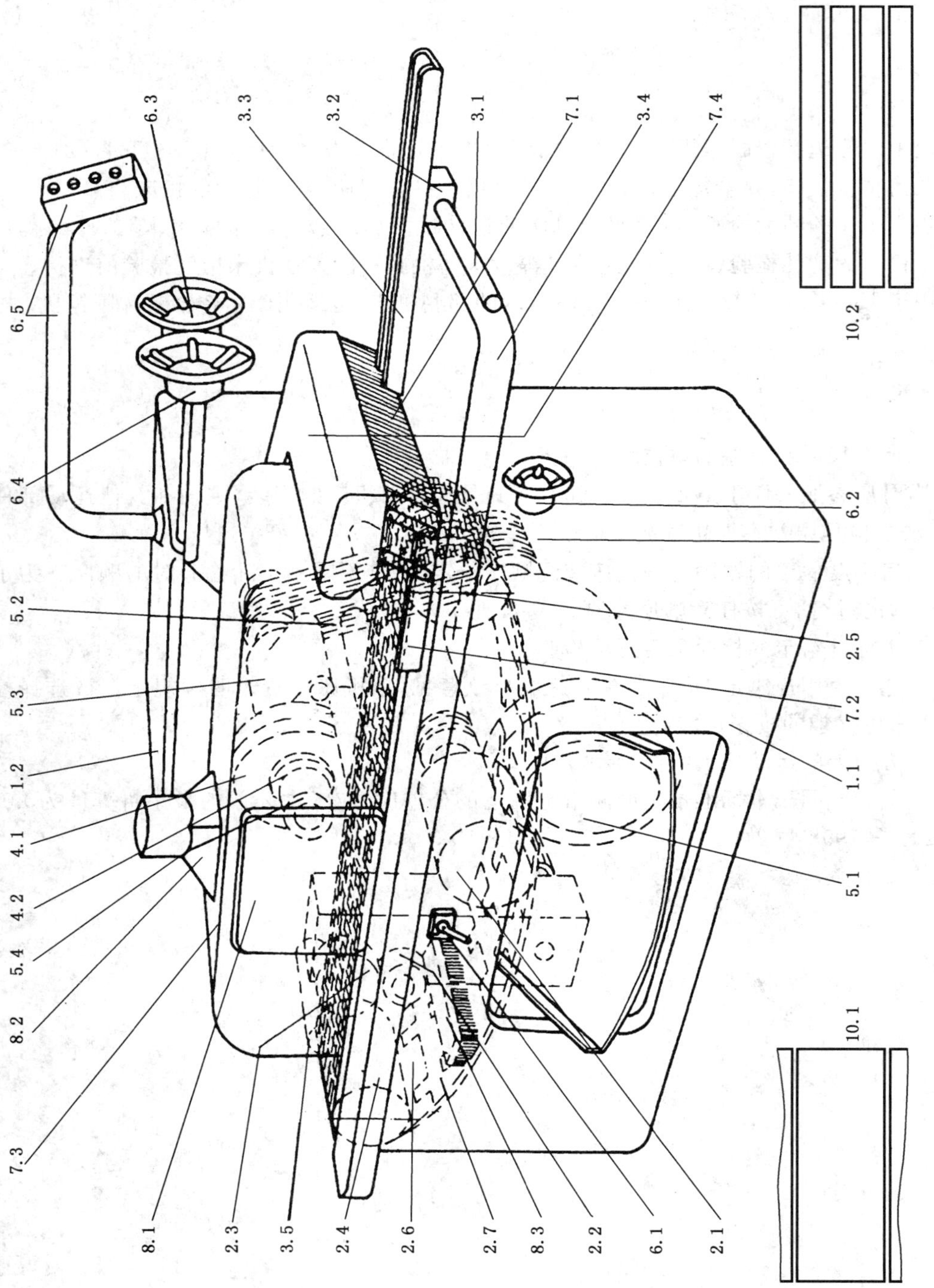
6.5
6.4
6.3
3.3
3.2
3.1
7.1
3.4
7.4
6.2
5.2
5.3
1.2
4.1
4.2
5.4
8.2
7.3
2.5
7.2
1.1
5.1
8.1
2.3
3.5
2.4
2.6
2.7
8.3
2.2
6.1
2.1
10.1
10.2

图 1

表 1　术语一览表

序号	中文术语	英文术语
	双修边精密圆锯机	double edging precision circular sawing machines
1	机身部分	framework
1.1	床身	main frame
1.2	悬臂	over-arm
2	工件和/或刀具的进给部分	feed of workpiece and/or tools
2.1	进给电机	feed motor
2.2	进给齿轮	feed gear
2.3	进给链驱动齿轮	feed chain drive gearing
2.4	进给链驱动链轮	feed chain drive sprocket
2.5	进给链传动轮	feed chain idler pulley
2.6	进给链	feed chain
2.7	进给链连接部分	feed chain link
3	工件的支承、夹紧和导向部分	workpiece support,clamp and guide
3.1	导向杆	fence bar
3.2	导向部分	fence body
3.3	导向板	fence
3.4	进给工作台	infeed table
3.5	压紧辊轮	pressure roller
4	刀夹和刀具部分	tool-holders and tools
4.1	锯片	sawblade
4.2	隔套	spacer
5	加工头和刀具的传动部分	workheads and tool drives
5.1	锯轴电机	saw motor
5.2	皮带传动部分	v-belt drive
5.3	锯轴轴承	saw spindle bearing
5.4	锯轴	saw spindle
6	操纵部分	controls
6.1	操纵齿轮	control gear
6.2	进给速度调整装置	feed speed adjustment

表 1（续）

序号	中文术语	英文术语
	双修边精密圆锯机	double edging precision circular sawing machines
6.3	上压紧器的升降调整装置	top pressure rise and fall adjustment
6.4	锯轴升降调整装置	spindle rise and fall adjustment
6.5	悬臂式控制面板	arm-mounted control panel
7	安全防护装置(实例)	safety devices(examples)
7.1	止逆爪	anti-kickback fingers
7.2	侧边防护板	side guard plate
7.3	上防护罩	upper housing
7.4	止逆爪罩	anti-kickback finger housing
8	其他	miscellaneous
8.1	压紧器罩的开口	pressure housing door
8.2	吸尘口	dust exhaust outlet
8.3	链清洁刷	chain cleaning brush
9	预留部分	(clause free)
10	加工实例	examples of work
10.1	直线修边	straight line edging
10.2	多锯片剖纵	multi-ripping

4 验收条件和公差

4.1 机床的几何精度

机床几何精度检验按表 2 的规定。

表 2 几何精度检验

单位为毫米

序号	简 图	检验项目	公差	检具	参照 GB/T 17421.1—1998
G1	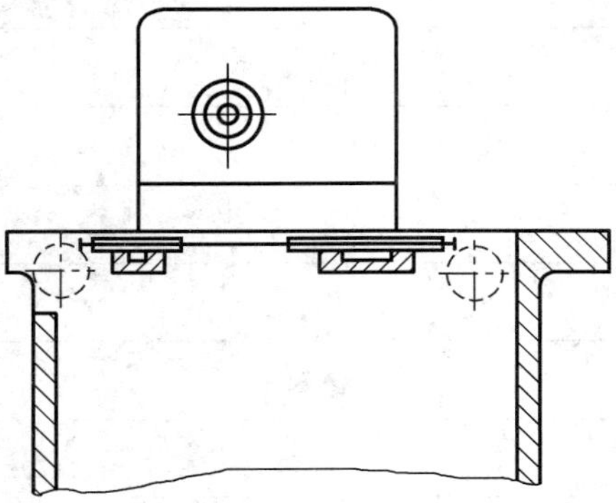	链轨的直线度	0.05	平尺、塞尺	5.2.1.2.1 左链轨 右链轨

表 2（续）

单位为毫米

序号	简　　图	检验项目	公差	检具	参照 GB/T 17421.1—1998
G2	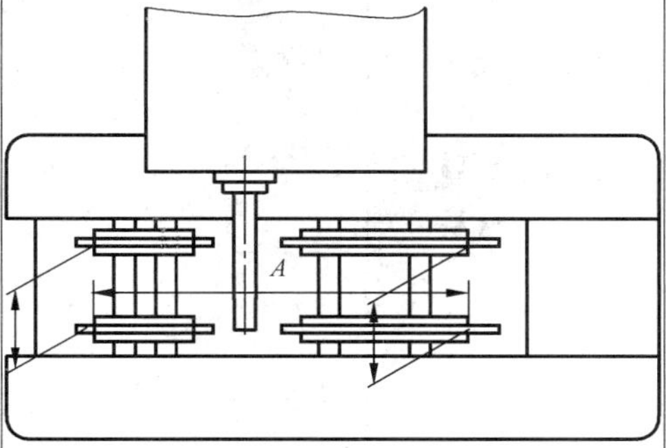	链轨间的平行度	长度 A 上为 0.1	游标卡尺	5.4.1.2.2
G3	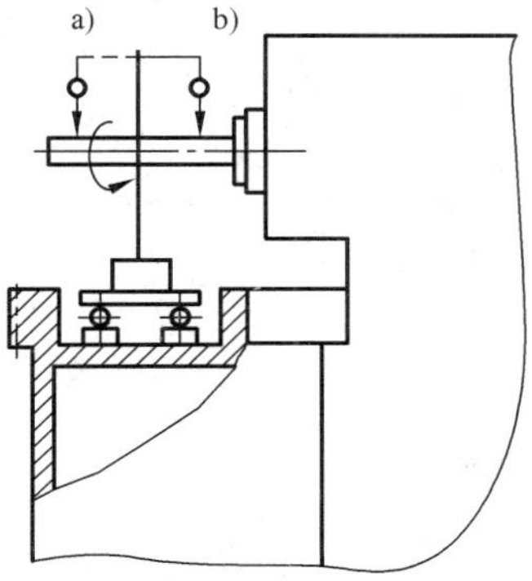	主轴的径向圆跳动： a）主轴端部； b）主轴根部	a）0.03； b）0.02	两表面平行的测量平板、指示器	5.6.1.2.2
G4	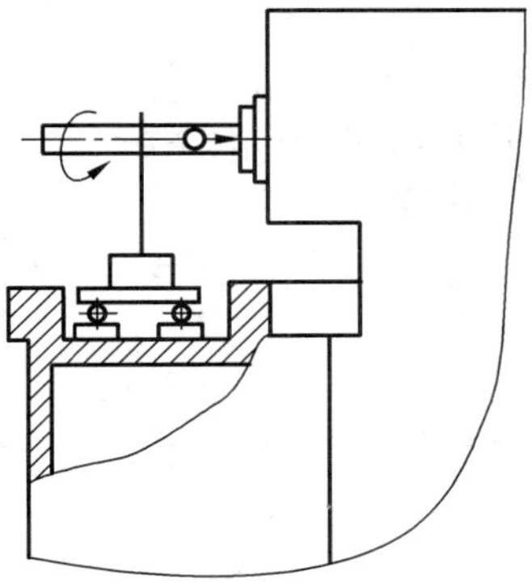	锯片法兰盘的端面圆跳动	0.02	两平行表面的测量平板、指示器	5.6.3.2
G5	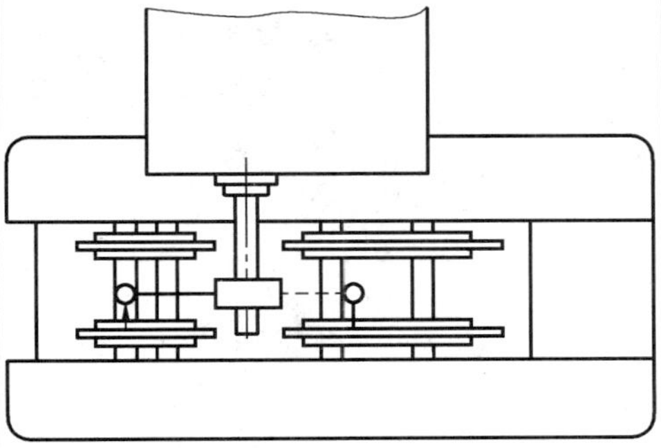	主轴对链轨的垂直度	0.10/1 000	指示器、专用检具	5.5.1.2.1

表 2(续)

单位为毫米

序号	简　图	检验项目	公差	检具	参照 GB/T 17421.1—1998
G6	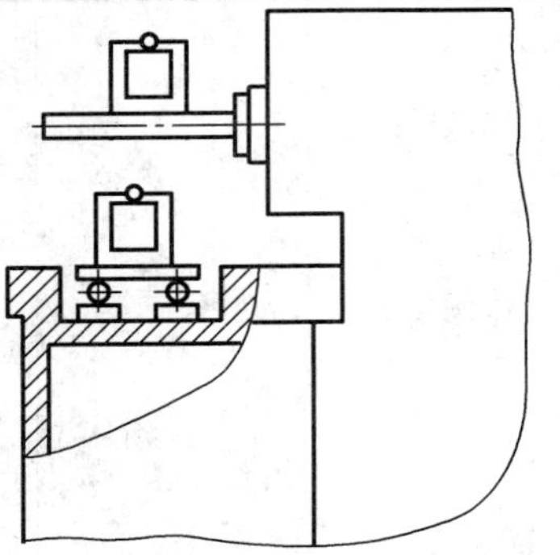	主轴对链轨的平行度	在 1 000 测量长度为 0.3	两表面平行的测量平板、水平仪	5.4.1.2.3.2
G7	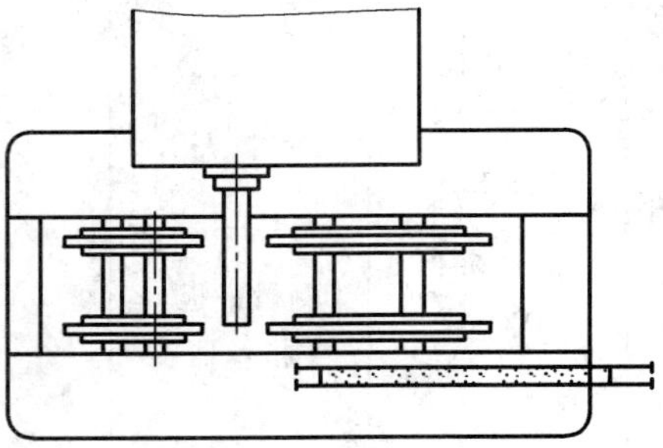	导向板的直线度	0.10	平尺、塞尺	5.2.1.2.1
G8	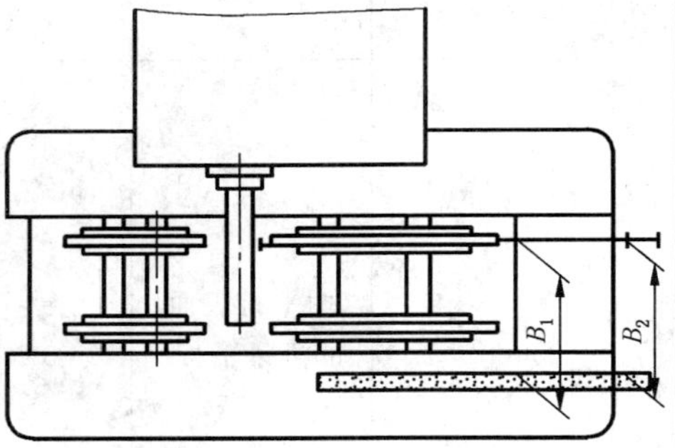	导向板对链轨的平行度	在 1 000 测量长度上 B_1 和 B_2:0.10	平尺、游标卡尺	5.4.1.2.2
G9	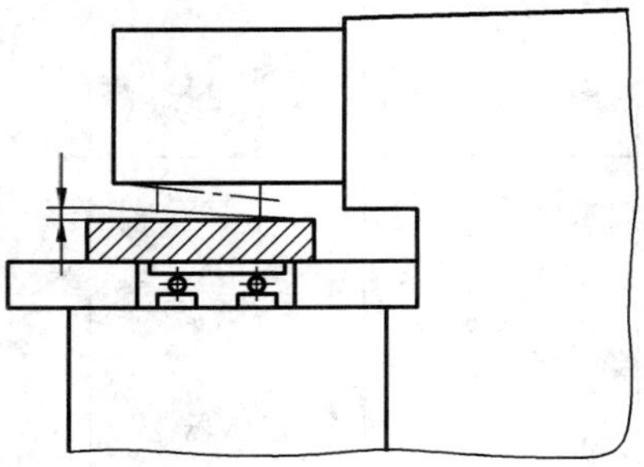	压辊对链上表面的平行度	0.20	两表面平行的测量平板、塞尺	5.4.1.2.4

4.2　机床的工作精度

机床工作精度检验按表 3 的规定。

表 3　工作精度检验

单位为毫米

序号	简　　图	检验项目和测试条件	公差	检具	参照 GB/T 17421.1—1998
P1	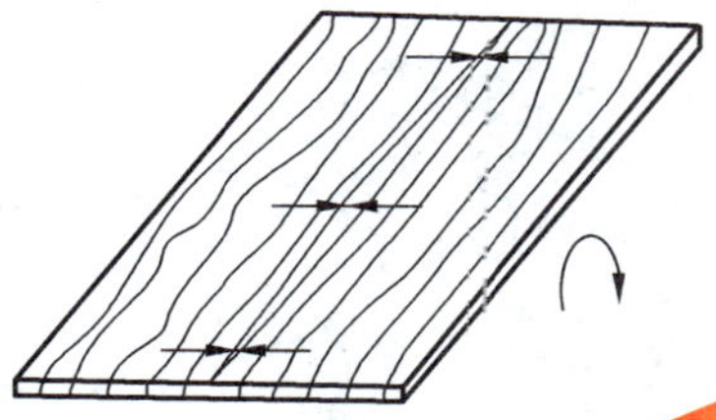	锯切的直线度进给速度 10 m/min；带一个已锯切边的两个试件；试件尺寸：2 000 mm × 250 mm×25 mm 毛边在中间位置由同一锯片锯切	0.2	塞尺	4.1 和 4.2 将试件转 180°并重复检验
P2	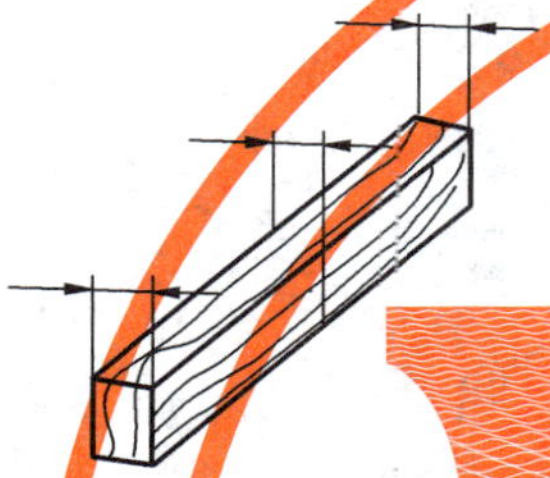	锯切的平行度进给速度 10 m/min；试件宽度为 10 mm	0.2	游标卡尺	4.1 和 4.2

参 考 文 献

[1] GB/T 17421.1—1998 机床检验通则 第1部分:在无负荷或精加工条件下机床的几何精度

[2] ISO 7984:1989 木工机床 木工机床及木工辅机的技术分类

ICS 79.120.20
J 65

中华人民共和国国家标准

GB/T 30478—2013/ISO 9616:1989

木工机床　建筑工地用圆锯机　术语

Woodworking machines—Circular sawing machines for building sites—Nomenclature

(ISO 9616:1989,IDT)

2013-12-31 发布　　2014-10-01 实施

中华人民共和国国家质量监督检验检疫总局
中国国家标准化管理委员会　发布

前　　言

本标准按照 GB/T 1.1—2009 给出的规则起草。

本标准使用翻译法等同采用 ISO 9616:1989《木工机床　建筑工地用圆锯机　术语》(英文版)。

本标准由中国机械工业联合会提出。

本标准由全国木工机床与刀具标准化技术委员会(SAC/TC 84)归口。

本标准起草单位:福州木工机床研究所、青岛盛福机械制造有限公司、山东省费县金轮机械厂、无锡大和田精密机械制造有限公司、南通国全木工机械制造有限公司、福建省标准化研究院、威海北港电器有限公司。

本标准起草人:肖晓晖、高玉善、王庭晖、蒋克勤、葛宝发、程晓明、于广池。

木工机床　建筑工地用圆锯机　术语

1　范围

本标准规定了适合于建筑工地用圆锯机零部件的相应术语。

本标准适用于 ISO 7984:1989 中 12.131.373 指示的那些机床。

2　术语

术语见图 1 和表 1。

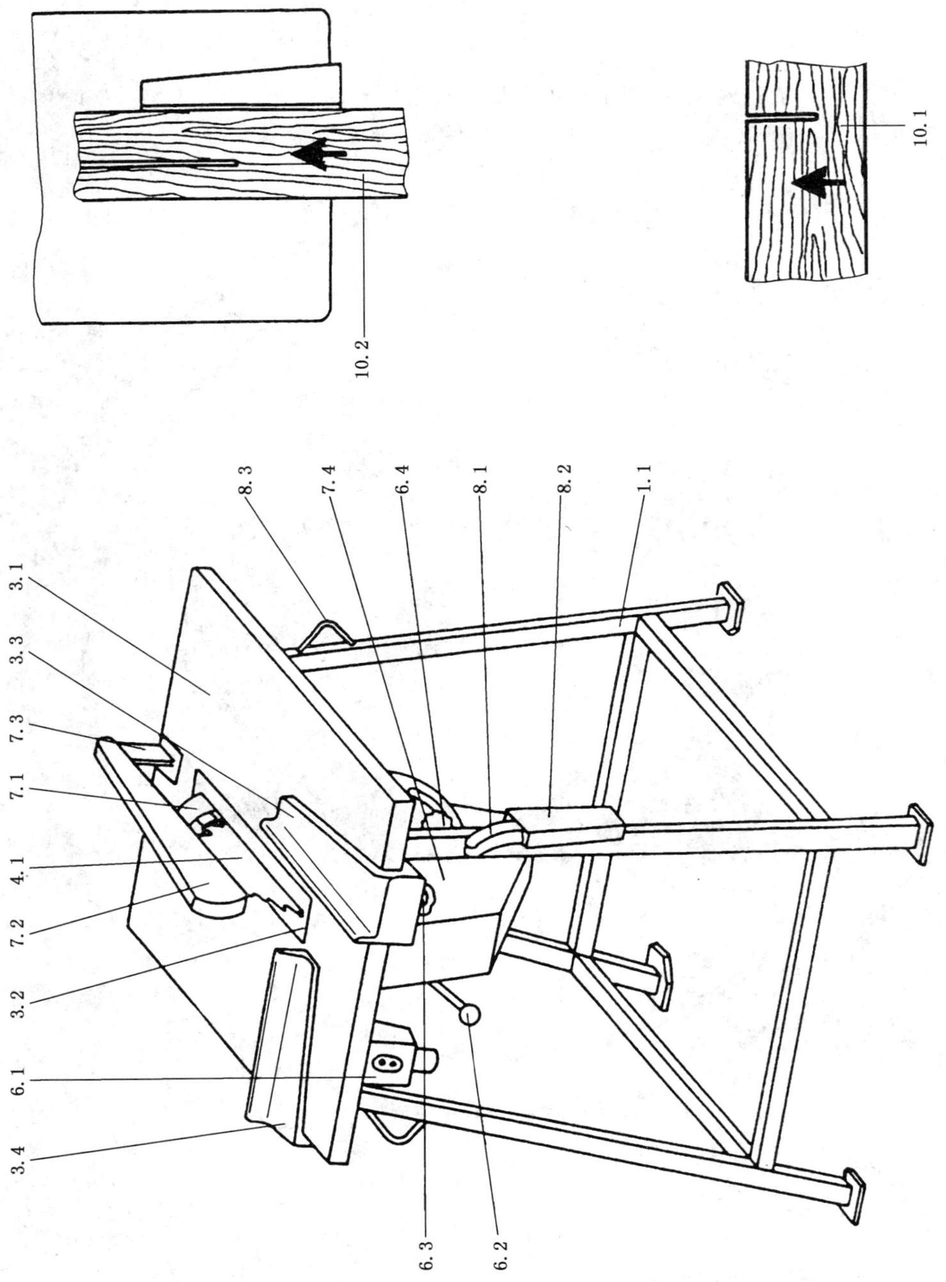

图 1

表1 术语一览表

序号	中文	英文
	建筑工地用圆锯机	circular sawing machines for building sites
1	床身部分	framework
1.1	床身	main frame
2	工件和/或刀具进给部分	feed of workpiece and/or tools
3	工件的支承、夹紧和导向部分	workpiece Support ,clamp and guide
3.1	工作台	table
3.2	工作台嵌板	table insert
3.3	纵剖导向板	rip fence
3.4	横截导向板	cross-cut fence
4	刀夹和刀具部分	tool-holders and tools
4.1	圆锯片	saw blade
5	加工头和刀具的传动部分	workhead and tool drives
6	操纵部分	controls
6.1	开关	switch
6.2	锯片升降调整装置	saw blade vertical adjustment
6.3	纵剖导向板锁紧装置	rip fence lock
6.4	锯片倾斜调整装置	blade canting adjustment
7	安全装置(实例)	safety devices(examples)
7.1	分料刀	riving knife
7.2	锯片上防护罩(实例)	top saw guard (example)
7.3	上防护罩的支架	support for top saw guard
7.4	锯片下防护罩	under-bench saw guard
8	其他部分	miscellaneous
8.1	推棒	push stick
8.2	推棒的手持部分	push stick holder
8.3	吊环	lifting ring
9	预留部分	(clause free)
10	加工实例	examples of work
10.1	横截	sawing across
10.2	纵剖	sawing with the grain

附 录 A
（资料性附录）
德文、西班牙文、意大利文的机床术语

德文、西班牙文、意大利文的机床术语见表A.1。

表 A.1 机床术语（德文、西班牙文、意大利文）

序号	德文	西班牙文	意大利文
	Baustellenkreissägemaschinen	Máquina sierra circular para empléo en obras	Sega circolare da cantiere
1	Ständer	Armazón	Intelaiatura
1.1	Gestell	Bastidor	Basamento
2	Vorschub von Werkstück und/oder Werkzeug	Desplazamiento de las piezas y/o de las herramientas	Spostamento dei pezzi e/o degli utensili
3	Werkstückauflage,-halterung undführung	Soporte, sujeción y guía de las piezas	Supporto,fissaggio e guida dei pezzi
3.1	Tisch	Mesa	Tavola
3.2	Tischeinlage	Placa móvil	Placca amovibile
3.3	Parallelanschlag	Guía longitudinal	Guida longitudinale
3.4	Winkelanschlag	Guía transversal	Guida trasversale
4	Werkzeugträger und Werkzeug	Porta-útiles y herramientas	Portautensili ed utensili
4.1	Kreissägeblatt	Sierra circular	Lama
5	Einbauteile und Teile für den Werkzeugantrieb	Unidad de trabajo y su transmisión	Unità operatrice e suo azionamento
6	Bedienungs-und überwachungs-organe	Mandos	Comandi
6.1	Schalter	Conmutador	Interruttore
6.2	Schnitthöhenverstellung	Mando de ajuste de la sierra circular en altura	Comando di regolazione della lama in altezza
6.3	Feststellung des Parallelanschlages	Mando de bloqueo guía	Comando di bloccaggio della guida
6.4	Winkeleinstellung des Sägeblattes	Mando de la inclinaci on de la sierra	Dispositivo per l'inclinazione della lama
7	Sicherheitseinrichtungen (Beispiele)	Dispositivos de seguridad(Ejemplos)	Dispositivi di sicurezza(esempi)
7.1	Spaltkeil	Cuchillo divisor	Coltello divisore
7.2	Schutzhaube(wahlweise)	Protector de la sierra(ejemplo)	Riparo della lama(esempio)
7.3	Schutzhaubenhalterung	Soporte del protector de sierra	Supporto del riparo della lama
7.4	Untere Sägeblattverdeckung	Protector inferior de la sierra	Protezione inferiore della lama
8	Verschiedenes	Diversos	Varie
8.1	Schiebestock	Empujador	Spingitore
8.2	Schiebestockhalterung	Marguito de empujador	Contenitore dello spingitore
8.3	Kranösen	Anillo de suspensión	Anello di sollevamento

表 A.1(续)

序号	德文	西班牙文	意大利文
	Baustellenkreissägemaschinen	Máquina sierra circular para empléo en obras	Sega circolare da cantiere
9	(freier Abschnitt)	(libre)	(libero)
10	Arbeitsbeispiele	Ejemplos de trabajo	Esempi di lavorazione
10.1	Querschnitt	Tronzado(corte radial)	Taglio in sezione
10.2	Längsschnitt	Corte longitudinal	Taglio longitudinale

参 考 文 献

[1] ISO 7984:1988 木工机床 木工机床及木工辅机的技术分类

ICS 79.120.10
J 65

中华人民共和国国家标准

GB/T 30479—2013/ISO 9452:1989

木工机床　横向拼板机　术语

Woodworking machines—Crosswise veneer splicing machines—Nomenclature

(ISO 9452:1989,IDT)

2013-12-31 发布　　2014-10-01 实施

中华人民共和国国家质量监督检验检疫总局
中国国家标准化管理委员会　发布

前　　言

本标准按照 GB/T 1.1—2009 给出的规则起草。

本标准使用翻译法等同采用 ISO 9452:1989《木工机床　横向拼板机　术语》(英文版)。

本标准由中国机械工业联合会提出。

本标准由全国木工机床与刀具标准化技术委员会(SAC/TC 84)归口。

本标准起草单位:福州木工机床研究所、闽侯县联翔木工机械厂、临沂金轮热压机械有限公司、邵武市振达机械制造有限责任公司、青岛盛福机械制造有限公司、福州三森机械有限公司、江苏海潮科技股份有限公司、安吉吉泰机械有限公司。

本标准起草人:郑宗鉴、林文信、高玉善、杨华、王庭晖、张发祥、杨高怀、刘占明。

木工机床　横向拼板机　术语

1　范围

本标准规定了适合于横向拼板机的零部件的相应术语。

本标准适用于 ISO 7984:1989 中 31.119.2 指示的那些机床。

2　术语

术语见图 1 和表 1。

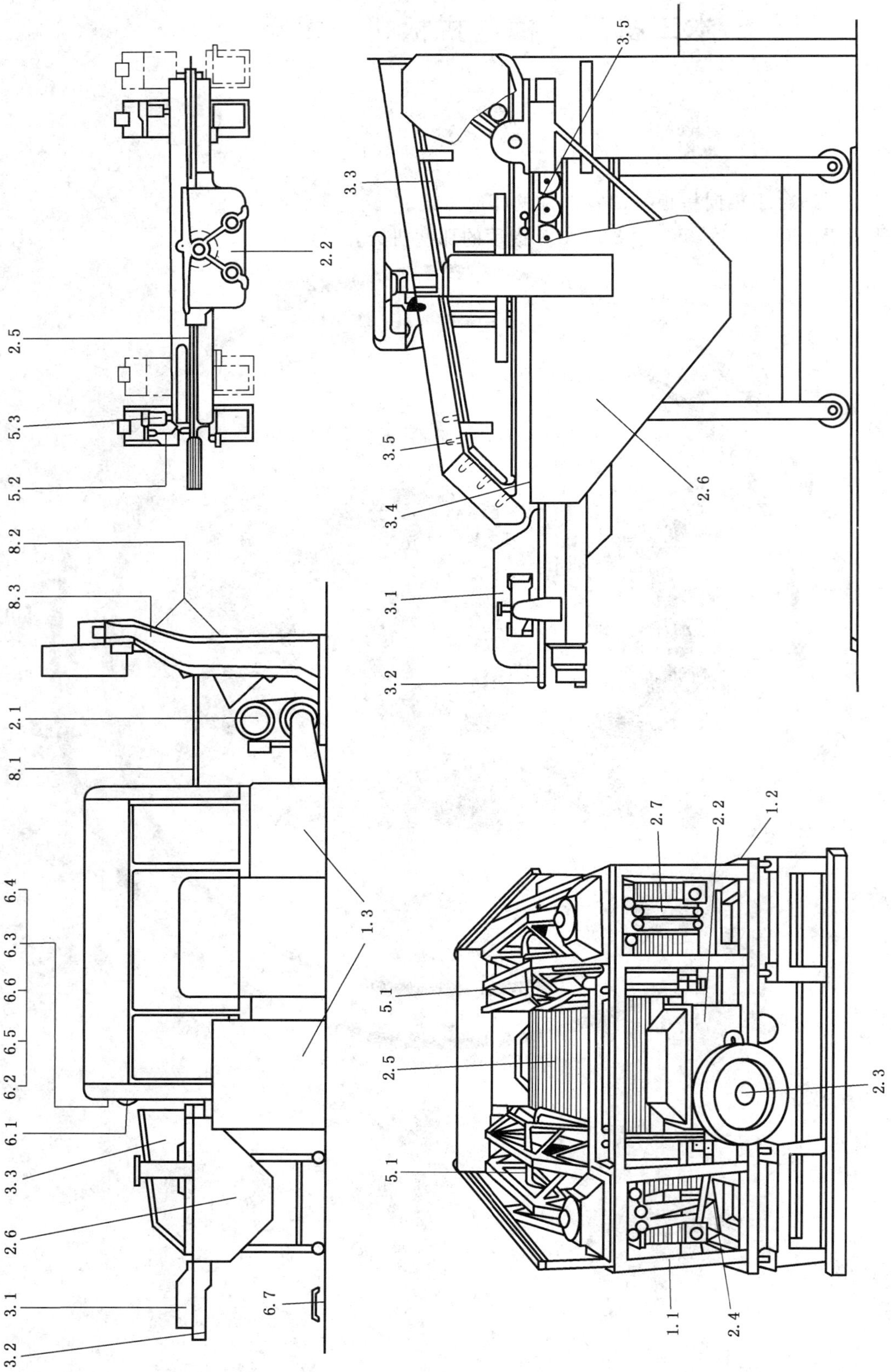
3.2
3.1
2.6
3.3
6.1
6.2
6.5
6.6
6.3
6.4
8.1
2.1
8.3
8.2
5.2
5.3
2.5
2.2
6.7
1.3
3.2
3.1
3.4
3.5
3.3
2.6
3.5
5.1
2.5
5.1
1.1
2.4
2.3
2.7
2.2
1.2

图 1

表 1 术语一览表

序号	中文	英文
	横向拼板机	crosswise veneer splicing machines
1	床身部分	framework
1.1	立柱	columns
1.2	中心移动架	central traverse
1.3	底座	base
2	工件和/或刀具进给部分	feed of workpiece and/or tools
2.1	变速传动装置	variable-speed drive
2.2	偏心齿轮箱	eccentric gear housing
2.3	驱动轴	drive spindle
2.4	辊轮和导向轮	rollers and guiding on rollers
2.5	加热棒	heating feed bars
2.6	加载装置	loading device
2.7	推-拉杆	push-pull rod
3	工件的支承、夹紧和导向部分	workpiece support,clamp and guide
3.1	挡块	stops
3.2	进料工作台	in-feed table
3.3	输送辊	roller conveyor
3.4	移动导轨	sliding rails
3.5	分选头	sorting/grading dogs
4	刀夹和刀具部分	tool-holders and tools
5	加工头和刀具的传动部分	workhead and tool drives
5.1	二次加热水循环	secondary hot water circuit
5.2	弹簧管	spring tubes
5.3	拼接压力的气动调节装置	pneumatic adjustment of jointing pressure
6	操纵部分	controls
6.1	控制面板	control panel
6.2	升降调整装置	vertical movement control
6.3	拼接压力调整装置	jointing pressure adjustment
6.4	驱动器起动按钮	drive start button
6.5	压力表	pressure gauge
6.6	测速表	tachometer
6.7	脚踏板	pedal
7	安全防护装置(举例)	safety devices(examples)
8	其他部分	miscellaneous

表 1（续）

序号	中文	英文
	横向拼板机	crosswise veneer splicing machines
8.1	单板冷却装置	veneer cooling device
8.2	单板进给机构	veneer feed mechanism
8.3	纵断器	longitudinal slitter
9	预留部分	(clause free)
10	加工实例	examples of work

附　录　A
（资料性附录）
德文、西班牙文、意大利文的机床术语

德文、西班牙文、意大利文的机床术语见表A.1。

表A.1　机床术语（德文、西班牙文、意大利文）

序号	德文	西班牙文	意大利文
	Furnierverleimmaschine mit Querdurchlauf	Máquina de juntar las chapeadoras transversalmente	Macchina per giuntare impiallacciature in senso trasversale
1	Ständer	Armazón	Intelaiatura
1.1	Seitenständer	Montantes	Montanti
1.2	Mittel-Abstützung	Traviesa central	Traversa centrale
1.3	Grundgestell	Zócalo	Base di appoggio
2	Vorschub von Werkstück und/oder Werkzeug	Desplazamiento de piezas y/o herramientas	Spostamento dei pezzi e/o degli utensili
2.1	Stufenloses Getriebe	Variador de velocidad	Variatore di velocità
2.2	Exzenter-Kurvenkasten	Caja de la excentrica	Gabbia dell'eccentrico
2.3	Hauptantriebswelle	Arbol de transmisión	Albero di alimentazione
2.4	Laufrollen und Rollenführungen	Rodillos y guiado sobre rodillos	Rulli e guida su rulli
2.5	Heizschienenbett	Barras de alimentación calefactorias	Sbarre di alimentazione riscaldanti
2.6	Beschickungsvorrichtung	Dispositivo de carga	Dispositivo di carico
2.7	Bewegungssystem	Biela de va-y-ven	Biella di va e vieni
3	Werkstückauflage,-halterung undführung	Soporte, sujección y guía de las piezas	Supporto, fissaggio e guida dei pezzi
3.1	Anschläge	Cojinete	Arresto
3.2	Einlegetisch	Mesa de entrada	Tavola d'entrata
3.3	Rollbahn-Garnituren	Transportador con rodillos	Trasportatore a rulli
3.4	Führungsschienen	Railes-guías	Rotaie di scorrimento
3.5	Separiernocken	Tope de separación	Nottolini di separazione
4	Werkzeugträger und Werkzeug	Porta herramienta y útiles	Portautensili ed utensili
5	Einbauteile und Teile für den Werkzeugantrieb	Unidad de trabajo y su transmisión	Unità operatrice e suo azionamento
5.1	Sekundärer Heißwasserkreislauf	Circuito secundario de agua caliente	Circuito secondario di acqua calda
5.2	Federrohre	Tubos resortes	Tubi a molla
5.3	Pneumatische Fugendruck-Verstellung	Reglage numático de presión de juntado	Regolazione pneumatica della pressione di giunzione

表 A.1（续）

序号	德文	西班牙文	意大利文
	Furnierverleimmaschine mit Querdurchlauf	Máquina de juntar las chapeadoras transvesalmente	Macchina per giuntare impiallacciature in senso trasversale
6	Bedienungs-und Überwachungs-organe	Mandos	Comandi
6.1	Steuerkasten	Cuadro de mandos	Quadro di comando
6.2	Höhenverstellung	Mando del movimiento vertical	Comando del movimento verticale
6.3	Fugendruck-Verstellung	Mando de reglage de la presión de juntado	Comando di regolazione della pressione di giunzione
6.4	Vorschub-Verstellung	Mando de avance	Comando dell'avanzamento
6.5	Manometer	Manómetro	Manometro
6.6	Tachometer	Taquímetro	Tachimetro
6.7	Fußauslöser	Pedal	Pedale
7	Sicherheitseinrichtungen (Beispiele)	Dispositivos de seguridad (ejemplos)	Dispositivi di sicurezza(esempi)
8	Verschiedenes	Diversos	Varie
8.1	Funier-Kühlvorrichtung	Aparato de refrigeración del chapeado	Apparecchio di raffreddamento dell'impiallacciatura
8.2	Furnier-Ablegevorrichtung	Aparato de desfase del chapeado	Apparecchio di scarico della impiallacciatura
8.3	Ablängvorrichtung (Furnierformateschere)	Aparato de corte a lo largo del chapeado	Apparecchio di taglio della impiallacciatura nel senso della lunghezza
9	(freier Abschnitt)	(libre)	(libero)
10	Arbeitsbeispiele	Ejemplos de trabajo	Esempi di lavorazione

参 考 文 献

[1] ISO 7984:1988 木工机床 木工机床及木工辅机的技术分类

ICS 79.120.20
J 65

GB

中华人民共和国国家标准

GB/T 30480—2013/ISO 9451:1989

木工机床　手动上料平面压机　术语

Woodworking machines—Hand-loading veneering presses for flat surfaces—Nomenclature

(ISO 9451:1989,IDT)

2013-12-31 发布　　　　2014-10-01 实施

中华人民共和国国家质量监督检验检疫总局
中国国家标准化管理委员会　发布

前　言

本标准按照 GB/T 1.1—2009 给出的规则起草。

本标准使用翻译法等同采用 ISO 9451:1989《木工机床　手动上料平面压机　术语》(英文版)。

本标准由中国机械工业联合会提出。

本标准由全国木工机床与刀具标准化技术委员会(SAC/TC 84)归口。

本标准起草单位:福州木工机床研究所、闽侯县联翔木工机械厂、广州市铁哥木材加工机械有限公司、安吉吉泰机械有限公司、青岛盛福机械制造有限公司、南通国全木工机械制造有限公司、临沂金轮热压机械有限公司、福州三森机械有限公司。

本标准起草人:张震、林文信、舒跃进、刘占明、王庭晖、陈国泉、高玉善、张发祥。

木工机床　手动上料平面压机　术语

1　范围

本标准规定了适合于手动上料平面压机零部件的相应术语。

本标准适用于ISO 7984:1989中31.331.1指示的那些机床。

2　术语

术语见图1和表1。

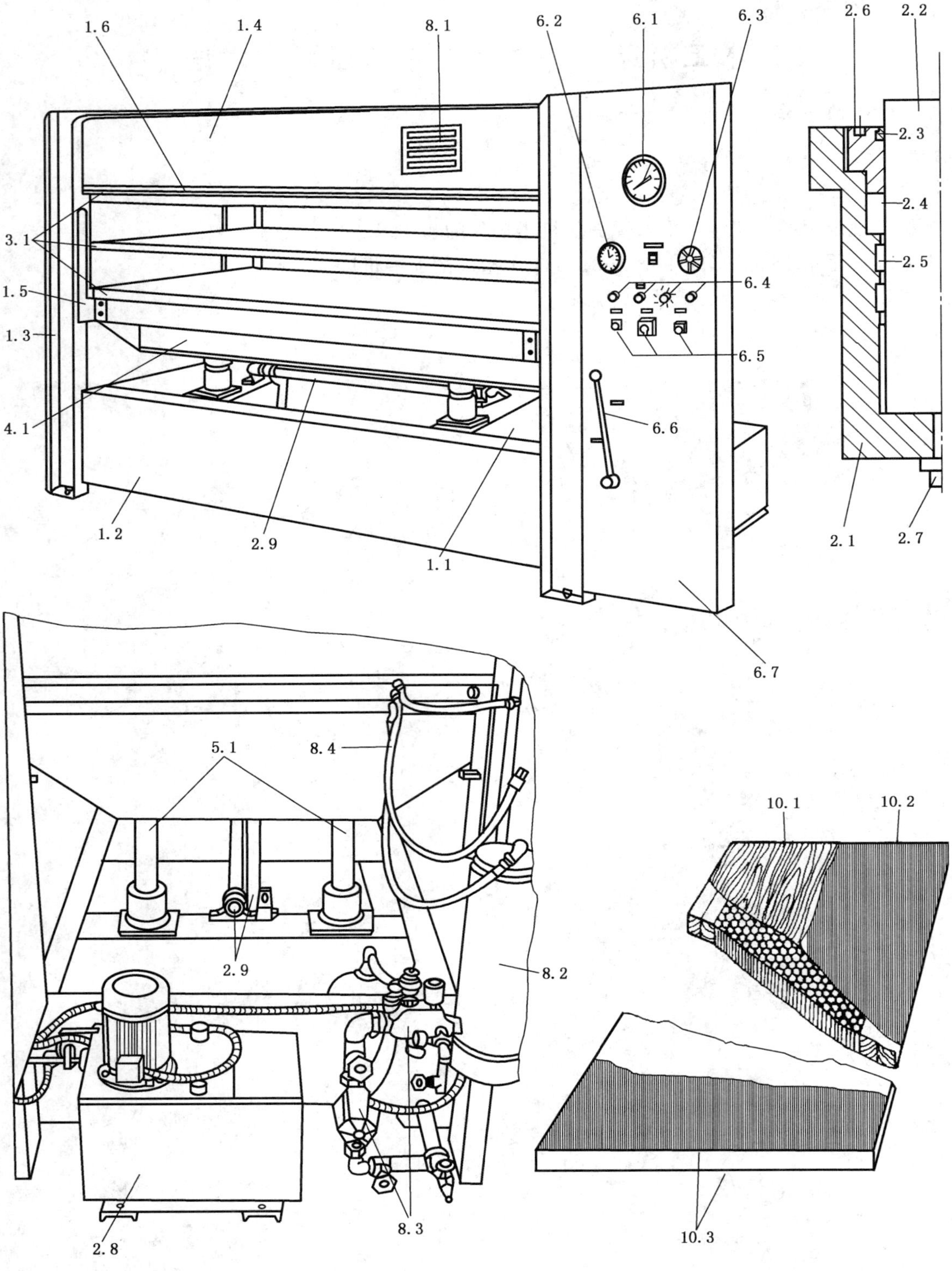
1.6
1.4
8.1
6.2
6.1
6.3
2.6
2.2
2.3
2.4
2.5
3.1
1.5
1.3
6.4
6.5
4.1
6.6
1.2
2.9
1.1
2.1
2.7
6.7
5.1
8.4
10.1
10.2
2.9
8.2
2.8
8.3
10.3

图 1

表 1 术语一览表

序号	中文术语	英文术语
	手动上料平面压机	hand-loading veneering presses for flat surfaces
1	床身部分	framework
1.1	机身	body
1.2	底座	bed
1.3	立柱	beam
1.4	固定板	fixed platen
1.5	移动板的导轨	slide for moving platen
1.6	隔热板	insulating plate
2	工件和/或刀具进给部分	feed of workpiece and/or tools
2.1	油缸/缸体	cylinder/casing
2.2	活塞	piston
2.3	刮板密封圈	scraper ring seal
2.4	油缸密封	oil seal
2.5	活塞导向环	piston ring guide
2.6	填充盒	stuffing box
2.7	压力管接口	pressure inlet connection
2.8	空压机	hydraulic power unit
2.9	移动板平衡元件	moving platen balancing unit
3	工件的支承、夹紧和导向部分	workpiece support ,clamp and guide
3.1	加热板	heating plate
4	刀夹和刀具部分	tool holders and tools
4.1	移动板	moving platen
5	加工头和刀具的传动部分	workhead and tool drives
5.1	油缸	cylinders
6	操纵部分	controls
6.1	压力表	pressure gauge
6.2	温度计	thermometer
6.3	记时器	timer
6.4	指示灯	visual indicator
6.5	控制按钮	push-button controls
6.6	动力部分的手动控制	power unit manual operation handle
6.7	操纵面板	control cabinet
7	安全装置(实例)	safety devices(examples)
8	其他部分	miscellaneous
8.1	压力指示线	pressure indicator level
8.2	加热器	heating apparatus
8.3	热液循环部分	heating fluid circulation unit
8.4	弯曲加热管	flexible heating tubes

表 1（续）

序号	中文术语	英文术语
	手动上料平面压板机	hand-loading veneering presses for flat surfaces
9	预留条款	(clause free)
10	加工实例	examples of work
10.1	单板加工	veneering
10.2	在各种面板上涂胶	gluing on various coverings
10.3	层压法	laminating

附 录 A
（资料性附录）
德文、西班牙文、意大利文的机床术语

德文、西班牙文、意大利文的机床术语见表A.1。

表 A.1 机床术语(德文、西班牙文、意大利文)

序号	德文	西班牙文	意大利文
	Furnierpresse mit Handbeschickung	Prensa de chapear, alimentación manual	Presse per impiallacciare, alimentazion manuale
1	Ständer	Armazón	Intelaiatura
1.1	Gestell	Bastidor	Telaio
1.2	Grundrahmen	Faldón	Basamento
1.3	Preßholm	Montante	Montanti
1.4	Feststehender Preßtisch	Placa fijo	Piano fisso
1.5	Führung des beweglichen Preßtisches	Guías de la placa móvil	Piano mobile
1.6	Isolierplatte	Placa de aislamiento	Pannello isolante
2	Vorschub von Werkstück und/oder Werkzeug	Desplazamiento de piezas y/o herramientas	Spostamento dei pezzi e/o degli-utensili
2.1	Zylinder	Camisa	Camicia
2.2	Kolben	Pistón	Pistone
2.3	Absteifring	Junta rascadora	Guarnizione raschiapolvere
2.4	Dichtring	Junta de estangueidad	Guarnizione di tenuta
2.5	Kolbenführungsring	Anillo guida del piston	Guida del pistone
2.6	Stopfbüchse	Prensa estopa	Flangia premistoppa
2.7	Druckflüssigkeits-Anschluß	Racor de llegada de presión	Raccordo di arrivo pressione
2.8	Druckaggregat	Grupo compresor	Gruppo di pressione
2.9	Gleichlaufeinrichtung für den beweglichen Preßtisch	Grupo de equilibrado de la placa móvil	Gruppo di equilibratura del piano mobile
3	Werkstückauflage,-halterung undführung	Soporte, sujeción y guía de las piezas	Supporto, fissaggio e guida dei pezzi
3.1	Heizplatte	Plato caliente	Piastra riscaldata
4	Werkzeugträger und Werkzeuge	Porta herramientas y útiles	Portautensili ed utensili
4.1	Beweglicher Preßtisch	Placa móvil	Piano mobile
5	Einbauteile und Teile für den Werkzeugantrieb	Unidad de trabajo y su transmisión	Unità operatrice e suo azionamento
5.1	Druckzylinder	Cilindro	Cilindri
6	Bedienungs-und Überwachungs-organe	Mandos	Comandi

表 A.1(续)

序号	德文	西班牙文	意大利文
	Furnierpresse mit Handbeschickung	Prensa de chapear, alimentación manual	Presse per impiallacciare, alimentazion manuale
6.1	Manometer	Manómetro	Manometro
6.2	Thermometer	Termómetro	Termometro
6.3	Schaltuhr	Minutero	Contatempo
6.4	Kontrolleuchte	Luces luminosas	Spie luminose
6.5	Schalter	Conmutador	Interruttore
6.6	Steuerhebel für Druckaggregat	Palanca de mando del grupo grupo compresor	Leva di comando del gruppo di pressione
6.7	Schaltkasten	Armario de mande	Pannello di comando
7	Sicherheitseinrichtungen(Beispiele)	Dispositivos de seguridad(ejemplos)	Dispositivi di sicurezza(esempi)
8	Verschiedenes	Diversos	Varie
8.1	Preßdrucktabelle	Cuadro indicador de presión	Tabella delle pressioni
8.2	Heizung	Aparato de calefacción	Dispositivo di riscaldamento delle piastre
8.3	Umwälzanlage für Heizmedium	Grupo de circulación del fluido de calefacción	Gruppo di circolazione del fluido riscaldante
8.4	Heizschläuche	Tubos flexibles de calefacción	Tubi flessibili
9	(freier Abschnitt)	(libre)	(libero)
10	Arbeitsbeispiele	Ejemplos de trabajo	Esempi di lavorazione
10.1	Furnier	Placado	Impiallacciare
10.2	Beschichtung	Colado de recubrimientos diversos	Incollaggio di coperture varie
10.3	Gegenfurnier	Contraplacado	Controplaccare

参 考 文 献

[1] ISO 7984:1988 木工机床 木工机床及木工辅机的技术分类

ICS 79.120.10
J 65

中华人民共和国国家标准

GB/T 30481—2013/ISO 9414:1989

木工机床　涂胶机　术语

Woodworking machines—Curtain coating machines—Nomenclature

(ISO 9414:1989,IDT)

2013-12-31 发布　　2014-10-01 实施

中华人民共和国国家质量监督检验检疫总局
中国国家标准化管理委员会　发布

前　言

本标准按照 GB/T 1.1—2009 给出的规则起草。

本标准使用翻译法等同采用 ISO 9414:1989《木工机床　涂胶机　术语》(英文版)。

本标准由中国机械工业联合会提出。

本标准由全国木工机床与刀具标准化技术委员会(SAC/TC 84)归口。

本标准起草单位:福州木工机床研究所、青岛盛福机械制造有限公司、山东省费县金轮机械厂、南通国全木工机械制造有限公司、福建省标准化研究院。

本标准起草人:张震、王庭晖、高玉善、葛宝发、程晓明。

木工机床　涂胶机　术语

1　范围

本标准规定了适合于涂胶机零部件的相应术语。

本标准适用于 ISO 7984:1989 中 34.22 指示的那些机床。

2　术语

术语见图 1 和表 1。

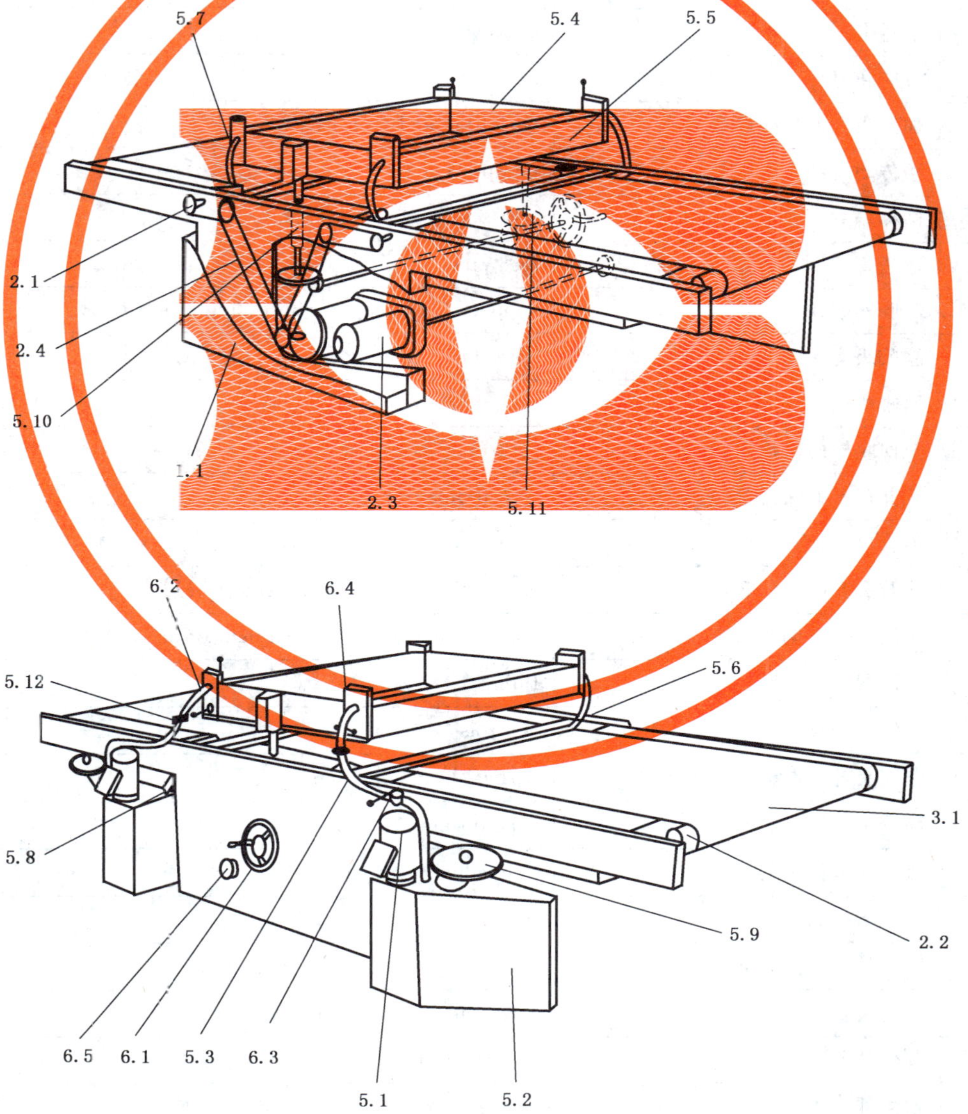

图 1

表 1 术语一览表

序号	中文术语	英文术语
	涂胶机	curtain coating machines
1	床身部分	framework
1.1	床身	main frame
2	工件和/或刀具进给部分	feed of workpiece and/or tools
2.1	进给辊	feed roll
2.2	张紧辊	idle roll
2.3	减速传动部分	variable reduction drive
2.4	传动带	drive belt
3	工件的支承、夹紧和导向部分	workpiece support,clamp and guide
3.1	送料带	conveyor
4	刀夹和刀具部分	tool-holders and tools
5	加工头和刀具的传动部分	workhead and tool drives
5.1	泵传动	pump drive
5.2	储存器	reservoir
5.3	输送管	feed pipe
5.4	涂胶架或托架	support or carriage for spreading head
5.5	涂胶头	spreading head
5.6	回收槽	collecting trough
5.7	至回收槽的回流管	return pipe to trough
5.8	至储存器的回流管	return pipe to reservoir
5.9	加胶口	refill opening
5.10	涂胶头升降调整螺杆	screw for vertical adjustment of head
5.11	涂胶头升降调整齿轮	sprocket for vertical adjustment of head
5.12	过滤器	filter
6	操纵部分	controls
6.1	涂胶头升降调整的控制装置	vertical head adjustment control
6.2	涂胶头开口控制器	head opening control
6.3	流量调节控制装器	flow adjustment control
6.4	回收槽控制装器	return to trough control
6.5	输送带调速控制器	variable-speed control for conveyor
7	安全装置(实例)	safety devices(examples)
8	其他部分	miscellaneous
9	预留部分	(clause free)
10	加工实例	examples of work

附 录 A
（资料性附录）
德文、西班牙文、意大利文机床术语

德文、西班牙文、意大利文的机床术语见表 A.1。

表 A.1 机床术语(德文、西班牙文、意大利文)一览表

序号	德文	西班牙文	意大利文
	Lackgieβmaschine	Máquina para barnizar a cortina	Verniciatrice a velo
1	Ständer	Armazón	Intelaiatura
1.1	Gestell	Bastidor	Telaio
2	Vorschub von Werkstück und/oder Werkzeug	Desplazamiento de piezas y/o herramientas	Spostamento dei pezzi e/o degli utensili
2.1	Antriebswalzen	Rodillo de alimentación	Rullo d'avanzamento
2.2	Umlenkwalzen	Rodillo libre	Rullo folle
2.3	Motor-Getriebe-Aggregat	Grupo motor-variador reductor	Gruppo motovariatore
2.4	Antriebsriemen	Correa de transmisión	Cinghia di trasmissione
3	Werkstückauflage,-halterung undführung	Soporte,sujeción y guía de las piezas	Supporto,fissaggio e guida dei pezzi
3.1	Transportband	Banda	Nastro trasportatore
4	Werkzeugträger und Werkzeuge	Porta herramientas y útiles	Portautensili ed utensili
5	Einbauteile und Teile für den Werkzeugantrieb	Unidad de trabajo y su transmisión	Unità operatrice e suo aziona-mento
5.1	Pumpenaggregat	Grupo motor-bomba	Gruppo pompa
5.2	Behälter	Deposito	Serbatoio
5.3	Zulaufleitung	Tubo de alimentación	Condotto di alimentazione
5.4	Halterung oder Wagen für den Gieβkopf	Soporte o carro porta cabezal de distribución	Supporto o carrello del gruppo spruzzatore
5.5	Gieβkopf	Cabezal de distribución	Testa
5.6	Rücklaufrinne	Cubeta de recuperación	Canalina di recupero
5.7	Rücklaufleitung zur Rücklaufrinne	Tubo de retorno de la recuperación	Condotto di ritorno alla canalina
5.8	Rücklaufleitung zum Behälter	Tubo de retorno al recipiente	Condotto di ritorno al serbatoio
5.9	Einfüllstutzen	Orificio de relleno	Bocchettone di riempimento
5.10	Gewindespindel zur Höhenverstellung des Gieβkopfes	Husillo del movimiento vertical del cabezal	Vite per la regolazione verticale della testa
5.11	Kegelradgetriebe zur Höhenverstellung des Gieβkopfes	Piñon del movimiento vertical del cabezal	Ingranaggi per la regolazione ver-ticale della testa

表 A.1（续）

序号	德文	西班牙文	意大利文
	Lackgießmaschine	Máquina para barnizar a cortina	Verniciatrice a velo
5.12	Filter	Filtro	Filtro
6	Bedienungs-und Überwachungs-organe	Controles	Comandi
6.1	Betätigung der Gießkopf-Höhenverstellung	Mando de reglage vertical de cabezal	Comando di regolazione vertical della testa
6.2	Betätigung zum offnen des Gießkopfes	Mando de apertura del cabezal	Comando di regolazione della testa
6.3	Zulaufregulierung	Mando de reglage del inicio	Comando di regolazione della portata
6.4	Betätigung an der Rücklaufleitung zur Rücklaufrinne	Mando de retorno en la recuperación	Comando di ritorno alla canalina
6.5	Einstellung der Transprotband- geschwindigkeit	Mando de variación de velocidad de la banda	Comando di regolazione della velocità del nastro trasportatore
7	Sicherheitseinrichtungen (Beispiele)	Dispositivos de seguridad(ejemplos)	Dispositivi di sicurezza(esempi)
8	Verschiedenes	Diversos	Varie
9	(freier Abschnitt)	(libre)	(libero)
10	Arbeitsbeispiele	Ejemplos de trabajo	Esempi di lavorazione

参 考 文 献

[1] ISO 7984:1988 木工机床 木工机床及木工辅机的技术分类

ICS 79.120.20
J 65

中华人民共和国国家标准

GB/T 30482—2013/ISO 9536:1989

木工机床　振荡式榫槽机　术语

Woodworking machines—Mortising machines with oscillating tool action—Nomenclature

(ISO 9536:1989,IDT)

2013-12-31 发布　　　　2014-10-01 实施

中华人民共和国国家质量监督检验检疫总局
中国国家标准化管理委员会　发布

前　言

本标准按照 GB/T 1.1—2009 给出的规则起草。

本标准使用翻译法等同采用 ISO 9536:1989《木工机床　振荡式榫槽机　术语》(英文版)。

本标准由中国机械工业联合会提出。

本标准由全国木工机床与刀具标准化技术委员会(SAC/TC 84)归口。

本标准起草单位:福州木工机床研究所、临海市华洲机械有限公司、威海市产品质量监督检验所、台州市意利欧机械有限公司、闽侯县联翔木工机械厂、金华市强宏板式家具有限公司、广东锐亚机械有限公司、邵武市振达机械制造有限责任公司。

本标准起草人:肖晓晖、范庆平、鞠洪祥、程楠、林文信、陈云根、周华标、杨华、李文晓。

木工机床　振荡式榫槽机　术语

1　范围

本标准规定了适合于振荡式榫槽机零部件的相应术语。

本标准适用于 ISO 7984:1989 中 12.51 指示的那些机床。

2　术语

术语见图 1 和表 1。

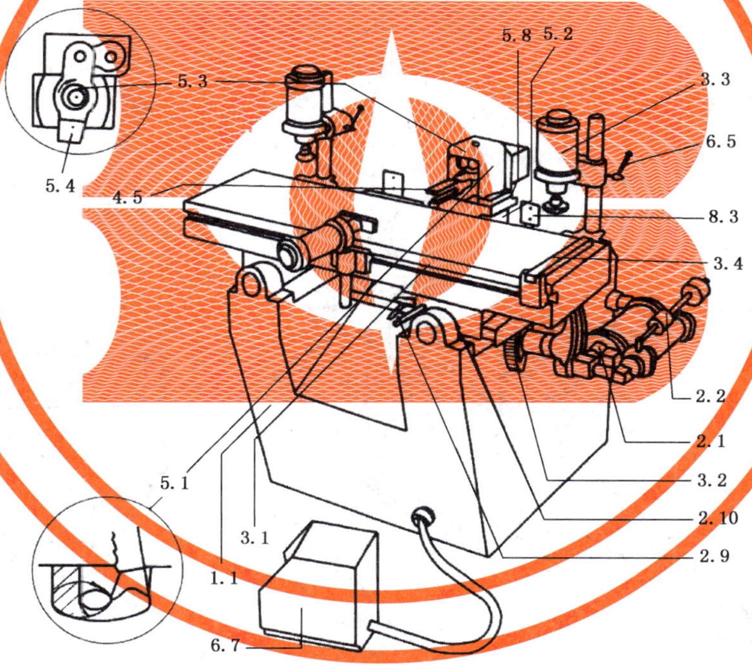

图 1

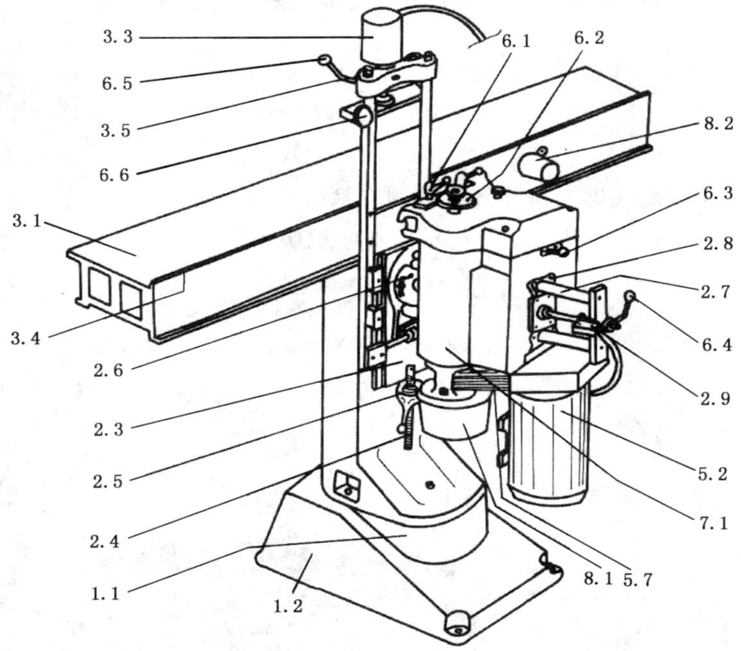
3.3
6.5
3.5
6.6
3.1
3.4
2.6
2.3
2.5
2.4
1.1
1.2
6.1
6.2
8.2
6.3
2.8
2.7
6.4
2.9
5.2
7.1
8.1
5.7

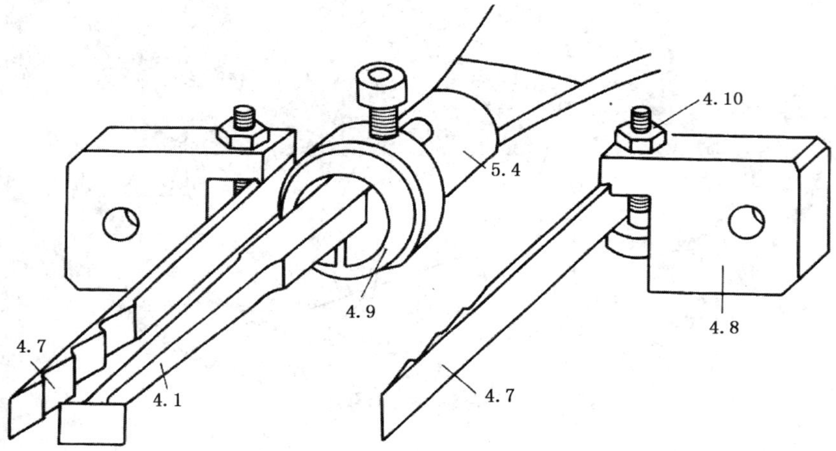
4.10
5.4
4.9
4.8
4.7
4.1
4.7

图 1（续）

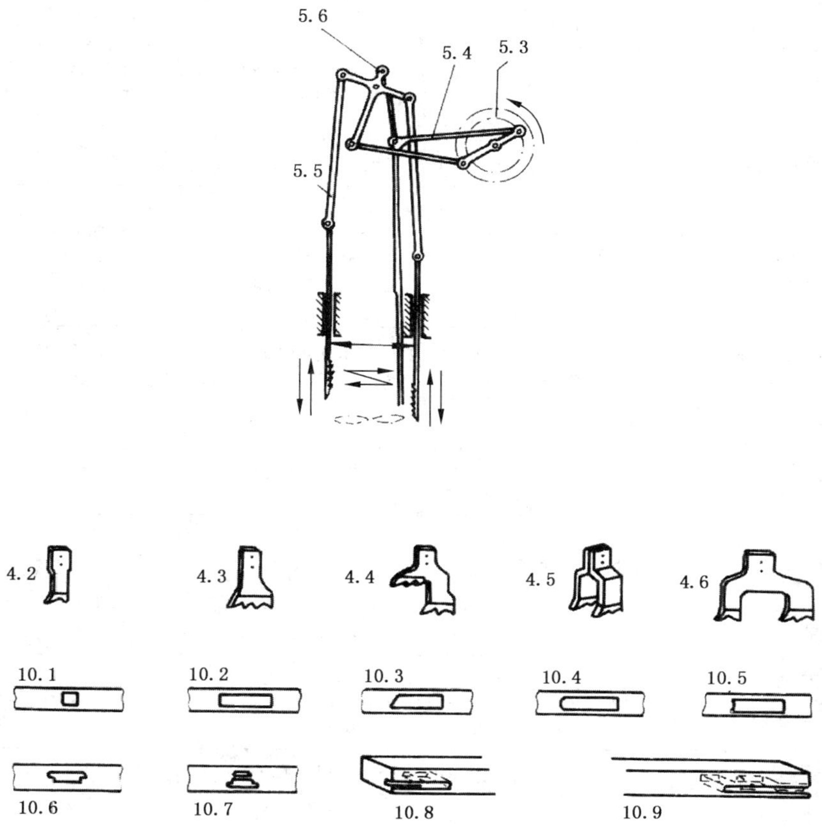

图 1(续)

表 1 术语一览表

序号	中文术语	英文术语
	振荡式榫槽机	mortising machines with oscillating tool action
1	床身部分	framework
1.1	床身	body
1.2	底座	base
2	工件和/或刀具进给部分	feed of workpiece and/or tools
2.1	工作台驱动辊轮	table drive roller
2.2	工作台调整阀	table regulating valve
2.3	刀头升降导轨	slide for vertical movement of cutterhead
2.4	升降丝杆	lifting screw (rise and fall screw)
2.5	止动爪	pawl (rise and fall catch)
2.6	加工头回转圆盘	workhead unit pivoting plate
2.7	加工头水平导轨	workhead horizontal slide

表 1（续）

序号	中文术语	英文术语
	振荡式榫槽机	mortising machines with oscillating tool action
2.8	轴承	bearing
2.9	榫槽深度限位挡块	mortise depth stop
2.10	工作台调整装置	table adjustment
3	工件的支承、夹紧和导向部分	workpiece support,clamp and guide
3.1	工作台	work-table
3.2	工作台限位装置	table stop arrangement
3.3	工件的夹紧装置	workpiece clamp
3.4	工件的限位挡块	workpiece stop
3.5	加工头滑动架	head-slide column
4	刀夹和刀具部分	tool-holders and tools
4.1	凿(用于榫槽)	chisel (for mortising)
4.2	带双齿的凿	chisel with two teeth
4.3	带多齿的凿	chisel with several teeth
4.4	阶梯式开榫刀	stepped mortising tool
4.5	并列式开榫刀	tool for side-by-side mortise
4.6	末端开榫刀	tool for end-to-end mortise
4.7	切入式刀(凿)	incising tool (chisel)
4.8	凿刀后部	lateral chisel block
4.9	凿刀锁紧套	chisel-locking collar
4.10	凿刀体锁紧螺母	chisel-block bolt
5	加工头和刀具的传动部分	workhead and tool drives
5.1	榫槽加工头	mortising head
5.2	榫槽加工头的电机	mortising head motor
5.3	偏心轴的调整装置	eccentric shaft adjustment
5.4	连杆	rod
5.5	后部连杆	lateral rod
5.6	驱动杆	pivot
5.7	V 型带	v-belts
5.8	加工头高度调整器	head height regulator
6	操纵部分	controls
6.1	切入式凿刀的调整装置	incising chisel tool adjustments
6.2	开榫凿的调整装置	mortising chisel adjustment
6.3	刀具的锁紧手柄	cutter locking lever

表 1（续）

序号	中文术语	英文术语
	振荡式榫槽机	mortising machines with oscillating tool action
6.4	气动压紧的调整装置	pneumatic pressure regulator
6.5	压紧高度的调整装置	pressure height adjustment
6.6	榫槽手柄	mortise handlever
6.7	脚踏板	foot pedal
7	安全装置(实例)	safety devices(examples)
7.1	防护罩	housing
8	其他部分	miscellaneous
8.1	储油箱	oil reservoir
8.2	排热嘴	extraction nozzle
8.3	断屑器	chip-breaker
9	预留部分	(clause free)
10	加工实例	example of work
10.1	开方型槽	square mortise
10.2	开矩型槽	rectangular mortise
10.3	开一个或两个带斜边的槽	mortise with one or two bevelled edges
10.4	开一个或两个尾端圆弧的槽	mortise with one or both ends rounded
10.5	开一个或两个凹形的圆弧槽	mortise with one or two concave rounded ends
10.6	开一个或两个渐小的槽	mortise with one or two reductions
10.7	开双槽	double mortise
10.8	末端开榫	mortise with end slot
10.9	端部开双槽	double mortise with end slot

附 录 A
（资料性附录）
德文、西班牙文、意大利文机床术语

德文、西班牙文、意大利文机床术语见表 A.1。

表 A.1 机床术语（德文、西班牙文、意大利文）

序号	德 文	西班牙文	意大利文
	Stemmaschine mit Schwingmeißelwerkzeug	Mortajora de herramienta oscilante	Mortasatrice con utensile oscillante
1	Ständer	Armazón	Intelaiatura
1.1	Gestell	Bastidor	Telaio
1.2	Fuß	Zócalo	Base
2	Vorschub von Werkstück und/oder Werkzeug	Desplazamiento de piezas y/o herramientas	Spostamento dei pezzi e/o degli utensili
2.1	Vorschubzylinder	Cilindro para efectuar el desplazamiento de la mesa	Cilindro per effettuare lo spostamento della tavola
2.2	Regulierventil für Vorschub-geschwindigkeit	Válvual de regulación del desplazamiento de la mesa	Valvola di regolazione dello spostamento della tavola
2.3	Führung für die Vertikalver-stellung des Stemmaggregates	Guía de desplazamiento vertical de la unidad de trabajo	Guida per lo spostamento verticale dell'unitá operatrice
2.4	Schraube für die Vertikalverstellung	Husillo de elevación	Vite per spostamento verticale
2.5	Ratsche für die Höhenverstellung	Pestillo de elevación	Nottolino di innalzamento
2.6	Vorrichtung zum Neigen des Stemmaggregates	Placa de inclinación de la unidad de trabajo	Dispositivo di inclinazione dell'unitá operatrice
2.7	Führung für die Horizontalver-stellung des Stemmaggregates	Guía de desplazamiento horizontal de la unidad de trabajo	Guida per lo spostamento orizzontale dell'unitá operatrice
2.8	Lagerung	Cojinete	Cuscinetto
2.9	Anschlag für die Stemmtiefe	Tope de profunidad de penetración de las herramientas	Battuta di arresto per fine della corsa dell'utensile
2.10	Tischführung	Guía de desplazamiento de la mesa	Guida per lo spostamento della tavola
3	Werkstückauflage,-halterung undführung	Soporte,sujeción y guía de las piezas	Supporto,fissaggio e guida dei pezzi
3.1	Maschinentisch	Mesa porta piezas	Tavola portapezzo

表 A.1（续）

序号	德　　文 Stemmaschine mit Schwingmeißelwerkzeug	西班牙文 Mortajora de herramienta oscilante	意大利文 Mortasatrice con utensile oscillante
3.2	Verstelleinrichtung für Tischausgangs-position	Dispositivo de reglage de la posición de salida de la mesa	Dispositivo di regolazione della posizione di partenza della tavola
3.3	Werkstückspanner	Presor de la pieza	Pressore del pezzo
3.4	Werkstückanschlag	Tope para la pieza	Arresto del pezzo
3.5	Säule für Verstellung des Werkstückspanners	Columnas de desplazamiento de los presores	Colonna guida per pressore
4	Werkzeugträger und Werkzeug	Porta herramienta y útiles	Portautensili ed utensili
4.1	Stemmwerkzeug (Schwingmeißel)	Escoplo	Bedano
4.2	Zweischneidiges Stemmwerkzeug	Escoplo con dos dientes	Bedano a due denti
4.3	Mehrschneidiges Stemmwerkzeug	Escoplo con varios dientes	Bedano a più denti
4.4	Nutzapfen-Stemmwerkzeug	Escoplo escalonado	Bedano a denti sfalsati
4.5	Nebeneinanderliegendes Doppel-Stemmwerkzeug	Escoplo doble	Bedano doppio
4.6	Hintereinanderliegendes Doppel-Stemmwerkzeug	Escoplo de hierro a caballo	Bedano a ferro di cavallo
4.7	Stechmeißel	Escoplo	Scalpello
4.8	Seitliche Stechmeißelhalterung	Porta-escoplo lateral	Portascalpello laterale
4.9	Schwingmeißel-Klemmfutter	Fiador de ajuste del escoplo	Anello di bloccaggio del bedano
4.10	Stechmeißel-Verschraubung	Tornillo porta-escoplo	Bullone portascalpello
5	Einbauteile und Teile für den Werkzeugantrieb	Unidad de trabajo y su transmisi ón	Unitá operatrice e suo azionamento
5.1	Stemmaggregat	Cabezal de mortajado	Testa di mortasatura
5.2	Stemmaggregat-Antriebsmotor	Motor de transmisión	Motore di azionamento della testa di mortasatura
5.3	Exzenter	Excéntrica regulable	Eccentrico regolabile
5.4	Pleuelstange	Biela	Biella
5.5	Schubstange	Biela lateral	Biella laterale
5.6	Zapfen	Pivote	Perno
5.7	Keilriemen	Corréas trapezoidales	Cinghie trapezoidali
5.8	Höhenverstellung für das Stemmaggregat	Dispositivo de reglage del cabezal en altura	Dispositivi di regolazione verticale della testa

表 A.1(续)

序号	德　文 Stemmaschine mit Schwingmeißelwerkzeug	西班牙文 Mortajora de herramienta oscilante	意大利文 Mortasatrice con utensile oscillante
6	Bedienungs-und Überwachungs-organe	Mandos	Comandi
6.1	Einregulierung der Stechmeißel	Mando de reglage de los escoplos	Comando di regolazione degli scalpelli
6.2	Einregulierung des Schwingmeißels	Mando de reglage del escoplo	Comando di regolazione del bedano
6.3	Werkzeugfeststellvorrichtung	Mando de blocage de las herramientas	Comando di bloccaggio degli utensili
6.4	Feststeller für den Werkzeugspanner	Mando del presor neumático	Comando del pressore pneumatico
6.5	Höhenverstellung des Preßluftspanners	Mando de desplazamiento vertical del presor	Comando di spostamento verticale del pressore
6.6	Bedienhebel für die Werkzeugeintauchbewegung	Palanca de penetración de las herramientas	Leva di penetrazione degli utensili
6.7	Fußschalter	Mando a pedal	Comando a pedale
7	Sicherheitseinrichtungen (Beispiele)	Dispositivos de seguridad (ejemplos)	Dispositivi di sicurezza (esempi)
7.1	Schutzverkleidung	Carter	Carter
8	Verschiedenes	Diversos	Varie
8.1	Ölbehälter	Recipiente del aceite	Vaschetta dell'olio
8.2	Absaugstutzen	Boca de aspiración	Bocca di aspirazione
8.3	Spanbrecher	Rompe-virutas	Rompitrucioli
9	(freier Abschnitt)	(libre)	(libero)
10	Arbeitsbeispiele	Ejemplos de trabajo	Esempi di lavorazione
10.1	Stemmen eines quadratischen Schlitzes	Mortaja cuadrada	Mortasa quadrata
10.2	Stemmen eines rechteckigen Schlitzes	Mortaja rectángular	Mortasa rettangolare
10.3	Stemmen eines Schlitzes mit Schrägende, ein-oder beidseitig	Mortaja con una o dos pendientes	Mortasa con una o due inclinazioni
10.4	Endabrundung, ein-oder berdseitig	Mortaja con uno o dos extremos redondeados	Mortasa con uno o due capi arrotondati

表 A.1（续）

序号	德　文	西班牙文	意大利文
	Stemmaschine mit Schwingmeißelwerkzeug	Mortajora de herramienta oscilante	Mortasatrice con utensile oscillante
10.5	Stemmen eines Schlitzes mit Hohlkehle, ein-oder beidseitig	Mortaja con uno o dos surcos de ranura	Mortasa con uno o due lati esterni concavi
10.6	Stemmen eines Schlitzes mit Aussparung	Mortaja con una o dos reducciones	Mortasa con una o due riduzioni
10.7	Stemmen eines Doppelschlitzes	Mortaja doble	Mortas doppia
10.8	Stemmen eines Nutzapfens	Mortaja escalonada	Mortasa a piani sfalsati
10.9	Stemmen eines Doppelnutzapfens	Mortaja con escalón doble	Mortasa a doppi piani sfalsati

参 考 文 献

[1] ISO 7984:1988 木工机床 木工机床及木工辅机的技术分类

ICS 67.140.10
X 04

中华人民共和国国家标准

GB/T 30483—2013

茶叶中茶黄素的测定　高效液相色谱法

Determination of theaflavins in tea—High performance liquid chromatography

2013-12-31 发布　　2014-06-22 实施

中华人民共和国国家质量监督检验检疫总局
中国国家标准化管理委员会　发布

前　言

本标准按照 GB/T 1.1—2009 给出的规则起草。

本标准由中华全国供销合作总社提出。

本标准由全国茶叶标准化技术委员会(SAC/TC 339)归口。

本标准起草单位:中华全国供销合作总社杭州茶叶研究院、国家茶叶质量监督检验中心。

本标准主要起草人:周卫龙、徐建峰、陆小磊、许凌、叶美君。

茶叶中茶黄素的测定　高效液相色谱法

1　范围

本标准规定了用高效液相色谱(HPLC)测定茶及茶制品中茶黄素含量的仪器、试剂、操作方法、结果计算。

本标准适用于茶及茶制品中茶黄素含量的测定,也适用于咖啡碱、儿茶素及没食子酸的测定。

2　规范性引用文件

下列文件对于本文件的应用是必不可少的。凡是注日期的引用文件,仅注日期的版本适用于本文件。凡是不注日期的引用文件,其最新版本(包括所有的修改单)适用于本文件。

GB/T 8302　茶　取样

GB/T 8303　茶　磨碎试样的制备及其干物质含量测定

3　原理

茶叶磨碎试样中的茶黄素(儿茶素)用70%的甲醇溶液在70 ℃水浴上提取,速溶茶用热的10%乙腈溶解。茶黄素(儿茶素)的测定用C_{18}柱、检测波长278 nm、梯度洗脱、HPLC分析,用茶黄素(儿茶素)标准物质外标法直接定量。

4　仪器

4.1　分析天平:感量0.000 1 g。

4.2　水浴。

4.3　离心机:转速3 500 r/min。

4.4　混匀器。

4.5　高效液相色谱仪(HPLC):包含梯度洗脱及紫外检测器(检测波长278 nm)。

4.6　液相色谱柱:C_{18}(粒径5 μm,250 mm×4.6 mm)。

5　试剂

5.1　除非另有说明,本方法所用试剂均为分析纯(AR),水为蒸馏水。

5.2　乙腈:色谱纯。

5.3　甲醇。

5.4　冰乙酸。

5.5　70%甲醇水溶液(体积分数)。

5.6　10 mg/mL EDTA-2Na溶液:现配。

5.7　10 mg/mL抗坏血酸溶液:现配。

5.8　稳定溶液:分别将25 mL EDTA-2Na溶液(5.6),25 mL抗坏血酸溶液(5.7),50 mL乙腈(5.2)加

入 500 mL 容量瓶中，用水定容至刻度，摇匀。

5.9 液相色谱流动相

5.9.1 流动相 A：分别将 90 mL 乙腈(5.2)，20 mL 冰乙酸(5.4)，2 mL EDTA-2Na (5.6)加入 1 L 容量瓶中，用水定容至刻度，摇匀。溶液需过 0.45 μm 膜。

5.9.2 流动相 B：分别将 800 mL 乙腈(5.2)，20 mL 冰乙酸(5.4)，2mL EDTA-2Na (5.6)加入 1 L 容量瓶中，用水定容至刻度，摇匀。溶液需过 0.45 μm 膜。

5.10 标准储备溶液

5.10.1 咖啡碱储备溶液：2.00 mg/mL。

5.10.2 没食子酸(GA)储备溶液：0.100 mg/mL。

5.10.3 儿茶素储备溶液：+C 1.00 mg/mL，EC 1.00 mg/mL，EGC 2.00 mg/mL，EGCG 2.00 mg/mL，ECG 2.00 mg/mL。

5.10.4 茶黄素储备溶液：TF 2.00 mg/mL，TF-3-G 2.00 mg/mL，TF-3′-G 2.00 mg/mL，TFDG 2.00 mg/mL。

5.11 标准工作溶液：用稳定溶液(5.8)配制。

标准工作溶液的浓度：没食子酸 5 μg/mL～25 μg/mL、咖啡碱 50 μg/mL～150 μg/mL、+C 50 μg/mL～150 μg/mL、EC 50 μg/mL～150 μg/mL、EGC 100 μg/mL～300 μg/mL、EGCG 100 μg/mL～400 μg/mL、ECG 50 μg/mL～200 μg/mL、TF 100 μg/mL～300 μg/mL、TF-3-G 100 μg/mL～300 μg/mL、TF-3′-G 100 μg/mL～300 μg/mL、TFDG 100 μg/mL～300 μg/mL。

6 操作方法

6.1 取样

按 GB/T 8302 的规定。

6.2 试样制备

按 GB/T 8303 的规定。

6.3 测定步骤

6.3.1 干物质含量测定

按 GB/T 8303 的规定。

6.3.2 供试液的制备

6.3.2.1 茶叶：称取 0.2 g(精确到 0.000 1 g)均匀磨碎的试样(6.2)于 10 mL 玻璃离心管中，加入在 70 ℃中预热过的 70%甲醇溶液(5.5)5 mL，用玻璃棒充分搅拌均匀湿润，立即移入 70 ℃水浴(4.2)中，浸提 10 min(隔 5 min 搅拌一次)，浸提后冷却至室温，转入离心机(4.3)在 3 500 r/min 转速下离心 10 min，将上清液转移至 10 mL 容量瓶。残渣再用 5 mL 的 70%甲醇溶液提取一次，重复以上操作。合并提取液定容至 10 mL，摇匀(该提取液在 4 ℃下可至多保存 24 h)。用移液管移取上述提取液 2 mL 至 10 mL 容量瓶中，用稳定溶液(5.8)定容至刻度，摇匀，过 0.45 μm 膜，待测。

6.3.2.2 速溶茶：称取 0.5 g (精确到 0.000 1 g)均匀的速溶茶于 50 mL 容量瓶，加入不高于 60 ℃的水溶解，加 5 mL 乙腈(5.2)并用水定容至刻度，摇匀。用移液管移取上述提取液 2 mL 至 10 mL 容量瓶中，用稳定溶液(5.8)定容至刻度，摇匀，过 0.45 μm 膜，待测。

6.3.3 色谱条件

流动相流速：1 mL/min；柱温：35 ℃；紫外检测器：λ＝278 nm。

梯度条件： 100％A 相保持 10 min

↓

15 min 内由 100％A 相→68％A 相、32％B 相

↓

68％A 相、32％B 相保持 10min；

↓

100％A 相

6.3.4 测定

待流速和柱温稳定后，进行空白运行。准确吸取 10 μL 混合标准系列工作液注射入 HPLC。在相同的色谱条件下注射 10 μL 测试液。测试液以峰面积定量。

7 结果计算

7.1 计算方法

茶叶中茶黄素（儿茶素、咖啡碱、没食子酸）含量以干态质量分数（％）表示，按式(1)计算：

$$\text{茶黄素（儿茶素、咖啡碱、没食子酸）含量} = \frac{A \times f_{\text{Std}} \times V \times d}{m \times 10^6 \times w} \times 100\% \qquad \cdots\cdots(1)$$

式中：

A ——所测样品中被测成分的峰面积；

f_{Std} ——所测成分的校正因子（浓度/峰面积，浓度单位 μg/mL）；

V ——样品提取液的体积，单位为毫升（mL）；

d ——稀释因子（通常为 2 mL 稀释成 10 mL，则其稀释因子为 5）；

m ——样品称取量，单位为克（g）；

w ——样品的干物质含量（质量分数），％。

7.2 茶黄素（儿茶素类）总量计算公式

茶黄素总量按式(2)计算：

$$\text{茶黄素总量} = \text{TF} + \text{TF-3-G} + \text{TF-3}'\text{-G} + \text{TFDG} \qquad \cdots\cdots(2)$$

儿茶素总量按式(3)计算：

$$\text{儿茶素总量} = \text{EGC} + \text{C} + \text{EC} + \text{EGCG} + \text{ECG} \qquad \cdots\cdots(3)$$

如果符合重复性(7.3)，取两次测定的算术平均值作为结果，保留小数点后 2 位。

7.3 重复性

在重复条件下同一样品获得的茶黄素总量（儿茶素总量、咖啡碱含量，没食子酸含量）测定结果的绝对差值不得超过算术平均值的 10％。

附 录 A
(资料性附录)
儿茶素、茶黄素、咖啡碱和没食子酸标准样品液相色谱图

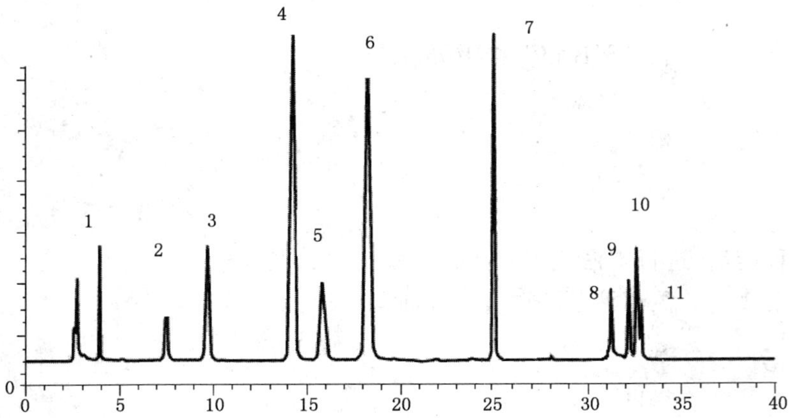

说明：
1 ——GA；
2 ——EGC；
3 ——C；
4 ——咖啡碱；
5 ——EC；
6 ——EGCG；
7 ——ECG；
8 ——TF；
9 ——TFDG；
10——TF-3-G；
11——TF-3′-G。

图 A.1 儿茶素、茶黄素、咖啡碱和没食子酸标准样品液相色谱图

后　　记

2013年制修订国家标准共1 979项，分70册出版。

1. 2013年度发布的顺延上年度标准编号的新制定的国家标准，从GB 29601—2013开始，至GB 30486—2013结束，收入在《中国国家标准汇编》2013年“制定”卷第572～608分册中，共37册，收入国家标准1 025项。其中，4项新制定的环境保护类国家标准未在我社出版，故未收入。

2. 2013年度发布的非顺延上年度标准编号的新制定的国家标准和全部修订的国家标准，收入在2013年修订-1～修订-33分册中，共33册，收入国家标准945项。其中，5项修订的环境保护类国家标准未在我社出版，故未收入。

3. GB/T 15877－2013、GB/T 19046－2013两项标准因故延迟出版。

中国标准出版社

2014年8月